国家林业和草原局普通高等教育“十四五”重点规划教材

草坪管理学

（第2版）

孙　彦　主编

中国林業出版社
CFPH China Forestry Publishing House

国家林业和草原局草原管理司 支持出版

内容简介

本教材为国家林业和草原局普通高等教育“十四五”重点规划教材，共分3篇，即草坪基础篇、草坪管理篇与草坪应用篇。本教材系统介绍了草坪的概念、起源与发展历史、草坪类型与功能、草坪草、草坪草生理、草坪生态、草坪草选育、草坪土壤、草坪的建植、草坪养护材料、草坪养护、草坪保护、草坪质量评价、草坪机械、绿化草坪、运动场草坪、人造草坪、草坪经营与管理的基础理论、实用技术和具体方法等内容。本教材广泛收集和归纳总结了国内外草坪领域经典的理论与先进的技术方法。教材取材系统，内容详尽，注重理论与实际相结合，意在解决草坪研究与实践中出现的科学与技术问题，具有较高的理论指导水平与实用价值。

本教材可作为草坪科学与工程、草业科学(草学)、园林、园艺、高尔夫专业本科教材，也可为从事草坪生产、草坪经营与管理、高尔夫球场、园林、园艺、环境保护、城市绿地规划设计、旅游、生态等相关行业工作者参考。

图书在版编目(CIP)数据

草坪管理学 / 孙彦主编. -- 2版. -- 北京 : 中国林业出版社, 2024. 11. -- (国家林业和草原局普通高等教育“十四五”重点规划教材). -- ISBN 978-7-5219-2975-1

Ⅰ. S688.4

中国国家版本馆CIP数据核字第2024SK1982号

策划编辑：高红岩　李树梅
责任编辑：李树梅
责任校对：苏　梅
封面设计：睿思视界视觉设计

出版发行：中国林业出版社
（100009，北京市西城区刘海胡同7号，电话010-83143531）
电子邮箱：jiaocaipublic@163.com
网　　址：https://www.cfph.net
印　　刷：北京盛通印刷股份有限公司
版　　次：2017年12月第1版
2024年11月第2版
印　　次：2024年11月第1次
开　　本：787mm×1092mm　1/16
印　　张：22.5
字　　数：545千字
定　　价：59.00元

《草坪管理学》(第2版)
编写人员

主　　编　孙　彦

副 主 编　陈雅君　王克华　胡倩楠

编　　者　(按姓氏笔画排序)

王克华（中国农业大学）
叶文兴（内蒙古农业大学）
付娟娟（西北农林科技大学）
朱慧森（山西农业大学）
刘　威（东北农业大学）
许岳飞（西北农林科技大学）
孙　彦（中国农业大学）
孙小玲（天津农学院）
李　跃（中国农业大学）
李会彬（河北农业大学）
李茂娜（中国农业大学）
李培英（新疆农业大学）
李曼莉（中国农业大学）
陈雅君（东北农业大学）
杨志民（南京农业大学）
宋桂龙（北京林业大学）
张　英（青海大学）
张　昆（青岛农业大学）
胡倩楠（中国农业大学）
段碧华（北京农学院）

姜　华（云南农业大学）
秦立刚（东北农业大学）
班丽萍（中国农业大学）
贾　芳（中国林业科学研究院）
黄晓潇（江苏农林职业技术学院）
崔建宇（中国农业大学）
甄莉娜（山西大同大学）

主　　审　周　禾（中国农业大学）

序（第2版）

时光荏苒，岁月如梭。距《草坪管理学》（第1版）问世已过了7个年头。作为一本以应用技术为主的教材，其更新的速度同步于科技的更新，值得称赞。

《草坪管理学》（第2版）的修订团队秉持着精益求精的态度，对教材进行了全方位的更新、优化与调整。精减了过时的冗余内容，补充与拓展了新的知识点；完善了草坪生理与草坪生态部分的内容；增加了智能化草坪养护管理的相关内容，使教材能够更好地反映当前草坪管理行业的实时动态与需求，确保教材内容的准确性与权威性。内容的调整和完善，不仅拓宽了学生的知识面，也为草坪管理从业者提供了难得的实践经验，有助于推动行业向现代化、智能化方向转型升级。

在教材的呈现方面，《草坪管理学》（第2版）的每一章都增加了扩展内容的链接，其丰富的形式与内容，为教师的教学提供了更加多样化的手段，也为学生深入学习提供了更加便捷的途径。

教材建设是学科发展的基础，教材的编写是更新学科建设的重要手段。《草坪管理学》（第2版）的出版，不仅为草坪管理及相关专业的学生提供了系统全面、与时俱进的教材，也为草坪学科的更新发展奠定了基础。我相信，这本教材将继续在草坪管理领域的教育与实践中发挥重要作用，培养出更多适应行业发展需求的专业人才，为我国草坪事业的可持续发展作出新的更大贡献。

中国农业大学教授
中国草学会草坪专业委员会名誉主任 周禾

2024年5月26日

前言（第2版）

生态文明建设是关系中华民族永续发展的根本大计。2021年《中华人民共和国国民经济和社会发展第十四个五年规划和2035年远景目标纲要》提出："提升生态系统质量和稳定性""持续改善环境质量"，到2035年我国生态环境根本好转，加快推动绿色低碳高质量发展。2021年中共中央办公厅、国务院办公厅印发《关于推动城乡建设绿色发展的意见》和国务院《关于加快建立健全绿色低碳循环发展经济体系的指导意见》，都对我国生态保护以及城乡绿色发展非常重视。面对全球气候变化挑战，习近平主席提出："力争2030年前二氧化碳排放达到峰值，努力争取2060年前实现碳中和。"作为碳汇植物的草坪草，是园林绿化和生态修复的主体，不但具有调节气候、保持水土、净化和美化环境等生态作用，提供优质竞技与休闲场地的使用功能，还有提供就业机会等社会服务功能，在城乡建设、生态修复、绿色发展、美丽中国建设以及提高人民生活质量方面有着不可替代的作用。草坪科技也在不断发展与创新。教育部《关于印发〈高等学校课程思政建设指导纲要〉的通知》中指出："要在课程教学中加强生态文明教育，引导学生树立和践行绿水青山就是金山银山的理念。要注重培养学生的'大国三农'情怀，引导学生以强农兴农为己任，'懂农业、爱农村、爱农民'，树立把论文写在祖国大地上的意识和信念，增强学生服务农业农村现代化、服务乡村全面振兴的使命感和责任感，培养知农爱农创新人才。"

教材是教学内容的主要载体，是教学的重要依据、培养人才的重要保障。《草坪管理学》是国家林业局"十三五"规划教材，自2017年出版以来，为培养掌握草坪科学基础理论和草坪生产相关专业人员发挥了重要作用。2021年11月8日《草坪管理学》（第2版）入选国家林业和草原局普通高等教育"十四五"第一批重点规划教材，对教材质量的提升提供了前期基础保障，在国家林业和草原局与中国林业出版社的关心和支持下，我们组织成立了第2版编委会，对教材进行修订。本教材在修订过程中贯彻《高等学校课程思政建设指导纲要》文件精神，培养学生强国意识和专业情怀，树立积极向上的发展观和价值观，把"爱国、懂农"的思想理念，融入知识的传授和能力培养中，落实立德树人之根本，结合专业发展需要，进一步提升教材的质量。

本次修订针对草坪科学与技术的最新进展，在理论创新与技术成果等方面进行内容的完善与更新，展现了草坪科学的前沿进展与草坪管理的智能技术。此外，每一章都添加了二维码以扩展内容，链接了丰富的电子材料，如视频拓展、案例分析等。这些章节内容及电子资源的补充与更新，使教材成为一个立体化、互动性的学习平台，极大地提升了教材的实用性和吸引力。

参编人员在原有的基础上，又吸纳了一些多年在一线从事草坪教学和科研工作的教授和青年教师。具体分工如下：孙彦编写前言、第1章；陈雅君、刘威编写第2章；王克华、许岳飞、胡倩楠、付娟娟、贾芳编写第3章；秦立刚、孙彦编写第4章；李曼莉编写第5章；崔建宇、甄莉娜、宋桂龙编写第6章；孙彦、朱慧森、胡倩楠编写第7章；王克华、胡倩楠编写第8章；李会彬、李茂娜、胡倩楠编写第9章；班丽萍、孙彦编写第10章；孙彦、李跃编写第11章；张英、李茂娜编写第12章；段碧华、张昆编写第13章；李培英、姜华、黄晓潇编写第14章；孙小玲编写第15章；杨志民、黄晓潇、叶文兴、张昆、李茂娜编写第16章。全书最后由孙彦、胡倩楠进行统稿，并由周禾担任主审。

草坪科技发展迅猛，我国的草坪科研与技术也得到了快速的发展，但与发达国家相比，仍有一定的差距，由于编者水平有限，本书的错误与不足之处在所难免，恳请读者批评指正，以便今后修订完善。对本教材所引用的文献作者表示感谢，对付出辛勤劳动参与编写的人员以及出版社相关工作人员的支持与帮助表示衷心感谢，同时对本教材的修订给予帮助的人员表示感谢。

编　者

2024年5月于北京

前言（第1版）

《草坪管理学》是草学的一个分支学科，它以植物学、植物生态学、植物生理学、土壤学、植物保护学等相关知识为基础，主要研究草坪草种、草坪生理、草坪生态、草坪土壤、草坪选育等基础理论知识以及草坪建植、养护管理和应用的技术，是一门综合性的交叉应用学科，是系统研究草坪管理活动的基本规律和一般方法的学科。草坪管理学是适应现代草坪生产需要而产生的，它的目的是研究在现有的条件下，通过合理的组织和配置因素，提高草坪的生产力水平。草坪管理学的任务是要解决草坪业在其发展过程中所面临的科学技术难题，因此草坪管理学具有很强的实用性。在一般意义上讲，它是通过采取某些具体的手段和措施，设计、营造、维护一种环境，包括组织内部和外部的环境，使所有管理对象在特定的环境中，协调而有序地进行活动。“草坪管理学”是2004年由中国农业大学周禾教授为草业科学专业本科生首次开设的必修课。在周禾教授带领的草坪方向教学团队努力下，2009年“草坪管理学”被评为校级精品课程。课程设置有32学时的课堂讲授（专业基本理论模块）和配套1周的“草坪管理学”课程实验和实习（应用技术模块）。经过多年的教学与实践，“草坪管理学”得到进一步完善与发展。本教材的编写针对草坪科学与工程或草业科学专业本科生而设计，其他专业应根据需要对章节与内容进行取舍。

《草坪管理学》编写人员由从事一线教学工作的教师组成，具体分工如下：孙彦编写前言、第1章、第4章、第6章6.3、第7章、第8章、第11章11.1、11.2和第12章；陈雅君、刘威编写第2章；王克华编写第3章、第9章；李曼莉编写第5章；甄莉娜编写第6章6.1、6.2；宋桂龙编写第6章6.3；孙海群编写第10章10.2、10.3；李会彬编写第10章10.1、10.2；班丽萍编写第11章11.3、11.4；段碧华编写第13章；孙小玲编写第14章14.1、第15章；李培英编写第14章14.2，姜华编写第14章14.3；黄晓潇编写第16章。全书整体框架搭建得到周禾教授的指导。2014年10月于重庆召开了《草坪管理学》全体编写人员会议，讨论提纲细节、编写的内容及要求，明确分工。历时一年多的编写最终完稿，全书最后由孙彦进行统稿，并由周禾审稿。

本教材在编写过程中参阅了大量国内外文献资料，对所引用的文献作者表示感谢；对付出辛勤劳动参与编写的人员以及出版社相关工作人员的支持与帮助表示衷心的感谢；感谢国家自然基金项目（31472139）资助，同时对给本教材编写给予帮助的人员一并表示感谢。

由于编者水平有限，本教材的错误与不足之处在所难免，恳请读者批评指正，以便修订完善。

编　者

2017年10月于北京

目　录

第一篇　草坪基础篇

第二篇　草坪管理篇

第三篇 草坪应用篇

第 1 章
草坪概述

1.1 草坪的概念

1.1.1 草坪与草坪草

草坪(turf)为一类特殊的草地，草坪的起源及早期演化都是地史时期内特定的气候—生物—土壤协同演化的产物。人类通过移植天然草坪开始向人工草坪过渡，又通过放牧动物(羊、鹿等)完成对草坪的修剪，最终通过刈割使人工草坪诞生。19 世纪，草坪剪草机的发明标志着现代草坪的降临。

早在春秋时代，《诗经》中即出现“绿草茵茵，芳草萋萋”的描述。我国第一部系统分析字形、音韵、考究字源的典籍——东汉《说文解字》(公元 100 年)中有“草”和“坪”的单字解释。草释为“艸，百卉也。从二屮”，坪解作“土地平也”，两字组合起来可解释为“百卉地平也”，译成白话文即“平的草地”。清《康熙字典》(张玉书等奉诏编著，康熙五十五年)和《中华大字典》(1935)均沿用此意。中国有关草坪建植可考的最早文字是司马相如(公元前 179—前 117 年)《上林赋》中描述上林苑中建植成片的缀花草坪，是我国描述草坪建植可考的最早文字，其中“布结缕，攒戾莎……”中的“结缕”一般认为是现在的结缕草和(或)中华结缕草，也可能是狗牙根；“戾莎”则有可能是一种薹草。宋代刘汝钧《春日田园杂兴》：“草坪闲见乌犍点，畲水飞来白鹭双”，南宋末诗人、词人汪元量《湖州歌九十八首 · 其六十二》：“灌州河水曲如弓，青草坪边路向东”，南宋文学家杨万里《过百家渡四绝句》：“远草坪中见牛背，新秧疏处有人踪”均出现了草坪一词。我国正式出版最早收录“草坪”一词的是 1978 年的《现代汉语词典》(丁声树主编，商务印书馆)，解释为“草坪，平坦的草地”。1979 年 10 月上海辞书出版社再版重新修订的《辞海》增补“草坪”一词，注释为“草坪亦称草地”，草坪是在园林中采用人工铺植或草籽播种的方法，培养形成的整片绿色地面，是园林风景的重要组成部分，同时也是休憩、娱乐的活动场所。《新华词典》(1984 修订版)解释为：“草坪，平坦的长满草的场地。”《汉语大字典》(1986)与《现代汉语词典》(1998 修订版)解释为：“草坪，平坦的草地。”《中国大百科全书 · 园林》(汪菊渊等编著，1988)解释为：“用多年生矮小草本植物密植，并经人工修剪而成的人工草地，称为草坪。不经修剪的长草地域称草地。”《古今汉语实用词典》(1989)解释为：“草坪，平整的草地。”《辞海》(1989 缩印版)解释为：“草坪亦称草地，园林中用人工铺植草皮或播种草籽培养形成的整片绿色地面，是园林风景的重要组成部分之一，可供观赏或作群众活动场地。”

随着历史的变迁，人类的进步和科技的发展，草坪从无到有，由初级到高级，其概念与内涵也在随之发展扩大。目前，草坪是指以禾本科多年生草类为主，人工建植的具有一定使用和生态功能，能够耐受适度修剪与践踏的低矮、均匀、致密的草本植被及其表土层共同构成的有机整体。但以上草坪的概念是指自然有生命的草坪，属于狭义的草坪概念。广义的草坪概念不仅包括自然有生命的草坪，还涵盖了非天然的人造草坪，即用非生命的塑料化纤产品为原料制作的草坪。人造草坪主要用于运动场。

构成草坪的植物称为草坪草(turfgrass)。草坪草主要包括植株低矮的禾本科草类，也有一些豆科、莎草科、旋花科、景天科、百合科等非禾本科草类。

1.1.2　草皮与草皮卷

草皮（sod）是用人工或机械方法将成熟草坪与其生长的介质(土壤等基质)剥离后，形成的具有一定形状的草坪的建植材料。草皮卷(rolled sod)是草皮切成一定长度、宽度和厚度并卷叠成卷的草皮商品。草皮或草皮卷是由草皮农场或个人用专门的工具等生产出来的。草皮生产(sod production)即草皮从种植、养护到成坪、收获的整个过程。草皮农场(sod farm)是生产和经营草皮的农场。

1.1.3　草坪管理学

草坪管理学(turf management science)是以植物学、植物生态学、植物生理学、土壤学、植物保护学、工程学、景观设计、经营管理学等相关知识为基础，主要研究草坪草特性、草坪生理、草坪生态、草坪土壤、草坪育种、草坪设计、草坪养护、草坪经营管理等基础理论知识以及草坪建植、施工与养护管理相应的技术。草坪管理学是一门综合性应用学科，是系统研究草坪管理活动的基本规律和一般方法的科学。草坪管理学是适应现代草坪生产需要而产生的，它的目的是研究在现有的条件下，通过合理的组织和配置因素，提高草坪的生产力水平。草坪管理学的任务是要解决草坪业在其发展过程中所面临的科学技术和工程学难题，因此草坪管理学具有很强的实用性。一般意义上讲，它是通过采取某些具体的手段和措施，设计、营造、维护一种环境，包括组织内部和外部的环境，使所有管理对象在特定的环境中，协调而有序地进行活动。

1.1.4　草坪业

草坪业(turf industry)是以草坪种子(草皮)生产、绿地建植、养护、生产、管理以及草坪产品的运营为核心的产业，是草业的一个分支。与草坪生产相关的产业群形成了现代的草坪业。草坪作为现代人类生活环境与现代文明的重要组分，堪称“文明生活的象征、生态环境的卫士、运动健儿的摇篮”。草坪业通过草坪的功能对人类社会作出贡献，创造显著的经济、生态、社会效益。

1.1.4.1　草坪业的概念与构成

草坪业是以草坪种子或草皮的建植、养护管理以及相关产品的生产、经营、服务为核心的产业，是草业的一个分支。草坪业包括草坪科学与技术，草坪的生产与管理、人力开发，草坪产品的制造、销售及服务等，具有以园林设计规划为龙头，草坪专业化生产为基础，技术和资金集约化为主导，社会化服务为依托，现代化管理为手段，大众化文化生活为目的的特点。一般草坪业由市场体系、生产体系、服务体系、科教体系四大产业群构成，具有知识密集、技术密集、文化密集的特点。

(1)市场体系

市场体系是由草坪的使用者所构成的体系。草坪市场主要分为运动场草坪、普通绿化草坪和水土保持草坪。从总体发展来看，草坪市场体系庞大，具有很大的发展潜力。目前，国内草坪业的技术力量还较薄弱，受过草坪专业教育和培训的人员很少，从业人员中专业技术人员比例不到4%，具有研究能力的高级科技人员更是稀少。作为新兴产业，逐步加大基础研究工作的投入，培养专业技术人员，加强科技创新工作，完善我国草坪市场体系，建立健全分布合理的市场机制势在必行。

(2)生产体系

草坪生产体系包括草坪纵向生产结构与草坪横向生产结构。在两种结构中，所用建植与养护全部产品可分为草坪建植材料、草坪机械、草坪农药与化肥。

①草坪纵向生产结构：包括产前设计规划、产中草坪建植、产后草坪培育3个生产环节。产前设计规划是草坪生产的“龙头”，既与城市建设规划相连接，又注重地方特点。产中草坪建植是草坪生产的中心环节，主要包括草坪主体及地被植物的栽培，以及坪内环境配套的建设。产后草坪培育是指草坪种子播种或草卷铺植后的草坪管护、浇水、施肥、修剪、清除杂草等一般性养护管理措施，以及防治病虫害、改善土壤状况、修补草坪等特殊性养护管理。

②草坪横向生产结构：包括两个结构层次。一级结构根据草坪绿化美化的不同特点，分为公共观赏草坪、体育运动草坪、生态防护草坪、特种草坪4个生产形式；二级结构根据草坪绿化美化专业化生产的特点不同，可划分成若干不同用途的草坪生产类别，不同草坪生产类别的专业化、集约化和养护管理程度有所区别，社会化、商品化的倾向也有所不同。草坪生产资料包括草坪种子、肥料、人造土栽培基质、农药、坪用机械等。

草坪生产体系缺乏健全的产品生产认证体系，如草坪草种子和草皮生产均缺乏统一的认证标准，不能很好地发挥按质论价。因此，建立健全产品生产认证体系对于高质量发展草坪生产体系非常必要。

(3)服务体系

服务体系是指在草坪产业范围内创造附加利润的部门，如提供草坪相关产品销售、设计咨询、建植养护、产品售后、样品分析等服务的相关企业或部门。服务体系主要由承包人、建设者、建筑师、土壤和种子质量检测实验室、协会组织、贸易组织、信息服务组织、咨询机构、商贸中心等构成。我国草坪业服务体系尚不完善，大部分公司只卖种子不提供售后服务，给草坪业建设带来了严重损失。草坪业的技术咨询、信息服务等平台也严重缺乏，很大程度影响了草坪业的生产与发展。

(4)科教体系

科教体系是草坪业软环境的支持体系，是草坪业不断发展的保证。草坪科教体系由不同部门的科研机构和不同层级的教育机构组成，我国建立了培训班、函授班、专科班、本科班、研究生班、博士后流动站的完备教育体系，从短期技术培训、职业教育到高等教育，以及科研部门如科研院所、试验站、学术组织团体、商业杂志、技术杂志等内在与外部条件业已成熟。草坪教育实行“生产—科研—教育”的人才培养模式，以市场需求为导向，开设草坪课程为起点，创建崭新专业方向为手段，设立草坪专业为目标，达到创建独具中国特色的、完备的草坪人才培养体系为最终目的。

1.1.4.2 草坪业的特点

①知识密集性：草坪业涉及多门学科，包括生物学、植物学、植物生理学、植物分类学、土壤学、生态学、环境学、气象学、草坪学、草坪管理学、植物保护学、园林规划设计、统计学、城市学、经济管理学等，内容涵盖广泛，是知识高度密集的产业。

②实用综合性：草坪业是草坪生产、经营与服务一条龙的产业体系。从生产经营上，包括了种植、养护、营林、饲料、加工、供销、贸易、运输、体育、休闲娱乐、旅游等方面，实用综合性强。

③多功能性：草坪绿地作为人居环境的重要组成部分，在美化环境、促进体育事业、提供多种生态服务上发挥了重大的作用，同时还丰富了城市居民的体育、保健、休闲、旅游等文化生活，促进了城市政治、经济、文化、科技等多项事业的健康发展。

④经济性：草坪业的发展遵循市场法则和价值规律。随着经济社会的发展，人民对生活环境质量的要求更高，草坪在基础的户外运动和其他各种活动的应用更加频繁，草坪业因而得到长足的发展。同时，草坪业充分发挥其辐射效应，联动起草坪草品种研发、种子生产、绿地建植、草皮生产以及草坪农药、化肥、灌溉、机械等多行业崛起，成为国民经济的新增长点。

⑤科技性：国内许多高校、研究院所和企业都在进行草坪的科学研究，并将研究成果运用到生产中去，如草坪植物的引种选育、无土草毯、液压喷播、屋顶绿化等。

⑥文化性：草坪生产及草坪绿地从设计到经营管理，既包含了东方园林文化的精华，又渗透着西方草坪文化的内涵，已成为衡量现代城市文明进步的一个重要标志。

1.1.4.3 草坪业的经营体系

草坪业的经营体系是指整个产业链的利益各方及其环境。其成熟程度要看产业链利益的各方是否完整，各方利益分配是否合理和相对稳定，它们之间的关系是否正常，维护产业的外部环境，包括科技支撑体系、草产品机械制造系统、投资环境、金融税收体系、人文环境、政策环境、法律环境、流通体系、行业协会、中介服务机构等是否成熟。

草坪业的产业链联系着生产者(农民、企业)、加工者(企业)、流通者(销售公司、运输公司和中介公司等)和消费者(运动场、公园、机关单位、饲料厂等)，每一个环节都存在投入与效益。产品和市场是产业化的基本要素，企业是完成产业化的核心。建立成熟的草坪业经营体系需要企业的支撑和带动，领军的龙头企业将起到核心作用。

1.1.4.4 草坪业的质量管理体系

草坪业的质量监管体系是指为了确保草种、草皮、植生带等草产品满足规定的质量要求，对其生产和销售进行连续的监视、验证、记录和分析。构建完善的产品质量监管体系是为了更好地掌握草坪产品的质量状况，为市场提供优质的产品，促进草坪业的健康发展。

(1)我国草坪草质量监督检验机构概况

截至2024年，全国共建有草业产品质量监督部级检验机构5个，包括农业部全国草业产品质量监督检验测试中心、农业部牧草与草坪草种子质量监督检验测试中心，分别设在北京和兰州。其中，农业部牧草和草坪草种子质量监督检验测试中心(北京)根据农业部农市发〔1998〕9号文件批准，在中国农业大学牧草种子实验室的基础上建立。中国农业大学牧草种子实验室1989年已正式加入了国际种子检验协会(ISTA)，2013年成为ISTA认可实验室，被授权出具国际认可的种子质量“橙色/蓝色检验证书”。国家规定检测机构检验员必须获得资格才可从事检验工作，必须具备大专以上文化程度，并具有两年相关工作经验。检验机构承担委托检验、仲裁检验与监督抽查检验任务。

(2)草坪草种与草皮认证体系

实行草坪草种子与草皮认证制度是发达国家质量管理的重要手段，保护了草坪草种子和草皮生产者、经营者及消费者权利与利益。发达国家如美国有国家及各州认证体系。我国2007年颁布行业标准《牧草与草坪草种子认证规程》(NY/T 1210—2006)，但目前尚未建立完善的草种认证制度和体系。中国是经济合作与发展组织(OECD)成员国之一，且草种与草皮生产量和贸易量逐年增加，有关机构建立草种与草皮认证体系，开展种子与草皮认证工作十分必要。完善草种认证与草皮标签和质量检验标签内容，建立种子和草皮生产二维码追溯信息系统，为市场监管提供服务，促进草坪业的健康有序发展。

(3)草坪业相关政策法规

草坪业作为新兴产业，其发展过程与国家和地区的产业政策、法律倾向及社会经济、科技、人力资源的配置和组织管理密不可分。

①《中华人民共和国草原法》(以下简称《草原法》)：是对有关草原方面的重大问题做出规定和调整的综合性立法，在草原法律体系中，具有仅次于宪法规定的最高法律地位和效力。中华人民共和国成立以来，1985年出台实施了《草原法》，于2002年12月28日进行修订，并于2009年、2013年、2021年3次修正。《草原法》的贯彻实施，推动我国草原实现历史性变革，对于保护修复和科学利用草原，加快生态文明和美丽中国建设，发挥了十分重要的作用。《草原法》是我国草业全面协调可持续发展的基本保证，应加大其执法力度，使其在草业发展中起到保驾护航的作用。

②《中华人民共和国种子法》(以下简称《种子法》)和《草种管理办法》：《种子法》明确草种是农作物种子的一部分，是人工种草、改良草地、退化草地治理和生态建设的物质基础；《种子法》还明确了种质资源保护、品种选育与审定、种子生产、种子经营、种子使用、种子质量、种子进出口和对外合作、种子行政管理等方面的法律责任。2006年农业部制定了《草种管理办法》，使草种质资源保护、品种选育、草种生产、经营、管理等活动走上了法制化轨道。

③标准与规程规范：草坪是我国草业的重要组成部分，国家在制定草业标准的同时，也制定了急需的草坪标准。草坪标准的内容包括草坪相关术语、草坪产品(种子、草皮等)、草坪建植与管护和草坪机械四大类。此外，国家还制定研究了人造草坪标准。草坪国家标准和行业标准对推动草坪标准化发挥了重要作用。

1.1.4.5　草坪业的经营方式

我国草坪产业的发展，要重视经营方式的变革。我国草坪产业化建设还处于不成熟状态，企业、农户、合作社、协会等结合度较低，分散经营，没能形成完善的产前、产中、产后的产业链系统，市场竞争能力弱，抗风险能力不强。因此，我国发展草坪业产业化，首先，需要培养龙头企业，尤其需要在政策上，如资金、税收、人才等方面进行倾斜和扶持；其次，加强企业、农户、合作社、科研机构等的联系，采用成功的产业化经营模式，对农户进行示范和指导，以企业带动农户，以一户带动多户，逐渐连成片，形成具有地方特色的产业基地。目前，我国常见的经营方式有“企业+农户”“企业+基地+农户”“农户+

合作社”“协会+农户”这几种。

1.2　草坪的起源与发展历史

草坪的产生、利用和研究有着悠久的历史，且因地域、民族的不同而异。总的来说，草坪起源于天然的放牧地，最初被奴隶主或帝王们用于观赏、游乐的场地或庭院的美化，随着社会的进步、人们生活质量的提高、体育竞技的发展、人居环境与生态保护的需要，草坪得到发展并逐渐成为人们生活不可分割的组成部分。草坪是现代文明的象征。

1.2.1　草坪的起源

距今4 000万年前，天然草坪新生代第三纪渐新世尚未到来，自然界中，由于气候、土壤、生物协同作用，出现进化中的植物相——草原，草坪草和草坪起源的主角——禾本科草出现，哺乳类草食蹄兽诞生。进入渐新世(距今4 000万~2 500万年)，欧亚大陆气候变化，气候变得凉爽而干燥，森林逐渐减少，草原不断扩大。到了中新世(距今2 500万~1 200万年)，出现了较多的适应草地生活的草食蹄兽，催生草坪草和草坪的气候、土壤以及生物均已经就绪。到了上新世，尤其是上百万年前，发现禾本科草的化石逐渐丰富，经鉴定认为是羊茅属、黍属、狗尾草属、须芒草属等，且均具有现代种类的形态。此外，同时代的更适应草地生活特征的草食蹄兽类化石大量出土，如马、鹿、牛、羊等。这些蹄类大量繁衍，生活在大片以禾本科草为主的草地上，啃食和践踏草类植物，携带和传播草种，促进了禾本科草类植物的生长、分蘖和繁殖。这时的草坪更确切地说应该叫“自然草坪”，跟现代真正意义的草坪不同，还没有体现被人类使用的功能。

1.2.2　原始文明时期

狭义的草坪是指人工建植的具有一定使用和生态功能的草本植被，即社会需要具有一定的财力、物力、人力和技艺(种植和养护等科学技术)来进行建植和维护，较高的社会生产力和社会经济条件是草坪形成的基础。人类社会的原始时期，世界各地都可以见到自然状态下的草原，人们群居在草原上，只是被动的依赖、融合、生活于自然环境之中，主要以狩猎与采集来获取生活资料，没有可能出现真正的草坪。到了原始社会末期和奴隶社会初期，出现了原始农业，人类由猎食开始转变为农耕的植食，出现了种植地，也开始在草原上饲养牲畜，草被家畜利用，草坪才开始被孕育。

我国到了奴隶社会才有条件建植草坪。解决了生活的劳务后，奴隶主和帝王们就有了足够的时间进行各种游乐嬉戏，其中包括“狩猎”活动。被选择为狩猎地区的地方，一般是那些禽兽比较集中之处，如山丘、林茂之地或水草丛生之处，这就是成为种植植物与圈养动物的“囿”。囿是我国园林起始的最初形式，始于夏商周时期，是指在圈定的范围内让草木和鸟兽滋生繁育。囿的出现伴随着人类对自然草坪的利用，草坪游憩和观赏的功能开始展现。《周礼·地官司徒下》记载：“囿人掌囿游之兽禁。”《说文解字》上说：“囿……一曰禽兽曰囿……”殷周时畜牧业已相当发达，周王室拥有专用的“牧地”，设置官员主管家畜的放牧事宜。《史记·殷本纪》中记载：“……好酒淫乐……益收狗骑物充仞宫室，益广沙丘苑台……多取野兽蜚鸟置其中……”纣王时沙丘苑囿中已有动物栖食的草、木、池沼、鹿台，此时囿中的草主要用于帝王饲养放牧兽，草被利用兼有游观的作用。可见草坪起源被帝王们利用的天然的放牧地，而真正意义的草坪的起始形式与园林的最初形式囿同步形成，起始时期是约公元前11世纪，也就是奴隶社会的殷末周初。

国外草坪种植最早出现于公元前6世纪，波斯(现今伊朗境内)建立奴隶制国家，宫廷花园内种植镶花草坪。巴比伦、波斯气候干旱，重视水的利用，所以，波斯园林的布局多以位于十字形道路交叉点上的水池为中心，这一手法为阿拉伯人继承下来，成为伊斯兰园林的传统，于苏丹、西班牙、印度等国流传，传入意大利后，演变成各种以水景为中心的园林造景手法，成为欧洲园林的重要内容。源自两河流域的伊甸园——绿洲园，就是以喷泉或水池为核心，周围布置规则对称的开阔低平的绿色多彩的草皮和花卉。波斯的庭院设计形式影响到欧洲各国，继后流传于古希腊和古罗马，成为西方文化的一部分。

1.2.3 农业文明时期

人类进入以农耕经济为主的文明社会，生产力的发达和相应的物质、精神生活水平的提高，促进造园活动的广泛展开，草坪随之发展。草坪经历了由萌芽、成长而臻于兴旺的漫长过程。此阶段草坪基本上为帝王所有或直接为统治者服务，并成为统治阶层夸耀其权势和财富的资本。以追求视觉的景观之美和精神寄托为目的，并没有自觉地体现所谓的社会、环境效益。

例如，在秦朝对栽花种草就很重视，阿房宫“五步一亭，十步一阁”，几乎“亭亭有花，阁阁有草”。公元前2世纪，汉武帝在秦阿房宫基础上扩建成上林苑，更是种植繁多的花草，草木名称多达4 000余种，大多是从汉代势力所及的四面八方收集而来。在《史记》《汉旧仪》《上林赋》《三辅黄图》和《西京杂谈》等均有记载，如《上林赋》记载：“布结缕，攒戾莎……”5世纪末，《南史·齐本纪下第五·废帝东昏侯》记载：“……为芳乐苑……划取细草，来植阶庭，烈日之中，至便焦躁……”这是我国第一部记载草坪利用的书籍。用切下来的天然草坪移植庭院，美化庭院，表明草坪从天然草坪向人工草坪过渡。唐代出现了“文人造园家”的雏形，白居易是第一位文人造园家，文人造园对后来我国古典园林和私家园林的写意自然的园林风格的形成奠定了基础，也影响后来设计者对园林中草坪的设计风格。13世纪中叶，元朝忽必烈宫殿内即有草坪建植。18世纪，草坪在皇家园林中占有重要的地位，具有相当的规模，承德避暑山庄建有500余亩①的疏林草地(即万树园)，系薹草属羊胡子草形成的大片绿毯草坪。乾隆四十六年(1781)6月，乾隆皇帝弘历在承德避暑山庄万树园休息时，面对碧绿的草坪景观有感而吟成《绿毯八韵》诗。诗序曰：“山庄土美草丰，连冈遍野，而以鹿多恣食，不致蔚长，铺地不遏寸馀，诚绿毯也。”序中明确说明草坪低矮的坪用性能是放牧鹿来维持的。诗中前几句：“绿毯试云何处最，最惟避暑此山庄。却非西旅织裘物，本是北人牧马场。雨足翠茵铺满地，夏中碧罽被连冈。鹤行无礙柔丛印，鹿啮那容密剡长。”更是表达了乾隆对绿茵如毯草坪美景的赞美，让人流连忘返。清乾隆二十九年(1764)和三十九年(1774)，北京北海北岸和东南海瀛台土石相间的山坡奉旨将新堆土山满铺草皮42亩(约28 000 m^2)，至今尚未获悉当时北京及京郊有将种植草坪列为副业的农家，故推断所铺草皮仍取于天然草坪。以上各类移植天然草坪至宫苑、庭院建立

① 1亩=1/15 hm^2。

的人工草坪，只能视作由天然草坪向人工草坪过渡的形式，这个过渡历史阶段，至少有2 000多年或更久。人类通过对草地的“重牧”“刈割”促使了人工草坪的诞生。

在国外，草坪的应用起源于中世纪(约395—1500)的欧洲。中世纪教堂的壁画和油画描绘了人们在草坪上的各种活动，但这时的草坪都是内向型的娱乐空间，面积较小，通常位于修道院、大学等封闭院内。美国草坪科学家Beard J. B博士说，1159年出版的一本日本书中首次出现有关铺草皮的描述，草皮通常是从有牲畜放牧的、成熟的草地上进行手工收获。这本书与我国第一部记载草坪利用的书籍相比要晚600多年。13世纪末，Pietro Crescenzi的《田园考》(*Opus Ruralium Commodorum*)中有关于罗马帝国时期王侯贵族园林和花木布置的描写，也有关于如何防除杂草、铺设草皮的介绍。13世纪末，英国出现了用禾本科草单播建植草坪的技术。14世纪，英国宫廷贵族开始用草坪美化环境，把铺设草坪看作是声望、权势、地位的标志。上层阶级的贵族非常重视草坪的维护和管理，富有的土地所有者利用草地生产牲畜，家附近的草坪则由仆人手持镰刀维护。17世纪，草坪在园林中得到大规模应用。同时期，英国也出现了精心修剪的草坪，虽然大多数公园里仍有放牧等活动，但土地拥有者越来越依赖人力来照料家附近的草地。在剪草机出现之前，只有富人才雇得起这么多人来割草和除草，所以草坪仍是财富和地位的象征。

农业文明时期，草坪上的运动也有了新的发展。12世纪末和13世纪初，英国文献报道了草坪用作打滚木球和板球的场地，当时的板球是“首个在草坪上进行的团队运动”。15世纪，体育方面的重大发展是“随着团队运动——足球的演变，人们开始在英格兰公共绿地的草坪上进行足球比赛”，草坪的质量和管理维护技术随之逐渐发展。1588年，在公共草地上进行滚木球被首次划入运动比赛项目，滚木球草坪(bowling greens)被认为是现代高质量草坪如网球场草坪、槌球场草坪和高尔夫球推杆果岭草坪的前身。欧洲文艺复兴时期的画作展示了当时私人观赏庭院和公共公园空间内的草坪，如意大利庭院中在草坪上举行射箭、高尔夫球、滚木球等贵族娱乐活动的场景。

1.2.4　工业文明时期

1830年，Edwin Beard Budding(1795—1864)的第一台手工机械滚筒式草坪剪草机问世标志着草坪进入机械化时代，它结束了以绵羊等食草家畜放牧或镰刀刈割“修剪”草坪的时代。1857年，世界上最早的城市公园——纽约中央公园建立，标志着公共草坪的诞生。1890年，草坪剪草机得到大规模生产，价格下降，应用更加广泛。

19世纪初，人们发明了一种“雪橇状装置”，用于在收割草皮时控制草皮的宽度和深度。美国密歇根农业实验站的William J. Beal博士在19世纪90年代发表了第一篇草坪草科学研究报告。随后，美国各大高校和世界其他国家的一些研究机构开展了大量草坪草研究项目。20世纪初，美国许多州立大学和实验站纷纷开始草坪研究工作。1910年至1924年间，美国高尔夫球协会(USGA)与美国农业部合作，资助并开展了一项关于筛选最佳草种和草种组合的研究。以创造出适合美国各种气候的耐用、有吸引力的草坪。在20世纪中期，美国首批拥有草坪的郊区模板经济适用房建设和草坪科技的发展，使草坪在北美得到了蓬勃的发展。

从第一台草坪剪草机问世以来，草坪机械在不断更新、演变，给草坪的养护管理带来了巨大变革。1890年，Henderson在手工机械滚筒式草坪剪草机的基础上，研制出第一个马力草坪剪草机并受到欢迎。1902 年前后，英国人 Edward Ransome 制造了内燃机作动力的剪草机。1905 年，Ransomes 已经把他们的机器出口卖给了上海和属于殖民地区的布宜诺斯艾利斯马球俱乐部。1919 年，出现了联合式剪草机。20 世纪 20 年代，可以夜间剪草的电动剪草机被研制出来，广受欢迎，并迅速得到普及。20 年代末，第一台动力滚刀式剪草机使剪草质量更高、更低矮，适宜高质量运动场及高尔夫果岭使用。

这一阶段的草坪较上一阶段在内容与性质上均有所发展和变化：①除私人草坪外，出现政府出资经营、属政府所有的、向公共开放的公共草坪；②草坪规划设计已摆脱私有局限，从封闭内向型转向开放外向型；③兴建草坪不仅为获取视觉景观和精神陶冶，同时注重改善城市质量的生态作用(环境效益)和游憩与交往空间的活动场地(社会效益)。

1.2.5 现代文明时期

第二次世界大战后，草坪发展出现新趋势。识别技术、人工神经网络、物联网、人工智能、云计算、自动控制、无人机等最新技术使草坪业逐步向精准化、智能化、信息化发展。后工业时代和信息时代将草坪业带入新的技术革命时代，草坪的坪床改良、播种和修剪都有进一步的发展。

1910 年探地雷达(ground penetrating radar，GPR)概念的提出，20 世纪 60 年代计算机辅助技术(computer aided design，CAD)和 70 年代的全球定位系统(global positioning system，GPS)等的发展与软件开发，使草坪机械得到突破性进展，为草坪工程和科研提供了更方便的技术手段。草坪建植或改良时可以在不破坏原草坪植被的情况下获得清晰的坪床结构情况与排灌设施布局，大大降低了建植或改良的成本。

20 世纪 50 年代，美国发明了第一台商业化的喷播机，使草坪的建植技术得到进一步提升，在常规技术不易建植区域(如不规则地带、斜坡、狭道、沟渠以及窄缝地区)的草坪建植均有了可行性。喷播技术在 20 世纪 60 年代传到英国；20 世纪 90 年代初引进我国，1992—1995 年应用于深圳沿海城市绿化，1996 年开始应用于高速公路、铁路路基边坡绿化，1998 年在我国大量推广。

1980 年左右，高效率合理化一体机械开始登场，使草坪修剪质量和效率均大大提高。1995 年，美国第一台完全由太阳能驱动的剪草机面世，能够维护多达 2 hm^2 的草坪。目前，随着智能手机的出现，一些剪草机器人已经集成了定制应用程序的功能，可以调整设置或预定的剪草时间和频率，可使用数字操纵杆手动控制剪草机。进入 21 世纪，随着人类的追求与经济的发展，草坪科技水平与应用也随之发展。截至 2005 年年底，剪草机器人是美国国内使用的第二大类机器人。草坪精准养护机械的问世，将最大程度地减少水分与养分的浪费，减少资源投入，以达到草坪最佳状态。除了草坪机械本身的发展外，随着时代的发展，当今追求自然、生态、环保、健康的时代，最原始的草坪修剪模式——靠食草动物(如羊等)来修剪的模式也开始走向市场。

如今草坪业在各国发展有所不同，美国在建坪技术、种子生产的规模和草坪机械种类等仍处于世界领先地位。草坪业在美国与航天工业、汽车工业等一同被列入十大产业。目前据保守统计，美国草坪面积 0.16×10^8 hm^2，雇佣 82 万人，经济影响达 600 亿美元，是美国最大的灌溉作物。50%以上的美国居民用水，被用来灌溉草坪。美国人一年要购买约 600 万台推式剪草机，150 万台座式搂草机，再加上其他类型的草坪机械，每年支出高达

90亿美元。剪草机一年烧掉汽油 3.03×10^9 ~ 4.54×10^9 L。每年向草坪施肥超过300万t。全美国约有1.5万座高尔夫球场。美国商业草皮农场面积约 1.62×10^5 hm^2，年总价值超过31亿美元，欧盟的草皮(天然草皮)生产面积超过8万 hm^2，涉及2万名工人，每年产生1亿美元，收入约24亿欧元。印度草坪草产业占地超过 1.2×10^4 hm^2，其中约2 400 hm^2 主要是种植草坪和生产草皮。我国草坪业随着我国经济的发展、生态环境要求的提高、生活水平的提升，逐步进入稳定发展的阶段，对草坪的需求不论从质量还是数量都是不断增加，仍然是一个朝阳产业。

此阶段草坪的变化：①私有不占主导，城市公共园林、绿化开放空间以及各种户外竞技和休闲娱乐场地扩大，同期草坪面积也相应不断扩大；②草坪建设以改善城市环境质量、创造合理城市生态系统为根本目的，并加强了审美的构思与设计；③实践中，城市飞速发展和乡村改革开放，改变了建筑与城市的时空观，草坪学成为一门综合性的应用学科，与城乡规划、竞技场地、休闲娱乐紧密相连密不可分；④多种技术并存，科技更加发达先进，电子信息、遥感、激光以及智能化等技术应用于草坪建植、养护管理与机械设计之中。

1.2.6 中国草坪发展历史

奴隶社会时期，我国可供游憩和观赏的园林中开始有草坪的应用，古典园林中也一直可见对草坪应用的记载，但现代意义上的草坪在我国起步时间较晚。

1.2.6.1 我国现代草坪的发展阶段

1840年鸦片战争后，世界列强入侵中国，同时将欧美式的公园草坪、运动场草坪和游憩草坪等相继引入我国的上海、广州、南京、青岛、天津等城市，并利用野生乡土草坪草进行繁殖，但草坪面积有限。1916年，上海成立第一个上海虹桥高尔夫总会(九洞)，1917年开始运营。

1949年以后，旧社会“遗留”下来的草坪绝大多数被改造为儿童乐园或居民活动场所，古典园林和私家园林也逐步对外开放为公共园林。随着我国逐步恢复国民经济和有计划的经济建设，随着城市的发展和国际地位的提升，草坪绿地建设较1949年以前有较大的发展。中华人民共和国成立后，我国草坪发展大致经历了4个阶段。

①20世纪50年代到70年代初，我国草坪发展还是处于起步阶段。1955年北京植物园胡叔良先生首先设立草坪研究课题，将优良草坪草——野牛草引入中国，并和园林单位开展了大量的草坪草引种试验及草坪建植养护技术研究。1960年沈阳首先成立园林科学研究所，对草坪的发展起了推动作用，但草坪的发展仍然缓慢。

②20世纪70年代末到80年代初，草坪发展进入新阶段。1979年2月23日，在第五届全国人民代表大会常务委员会第六次会议上，根据国务院提议，为动员全国各族人民植树造林，加快绿化祖国，决定每年3月12日为全国的植树节。从全国绿化行动上也促进了草坪的发展。改革开放以后，国外的草坪技术开始输入我国。这一阶段，我国公众对草坪的认识进一步加深，专业草坪公司涌现，草坪科技交流增强。

③20世纪80年代末到90年代初，草坪进入高速发展阶段。由于国民经济快速发展以及城市化的加速。草坪的需求急剧增长，同时草坪的建设和科技也得到前所未有的重视，先进管理和养护技术的引进和研究均得到长足的发展。尤其是90年代之后的各项大型体育

赛事，如世界大学生运动会、亚运会、奥运会等，都对草坪的发展起到非常大的促进作用，运动场草坪得到了质的飞跃发展。同时，我国生态修复也提上日程，1999年我国启动实施退耕还林(草)工程，逐步重视草地植被生态修复与治理。

④21世纪以来，草坪进入平稳发展阶段，草坪发展取得了更大的进步，但也遇到了发展的瓶颈和前所未有的挑战。国家生态环境建设、城乡可持续发展战略、西部大开发战略以及扩大内需的方针都为草坪业发展提供了前所未有的发展契机。草坪科研与技术随着电子信息技术和智能化等科技发展而发展。进入21世纪，无人机在草坪植保中应用已经比较普遍，逐渐应用于草坪草种子生产管理(水肥)匮缺预测中，在大面积的草坪养护管理以及球场的智能管理上发挥着不可替代的作用。剪草机器人也在大型草皮生产基地和高尔夫球场开始应用。目前高级的运动场草坪智能信息化管理(如智能灌溉)已非常常见。为深入贯彻《国务院关于印发新一代人工智能发展规划的通知》精神，抢抓人工智能发展机遇，深化智慧化引领，全面推动人工智能技术在林草业核心业务中的应用，2019年国家林业和草原局发布《关于促进林业和草原人工智能发展的指导意见》，既是全面建成智慧林业的重要举措，更是林草业顺应时代潮流、实现智慧化跃进的良好机遇，草坪进入与其他机械、电子、信息、智能化等学科交叉紧密融合，提升并促进草坪业高质量发展的新时代。

中国的草坪业正处于稳定发展时期，逐渐拉近与国际水平的距离，迈向规范、可持续、健康发展的时代。

1.2.6.2 我国现代草坪的建设成就

随着我国改革开放，国家经济迅猛发展，我国草坪产业也取得了长足的进步与发展，草坪在过去的几十年里，在科研、教育和产业发展上都取得了很好的成绩。草坪在运动场、城乡绿化、机场和高速公路绿化、矿山修复和生态治理等方面均发挥了应有的作用。我国现代草坪的建设成就主要表现在：高尔夫球场数量及运动场草坪数量实现零的突破以及数量的飞跃；草坪产业从体系的形成到构建现代新体系；草坪及相关学术团体成立；草坪科技出版物的发行。

1.3 草坪类型与功能

1.3.1 草坪的类型

草坪的分类是按照草坪的趋同性状对草坪进行的划分和归类。不同的划分依据形成相应的草坪类型。草坪与人类的生产生活有着密切的联系，随着草坪科学的不断发展，草坪需求的逐渐扩大，草坪的表现形式也多种多样，从不同标准或不同角度出发，可以将草坪分成不同的类型。

1.3.1.1 根据草坪用途划分

(1)观赏草坪

观赏草坪也称装饰草坪、造型草坪或构景草坪，即以观赏为主的草坪，如各种平面或立体花坛中配置或点缀的草坪；纪念物、雕塑、喷泉等周围用来装饰或陪衬的草坪等。这种草坪主要是色泽与质地好，管理一般要求精细，不耐践踏，是作为艺术品欣赏的高档草坪。

(2)游憩草坪

游憩草坪即供散步、休息、游戏等户外活动的草坪，如广场、疗养院、公园、住宅区等处建植的草坪。这种草坪一般面积较大，管理粗放，草坪内可种植观赏树木或点缀石景、花卉等，是人们户外活动的良好场所。

(3)运动场草坪

运动场草坪是用于体育运动场地的专用草坪，如高尔夫球场、足球场、草地网球场、赛马场、棒垒球场、滚木球场、橄榄球场等。这类草坪所用的草种要具有耐践踏、再生力强、根系发达、耐修剪等特点。

(4)水土保持草坪

水土保持草坪是指用于植被缺乏区域的草坪，作用是稳固裸露地表，减少侵蚀，主要建于高速公路或铁路两侧、江河湖海沿岸、水库堤坝及各种坡地。这类草坪所用的草种具有根系发达、建植速度快、适应性强等优点。水土保持草坪在我国北方地区的主要作用是防风固沙，在我国南方地区的主要作用是防止雨水冲刷和水土流失。

(5)环保草坪

环保草坪主要建植在污染物质产生的地方的草坪，如化肥厂、造纸厂等各种大型有害物产生的工厂，用于转化有害物质，降低粉尘、减少噪声等。这类草坪所用草种一般具有较强的吸收有毒有害物质的功能。

1.3.1.2 根据植被组成划分

(1)单一草坪

单一草坪是指由同一种草坪草种或品种建成的草坪。这种草坪具有高度的均一性，如结缕草、野牛草、白三叶、白颖薹草等建植的草坪通常为单一草坪。

(2)混合草坪

混合草坪是指由一种草种中的几个品种建成的草坪，这类草坪也具有较高的均一性和一致性，要比单一草坪具有更好的抗逆性和对环境的适应性。如高尔夫球场果岭草坪通常采用2~3个品种混合的匍匐翦股颖草种建植来增加抗性。

(3)混播草坪

混播草坪是指由两种以上草坪草种建成的草坪。这类草坪缺点是不易获得纯一色的草坪，即在均一性和一致性方面不如单一草坪和混合草坪，但在适应性方面要更强。如在陡坡上建植草坪，多采用混播，采用发芽快、能迅速覆盖地表面的草种(如多年生黑麦草)和发芽慢、根系发达的草种(如草地早熟禾)等来混播建植，这样不但可以防止草坪草种子被冲刷掉，也可以很好地控制草坪苗期杂草的入侵。

(4)缀花草坪

缀花草坪是指以草坪为背景，间以观花地被植物的草坪。如在草坪上点缀一些水仙、鸢尾、马蔺、紫花地丁等草本花卉植物，这些草本花卉植物的占地面积一般不超过草坪总面积的1/3，缀花分布可疏密自然交错，使草坪更加美丽。

1.3.1.3 根据规划设计形式划分

(1)规则式草坪

规则式草坪又称几何式草坪，有明显的对称轴线，各要素都是对称布置，具有庄严、雄伟、肃静、整齐、人工美的特点，缺点是过于严整、呆板。一般用于有中轴线的绿地，如主要建筑物前、大型广场内、纪念性绿地等。

(2)自然式草坪

自然式草坪又称不规则式草坪、风景式草坪，对称轴线不明显。各个要素自然布置，创造手法是效法自然、服从自然，具有灵活、幽雅、自由的自然美。其缺点是不适宜与严整对称的建筑、广场相配合。适宜休闲、度假娱乐场地，如公园、旅游度假村、高尔夫球场等。

(3)混合式草坪

混合式草坪在布局上把规则式与自然式的特点融为一体，两种形式与内容在比例上相近。绿化草坪中，建筑物附近和主要出入口等处多采用规则式，然后逐步向自然式过渡。

1.3.1.4 根据设置位置划分

根据设置位置划分可分为庭院草坪、公园草坪、高尔夫球场草坪、飞机场草坪、赛马场草坪、校园草坪、林下草坪、公路边坡草坪、屋顶草坪、垂直绿化草坪等。

1.3.2 草坪的功能

草坪是人类物质文明与精神文明的组成部分，带给人类社会的贡献在我们的生活中越来越重要。草坪的功能主要体现在3个方面：生态功能、服务性功能和社会功能。

1.3.2.1 草坪的生态功能

(1)减少环境污染，净化空气

草坪对大气的净化作用主要表现在草坪草能向大气输送O_2和吸收、固定、降解大气中的有毒有害物质。根据测定：每公顷草地每天可吸收900 kg CO_2，并释放600 kg O_2，一个成年人每日吸入0.75 kg O_2，排出1 kg CO_2，如果每人拥有25 m^2的草坪，就能把呼出的CO_2全部转化为O_2。由于城市中工业机器、交通工具、燃料等放出大量CO_2，超出人的呼吸量几倍，因此，每人大致需要30~40 m^2的绿地面积，才能保证市民呼吸到新鲜空气。很多草坪草都对O_3、SO_2、NO_2、NO、HF和NH_3等污染物有一定的适应性，在污染物含量增加的情况下仍能生长，并且有较强的吸收能力。有研究者在道路两侧进行试验，发现道旁的普通狗牙根叶片中铅积累为20 μg/g，说明普通狗牙根是直接从空气中或从污染土壤中吸收了如此大量的铅。

草坪可以接受、吸附空气中的尘埃。据测定，在3~4级风时，落地空气中的粉尘浓度约为有草坪地面的13倍。通常草坪上空的粉尘量为裸地的1/6~1/3。冬季草坪枯黄后，草坪的粉尘比裸地少15%左右。美国每年草坪草吸附120×10^8 t左右的尘埃和污染物。被草坪草吸附的污染物或尘埃通过降水或灌溉被冲进土壤系统。可见，草坪显著地降低了大气中尘埃或污染物的水平，可以被称为自然的过滤器。某些草坪草能分泌一定的杀菌素，使空气中的细菌含量减少。据测定，无草坪公共场所上空的细菌比草坪上空的细菌含量多3万倍。有些草坪草还能起到环境污染的指示作用。另外，在草坪的土壤中，还存在微生物和动物区系。它们以草坪草死亡的根系和枯叶为生，是吸收、降解有机化合物和农药最有效的生物系统之一。

(2)减少噪声、强光和视觉污染

草坪对减缓噪声污染有较好效果。根据北京市园林研究所测定，20 m宽的草坪可减少噪声2 dB；国外在高速公路两侧的测定结果表明：路边设置21 m宽的草坪可将由交通工具造成的噪声减少40%。250 m^2 草坪，四周为2~3 m高多层桂花树比同面积的石板路面减少噪声10 dB。在飞机场铺建草坪可减少飞机场扬尘与噪声，又能延长发动机寿命。

碧绿茵茵的草坪，能给人一种静谧的感觉，可以开阔人的心胸，使身心得到放松。当人们从喧嚷的闹市、嘈杂的车间、脑力劳动的实验室和创作室移身到草坪环境，可使脑神经系统从有刺激的压抑状态中解放出来，感到心旷神怡，减少疲劳。草坪可反射强光从而降低强光对人的刺激，对视力有保护作用。

(3)调节小气候

草坪草能吸收太阳的辐射热能，降低温度，提高空气湿度，调节小气候。据测定，夏天草坪的空气湿度比裸地高10%~20%，地表温度比裸地低3℃以上。如在北京，夏天水泥地温度高达38℃，草坪表面温度可保持在24℃，太阳射到地面的热量，约50%被草坪吸收，冬季则相反，草坪温度较裸地高0.8~4℃。屋顶平台铺植草皮或有地被植物，较工程降温措施的隔热板质量轻、费用少、绿化效果好。另外，对草坪的灌溉也有机械降温的作用。

(4)控制土壤侵蚀，保持水土

草坪草致密的地上部草层和密集的地下部网状根系可减少地表径流，控制土壤侵蚀，保持水土。根据测试，在30°的坡地，降水强度为200 mm/h的情况下，当草坪盖度分别为100%、91%、60%、30%时，其土壤侵蚀度分别为0、11%、49%、100%。草坪是一种既廉价又持久的防止土壤风蚀、水蚀的地被。

(5)提高地下水的补给和质量

草坪能够控制土壤侵蚀的主要原因是其对径流水有较高的截获能力，这种作用可增加对地下水的补给。同样，草坪生态系统也能对地下水的质量起到很好的保护作用。城市中大面积的不渗水表面使地表径流水中带有一些污染物，草坪生态系统却可以容纳径流水，园林设施齐全的情况下(乔、灌、草结合)其对水源的保护作用更为明显，且还可以净化水质，提高水的质量。

1.3.2.2 草坪的服务性功能

(1)提供户外运动与休闲的场地

草坪是体育竞技场地的基础，许多体育运动都是在草坪上进行，常见的有高尔夫球、足球、橄榄球、网球、赛马、马球、曲棍球、滑草等。大型国际体育竞技赛事的运动场地均是用草坪建植。好的草坪能激励运动员更好发挥技术，从而吸引知名球队来比赛。草坪特有的缓冲效应可以减少竞赛与娱乐活动对参与者的损伤。特别是在对抗性较强的运动中，如足球、橄榄球等。另外，在草坪上跑步，有助于腿部的健康。在公园、度假村等旅游休闲场所，大面积草坪可为人类提供精美、休闲、优雅的环境。

(2)提供休闲劳动的场所

随着家庭草坪的不断扩大，草坪所有者通过对草坪管理养护的体力劳动，可以缓解和松弛精神上的压力。因此，这种劳动是现代生活中，体力锻炼与精神放松的极好机会。

(3)减少灾害的安全岛

在城市中的人口密集区，草坪所构成的空间可起到绿色防火墙的作用。有效地减少发生火灾时的损失。1923年日本关东大地震，震中8.3级，地震又引起大火，东京、横滨等城市死亡人口达15万。而逃到后乐、土日比谷等公园草坪的人群得以幸免，草坪被誉为城市安全岛。飞机场跑道周围如果不进行管理，自然植被下鸟类进行栖息和繁衍活动，易出现鸟类撞机事件，草坪的铺建减少了鸟类活动，从而减少了人机伤亡事故。高速公路旁的紧急刹车草坪具有安全岛功能。

1.3.2.3　草坪的社会功能

(1)提供就业机会

随着现代社会的不断发展，人们对生活环境的要求也随之提高。因此，草坪的产业化程度也越来越高。草坪业的发展不但为人类创造生态、经济与社会价值，还提供就业机会。草坪业的发达程度可反映出一个国家的经济实力。

(2)对社会协调性的作用

草坪为公众提供了一个高质量的生活空间，草坪的绿色使人心态平和，致密柔软的草坪使人们可以亲密接触大自然。

(3)精神理疗作用

草坪等绿色植物对人类有放松与减少压力的作用，美国园艺治疗协会就是应用如草坪等绿色空间给人们提供心理健康治疗。高尔夫球场、墓地、公园和家庭的草坪可以提醒我们地球是有生命的活体，有助于公众的精神健康。

复习思考题

1. 试述草坪、草皮、草坪草的概念与区别。
2. 简述草坪管理学定义及主要研究内容。其与哪些学科密切相关？
3. 简述草坪的起源与发展历史。
4. 草坪发展分为哪几个阶段？各阶段特点如何？
5. 草坪对人类的贡献有哪些？
6. 简述我国草坪发展现状、发展趋势与前景。

第 1 章　知识拓展

第一篇
草坪基础篇

第2章

草坪草

草坪草(turfgrass)是构成草坪的植物，是草坪的基本组成和功能单位，其物种的生物学特性构成了草坪的生物学基础。所有草坪草都源于自然栖息地，包括高山草原、干旱草原、陆地平原、海滨和河边等生长栖息地。草坪植物在这些特定的环境下，经自然长期选择和进化而形成了一些适宜用作草坪的性状，对环境的适应性具有高度可塑性。这些植物被人类选择出来，经进一步人工培育和驯化形成了现今的草坪植物群体。目前广泛应用的草坪种类大多数是叶片质地纤细、生长低矮、具有易扩展特性的根茎型和匍匐型或具有较强分蘖能力的多年生禾本科植物，也有少数是禾本科的一、二年生草本植物，另外，也有一些莎草科、豆科、旋花科等非禾本科矮生草类。

这些草坪植物的共同特点是叶丛低矮而密集，一般都有爬地生长的匍匐茎或匍匐枝，或具有分生能力较强的根状茎。因此，它们都能进行分蘖生长或在茎节处生根，萌生新的植株，使草坪植物群落保持经久不衰。

2.1 草坪草的分类

草坪草种类繁多，分布范围广，形态特征和生长习性各异。根据一定的标准和依据将众多的草坪草分门别类，称为草坪草的分类。下面举出4种常用的分类方法。

2.1.1 按植物系统学分类

每一种草坪草，在植物系统学分类当中都有各自的分类从属地位，按进化等级归属于某一类群，同时也能揭示出此种植物与其他植物亲缘关系的远近。同时，每种植物都有一个由拉丁文组成的学名，通常由两个词组成，前一个为属名，后一个为种加词，以斜体表示。在属名和种加词后常跟命名者姓名的缩写，如紫羊茅的学名为 *Festuca rubra* L.。紫羊茅的分类从属地位表示如下：

植物界 Plantae
　种子植物门 Spermatophyta
　　被子植物亚门 Angiospermae
　　　单子叶植物纲 Monocotyledoneae
　　　　颖花亚纲 Glumiflorae
　　　　　禾本目 Poales
　　　　　　禾本科 Gramineae
　　　　　　　早熟禾亚科 Pooideae
　　　　　　　　狐茅族 Festuceae

羊茅属 *Festuca*

紫羊茅 *Festuca rubra* L.

每一种植物的学名只有一个，可以避免一种植物在不同的地区有不同的名字，甚至在同一地区有几个不同的名字，或者不同的植物叫同一个名字等，造成物种名字的混乱。因此，作为草坪工作者，必须掌握植物系统分类方法，以便进行国际合作和查找各种文献资料，获得关于草坪草的真实资料。

依据植物系统分类法，大部分草坪草归属于禾本科(Gramineae)，分属于早熟禾亚科(Pooideae)、黍亚科(Panicoideae)、画眉草亚科(Eragrostoideae)，几十个种。禾本科以外的草坪草主要有豆科(Leguminosae)、莎草科(Cyperaceae)、旋花科(Convolvulaceae)等科中的个别种类。下面主要介绍禾本科3个亚科的主要特征。

(1)早熟禾亚科

早熟禾亚科草坪草为冷季型草，绝大多数分布于温带和亚寒带地区，亚热带地区偶有分布。一般为长日照植物，花原基的发育需经过一个低温的春化阶段。花有1~12个小穗，脱节于颖片之上，小花脱落后两花间的颖片仍附着在株体上。花序为圆锥花序，偶有总状花序和穗状花序。花的苞片纵生而折叠，花序侧向压缩。光合作用中主要通过卡尔文循环 C_3 途径固定碳。

(2)画眉草亚科

画眉草亚科草坪草属暖季型草，主要分布于热带、亚热带和暖温带地区，有些种抗旱性很强，适于在以上气候带的半干旱地区生长。一般为短日照和中日照植物，需通过春化作用和温暖夜晚才能形成花芽。大多数的小穗类似早熟禾亚科，染色体数量、大小以及大部分胚、根、茎和叶的特征与黍亚科相近。光合作用中碳的固定主要是 C_4 途径。

(3)黍亚科

黍亚科的草坪草也为暖季型草，大多数生长在热带和亚热带。常为短日照或中日照植物，花芽形成期需温暖夜晚而不需春化作用。小穗是典型的单花小穗，小花脱落时，脱节发生在颖片之下，整个小穗(包括颖片)脱落。一般为圆锥花序，偶见小穗近轴压缩的总状花序。光合作用中碳固定主要通过 C_4 途径。

禾本科中常见草坪草属见表2-1所列。

表2-1 禾本科中常见草坪草属

亚科	属	亚科	属
早熟禾亚科	早熟禾属	画眉草亚科	狗牙根属
	黑麦草属		结缕草属
	羊茅属		格兰马草属
	剪股颖属		画眉草属
	梯牧草属	黍亚科	地毯草属
	冰草属		狼尾草属
	雀麦属		钝叶草属
	洋狗尾草属		金须茅属
	碱茅属		雀稗属
			蜈蚣草属

除禾本科外，豆科、莎草科、百合科、旋花科和景天科等科中的少数植物也可用作草坪草。例如，豆科的三叶草、莎草科的薹草、百合科的麦冬、旋花科的马蹄金和景天科的佛甲草等。

2.1.2 按植株外部形态分类

(1)依草叶宽度分类

根据禾本科草叶宽度可分成宽叶草坪草和细叶草坪草。宽叶草坪草叶片宽度在2.0 mm以上，茎秆粗壮，生长健壮，适应性强，适于较粗放管理的草坪，如高羊茅、结缕草、地毯草、假俭草、竹节草等。细叶草坪草茎叶纤细，叶片宽度在2.0 mm以下，可形成致密的草坪，但生长势较弱，要求较好的环境条件与管理水平，如紫羊茅、细叶结缕草、细弱翦股颖等。同一种类的不同品种，有可能既存在宽叶型也具有细叶型，如草地早熟禾的不同人工培育品种。

(2)依植株高度分类

根据草坪植株高度可分为低矮型草坪草和高型草坪草。低矮型草坪草株高一般在20 cm以下，可形成低矮致密草坪，具发达的匍匐茎和根茎，耐践踏，管理方便。大多数种类适应我国夏季高温多雨的地区，多为无性繁殖，形成草坪所需时间长，若铺装建坪则成本较高，不适于大面积和短期形成草坪。常见种有结缕草、细叶结缕草、狗牙根、野牛草、地毯草、假俭草等。高型草坪草株高通常为30~100 cm，一般播种繁殖，速生，在短期内可形成草坪，适用于大面积草坪种植，经常修剪才能形成平整的草坪，常见草种有早熟禾、翦股颖、黑麦草等。

2.1.3 按草坪草分蘖特性分类

禾本科植物特有的分枝方式称为分蘖，也是禾本科植物进行无性繁殖的形式。这一特性使禾本科草用作草坪草成为可能。草坪草的分蘖方式主要有两种。

①鞘内分蘖：主要通过分蘖形成枝条，由叶鞘长出并向上生长(背地性)。

②鞘外分蘖：主要形成根状茎和匍匐茎，在匍匐茎和根状茎上同样产生分蘖枝条。

分蘖使母本植株附近新生枝条的数量大为增加。草坪草的更新是老枝条和根不断交替的结果，这使草坪群落维持在一个动态平衡的水平。多年生禾本科草的分蘖几乎在整个生长期内都进行，不同时期分蘖产生的枝条在不同的温度、湿度、日照长度、光质等因素条件下，处于不同的发育阶段，因而形成了在发育和形态上有所差异的枝条——生殖枝、长营养枝和短营养枝。在一个发育正常的植株中，这三类枝条的比例是植物固有的生物学特性。

因此，按照草坪草的分蘖方式和分蘖特性，可以将其分为以下几个类型。

(1)匍匐型

匍匐型草坪草主要借助水平生长的地上茎进行扩展。匍匐茎节部可生出芽和枝叶并产生不定根，与母株分离形成独立的新株。匍匐型草坪草适于营养繁殖，也可种子繁殖，是一类优良的草坪草。常见的有野牛草、匍匐翦股颖等。

(2)根茎型

根茎型草坪草主要通过分蘖进行繁殖并通过地下根状茎进行扩展。地下茎最初是由分蘖节中的芽突破叶鞘向外成水平伸展(鞘外分蘖)而成。地下茎在离母枝一定距离处向上弯曲，穿出地面后形成地上枝，这种地上枝又产生自己的根茎并以同样的方式形成新枝。根茎每年可延伸很长。这类草繁殖力很强，能在地下 0~20 cm 的表土中形成一个带有大量枝条的根茎系统。由于根茎在土壤中较深，所以对土壤通气条件十分敏感。当土壤中空气缺乏时，其分蘖节便向上移动来满足对空气的要求，但是由于土壤表层水分较少，故移至一定深度时便死亡。因此，根茎型草类要求疏松的土壤。根茎型草坪草主要有冰草、羊草、无芒雀麦等。

根茎疏丛型草坪草(如草地早熟禾等)，由短根茎把许多疏丛型株丛紧密地联系在一起，形成稠密的网状结构。这类草能形成平坦有弹性且不易干裂的草层，是建坪的优良禾本科草坪草。

(3)丛生型

丛生型可进一步细分为疏丛型和密丛型。疏丛型草坪草分蘖节位于地下 1~5 cm 的表土中，侧枝的生长方向与主枝呈锐角，各代侧枝都形成自己的根系，因此形成较疏松的草丛。上一代植株的死亡致使土壤中沉积了大量的残根枯叶。新生的嫩枝从株丛边缘长出，形成“中空”的草丛。因此，对这类草坪草应及时进行梳耙和施肥，促使新枝叶从株丛中央长出而使草坪均匀。疏丛型草坪由于分蘖节接近地表，空气较充足，失水较快，因此抗旱性一般较差。疏丛型草坪草有黑麦草、梯牧草等。

密丛型草坪草分蘖节位于地表以上或接近土壤表面(干旱区域)，所处位置空气充足。这类草新枝自分蘖节发生后，与母枝平行向上生长，并保持在叶鞘内(鞘内分枝)，因而形成紧密的小丘状株丛。草坪中央紧贴地面，而周围高出。草丛直径随时间而扩大，草丛中央部分则随时间而衰老，直至死亡，因此形成了由周围较幼嫩的枝条所组成的“中空”草丛。由于密丛型草类分蘖节位置较高，故能适应土壤紧实或过分湿润、通气不良的环境。又由于分蘖节被枯叶鞘和茎所包围，能蓄水保温，因而使地表的分蘖节常处于湿润的条件下，是一类抗旱、抗寒、株丛低矮而适于作草坪的优良草坪草。属于该类型的草坪草主要有羊茅属的紫羊茅和针茅属的部分种。

此外，除了典型的上述 3 种类型，还有的草坪草兼具根状茎和匍匐茎，如结缕草、狗牙根等，也可称为根茎匍匐混合型。

2.1.4　按气候和地域分布分类

按照气候温度的生态适应性可将草坪草分为暖季型(warm-season turfrass)与冷季型(cool-season turfrass)。按照地域分布也可分为暖地型与冷地型。这两种分法的实质是相同的，只是侧重点不同。

暖季(地)型草最适生长温度在 25~32℃(或 30℃左右)，生长的主要限制因子是低温强度与持续时间。这类草坪草在夏季或温暖地区生长最为旺盛，所以也称“夏绿型草”，主要特征是冬季呈休眠状态，早春开始返青复苏，进入晚秋后，一经霜冻茎叶枯萎褪绿。例如，狗牙根、结缕草、马蹄金等。而冷季(地)型草最适生长温度在 15~25℃(或 20℃左右)，生长的主要限制因子是高温及持续时间和干旱，主要特征是耐寒性较强，在部分地区冬季呈常绿状态，所以也称冬绿型草，夏季不耐炎热，春、秋两季生长旺盛，十分适于我国北方地区种植。例如，草地早熟禾、紫羊茅、白三叶等。

在两类草坪草之间有一些中间类型，如高羊茅属于冷季型草，但它具有相当的抗热性；马蹄金属于暖季型草，但在冷热过渡地带，冬季以绿期过冬。世界常见冷季型和暖季型草坪草种类见表2-2所列。

表2-2 世界常见冷季型和暖季型草坪草种类

类别	属	种
冷季(地)型草坪草	早熟禾属	草地早熟禾、加拿大早熟禾、普通早熟禾、一年生早熟禾、匍匐早熟禾
	黑麦草属	多年生黑麦草、一年生黑麦草
	羊茅属	高羊茅、紫羊茅、羊茅、硬羊茅
	翦股颖属	匍匐翦股颖、细弱翦股颖、绒毛翦股颖、巨序翦股颖
	梯牧草属	梯牧草
	冰草属	扁穗冰草
	三叶草属	白三叶
	薹草属	白颖薹草、卵穗薹草、异穗薹草
暖季(地)型草坪草	狗牙根属	普通狗牙根、杂交狗牙根
	结缕草属	结缕草、细叶结缕草、沟叶结缕草、中华结缕草、大穗结缕草
	格兰马草属	野牛草、格兰马草、垂穗草
	地毯草属	地毯草、近缘地毯草
	狼尾草属	铺地狼尾草
	钝叶草属	钝叶草
	金须茅属	竹节草
	雀稗属	海雀稗、巴哈雀稗、两耳草
	蜈蚣草属	假俭草
	画眉草属	弯叶画眉草
	马蹄金属	马蹄金
	沿阶草属	沿阶草

2.2 冷季型草坪草

地球表面根据太阳光热分布划分为5个气候带：热带、亚热带、温带、寒温带和寒带。冷季型草坪草一般适用于温带和寒温带气候，其最适生长温度范围为15~24℃。一种草坪草的适应性主要取决于它的抗寒性。高羊茅和黑麦草一般不适应寒带气候，早熟禾和翦股颖则适应于我国东北地区，而高羊茅、匍匐翦股颖等适应于亚热带和温带过渡地区。目前世界上常用的冷季型草坪草有20多种，野生资源多分布于欧亚大陆森林边缘地带。下面就比较常见的冷季型草坪草予以介绍。

2.2.1 早熟禾属

早熟禾属(*Poa* L.)属于禾本科，许多种类都是世界使用广泛的冷季型草坪草，约有200多个种，广泛分布于寒冷潮湿带和过渡气候带内。常用作草坪草的有草地早熟禾和加拿大早熟禾等。耐寒性较强，适合我国北方种植。在我国主要分布在青藏高原带、寒冷半干旱带、寒冷潮湿带、寒冷干旱带、北过渡带和云贵高原带。

2.2.1.1　草地早熟禾(*Poa pratensis*)

草地早熟禾(Kentucky bluegrass)原产欧洲、亚洲北部及非洲北部，后引到北美洲，现遍及全球温带、寒温带冷凉地区。我国东北、华北、西北地区及长江中下游冷湿地有野生分布。草地早熟禾又名肯塔基草地早熟禾、早熟禾、蓝草、肯塔基蓝草等，是非常重要的草坪草种。

(1)植物学特征

多年生根茎疏丛型禾草，具细根状茎。秆丛生，光滑，自然株高 20~50 cm，矮生品种自然株高 15~20 cm，叶舌膜质，长 0.2~1 mm，截形。叶环中等宽度，分离，光滑，黄绿色，无叶耳。幼叶折叠式，叶片“V”形偏扁平，宽 2~4 mm，柔软，多光滑，两侧平行，叶尖为船形，中脉两侧各脉透明，边缘较粗糙。茎秆节间压缩，相对柔软。圆锥花序开展，长 13~20 cm，分枝下部裸露；小穗长 4~6 mm，含 3~5 小花；第一颖长 2.5~5 mm，具 1 脉，第二颖宽，披针形，长 3~4 mm，具 3 脉；外稃纸质，顶端钝，稍有些膜质，脊与边缘在中部以下有长柔毛，间脉明显隆起，基盘具稠密白色绵毛；第一外稃长 3~3.5 mm，内稃短于外稃，脊上粗糙；花药长 1.2~2 mm。种子细小，千粒重 0.31~0.37 g。

图 2-1　草地早熟禾

1. 植株；2. 叶舌；3. 小穗；4. 小花

(引自耿以礼等，1959)

草地早熟禾植株不同部位的组织结构属典型单子叶植物结构。草地早熟禾的植株形态如图 2-1 所示，其完全展开叶片横切面如图 2-2 所示。

(2)生态习性

草地早熟禾喜冷凉湿润、光照充足的气候，广泛适应于温带、寒温带和过渡带，在较高温度和水分缺乏的逆境条件下，生长会持续减慢以致休眠。当温度过高时，地面部分叶片发黄，生活力丧失；但当水分适宜时，又会从地下根茎的节上和根上长出新的枝条。在灌溉条件下，它可在寒冷半干旱区和干旱区生长。水分胁迫和水分正常条件下草地早熟禾叶片横切结构如图 2-3 所示。

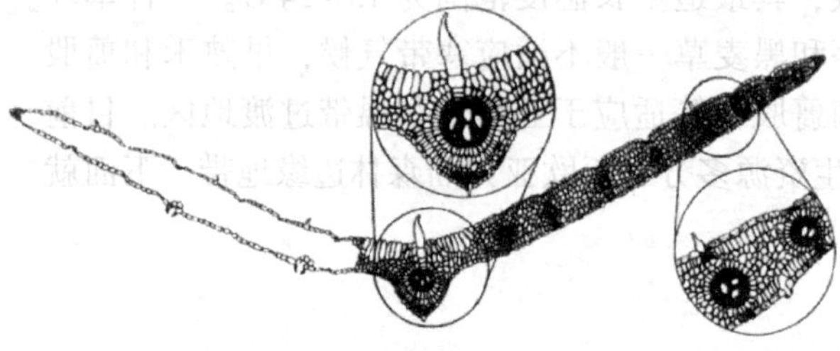

图 2-2　草地早熟禾完全展开叶片横切面

(引自 A. J. Turgeon，2012)

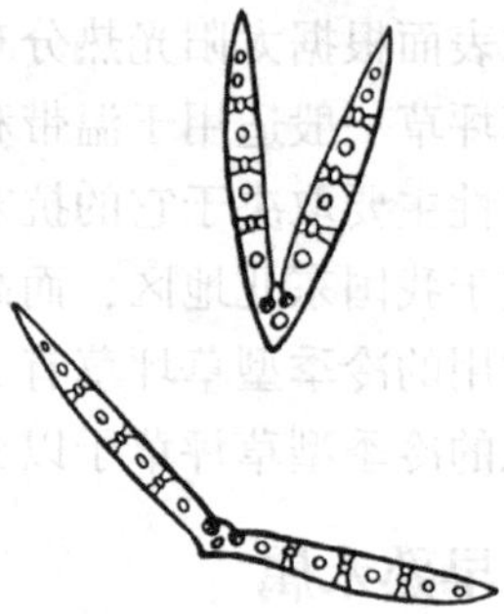

图 2-3　水分胁迫(上)和水分正常(下)条件下草地早熟禾叶片横切面

(引自 James B. Beard，1973)

草地早熟禾的春季返青性、秋季保绿性和抗寒性均较好。5℃开始生长，最适生长温度为15~24℃，-5~-2℃时停止生长，进入枯萎期。在全日照或轻微遮阴的条件下能正常生长，但当遮阴程度较强时生长不良，特别是寒冷潮湿条件下的严重遮阴会使其患白粉病。草地早熟禾虽然能够适应广大的冷季型气候带，但它对这些地区土壤的适应性有限。潮湿、排水良好、肥沃、pH 6~7、中等质地的土壤最适合草地早熟禾的生长。草地早熟禾不耐酸碱，在酸性贫瘠的土壤上形成很差的草皮，但能忍受潮湿、中等水淹的土壤条件和含磷很高的土壤。

草地早熟禾的根茎具有强大生命力，能形成旺盛的草皮。在6月中旬到11月中旬的5个月内，草地早熟禾能长出50~75 cm的根茎。根茎能从每一个茎节上再长出茎和根，扩大的根系主要分布在土壤表层15~25 cm处。

(3)栽培管理与应用

草地早熟禾主要以种子直播建坪，也可以营养繁殖方法建坪。无论单播还是混播都能形成品质极佳的草坪。因此，常用于各种高质量草坪的建植、草皮卷和无土草皮卷生产。播种期要灵活选择，温暖地区春、夏、秋均可播种，但以春、秋两季播种为宜。为了防止杂草，在北方春季播种宜早，秋季播种更佳。播种前应精细整地，播种后要压实土壤。控制播种深度1.0~1.5 cm，保持土壤湿度，保证出苗率。播种量为8~12 g/m^2，播后10~21 d出苗，60~75 d成坪。草地早熟禾喜水肥，养护管理必须认真细致，及时施肥、灌水和修剪。特别是在北方，土壤封冻之前或春季返青前应各浇1次透水，这样可以延长草坪的使用寿命。肥料的施用量为300 kg/hm^2，且氮、磷、钾的比例在5∶3∶2为宜。最适修剪高度为2.5~5 cm。

草地早熟禾生长到4~5年或更长，便会形成坚实的草皮层，阻碍返青萌发，这时应该用切断根、穿刺土壤的方法重新补播或进行更新复壮，以避免草坪的退化。

草地早熟禾以其质地细软、抗逆性强、颜色光亮鲜绿、耐践踏性强、适应性广、株体低矮、持绿期长、坪质优美的特性，广泛用于家庭、公园、医院、学校等公共绿地以及高尔夫球场、运动场草坪，还可用于堤坝护坡等设施草坪。草地早熟禾在绿化美化城市、改善生态环境和提高人民生活质量等方面发挥了重要作用，并成为我国北方城市园林绿化、运动场建植不可缺少的优秀冷季型草坪草种。

草地早熟禾常与其他冷季型草坪草混播，如紫羊茅、高羊茅和多年生黑麦草等，增强了草坪对环境的适应性和抗性。

2.2.1.2 加拿大早熟禾(*Poa compressa*)

加拿大早熟禾(Canada bluegrass)原产欧亚大陆西部地区，很早就随移民迁移被带到北美洲，并逐渐向外传播，现广泛分布于加拿大、美国、欧洲西南等地区。

(1)植物学特征

多年生疏丛型禾草，自然株高20~50 cm，具根茎。茎秆单生，光滑，直立或基部倾斜，分蘖较多。叶片较短，扁平或边缘鞘内卷，长3~12 cm，宽1~4 mm，两条浅色线位于中心叶脉的两侧。幼叶折叠式。叶舌膜状，长0.5~1.5 mm，截形，全缘，无叶耳；叶片蓝色到灰绿色不等，顶部呈船形。圆锥花序狭窄，分枝粗糙，小穗卵圆状披针形，排列较紧密；颖披针形，近相等，具3脉；外稃间脉明显，脉与基盘均具少量柔毛或绵毛乃至无毛；第一外稃长2.5~3 mm，内稃约等长于外稃。颖果纺锤形，具三棱，长约1.5 mm。

图 2-4 加拿大早熟禾
1. 植株；2. 叶舌；3. 小穗；4. 小花
(引自耿以礼等，1959)

种子千粒重为 0.29~0.36 g。加拿大早熟禾的植株形态如图 2-4 所示。

(2)生态习性

自然生长的加拿大早熟禾常分布在一些以早熟禾为建群种的高寒湿润草地，它的抗寒性、抗旱性和耐土壤瘠薄能力强于草地早熟禾，但抗热性不如草地早熟禾。加拿大早熟禾的茎秆较长，当修剪过低时便露出坚硬的秆状茎，视觉效果粗糙，不能形成像草地早熟禾那样致密、美观的草皮。加拿大早熟禾有许多短的匍匐茎，其根系很深，且为多年生，为长命的多年生草坪草，主要适于寒冷潮湿气候下更冷一些地区生长，耐践踏性好。加拿大早熟禾与草地早熟禾的主要区别在于它的叶舌较长，叶片较短，植株密度小。其抗旱、耐阴性均比大多数草地早熟禾栽培种好；能在草地早熟禾不能适应的贫瘠干旱土壤，排水不良的黏土及排水条件好的石灰土等多种土壤上生长；抗酸性比草地早熟禾强，能忍受的土壤 pH 5.5~6.5。

(3)栽培管理与应用

加拿大早熟禾适于粗放管理，种子产量高，成熟度也较集中，对国内加拿大早熟禾野生资源开展针对性的育种改良前景看好。加拿大早熟禾主要用播种的方法建植草坪，播种量为 10~15 g/m^2。春播或秋播都可以，播种前土壤要灌透水 1 次，在土壤半干半湿条件下播种，播种深度以种子不外露为宜。苗期注意灌水、除杂草。春播以 4 月中旬至 5 月中旬为宜，秋播以 8 月下旬至 9 月上旬为宜。适宜的修剪高度为 7.5~10 cm。修剪过低时便露出坚硬的茎秆，且基部叶片少，形成的草坪质量不如草地早熟禾，夏末叶量减少茎基伸长后可造成草坪质量退化。加拿大早熟禾易感的病有长蠕孢菌病、锈病、条黑粉病、褐斑病和腐霉枯萎病。加拿大早熟禾不能形成植株密度和质量都相当好的草坪。因此，它的使用限于低质量、低维护水平条件下的草坪。常与羊茅草混用，在不能频繁修剪地区或立地条件较差的平地、斜坡、低洼处用作绿化和道路护坡材料。

2.2.1.3 普通早熟禾(*Poa trivialis*)

普通早熟禾(rough bluegrass)又名粗茎早熟禾。原产欧洲，为北半球广布种，我国大多数省份及亚洲其他国家、非洲北部和美洲一些地区也有分布，喜冷凉湿润环境。

(1)植物学特征

多年生，具匍匐茎和根状茎或不具根状茎，茎秆丛生，高 30~60 cm，直立或基部倾斜，其植株形态如图 2-5 所示；根系较浅；幼叶折叠式，叶片平展或"V"字形(图 2-6)，具光泽，淡

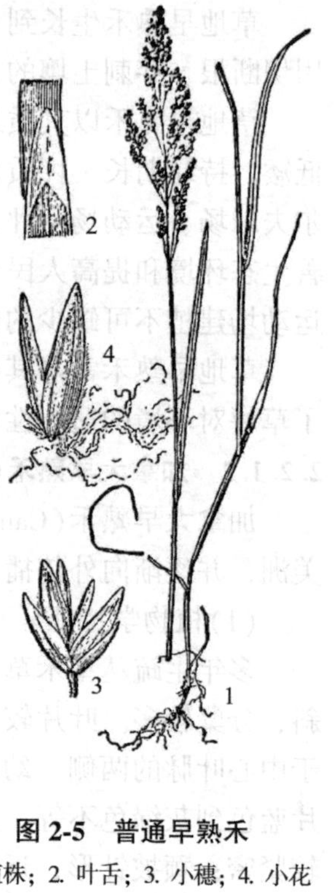

图 2-5 普通早熟禾
1. 植株；2. 叶舌；3. 小穗；4. 小花
(引自耿以礼等，1959)

黄绿色，柔软，表面光滑，在中脉两边有两条明线；叶鞘压扁状，背面粗糙，略带紫色，开裂；叶舌膜质，长4~6 mm，全缘或纤毛状；无叶耳；叶环明显、较宽、光滑；圆锥花序直立，开展，长12~20 cm，轮生在粗糙的茎上，穗下的叶鞘和茎秆粗糙；颖果纺锤形，种子千粒重为0.30~0.35 g。

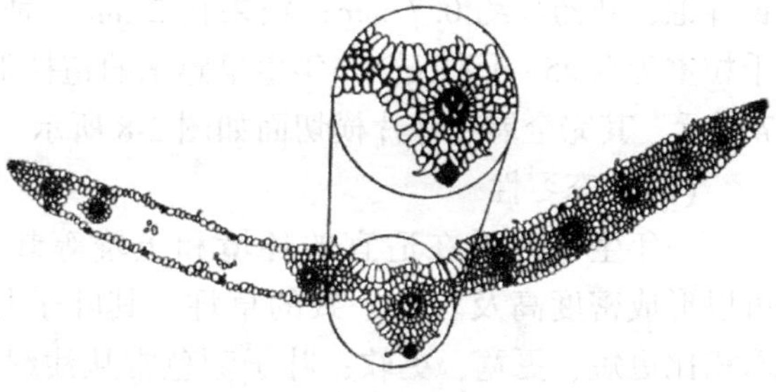

图2-6 普通早熟禾完全展开叶片横切面

(引自 A. J. Turgeon，2012)

(2)生态习性

普通早熟禾喜冷凉湿润气候，不耐干旱和炎热，适应于寒冷潮湿气候带和过渡带种植。在灌溉条件下，它也可以在干旱地区和寒冷半干旱区生长。其叶片淡黄绿色，具光泽，密度高，耐寒性优良；其耐阴性也很强，能在排水不良的土壤中生长。其他的耐阴冷季型草种——紫羊茅在潮湿的土壤上生长不良，而普通早熟禾可用于既荫蔽又潮湿的地方。普通早熟禾喜肥沃土壤，最适 pH 6.0~7.0，不耐酸碱，在酸性贫瘠的土壤上形成很差的草皮。

(3)栽培管理与应用

普通早熟禾既可单播，又可混播。由于种子细小，播前应仔细平整土地，清除地表的杂物；若土壤贫瘠，要施用有机肥或复合肥作底肥。播种期以春、秋两季播种为宜，北方秋季播种更佳，在北方春季干旱时，播种宜早。播前需先灌溉，而后整地播种。播种量为15~20 g/m^2，播深1~2 cm。播种后，表面覆上表土，以不露出种子为宜，轻微镇压后浇水，每天保持地表湿润。一般10~24 d可出苗，刚出土的幼苗要注意保持浇水，防止土壤板结。成坪后要及时修剪，原则是每次剪去草丛高度的1/3，留茬高度为3.5~5.0 cm。普通早熟禾对2,4-D和有些除草剂敏感，在杂草防除中需注意使用。

普通早熟禾不耐践踏，耐旱性也差，常被用于寒冷、潮湿、荫蔽的环境，以减少践踏。可用于要求不高的绿地和公园草坪等，不适于作高档草坪。与其他草种混合播种可增强草坪的耐阴性，但为避免草坪外观不整齐，在混播中所占的比例应该较小。可用于我国南方冬季休眠的暖季型草坪上补播。

2.2.1.4 一年生早熟禾(*Poa annua*)

一年生早熟禾(annual bluegrass)又称一年生林地禾草或冬季禾草，为分布极为广泛的世界性草种。在欧美一些国家常把它作为草坪中的杂草进行控制。虽然人们很少有意栽培，但在潮湿肥沃的地块也可形成致密的草层，能忍受低矮修剪，在一些精细管理的草坪中成为主要组成部分。

(1)植物学特征

一年生或越年生，丛生禾本科草坪草，常有很多分蘖，须根系，具细长横走的根状茎；株高8~20 cm，幼叶折叠式，船型叶尖，叶宽2~5 mm，质地柔软，光滑柔嫩，呈淡绿色，边缘微糙涩；圆锥花序卵圆形，开展；分枝每节1~2枚，长1~2 cm；小穗绿色，含3~5花，长3~6 mm；颖顶端钝，边缘宽膜质，第一颖长1.5~2.5 mm，具1脉，第二颖长2~3.5 mm，具3脉；外稃长圆状椭圆形，长3~4 mm，顶端钝，具宽膜质边缘，有明显的5脉，脊中部以下具长柔毛，基盘不具绵毛，间脉无毛，边脉下部具柔毛；内稃脊上具长纤毛；花药长约0.7 mm；颖果长2 mm；种子产量高，千粒重为0.25~0.31 g。一年生早熟禾的植株形态如图2-7所示，其完全展开叶片横切面如图2-8所示。

(2)生态习性

一年生早熟禾在适宜的环境和土壤等栽培条件下，可以形成密度高及均匀一致的草坪。其叶子与草地早熟禾相比更短、更宽、更软；叶子颜色常从浅绿到黄绿色。植株生长低矮，适于低修剪，根系比草地早熟禾及细弱翦股颖短，但生命力强，能在浅层土壤很好地生长。一年生早熟禾抗低温性、抗热性、抗旱性均差，在严寒、炎热、干旱条件下不能生存。含有大量一年生早熟禾成分的草坪在环境条件不适宜时易受伤害，这是一年生早熟禾被当作草坪杂草的一个主要原因。在寒冷潮湿地区，一年生早熟禾被当作夏季一年生草，而在温暖潮湿地区又被当作冬季一年生草。通过这种方式，一年生早熟禾可以躲过不适应期。一年生早熟禾适宜于潮湿、遮阴的环境，适于生长在细致、肥沃、潮湿、pH 5.5~6.5的土壤上。如果灌溉条件好，也可在粗质、干燥的土壤上生长，在结实的土壤上也能很好的生长。一年生早熟禾不耐水渍，当温度高时更是如此，耐盐性也较差。

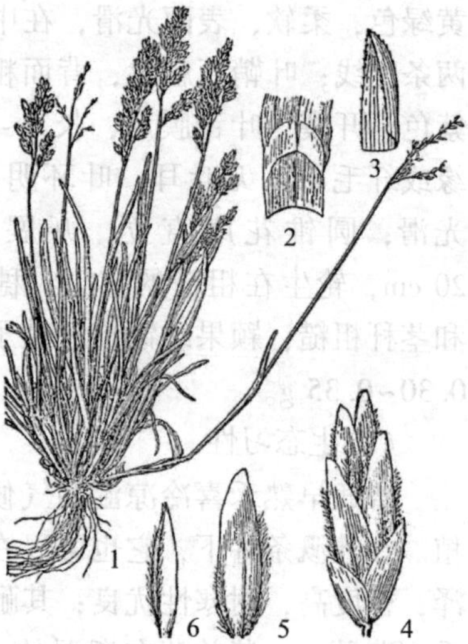

图2-7 一年生早熟禾
1. 植株；2. 叶舌；3. 叶尖；4. 小穗；5. 小花；6. 内稃
(引自耿以礼等，1959)

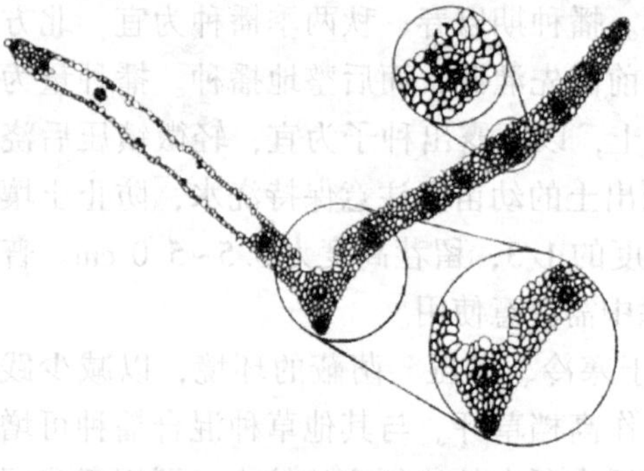
图2-8 一年生早熟禾完全展开叶片横切面
(引自A. J. Turgeon，2012)

(3)栽培管理与应用

一年生早熟禾多为种子繁殖，播种量为15~20 g/m^2。该草种具有一定的自播能力，因此一次播种后可自行繁衍后代。它要求管理水平精细，在修剪高度为2.5 cm或更低时，具有很强的侵占性和竞争力；当修剪高度为0.5 cm时，能形成高质量的草坪且易于修剪，当修剪次数少或修剪高度不够低时，容易形成枯草层。一年生早熟禾一般不作专门的草坪草，因为它的入侵性很强，能在3~5年短期内取代别的草种成为建群种，如高尔夫球场球道、发球区、运动场等草坪很容易被一年生早熟禾侵入。可利用它耐阴性强的特点，栽植于园林绿化乔木下、行道树下等地段。一年生早熟禾很少有商用品种，生产中大多数用普通品种。

2.2.1.5 匍匐早熟禾(*Poa supina*)

匍匐早熟禾(supina bluegrass)又称仰卧早熟禾，为多年生匍匐茎型禾本科草坪草，起源于欧洲的亚高山地带，适宜凉爽温带气候，非洲、澳大利亚、东亚、欧洲、北美以及南美等地均有分布。

(1)植物学特征

多年生草本，幼叶折叠式，叶舌膜质，长0.3 mm，叶片扁平或“V”字形，宽2~3 mm，两面光滑，叶尖船型；叶片淡绿色，无叶耳，圆锥花序紧凑，生长枝条比一年生早熟禾更直立。早春结籽。具匍匐茎。染色体 $2n=2X=14$。匍匐翦股颖的植株形态如图 2-9 所示。

(2)生态习性

匍匐早熟禾适宜冷温带和亚北极气候，耐寒，耐湿阴；耐热与抗旱性较差。抗病能力强，耐践踏。适宜环境条件下易形成优势种。

(3)栽培管理与应用

修剪高度 1.3～3.8 cm，年需氮 0.02～0.03 kg/m^2，需要定期灌溉与养护，如打孔通气、表施土壤等控制枯草层和土壤紧实。匍匐早熟禾由于结籽少，种子价格高。目前，匍匐早熟禾已有商品种子出售(‘Supra’和‘Suprano-va’两个品种)，但有关的研究论文较少。匍匐早熟禾建植速度慢，损伤后恢复较快，通常与草地早熟禾或多年生黑麦草等混播，目前，应用较多的国家是德国、澳大利亚，主要是用于高海拔地区的高尔夫球场和运动场。

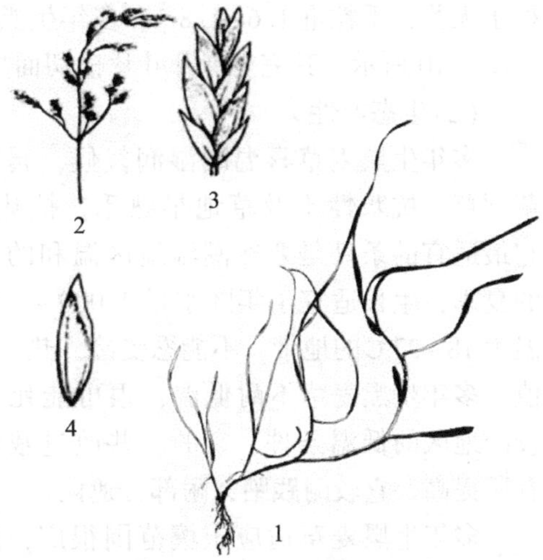

图 2-9　匍匐早熟禾

1. 植株；2. 花序；3. 小穗；4. 外稃

(部分引自中国科学院中国植物志编辑委员会，2004)

2.2.2　黑麦草属

黑麦草属(*Lolium*)属于禾本科，又称毒麦属，该属大约有 10 个种。作草坪草或兼作饲料的主要有一年生黑麦草和多年生黑麦草，两个种之间很容易发生异花授粉，因此出现多个变异的人工栽培品种。目前，商业种有中间黑麦草(*Lolium* × *Hybridum*)。黑麦草主要分布在欧亚温带地区，在我国属于引种栽培。黑麦草属种由于快速发芽和种苗活力强，常被用于草坪建植初期混播组合中的临时保护草种，随着改良品种的发展，临时的保护作用也在变化。草坪型中间黑麦草综合了多年生黑麦草快速发芽和一年生黑麦草春季快速过渡的特性，用于高尔夫球场发球台、球道、障碍区、运动场以及普通绿化草坪的冷季型草混播或暖季型草冬季交播。

2.2.2.1　多年生黑麦草(*Lolium perenne*)

多年生黑麦草(perennial ryegrass)来源欧洲“Rai”草，又称黑麦草、宿根黑麦草，原生长于亚洲和北非的温带地区，是最早的草坪栽培种之一，现在世界各地的温带地区均有分布。

(1)植物学特征

多年生丛生型草本，植株具细短根茎，须根发达而密，根系较浅；秆疏丛生，基部节常膝曲，高 45～70 cm；幼叶折叠式，叶尖较尖，叶片对折，叶片质软，扁平，长 9～20 cm，宽 3～6 mm，上面被微毛，下面平滑，边缘粗糙，叶背面具光泽；叶鞘疏松，无毛；叶舌长 0.5～1 mm；穗状花序直立，微弯曲，长 14～25 cm，穗轴棱边被细纤毛；小穗长 10～21 mm，含 9～11 小花，小穗轴光滑无毛；颖具 5 脉，无毛，短于小穗而长于第一小花，边缘狭膜质，先端锐尖，长 8～12.5 mm；外稃质薄，边缘狭膜质，先端钝圆或尖，无芒，极少在个别的先端也可具短芒尖；第一外稃长 7～7.5 mm；内稃与外稃等长，脊上生短纤毛；

种子无芒，千粒重1.6~1.8 g。多年生黑麦草的植株形态如图2-10所示，其完全展开叶片横切面如图2-11所示。

(2)生态习性

多年生黑麦草喜温暖湿润气候，属于短命的多年生草坪草，抗寒性不及草地早熟禾，抗热性不及结缕草。它最适宜的条件是寒冷潮湿地区温和的冬季和凉爽潮湿的夏季，生长适宜于年降水量1 000~1 500 mm，最适气温为18~27℃的地带，不能忍受冷、热、干旱气候的极端值。多年生黑麦草不耐低温，很可能死于寒冷潮湿气候较冷地区的低温条件，它的一些改进栽培种的抗低温性有所提高。它较耐践踏，耐部分遮阴。

多年生黑麦草适应土壤范围很广，但不耐瘠薄，最好的是中性偏酸、pH 6.0~7.0、含肥较多的土壤。但是只要有较好灌溉措施，多年生黑麦草在贫瘠的土壤上也可长出较好的草坪。它耐土壤潮湿性很好，但耐土壤盐碱性中等。

图2-10 多年生黑麦草

1. 植株；2、3. 小穗；4. 花序

(引自A. J. Turgeon, 2012)

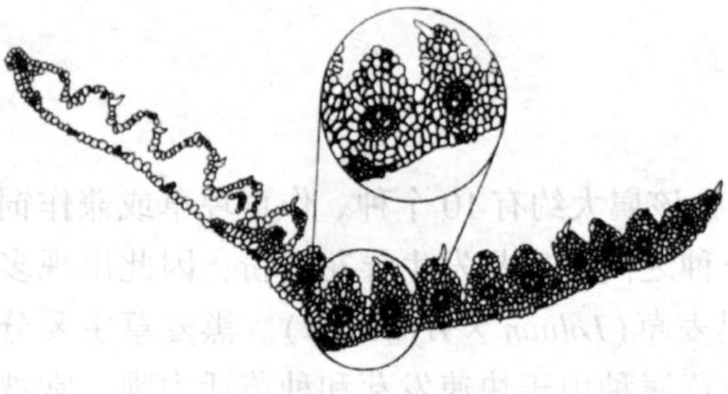

图2-11 多年生黑麦草完全展开叶片横切面

(引自A. J. Turgeon, 2012)

(3)栽培管理与应用

多年生黑麦草为丛生型草坪草种，通常用种子播种繁殖。春播、秋播都可，以秋播为好，播种量为25~35 g/m^2。在土壤水分充足的情况下5~7 d即可出苗。苗期应注意浇水和防除杂草。该草分蘖力强，再生快，应注意修剪，不耐低修剪，修剪高度5 cm左右，剪后及时灌水和施肥以保证绿色。

该草寿命较短，但在精心护理下则可延长寿命。该草产种量高，采种容易，种子发芽率高，出苗快而整齐，常与草地早熟禾、紫羊茅等草种混播，混播比例为10%~20%，不能超过25%。也常用在暖季型草坪冬季交播，以延长绿期。该草可用于普通绿化、高尔夫球道、运动场、道路两侧等绿化。该草抗二氧化硫(SO_2)能力强，故也用于工矿企业内部及周围绿化。

2.2.2.2 一年生黑麦草(*Lolium multiflorum*)

一年生黑麦草(annual ryegrass)又称多花黑麦草、意大利黑麦草，原产于地中海沿岸，分布于欧洲南部、非洲北部及小亚细亚等地区，早在13世纪初就已经在意大利的北部进行人工栽培之后逐渐传播到其他国家，广泛分布于英国、美国、丹麦、新西兰、澳大利亚、日本等温带降水量较多的国家。一年生黑麦草适生于我国长江流域及其以南地区，最早在江西、湖南、江苏、浙江、广州、安徽等省有大面积栽培。现今随着草坪业的发展，四川、云南、贵州、福建等省的种植面积也迅速扩大，东北、内蒙古等地也引种春播。

(1)植物学特征

一年生黑麦草的植物学性状与多年生黑麦草基本相似，其植株形态如图2-12所示，其完全展开叶片横切面如图2-13所示。主要区别：一年生黑麦草幼叶是卷包式，叶耳呈爪状，种子外稃光滑，显著具芒，长2~6 mm，小穗含小花数较多，可达15小花，因此小穗也较长，可达23 mm。千粒重约1.98 g。

(2)生态习性

一年生黑麦草对环境条件的要求与多年生黑麦草相似，适宜生长在冬无严寒、夏无酷暑的温暖湿润地区。它是冷季型草坪草中最不耐低温的。耐热性也比多年生黑麦草差，在干旱、炎热的夏季生长不良，甚至枯死。较耐潮湿，不耐涝。它最适于肥沃、pH 6.0~7.0的湿润土壤。分蘖多，再生性强，耐重修剪，修剪后能迅速恢复生长，形成致密草坪。一年生黑麦草的叶子比多年生黑麦草颜色更浅，质地也更粗糙。由于叶子颜色较浅，很难与紫羊茅和草地早熟禾混播。它的植株密度、整齐性和整体草坪质量都不如多年生黑麦草。生长习性为直立，丛生，无根茎和匍匐茎；根的深度比多年生黑麦草浅，根的数目比多年生黑麦草少。根冠上的分蘖节要比多年生黑麦草低，这就使一年生黑麦草在幼苗阶段的叶面积较大。

图2-12 一年生黑麦草

1. 植株；2. 小穗；3. 小花

(引自A. J. Turgeon, 2012)

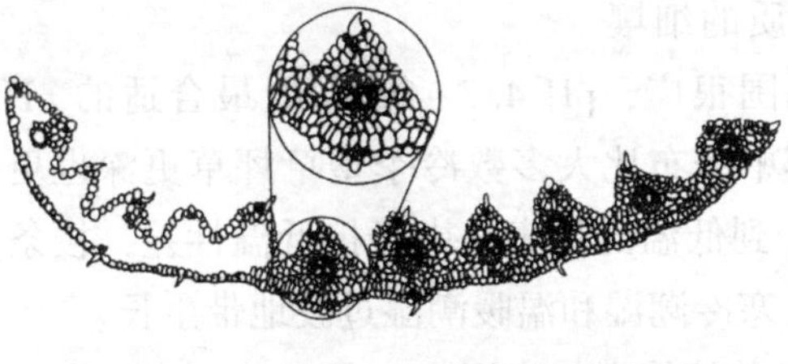

图2-13 一年生黑麦草完全展开叶片横切面

(引自耿以礼等，1959)

(3)栽培管理与应用

一年生黑麦草通常以种子繁殖，建坪速度快，播种量20~25 g/m^2，修剪高度为4~6 cm，不耐低修剪。它的栽培要求与多年生黑麦草相似，对水肥要求高，每次修剪后给以适当的灌溉、施肥才可得到理想的草坪景观。一年生黑麦草用作需建坪快的一般用途的草坪，常用作温暖潮湿地区暖季型草坪的冬季交播材料，但消失以后易形成秃斑，常有杂草侵入，因此对草坪质量要求高的地方通常不采用这种混播方式。

2.2.3 羊茅属

羊茅属(*Festuca*)属于禾本科，该属有100多个种，分布于全世界的寒带、温带和热带的高山区域。我国有20多个种，用作草坪草的仅少数几个种。它们在生长习性和寿命、叶子质地上存在许多不同，一年生种常被认作杂草型，多年生种有作为草坪草的优良特性。羊茅属适于生长在寒冷潮湿地区，且能在干燥、贫瘠、pH 5.5~6.5的酸性土壤上生长。羊茅属中的高羊茅、紫羊茅、羊茅、硬羊茅和草地羊茅5个种常用作草坪草。高羊茅和草地羊茅是粗叶型，其他属细叶型。

2.2.3.1 高羊茅(*Festuca arundinacea*)

高羊茅(tall fescue)是生长在欧洲的一种冷季型草坪草，具有许多非常优秀的坪用性状，适应于多种土壤和气候条件，应用非常广泛。高羊茅在植物分类学上一般称为苇状羊茅或苇状狐茅，而植物分类学上的高羊茅(*F. elata* Keng ex E. Alexeev)与草坪用高羊茅(*F. arundinacea* Schreb.)是不同的种，这一点应引起注意。

(1)植物学特征

多年生丛生型草本。幼叶卷包式，叶片背面具光泽，正面粗糙；叶鞘圆形，光滑或有时粗糙，开裂，边缘透明，基部红色；叶舌膜质，长0.2~0.8 mm，截平；叶环显著，常在边缘有短毛，黄绿色；叶耳小而狭窄；叶片扁平，坚硬，宽5~10 mm，上面接近顶端处粗糙，各脉鲜明，光滑，有小凸起，基部光滑，中脉不明显，顶端渐尖，边缘粗糙透明；茎圆形，直立，粗壮，簇生。花序为圆锥花序，直立或下垂，有时收缩；花序轴和分枝粗糙，每一小穗上有4~5朵小花。种子千粒重为1.73~1.85 g。高羊茅的植株形态如图2-14所示，其完全展开叶片横切面如图2-15所示。

图2-14　高羊茅

1. 植株；2. 小穗；3. 小花

(引自耿以礼等，1959)

(2)生态习性

高羊茅是最耐旱和最耐磨损的丛生型冷季型草坪草之一，其耐盐碱、耐高温能力也很强。高羊茅耐土壤潮湿，可忍受较长时间的水淹，故常用作排水道旁草坪，但耐阴性中等。其生长最适宜于肥沃、潮湿、富含有机质的细壤土，对肥料反应明显。虽然高羊茅适应的土壤范围很广，pH 4.7~8.5，但最合适的pH 5.5~7.5。大多数新枝由根颈处产生，根系在土壤中分布比大多数冷季型草坪草更深也更广泛。在寒冷潮湿气候带的较冷地区，高羊茅易受到低温的伤害，由于抗低温性差，枝条逐步减少直至变成零星的粗质杂草。高羊茅适于在寒冷潮湿和温暖潮湿过渡地带生长。

(3)栽培管理与应用

常采用种子直播建坪。成坪速度较快，介于草地早熟禾和黑麦草之间，但再生性差。播种量20~40 g/m^2，单播、混播和春播、秋播均可。高羊茅不耐低修剪，修剪高度以4~6 cm为宜。属管理粗放省工的草种。虽然高羊茅的适应范围很广，耐粗放管理，耐践踏，但叶片比较粗糙，所以一般只用来建植中、低档质量的草坪。例如，可用作高尔夫球场球道、运动场、赛马场和机场草坪，以及园林中只要求绿化、不要求观赏的大片空地或斜坡的种植材料。

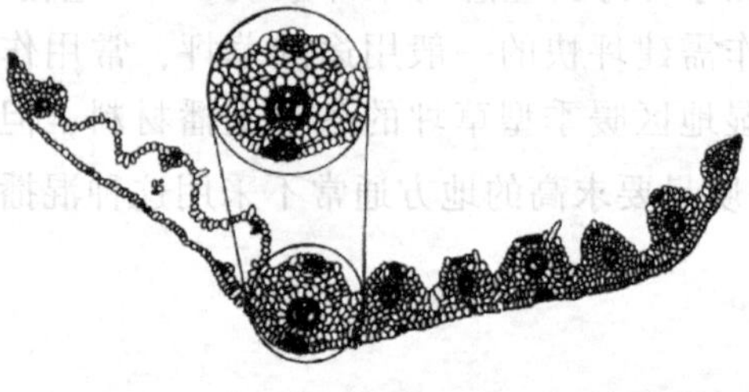

图2-15　高羊茅完全展开叶片横切面

(引自A. J. Turgeon, 2012)

2.2.3.2　紫羊茅(*Festuca rubra*)

紫羊茅(red fescue)又称红狐茅、匍匐紫羊茅，广布于北半球温寒地带，如北美洲、欧亚大陆、北非和澳大利亚的寒冷潮湿地区以及我国的西南、东北及长江流域以北各省，生于山坡、草地及湿地。

(1)植物学特征

多年生密丛型草本。具横根茎。秆基部斜升或膝曲，株高30~60 cm，基部红色或紫色。叶鞘基部红棕色并破碎呈纤维状，分蘖叶的叶鞘闭合；幼叶折叠式，叶片光滑柔软，对折或内卷，宽 1.5~2.0 mm。圆锥花序窄狭，长 9~13 cm；小穗先端带紫色，长 7~11 mm，含 3~6 小花；每颖长 2~3 mm，具 1 脉；第二颖长 3.5~4 mm，具 3 脉；外稃近边缘处或上半部有微毛或粗糙；第一外稃长 4.5~6.0 mm，顶端具长 1.5~3.0 mm 的短芒；花药长约 3 mm；子房顶端无毛。种子千粒重约 0.73 g。紫羊茅的植株形态如图 2-16 所示，其完全展开叶片横切面如图 2-17 所示。

(2)生态习性

紫羊茅性喜凉爽湿润气候，耐寒性较强，但不如匍匐翦股颖和草地早熟禾抗低温，最适于在高海拔地区生长，不耐炎热，高温地区越夏困难。紫羊茅的耐阴性比大多数冷季型草坪草强，耐干阴环境；在较弱的光强度下，它比其他草坪草生长更快。但是，紫羊茅在遮阴条件下的质量和植株密度不如全日光下好。需水量比其他草少得多，抗旱性要比草地早熟禾和匍匐翦股颖强，耐践踏性中等。适于 pH 5.5~6.5 的砂壤土，不能在水渍地或盐碱地上生长。水分胁迫和正常水分条件下紫羊茅叶片横切面如图 2-18 所示。

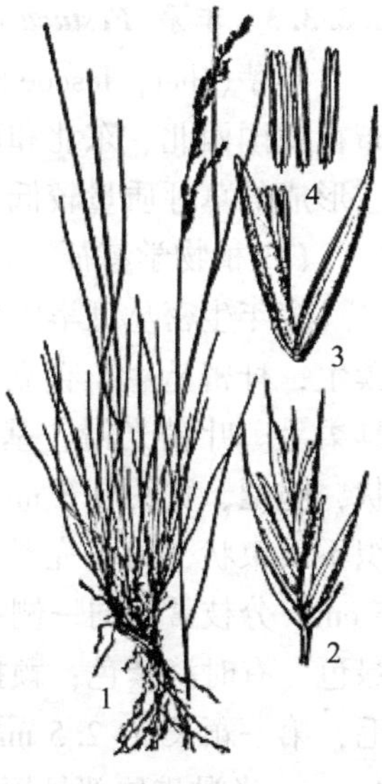

图 2-16　紫羊茅

1. 植株；2. 小穗；3. 小花；4. 花药

(引自耿以礼等，1959)

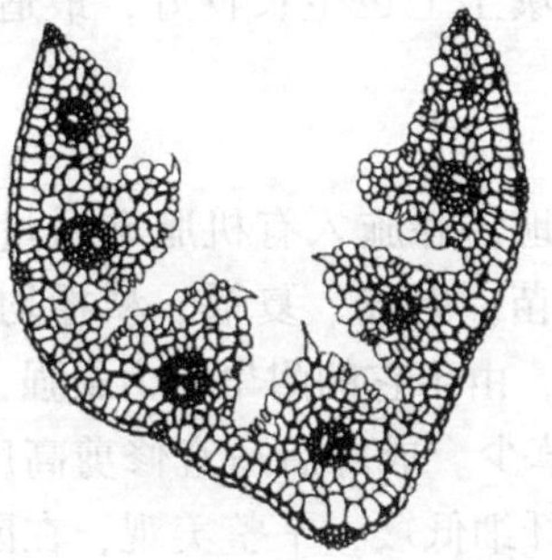
图 2-17　紫羊茅完全展开叶片的横切面

(引自 A. J. Turgeon，2012)

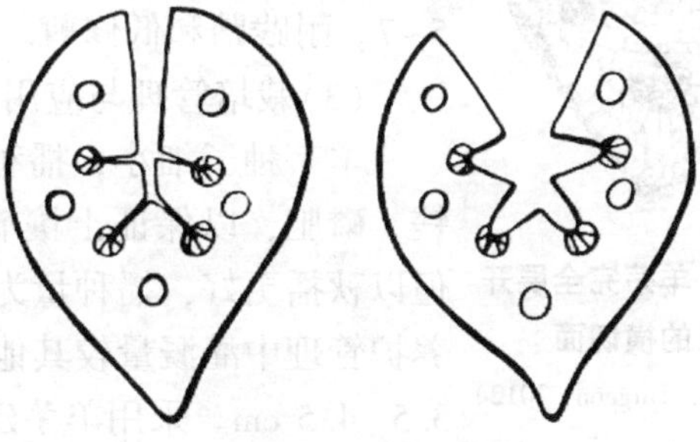
图 2-18　水分胁迫(左)和正常水分(右)条件下紫羊茅叶片横切面

(引自 James B. Beard，1973)

(3)栽培管理与应用

紫羊茅种子易发芽，主要以种子直播建坪。播种量 12~20 g/m²。常与草地早熟禾混播，有时与多年生黑麦草或细弱翦股颖混播。播种后 7~9 d 发芽出苗，苗期要注意防除杂草。紫羊茅生长缓慢，不需经常修剪，剪草高度以 4~6 cm 为宜，生长旺季要注意修剪。需肥量低，氮肥比例过高易染病。紫羊茅是可以粗放管理的优良草坪草种，草坪质量也较好。

紫羊茅由于根状茎弱，再生能力差，较少用作运动场草坪，但广泛用于机场、庭院、广场、绿地、路旁、林下及其他一般用途的草坪。可用于温暖潮湿地区狗牙根占优势种草坪的冬季交播材料。在欧洲，它与翦股颖混播，用于高尔夫球场果岭和保龄球场。与多年生黑麦草和普通早熟禾相比，紫羊茅在秋季和春季的过渡时期内性状表现较好。

2.2.3.3 羊茅(*Festuca ovina*)

羊茅(sheep fescue)又称酥油草、狐茅，生于山地林缘草甸，分布在我国西北、东北和西南，广泛分布在欧亚大陆温带和寒带地区。它形成的草坪质量较低，所以没有被广泛应用于草坪。

图 2-19 羊茅

(1)植物学特征

多年生密丛型旱中生禾本科草坪草(图 2-19)，无根茎或匍匐茎，簇生，秆密丛生，直立，具条棱，高 30~60 cm，光滑，仅近花序处具柔毛。叶鞘光滑，基部具残存叶鞘；幼叶卷包式，叶片内卷成针状，脆涩，宽约 0.3 mm，常具稀而短的刺毛，横切面圆形，厚壁组织不成束状，为一完整的马蹄形(图 2-20)。圆锥花序穗状，长 2~5 cm，分枝常偏向一侧；小穗椭圆形，长 4~6 mm，具 3~6 小花，淡绿色，有时淡紫色；颖披针形，先端渐尖，光滑，边缘常具稀疏细柔毛，第一颖长 2~2.5 mm，第二颖长 3~3.5 mm；外稃披针形，长 3~4 mm，光滑或顶部具短柔毛，芒长 1.5~2 mm。花药长约 2 mm。

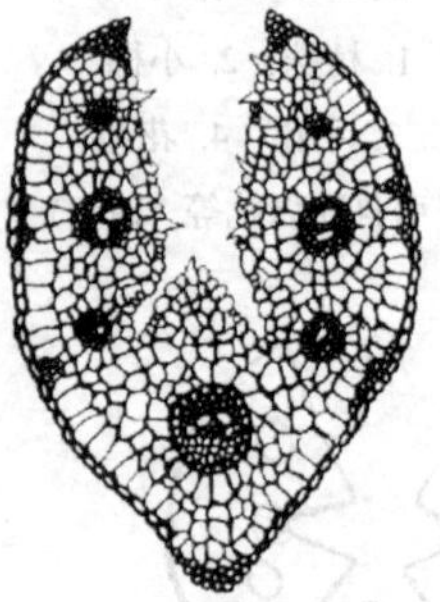

图 2-20 羊茅完全展开叶片的横切面

(引自 A. J. Turgeon，2012)

(2)生态习性

喜冷凉湿润的气候，不耐热，相当抗旱。在干旱季节叶片自然卷缩，以减少叶面水分蒸发。耐寒性也很强，能忍耐-30℃以下低温。在砂壤和石灰壤、酸性贫瘠的粗壤土上也生长良好，最适 pH 5~7。耐践踏和低修剪。

(3)栽培管理与应用

羊茅种子细小，播种前要精细整地，并施入有机肥和适量钙、镁、磷肥，以保证土壤墒情和正常出苗。春播、夏播、秋播均可，但以秋播更好，播种量为 15~20 g/m^2，由于它的耐旱能力最强，在养护管理中灌溉量较其他冷季型草坪草少。成坪后适宜修剪高度为 3.5~4.5 cm。采用羊茅建植成的草坪纤细低矮，平整美观，在园林中可用作花坛、花境的镶边植物，也可用于路边、道旁干燥处和高尔夫球场障碍区等一些低质量的草坪。但由于羊茅种子有限，仅少量用作草坪。

2.2.3.4 硬羊茅(*Festuca longifolia*)

硬羊茅(hard fescue)又称粗羊茅，是羊茅的变种。原产欧洲，我国近几年有引种。

(1)植物学特征

多年生密丛型禾本科草坪草，秆密丛生，鞘内分枝，直立，植株较矮小，高 10~35 cm，近基部具 1~2 节。叶鞘无毛，顶生者长约 5 cm，长于其叶片；叶舌长约 0.5 mm，大多数宽出叶片的基部，呈耳状；叶片较硬，宽 0.5~0.8 mm，具 5~7 条脉。圆锥花序紧缩，长 2~6 cm，宽 5 mm，花序下被微毛或稍粗糙。外稃长圆状披针形，小于 5.0 mm，具 0.5 mm 芒，无毛或近上部微粗糙；花药长 1.5~2 mm。颖果多少与稃体贴生，顶端无毛。硬羊茅叶片比羊茅宽、硬，颜色也比羊茅深。硬羊茅的植株形态如图 2-21 所示。

图 2-21 硬羊茅

1. 植株；2. 小穗；3. 外稃；4. 花序

(2)生态习性

硬羊茅喜湿润温暖气候，适应性广，根系发达，抗病性好，耐粗放管理，抗旱性不如羊茅，但比紫羊茅强。当气温超过 28℃时生长不良。硬羊茅比羊茅更耐阴，耐潮湿，适宜各种土壤，最适土壤 pH 5.5~6.5。再生能力差，抗寒性中等，适宜生长温度为 15~27℃，耐践踏性一般。

(3)栽培管理与应用

一般采用种子直播建坪，春、秋两季均可进行播种，播种量一般为 15~20 g/m^2，6~8 d 出苗。建坪速度较慢。适宜修剪高度为 3.2~7.5 cm，低于 2.5 cm 的修剪再生力下降。硬羊茅主要用于路旁、沟渠和其他管理水平低、质量较差的草坪，但在管理好的情况下也用于公园草坪，我国近几年有引种。

2.2.4　翦股颖属

翦股颖属(*Agrostis*)属于禾本科，该属草坪草种类很多，分布于寒温带，尤以北半球为多，大部分多年生，也有少数一年生，生长习性差异很大。由于匍匐生长，翦股颖属是所有冷地型草坪草中最能忍受连续修剪的，其修剪高度可达 0.5 cm，甚至更低。用于草坪的翦股颖属有 6 个种：匍匐翦股颖、细弱翦股颖、绒毛翦股颖、巨序翦股颖、爱达荷翦股颖(*A. idahoensis*)和旱地翦股颖(*A. castellana*)。翦股颖属除了爱达荷翦股颖和巨序翦股颖外，其他种均可用于高尔夫果球场岭及其他高度精细草坪。在匍匐翦股颖、细弱翦股颖和绒毛翦股颖之间有趋异型和中间类型，其染色体数为 14~62。

2.2.4.1　匍匐翦股颖(*Agrostis stolonifera*)

匍匐翦股颖(creeping bentgrass)又称匍茎翦股颖。生长于欧亚大陆的温带和北美地区，广泛用于低修剪、细质优质的草坪。匍匐翦股颖具有强壮的匍匐茎生于地表，能从节上长出新根和茎。

(1)植物学特征

多年生草本，株高约 30 cm。秆直立，多数丛生、细弱，直径 0.5~0.7 mm，具 3~4 节，平滑。叶鞘无毛，下部长于节间，上部短于节间；叶舌膜质，长圆形，长 2~3 mm，先端近圆形，微破裂；叶片线形，长 7~9 cm，扁平，宽达 5 mm，干后边缘内卷，边缘和脉上微粗糙；圆锥花序开展，轮廓卵形，长 7~12 cm，宽 3~8 cm，分枝一般 2 枚，近水平开展，下部裸露；小穗暗紫色；第一颖长 3.5~4 mm，第二颖略短，窄披针形，先端渐尖；外稃长达 2.3 mm，先端平截，有齿，其脉明显，芒由外稃背部近中部伸出，膝曲，长 4~5 mm，明显伸出于小穗之外，基盘具长 0.2 mm 之毛；内稃长 0.1~0.2 mm，长圆形，先端圆钝；花药长 1.5 mm。颖果长圆形，长 1.7~1.8 mm。花果期 7~8 月。匍匐翦股颖的植株形态如图 2-22 所示，其完全展开叶片横切面如图 2-23 所示。

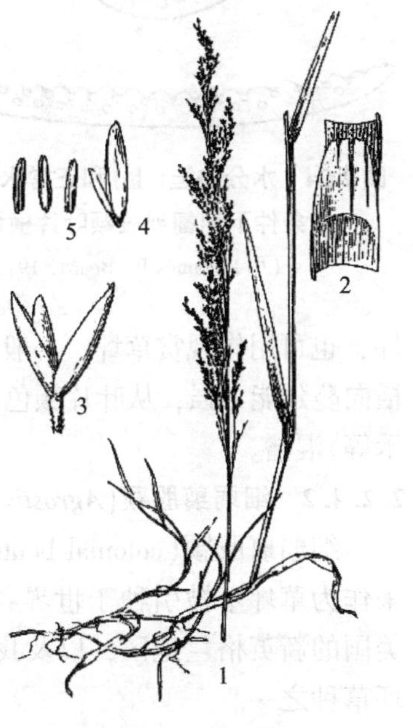

图 2-22　匍匐翦股颖

1. 植株；2. 叶舌；3. 小穗；4. 小花；5. 花药

(引自耿以礼等，1959)

(2)生态习性

匍匐翦股颖喜冷凉湿润气候，用于世界大多数寒冷潮湿地区，也被引种到过渡气候带和温暖潮湿地区稍冷的地方。低修剪时，匍匐翦股颖能形成一个细质、植株密度高、均一的高质量草坪，如高尔夫球场的果岭草坪。质地细腻的栽培种趋向于紧实、生长低矮，颜色从黄绿、深绿到蓝绿而不同，而粗放的栽培种则更加直立和开放。匍匐翦股颖靠在节上生长出根和长的、多叶的匍匐茎，能很快蔓延。抗寒性在冷季型草坪草中最强。春季返青晚，而秋季变冷时叶子又比草地早熟禾早变黄，一般能度过盛夏时的高温期，但茎可能会严重损伤，根系可能会死亡。适宜的排水、浇灌和疾病防治在土壤温度很高时是非常必要的。匍匐翦股颖能在许多土壤上生长，但最适宜于生长在肥沃、中等酸度的细壤和保水力好、pH 5.5~6.5的土壤上。能够忍受部分遮阴，但在全日光下生长最好，耐践踏性中等，抗盐性和耐水淹能力比一般冷季型草坪草好，但对紧实土壤的适应性很差。水分胁迫和正常水分条件下匍匐翦股颖叶片横切结构如图2-24所示。

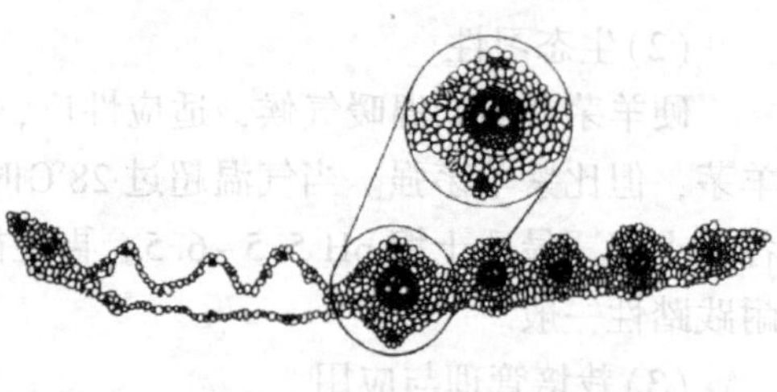

图 2-23 匍匐翦股颖完全展开叶片横切面

(引自 A. J. Turgeon, 2012)

(3)栽培管理与应用

匍匐翦股颖既可种子繁殖也可营养繁殖。因其种子特别细小，播种时地面要整平整细，一般播种量为5~8 g/m^2。我国华北地区从4月下旬到9月下旬均可进行栽植匍匐茎。若获得高质量草坪，需要高养护。建坪速度快，再生性强，可用作应急绿化的材料。在低修剪时，能形成美丽、细致的草坪，修剪高度为0.5~0.75 cm。剪草工作应做到及时、适时，如果草层长得过密过高，会因不通风而发生各种病害。匍匐翦股颖适用于保龄球场、高尔夫球场球道、发球区和果岭等高质量、精细养护的草坪，也可用作观赏草坪，一般不作庭院草坪。匍匐翦股颖具有侵占性很强的匍匐茎，匍匐茎横向蔓延能力强，从叶片颜色和生长竞争性上考虑，很少与其他直立生长的草种(如草地早熟禾等)混播。

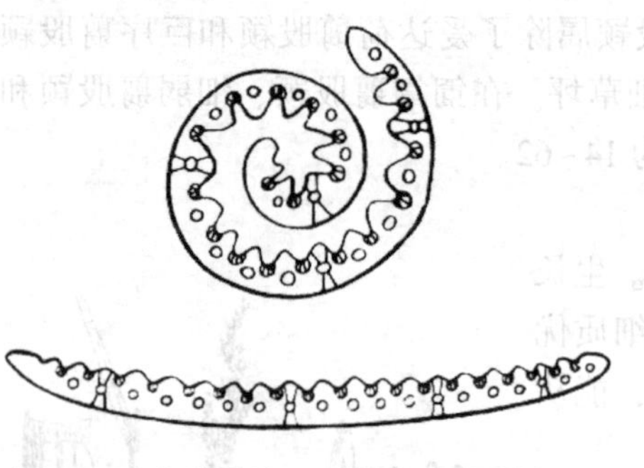

图 2-24 水分胁迫(上)和正常水分(下)条件下匍匐翦股颖叶片横切面

(引自 James B. Beard, 1973)

2.2.4.2 细弱翦股颖(*Agrostis capillaris*)

细弱翦股颖(colonial bentgrass)分布于欧亚大陆及我国山西、河北等地区的北温带，后来作为草坪草被引种于世界各地的寒冷潮湿地区，适应生长于新西兰、太平洋的西北部、美国的新英格兰地区，以及我国西南一部分地区和北方湿润带，也是使用最广的翦股颖草坪草种之一。

(1)植物学特征

多年生草本，高20~25 cm，具短根状茎。秆丛生，具3~4节，基部膝曲或弧形弯曲，上部直立，细弱，直径约1 mm。叶鞘一般长于节间，平滑；叶舌干膜质，长约1 mm，先端平；幼叶卷包式，叶片窄线形，质厚，长2~4 cm，宽1~1.5 mm，干时内卷，边缘和脉上粗糙，先端渐尖。圆锥花序近椭圆形，开展，每节具2~5分枝，分枝斜向上升，细瘦，长1.5~3.5 cm，稍波状弯曲，平滑，基部无小穗；小穗紫褐色，穗梗近平滑；第一颖长1.5~1.7 mm，两颖近等长或第一颖稍长，椭圆状披针形，先端急尖，脊上粗糙；外稃长约1.5 mm，先端平，中脉稍突出，无芒，基盘无毛；内稃较大，长为外稃的2/3；花药金黄色，长0.8~1 mm。细弱翦股颖的植株形态如图2-25所示，其完全展开叶片横切面如图2-26所示。

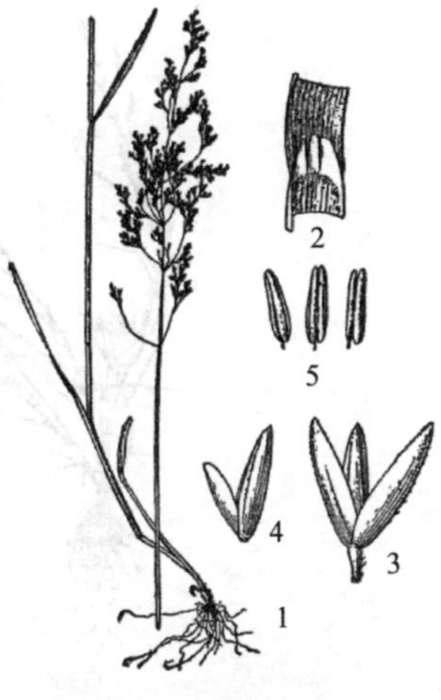

图2-25 细弱翦股颖
1. 植株；2. 叶舌；3. 小穗；4. 小花；5. 花药
（引自耿以礼等，1959）

(2)生态习性

细弱翦股颖最适于湿润冷凉气候，适应的土壤范围较广，但在中等肥力、排水良好、pH 5.5~6.5的微酸性细壤土上生长最好。春季返青相对慢些，抗热性和抗水性较差，在炎热的夏季叶尖转为黄色，盛夏易枯。具有良好的抗寒性，但不如匍匐翦股颖。耐阴性中等，较耐践踏。

(3)栽培管理与应用

细弱翦股颖种子发芽率高，因此采用种子繁殖较为常见，也可采用营养繁殖。春季或秋季播种均可。播种量3~7 g/m^2，7 d左右出苗，成坪迅速，耐杂草。由于种子细小，种植时对坪床质量要求极高，坪床应细致、平整、肥沃，以沙床为最好。只要苗前和苗期水肥充足，直播建坪效果较好，苗期喜湿润，但过于潮湿易患病，应及时喷杀菌剂数次，及早预防。

图2-26 细弱翦股颖完全展开叶片横切面
（引自A. J. Turgeon，2012）

营养繁殖可采用栽植小草块的方法。将草块挖起后分成许多宽3~4 cm，长10~15 cm的小块，采用10~15 cm穴距“品”字形穴栽。栽植时短根状茎及根系必须栽入土壤中，栽后压实，适量浇水，一般7~10 d即能成活。

细弱翦股颖枝叶柔软、细长、茂密，再生性好，且耐低茬频繁修剪，因此为了保持其良好的生长和较高的坪用质量应勤修剪，一般生长旺期每月修剪4~6次，以茬高0.75~2 cm为宜。修剪后应及时追肥、灌水，及时喷施杀菌剂，注意防治病害。细弱翦股颖形成的草坪，每隔3年必须进行更新，切断其根系，使土壤透气或重新补植。

细弱翦股颖需要较高强度的管理、特殊的剪草设备和高水平的管理技术，因而不太适宜作庭院草坪，适宜大的公园、街道、广场、高尔夫球场果岭等采用。

2.2.4.3 绒毛翦股颖(*Agrostis canina*)

绒毛翦股颖(velvet bentgrass)又名普通翦股颖，原产欧洲，现被世界上许多国家引种栽培。适用于温带海洋气候，能形成高密度的草坪。

(1)植物学特征

多年生禾本科草坪草，茎直立，丛生(图2-27)，并以弱匍匐鳞状茎卧于地上。幼叶卷包式，叶舌膜质尖型，长0.4~0.8 mm；无叶耳；叶片柔软，扁平，深绿色，宽1.0 mm，正面具脊，背面光滑(图2-28)；紫红色圆锥花序展开。

图 2-27 绒毛蒴股颖

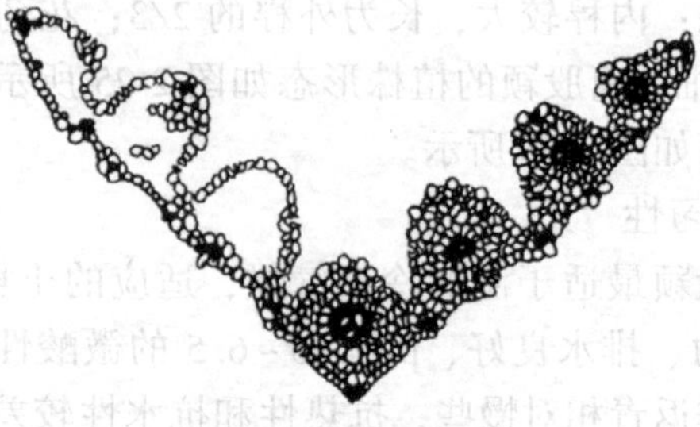

图 2-28 绒毛蒴股颖完全展开叶片横切面
(引自 A. J. Turgeon, 2012)

(2)生态习性

在酸性(pH 5~6)、砂质、排水良好的土壤上生长良好。耐旱性和耐寒性均优于匍匐蒴股颖。耐阴性强，在耐阴方面也优于其他蒴股颖。北京地区在 11 月下旬枯黄，绿期可达 250 d 以上。

(3)栽培管理与应用

修剪高度 0.5~2.0 cm，年施氮 5~10 g/m^2。需频繁灌溉，频繁表施土壤以防治枯草层积累，生长缓慢，避免频繁耕作。受损后恢复较快，抗病性弱，需经常使用杀菌剂。用于高尔夫球场果岭、滚木球场等或用于养护精细、质量要求高的装饰草坪。

图 2-29 巨序蒴股颖
1. 植株；2. 叶舌；3. 小穗；4. 小花；5. 花药
(引自耿以礼等，1959)

2.2.4.4 巨序蒴股颖(*Agrostis gigantea*)

巨序蒴股颖(redtop bentgrass)又称小糠草、红顶草、糠穗草或白蒴股颖，主要分布于欧洲、亚洲和北美洲的温带和寒温带地区，我国主要分布在东北、西北、华北和西南冷凉地区。

(1)植物学特征

巨序蒴股颖为根茎疏丛型的多年生草本，株高 50~85 cm。茎直立，下部膝曲或斜生，具 5~6 节。叶卷叠式。叶片浅绿色，扁平，宽 3~5 mm，无叶耳，叶面粗糙、透明，顶端渐尖。叶鞘圆形，光滑，开裂，边缘透明；叶舌膜质，长 2~5 mm，锐到钝，为撕裂状；花序为金字塔形的圆锥花序，红色，花开期分枝开放，有时后期收缩。巨序蒴股颖的植株形态如图 2-29 所示，其完全展开叶片横切面如图 2-30 所示。

(2)生态习性

巨序蒴股颖喜冷凉湿润气候。耐旱、耐寒、抗热，适应性强，对土壤要求不严，具有相当强的抗逆能力，因此养护管理较为容易。在-30℃情况下仍能安全越冬。耐热能力优于匍匐蒴股颖和细弱蒴股颖。喜光、耐阴能力较差。在湿润土

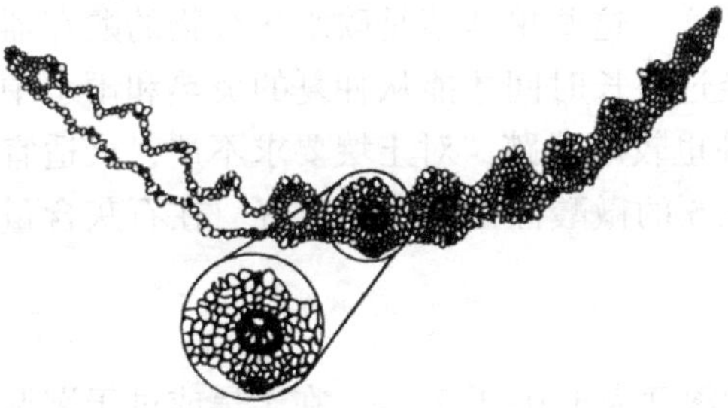

图 2-30　巨序翦股颖完全展开叶片横切面
（引自 A. J. Turgeon，2012）

壤上生长良好，耐瘠薄干燥的土壤，以黏土和壤土生长最好，在微酸性土壤上也能正常生长。耐践踏，分蘖和再生能力较强，一般长成后能自行繁殖。秋季生长良好，11 月下旬才开始枯黄。除注意水、肥外，应定期进行修剪，以达到绿化、美化的效果。

（3）栽培管理与应用

常采用播种的方法建坪，播种量为 6~8 g/m^2。因种子小，坪床应细致、平整，播种时一定要细致，覆土厚度要低于 1 cm。管理水平中等，修剪高度中等，对土壤的要求不高，在有灌溉条件的砂壤土上生长最好。植株的侵占性强，也可采用营养繁殖。

巨序翦股颖叶子比大多数的翦股颖宽，叶舌长，所形成的草坪稀疏、粗糙、直立，建坪时单独以巨序翦股颖作草坪不美观，持久性差，因此形成的草坪质量不高，需交播其他高质量的草坪草。巨序翦股颖对环境有较强的适应性，常与其他草种混播，用作公园、护坡、小型绿地及公路两侧的绿化材料。但它在混播草坪草种中比例不能过大，通常不能超过 10%。由于现在优质草种很多，巨序翦股颖的应用逐渐被取代。

2.2.5　梯牧草属

梯牧草属（*Phleum*）属于禾本科，该属有 10 个种，主要分布于温寒带，我国有 4 个种，大部分植物为优良牧草。在梯牧草属中用作草坪的主要是梯牧草（*Phleum pratense*）。

梯牧草（common timothy）又称猫尾草。原产欧洲，我国新疆昭苏也有分布，国内一些地区还有引种栽培。野生者多见于海拔 1 800 m 的草原及林缘，在欧亚两洲的温带、寒温带地区有分布。

（1）植物学特征

多年生疏丛型禾本科草坪草。须根稠密，有短根茎。秆直立，基部常球状膨大并宿存，枯萎叶鞘，高 80~100 cm，具 5~6 节。叶鞘松弛，短于或下部者长于节间，光滑无毛；幼叶卷包式，叶舌膜质，长 2~5 mm；叶片扁平，两面及边缘粗糙，长 10~30 cm，宽 3~8 mm，无叶耳；圆锥花序圆柱状，灰绿色，长 4~15 cm，宽 5~6 mm；小穗长圆形；颖膜质，长约 3 mm，具 3 脉，具长 0.5~1 mm 的尖头；外稃薄膜质，长约 2 mm，具 7 脉，脉上具微毛，顶端钝圆；内稃略短于外稃；花药长约 1.5 mm。颖果长圆形，长约 1.8 mm。花果期 6~8 月。梯牧草的植株形态如图 2-31 所示。

图 2-31　梯牧草
1. 植株；2. 颖；3. 小花
（引自耿以礼等，1959）

（2）生态习性

梯牧草喜寒冷湿润气候，适于生长在冷凉潮湿、年降水量为 750~1 000 mm 的地区，抗寒能力极强，在北方冬季-30℃时仍能顺利越冬。枝条丛生，形成草皮质量粗糙。叶常为灰绿色，改进的栽培种更喜匍匐生长，垂直生长速度较慢。梯牧草与大多数草坪草的区别在于茎的第 1~2 个节间相对短，膨胀出一个空体，称作单球茎。这些球茎和空心秆是冬季一年生的，早春形成，一年内死亡。这些单球茎是碳水化合物的贮存器官。耐旱性和耐热性不如高羊茅和草地羊茅，要经过很长时间才能从仲夏的炎热和雨水中恢复过来。梯牧草的再生能力较好，其改良型的种也较耐践踏，对土壤要求不严，最适宜潮湿的黏土或壤土；能耐酸性土壤，在 pH 4.5~5.5 的微酸性土壤上生长好，在石灰含量过多的土壤上生长不佳。

(3)栽培管理与应用

多采用种子直播，播种量为 8~10 g/m^2，播种深度为 1.0~1.2 cm，在干旱或过于潮湿的条件下要求播得稍深或稍浅。一般草坪绿地的播种量为 6~8 g/m^2。在寒冷地区春播或夏播，也可雨季秋播。播前要精细整地，播后适当镇压，使种子与土壤紧密接触，苗期注意及时松土和清除杂草。也可采用营养繁殖的方法，通常 1 m^2 草坪可分栽 6 m^2 草坪。在梯牧草成苗生长期间应喷施尿素或硫酸铵等追肥，以保证叶色浓绿、分蘖旺盛。用作草坪绿化时，培育强度中到高，修剪高度 5~7 cm 为宜，旱季需灌溉。为达到良好的绿化效果，还应定期进行修剪，防止植株生长过高。

梯牧草与多年生黑麦草、草地早熟禾混播，用于公园、庭院及小型绿地，或用于斜坡等处的水土保持植物。

2.2.6 冰草属

冰草属(*Agropyron*)属于禾本科，该属中最常用的草坪草种是扁穗冰草(*Agropyron cristatum*)，其特点是：适应的土壤范围广，抗旱，适应极端气候，易于建坪。在寒冷半潮湿、半干旱地区，对水土保持有重要价值。

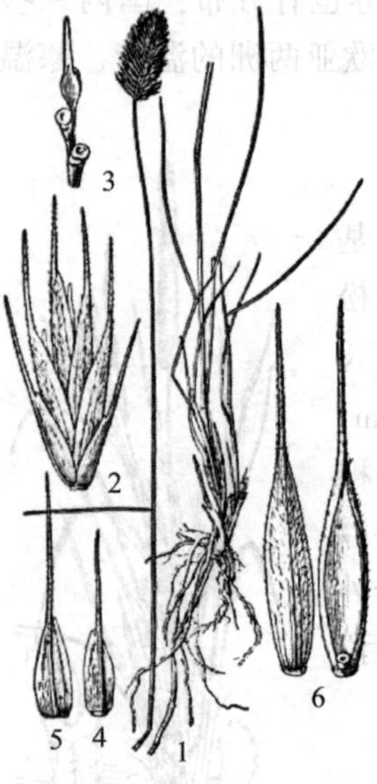

图 2-32 扁穗冰草

1. 植株；2. 小穗；3. 穗轴上部(示其顶端不具小穗)；4. 第一颖；5. 第二颖；6. 小花(背面及腹面)

(引自耿以礼等，1959)

扁穗冰草(crested wheatgrass)又称冰草、野麦子。原生长在俄罗斯西伯利亚的寒冷、干旱的平原地区，在我国黄土高原地区有野生种分布。扁穗冰草垂直生长速度快，形成的植株密度较稀疏，叶粗糙。

(1)植物学特征

多年生根茎疏丛型禾本科草坪草。秆成疏丛状直立，上部紧接花序部分被短柔毛，高 20~75 cm，有时分蘖横走或下伸成长达 10 cm 的根茎。穗状花序较粗，或矩圆形或两端微窄，长 2~6 cm，宽 8~15 mm；小穗紧密平行地排列成两行，整齐呈篦齿状，含(3)5~7 小花，长 6~12 mm；幼叶卷包式，叶舌膜质，1 mm 长，叶片长 5~20 cm，宽 2~5 mm，质较硬而粗糙，常内卷，上面叶脉强烈隆起纵沟，脉上密被微小短硬毛。颖舟形，脊上连同背部脉间被长柔毛，第一颖长 2~3 mm，第二颖长 3~4 mm，略短于颖体的芒；内稃脊上被短小刺毛，外稃被有稠密的长柔毛或显著的被稀疏柔毛，顶端具短芒，长 2~4 mm。扁穗冰草的植株形态如图 2-32 所示。

(2)生态习性

扁穗冰草具有极强的抗寒、耐旱能力，对土壤要求不严，最适宜在干燥寒冷的地区种植，在我国温带和寒温带地区可安全越冬，在年降水量 230~380 mm 的地区可生长良好。扁穗冰草根系深，地下根常有 2~5 m，较耐盐碱，不耐涝，不耐夏季高温，遇干旱和高温可以忍耐方式进入休眠。在干旱季节，即使它的叶片枯黄变干，却依然能保持绿色。最适宜的降水量在 230~400 mm，耐低温抗霜冻，而且能适应海拔 1 500 m 以上的地带，海拔高限为 2 600~2 800 m。

(3)栽培管理与应用

一般采用种子繁殖，春、夏、秋季均可播种，一般 4~5 月为宜。播前要进行良好的整地，深翻、平整土地，施入有机肥作底肥。在寒冷地区可春播或夏播，冬季气候较温和地区以秋播为好。播种量 20~30 g/m^2，休闲绿地和以水土保持为目的的护坡草地，播种量可加大至 30~35 g/m^2。条播，行距 20~30 cm；播深 2.0~2.5 cm，播后适当镇压。还可与无芒雀麦、高羊茅等进行混播，以建植水土保持和护坡混播草地。苗期应加强田间管理和清除杂草。

扁穗冰草与大多数冰草相比更矮、更细、更稠密，生长也更缓慢。叶为亮绿色，基部和茎上有丰富的叶子，可用作寒冷半潮湿、半干旱区无浇灌条件地区的运动场、高尔夫球场球道、高草区和一般作用的草坪。扁穗冰草的根系密生，具沙套，且入土较深，抗寒和抗旱能力强，因此，它又是一种良好的水土保持草种和防风固沙植物。

2.2.7　三叶草属

三叶草属(*Trifolium*)属于豆科，植物学上一般被称为车轴草属，分布于世界各地的温带和寒温带地区。该属用作草坪草的主要有白三叶(*Trifolium repens*)。

白三叶(white clover)又称白车轴草，广泛分布于温带、寒温带及亚热带高海拔地区。我国新疆、云南、贵州、四川、黑龙江、吉林、辽宁、内蒙古等地都有野生分布，是一种重要的草坪草，形成的草坪美观、整洁，具有很好的观赏价值。

(1)植物学特征

白三叶是豆科多年生草本植物。植株低矮，具匍匐茎，长 30~60 cm，无毛，节上生根，根系主要分布在土壤表层 15 cm 左右。掌状三出复叶，互生，具长柄，叶面光滑无毛，中心有倒“V”形的白斑。小叶宽椭圆形、倒卵形至近倒心脏形，长 1.2~3 cm，宽 0.8~2 cm，先端圆或凹陷，基部楔形，边缘有细锯齿；托叶卵状披针形，抱茎。花密集成球形的头状花序，从匍匐茎伸出，总花梗长 15~30 cm；花萼筒状，萼齿三角状披针形，较萼管稍短；花冠白色或淡红色；子房线形，花柱长而稍弯。荚果卵状长圆形，长约 3 mm，包被于膜质、膨大、长约 1 cm 的宿萼内，含种子 2~4 粒；种子褐色，近圆形。白三叶的植株形态如图 2-33 所示。

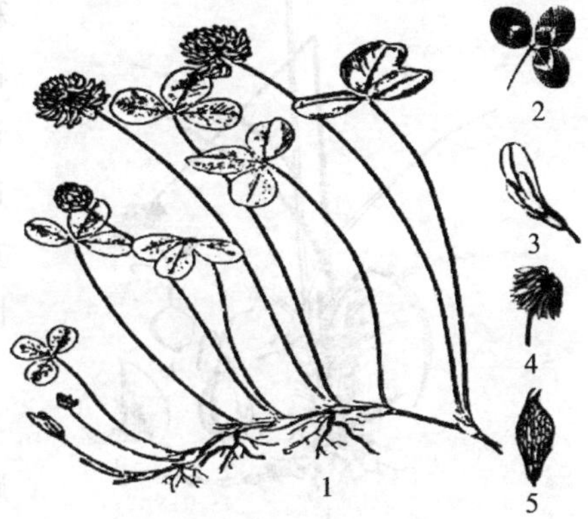

图 2-33　白三叶

1. 植株；2. 叶片；3. 小花；4. 果序；5. 荚果

(2)生态习性

白三叶喜温凉湿润气候。最适宜在年降水量 600~1 200 mm，温度为 19~24℃ 的地区生长，适应性较其他三叶草广。耐热耐寒性比红三叶、杂三叶强，不耐干旱，稍耐潮湿，耐阴性也很强，在部分遮阴的条件下生长良好。对土壤要求不严，耐贫瘠，耐酸，最适排水良好，富含钙质及腐殖质的黏质土壤，不耐盐碱，适宜的土壤 pH 6~7。为簇生草坪草，靠匍匐茎蔓延，也常作为温暖潮湿气候地区的冬季一年生草坪草。我国黑龙江省有耐寒力较强的野生品种。该草绿期、花期长，如在沈阳市区，绿期可达 230 d 左右，花期长达 150 d。

(3)栽培管理与应用

白三叶繁殖容易，既可用种子繁殖又可进行营养繁殖。种子繁殖时需细致整地，播前要灌好底水，待土壤半干时再耙地播种。采用撒播或条播，撒播量为 5~10 g/m^2，播深 0.5~1 cm；条播，播种量 3~5 g/m^2，行距 10~15 cm。播后保持土壤湿润直至出苗。幼苗期生长缓慢，怕干旱。春播与秋播均可，南方以秋播为好，杂草少，易于养护管理。营养繁殖，采用分根繁殖法，可采用带土小草块移植，株行距 20 cm × 20 cm，品字形穴植，一个月可封闭地面，一般每平方米草块可扩大栽植新草地 4~5 m^2。用匍匐茎扦插法，30~40 d 则可封闭地面。该草不耐水淹，因此要注意及时排水。

白三叶的叶色翠绿，绿期长，适应性强。因此，主要用于建植观赏草坪、庭院绿地草坪、林下耐阴草坪和水土保持、固土护坡草坪等。也可把白三叶与其他冷季型和暖季型草混合栽培应用。我国各地近年也把它撒播在已建坪的草坪上，增加草坪的适应性，尤其撒播在暖季型草坪中，可延长草坪的绿期。

2.2.8 薹草属

薹草属(*Carex*)属于莎草科，属下有 2 000 多个种，我国约有 500 个种，广布于各省份。薹草属中有许多种可以用作草坪草，在绿化上较常见有白颖薹草、卵穗薹草、异穗薹草、青绿薹草、涝峪薹草(*C. giraldiana*)等。

2.2.8.1 白颖薹草(*Carex duriuscula*)

白颖薹草(rigens sedge)别名小羊胡子草。在我国分布于辽宁、山东、河南及华北和西北等地。常见于草地、山坡和河边。

(1)植物学特征

多年生。具细长匍匐根状茎，秆高 5~40 cm，基部有黑褐色纤维状分裂的旧叶鞘。叶片短于秆，宽 1~3 mm，扁平。穗状花序卵形或矩圆形，小穗 5~8 个，密集生于秆端；小穗卵形或宽卵形，长 5~8 mm，顶部少数雄花，其他都为雌花。苞片鳞片状，果囊卵形或椭圆形，与鳞片近等长，两面具多数脉，基部圆，略具海绵状组织，边缘无翅，顶端急缩为短喙，喙口具 2 小齿，小坚果宽椭圆形。花果期 5~6 月。白颖薹草的植株形态如图 2-34 所示。

图 2-34 白颖薹草

1. 植株；2. 鳞片；3. 雌蕊；4. 果囊

(2)生态习性

喜冷凉气候，耐寒力强，在-25℃低温条件下能顺利越冬。耐干旱、耐瘠薄，能适应多种土壤类型，以在肥沃湿润的土壤上生长最佳。耐阴性中等，同杂草的竞争力较差。在春末夏初至仲秋生长最旺。耐践踏性中等。

(3)栽培管理与应用

种子直播与营养繁殖均可，但新种子存在休眠现象，最好经过氢氧化钠溶液处理后播种，播种后苗期生长比较慢，注意防除杂草。该草用作公园、风景区、庭院观赏草坪或适当践踏的休息草坪，也是高速公路、铁路两旁等地优良的地被植物。

2.2.8.2 卵穗薹草(*Carex ovatispiculata*)

卵穗薹草(eggspike sedge)俗称寸草、羊胡子草，分布于北半球的温带和寒温带，我国东北、华北有天然分布，常见于干燥草地、沙地、路旁、湖边草地和山坡地，是一种较为优良的草坪草。

(1)植物学特征

多年生草本。根状茎细长，匍匐状。秆疏丛生，高5~15 cm，纤细，平滑，基部具灰黑色呈纤维状分裂的旧叶鞘。叶短于秆，宽约1 mm，内卷成针状。穗状花序，卵形或宽卵形，长7~12 mm，直径5~8 mm，褐色；小穗3~6枚，密生，卵形，长约5 mm，雄雌顺序，具少数花；苞片鳞片状；雌花鳞片宽卵形，长3~3.2 mm，褐色，具狭的白色膜质边缘，顶端锐尖，具短尖；花柱短，基部稍增大，柱头2；果囊宽卵形或近圆形，稍长于鳞片，长约3.5 mm，平凸状，革质，褐色或暗褐色，基部具海绵状组织，边缘无翅，上部急缩为短喙，喙口斜形。小坚果宽卵形，长约2 mm。花期4~5月，果期6~7月。卵穗薹草的植株形态如图2-35所示。

图2-35 卵穗薹草

1. 植株；2. 果囊

(2)生态习性

茎秆纤细，低矮，具有匍匐茎，竞争力强。适于寒冷潮湿区、寒冷半干旱区及过渡地带，对土壤肥力的要求较低，适宜的土壤pH 6.0~7.5，耐旱，耐寒，耐阴，喜光，适应性强，最适生长温度为18~20℃。返青较早，绿期较长。质地柔弱，叶细，色泽翠绿，耐践踏性差，夏季高温期有休眠反应。

(3)栽培管理与应用

卵穗薹草可采用种子繁殖或分根繁殖。在生产中通常用匍匐茎分根繁殖和建坪。播种量1.5~2.0 g/m^2。播前要精细整地，创造疏松的土壤环境，利于根茎发育。管理较为粗放，对病虫害的抵御力很强。氮肥需要量每个生长月0.94~3.0 g/m^2，修剪高度2.5~5 cm，营养繁殖比例1∶5，在管理上应注意水肥的合理供应，以延长绿期，维持景观。

卵穗薹草在北方干旱地区用于建植良好的细叶型观赏草坪，也可用于公路、铁路护坡和遮阴地带的绿化。同时由于它耐寒、耐旱、耐阴性极佳，也常被用来作为建筑物背阴处、树下的绿化植物。

2.2.8.3 异穗薹草(*Carex heterostachya*)

异穗薹草(heterostachya sedge)又称黑穗草、大羊胡子草，我国主要分布于东北、华北、河南、陕西、甘肃等地，朝鲜也有分布。多见于路边、山地、水边。与卵穗薹草相似，是一种较好的观赏草坪草。

图 2-36　异穗薹草
1. 植株；2. 果囊；
3. 雌花鳞片；4. 小坚果

(1)植物学特征

多年生草本。具细长根状茎。秆高 15~33 cm，稍突出叶层，三棱形，基部包有棕色鞘状叶。基生叶线形，长 5~30 cm，宽 2~3 mm，边缘常外卷，具细锯齿。小穗3~4个；顶生小穗雄性，线形，鳞片卵状披针形，背部黑褐色(稀为褐黄色)；雌小穗侧生，长圆形或卵球形，花密，长 1~1.5 cm，具短苞；雌花鳞片卵形，锐尖，背部黑色，中脉和两侧具1条线形赤褐色条纹，先端锐尖，有时突出成小尖头，边缘微具膜质；果囊卵形或椭圆形，上下两端渐尖，革质，有光泽，无脉；柱头3个，花柱和柱头密生短柔毛。小坚果长 3 mm，基部无柄，不脱落。异穗薹草的植株形态如图 2-36 所示。

(2)生态习性

异穗薹草喜冷凉气候，耐寒力很强，在我国西北高寒山区冬季气温达-25℃情况下能越冬。耐阴能力在禾本科、莎草科草类中堪居首位，郁闭度达 80%仍能正常生长，而且叶片色泽浓绿，观赏效果好。在建筑物背阴处生长十分茂盛。异穗薹草能适应砂土、壤土、黏土等不同的土壤条件，特别耐盐碱土，在含有氯化钠、pH 7.5 的土壤上仍能生长。能耐潮湿，在阴湿地方和河边水湿地都能生长。耐践踏能力弱，再生性差，不耐低修剪。

(3)栽培管理与应用

异穗薹草可采用播种和根状茎营养繁殖方法建坪。播种前应把种子装袋，放置在自来水处冲洗或采用浸泡方法进行处理，一般需要 80~90 h，才能处理掉种子外层的保护物质。将处理好的种子摊开晾干，然后掺细沙播种。处理过的种子可提早出苗，还可提高出苗率 50%。播种量为 6~8 g/m^2，春、秋两季播种均可。根状茎繁殖成坪迅速，一般 1 m^2 草块可分栽 7~10 m^2，栽植季节在 4~9 月。移栽后应及时灌水，异穗薹草对水分的要求迫切，水分充足生长就茂盛，水分不足则生长缓慢。异穗薹草容易向上生长，成熟草坪应定期进行修剪，高度以离地面 6~8 cm 为宜。生长期内应适当喷施尿素等氮肥，以促进其叶色美观。

异穗薹草常作为封闭式草坪广泛栽培应用，栽植于乔木之下、建筑物的背阴处以及花坛、花径的边缘，受到人们的喜爱。异穗薹草也可栽植在河边、湖泊、池旁等阴湿地方，作为优良水土保持地被植物利用。

2.3　暖季型草坪草

暖季型草坪草一般适于生长在气候温暖的湿润、半湿润及半干旱地区。最适生长温度为 25~32℃，有些暖季型草坪草也可应用在过渡地带。低温是影响暖季型草坪草分布与应用的关键因素。暖季型草坪草生长低矮、耐低修剪、耐旱、耐热、耐践踏，一旦形成草坪，其他草种很难侵入，所以多单播，少见混播。在我国，暖季型草坪草主要分布于长江以南的广大地区。狗牙根和结缕草是暖季型草种中比较抗寒的种类，在我国能生长在比较干旱寒冷的辽东半岛和山东半岛。目前，世界各地使用的暖季型草坪草大约有14种。

2.3.1 狗牙根属

狗牙根属(*Cynodon*)属于禾本科，约有10个种，分布于欧洲、亚洲的亚热带及热带。在热带与亚热带地区作为草坪草应用的主要种有普通狗牙根(*C. dactylon*)、非洲狗牙根(*C. transvaalensis*)、麦景狗牙根(*C. magennisii*)、布莱德蕾狗牙根(*C. bradleyi*)和弯穗狗牙根(*C. radiatus*)，以及它们的杂交种即杂交狗牙根(*C. dactylon* × *C. transvaalensis*)。我国产狗牙根(*C. dactylon*)和弯穗狗牙根(*C. radiatus*)2个种，并有2个变种：普通狗牙根和双花狗牙根(*C. dactylon*)。目前，应用较多的是普通狗牙根与杂交狗牙根。

2.3.1.1 普通狗牙根(*Cynodon dactylon*)

普通狗牙根(Bermudagrass)是使用最多、分布最广的暖季型草坪草之一，又名钱丝草、绊根草、爬根草、百慕大草、沙草、地板根。欧洲和非洲有广泛分布。我国黄河以南各省及新疆有分布。多生于村庄附近、河岸道边、荒地山坡。

(1)植物学特征

普通狗牙根属多年生禾本科草坪草，具根茎。秆细而坚韧，下部匍匐地面蔓延甚长，节上常生不定根，直立部分高10~30 cm，直径1~1.5 mm，秆壁厚，光滑无毛，有时略两侧压扁。叶鞘微具脊，无毛或有疏柔毛，鞘口常具柔毛；幼叶折叠式，叶舌仅为一轮纤毛；叶片线形无毛，长1~12 cm，宽1~3 mm。穗状花序，4~5个分枝，长2~6 cm；小穗灰绿色或带紫色，长2~2.5 mm，仅含1小花，颖长1.5~2 mm，具1脉，背部成脊而边缘膜质，外稃舟形具3脉，背部明显成脊，脊上被柔毛；内稃与外稃近等长，具2脉，鳞被上缘近截平；花药淡紫色；子房无毛，柱头紫红色。颖果长圆柱形。普通狗牙根的植株形态如图2-37所示，其完全展开叶片横切面如图2-38所示。

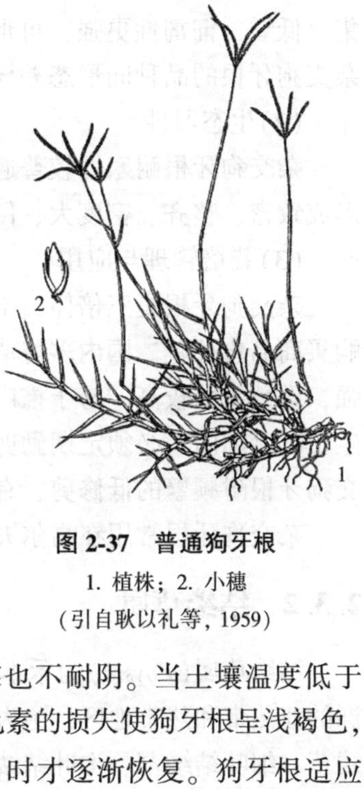

图2-37 普通狗牙根

1. 植株；2. 小穗

(引自耿以礼等，1959)

(2)生态习性

普通狗牙根喜温暖湿润气候，极耐热和抗旱，但不抗寒也不耐阴。当土壤温度低于10℃时，狗牙根便开始褪色，并在冬季进入休眠，叶和茎内色素的损失使狗牙根呈浅褐色，直到春天高于10℃时才逐渐恢复。狗牙根适应的土壤范围很广，但最适于生长在排水较好、肥沃、较细的土壤上。要求土壤pH 5.5~7.5，较耐水淹，耐盐性也较好。

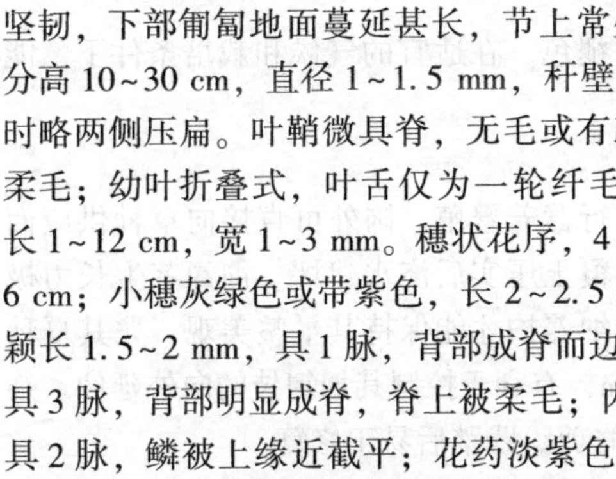

图2-38 普通狗牙根完全展开叶片横切面

(引自A. J. Turgeon，2012)

(3)栽培管理与应用

普通狗牙根可以种子直播和营养繁殖，多采用营养繁殖。播种前整地一定要精细认真，深翻土地，坪床应平整，细碎，疏松，底肥充足。播种期因狗牙根不耐寒，北方多为春末夏初，秋播则不利越冬，南方春播和秋播均可。

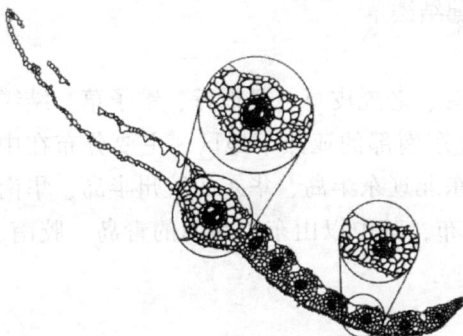

种子出苗需14~30 d，苗期注意人工拔除杂草。狗牙根覆盖性好，蔓延速度快，耐践踏，再生力强，铺草块或根茎切断无性繁殖约1个月后覆盖度可达100%。在土温高的情况下其生长速度最快，养护管理较粗放，夏季修剪次数较少。由于根系较浅，夏季干旱时应注意浇水。冬季草根部应增施薄肥覆盖，夏秋季宜施氮、磷肥。

普通狗牙根是我国栽培应用较广泛的优良草坪草种之一。可以单播或与其他暖季型草坪草混播，用于运动场、机场跑道、公园等，由于其覆盖力强且耐粗放管理，也可用作铁路、水库边护坡种植材料。

2.3.1.2 杂交狗牙根(*C. dactylon×C. transvaalensis*)

杂交狗牙根(hybrid Bermudagrass)又称天堂草，是由普通狗牙根与非洲狗牙根杂交后，在其子一代的杂交种中分离筛选出来的，是美国杂交狗牙根‘Tifton’系列的简称。

(1)植物学特征

与普通狗牙根相比，杂交狗牙根叶片质地更好，节间更短，茎秆更细，叶丛更加密集、低矮，匍匐性更强，可形成高密度、侵袭性强的草坪。穗状花序，一般为3个分支。杂交狗牙根的品种间形态差异较大。

(2)生态习性

杂交狗牙根耐寒性较普通狗牙根更弱，冬季易褪色。在适宜的气候和栽培条件下，能形成致密、整齐、密度大、侵占性强的优质草坪。

(3)栽培管理与应用

杂交狗牙根是三倍体，不能产生种子，只能进行营养繁殖。国外可直接向草种供应商购买商品化种茎。国内多将草皮切碎后播撒坪面，覆土压实后浇水建坪。匍匐茎生长力极强，繁殖系数较高，易于推广。形成的草坪均需精细养护才能保持其平整美观。尤其夏秋生长旺盛期内，必须定期勤剪，高度为1.3~2.5 cm，有利于控制其匍匐枝的向外延伸。杂交狗牙根耐频繁的低修剪，有些品种可耐6 mm的修剪。践踏后易于修复。

杂交狗牙根常用在高尔夫球场果岭、球道、发球台以及足球场、草地网球场等运动场。

2.3.2 结缕草属

结缕草属(*Zoysia*)为禾本科多年生低矮草本，约有10个种，分布于亚洲、非洲和大洋洲的亚热带和热带地区，绝大部分都是优良草坪草。我国有5个种。常用作草坪草的有结缕草、细叶结缕草、沟叶结缕草、中华结缕草、大穗结缕草。

2.3.2.1 结缕草(*Zoysia japonica*)

结缕草[Japanese (Korean) lawngrass]又称崂山青、老虎皮草、延地青、锥子草。结缕草作为草坪草已有悠久的栽培历史。它原产于亚洲东南部的亚热带地区，主要分布在中国、日本、朝鲜及北美等地的温带地区。在我国的东北辽东半岛、华东的胶州半岛、华南地区、海南岛，一直到河南、陕西等地均有野生分布，其中以山东胶州湾的青岛、胶南、黄岛和威海等沿海地带更为集中。

(1)植物学特征

禾本科多年生根茎匍匐型草坪草，茎叶密集，幼叶卷包式，叶片扁平革质，被疏毛，较粗糙，长2.5~3.5 cm，宽2~3 mm；叶舌为边缘毛，无叶耳；茎直立，秆淡黄色；株体低矮，自然株高12~15 cm；具细长而坚硬的根状茎和发达的匍匐茎；须根入土较深，可深入土层30 cm以上；总状花序，花期5~6月，果穗棕褐色，有时略带淡红色，穗长4~6 cm。结实率高，种子成熟后易脱落，但不易发芽。新收获种子存在深度休眠，未经过处理的种子发芽率只有40%左右，所以播种前需进行种子处理，以提高发芽率。结缕草的植株形态如图2-39所示。

图2-39 结缕草

1. 植株；2. 小穗；3. 外稃；4. 小穗的花式图(示其第二颖与外稃及其内之雄蕊与雌蕊，右侧圆圈示其穗轴)

(引自耿以礼等，1959)

(2)生态习性

结缕草性喜温暖湿润气候，适应性强，喜阳但不耐阴，适宜在深厚肥沃排水良好的壤土或砂质壤土中生长，最适宜弱酸至中性砂壤土，在酸碱性土壤中也可生长。抗旱、抗寒、耐热性、抗盐碱性均好，在炎热夏季仍能保持绿色，最适生长温度在20~25℃，冬季能在-20℃左右安全越冬，是暖季型草坪中较耐寒的草种。结缕草具有很强的韧度和弹性，耐磨、耐瘠薄、耐践踏、耐修剪，病害也较少，但匍匐枝生长较缓慢导致成坪慢。结缕草绿期较短，长江以南地区绿期约260 d，在华北及东北南部地区，绿期180 d左右。

(3)栽培管理与应用

结缕草主要采用播种和分株法繁殖。播种前种子需用氢氧化钠溶液浸泡24 h，去除种子表皮蜡质层，清水洗净后播种，可提高发芽率。一般绿地的播量为10~16 g/m²；建植足球场时，播种量增加到18~24 g/m²。播种深度0.5~1 cm，正常条件下10~25 d即可出苗。结缕草生长缓慢，由播种至成坪需两个多月。播种期可春播或夏播，春末夏初最佳。适宜高度为1.5 ~7.5 cm。分株繁殖在生长季内均可进行，栽植株距为5 cm，行距20 cm，3~4个月可成坪。运动场地使用前后要浇水，以提高草坪耐磨性和利于损伤草坪草的恢复；早春或秋季进行打孔、加砂、施肥和滚压，以提高草坪的抗旱、抗病和耐磨性，同时保持了坪面的平整。

结缕草株体低矮，耐践踏，耐粗放管理，适应性强，被广泛应用于绿地、庭院、公园和运动场等地，成为理想的运动场草坪草和优良的固土护坡植物。

2.3.2.2 细叶结缕草(*Zoysia tenuifolia*)

细叶结缕草(Mascarenegrass)又称天鹅绒草、朝鲜芒草、台湾草。细叶结缕草原产于日本和朝鲜南部地区，形成的草坪精细美观，在我国有很长的栽培历史。

(1)植物学特征

呈匍匐型密丛状生长，秆纤细，自然株高10~15 cm(图2-40)；叶鞘无毛，紧密裹茎；叶舌膜质，长约0.3 mm，顶端碎裂为纤毛状，鞘口具丝状长毛；叶片线形，内卷，长2~6 cm，宽0.5 mm；具根状茎和匍匐枝，节间短，节上着生不定根，须根多浅生；总状花序，穗轴短于叶片而被遮盖，小穗狭窄，黄绿色或略带紫色，长约3 mm，宽约0.6 mm，披针形；第一颖退化，第二颖革质，顶端及边缘膜质，具不明显的5脉；花果期6~10月，花穗短，小穗具1朵花，种量少，成熟时易脱落，采收困难。

(2)生态习性

细叶结缕草喜温暖气候，喜光，耐湿，不耐阴，在强光下生长良好，与杂草竞争力极强，杂草很难侵入。耐寒性较结缕草差；耐旱、耐热、耐践踏；绿期长，在我国华南地区夏、冬两季不枯黄。细叶结缕草嫩绿色，草丛密集，形成的单一草坪平整美观富有弹性，极像天鹅绒。但是建坪3~4年后，草丛容易出现球状突起，叶尖枯黄，绿期缩短，因此在日常养护中要注意定期修剪，控制草丛高度，土壤通气不良时进行打孔透气，更新复壮。

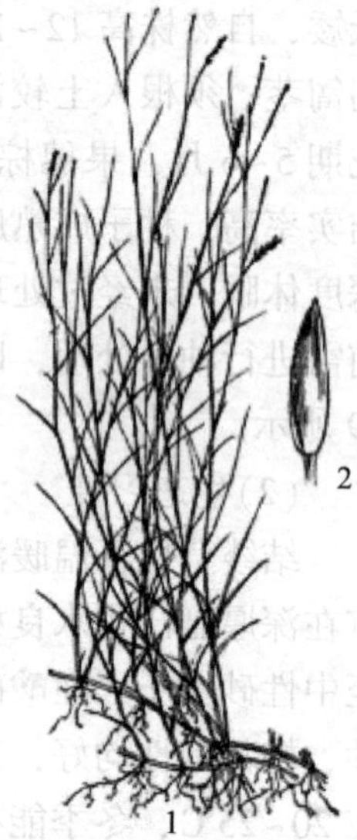

图2-40　细叶结缕草

1. 具匍匐根茎的植株；2. 小穗

(引自中国科学院中国植物志编辑委员会，2004)

(3)栽培管理与应用

细叶结缕草结实率低，种子成熟易脱落，采种较难，因此各地多采用营养繁殖。方法是将细叶结缕草草皮切割，切断匍匐茎并将其置于疏松土壤上，保持一定湿度，约7 d即能生根出芽，通常1 m^2 原草皮可扩繁5~8 m^2 新草皮。细叶结缕草草丛低矮，密集，杂草较少，因此修剪次数可大大减少。草坪的修剪高度不宜超过6 cm。高湿高温季节易感染锈病，应喷施粉锈宁等药剂预防。初春返青时不宜重踏。干旱时注意灌溉，春、夏季各施氮肥1次，每个生长月施用量1~3 g/m^2。

细叶结缕草可用于封闭式草坪或草坪造景供观赏，也可用于休闲绿地作开放式草坪以及固土护坡、环保绿化等。

2.3.2.3　沟叶结缕草(*Zoysia matrella*)

沟叶结缕草(Manilagrass)又称马尼拉结缕草、半细叶结缕草。产于亚洲东南部，在大洋洲热带和亚热带也有分布。我国的台湾、广东和海南等地多有分布。青岛于1981年从日本引入栽培，现已在黄河流域以南的济南、洛阳、西安、成都、南京、上海、广州和昆明等地区广泛种植。

图2-41　沟叶结缕草

1. 植株；2. 小穗

(引自耿以礼等，1959)

(1)植物学特征

多年生草本，在结缕草属中归于细叶类型。具横走的根状茎，茎秆细弱，自然株高12~20 cm。叶片较硬，扁平或内卷，上面有沟，宽度介于结缕草与细叶结缕草之间，约2 mm。叶鞘长于节间，叶舌短而不明显，顶端撕裂。总状花序短小柱型，小穗卵状披针形，黄褐色或略带紫褐色，花果期4~10月，每年春季和秋季各开花1次。沟叶结缕草的植株形态如图2-41所示，其完全展开叶片横切面如图2-42所示。

(2)生态习性

喜温暖潮湿的海洋性气候，喜光照，非常适宜在我国的热带、亚热带地区生长。抗寒性介于结缕草和细叶结缕草之间，在我国华南部分地区基本能保持冬季不枯。沟叶结缕草覆盖度大，颜色翠绿，观赏价值高，在阳光照射下非常好看。它能形成草层致密的草坪而无馒

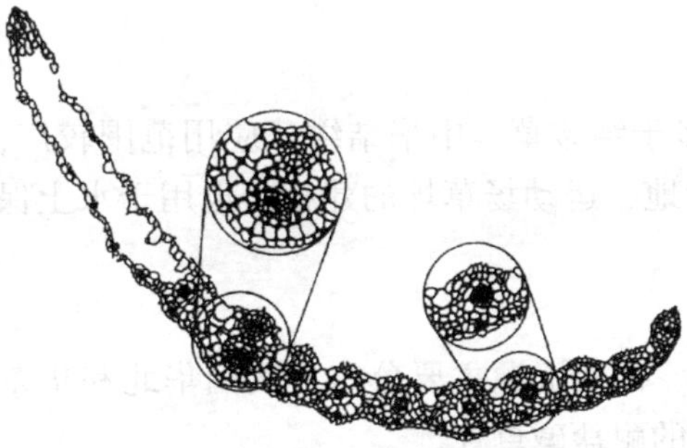

图 2-42 沟叶结缕草完全展开叶片横切面
(引自 A. J. Turgeon, 2012)

头形丛状凸起，极耐践踏。其他习性与细叶结缕草相近。

(3)栽培管理与应用

主要采用营养繁殖，通常是先育苗，用于铺设草坪时进行分株繁殖。方法是将草块挖起，切成小草块后均匀地散铺在前一天经过精细整地、充分灌溉的场地上，然后覆盖细土镇压，使草段与湿土紧密接触。在生长期内均可采用营养繁殖，60~80 d就可基本覆盖地表，形成新草坪。在适当时期追施1次尿素，并加强浇水保湿，一年可以繁殖2次，1 m^2 草皮可扩繁5 m^2。每年春季到秋季，至少需修剪2~3次；干旱少雨地区，也要修剪2次。为了使形成的草坪持久利用，从建成第3年起，每年春季草坪返青前应进行1次加土施肥工作。最好是增施发酵过的堆肥及其他有机肥料。此外，沟叶结缕草由于草层密集，几年以后出现土层表面毡化，透气与渗水能力降低。因此，在草坪返青前或入冬前用拉耙或松土叉，将滞留在草层下面、靠近表土层的腐殖质草毯拉松除掉或刺孔，使土壤表层恢复疏松、吸水和透气能力。

沟叶结缕草形成的草坪质地优良，颜色深绿，抗病性和抗杂草性强，可用于公园、广场、休闲绿地、庭院和运动场草坪，同时也可用于坡地绿化，保持水土。

2.3.2.4 中华结缕草(*Zoysia sinica*)

中华结缕草(Chinese lawngrass)又称老虎皮草、青岛结缕草。在我国主要分布于辽宁、河北、山东、江苏、江西、浙江、福建、广东等地区的海岸、湖边和丘陵坡地，常见与结缕草、大穗结缕草在同一地区混合生长，形成共同的结缕草群落。在我国已有100多年的栽培历史，现在成为南方地区当家草坪草种。

(1)植物学特征

自然株高15~26 cm，略高于结缕草，须根系，具横走根状茎，茎秆直立(图2-43)，茎基部常存有枯叶鞘，形成枯叶层。匍匐茎能每节生根，并于节间处形成幼小植株。叶片扁平革质，淡绿色或淡黄绿色，被疏毛，较粗糙，长2.5~5.5 cm，宽2~3 mm。叶舌短而不明显，叶鞘无毛，鞘口具柔毛。总状花序穗形，小穗排列较疏松，长2~5 cm，宽4~5 mm，花期5~6月，初生的花序包藏在叶鞘内；小穗有1朵花，单生，两性，长4~6 mm，宽1~1.5 mm，有3 mm长的小穗柄。颖果长椭圆形，棕褐色或黄褐色。

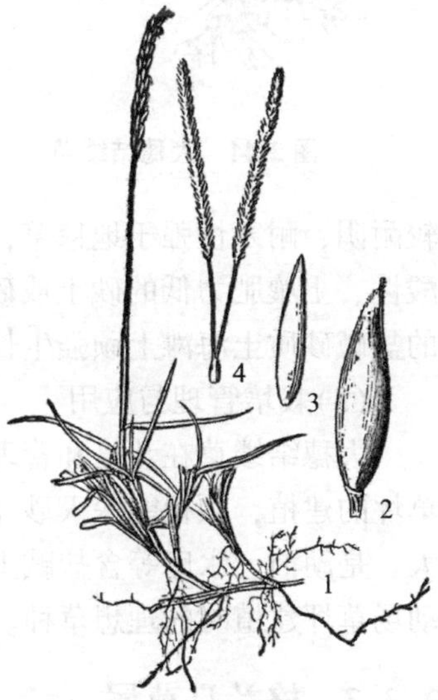

图 2-43 中华结缕草
1. 植株；2. 小穗；3. 小花；4. 雌蕊
(引自耿以礼等，1959)

(2)生态习性

喜光，耐半阴，适应能力较强，适宜在排水良好的砂质土壤上生长，在微酸性或微碱性土壤中也能生长。耐寒性略次于结缕草与大穗结缕草，基本适合黄河流域及以南一带气温。在成都绿期280 d，比结缕草绿期长10~15 d。比结缕草更耐热，对锈病和条纹病的抗性较差。

(3)栽培管理与应用

栽培管理技术可参照结缕草，只是修剪次数多于结缕草。中华结缕草应用范围较广，在我国东南沿海地区常被用于公园、庭院、休闲绿地、运动场草坪的建植，也用于水土保持和河岸坡地的固土护坡草坪。

2.3.2.5 大穗结缕草(*Zoysia macrostachya*)

大穗结缕草(large spike lawngrass)又称江茅草。自然资源主要分布在我国华北和华东等地，常见于江、河、海滩坡地，是一种非常优秀的耐盐碱草种。

图 2-44 大穗结缕草

(1)植物学特征

具根状茎和匍匐枝，横走匍匐枝能节节生根，节间略长于结缕草(图 2-44)。叶片扁平、质地柔软，长 4~5 cm，宽 3~4 mm，略宽于结缕草；叶鞘无毛，紧密裹茎；叶舌不明显，鞘口具长柔毛；总状花序，穗轴具棱，小穗略带紫褐色，花果期 6~9 月。大穗结缕草与结缕草在形态上很相似，只是株丛较结缕草低矮，仅为 10 cm 左右；而抽穗开花时，其茎穗高度为 10~20 cm，与结缕草相比茎高穗大，故称为大穗结缕草。结实率高，成熟时易脱落，应分批采收。

(2)生态习性

生长势和适应性强，喜阳，耐高温、喜湿润气候，较耐阴，耐寒性强于地毯草，抗旱、耐涝，再生力强，耐践踏。耐瘠薄，最适宜在湿润、酸性、土壤肥力低的砂土或砂壤土上生长。耐盐碱性比结缕草更强些。能在含盐量 1.2% 的盐碱砂质土海滩上顽强生长，是我国很理想的耐盐碱植物。

(3)栽培管理与应用

大穗结缕草在栽培和管理技术上和结缕草基本一致。大穗结缕草非常适合重盐碱地带草坪的建植，须根能深入砂土中，植株紧贴地面生长，因此海水潮涨、潮落对它影响不大，是湖泊、水库等含盐碱土壤的理想护坡固土植物。此外，它也是足球场、赛马场等运动场草坪建植时的理想草种。

2.3.3 格兰马草属

格兰马草属(*Bouteloua*)属于禾本科，本属约 50 个种，用于草坪的有野牛草、格兰马草和垂穗草 3 种，主要用于亚热带半干旱地区的草坪。野牛草可以在北方过渡带应用。

2.3.3.1 野牛草(*Bouteloua dactyloides*)(=*Büchloe dactyloides*)

野牛草(buffalograss)为禾本科格兰马草属多年生草本植物，原为野牛草属，后划归格兰马草属。原产北美地区，20 世纪 50 年代引入我国，现在我国广泛栽培，成为东北、西北、华北等地的主要草坪草。

(1)植物学特征

多年生草本，具匍匐茎，株高 5.0~20 cm，秆较细弱；叶线形，长 10~20 cm，宽 1~2 mm，两面疏生细小柔毛，叶色灰绿；雌雄同株或异株；雄花序 2~8 枚，长 5~15 mm，

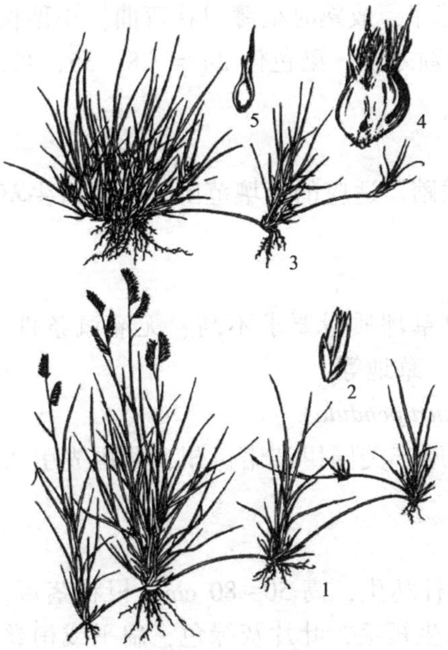

图 2-45　野牛草

1. 雄株；2. 小穗；3. 雌株；4. 雌花序；5. 小花

（引自耿以礼等，1959）

为总状花序，雄小穗含 2 小花，无柄，两行紧密覆瓦状排列于穗轴一侧，外稃长于颖片；雌小穗含 1 花，大部分 4～5 枚簇生呈头状花序，花序长 7～9 mm，通常种子成熟时，整个花序自梗上脱落。目前，市场上销售的野牛草种子均是果实（聚合多种子）。野牛草的植株形态如图 2-45 所示。

（2）生态习性

野牛草适应性强，喜光，又能耐半阴，耐土壤瘠薄，具较强的耐寒能力，有积雪覆盖下能忍耐 -34℃低温。耐热、耐旱能力强，在耐受 2～3 个月的严重干旱后仍能存活。与杂草的竞争力强，而且具有一定的耐践踏能力。耐盐碱，在含盐量为 0.8%～1.0%，pH 8.2～8.4 的盐碱土上良好生长，是盐碱地绿化的良好材料。野牛草不耐湿，在气候潮湿的上海、广州等南方城市不能很好地生长。生长快，繁殖容易，管理粗放，当用于边坡绿化时可以不修剪。但野牛草在粗放管理时绿期较短，因此如果给予一定的精细养护，其坪用效果会更好，使用范围也会更大。

（3）栽培管理与应用

野牛草用种子繁殖或营养繁殖均可，目前多采用分株繁殖或用匍匐茎埋压建坪。种子繁殖通常用果实播种，播量为 20 g/m²。分栽时，营养繁殖分栽比例为 1∶10，穴栽距离为 10 cm，分栽后需立即浇水，保证土壤湿度，促进恢复生长，通常 5～7 d 即可成活。野牛草再生能力强，生长迅速，植株也较高，养护中要加强修剪，最适修剪高度为 3～5 cm，全年修剪 3～5 次；生长期内，通过施氮肥可增加其密度和叶色，每次可施尿素 15～20 g/m²；野牛草耐旱不耐淹，灌水不宜过多。

野牛草在暖季型草坪草中寿命较长，栽培容易，管理粗放，现已成为我国北方栽培面积最大的暖季型草，广泛用于工矿企业、庭院、公园、河岸、道路边坡建植和固土护坡。

2.3.3.2　格兰马草（*Bouteloua gracilis*）

格兰马草（blue grama）原产于北美洲大平原。

（1）植物学特征

多年生草本。须根系，秆丛生，高 20～60 cm，根状茎短而粗（图 2-46）。叶鞘光滑，紧密裹茎；幼叶折叠式，叶片灰绿色，狭长，扁平或稍卷内折，长 20～30 cm，宽 1～

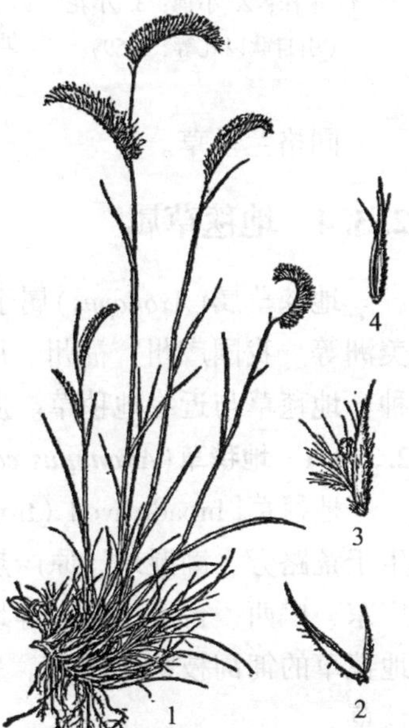

图 2-46　格兰马草

1. 植株；2. 颖片；3. 小穗（去颖）；4. 小花

（引自耿以礼等，1959）

2 mm，柔软具柔毛。叶舌为密集丝毛，无叶耳；穗状花序，成熟时呈镰刀状弯曲。小穗长 5~6 mm，紧密地呈栉齿状排列成两行，小穗轴脱节于颖之上。染色体 $2n = 28, 35, 42, 61, 77$。花果期秋季。

(2)生态习性

生长低矮，有良好的耐热性，抗旱性极强。不耐践踏。适应的土壤范围广，比野牛草更耐砂质土壤。

(3)栽培管理与应用

常被用于管理粗放、对草坪质量要求不高、无灌溉条件、使用频率低的草坪，如路旁、墓地等。

2.3.3.3 垂穗草(*Bouteloua curtipendula*)

垂穗草(sideoats grama)原产美国伊利诺伊州，我国先引入作牧草，也可作草坪。

(1)植物学特征

多年生草本。须根系，秆丛生，高 50~80 cm，根状茎短，密被鳞片(图2-47)。叶鞘疏生短毛，叶片灰绿色，扁平或稍卷内折，长 20~30 cm，宽 3~5 mm。穗状花序，紫色。具长 2~3 mm 总梗，常下垂而偏于主轴一侧，小穗不呈栉齿状排列，第一颖长 2.5 mm，第二颖长约 4 mm，外稃长 4.5 mm，内稃略长与外稃。染色体 $2n = 28, 35, 40, 42, 56, 70$。

(2)生态习性

生长势与适应性强，耐修剪，有良好的耐热性，抗旱性极强。不耐践踏。适应的土壤范围广。

(3)栽培管理与应用

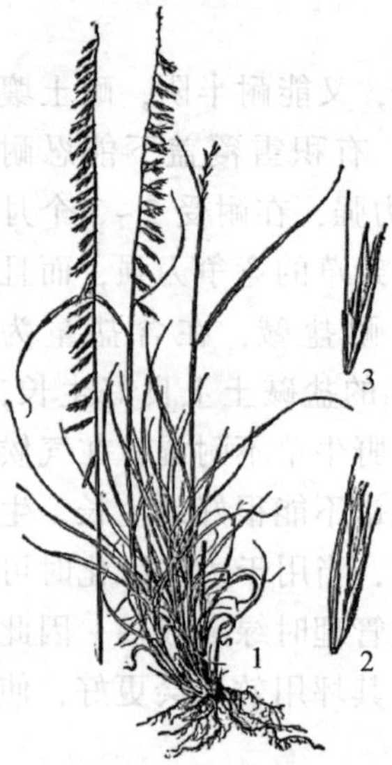

图 2-47 垂穗草

1. 植株；2. 小穗；3. 小花

(引自耿以礼等，1959)

同格兰马草。

2.3.4 地毯草属

地毯草属(*Axonopus*)属于禾本科，原产热带美洲。分布于巴西、阿根廷及中美洲、南美洲等。我国广州、福州、厦门、台湾等地有分布。本属有 70 种，常用于草坪的只有两种：地毯草与近缘地毯草。质地较粗糙。本属适宜低肥力土壤和稍粗放管理条件。

2.3.4.1 地毯草(*Axonopus compressus*)

地毯草[broadleaved (tropical) carpetgrass]又称大叶油草，多年生草本，稀为一年生。生于荒路旁、潮湿地。原产热带美洲，分布于巴西、阿根廷及中美洲、南美洲各国。我国广东、广西、台湾、云南等地有分布。但不如狗牙根和结缕草分布广泛。坪用性状一般。地毯草的匍匐枝蔓延迅速，每节上都生根和抽出新植株，植物平铺地面呈毯状，故称地毯草。

(1)植物学特征

草本，具长匍匐枝(图2-48)。秆压扁，高 8~30 cm，节密生灰白色柔毛。叶鞘松弛，近鞘口处常疏生毛；幼叶折叠式，叶舌长约 0.5 mm；叶片扁平，质地柔薄，长 5~10 cm，宽 6~12 mm，两面无毛或上面披柔毛，近基部边缘疏生纤毛。总状花序 2~5 枚，长 4~

8 cm，最长2枚成对而生，呈指状排列在主轴上；小穗长圆状披针形，长2.2~2.5 mm，疏生柔毛，单生；第一颖缺，第二颖与第一外稃等长或第二颖稍短；第一内稃缺，第二外稃草质，短于小穗，具细点状横皱纹，先端钝而疏生细毛，边缘稍厚；包着同质内稃；鳞片2，折叠，具细脉纹；花柱基部分离，柱头羽状，白色，种子长卵形。

图2-48　地毯草
1. 植株；2. 小穗(背面及腹面)；3. 种子
(引自耿以礼等，1959)

(2)生态习性

生长势和适应性强，喜阳，耐高温，较耐阴。耐寒性极差，所以应用限制在热带和亚热带地区，在我国华东地区不能越冬。再生力强，耐践踏。最适宜在湿润、酸性、土壤肥力低的砂土或砂壤土上生长，最适pH 4.5~5.5。抗旱性比大多数暖季型草坪草差，在水淹条件下生长不好且不耐盐。

(3)栽培管理与应用

地毯草结实率、萌发率均较高，在我国南方温暖湿润的春、夏季既可进行种子繁殖，也可进行营养体繁殖。种子繁殖播种量为8 g/m^2，营养繁殖时取草块或匍匐茎埋植土中，大约50 d即可成坪。地毯草需要低修剪，修剪高度为2.5~5.0 cm。需肥量中等，枯草层较少，管理粗放，在生长发育期内只要适当喷施尿素，就可以保持嫩绿草色。每隔2~3年于草坪返青前进行草坪打孔和覆土，就可保持草坪持久。

地毯草可形成粗糙、致密、低矮、淡绿色的草坪，可用于庭院草坪和践踏较轻的草坪，还可与其他草种混合铺设运动场草坪和游憩草坪，由于能耐酸性和贫瘠土壤，地毯草为优良的固土护坡植物。

2.3.4.2　近缘地毯草(*Axonopus affinis*)

近缘地毯草(common carpetgrass)又称类地毯草、长穗地毯草、普通地毯草。原产热带美洲中部和西印度群岛。我国20世纪80年代开始大面积引种作草坪。

(1)植物学特征

多年生。具匍匐茎，秆扁平，秆高15~20 cm，叶鞘松弛，叶片淡绿色，条形，长10~20 cm，宽3~5 mm(图2-49)。总状花序2~4枚近指状排列，长4~6 cm。小穗长卵状披针形。第一颖缺，第二颖与小穗等长；第一外稃与第二外稃等长，外稃革质，短于小穗。颖果椭圆状长圆形。染色体2n = 54。花果期7~10月。

(2)生态习性

生长势和适应性强，喜阳，耐高温、湿润气候，较耐阴。耐寒性强于地毯草，再生力强，耐践踏。最适宜在湿润、酸性、土壤肥力低的

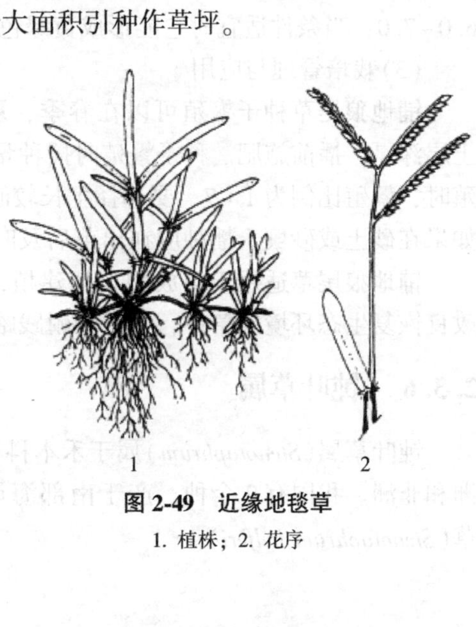

图2-49　近缘地毯草
1. 植株；2. 花序

砂土或砂壤土上生长。

(3)栽培管理与应用

与地毯草相似。由于种子发芽迅速，建植快，主要用于固土护坡草坪，尤其用于陡坡。

2.3.5　狼尾草属

狼尾草属(*Pennisetum*)属于禾本科，原产于东非。本属约140个种，主要分布于全世界热带、亚热带地区，少数种类可达温寒地带，非洲为本属分布中心。我国有11个种，其中仅有铺地狼尾草(*Pennisetum cladestinum*)用于园林草坪。

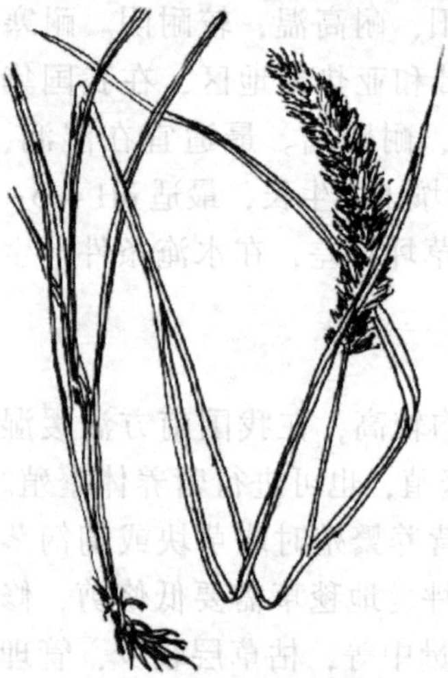

图2-50　铺地狼尾草

铺地狼尾草(Kikuyugrass)又称东非狼尾草，矮生深根型多年生草本植物。

(1)植物学特征

多年生草本(图2-50)。叶片长4~5 cm，宽2~2.5 mm，多少有毛。根茎发达，具有长匍匐茎，茎节间短小，到处生根蔓延。叶鞘大多重叠，稍松弛，长于节间，无毛，边缘一侧有长纤毛；幼叶折叠式，叶舌为丝毛状，无叶耳；紧凑的圆锥花序，花序由2~4个小穗构成，包藏在上部叶鞘中，仅柱头花药伸出鞘外；小穗线状披针形，长可达15 mm，有长短不同的刚毛与毛茸衬托；第一颖膜质，顶部圆头状，长约6 mm，包围小穗基部；第二颖三角形，与小穗等长具13脉；第一外稃与小穗等长；第二外稃软骨质，但不坚硬，花柱细小外露。

(2)生态习性

铺地狼尾草喜高温多湿气候，最适宜海拔1 800 m以上的湿润的墨西哥与中非地区。植株低矮，生长迅速，具有很强的侵占性。因为匍匐的根茎具有入土较深的不定根，节上着生叶片，在低修剪条件下能形成坚硬稠密的草皮，耐践踏。抗旱性、耐热性和耐寒性比大多数暖季型草坪差，因此仅用于热带地区。耐阴性中等，抗盐碱性也较差，适宜土壤pH 6.0~7.0；当条件适宜时它能形成黄绿色、质地中等的草坪。

(3)栽培管理与应用

铺地狼尾草种子繁殖可以在春季、夏季和秋季播种。播种坪床要求土壤湿润、疏松，土层深厚，播前施肥。种子繁殖时播种量在0.2~0.4 g/m^2，播种深度1~2 cm。用根茎繁殖时，繁殖比例为1∶7，要选择生长较旺盛、生长时间较长的茎秆作种茎，覆土4~5 cm，如果在砂土或砂壤土播种应在出苗后及时补播。铺地狼尾草的修剪高度为2.0~3.0 cm。

铺地狼尾草适用于粗放型草坪建植，常被用于建植固沙、护坡和水土保持工程植被，改良恢复生态环境等草坪，又因较耐践踏，偶尔用作公园游憩草坪。

2.3.6　钝叶草属

钝叶草属(*Stenotaphrum*)属于禾本科，该属有7~8个种。分布于太平洋各岛屿以及美洲和非洲。我国有2个种，产于南部海岸沙滩、草地或林下。最常用作草坪的种为钝叶草(*Stenotaphrum helferi*)。

钝叶草(St. Augustinegrass)又称圣·奥古斯丁草(英译名)、金丝草，为禾本科钝叶草属多年生草本植物，原产印度。它是一种使用较为广泛的暖季型草坪草，我国广州早年引入，坪用性状良好，目前在广东、云南、四川等地均有种植。

图2-51　钝叶草

1. 植株；2. 谷粒(背面)；3. 谷粒(腹面)

(引自耿以礼等，1959)

(1)植物学特征

多年生草本，株高20～25 cm。叶折叠式，叶鞘压缩，有突起，疏松，顶端和边缘处有纤毛，叶舌极短，顶端有白色短纤毛，无叶耳。叶片常扁平，宽4～10 mm，长5～17 cm，顶端微钝，具短尖头，基部截平或近圆形，两面无毛。叶片和叶鞘相交处有1个明显的缢痕及1个扭转角度。其直立茎和匍匐茎都很扁平，花序主轴扁平呈叶状，具翼，长10～15 cm，宽3～5 mm，边缘微粗糙，穗状花序嵌于主轴的凹穴内。穗轴三棱形，小穗互生，卵状披针形；内稃厚膜质，略短于外稃，具2脉；第二外稃草质，有微毛的小尖头，边缘包卷内稃。钝叶草的植株形态如图2-51所示，其完全展开叶片横切面如图2-52所示。

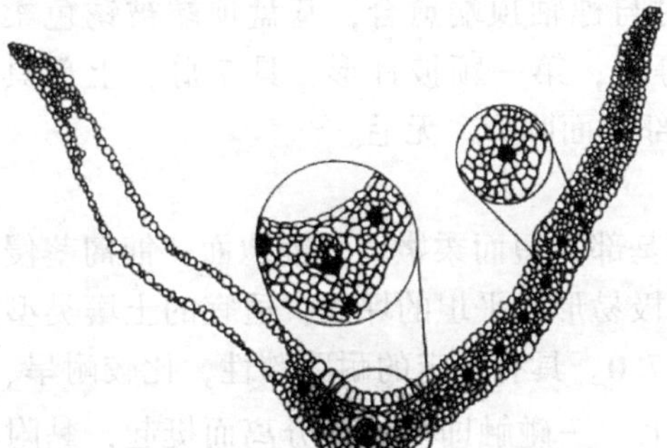

图2-52　钝叶草完全展开叶片横切面

(引自A. J. Turgeon, 2012)

(2)生态习性

最适合生长在温暖潮湿、较热的地方，并可以全年保持绿色。在冬季温度较低时褪色，变成棕黄色，休眠以度过整个冬天。钝叶草的冬天保绿性能和春季返青性能不如结缕草。抗旱性虽较强，但不如狗牙根、结缕草和巴哈雀稗。耐阴性和耐盐性在暖季型草坪草中表现优秀。对土壤适应范围很广，但最适于在排水好、肥沃、砂质、pH 6.5～7.5、温暖潮湿的有机土壤上生长。

(3)栽培管理与应用

钝叶草再生性好，以无性繁殖为主，通常用分株或匍匐茎段进行扩大繁殖。茎段覆埋后，要注意保持土壤湿润，并加强养护管理。在早春、初夏和晚秋适当施肥，氮肥需要量为每个生长月3.0～5.0 g/m^2；生长旺季注意修剪，最适修剪高度3.8～6.3 cm。钝叶草在肥料不足时易产生枯草层，因此每年春、秋季要注意枯枝层的清除，并经常修剪和施肥。在昆明、广州一带，钝叶草在精细养护下四季常青。

钝叶草主要用于温暖潮湿、气候温和地区的公园绿地，机关单位等粗放管理的草坪，可以广泛用于荫地绿化，也是用于商品草皮生产的最主要的暖季型草种之一，但很少用于运动场草坪。

2.3.7　金须茅属

金须茅属(*Chrysopogon*)属于禾本科，该属约有20个种，分布于热带和亚热带地区。我国有3个种，产于南部，其中竹节草(*C. aciculatus*)是应用最广泛的草坪草。

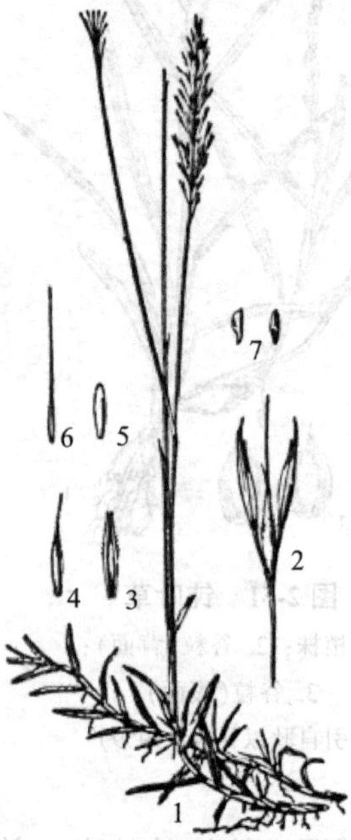

图2-53　竹节草
1. 植株；2. 总状花序；3. 第一颖(腹面)；4. 第二颖(背面)；5. 第一外稃；6. 第二外稃；7. 颖果
(引自耿以礼等，1959)

竹节草(golden false beardgrass)又称粘人草，为禾本科金须茅属多年生草本植物，分布于我国广东、广西、云南、台湾等亚热带地区及大洋洲，常见于陡坡、山地和野外的潮湿地。竹节草形成的草坪较为粗糙，且适应生长的环境条件有限，在一定程度上限制了其应用。

(1)植物学特征

多年生草本，具根状茎和匍匐茎(图2-53)。秆的基部常膝曲，直立部分高20~50 cm。叶鞘无毛或仅鞘末疏生柔毛，多聚集于匍匐茎和秆的基部；叶舌短小，长约0.5 mm；叶片披针形，长3~5 cm，宽4~6 mm，基部圆形，先端钝，两面无毛或基部疏生柔毛，边缘具小刺毛而粗糙，秆生叶短小。圆锥花序直立，长圆形，紫褐色，长5~9 cm；分枝细弱，直立或斜升，长1.5~3 cm，通常数枝呈轮生状着生于主轴的各节；无柄小穗圆筒状披针形，中部以上渐狭，先端钝，长约4 mm，具一尖锐而下延、长4~6 mm的基盘，初时与穗轴顶端愈合，基盘顶端被锈色柔毛；颖革质，约与小穗等长；第一颖披针形，具7脉，上部具2脊，其上具小刺毛，下部背面圆形，无毛。

(2)生态习性

叶片多着生于匍匐茎基部，短而柔嫩，平铺地面；匍匐茎侵占力极强，覆盖力惊人，极易形成平坦的坪面；适宜的土壤类型较广，要求土壤pH 6.0~7.0。具有一定的耐践踏性，比较耐旱、耐湿，但不抗寒。种子成熟后，因小穗的基盘有倒毛，一碰触即与穗轴分离而挺起，黏附人畜身上借以传播种子。

(3)栽培管理与应用

竹节草种子萌芽力强，可利用种子繁殖，也可以将平铺地面的匍匐茎撕开，使用分株埋根法繁殖。该草耐旱，可粗放管理，但在生长季内必须修剪以减少茎秆，除去花穗，限制其种子的形成，以避免种子黏着衣裤和影响绿地景观。

竹节草为我国南方地区良好的固土护坡植物，又是理想的草坪草种，适于水土保持地、风景地及与其他种草坪草混播，铺建绿地观赏草坪、运动场草坪及休闲草坪。

2.3.8　雀稗属

雀稗属(*Paspalum*)属于禾本科，本属约有400种，分布于热带、亚热带地区，在美洲最丰富。我国有16种。用作草坪的种主要是海雀稗、巴哈雀稗和两耳草。

2.3.8.1　海雀稗(*Paspalum vaginatum*)

海雀稗(seashore paspalum，sand knotgrass)生长于南北纬30°之间的沿海地，源于非洲和美洲，曾作饲料、草坪和改良盐碱土壤的草种。现广布整个热带和亚热带地区，南非、澳大利亚的海滨和美国从得克萨斯州至佛罗里达州的沿海都有野生，能适应各种恶劣环境。

(1)植物学特征

多年生草本，幼叶卷包式，叶片扁平带内卷，叶宽2~4 mm，两面光滑，边缘稀疏带毛，叶尖渐尖；叶舌膜质，长2~3 mm，无叶耳；具根状茎与匍匐茎；总状花序，1~2个穗状分枝(图2-54)。

图2-54 海雀稗

1. 植株；2. 小穗背面；3. 小穗腹面；4. 第二小花腹面；5. 鳞被、花丝与雌蕊

(引自中国科学院中国植物志编辑委员会，2004)

(2)生态习性

海雀稗生于海滨，性喜温暖，抗寒性较狗牙根差。地温10℃能打破冬眠，返青比狗牙根提前2~3周。耐阴性中等，比狗牙根强。耐水淹性强，耐热性和耐旱性强，耐瘠薄土壤，适宜pH 3.6~10.2，是最耐盐草种之一，可用海水灌溉。

(3)栽培管理与应用

海雀稗能形成致密细致的草坪，耐低修剪，质地有粗的和细致的，粗质地的用于普通绿化和水土保持，可种于海滨的沙丘及盐碱地。改良品种非常细矮，可用于高尔夫球场果岭、球道、发球台、障碍区。

2.3.8.2 巴哈雀稗(*Paspalum notatum*)

巴哈雀稗(Bahiagrass)又称百喜草、金冕草、美洲雀稗。原产南美洲东部的亚热带地区，在我国南方亚热带地区也有分布。由于叶片较宽，适于粗放式低养护水平的草坪建植。

(1)植物学特征

巴哈雀稗须根发达，具粗壮、木质、多节的根状茎和扁平的匍匐茎。秆密丛生，高15~50 cm。幼叶卷包式，叶片扁平，宽4~8 mm，边缘有明显的茸毛。叶鞘基部扩大，背部压扁成脊，无毛；叶舌膜质，极短，截型，长1 mm，无叶耳；紧贴其叶片基部有一圈短柔毛。总状花序2~3枚单侧排列，花序通常弯曲下垂，长4~7 cm，小穗卵形，长3~3.5 mm，平滑无毛，具光泽；第二颖稍长于第一外稃，具3脉，中脉不明显，顶端尖；第一外稃具3脉；第二外稃绿白色，长约0.8 mm，顶端尖；花药紫色，长约2 mm，柱头黑褐色。颖果卵形。染色体$2n=20$，30，40。花果期6~10月。巴哈雀稗的植株形态如图2-55所示，其完全展开叶片横切面如图2-56所示。

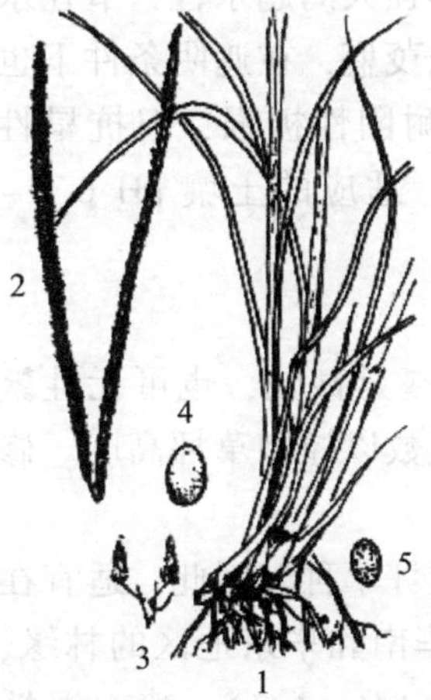

图2-55 巴哈雀稗

1. 植株；2. 花序；3. 雌蕊及花丝；4. 小穗；5. 花

(2)生态习性

适宜温暖潮湿气候地区生长，不耐寒，低温保绿性较好。耐阴性强，极耐旱，干旱过后再生性好，适应土壤范围广，干旱砂壤土到排水性差的细壤土均可生长，尤其适于海滨地区干旱、粗质、贫瘠砂地。最适pH 6.0~7.5，耐盐，不耐水淹。

(3)栽培管理与应用

巴哈雀稗用种子直播或营养繁殖均可。巴哈雀稗种子产量高，千粒重约为2.78 g，在草坪建植中常用种子繁殖，播种量为6~8 g/m²，适宜的修剪高度为3.8~5.0 cm，氮肥的需要量为每月1.0~2.5 g/m²。秋季施氮肥尤为重要，可以减少枯草层的积累。该草形成的草坪稀疏、密度低，质量差，多用于路边、坡堤的水土保持草坪，也用于庭院绿化及低养护水平草坪。

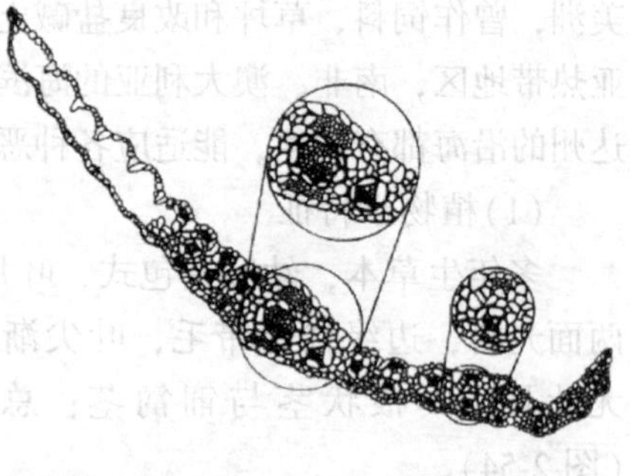

图 2-56 巴哈雀稗完全展开叶片横切面

(引自 A. J. Turgeon, 2012)

2.3.8.3 两耳草(*Paspalum conjugatum*)

两耳草(sour paspalum)又称小竹节草、叉子草。原产南美洲，热带及温暖地区有分布，我国海南、云南、广西等地有分布，生于田野、林缘、潮湿草地上。

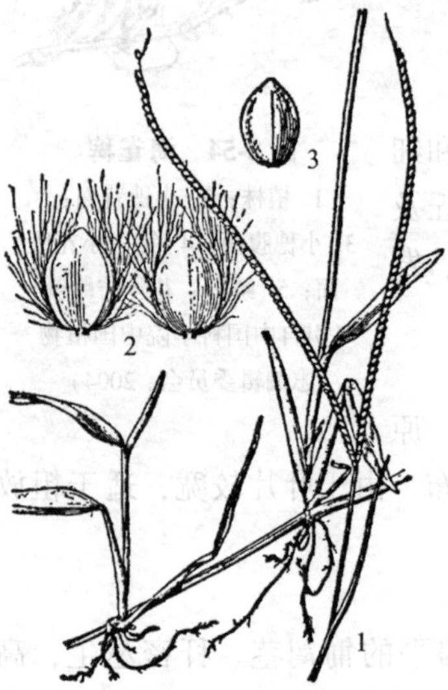

图 2-57 两耳草

1. 植株；2. 小穗(背面及腹面)；3. 谷粒

(引自耿以礼等，1959)

(1)植物学特征

多年生草本。秆直立部分高8~30 cm，植株具匍匐茎(图2-57)。叶片扁平质薄，披针形，长5~20 cm，宽5~10 mm。叶鞘具脊，无毛或上部边缘及鞘口具柔毛；叶舌极短，与叶片交接处具一圈长约1 mm的纤毛；总状花序2枚，呈叉形着生于茎顶，故称“叉子草”。小穗淡绿，扁平，2行呈覆瓦状排列于穗轴一侧，长1.3~1.5 cm。第二颖与第一外稃质地较薄，无脉，第二颖边缘具长丝状柔毛，毛长与小穗近等。第二外稃变硬，背面略隆起，卵形，包卷同质的内稃。颖果长约1.2 mm，随成熟陆续脱落。

(2)生态习性

两耳草为湿地草坪草，生活力强，生长快，极易形成单一的群落。极耐阴湿，匍匐茎具强大的趋水性，节在水中能生根，在肥沃潮湿土壤中生长茂盛，在遮阴条件下也能正常生长。耐淹性、耐热性、耐阴性极强，但抗旱性一般；再生能力很强，很耐践踏。适应的土壤pH 6.0~7.0，抗盐碱性一般，对土壤肥力要求较低。

(3)栽培管理与应用

两耳草的种子易采收，可用种子繁殖。其匍匐茎埋入土中，蔓延甚快，也可无性繁殖。形成的草坪管理较为粗放，但雨季生长迅速，应当增加修剪次数以控制草坪高度。修剪高度为2.5~5 cm，病虫害较少。

两耳草生活力强，极易形成单一的自然群落，为优良的湿地建坪草种。因此，适宜在地势低洼、排水欠佳的地段建立单一草坪。由于其侵占力强，在华南和华东地区的林缘、厂矿企业区应用时，可与假俭草、结缕草混播(其占播量不超过1/4~1/3)，建立混播草坪。

2.3.9 蜈蚣草属

蜈蚣草属(*Eremochloa*)属于禾本科，原产中国南部，约有10种，多产于亚洲热带和亚热带。我国分布于长江以南少数省份，常用于草坪的只有假俭草(*E. ophiuroides*)。

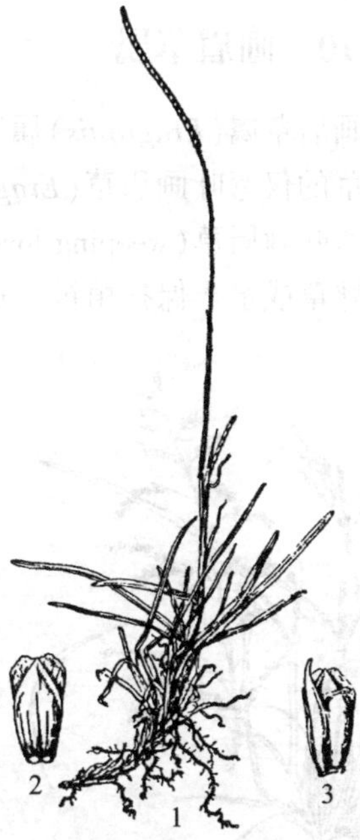

图2-58 假俭草

1. 植株；2. 无柄小颖；3. 总状花序之一节(腹面，示穗轴节间、小穗柄及无柄小穗)

假俭草(centipedegrass)别名蜈蚣草。1916年从中国引入美国，现在世界各地已广泛引种。假俭草自然分布不如狗牙根、结缕草和钝叶草广泛。我国主要分布于河南、江苏、浙江、安徽、福建、台湾、广东、广西、海南、湖南、湖北、重庆、四川、贵州、云南等地。其中，四川、浙江、江苏等地有大片单纯群落。

(1)植物学特征

多年生草本，高10~15 cm。具发达的匍匐茎，紧贴地面生长，基部节间很短，茎秆向上斜生。幼叶折叠式，叶片扁平，长2~5 cm，宽3~5 mm，钝形，有突起，下面光滑，叶鞘压缩并略突起，透明，光滑，在基部有灰色纤毛，叶舌膜状且有纤毛，纤毛比膜长，总长0.5 mm，无叶耳。总状花序单生于枝顶，略带紫色，扁平纤细，具长柄，无柄小穗相互覆盖生于穗轴一侧。假俭草的植株形态如图2-58所示，其完全展开叶片横切面如图2-59所示。

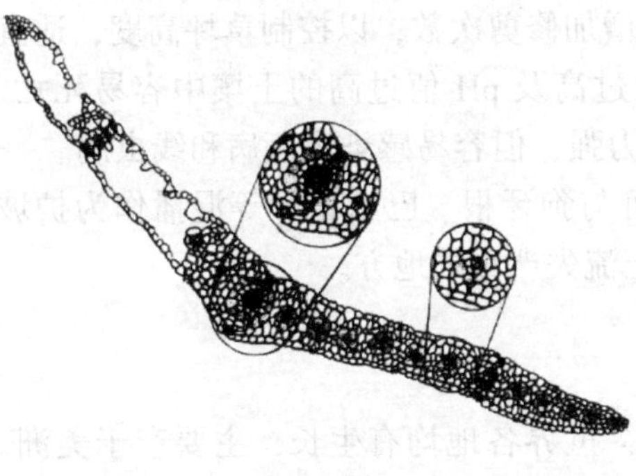

图2-59 假俭草完全展开叶片横切面

(引自A. J. Turgeon，2012)

(2)生态习性

适于生长在冷暖潮湿的地区，喜光、耐热、抗旱、耐水湿，耐阴性较细叶结缕草强，耐修剪，耐磨，耐践踏性一般。耐寒性介于狗牙根和森特钝叶草之间，低温时常褪色。假俭草适应的土壤范围相对较广，除了粗质的砂壤土外，适于生长在中等酸性、低肥的细壤上，土壤pH 4.5~5.5。在我国长江以南全年绿期为220~250 d。

(3)栽培管理与应用

营养繁殖和种子直播均可。种子千粒重约1.11 g，种子繁殖建坪较慢，营养枝繁殖普遍，一般1 m^2草皮可繁殖6~8 m^2草坪。生长旺季每个生长月修剪2~3次，适宜修剪高度为3.0~5.0 cm，这样不仅使草坪平整还能产生一定的弹性。入冬后若施基肥1次，夏秋增施适量混合肥2~3次，则能使草坪保持较好的坪用价值。

假俭草形成的草坪耐粗放管理，非常适合在我国长江流域以南生长。其株体低矮，根深耐旱，平整美观，绿期长，具有抗二氧化硫等有害气体的功能。可作公园中的开放草坪，也是环境保护、固土护坡草坪的良好草种。

2.3.10 画眉草属

画眉草属(*Eragrostis*)属于禾本科，本属有100余种，分布于热带和温带地区，常用作草坪草的仅弯叶画眉草(*Eragrostis curvula*)。

弯叶画眉草(weeping lovegrass)为禾本科画眉草属多年生草本植物，原产非洲，一般作为草坪草或水土保护植被，适于我国南亚热带或热带地区生长。

图2-60 弯叶画眉草

(1)植物学特征

多年生草本，秆密丛生，自然株高9~120 cm(图2-60)。基生叶弯曲下垂。叶片细长、粗糙、内卷如丝状，长达40 cm。圆锥花序开展，长15~40 cm，宽5~10 cm，具较多分枝，靠基部的分枝腋生绒毛，小穗灰绿色，长0.8~1.0 cm。花果期4~9月。

(2)生物学特性

本种主要分布于热带及亚热带，适应性强，多生长于砂质坡地、农田、路边荒地以及植被受到破坏的地段，有时成片生长。耐淹性、耐热性、抗旱性都较强，具有很强的再生能力，较耐践踏。适应的土壤pH 5.0~7.0，抗盐碱性能力一般。对土壤肥力要求较低，适合于各种贫瘠土壤，但在排水良好、肥沃的偏酸性砂壤土上生长最好。

(3)栽培管理与应用

弯叶画眉草一般为种子繁殖，由于种子特别细小，整地必须精细，播种量0.1~0.3 g/m^2，覆土深度0.6~1.0 cm，遇雨季后生长迅速，应适当增加修剪次数，以控制草坪高度，适宜修剪高度为2.5~5.0 cm。适合偏酸性土壤，在肥力过高及pH值过高的土壤中容易死亡。氮肥需要量为每个生长月0.10~1.94 g/m^2，抗病能力强，但容易感染褐斑病和线虫病。

弯叶画眉草可用于管理粗放的一般性草坪，也可与狗牙根、巴哈雀稗等混播作为护坡草坪或高速公路草坪，或作为水土保持植物用于水土流失严重的地方。

2.3.11 马蹄金属

马蹄金属(*Dichondra*)属于旋花科，约有8个种，世界各地均有生长，主要产于美洲。我国只产马蹄金(*Dichondra micrantha*)1个种，主要生长在南方，是一种较好的观赏性草坪草。

马蹄金(creeping dichondra)又称九连环、小金钱草、马蹄草、黄胆草、小霸王等，为旋花科马蹄金属多年生匍匐型草本植物，生于海拔180~1 850 m的田边、路边和山坡阴湿处。我国长江以南各省区均有分布，是除豆科、禾本科、莎草科以外用得较多的草坪草种之一。

(1)植物学特征

多年生小草本，匍匐生长(图2-61)；株高15~20 cm；单叶互生，叶片马蹄状圆肾形，长4~11 mm，宽4~25 mm，顶端宽圆形，微具缺刻，基部宽心脏形，边缘圆，上面微被毛或脱落无毛，下面补贴生短柔毛；叶柄细长，为1~5 cm，被白毛。茎纤细，被灰白色柔

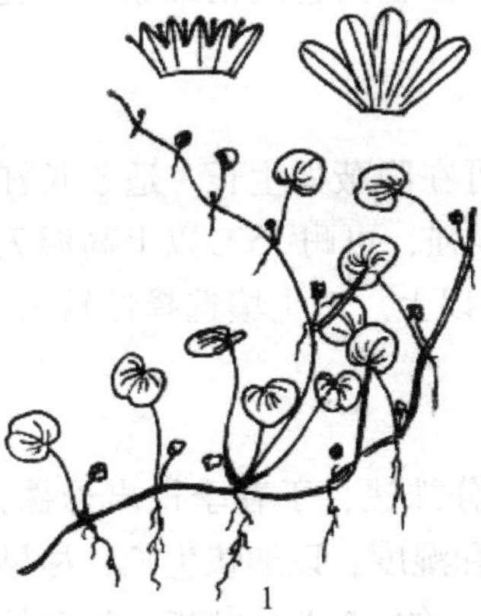

图 2-61 马蹄金
1. 植株；2. 花冠展开；3. 花萼展开

毛，节上生不定根。花小，通常单生于叶腋，稀2朵腋生；花梗纤细，短于叶柄，丝状，被白毛；萼片5深裂，离生，近等长，通常倒卵状矩圆形至匙形，顶端钝形，长2~3 mm，外面及边缘被柔毛；花冠宽浅钟状，白色，花瓣矩圆状披针形，无毛；雄蕊5，着生于花瓣之间凹缺处，花丝短，等长；子房密被白色长柔毛，2室，各具1~2颗胚珠。果瓣2，圆形，果皮薄，被柔毛，每果瓣具1粒种子；种子小，直径1.5 mm。略呈扁球形，一面稍凹，黄色至黄褐色，干燥后呈紫黑色，光滑无毛。

(2)生物学特性

马蹄金适于温暖潮湿气候，能耐一定的高温和炎热。不耐寒，但耐阴，抗旱性一般，适于细质、偏酸性、潮湿、肥力低的土壤，不耐紧实潮湿的土壤，不耐碱；具有匍匐茎，可形成致密的草皮，生长有侵占性。耐轻度践踏。

(3)栽培管理与应用

马蹄金可用种子繁殖，也可营养繁殖。种子建植，播种量10~15 g/m²。春秋季均可播种，土壤温度达21℃时是最佳播种时间。播种深度1~2 cm，镇压，用遮阳网或草帘覆盖，以增加发芽温度和保持土壤湿度，提高出苗率，使出苗整齐。由于成坪较慢，建植期一定要注意防除杂草，并且及时灌水。全年几乎不需要修剪，如能适当修剪，草坪景观会更加亮丽，修剪适宜留茬高度为2~5 cm。营养繁殖可通过铺植草皮和分枝移植的方式进行。

马蹄金绿期长，生长速度快，世界各地广泛使用，单播形成的草坪观赏价值高，常用于公园、道路、庭院、遮阴及难以修剪的地方建植。一旦成坪便旺盛生长，颜色翠绿，景观宜人，也是很好的观叶地被植物。

2.3.12 沿阶草属

沿阶草属(*Ophiopogon*)属于百合科，又称麦冬属，属中有许多有价值的观赏植物，如沿阶草(*Ophiopogon bodinieri*)、土麦冬、阔叶麦冬等。

沿阶草(dwarf lilyturf)为百合科沿阶草属多年生草本植物，又称麦门冬，为中药麦冬的主要来源，分布于西南、华南、华中及华东一部分地区。生于栎林或云杉林下、灌丛中或水边，是一种较好的观赏草坪植物。

(1)植物学特征

多年生草本，叶丛生于基部(图2-62)，披针形，长20~40 cm，宽2~4 mm，具3~5脉，边缘有细齿。地下走茎较长，粗1~2 mm。须根纤细，顶端或中部常膨大成为纺锤状的肉质小块根。地上茎短，包于叶基中。花葶较叶稍短或几等长；总状花序长1~7 cm，具数朵到10余朵花；花每1~2朵生于苞片腋内；苞片线形至披针形，较少呈针形，稍带黄色，半透明，最下面的通常长7 mm，花梗长5~8 mm，关

图 2-62 沿阶草
1. 植株；2. 花序

节位于中部；花被片卵状披针形、披针形至近长圆形，长4~6 mm，白色或稍带紫色；花丝很短，长不及1 mm。种子近球形或椭圆形，直径5~6 mm。

(2)生物学特性

沿阶草喜温暖气候条件，即可生长在光照充足的地方，也可在隐蔽处生长。适于长江中下游以南广大地区，也可以在过渡带种植。耐旱性和耐热性很强，可耐35℃以上高温天气。最适生长于多肥、多水的地方，适宜的年降水量在800 mm以上。对土壤选择性较大，可在各种土壤上生长，较耐酸，但抗盐碱性较差。

(3)栽培管理与应用

沿阶草可用种子繁殖，也可营养繁殖。营养繁殖通常采用分株法，于春季挖出母株，切去块根后分栽，分栽株距10~15 cm，分栽时要确保土壤肥力和湿度，以加快生长，尽早覆盖地表。用种子繁殖时，于10月果熟期收下种子后立刻播种，约45 d后出苗，苗期长势好，生长整齐一致，但应注意防除杂草。沿阶草耐修剪，修剪后要及时施肥灌水。

沿阶草适应性广，建植与管理容易，是很理想的观叶类地被植物，可片植用于绿地，或植于疏林下、道路边坡、山石等园林造景，最适宜在我国过渡带以南地区生长，用于园林绿化。

复习思考题

1. 草坪草如何分类？
2. 依据植物系统分类法，大部分草坪草归属于哪些科及其亚科？
3. 简述草坪草的分蘖方式及其分蘖类型。
4. 简述冷季型草坪草与暖季型草坪草主要区别。
5. 常用的冷季型草坪植物资源有哪些？
6. 常用的暖季型草坪植物资源有哪些？

第2章 知识拓展

第3章
草坪草生理

草坪草的生理学特征有其一般性和特殊性，本章针对草坪草的特点，对其生长发育和抗逆性(高温与低温、干旱与涝渍、盐胁迫、践踏、遮阴、污染)等做进一步的阐述。

3.1 草坪草生长与发育

种子植物的生命周期包括胚胎的形成、种子的萌发、幼苗的生长、营养体的形成、生殖体的形成、开花结实以及衰老和死亡，一般将植物营养器官(根、茎、叶)的生长称为营养生长，将繁殖器官(花、果实、种子)的生长称为生殖生长。

草坪草植株一般来源于新种子或其他繁殖体，由茎、叶、根等一系列器官组成。大量草坪草植株组成动态、复杂的草坪群落，了解草坪草的生长与发育是维护好草坪群落的基础。

3.1.1 营养生长与发育

草坪草的营养生长包括种子萌发，根、茎、叶的形成和发育。

3.1.1.1 种子萌发

通常意义上的禾本科植物种子在植物学上的正式名称为颖果，颖果的种皮与果皮相愈合不易分离，故而将果实称为种子。草坪草的种子不但包括植物学上的果实，还包括果实外的包被，即颖片和稃片。因此，草坪草的种子从某种意义上讲是成熟的小花，有时称为种籽。草坪草的种子一般呈矩圆形或纺锤形，由胚、胚乳和种皮三部分组成，在形态、大小和颜色上存在差异。

风干后的成熟禾本科植物种子水分含量较低(7%~10%)，生理活动微弱，处于休眠状态。种子萌发有3个必需的外界条件：充足的水分、适当的温度和足够的氧气。当种子吸胀后，胚由休眠态转为活动态，呼吸作用增强。同时，盾片产生的植物激素(如赤霉素)作用于糊粉层，使之生成一系列水解酶(如α/β-淀粉酶)，这些水解酶将胚乳中的贮藏物质(蛋白质和淀粉等)分解成简单的碳水化合物和氨基酸从而给胚的生长提供营养，使胚突破种皮并形成幼苗。从形态学上讲，通常以胚根突破种皮(露白)作为萌发的标志。

土壤湿度对种子与幼苗也很重要，刚萌发的幼苗在根系没有发育完全时，对干旱、脱水非常敏感，土壤表面快速蒸腾失水作用对其生长影响很大。而在重度遮阴的环境下，幼苗可能也无法获得足够的光照来进行光合作用合成足够的养分以维持生长发育。另外，幼苗内在的营养贮藏物质不足时难以维持自养状态，也会导致死亡。种子无法发芽一般都和播种深度过深，或者种子本身陈旧以致活力下降有关。总的来说，幼苗的发育和随后存活依赖于播种的深度、可获得的水分(土壤湿度)、合适的温度、足够的光照以及胚乳中营养物质的贮存量。

3.1.1.2 根的形成

根据发生部位的不同，根可分为主根、侧根和不定根。禾本科草的根系是由不定根组成的须根系。当禾本科草种子萌发后，由胚根形成的主根伸出后不久，胚轴基部会同时生长出3~5条不定根，这些不定根和主根统称为种子根，它们对幼苗迅速扩大吸收面积起着很重要的作用，随后这些种子根生长缓慢或停止，逐渐为不定根所替代。草坪草的不定根主要产生于3个部位，包括匍匐茎、根状茎和分蘖节。

草坪草根系的再生能力较强，一般情况下可生活6~24个月，大多数在1年左右。不同草坪草的根系每年替换再生的程度不一样。草地早熟禾的根大部分能存活超过1年，因此常被称为多年生根系类型；而匍匐翦股颖、多年生黑麦草和狗牙根的大部分根系每年会被新生的根更新替代，因此称为一年生根系类型。不良的环境因素，如气候胁迫和不好的土壤条件都可能导致根的提前死亡。对于冷季型草，大部分根的起始和生长都在春季，其次是气候凉爽的秋季。而在夏季，尤其是仲夏，虽然草坪草地上部分没有问题，但是很多根会因为高温而生长减缓甚至死亡。在最热的7月，冷季型草坪草的根系会显著变少变浅，导致其抗性减弱。暖季型草坪草根系生长在夏季最为活跃，在冬季会因低温而死亡。因此，一般暖季型草坪草根系会在第二年返青时重新生长。此外，对于生长在土壤严重板结或者是渍水情况下的草坪草，缺氧会导致草坪草根系生长受到限制甚至死亡，草坪草出现“湿萎蔫”现象。大部分草坪草的根系位于土壤表层15~30 cm处，根系深度因草种而异，同时也受其他因素如土壤条件的制约。由于草坪草根系较浅，其抗旱能力主要表现在吸水能力强和干旱胁迫后的恢复能力强。刚长出的根，外观看起来是白色的，相对较粗，随着时间的推移和根的衰老，根会变细，颜色变深。根的衰败首先从皮层开始，最终扩展到中柱。

3.1.1.3 茎和分蘖的形成

种子萌发后，上胚轴和胚芽向上发展，成为地上部分的茎和叶。茎可分为节和节间两部分。茎上着生叶的部位，叫作节；而相邻两个节之间的部分，叫作节间。幼苗期草坪草节间很短，各节密集于基部，抽穗时节间伸长。节上有腋芽，可生成不定根和新的茎、叶。草坪草的茎主要有直立茎、匍匐茎和根状茎。

直立茎与地面垂直生长，茎的基部有密生的节，顶端生长缓慢。当禾本科草进入生殖阶段时，直立茎可伸长形成花序主枝，使植株完成有性繁殖。匍匐茎在地上部分，与地面平行生长，节间明显，节上的腋芽可形成不定根和新的枝条(植株)。如冷季型草坪草匍匐翦股颖和绝大部分暖季型草坪草都具有发达的匍匐茎。根状茎生长于地下，与地面平行生长。与根不同，根状茎上有节和节间，节上的腋芽可向上形成茎和叶，向下形成不定根。草地早熟禾是最典型具有根状茎的草坪草之一。作为丛生型草坪草，部分高羊茅品种也具较弱的根状茎。狗牙根、结缕草等也具有根状茎。

另外，禾本科草坪草有分蘖节(根颈)，是禾本科草坪草在茎基部由许多密集的节构成的能够产生分枝的部位。分蘖节上的腋芽可以产生新的枝条及不定根，禾本科草的这种独特分枝方式，称为分蘖。分蘖枝向上生长，在离母株很近的地方形成新的枝条/植株，而匍匐茎和根状茎平行生长，能在离母株较远的地方形成新的枝条/植株。因此，种植的草坪草如果具有匍匐茎或/和根状茎，相对稀疏的幼苗就可以发展成较好的草坪。草坪草作为多年生植物，并不是因为单独的枝条可以无限生长存活，而是因为整个草坪植物群落的动态更替。每根单独的枝条寿命一般不会超过一年或者更短，如春季开花的分蘖枝通常在夏天结束前就会死亡，而在逆境胁迫的情况下，新形成的分蘖枝常常会最先死亡。草坪草群落中已经死亡的枝条会不断被新的枝条替代，从而维持稳定的草坪密度。不同时间形成的枝条对不同时期的草坪草群落具有不同意义。如秋天形成的分蘖枝对于草坪的越冬以及春天的返青非常重要，而春天形成的分蘖枝则对草坪的越夏至关重要。此外，年轻的分蘖枝在发育长出足够的根部系统以及叶之前需要依赖母株的光合同化物。虽然从功能上看，成熟的分蘖枝是一个完整的个体，但是因为共同维管系统的连接，分蘖枝间还具有一定的关联。从这点来讲，一株禾本科植株是一个高度组织性的系统而不仅仅是一帮相互竞争的分蘖枝的集合。

3.1.1.4 叶的形成

禾本科草坪草的叶为单叶，由叶片、叶鞘、叶舌和叶耳组成。适应周期性的修剪是草坪草的一个重要特点。一般情况下，当草坪草处于营养生长阶段时，其分生组织贴近地面，因而低于剪草机的刀片，从而保证每次修剪都不影响草坪草的再生。根颈(crown)位于茎秆与根部的交接处，是一段增粗、非伸长的茎部结构，草坪草的生长点位于根颈上部，长度不到1 mm。叶原基是顶端分生组织下面的一些小突起，起源于顶端分生组织下面的细胞分裂，叶原基在生长点上不断形成并最终发育成完全伸展的成熟叶。叶原基数量是不固定的，这和物种种类、植物年龄与生长环境都有很大的关系。一般来说，大多数冷季型草坪草在不同的发育阶段会有5~10个叶原基，而暖季型草坪草只有2~3个叶原基，数量相对较少。

叶原基中间细胞快速分裂形成叶尖，之后顶端分生组织的活性主要局限在叶原基的基部，用于建立居间分生组织。随着叶原基的进一步发展，其居间分生组织分化为两个部分：上居间分生组织为叶片的生长产生细胞，下居间分生组织用于维持叶鞘的持续发育。随着新叶叶尖从包裹它的叶鞘中冒出，上居间分生组织部位的细胞分裂逐渐停止，随后叶片的进一步扩展主要来源于细胞的伸长。新叶和新叶叶鞘相对老叶和老叶叶鞘都更高。每一片叶都会经历发生、成熟、衰老，直至死亡。叶尖是叶最老的部分，因此叶的衰老从叶尖开始并向下延伸到叶的基部，最后从茎秆上脱落。草坪草新叶的发生和老叶的衰老死亡速率接近，一般情况下，在一定环境条件下每个植株叶的总数相对固定。通过对不同时期的叶光合速率进行测定后发现，一般情况下，随着叶片的衰老，老叶光合作用效率下降，对植物其他部分的贡献很小，完全展开的年轻叶光合效率最高，其光合作用的产物除了自供所需，还能提供给不同器官并部分用于根茎处的碳水化合物贮藏。新发生的叶会用掉所有自身光合作用的产物，并需要部分其他叶光合作用的产物维持生长。而且在新发生的叶开始自身光合作用前，其完全依赖于贮藏器官中的碳水化合物储备以及来源于其他叶的光合产物。因此，过度修剪草坪会导致草坪草脱叶过多，严重损害草坪草的活力。

叶的生长速率与其年龄有很大的关系。一般老叶最终会停止生长，而嫩叶生长速度较快。另外，新叶的发生速率还与草种有关，同一草种不同品种间也存在差异，且受到气候条件和土壤肥力的影响。我们一般把两个连续叶形成的间隔期(如第一个叶原基的形成与第二个叶原基的形成之间)叫作叶原基间隔期(plastochron)，通常以天表示。生长条件越好，间隔期越短，如适合的温度、土壤湿度、高光照以及高氮肥水平。据报道，在高尔夫球场的果岭，匍匐翦股颖的最短叶原基间隔期是5.5 d。

3.1.2 生殖生长与发育

3.1.2.1 花

禾本科草坪草的花没有鲜艳的花被，靠风力来传播花粉，为风媒花。草坪草小花由三部分组成：雌蕊、雄蕊和稃，每一朵小花内有1枚雌蕊、3枚雄蕊和2枚稃片(内稃、外稃)。其中，雌蕊包括柱头和子房两部分。柱头多呈羽毛状，以增加柱头接受花粉粒的表面积，多数种类的柱头常能分泌水分、糖类、脂类、激素和酶等物质，有助于花粉粒的附着和萌发。子房是柱头下面膨大的部分，是种子形成发育的场所。雄蕊包括花丝和花药两部分。花丝常细长，是花药的支持体。花药是花丝顶端膨大成囊状的部分，内部有花粉囊，可产生大量花粉粒。稃是禾本科草坪草的花被，起保护雌、雄蕊的功能。稃为二片，分别为内稃和外稃，开花时内外稃张开，使花药和柱头露出稃外，有利于风力传粉。

3.1.2.2 花序

禾本科草坪草的小花不是单生，而是由多朵小花构成小穗，再由多个小穗构成花序。草坪草的花序类型主要有总状花序、圆锥花序和穗状花序。

禾本科草坪草花序的形成包括植物的成熟、开花刺激的诱导、茎顶端的起始和花的发育4个阶段。低温诱导(又称春化，vernalization)和光周期诱导(photoperiodic induction)都属于促进开花的特定环境，可以对成熟植株形成刺激。春化是冷季型草坪草开花的必要前提条件之一。春化发生于生长点，有效的春化温度是0~10℃，一般来说1~2℃最为有效。春化过程可以逆转，在植物春化过程结束之前如果有高温条件，则春化被解除，通常解除春化的温度为25~30℃。暖季型草坪草开花没有春化的要求。光周期诱导发生在叶片。一定日照条件下，叶中开花刺激物产生并随后转运到茎顶端。冷季型草坪草一般为长日照植物，日照暴露时长需要长于某个特定时长才会诱导开花。暖季型草坪草主要为短日照植物，日照暴露时长需要短于某个特定时长才会诱导开花。

茎顶端的起始包含茎顶端从营养轴到花轴的转化，这时茎顶端快速伸长并随后在叶原基叶腋处产生侧芽，之后通过花的发育形成分支、小穗和小花等结构，最后花序升高并高出叶面。除非是用来做种子生产，一般来说，大量的花序形成和开花对于草坪来说是不利的。大量开花之后花枝死亡会导致草坪密度短期的降低，且小穗还会影响草坪的美观性。通过修剪去除花序，但不去除产生新叶的结构，可以刺激附属分蘖枝的发育从而提高叶的产生。草坪群落的多年性依赖于非开花枝和叶鞘内/外的分支。

3.1.3 季节生长变化

由于各种草坪草的遗传背景不同，所处的生态地理条件有所差异，它们所表现出的生长特性既有共同性，也有差异性。

3.1.3.1 草坪草绿期

草坪草绿期是指草坪全年维持绿色外观的时间，一般指草坪群落中50%的植物返青之日到50%的植物呈现枯黄之日的持续天数。当草坪草处于不利于其生长的气候时(如盛夏高温季节、冬季低温气候)，生长速率降低，甚至停止生长进入休眠状态，这时的草坪就会由绿变黄。因此，草坪绿期的长短是评价其利用价值的一个重要指标。同一草坪草种在不同的生态地理条件下，表现出的绿期不同。草地早熟禾在北京的绿期约为280 d，而在兰州约为270 d，野牛草和结缕草在北京的绿期为160 ~170 d。

3.1.3.2 草坪草生长的季节变化

草坪草季节变化是指草坪草在绿期内生长速度的变化情况，它与绿期紧密相关。草坪草季节变化与草坪草最适生长温度密切相关。如草地早熟禾为冷季型草坪草，5℃就可以开始生长，最适生长温度为15~25℃。草地早熟禾根部在冬季土壤不上冻的情况下可以持续缓慢生长，但在夏季高温干旱时，植株进入休眠，地上部分生长停顿，而在气温下降、水分增加后，又可恢复生长。因此，草地早熟禾的生长季节变化呈现出双峰曲线(图3-1)，两个峰值分别出现在春、秋两季，而在7月左右会出现一个低谷，这时草地早熟禾处于休眠状态。对休眠状态的草地早熟禾，应注意提高修剪高度，保留较多的叶，还可采用喷灌降低气温，不施或少施肥，帮助草地早熟禾顺利越夏。野牛草作为暖季型草坪草，其适宜生长温度为25~35℃。因此，在北京的夏季，野牛草不会出现休眠期，而会在冬季的低温下休眠。从整个生长季节看，野牛草的生长曲线呈现单峰(图3-1)，其峰值出现在夏季。由于草坪草生长季节变化规律的不同，在养护管理上应当区别对待。

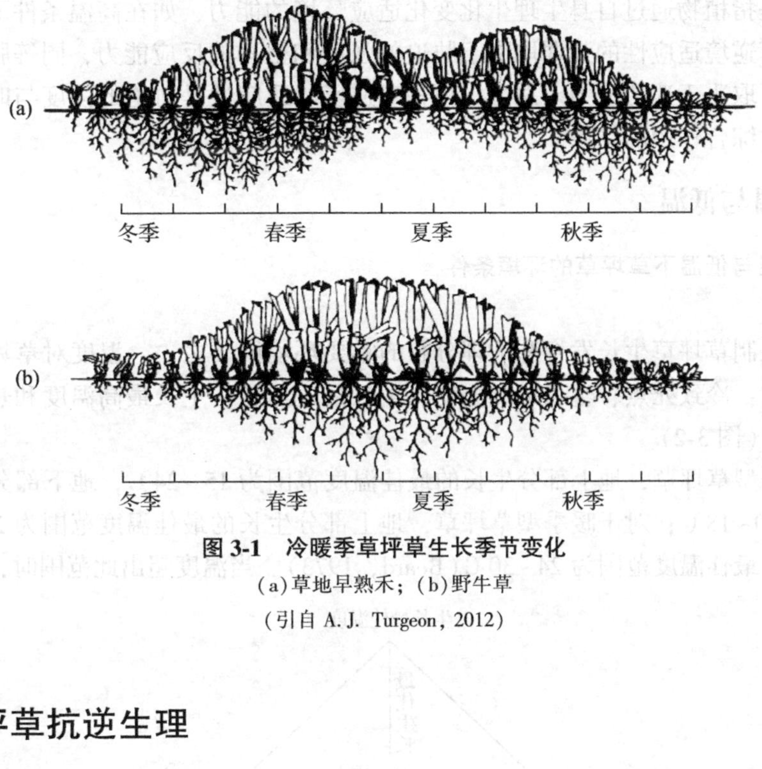

图3-1 冷暖季草坪草生长季节变化

(a)草地早熟禾；(b)野牛草

(引自A. J. Turgeon，2012)

3.2 草坪草抗逆生理

自然界生物的生活环境不断变化，而草坪草作为植物，其生长具有不可移动性，因而相对动物更易受到环境变化的影响，有时还会遭受逆境甚至极端逆境的胁迫。逆境一般会对植物的生长发育造成显著不利影响，如果超过其忍受阈值，甚至会导致植物死亡。为了适应多变的环境，植物经过长期自然选择，在形态、生理和分子水平都进化形成了一系列适应和抵御外界不利环境的机制。本章主要从生理学角度探讨对草坪植物影响较大且较普遍的逆境胁迫，包括高温与低温、干旱与涝渍、盐碱、践踏、遮阴、污染等，同时将如何提高草坪草对以上胁迫的耐受性进行详细讨论。

3.2.1　逆境生理概论

逆境或者胁迫是指对植物生长发育造成不利影响的环境因子，包括生物胁迫(如病害、虫害、杂草等)和非生物胁迫(即物理和化学胁迫，如高温、低温、旱涝、盐碱等)。且由于草坪植物应用的特殊性，践踏和修剪也是影响其生长发育的两个重要胁迫因素。修剪对草坪的影响详见第9章的“9.2.1 修剪”。

植物对逆境的反应分为两种：弹性反应和塑性反应。弹性反应是指去掉逆境后，植物仍可恢复到原本状态的反应。塑性反应则是指去掉逆境后，植物不能恢复到原本状态，但仍可继续生活下去的反应。

植物的适应性是指植物自身对逆境的适应能力。植物对逆境的适应方式有以下3种：避逆性、御逆性和耐逆性。避逆性是指植物整个发育周期避开逆境的干扰，如在逆境胁迫到来前完成其生育周期。御逆性是指植物具有一定的防御环境胁迫的能力，能在环境胁迫下维持正常生理状态。例如，野牛草匍匐茎发达，可以通过匍匐茎汲取水分，抵御干旱逆境。耐逆性是指植物通过自身生理生化变化适应环境的能力，如在高温条件下合成热休克蛋白。草坪草逆境适应性的强弱取决于胁迫的强度和植物的反应能力，同等胁迫强度下植物的反应主要取决于遗传潜力。总之，植物对逆境的适应性是胁迫的强度与时间和植物本身的遗传性质综合作用的结果。

3.2.2　高温与低温

3.2.2.1　高温与低温下草坪草的环境条件

(1)温度

温度是限制草坪草生长发育和地理分布的重要环境因子之一。温度对草坪草生长的影响主要表现在：冷致死点、生长最低温度、生长最适温度、生长最高温度和热致死点，也称温度五基点(图3-2)。

对于冷季型草坪草，地上部分生长的最佳温度范围为15~24℃，地下部分生长的最佳温度范围为10~18℃；对于暖季型草坪草，地上部分生长的最佳温度范围为26~35℃，地下部分生长的最佳温度范围为24~30℃(Beard，1973)。当温度超出此范围时，即可能对草

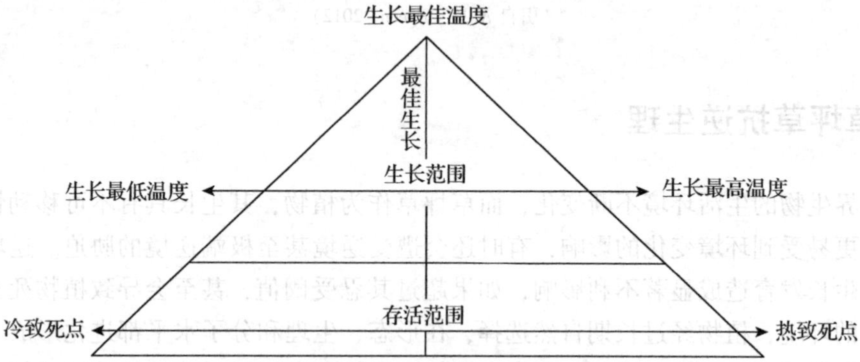

图3-2　草坪草生长和死亡的基点温度

(引自 A. J. Turgeon, 2012)

坪草形成伤害，包括高温伤害和低温伤害（低温伤害又包括冷害和冻害）。对于草坪草来说，相比空气温度，土壤温度对其影响更甚。

冷季型草坪草对高温较为敏感。一般当温度超过30℃时会对冷季型草坪草造成高温胁迫，温度超过45℃时会对暖季型草坪草造成高温胁迫。持续昼夜的高气温和高土温对草坪草的生长最为不利，如果夜间可以保持凉爽和/或降低土壤温度，可以显著减轻高温对草坪的伤害。暖季型草坪草对低温较为敏感。当温度低于约10℃时，暖季型草坪草可能会遭受冷害，当温度低于0℃时，暖季型草坪草会遭受冻害。而冷季型草坪草对低温的适应力较强，0℃以上的低温一般不会对冷季型草坪草产生伤害，但0℃以下的低温有时会对冷季型草坪草产生冻害。

（2）高温与低温条件下的次生灾害

干旱是易与高、低温伴生的逆境胁迫。高温环境下，水分蒸发加快，因此，高温胁迫时常伴随干旱胁迫。此外，干旱胁迫也使草坪草更易受到高温胁迫。干旱胁迫下的草坪冠层温度远高于气温。低温环境下，随着土壤温度降低，土壤对水变得更加难以吸收，在土壤结冰时情况最为严重，从而对草坪草造成生理干旱甚至脱水。此外，若冬季缺少雨雪，冬季的多风天气会使土壤水分流失加剧，造成土壤干旱。但由于冰晶对草坪草造成的伤害，冷冻的湿土比冷冻的干土对草坪草的损害更大。

践踏也使低温情况下草坪易受伤害。晚冬或初春时，当土壤融化1 cm左右但下部仍保持冰冻状况时，此时践踏可能会折断植株根系，在草坪休眠结束时导致草坪草死亡。这些问题区域在生长季更容易被杂草入侵。0℃以下低温（冻害）形成的冰还会通过其他方式对草坪草造成损害：冰易压碎或刺穿草坪的茎基和根部，尤其在受践踏的情况下；冰还会较长时间限制空气交换，导致冰下的空气质量变差从而损坏草坪；温度波动造成冰的反复冻融，会对草坪造成更大的伤害。低温下的冻雨及雪层融化水分向下渗透又重新冻结时，草坪上还会形成冰盖。冰盖限制了土壤-大气界面的气体交换，导致厌氧条件的形成。缺氧诱导草坪草进行无氧代谢，产生的能量较少，且还会产生毒性代谢物（如乙醇、乳酸等）。无氧代谢有毒终产物的积累、能量代谢的减少以及呼吸底物的缺乏会影响草坪草的冬季生存和春季再生。

3.2.2.2　高温与低温下草坪草生长和生理变化

（1）高温下草坪草的生长和生理变化

高温会导致草坪草根系枯死，枝条、叶片及分蘖生长受抑，叶片枯黄萎蔫，最终草坪质量下降。高温对冷季型草坪的影响更大。高温胁迫会减少草坪草根的数量、长度和总生物量，并增加根的死亡率。高温引起根系衰退的根本原因与根系碳水化合物的高消耗率以及从地上部分到地下部分的碳分配减少有关。根系生长特征的这些变化较草坪质量的明显变化更早。例如，31℃高温处理12 d后，匍匐翦股颖的根量显著下降，而直到处理40 d后才观察到草坪质量的显著下降。草坪草根系生长适宜的温度范围较低且对环境条件的波动高度敏感，因此，根部对高温下草坪草的生存至关重要。

土壤温度也会影响草坪地上部分的生长，且该影响比气温更甚。例如，即使气温保持在最佳温度（20℃），高土壤温度（35℃）也会显著降低匍匐翦股颖的芽生长、光合作用速率和根系活力，而保持较高的气温却同时降低土壤温度可以减轻高温对草坪草芽的损伤。高土壤温度可以直接诱导芽衰老，这可能是通过破坏根部对水和养分的吸收以及细胞分裂素(cytokinins, CK)的合成来实现的。此外，一天中土壤温度降低的时间段也会影响高温胁迫缓解的程度，降低夜间温度比降低白天温度能更有效地维持草坪草芽和根的生长。夜间高温会加剧暗呼吸，导致根部碳水化合物饥饿及衰退，降低夜间温度会显著降低根系呼吸速率，增强根部的碳分配，从而显著改善草坪质量和根系生长情况。

光合作用是冷季型草坪草对高温胁迫最敏感的代谢过程之一。随着夏季气温升高，冷季型草坪草的光合作用速率下降。暖季型草坪草的叶片解剖结构以及酶和生化途径可更有效地捕获 CO_2，能在高温下继续固定碳并生产碳水化合物。单叶和/或冠层光合作用速率、光化学效率、色素成分(叶绿素和类胡萝卜素含量)和光合酶活性可用来评估高温胁迫期间草坪草光合能力的变化，其中 Rubisco 酶的失活可能是造成光合作用下降的关键因素，Rubisco 酶的激活状态也与 C_3 和 C_4 植物光合作用热抑制密切相关。尽管光合作用速率随着温度升高超过最佳温度而下降，但根和芽的呼吸速率随着温度的升高而增加。因此，长期高温胁迫使碳消耗和碳生产间不平衡，消耗碳水化合物储备，进而限制了草坪草的生存。高温下碳水化合物利用率的降低是草坪草根部枯死、枝条和分蘖受抑的根本原因之一。具有高碳水化合物储备和充足的光、水和二氧化碳以进行快速光合作用的草坪草将更能承受高温胁迫。

细胞膜热稳定性也会对草坪草的高温和低温抗性产生很大影响。高温胁迫期间净光合作用的下降被认为与细胞膜或叶绿体和其他细胞器中所含膜的完整性丧失有关。膜不仅受到高温引起的分子键松动的影响，还可能受到脂质过氧化过程的损坏。当自由基从脂质夺取电子时，就会发生脂质过氧化，导致脂质不稳定。多不饱和脂肪酸比饱和脂肪酸更容易发生脂质过氧化，由于冷季型草坪草比暖季型草坪草的膜中含有更多的不饱和脂肪酸，因此冷季型草坪草比暖季型草坪草更易受到脂质过氧化的影响。

激素也参与草坪草的高温耐性。高温胁迫下草坪草根和芽中的 CK 含量显著减少，根是 CK 合成的主要场所，根区温度升高引起的根枯死可能会扰乱 CK 合成并运输至芽，这种破坏进而导致叶片衰老并抑制芽生长。叶片 CK 浓度的降低还导致气孔导度降低，从而限制 CO_2 吸收并影响高温胁迫的蒸腾冷却。总而言之，高温引起的芽 CK 供应中断对于植物的高温耐性至关重要。种间和种内 CK 代谢对高温敏感性的差异可能导致植物耐热性的差异。在根区温度升高的情况下，耐热匍匐翦股颖品种'Penn A-4'比热敏感的'Putter'具有更高的 CK 含量和更好的整体草坪质量，这一结果表明，维护热胁迫下 CK 含量的升高有助于缓解叶片衰老和热害。此外，乙烯、水杨酸(salicylic acid, SA)、独角金内酯等激素也影响草坪草的高温耐性。抑制乙烯产生有利于延缓高温诱导的草坪草衰老，乙烯还可以作为信号化合物参与高温胁迫下的氧化损伤修复过程。

(2)草坪草种的高温抗性

冷季型草坪草比暖季型草坪草更易受到高温胁迫，相对较低的温度即会对冷季型草坪草造成高温胁迫。在 41~43℃ 的高温条件下，冷季型草坪草开始受到胁迫，当温度达到 47~49℃ 时，草地早熟禾和多年生黑麦草完全死亡，而对于暖季型草坪草，温度到达 59.9~61.1℃ 时才会使狗牙根和野牛草死亡。因此，经过夏季长时间的高温胁迫，在夏末时，冷季型草坪草往往处于一年中最为脆弱的状态。暖季型草坪草比冷季型草坪草能承受更高的温度，且高温胁迫对暖季型草坪草的伤害较小。暖季型草坪草的结构和生理，如相比冷季型草坪草更深的根系和更高效的光合作用途径，使其能够在冷季型草坪草难以维持的高温下茁壮成长。暖季型草坪草不进行光呼吸，因此消除了冷季型草坪草在高温期间产生的特定热源，且能在高温下更有效地利用水分。

冷季型草坪草对高温胁迫的敏感性也存在着显著差异，常用草坪草的高温抗性见表3-1。此外，同一物种的品种或基因型之间耐热性也存在显著差异。

表3-1 几种常用草坪草的高温抗性

高温抗性	冷季型草坪草	暖季型草坪草
抗性强	高羊茅	结缕草
↑	匍匐翦股颖	狗牙根
	草地早熟禾	地毯草
	细弱翦股颖	假俭草
	紫羊茅	钝叶草
抗性弱	多年生黑麦草	巴哈雀稗

(3)低温下草坪草的生长和生理变化

低温会伤害草坪草，引起叶片萎蔫或卷曲、叶面黄化等现象。当超过草坪草生长的临界温度时，细胞的结构和功能被破坏，生物膜透性丧失，草坪草死亡。因此，低温胁迫下的草坪质量下降、杂草丛生，使用价值降低。

随着冬季的临近，草坪草开始将碳水化合物转移到根和茎中，草坪在冬季来临前"变硬"。在部分草坪草种中，这些长链碳水化合物可能会迅速转化为蔗糖，必要时在草坪草的根冠和茎中积累以防止冻结。在低温适应过程中，草坪草还会积累蛋白质和其他富含氮的化合物，这同样与草坪草更强的抗冻性有关。

光合作用是受低温影响的重要生理过程之一。低温会导致 CO_2 光合同化减少、叶绿素减少和生长停止。低温还会影响呼吸的有氧阶段，导致氧化磷酸化减少，从而影响草坪草的 ATP 供应，最终导致蛋白质分解。

维持细胞膜的完整性对于减轻低温损伤至关重要。低温下，膜脂可能会从液晶态转变为更"刚性"的状态，从而影响膜的渗透性。低温还会诱导膜的脂肪分解，并引发一系列氧化反应，导致脂质过氧化和膜损伤。不饱和脂肪酸被认为在维持膜流动性以保证低温下的正常功能方面发挥着关键作用，它们影响脂质和膜在低温下的热致特性，并与低温抗性的增加有关。

对于0℃以下低温(冻害)，控制冰晶生长是草坪草生存的关键因素。抗冻蛋白(antifreeze proteins，AFP)广泛存在于越冬植物中，它可与细胞间隙中形成的冰晶结合并抑制其生长。

植物激素在草坪草的低温响应中发挥着重要作用。脱落酸(abscisic acid，ABA)可以提高一些草坪草的耐冷性，这与抗氧化清除系统活性增强有关。茉莉酸也可发挥类似作用，提高草坪草的抗冷性。

(4)草坪草种的低温抗性

冷季型草坪草的低温抗性远强于暖季型草坪草(表3-2)。冷季型草坪草一般不易遭受

表3-2 几种常用草坪草的低温抗性

冷季型草	耐受低温/℃	暖季型草	耐受低温/℃
草地早熟禾	−38	野牛草	−21.7
匍匐翦股颖	−35	海雀稗	−9
一年生早熟禾	−31	杂交狗牙根	−8
高羊茅	−15.5	假俭草	−6
多年生黑麦草	10	地毯草	−4

冷害，而暖季型草坪草易受冷害和冻害。暖季型草坪草的细胞间和细胞内的溶质浓度较冷季型草坪草更低，因此比冷季型草坪草更容易冻结。

草坪植物细胞伤害率达50%时为半致死温度(LT_{50})，为活动温度和临界温度的界限。当细胞伤害率低于50%时并不引起细胞死亡，呈可逆反应，而高于50%时导致细胞死亡，呈不可逆反应。表3-3为几种常用草坪草的低温抗性和半致死温度。

在许多地区，冬季草坪常在短时间内被冰覆盖。大多数情况下，冷季型草坪草可以忍受冰雪覆盖2~3周，匍匐翦股颖可以在冰层下存活长达90 d，但较长时间的冰盖及冰的冻融对其下方的草坪非常不利。暖季型草比冷季型草更容易受到冰害。

表3-3　几种草坪草的低温抗性和半致死温度(LT_{50})

低温抗性	草坪草种	LT_{50}/℃	草坪草种	LT_{50}/℃
	冷季型，C_3		暖季型，C_4	
抗性强 ↑ │ 抗性弱	粗茎早熟禾	—	野牛草	-21.7~-9
	匍匐翦股颖	-35	结缕草	—
	加拿大早熟禾	—	海雀稗	-9.2~-8
	细弱翦股颖	—	钝叶草	-7.9
	一年生早熟禾	-31~-19	狗牙根	-8.4~-4.8
	紫羊茅	-30~-21	假俭草	-6~-4
	高羊茅	—	巴哈雀稗	—
	草地早熟禾	-15.5	地毯草	-4~-2
	多年生黑麦草	-15~-5		

注：引自Beard and Beard，2005；McCarthy et al.，2005；Stier，2007。

3.2.2.3　高温与低温条件下的草坪管理

(1)修剪

对于逆境胁迫下的草坪，提高修剪高度可以增大草坪草的叶面积，提高草坪草的光合作用能力和碳水化合物的利用率。低的修剪高度会去除原本可用于光吸收和光合作用的叶片组织，影响冠层的光合作用能力，从而影响芽和根生长的碳水化合物供应。对于高温下的草坪，提高修剪高度还可以增强蒸腾冷却，并提供额外的遮阴以保持表层土壤凉爽。

冬季一般不进行修剪。冬季低温来临前，通常停止修剪工作，最好封冻前留有近1个月时间生长，使草坪留有一定高度，以充分进行光合作用，给予草坪草足够的时间生长以满足地下器官贮藏营养物质，利于草坪在冬季干燥气候条件下安全越冬。

(2)灌溉

高温胁迫发生时，蒸散量较高，当草坪表层10~15 cm土壤颜色发白时，以及草坪叶片发蓝发灰、萎蔫、失去弹性时，提示草坪干旱缺水，必须进行灌溉。例如，在高尔夫球场果岭草坪上，通常采用手动浇水，还可以喷洒细水雾以润湿草坪冠层，配合风扇改善空气流通，以促进草坪草在高温下的蒸发冷却。据报道，仅使用风扇可将匍匐翦股颖果岭上10 cm深度的冠层温度降低2~3℃，土壤温度降低1~3℃，使用配备喷嘴的风扇可使匍匐翦股颖果岭的冠层和土壤温度分别降低9℃和6℃。与单独使用风扇或注射器相比，风扇和注射器的结合使用可以更大程度地降低果岭原生土壤的土壤温度，并且缩短高温土壤对匍匐翦股颖产生负面影响的时间。

在高温胁迫发生前，通过控制灌溉频率或灌溉量对草坪进行干旱锻炼，可以提高草坪对随后高温胁迫的耐受性。一方面，通过促进碳分配和减少碳水化合物消耗，轻微的干旱胁迫可以刺激根系生长到更深的土壤剖面，提高水分利用效率，更有利于草坪草高温期间的水分吸收；另一方面，这可能是由于不同逆境胁迫诱导的生理和分子信号传导途径的相似性。此外，干旱锻炼还可以使叶片中有机和无机溶质得到积累，叶片渗透调节能力提高，从而使植物水分关系和高温耐性都得到改善。经过干旱锻炼的草地早熟禾、多年生黑麦草、高羊茅等都表现出了更好的耐热性。

对于冬季低温来临前的草坪，封冻水对于防止草坪根系受冻害、增强其越冬能力具有重要意义。一方面，封冻水可以增加土壤热容量，保证土壤温度不易下降，冬季结冻放出潜热也有利于提高草坪根系的越冬能力；另一方面，封冻水还可防止冬季及早春干旱，满足根系生长需要。浇封冻水应保证浇足浇透，避免只浇表土，浇水深度可达30 cm左右，使土壤水分接近饱和，草坪根系吸收水分充足，满足休眠季生命活动的需要。封冻水应在地表刚刚出现冻结时进行，以夜间结冻、白天中午化冻的时候灌封冻水为好。灌水量要充分湿润土层，以漫灌为宜，但要防止"冰盖"的发生。如果整个冬季处于暖冬状态，则要根据地表持水量来确定是否补浇封冻水。在冬季气温相对较高的天气，可以在中午适度浇水，满足根系代谢的需要。注意避免在水分渗入前发生冻结，从而对草坪根茎造成伤害。

(3)施肥

高温抑制冷季型草坪草根系的生长和活动，从而影响养分的吸收和代谢，导致草坪质量下降。为了帮助冷季型草坪越夏和翌年返青，夏季应少施或不施肥，春季轻施肥，秋季重施肥。颗粒肥在高温期间可能会起到烧苗的负作用，高温期间，根部吸收养分的限制可以通过施用叶面肥进行补充。此外，由于钾和钙在植物水分关系、膜稳定性和抗氧化保护中的重要性，通过叶面施肥将这些营养物质维持在足够的浓度，对于在高温胁迫下延长草坪生存期非常重要。

冬季低温来临前需对草坪进行施肥，使根系充分生长，增加营养物质储备。施肥时间可选择在秋末最后一次修剪前后，原则上应以钾肥为主，控制氮肥用量。增大钾肥用量可有效提高草坪抗冻性，利于根系安全越冬。铁肥的施用促进叶绿素合成，进而促进碳水化合物的产生和贮存，有利于暖季型草坪草的越冬。硅肥的补充可以通过激活抗氧化防御系统、增加脯氨酸和蔗糖的浓度以及维持膜的完整性来提高暖季型草坪草海雀稗的抗冷性。

(4)土壤管理措施

调整土壤温度可以增强碳水化合物平衡、影响根部CK的合成和运输、提高养分吸收，从而改善高温或低温期间的草坪质量。一些智能化运动场或景区草坪常在地下铺设电缆加热技术、暖水管加热技术、暖气加热系统等，调整草坪土壤温度以保证赛事、活动的正常进行。

土壤的通气状况也会影响草坪的高温耐性，通气不良土壤上的草皮遭受高温胁迫损害的风险更高。最好在春、秋季处理过厚枯草层，以保证草坪草的根系获得充足的水分和氧气供应。对于高温胁迫下的草坪，还可以用地下通气来调节高尔夫球场果岭的土壤温度和改善根区气体成分，以改善草坪的生长状况。

(5)覆盖

对于低温下的草坪，为帮助其顺利越冬，常采用覆盖。草坪草的枝叶和根主要从茎基发生，草坪草的低温耐性主要取决于茎基受冻伤的程度和受害部位。保证茎基不受冻伤是草坪草顺利越冬的关键。可以铺盖防寒布或者铺盖沙土。覆盖可以对草坪进行一定程度的保温，并且减少水分流失，防止践踏伤害。此外，如草坪草已遭冻害，当温度急剧回升时，不能马上去掉覆盖，以避免急剧升温对草坪草的伤害。

(6)高、低温下草坪草的保护

夏季高温下的冷季型草坪草极易遭受病、虫、草害，夏季需要经常监测冷季型草坪草的健康状况。高温高湿情况下草坪草易发生或流行褐斑病、夏季斑枯病、腐霉枯萎病、离蠕孢叶枯病、萹股颖赤斑病、炭疽病、白绢病、灰斑病等病害，高温干旱时草坪草易发镰刀枯萎病、弯孢霉叶枯病(凋萎病)等病害。在受高温胁迫的冷季型草坪上，病害会迅速蔓延。当气温较高时，大多数杀虫剂和杀菌剂都可以安全地应用于冷季型草坪草，但许多除草剂会对草坪草造成伤害。

冬季低温下，北方高纬度地区易发生雪霉病：灰雪霉病和粉雪霉病。灰雪霉病一般只伤害草的叶片，并可很快恢复，而粉雪霉病能侵染草茎和根系，导致较严重的伤害。灰雪霉病通常只在被雪长期覆盖的情况下才能发生；而粉雪霉病在晚秋至早春时的冷湿天气下，即便没有雪或其他覆盖物也有可能发生。当草坪上有积雪或厚的覆盖物，草坪草湿度过大，土壤又长期不结冰，易导致雪霉病害的发生。排水不良、过高而倒伏的叶片会造成草坪局部的湿度升高，也容易促使病害发生。设备、车轮、剪草机、动物和鞋子等都可以成为传播病原菌的媒介。在草坪草冬季休眠之前施用高氮肥，使草叶的组织器官水分含量过高，也易导致病害的发生。高浓度的钾对病害可起到抑制作用。

上述病虫草害的具体防治可参照本书第11章。对于高、低温下草坪的病害防治，需要从控制传染源、切断传播途径和保护易感群体3个方面进行，具体措施如：及时清除病草，针对具体病害合理施药，减少修剪(保留足够地上生物量，并避免病菌通过剪草传播)，清除枯草层，避免积水，打孔，通风，改善生长条件等。

3.2.3 干旱与涝渍

3.2.3.1 干旱与涝渍下草坪草的环境条件

水分是干旱半干旱地区限制草坪生长的主要生态因子。一方面，气候变化导致干旱频发，影响了植物的生长发育；另一方面，淹水会影响根系的生长发育和吸水能力，引起植物萎蔫，如草坪的湿萎蔫(wet wilting)现象。

(1)干旱

干旱是一种水量相对亏缺的自然现象。干旱会导致植物萎蔫，时间过长则会导致植物的死亡。干旱对植物的伤害主要表现在膜及膜系统损伤、细胞器的伤害、植物体内水分重新分配、正常物质代谢改变、激素变化、酶活性变化、光合作用下降和呼吸作用增强等方面。

根据引起水分亏欠的原因可以将干旱分为大气干旱、土壤干旱和生理干旱。

(2)涝渍

水分过多也会对草坪草产生潜在的不利影响，由于降雨频繁、降水量大或灌溉过度，排水缓慢，草坪草会受到过量水分的压力。涝渍包含涝和渍两部分。

涝是地表积水而淹没植株，超过植物耐淹能力而形成，可能发生在急雨和暴雨过后的草坪上，由于植物浸泡在水中，草坪草很难或无法获得氧气；而渍主要由于地下水位过高，导致根部周围土壤含水量饱和，尽管嫩枝可能仍暴露在空气中。渍水通常发生在水淹或过度灌溉而排水不畅之后。但涝和渍灾害在多数地区是共存的，有时难以截然分开，故统称为涝渍灾害。

渍水、涝水或者是土壤板结导致土壤排水不畅都会导致植物细胞氧气的缺乏，进而导致植物能量不足。土壤的缺氧或者是低氧情况可以通过直接抑制植物的呼吸作用而对根部造成伤害。涝水对草坪植物的破坏性比渍水大得多，尤其是在气温较高的情况下。

3.2.3.2　干旱与涝渍下草坪草生长和生理变化

(1)干旱

一般将抗旱性分为三类：避旱性、御旱性和耐旱性。这些特性并不相互排斥，一种植物可能表现出不止一种抗旱特性。常用草坪草的抗旱性见表 3-4 所列。

表 3-4　草坪草抗旱性比较

草坪草种	避旱性	御旱性	耐旱性
草地早熟禾	好	一般	好
一年生早熟禾	差	差	差
高羊茅	非常好	优	一般
羊茅	非常好	一般	优
多年生黑麦草	一般	好	差
匍匐剪股颖	一般	一般	差
结缕草	非常好	好	优
狗牙根	优	优	非常好
野牛草	优	优	优
偏边钝叶草	很好	非常好	一般
假俭草	好	好	一般
巴哈雀稗	非常好	优秀	好
海雀稗	好	非常好	一般

①避旱性：是指植物的整个生长发育过程不与干旱逆境相遇，即植物在遭受干旱之前完成生命周期，或在干旱胁迫期间进入休眠状态，如生长在沙漠中的“短命植物”。

一些一年生禾本科杂草将避旱作为一种抗旱方法。例如，一年生早熟禾是一种冬性一年生草本植物，秋季发芽，营养生长直到春末结籽，母株死亡。作物育种者利用这一机制，培育出了早熟或在干旱发生前就早播的品系。长时间不浇水时，草坪草可能会停止生长，叶子可能会干枯，但草冠、匍匐茎或根茎仍然存活。这种情况通常被称为休眠，它可以保留植物的重要部分，以便在有水时再生出嫩芽和根系。通过休眠，草坪草可以减少对水的需求，从而摆脱干旱压力，直至土壤水分得到补充。草坪草在休眠状态下存活的时间长短取决于许多因素，包括土壤水分供应情况、植物生长速度以及休眠开始时植物的健康状况。一般来说，在一定受害程度下草坪草可以维持数周的休眠状态，而受到的损害有限。

②御旱性：是指植物具有防御干旱的能力，在干旱逆境下，植物通过推迟组织脱水来维持正常生理功能，可通过增加根系的吸水能力和减少叶片蒸腾失水来实现，其机理是有：发达深厚的根系，扩大吸水面积，保持水分供应；发达的贮水组织，使植物本身不发生水分亏缺；发达的输导系统，有利于水分的及时运输；发达的保护组织，以减少水分消耗；叶片小而退化，减少蒸腾失水等。

浅根草种匍匐早熟禾的耐旱性低于根系发达草种，如匍匐翦股颖和紫羊茅。与浇水良好的草坪相比，遭受干旱的草坪植株在较深的土壤深度生根更广泛。有些草能通过更深的根系获得更多的水，这可能会引起水分通过根区重新分配。剖面深处的水可在夜间通过根系输送到干燥的浅层区域，水从根系渗漏到干燥的表层土壤中，这种现象被称为水力提升。植物根系的水力提升现象是根土系统对水分差异的根土环境中土壤水资源优化利用的过程，是植物根系所具有的一种普遍现象。植物根系的水力提升作用利于植物对土壤水分利用最大化，同时也促进了对土壤养分的吸收利用及对土壤环境的改善。干旱胁迫期间根系分布的差异可能是由于碳从嫩枝重新分配到根部，以便在深层土壤中形成更广泛的根系。

植物利用蒸腾作用减少水分损失也是一项重要的御旱机制。大部分的蒸腾失水是通过叶片表皮上的气孔进行的。气孔的关闭是植物对干旱胁迫最敏感的反应之一，这种反应会增加水分从叶片散出的阻力，从而达到节水的目的。气孔关闭可受多种因素影响，干旱胁迫下叶片中 ABA 含量的增加可以诱导 ABA 的合成。根系是合成 ABA 的重要场所，ABA 被输送到地上部，并在保卫细胞中启动信号并级联放大，从而改变几种离子的膜运输，引起保卫细胞失去张力，导致气孔关闭。除了气孔调节水分流失外，改变植株地上部特征，如叶片的脱落和卷曲、形成厚角质层也会减少叶片蒸腾。

在干旱胁迫下，抗旱植物通过控制水分损失来维持生长，因此可能会提高水分利用效率。水分利用效率通常用于评估水分损失或消耗对碳增益的影响。水分利用效率可定义为 CO_2 同化量与水分损失量之间的比。限制水分利用效率的一个关键问题是植物必须要权衡水分利用和碳同化之间的对立关系。植物既要同化 CO_2，又要避免过度失水，这种对立的需求最终必须通过控制气孔的叶片气体交换、水分散失和碳的有效消耗来解决，尤其是在干旱条件下。在干旱胁迫下，表现较好的草坪草种比干旱敏感的草坪草种表现出更高的水分利用效率。在供水有限的情况下，低用水量的草坪草品种可以推迟组织干枯的时间或存活更长时间。草坪草的用水量可通过测量蒸腾(ET)速率来估算，即在一定时间内草坪冠层下叶片蒸腾的水分和土壤蒸发的水分之和。水分利用率因植物种类和同一种类中的栽培品种而异，主要取决于枝条的生长特性和气孔行为。因此，可以利用在特定环境中表现良好的、蒸腾率较低的草种，将可利用的水供应时间延长，以保持良好的水分状态，降低灌溉需求。

③耐旱性：是指植物在水分极少或无水的情况下维持生理机能的能力，在干旱逆境下植物可通过代谢反应阻止、降低或者修复由水分亏缺造成的损伤，使其保持较正常的生理

状态。耐旱的机理：细胞膜稳定，细胞内含物不易渗漏；原生质保水力强，原生质胶体稳定；水解酶活性变化小，保持稳定不易水解；细胞渗透调节能力强，能维持较强的吸水与保水能力；气孔调节灵敏，能减少蒸腾失水；能快速合成ABA和抗旱蛋白，促进抗旱能力提高等。

控制细胞干旱耐受性的重要因素之一是细胞在干旱胁迫期间保持足够张力的能力，一般是通过增加细胞内相容溶质的浓度来实现。脱水引发的相容性溶质积累，不同于单纯由于失水造成的浓度效应引起的溶质被动积累，它是一种主动积累的过程。这种主动积累溶质的过程称为渗透调节(OA)，与耐旱性呈正相关。

除OA外，细胞壁弹性等其他机制也发挥着重要作用。植物对干旱胁迫的一般反应是增加细胞壁弹性。弹性增强的细胞可以在低水势下保持水分压力。由于细胞壁弹性增加，植物在干旱胁迫下可以维持更长时间的水分。

耐旱机制还涉及各种新陈代谢过程的变化，有助于保护细胞免受进一步伤害，维持新陈代谢功能。光合作用对干旱相对敏感，干旱胁迫会抑制碳的固定，碳固定的电子传递减少会导致过多能量的积累，这些能量可通过减少分子氧来耗散。许多植物物种都有抗氧化防御系统，以保护细胞免受干旱引起的氧化应激。抗氧化压力的防御机制之一是提高超氧化物歧化酶(SOD)、过氧化物酶(CAT)、过氧化氢酶(POD)和抗坏血酸过氧化物酶(APX)的活性。通过提高抗氧化酶的活性，活性氧被清除从而减少对细胞造成的氧化损伤。

植物在应对干旱胁迫时，蛋白质的组成、合成和表达发生显著变化，包括胁迫诱导蛋白的合成。如脱水蛋白在膜的稳定和分子伴侣中发挥作用，从而防止其他蛋白质的变性，在耐旱性方面发挥积极作用。脱水蛋白也可能作为OA调节因子，从而增强耐旱性。

(2)涝渍

草坪草在涝渍下的生存机制可从植株全株反应和生理生化反应两方面体现。

①植物全株反应：多年生禾本科植物通常能承受洪水造成的缺氧，但干重和生长量会有所下降，这种耐受性的可能机制之一是根部相对靠近鞘，因此氧气从鞘扩散到缺氧根部的距离很短。植物物种或同一物种的不同生态型对过量水分胁迫的反应和耐受性差别很大。匍匐翦股颖比草地早熟禾、高羊茅和多年生黑麦草更耐涝，而紫羊茅和鸭茅则对水涝敏感。快速生长和保持生理活性的能力可能是禾本科植物适应洪水胁迫的关键。不同多年生禾本科物种和同一物种中不同生态型对水分过多胁迫的不同反应可用于进一步研究耐涝或耐淹的生理、生物化学和分子机制。

②生理生化反应：当土壤环境在过量水分条件下从有氧变为厌氧时，植物的许多生理和生化过程都会因此受到影响。在不同植物物种中观察到了碳水化合物状态、抗氧化代谢和厌氧代谢的变化，过量水分胁迫下的损伤程度因物种、生长阶段、胁迫强度以及温度和光照等环境因素而异。当植物受到过量水分的胁迫时，根部的新陈代谢活动是影响整个植物存活的一个重要因素。在缺乏充足氧气的情况下，根的存活依赖于铁代谢，细胞可通过这种途径产生有限的ATP。有几种酶在无氧代谢中发挥作用，包括丙酮酸脱羧酶(PDC)、醇脱氢酶(ADH)和乳酸脱氢酶(LDH)。ADH、PDC和LDH活性的增加是一种常见的适应性代谢机制，可使植物在短时间内从洪水胁迫中存活下来，但植物最终会因在长期胁迫中

能量耗尽而死亡。

与缺水胁迫一样，水涝也会诱发活性氧(ROS)对植物细胞造成氧化损伤。抗氧化代谢在ROS的解毒过程中发挥着重要作用，植物已进化出完善的防御系统，通过清除ROS来保护细胞免受氧化损伤。酶抗坏血酸-谷胱甘肽循环是分解过氧化氢和维持抗氧化剂平衡的有效防御系统。该循环涉及APX、单脱氢抗坏血酸还原酶、脱氢抗坏血酸还原酶和谷胱甘肽还原酶。防御系统中，SOD在将超氧自由基催化成过氧化氢和氧方面发挥着核心作用。耐涝草种中SOD活性的增加或APX活性的维持可能是对抗ROS进一步毒性的重要代谢反应。

3.2.3.3 干旱与涝渍下的草坪管理

(1)草种的选择

生产人员在生产中应当根据种植地降水和灌溉情况有针对性地选择抗旱、耐涝品种。

(2)修剪

修剪反复去除叶片组织，是对草坪草施加的一种压力，这种压力随着剪草高度的降低而增加。适当提高修剪高度可提高草坪草的抗性。

(3)灌溉

大多数草种都可以在不补充灌溉的情况下存活。暖季型草坪草在夏季生长季节需水，因此如果该季节没有降雨，就需要补充灌溉。冷季型草坪草可能需要一定的水分才能存活或达到全年最佳的品质，但许多可能能够通过进入夏季休眠来存活较长的干旱时期。

生产中，应根据植物需求和环境条件制订合理、高效的灌溉计划，包括灌溉频率、水量和时间等。水质、土壤类型、当地天气和草坪类型都是需要考虑的因素。监测天气条件、日用水量和土壤可用水量对确定适当的浇水量和时间至关重要。在使用再生水灌溉的情况下，了解灌溉水中的溶解盐含量也很重要。要设计和管理高效的灌溉计划，必须确定植物的最低需水量。叶片萎蔫或凋落表明缺水，是提示浇水的良好指标。不过，目测评估可能非常主观，可能导致灌溉过量或不足，而不知道要浇多少水。土壤脱水也是干旱压力的一个很好指标，表明何时灌溉以及灌溉多少才能保持草坪草的生长。土壤水分的可用性可通过两个参数来估算，即田间持水量和永久萎蔫点。田间持水量是指排水停止时土壤的最大持水量。永久萎蔫点是植物永久萎蔫时的土壤含水量。土壤中植物生长所需的水量是田间持水量和永久萎蔫点之间的差值，因土壤类型和植物种类而异。质地细腻的土壤(如黏土)持水能力较强，因此灌溉频率较低。相反，由于砂质土壤的田间持水量低，可能需要少量、频繁的灌溉来补充蓄水。每日蒸散发量测量可精确确定一天内的失水量，蒸散发率可用于决定下一个灌溉周期的灌溉水量。

(4)施肥

影响草坪草对水压反应的主要养分是氮。与氮充足的情况相比，氮不足会导致草皮质量在干旱期间下降得更快。过量的氮也有损草坪，因为它会降低根与芽的比例，从而降低植物的抗旱能力。接受氮补充的草坪草叶片往往会迅速伸长，叶片总面积更大，叶片数量也更多，随着叶片数量和叶面积的增加，蒸散发率也会上升，并可能影响草坪对水分胁迫的反应。因此，施用适量的氮肥对保证草皮质量以减少用水量非常重要。在实际应用中，可能影响干旱胁迫响应的氮以外的营养物质也被应用到草坪中。例如，钾可以促进生根，它可以通过使更多的水用于植物吸收来提高蒸散量(ET)从而提高草坪草的耐旱性。氮、磷、钾的交互作用会影响草坪草叶片的渗透势和水势，单独使用某一元素对草坪草应对水分胁迫的效果较小。

(5)植物生长调节剂的使用

在草坪管理中使用最广泛的相关植物生长调节剂可能是生长抑制剂，如抗倒酯(trinexapac-ethyl，TE)。TE 通过抑制植物的赤霉素(GA)合成来抑制枝的垂直伸展，不仅能降低垂直芽的生长速度，还能增加叶片的细胞密度，促进叶片变深变绿，在某些情况下还能增加分蘖密度。施用阻断 GA 形成的 TE 可降低蒸腾速率，延长供水时间，从而提高抗旱性。干旱条件下施用外源 ABA 可使草坪视觉质量(visual turf quality，TQ)提高；细胞膜稳定性提高，电解质渗漏减少；光化学效率(Fv/Fm)提高。

3.2.4　盐胁迫

3.2.4.1　盐胁迫下草坪草的环境条件

(1)草坪盐渍土形成的原因

发生土壤盐渍化的地区，通常是多因素综合作用的结果，如降水量少、灌水量不足、排水不良、用盐水灌溉、地下水位高引起盐分向地表运动等。海岸地区由于潮汐作用、大气盐分沉降或本身地下水位浅、含盐量高，盐渍化土壤也较多；一些干旱、半干旱地区，降水量不足，盐分沉积，也会大面积产生盐渍土壤。全球受盐分影响的土壤分布广泛，沿海或湿地地区有时会进行高尔夫球场和公园绿地的开发，这将直接使草坪草面对盐胁迫。

灌溉的水质也会影响草坪的盐渍化进程。一方面，灌溉不能使用过于纯净的水，而当土壤中的水分蒸发后，水中的盐分被留下，这些盐分随着频繁的灌溉和蒸发积累，直到对草坪产生毒害作用；另一方面，在一些干旱、半干旱地区，水资源十分有限，公共水处理设施产生的再生水是高尔夫球场或其他景观场所的唯一水源，而这些再生水可能含有大量盐分。长期用含盐量高的水灌溉，会造成土壤盐渍化、板结，草坪草生长不良，最终引起草坪群落退化甚至死亡。美国有 13%的高尔夫球场(有的州甚至达 34%)都是应用城市再生水灌溉，多数城市污水回收再利用的水含盐量较高，有的还含有毒重金属等，对草坪草有很大的危害。我国重庆保利高尔夫球场也是采用城市污水处理后灌溉。

施肥也是草坪盐分的来源之一。可溶性肥料、厩肥、污泥等的施加均可能会对草坪草产生盐害。此外，对于一些普通绿化草坪，尤其是道路两侧与机场跑道两侧的草坪区域，由于冬季实行撒盐化雪的措施，盐分的常年积累使这些区域的土壤盐积累量很大，会造成草坪草生长受阻或死亡。

(2)盐胁迫下的其他问题

温度、光照和相对湿度等环境因素也会影响植物的耐盐性。例如，植物在炎热、干燥的条件下通常比在凉爽、潮湿的条件下对盐胁迫更敏感，这可能是由于蒸发蒸腾需求的增加有利于盐的吸收。

盐胁迫一般还会使草坪内的杂草竞争加剧，但同时也会对一些不耐盐杂草的生长产生影响。海水灌溉可以控制耐盐草坪内的杂草生长。

3.2.4.2 盐胁迫下草坪草生长和生理变化

(1)盐胁迫下草坪草的生长变化

盐胁迫会导致草坪草叶片失绿、干枯，表面有时形成白色或灰白色的硬皮，叶尖有时会有盐粒析出，根系变得干燥，草坪干斑发生率增加，耐磨性降低。

在杂交狗牙根上曾观察到，低至中度的盐胁迫有时会刺激根系生长，这可能是草坪草的盐适应策略——通过增加根系生物量和减少地上部的相应生长来提高根系吸收面积与地上部蒸腾面积的比值。根生物量的增大有利于草坪草抵抗外部渗透胁迫和盐在叶组织中的过度积累，这些生物量可以安全地积累盐而将不利影响最小化。

(2)盐胁迫下草坪草的生理变化

盐胁迫主要从以下4个方面对草坪草产生伤害：①渗透胁迫。在土壤含盐量0.2%~0.3%时，此时土壤溶液中盐离子浓度过高，导致其水势远低于植物根系细胞水势，造成吸水困难、生理干旱，最终导致草坪草生长异常。②离子毒害。土壤盐分过多时植物吸收过多的Na^+和Cl^-，从而破坏生物膜系统、蛋白质结构及多种酶活性，造成毒害作用。③营养缺乏。土壤盐害造成一些植物必需矿物质元素的缺乏，Na^+的增多会抑制K^+和Ca^{2+}的吸收，也会引起N、P、Fe、Zn等营养元素的缺乏。④生理代谢紊乱。盐害除了造成直接的渗透胁迫和离子毒害外，还可产生次生伤害，如光合受阻、呼吸减弱、氧化胁迫、脂质代谢紊乱等，从而影响细胞内正常的生理代谢活动。

(3)草坪草对盐胁迫的适应

草坪草对盐胁迫的适应有两种方式：避盐和耐盐。

避盐植物可分为泌盐植物、稀盐植物、聚盐植物和拒盐植物。①泌盐植物通过茎叶表面的分泌结构(如盐腺)将过量的盐分排出体外；②稀盐植物通过增加吸水和加快生长将吸收的盐分稀释；③聚盐植物通过细胞内的区域化使盐分集中于细胞的某一区域(如液泡)，从而增加渗透压，提高吸收水分和养料的能力；④拒盐植物的根系细胞膜对盐分离子的通透性小，并能选择性地吸收K^+而排拒Na^+，维持高的K^+/Na^+比值。画眉草亚科草坪草中离子排泄的主要结构是双细胞叶表皮盐腺，包括野牛草、狗牙根、结缕草和日本结缕草。这些盐腺在叶片的背面和正面都有，呈纵向平行排列，与气孔相邻。盐胁迫下的草坪草(狗牙根和结缕草)盐腺密度随盐胁迫的程度增加而加大，且盐腺密度的改变在物种和品种水平上均有区别。除了盐腺外，草坪草还有其他的离子分泌结构，如盐生草坪草种海雀稗由沿近轴表面的维管束发育而成的盐囊泡。

耐盐植物的重要机制之一是渗透调节。盐生植物中参与渗透调节的物质以无机盐离子为主，非盐生植物中以有机物为主，如脯氨酸、甜菜碱、糖类和有机酸等。外施甜菜碱可通过提高抗氧化酶活性、改善离子平衡、在盐胁迫下保持地上部分较高的K^+/Na^+比值来增强多年生黑麦草的耐盐性。在C_3和C_4草坪草种中，盐离子排斥结合渗透调节可能是最普遍的盐适应机制。离子排斥是指将盐离子从芽中排除出去，通过抑制Na^+向芽中的转运来减少毒害作用。许多研究表明，草坪草地上部分的Na^+与Cl^-含量与其相对耐盐性呈负相关。这种相关性已被用于预测一些草坪草(如狗牙根和结缕草)的耐盐性。

(4)草坪草种抗盐性比较

耐盐较强(电导率10 ds/m以上)的冷季型草坪草有碱茅，暖季型草坪草有狗牙根、海雀稗、钝叶草。中等耐盐(电导率为 6~10 ds/m)的冷季型草坪草有冰草、多年生黑麦草、高羊茅、冰草，暖季型草坪草有格兰马草、野牛草、结缕草。基于 ECe 阈值的草坪草相对耐盐性见表 3-5 所列。

表 3-5 基于 ECe 阈值的草坪草相对耐盐性排名

名称	耐盐性[a,b]	ECe 阈值[a] 均值 (ds/m)	ECe 阈值[a] $ECe_{50\%}$ (ds/m)	名称	耐盐性[a,b]	ECe 阈值[a] 均值 (ds/m)	ECe 阈值[a] $ECe_{50\%}$ (ds/m)
暖季型				冷季型			
海雀稗	VT-T	8.6	31	扁穗冰草	T	8.0	
铺地狼尾草	T	8.0		高羊茅	T	6.5	11
钝叶草	T	6.5	29	多年生黑麦草	T	6.5	9
野牛草	MT	5.3	13	硬羊茅	MT	4.5	
格兰马草	MT	5.2		紫羊茅	MT	4.5	10
普通狗牙根	MT	4.3	21	匍匐翦股颖	MT	3.7	8
杂交狗牙根	MT	3.7	22	草地早熟禾	MS	3.0	14
结缕草	MS	2.4	16	一年生早熟禾	VS	1.5	
地毯草	VS	1.5		细弱翦股颖	VS	1.5	
假俭草	VS	1.5	8	粗茎早熟禾	VS	1.5	

注：a 指 VS(非常敏感，very sensitive)< 1.5 dS/m ECe；MS(中等敏感，moderately sensitive)1.6~3.0 ECe；MT(中等耐受，moderately tolerant)3.1~6.0 ECe；T(耐受，tolerant)6.1~10.0 ECe；VT(非常耐受，very tolerant)> 10.0 ECe。b 指物种内与品种相关。引自 Robert N. Carrow，Ronny R. Duncan，2012。

3.2.4.3 盐胁迫下的草坪管理

(1)选用耐盐草种

根据土壤的实际条件，选用适宜的草种和品种，以保证草坪质量。对于播种建坪的草坪，为保证足够的成坪率，由于草坪草在幼苗阶段对盐胁迫较为敏感，可以采用增加播种量、采用覆盖等措施提高种子萌发率。

(2)灌溉

灌水淋溶是改良盐碱土的主要方法，水分(灌溉水或自然降水)能穿过根区土壤，带走可溶性盐。在干旱地区，通过自然降水带走的盐分很少，因此在建植草坪前，需用大量水漫灌坪床，以减轻建坪后的盐碱化问题。灌溉水含盐量会影响淋溶效果，草坪土壤结构也会影响水分运动及淋溶效果，砂土较黏土淋溶改善效果更强。

(3)土壤改良措施

钠质土(碱土)可通过加入石膏($CaSO_4$)、硫黄或硫酸来改良。当土壤中的天然 Ca^{2+} 含量充足时，加入硫就可激活替换过程；当土壤中的天然 Ca^{2+} 不足时，施入石膏可减少砂土中的可交换 Na^+。此外，由于淋溶对土壤盐碱含量的影响，草坪建植前应尽量改善土壤排水状况，有利于后期对土壤盐分的控制。

3.2.5 践踏

3.2.5.1 践踏下草坪草的环境条件

践踏会对草坪产生四类影响：土壤紧实、草皮磨损、草皮削起和土壤迫移。其中，土壤紧实和草皮磨损对草坪的影响最大。践踏压力下，土壤容重增大，团聚体结构被破坏，此种现象即为土壤紧实。践踏还会直接挤压、撕裂草坪草组织，对草皮造成磨损。

践踏还会改变草坪的细菌群落结构。践踏压力下，狗牙根草坪土壤中放线菌、绿弯菌和疣微菌的丰度显著升高。

3.2.5.2 践踏下草坪草生长和生理变化

(1)生长及生理变化

践踏导致的土壤紧实增加了机械阻抗，限制氧气和营养物的供应，对根的生长不利。土壤紧实最终会改变草坪草根系的分布，使深层根系生长量减少，表层侧根系增加。土壤紧实还会导致土壤中氧气扩散率较低，抑制了植物对水分的吸收，降低草坪草叶水势，并使气孔关闭。当土壤水势降低时，草坪草叶水势与气孔关闭度呈正相关，水分蒸腾量减少，水利用净效率降低，植株生长减缓。

土壤紧实后，草坪植物对养分的吸收也产生变化。一般而言，养分吸收量的递减顺序为钾>氮>磷>铅>镁，而对钠的吸收量可能增加，这可能与根生长被限制、根活性降低、土壤水分运动受阻及土壤养分的活性和运动性改变有关。践踏后的草坪草对水分和营养物质的吸收减少，非结构糖总量降低，茎生长减慢，植株生长弱小，更易受环境胁迫的侵害。

一般情况下，土壤紧实下的草坪覆盖度下降，但是多年生黑麦草、草地早熟禾和猫尾草的相对比例增加，这说明土壤紧实能影响草坪群落生态并改变群落的最初组成比例。

(2)草坪草的耐践踏性

草坪草的耐践踏性是指草坪在不同强度外力作用下保持或恢复原草坪使用特性的能力，是评价运动场草坪和游憩草坪质量的重要指标。草坪草的耐践踏性主要取决于两个方面：草坪草对磨损的耐受能力和受践踏损伤后的恢复能力。

从植物形态学上看，植株密度、叶面宽度、叶茎角度及是否具有匍匐茎都会影响草坪草的机械阻力和耐磨损能力，而草坪草是否具有水平茎(地下根状茎或地上匍匐茎)、草坪草的生长速度、草坪草的根冠比则与草坪草在践踏后的恢复能力密切相关。

从植物解剖学上看，草坪植物厚壁细胞的数量及分布、细胞壁的角质化程度、维管束的数量和木质化程度均与草坪的耐践踏性有关。例如，结缕草维管束的木质化程度远远高于草地早熟禾，且结缕草维管束周围的机械组织和叶缘的厚壁细胞数量均远多于草地早熟禾，故结缕草较草地早熟禾有更强的耐磨损性。

从植物生理学上看，草坪植物的细胞壁含量、纤维素含量、木质素含量、钾含量、叶绿素含量等均与草坪的耐践踏性有关。植物体内的总细胞壁含量在受践踏前后的变化值是评价草坪草耐磨损性的数量化指标，细胞壁中纤维素(cellulose)、木质纤维(lignocellulose)、木质素(lignin)和半纤维素(hemicellulose)等含量与耐磨损性的相关性也达到显著水平。由于暖季型草坪草一般茎叶结构粗糙且茎叶组织中纤维素含量高，因此，大多数暖季型草坪草的耐磨损性强于冷季型草坪草。草坪草细胞中的钾含量与二氧化硅含量也与草坪的耐磨损性呈显著相关。草坪草的叶绿素含量可以帮助其早日恢复健康生长，提高草坪草受践踏损伤后的恢复能力，从而提高草坪的耐践踏性。

草坪的耐践踏性可以用人为践踏法和机械模拟法进行测定。人为践踏法是在行人践踏后比较被测草坪的性状，其可变性和随机性较大。机械模拟法一般采用草坪模拟践踏机进行践踏后测定。

(3)草坪草耐践踏性比较

综合考虑草坪草的耐磨损能力和损伤后的恢复能力，冷季型草坪草中草地早熟禾的耐践踏性较强，暖季型草坪草中狗牙根的耐践踏性较强(表3-6)。结缕草虽然对磨损的耐受能力很强，但一旦受践踏损伤后，恢复生长的速度缓慢。多年生黑麦草耐磨性强并且建植快，可以补播到已经损坏的草坪进行修复。对7种冷季型草坪草耐磨损性的研究结果表明：对滚动磨损的耐性为多年生黑麦草>高羊茅，草地早熟禾>紫羊茅，一年生黑麦草>邱氏羊茅>粗茎早熟禾；对滑动磨损的耐性以草地早熟禾为最优，其次为多年生黑麦草和高羊茅，粗茎早熟禾最差。

草坪草品种间对践踏的耐受性差异也很大。据报道，狗牙根中'苏植2号''Patriot''Riviera''Midlawn''Tifsport'等品种耐践踏性优良，而'Arizonacommon''Ashmore'等很差。'苏植2号'杂交狗牙根地下茎和根系发达，在长期践踏下表现出较高的坪用价值，适于践踏频率较高的运动草坪的建植。

表3-6 常见草坪草的耐磨损能力与践踏后恢复能力(从高到低排列)

耐磨损能力		恢复能力	
冷季型	暖季型	冷季型	暖季型
高羊茅	结缕草	匍匐翦股颖	狗牙根
多年生黑麦草	狗牙根	草地早熟禾	海雀稗
草地早熟禾	海雀稗	普通早熟禾	钝叶草
细羊茅	野牛草	高羊茅	巴哈雀稗
匍匐翦股颖	巴哈雀稗	多年生黑麦草	野牛草
细弱翦股颖	钝叶草	羊茅	结缕草
普通早熟禾	假俭草	细弱翦股颖	假俭草

注：引自Turgeon，2012。

3.2.5.3 践踏下的草坪管理

(1)草种选择

对于践踏频率高、强度大的使用区域，如足球运动场、公园游憩草坪等地，按情况选用耐践踏性高的草坪草种。选择草种时不仅要综合考虑草种的耐磨损能力和受践踏后的恢复能力，还应结合其对特定地区环境胁迫的适应性和对病虫害的抗性强弱进行统筹考虑，以选出理想的草种。

(2)修剪

修剪过低、过频繁会造成草坪草生长势减弱、生物量骤减、根系变浅、根系固土能力下降，践踏强度过高时则易造成草皮削起。可以适当提高草坪修剪高度以提高其耐践踏性。有研究者分别对冷、暖季型草坪的耐践踏性与修剪高度的关系进行了研究，发现暖季型草坪草狗牙根所有品种在修剪高度为2.5 cm时的耐践踏性均高于修剪高度为0.6 cm时，冷季型草坪在修剪高度为3.8 cm时的耐践踏性高于修剪高度为5.1 cm时。

剪草机过沉也会对坪床土壤造成影响，使用较轻的剪草机可减少对草坪的压实和磨损。

(3)灌溉

灌溉会影响土壤含水量。当土壤含水量过高时，践踏胁迫极易导致土壤紧实；而当土壤含水量过低时，植物组织也因缺水而变得萎蔫，草坪草茎叶变硬、变脆，在外力作用下极易受破坏，耐践踏性降低。

(4)施肥

凡是使草坪草茎叶组织多汁或茎叶细弱的养护措施都将导致草坪草的耐践踏性下降。氮、磷、钾肥需合理施用以提高草坪的耐践踏性。氮素含量过高会引起生长速率过高，导致草坪草细胞壁变薄、组织柔软多汁、根生长受抑、抗性降低；而氮素含量过低会减慢草坪修复的进程。氮肥过量易使践踏前的草坪盖度迅速增加，可一旦面临践踏，草坪盖度将极速下降。适宜比例的磷肥和氮肥可以调节草坪草根系生长，提高草坪草的耐践踏性。磷在植物中起到能量贮存和传递的作用，可以促进草坪草幼苗的根系生长，提高草坪的耐践踏性。钾肥可以增加草坪草分蘖，延长草坪的使用期限。冷季型草坪草中的氮肥和钾肥必须保持平衡。还有试验表明，硅肥(SiO_2)可增厚草坪草叶片角质层，提高厚壁组织覆盖率，提高纤维素和木质素含量，最终提高草坪的耐践踏性。适当的钾肥或者硅肥能提高草坪对磨损的耐受能力，这与肥料对叶片细胞膨压和枝条组织水分的维持有关。

(5)其他养护管理措施

由于践踏会导致土壤紧实，可在土壤紧实区域施加一些改良物质，如砂、烧黏土、泥炭土等，并在改良后对表层土壤(5~8 cm)进行耕翻，对土壤紧实有短期改良效果。也可将聚丙烯网状材料放置在地表土壤中，或将人造纤维(尼龙网)注入土壤，以提高草坪的耐践踏性。

逆境胁迫也会对草坪的耐践踏性产生影响。如遮阴条件下，草坪草的叶片由于光照不足，光合作用减弱，蒸腾作用减少，叶片纤细、嫩绿多汁，耐磨损能力降低；高温、低温胁迫下的草坪草，生理功能及活性都处于较弱的状态，耐磨损能力和践踏后的恢复能力均会受到影响。此外，胁迫下草坪草的根系难以扎深，草皮易被削起。因此，对于处于逆境胁迫下的草坪区域，可进行覆盖等处理尽量减少践踏伤害。

3.2.6 遮阴

3.2.6.1 遮阴下草坪草的环境条件

光照是影响植物生长和发育的重要环境因素之一。植物将光作为能量来源，从而适应不同的环境条件。在我国的城市建设中，绿地建设越来越受重视，在国家生态文明建设的需求下，将乔、灌、草空间合理种植，更有利于发挥城市绿化的生态功能。然而，随着现代化水平的提高，阔叶树木的种植、数量较多的建筑物和不良天气出现，往往影响草坪草正常光照，包括光量和光质的变化。例如，光合有效辐射(PAR)的降低、红光/远红光比例的改变，都是产生遮阴胁迫的重要因素。

(1)光照条件

草坪草通常需要2%~5%的全日照才能维持生长所需，需要25%~35%的全日照才能保持草坪的正常生长，但具体的光照需求还会因草坪草的种、品种和管理方式而有所不同。

大多数草坪草品种每天接受少于4 h的阳光直射，生长就会受到明显负面影响。

冷、暖季型草坪草对光照的需求和适应有所不同。一般冷季型草坪草在50%的全日照条件下通常可以达到光饱和状态，而大部分暖季型草坪草则需要全日照才能达到这一状态。在光合有效辐射中的光通量密度降低的环境中，对于不适应遮阴环境的植物，其叶片的光补偿点通常在10~20 μmol PAR/(m^2·s)，而适应遮阴的植物，叶片光补偿点低至1 μmol PAR/(m^2·s)。与冷季型草坪草相比，暖季型草坪草具有更高的光补偿点。此外，冷季型草坪草因具有较低的呼吸速率，在光照不足的环境中具有更强的生存能力。

对于大多数冷季型草坪草来说，一旦全日照低于30%，其草坪草的生长和草坪质量就会显著下降。尽管长期遮阴会导致草坪质量下降，但每天最多6 h的80%~100%遮阴对冷季型草坪草的坪用质量几乎无影响。相比之下，遮阴的时间和持续时间对暖季型草坪草的质量有着显著的影响。

(2)光照质量

一般用红光(R：600~700 nm)与远红光(FR：700~800 nm)的比值来表示光质。在太阳光照中，红光和远红光的光量子密度基本相等，但植物叶片等绿色组织主要吸收红光，大部分的远红光会被植物的绿色组织透过或者反射到别处，这就导致其邻近的植物接受的红光与远红光的比例降低，即使邻近植物受到遮阴胁迫。R：FR通常在波长660 nm：730 nm处进行，平均每天R：FR约为1.15。在黄昏时，R：FR从1.15下降至0.7。草坪植物对R：FR的感知在遮阴驯化过程中起至关重要的作用，这一比值直接影响着植物的许多生理过程，包括发芽、叶绿体发育、细胞伸长、类胡萝卜素生物合成、分蘖和繁殖等。因此，理解和调控R：FR对草坪植物生长和健康状况的影响至关重要。这一比值不仅影响植物的光合作用效率，还直接关系植物的遮阴驯化和对环境的适应性。

(3)温度

在遮阴环境下，由于高大乔木在遮挡太阳辐射的同时进行蒸腾作用，带走热量，降低了周围环境、树荫冠层和叶片的温度，导致大气温度波动和极端温度出现的频率变低。草坪冠层的温度表现为白天温度较低，夜间温度较高。清晨遮阴下草坪的冠层温度比空气温度平均低3℃，午后遮阴下草坪的冠层温度比空气温度平均低6℃。遮阴70%的高羊茅叶片的最高温度比全日照下的叶片低3~5℃。遮阴环境下的土壤温度和大气温度有一样的趋势，并且遮阴对土壤温度的影响要大于对空气温度的影响。具体表现为遮阴条件下树冠和土壤温度均低于正常光照条件，并且土壤能够在较长时间内保持更低的温度以及更高的湿度，这也导致秋季和春季草的生长变弱，恢复能力变低。

(4)湿度

在遮阴处，空气相对湿度通常会增加。这是因为乔木的巨大树冠可以充当一个保护层，让树冠下的环境相对稳定，因此树叶、草释放出的水分散失速度较慢，从而使空气湿度较高。由于光照强度和风速的降低以及遮阴条件下相对湿度的增加，叶片保持湿润的时间比阳光充足条件下的草更长，草坪冠层下部的保湿时间更长。另外，遮阴处的环境条件有利于病菌的生长。由于遮阴处的相对湿度较高，生长在树下的草坪比生长在阳光充足的地方的草坪更易遭受湿气覆盖，当植物表面潮湿时，病原体成为一个严重的威胁，从而导致草坪病害的增加。

(5)风速

树木遮阴会改变周围环境中的风场分布，导致风速减缓、风向产生变化以及形成微气候。树木的叶片和树干可以阻挡风的流动，导致风速减弱。特别是在树木较为密集的地区，树冠之间的阻挡效应更加显著，从而降低了风速。并且密集的树冠和较高的树木会影响风的流动方向和轨迹，导致风向发生波动或者旋转。另外，在遮阴环境下，往往会形成一个相对封闭的微气候环境。这种环境下，风速减弱伴随着湿度增加，以及温度降低，继而对草坪草生长造成一些不利的影响。例如，风速降低影响了匍匐翦股颖草坪的密度，并且增加了草坪草患褐斑病和币斑病的风险。当然，遮阴对风速的影响具有季节性的变化。通常在夏季，树叶茂密，遮阴效应更加明显，而在冬季，树叶凋落，遮阴效应则会减弱。

(6)树根竞争

在遮阴环境下，树木与草坪草争夺可用的光照、营养物质、矿物质、氧气、二氧化碳和水，继而限制了草坪草的生长。树木的根系通常较深，它们能够深入土壤层，吸收更深处的水分。而草坪的根系通常较浅，依赖于土壤表层的水源。在遮阴下，树木的根系可能会竞争土壤中的水分资源，导致草坪根部较浅的部分受到水分的限制。另外，树木和草坪都需要土壤中的养分来生长，如果土壤中的养分有限，树木的根系则会竞争草坪中的养分，从而限制其生长，这可能导致草坪在树木下的区域生长较为疏弱。树木和草坪之间也存在空间竞争，树木的根系通常会扩展到相当大的区域，占据土壤的一部分空间，这可能导致草坪的根系受到空间的限制，使其难以扩展和生长。在严重的情况下，树木的根系可能还会挤压草坪的根系，导致草坪的生长受到抑制。并且即使水和养分保持在草坪草生长的最佳水平，树根竞争仍然会影响草坪的生长。

与多年生黑麦草相比，草地早熟禾对树根竞争更为敏感，而紫羊茅或粗茎早熟禾的根系生长几乎没有差异。另外，草坪草附近的树木或灌木的类型也会影响草坪草的性能。如一些树木根系会产生化感化合物，影响草坪草的生长。

(7)病害、苔藓与藻类活动

遮阴环境增加了微生物的活性，并因此增加某些草坪草疾病发生的频率。遮阴形成的微环境会导致叶片湿度增加、温度降低，并减少风的流动，所有这些变化都有利于病害、苔藓和藻类的发生。阴蔽的小气候促进草坪草植物形态和生理变化，降低其抗病能力，这种小气候进一步促进苔藓和藻类的生长。病害的发生是冷季型草坪草生长的主要限制因素之一，在遮阴环境中发生的最常见病害有白粉病、叶斑病、锈病和褐斑病等。然而，对于暖季型草坪草而言，遮阴耐受性通常与疾病发病率无直接关联，而是与生长过程中的形态变化密切相关。即暖季型草坪草可能通过调整其生长形态来适应环境，而不是像冷季型草坪草那样容易受到病害的影响。无论是暖季型草坪草还是冷季型草坪草，其生长都会受到藻类和苔藓的影响。蓝藻和真核藻在草坪草的生长环境中会产生平滑的水体(常于夏季大量繁殖，并在土壤表面上形成一层蓝绿色附着物，称为“水华”)，对草坪草有一定的竞争作用。遮阴的微气候有利于它们的生长，因为在这种草坪上草的密度较低，地面的干燥速度也较慢。排水条件差、遮阴较多的高尔夫推杆果岭多数受银线苔及其他种类苔类影响较为严重。

3.2.6.2 遮阴下草坪草生长和生理变化

(1)光形态发生和生理变化

遮阴会影响植物的光形态发生从而导致植物发生一系列生理反应。光形态发生是指光对植物生长和发育的非光合作用影响，包括萌发、植物形态、细胞伸长、分蘖等反应，受红光和远红光的比值控制。植物对光的监测和获取能力受其体内光感受器所调控，光感受器接收外源光信号并通过转化作用，使这些信号影响植物体的转录网络，从而使得植物体对光信号做出响应。植物体内的光感受器分为光敏色素(photochrome，PHY)、隐花色素(cryptochrome，CRY)、向光素(phototropin)和紫外线B受体(ultraviolet resistance locus 8，UVR-8)等。其中，光敏色素和隐花色素是最主要的光感受器。光敏色素主要感受太阳光中红光与远红光比例的变化，而隐花色素主要是植物用于感受蓝光的光感受器。

大多数的光形态反应是由光敏色素控制的，光敏色素是一种可溶性的色素蛋白，主要感知红光与远红光的比例变化，进而调节植物的形态、结构以及生理的改变。光敏色素有5种，分别是光敏色素A(PHY A)、光敏色素B(PHY B)、光敏色素C(PHY C)、光敏色素D(PHY D)和光敏色素E(PHY E)，它们在植物发育过程中发挥着不同功能。其中，PHY A的含量和基因的转录水平受光照影响较大，为光不稳定型，而PHY B、PHY E的含量等则受光照影响较小，为光稳定型。在光敏色素光感受器中，PHY A是感知远红光的主要光感受器，而PHY B到PHY E是红光光感受器，其中PHY B起主导作用。植物受到遮阴时，R∶FR比值下降，光敏色素感受到这种光照的变化，并引起一系列适应性反应，称为避阴反应综合症(shade avoidance syndrome，SAS)，表现出下胚轴和叶柄伸长、开花提前、分枝减少、早衰和防御能力减弱等表型。

遮阴条件下，植物会发生一系列生理生化反应来响应光照的变化。植物对一定范围内的光照变化具有调节能力，适度的遮阴条件下，草坪草会通过合成大量叶绿素，增加其净光合速率，增强光能捕获能力，维持光合作用和其他的生命活动。但是遮阴超过一定的范围，植物叶温降低，气孔导度降低，植物的气孔开放程度受到抑制，使得植物的光合作用受到极大的限制，植物叶肉胞间CO_2浓度降低，叶绿体数目减少，叶绿素含量降低，光合色素的合成会受到一定程度的抑制，导致光合作用速率降低，蒸腾速率等也会发生相应的变化，植物的光合系统活性受到影响，最终产生的光合产物减少。此外，遮阴胁迫下植物的光系统Ⅱ(PSⅡ)光化学最大量子产率(Fv/Fm)等其他气体交换参数和叶绿素荧光参数也会有一定程度的降低，最终导致植物的光合能力降低，限制了草坪草的生长和发育。

当植物受到遮阴胁迫时，植物细胞膜透性增加，电解质外渗，活性氧清除代谢系统失衡，体内的活性氧(ROS)含量大量增加，增加的活性氧在植物细胞中积累并引起氧化胁迫，导致植物的细胞膜系统和代谢过程受到破坏。遮阴直接影响草坪草的抗氧化物酶系统。超氧化物歧化酶(SOD)、过氧化物酶(POD)、过氧化氢酶(CAT)是生物体内重要的抗氧化酶，可以清除细胞中多余的活性氧，植物体内丙二醛(MDA)含量的变化也可以用来衡量植物细胞膜受破坏的程度。因此，植物体内的SOD、POD、CAT及MDA含量在一定程度上也反映了植物对胁迫的耐受程度。遮阴胁迫后，草坪草的MDA含量上升，相对电导率升高，这表明遮阴使得草坪草受到严重的膜脂过氧化伤害，此外，遮阴胁迫会诱导部分植物抗氧化物质和抗氧化酶含量的增加来维持植物最基本的生存。对草坪草高羊茅进行遮阴胁迫，发现高羊茅的膜脂过氧化程度和活性氧水平显著提高，但是当遮阴超出一定的限度时，植物的抗氧化系统受到遮阴损伤无法抵御活性氧和膜脂过氧化产生的伤害，抗氧化酶活性会大幅度下降，植物体内抗氧化酶系统遭到破坏。

(2)形态学和解剖学变化

光敏色素(phytochrome)、隐花色素(cryptochrome)和紫外光B受体(ultraviolet B receptor)是植物体内特有的光感受器，主要分布在形态学上端，参与植物对外界光照的感知。这些光受体色素相比于叶绿素极其微量，但是可以直接并且敏锐地感受外界的光信号因子，迅速地对不同光质、光强、光向、光照时间等诸多信号产生反应，完成接收后提高信号转化和传递调控下游转录因子的响应，从而引起植物差异化的生理生化反应，最终影响植株的形态学特征。形态重塑是几乎所有的高等植物面临光环境变化时最直接的表现。植物面对遮阴胁迫时，会采取两种不同的形态学适应策略：避阴性(shade avoidance)和耐阴性(shade tolerance)。

植物因避阴反应而启动的一系列反应称为避阴综合征，主要反应是下胚轴、节间和叶柄的加速伸长生长、分蘖和防御受到抑制，提前开花以及更加显著的顶端优势。其特征可以总结为将资源和生长潜力从叶片和贮藏器官转移到伸长生长器官之上，使之尽量获取更多的光能并提前完成其生命周期。长期的弱光环境，或者极度的遮阴条件，都会使草坪草形态学特征发生较为明显的变化。

在弱光胁迫下，草坪草株高增加、分蘖减少、叶片延伸速度加快、叶片和角质层变薄、叶宽增加、叶片角度平展、叶色变浅、茎秆纤细、茎节变长、根茎变短、根长变短、根表面积下降、根量减少、根冠比降低、干物质减少、地上及地下总生物量显著下降。随着遮阴强度不断增加，一些不耐阴的草坪草不能正常生长甚至死亡。这严重抑制了草坪草的正常生长发育，降低了草坪的坪用质量，制约了草坪草产业的发展。

草坪的耐阴性表现与避阴性相反，其机制更倾向于更好地利用现有的植物物质资源和有限的光能。其主要形态特征表现为植株矮小、叶片颜色较绿和更多的分蘖等，这些外观通常意味着更好的草坪质量。一些耐阴性较强的品种在弱光胁迫下依然能维持良好的形态特征。

弱光胁迫下，草坪草的解剖结构也会有相应的变化。草坪草在弱光胁迫下叶片角质层会变薄，栅栏组织细胞的层次变得更少、更薄，栅栏组织形状也发生了变化，叶片表皮形态结构紊乱，但弱光胁迫对草坪草叶片海绵组织的影响相对较小。由于弱光导致的多糖类物质积累减少，维管束和其他机械支持系统变柔弱。弱光胁迫下，草坪草的气孔密度、宽度和长度均减小。光与叶绿体具有密切的关系，是叶绿体形成的必要条件之一。光照强度直接调控了植物体内数百个叶绿体蛋白相关基因的表达量，进而影响每个细胞中叶绿体的数量和发育程度。弱光胁迫下，草坪草叶绿体数量减少，叶绿体膜受损，类囊体颗粒片层紊乱，基粒数目减少堆叠无序。

(3)草坪草种耐阴性比较

耐阴性是评价和筛选草坪草的重要指标之一。草坪草的耐阴性是指其在弱光环境条件下的生活力，是生长在弱光环境中的草坪草为维持自身系统平衡和保证生命活动正常进行的一系列生态适应性反应，是由其遗传特性和植物对生境变化的适应性所决定的复合性状。形态、结构、生理生化过程和基因表达等方面的一系列变化，不仅是植物受到弱光环境的影响，也是植物自身对逆境环境适应调节和对胁迫的抗逆性的体现。

草坪草耐阴性通常采用的指标有形态指标、可溶性糖以及酶活性等，一般分为三大类：第一类为叶绿素a、叶绿素b、叶绿素总量、光饱和点和光补偿点，一般叶绿素含量高、叶绿素a/b比值小的草坪草具有较强的耐阴性；第二类为净光合速率；第三类为叶片厚度、叶面积、比叶面积、相对含水量。此外，株高、根冠比、叶长、叶宽、生长量、叶片数、叶片厚度等均可作为植物耐阴性鉴定的指标。植物耐阴性是植物形态、生理、光合等方面的综合反映，植物耐阴性的评价应该用尽可能多的指标来综合评价。灰色关联度分析法、综合指标加权平均法、层次分析法、模糊数学法、隶属函数法、层次分析法与模糊数学相结合的综合评价法等不同的综合评价体系也被用来对草坪草种耐阴性进行分析比较。

不同种草坪草的耐阴性具有较大差异，常见草坪草耐阴性见表3-7。同种草坪草的不同品种间的耐阴性也存在巨大差异。

表3-7 常见草坪草耐阴性

耐阴性	冷季型草坪草	暖季型草坪草
强耐阴	异穗薹草、白颖薹草、崂峪薹草	沿阶草、麦冬
较耐阴	紫羊茅、匍匐翦股颖、一年生早熟禾、高羊茅	钝叶草、结缕草、巴哈雀稗、海雀稗
中等耐阴	多年生黑麦草、草地早熟禾	假俭草、狗牙根、野牛草
不耐阴	—	地毯草

3.2.6.3 遮阴下的草坪管理

(1)草种选择

草坪如果长期处于遮阴环境，草坪管理者必须选择耐阴性较好的草种种植。气候温暖的地区，可以选择种植钝叶草，形成最耐阴的亚热带草坪。狗牙根和结缕草也是较受欢迎的耐阴草种。气候冷凉的地区，通常可采用混播的方式进行建植，以提高草坪整体的耐阴性。紫羊茅是一种较好的耐阴混播草种，不仅耐阴、耐旱，且维护成本低。遮阴条件下，草地早熟禾经常与紫羊茅进行混播搭配，环境处于遮阴且潮湿时也可用粗茎早熟禾进行替代。对于低密度林下的遮阴情况，匍匐翦股颖也是比较好的选择。

除了考虑耐阴性，运动场草坪所选择的草种和品种还应考虑耐磨性和快速恢复性。草地早熟禾是冷季地区运动场草坪的最佳选择，多年生黑麦草常与草地早熟禾混合播种，其耐磨性好，但因为缺乏发达的根茎和匍匐茎其恢复能力不足。狗牙根则是暖季运动草坪的首选草种。

(2)修剪

修剪高度必须严格遵循“1/3原则”。随着叶面积的增加，增加修剪高度将提高草坪草遮阴条件下的存活率，从而提高碳吸收。提高草坪草耐阴性最有效的方法之一是通过提高草坪的修剪高度，以保留足够的叶面积来最大限度地利用有限的光能，促进草坪草根系尽量向深层生长。

(3)灌溉

灌溉受到许多因素的影响，遮阴胁迫也是其中之一。在遮阴胁迫下的草坪生长较慢，蒸腾速率较低，因此需要较少的水，但由于来自其他植物的根的竞争，它们通常比在充分阳光下的相同植物需要更多的灌溉。灌溉应遵循少次多量的原则，只有当草坪草表现出干旱时才可以进行浇水。

(4)施肥

遮阴条件下，植物处于荫蔽的环境，其光合作用、呼吸作用和蒸腾作用速率大大减慢。所以，遮阴条件下植物不需要太多的肥料。在遮阴条件下，春季应进行常规性施肥，施以氮肥为主的复合肥。草坪处于遮阴环境中，降低氮肥的施用能有效提高草坪的质量。

在弱光胁迫下，低氮增强了高羊茅叶绿素含量，调节了根和叶中碳同化产物的分配，增强了氮素的吸收和转运，从而提高了高羊茅的光合作用和耐阴性。施氮肥过多，造成枝条生长过快而根系生长相对下降，使碳水化合物合成速度跟不上消耗，造成储量不足，草坪草更加嫩弱多汁，抗病性降低。

(5)植物生长调节剂的使用

植物生长调节剂在草坪管理上能起到化学修剪作用，调控草坪草生长，降低养护成本。遮阴胁迫下，产生过量的赤霉素(GA)是草坪草对遮阴胁迫的响应，由此造成的黄化不利于草坪草的生长。因此，喷施抑制GA生物合成的植物生长调节剂可以有效提高草坪质量。草坪草上常用的GA抑制剂包括多效唑(paclobutrazol，MET)、呋嘧醇(flurprimidol)和抗倒酯(trinexapac-ethyl，TE)等。遮阴胁迫下，多效唑通过提高高羊茅的光合能力、碳水化合物合成能力，缓解遮阴胁迫对高羊茅的氧化损伤，从而增强高羊茅的耐阴性。适宜浓度的抗倒酯可有效提高遮阴条件下狗牙根、结缕草的草坪质量，提高其耐阴性。在遮阴条件下，呋嘧醇和抗倒酯均增加了单株分蘖数和叶片数以及植株密度。并不是所有的草对GA抑制剂都有类似的反应。在遮阴胁迫下，抗倒酯对匍匐早熟禾的品质改善效果优于草地早熟禾。

此外，喷施5-氨基乙酰丙酸(5-aminolevulinic acid，ALA)可提高弱光胁迫下高羊茅的抗氧化水平，增强光合酶活性和基因表达水平、促进叶绿素合成、缓解叶绿体损伤，从而提高高羊茅光合效率，最终增强高羊茅对遮阴胁迫的适应能力。稀效唑(uniconazole)通过调控遮阴条件下匍匐紫羊茅、草地早熟禾、匍匐翦股颖的生理及生长变化，提高叶绿素含量和可溶性糖含量，降低植株株高，叶片变宽、变厚，使草坪草的耐阴性得到显著提高。

(6)杀菌剂的使用

杀菌剂的使用需根据植物的种类、生长阶段、病害情况以及环境条件来确定。大多数耐阴性较差的草坪草品种在遮阴条件下不能保持其在全日照条件下的形态和生理特征，且微气候的改变会促进病害的发生，因而遮阴下更易发生病害。一般在遮阴下建植高质量的草坪草需要使用杀菌剂。草坪在遮阴下感病，如果不进行防治，这些疾病会加速下部叶片的衰老，从而对遮阴草坪造成较大伤害。对于病原菌的发展来说，湿度比温度更加重要。

(7)环境改良

有研究认为，对土壤进行经常性的测试对于确定土壤pH值和肥力水平是否有效是必要的，暴露在遮阴条件下的草坪草可能无法充分进行光合作用来补充碳水化合物的供应，并且位于遮蔽的草坪，由于生长速度较慢，对水肥需求较低，这都需要对于环境进行监测和改良。

为了减少遮阴胁迫，秋天树叶大量掉落时，必须及时清除草坪上方的枯枝落叶，落叶使草坪草隔绝光线，并且覆盖着落叶使草坪始终处于潮湿状态，会引发草坪病害发生。当苔藓和藻类侵入遮阴草坪时，可以通过手动耙除苔藓和藻类，也可以用化学药剂(硫酸铵、硫酸铜、唑草酮、过氧化氢和氢氧化铜等)控制，及时清除以保证草坪草的生长条件。苔藓和藻类的侵入也反映草坪养护工作的不足，光照不足、排水不畅、浇水过多和土壤酸性、贫瘠、板结都会导致草坪退化而有利于苔藓和藻类的生长。

(8)运动场内的草坪管理

太阳角度较低、日照长度较短和云量增加会导致运动场遮阴情况发生。此外，采用半封闭或全封闭结构的现代体育场设计也会产生遮阴情况。庞蒂亚克银顶体育场作为世界杯比赛场地，其成功的管理取决于GA抑制剂的使用、顺畅的空气流通以及可拆卸草坪的使用，可拆卸草坪可以让草皮在充足的光照下恢复状态。

此外，适度的人工照明可以提高体育场内遮阴草坪的质量。但是较高光照强度的照明环境可能导致草坪颜色变浅，可能是因为诱导了叶绿素的降解。与更长的光周期或连续光照相比，16 h的人工照明光周期可产生最高质量的匍匐翦股颖和多年生黑麦草草坪。结缕草作为暖季型草坪草，在秋、冬季处于休眠状态，因此所受体育场基础设施遮挡影响不大，但人工照明可增加结缕草叶片的长度和宽度、芽和根的生物量以及根芽比，并促进其冬季再生。

3.2.7　污染

3.2.7.1　污染下的草坪草的环境条件

由于人口急速增长，工业迅猛发展，固体废物不断向土壤表面倾倒，有害废水向土壤中排放，大气中有害气体随降雨进入土壤中，导致土壤污染产生。

(1)重金属污染

重金属染物主要有镉(Cd)、汞(Hg)、砷(As)、铜(Cu)、铅(Pb)、铬(Cr)、锌(Zn)、镍(Ni)，其污染特点是来源广、毒性强、难降解、易积累、隐蔽性好和潜伏周期长等。

土壤中重金属的来源主要有人为源和自然源，人为源即通过人类活动所形成的污染源，如污水灌溉、固体废物利用、农药和化肥、大气沉降和交通尾气等；自然源即自然界自行向环境中排放有害物质或造成有害影响的场所。多种利用类型土地及典型地块易出现重金属污染，如耕地、林地、草地、未利用地、重污染企业用地、工业废弃地、工业园区、固体废弃物集中处置场地、采油区、采矿区、污水灌溉区、干线公路两侧等。

(2)有机污染物

①农药：可有效减少病、虫、草和鼠害导致的作物产量降低和质量下降，对于保障粮食增产有重要贡献。在我国农业生产中对病、虫、草害的防治主要依赖于化学农药，但农药残留也会造成环境污染。

农业生产中易造成后茬作物受害的长残留除草剂有三氮苯类的莠去津、西玛津；磺酰脲类的甲磺隆、氯嘧磺隆、胺苯磺隆；二苯醚类的氟磺胺草醚；咪唑啉酮类的咪唑乙烟酸、灭草喹；喹啉酸类的二氯喹啉酸。

②多环芳烃：PAHs是指两个或两个以上苯环连在一起的化合物，目前已发现的PAHs达500多种。PAHs是由有机物质不完全燃烧产生的，其来源包括自然源和人为源，自然源主要包括火山喷发、草原森林不完全燃烧；人为源是PAHs的主要来源，主要包括工业污染、交通尾气排放、吸烟、烹饪、垃圾焚烧等。PAHs分布广泛，且降解率低，生物可利用性差，易吸附在土壤颗粒中，约90%的PAHs污染发生在土壤中。

3.2.7.2　土壤污染下草坪草生长和生理变化

草坪草对土壤中污染物的响应与剂量相关，即在低剂量胁迫时促进植物的生长发育，高剂量胁迫时抑制植物的生长发育。污染物引起植物体内氧化损伤，破坏植物细胞膜，改变糖类和蛋白质代谢，导致植物出现养分流失、可溶性蛋白降低，当暴露于高污染区域时，草坪草会出现发芽率降低、生物量下降、植物发黄甚至萎蔫。

重金属通过抑制种子中的淀粉酶、蛋白酶和核糖核酸酶进而导致植物萌发率下降甚至不萌发。当环境中镉浓度高于 100 mg/kg 时，早熟禾种子发芽率和发芽指数显著下降；当环境中铜浓度高于 1 000 mg/kg，多年生黑麦草种子的发芽势、发芽率将迅速下降；当环境中铜浓度大于 500 mg/kg，高羊茅种子的发芽势、发芽率将迅速下降。不同植物对污染物的生理生化响应也存在差异。例如，一年生黑麦草对环境中镉的耐受能力优于多年生黑麦草，当环境中镉含量为 120 mg/kg 时，多年生黑麦草的丙二醛、过氧化物酶和过氧化氢酶活性显著下降，而一年生黑麦草与对照无显著差异。当暴露于相同浓度 PAHs 中，多年生黑麦草的发芽势和发芽率最高，分别为 54. 1%和 73. 0%；草地早熟禾的发芽势和发芽率最低，分别为 16. 7%和 23. 0%。当环境中镉浓度高于 2.0×10^{-3} mol/L、铅浓度高于 5.0×10^{-3} mol/L 时会导致多年生黑麦草、高羊茅和匍匐翦股颖生物量下降 40%。

环境中的污染物会引起植物体内活性氧(ROS)含量上升，活性氧的过量产生和随后的氧化损伤是重金属和有机污染物诱导植物毒性的共同机制。为清除体内活性氧植物体内过氧化物酶和抗氧化剂含量也随之增加。当草坪草受到重金属胁迫后，会启动自身防御机制，包括超氧化物歧化酶(SOD)、过氧化氢酶(CAT)、过氧化物酶(POD)、抗坏血酸过氧化物酶(APX)、谷胱甘肽过氧化物酶(GPX)、谷胱甘肽还原酶(GR)、抗坏血酸(ASA)、还原型谷胱甘肽(GSH)和生育酚(tocopherols)等。例如，当多年生黑麦草暴露于多种重金属复合污染时，多年生黑麦草通过提高非蛋白巯基和还原型谷胱甘肽的含量来对抗重金属的毒性效应，而高羊茅则是通过提高活性氧清除系统(POD、CAT、MDA 和 Pro)以及可溶性糖和可溶性蛋白含量(GSH、Cys 和 NPT)来增加对逆境的抵抗能力。

3. 2. 7. 3 草坪草对土壤中污染物的修复

植物修复是指利用植物及根际微生物的共存体系来吸收、容纳、转化或转移污染物的特性，通过在污染地种植特定植物，以实现部分或完全修复土壤、水体和大气污染的一门环境污染原位治理技术。植物修复的对象主要是重金属、氮磷、有机物或放射性元素污染的土壤及水体。

草坪草在土壤修复中具备多种优势：草坪草多为禾本科植物，具有紧密的根系和丰富的根际微生物群落；草坪草还可以保护土壤免受水蚀、风蚀和地表径流；草坪草品种丰富，可依据地块特点选择耐盐碱、耐高温、耐寒、耐阴、绿期长品种；草坪在清除土壤重金属方面具有独特优势，通过修剪等方式带走从植物中富集的重金属，可有效减少二次污染；草坪草维护成本较低，相较于其他植物，草坪草的需肥量较少，因此被广泛应用于各种生态修复中。

(1)草坪草对多种污染物的清除效果

多年生黑麦草、高羊茅、草地早熟禾等已被广泛应用于清除土壤中污染物、修复土壤生态环境中。因种植密度较大、根系紧密等特点，草坪草在对土壤中污染物去除效果甚至优于超富集植物。草坪草对土壤中污染物的清除效果见表 3-8 所列。

表 3-8　草坪草对土壤中污染物的清除效果

污染物	草坪植物	富集量/(mg/m^2)	转运系数	背景值/(mg/kg)	去除效率/%
镉	高羊茅	129.6~3 138.1	0.31~2.46	50~400	—
	草地早熟禾	142.3~5 267.7	0.35~5.02	50~400	—
	多年生黑麦草	65.4~1 960.0	0.14~1.47	50~400	—
	匍匐翦股颖	102.3~2 205.5	0.19~4.40	50~400	—
荧蒽	多年生黑麦草	—	—	17	10.45
	高羊茅	—	—	17	9.81
	一年生黑麦草	—	—	50	28.1
芘	多年生黑麦草	—	—	71	59.43
	高羊茅	—	—	71	48.79
PAHs	一年生黑麦草	—	—	9.72	38.7~53.2
特丁津	一年生黑麦草	—	—	0.5~2.0	30~40
莠去津	多年生黑麦草	—	—	2	86.98
毒死蜱	一年生黑麦草	—	—	50	89.61

草坪草可以改善污染区域的土壤环境，如缓解污染物对土壤酶活的抑制，增加土壤微生物以及改善土壤微生物群落结构。例如，狗牙根可以缓解铜对土壤酶(土壤过氧化氢酶、蔗糖酶、脲酶和磷酸酶)的抑制作用。草坪草可以提升重金属污染土壤的微生物多样性，如多年生黑麦草可以提升汞污染土壤的香农-威纳指数。草坪草可改变重金属污染土壤的微生物结构。

(2)草坪草的修复方式

①根际修复：草坪草通过植物根、土壤微生物和污染物的互作达到根际修复的目的。植物根系可分泌氨基酸、有机酸、糖类和酚类物质，这些根系分泌物不但为土壤中微生物提供营养，还为自身生长创造更加良好的环境。其中，一些与有机污染物结构相似的植物次生代谢物，可以增加相关可降解有机污染物的微生物的丰度和增加降解基因的表达，从而通过刺激共代谢过程促进有机污染物的降解。例如，一年生黑麦草根系分泌的黄酮类和萜烯类代谢物，增加总细菌丰度和 PAHs 降解物丰度以及刺激 *RHDα* 基因表达来促进 PAHs 的降解。

微生物同时也存在对特定代谢物的选择。例如，多年生黑麦草的根系分泌物与根际群落变化密切相关，多年生黑麦草根际产生的化合物，如脂质和氧化脂质容易被细菌代谢，从而促进特定细菌的生长和定植。植物生长阶段也会改变根系分泌物的组成，从而影响根际微生物，改变一些与特定根际代谢物降解相关的功能基因的丰度。例如，多年生黑麦草根际代谢物如脂类、有机酸类和苯类可以调节不同生长阶段的根际微生物群落，改变苯并[a]芘降解细菌的组成和多样性，从而增强苯并[a]芘的降解率。一年生黑麦草增加微生物碳生物量，从而提高了土壤中菲的降解速度。草坪草可以显著改善重金属污染土壤环境，提高有效态重金属离子含量，使重金属容易被植物吸收。例如，狗牙根根际土壤中有效态铜占比高于非根际土，有效态铜更有利于狗牙根吸收。

②植物代谢：植物对重金属的代谢解毒涉及多种机制。重金属可以通过转运蛋白从细胞中排出，如YSL蛋白家族、Nramp家族、ZIP转运蛋白家族、P型ATPase、阳离子转运促进蛋白和ABC转运蛋白；也可以被谷胱甘肽、植物螯合素或金属硫蛋白结合，促进金属向液泡运输。

草坪草对有机污染物的代谢可分为3种。第一种为Ⅰ相代谢，草坪草可以通过细胞色素P450单加氧酶(CYP450s)直接代谢有机污染物。第二种为Ⅱ相代谢，由谷胱甘肽s-转移酶(GSTs)、葡萄糖醛基O-转移酶、丙二酰O-转移酶、糖基O-转移酶等催化谷胱甘肽、氨基酸、蛋白质、多肽、有机酸与有机污染物结合产生络合物。这类络合物亲水性更佳、毒性更低、更易被植物代谢降解。然而，在大多数情况下，由于植物没有排泄系统，偶联物或羟基化污染物被存储于植物特定的区域，如细胞壁和液泡之中。第三种为Ⅲ相代谢，是植物通过ATP依赖的膜泵将络合物运输至液泡或者质外体。

③植物吸收和积累：当重金属进入植物体内，固定化是植物主要的解毒途径。草坪草对重金属的吸收主要依赖根部。重金属在土壤中的形态直接影响草坪草吸收。重金属在土壤中的形态受土壤中的pH值、土壤有机质、阳离子交换量、氧化还原状态和黏土矿物含量的影响。重金属吸附到草坪草根表面后，被植物根部被动吸收，通过共质体到达中柱，在蒸腾作用驱动下，金属通过木质部系统从根部运输到地上部分。在草坪植物中重金属多富集于老叶中，新叶和功能叶中重金属含量较小。草坪植物对重金属的富集与植物的转运能力密切相关，例如，高羊茅对镉耐受能力优于草地早熟禾，这与镉在植物组织中积累的差异有关，高羊茅叶片表皮的角质层镉含量高于草地早熟禾，而维管束中的镉含量低于草地早熟禾。一年生黑麦草对镉的转运能力高于多年生黑麦草，这也是一年生黑麦草对土壤中镉富集量高于多年生黑麦草的重要原因。

植物对有机污染物的吸收量和积累量取决于污染物的分子质量、辛醇-水系数。有机污染物吸附在根的亲脂部分后被根细胞吸收，然后转移到地上部分。蒸腾作用驱动有机污染物在植物组织和细胞之间的运输。有机污染物在植物组织中的积累取决于它们的疏水性，水溶性有机污染物通过载体介导和能量消耗的内流过程运输到植物根部。对于高分子质量有机污染物，植物吸收方式只依赖于根部吸收；而低分子质量有机污染物除了根部吸收，还可以通过叶片吸收进入植物体内。有机污染物主要积累于细胞壁和液泡中。有机污染物超富集植物通常具有更高的脂类物质和含水量、更低的碳水化合物含量和更高的植物蒸腾流速率。

复习思考题

1. 草坪草的茎有哪几种类型？
2. 草坪草耐修剪的原因是什么？
3. 草坪草分为 C_3 和 C_4 两大类，它们分别有什么特点？
4. 常见的草坪非生物逆境有哪些？相对一般植物，哪些非生物逆境是草坪植物特有的？

第3章知识拓展

第4章 草坪生态

草坪是一个开放的生态系统，由人工建造并进行养护管理，在脱离人工管控的情况下会演替回归自然。不论是人工控制还是自然情况下，草坪草个体与环境、草坪种群与环境、草坪群落的组成结构以及草坪生态系统内的各种过程，如物质与能量流动等都遵循生态系统的基本规律，具有其独有的特点。草坪能为人类产生极大的生态效益，也受人类活动的影响。

4.1 草坪生态概述

4.1.1 草坪生态系统的概念

草坪生态系统(turf ecosystem)，是在一定的空间和时间内，草坪生物(以禾本科为主的草本植物群落)和非生物环境之间，以及生物与生物之间，通过不断的物质循环、能量交换、信息传递而相互作用、相互制约、相互依存的统一有机整体。草坪生态系统是一个具有一定结构、功能和自我调节机制的相对稳定的开放系统，具有趋于成熟的正向演替，有时也会出现渐向衰败的逆行演替。草坪是园林绿地的重要组成部分，草坪生态系统也是园林生态系统的组成部分，并与城市生态系统密不可分。同时，草坪生态系统自身也是一个完备的生态系统。从组成上看，草坪有植物区系、动物区系和微生物区系。目前人类对草坪生态系统更多的是干预与破坏。只有合理地利用维护才能使草坪健康生长发育，维持其生态平衡。

草坪生态系统需要大量的能量与物质的输入(施肥等)，也有大量的物质输出(草坪修剪下的草屑、肥料淋溶等)，对其他生态系统有很大的依赖性，因而非常脆弱。在这个生态系统中，草坪与草坪养护管理与环境之间存在着复杂、动态的相互作用，这种相互作用直接影响草坪群落的发生和发展。草坪群落在人为栽培、管理条件下，可以达到最优的群落成分和结构，表现出最优的特征功能。人类对草坪的建植和管理措施是草坪生态系统中的重要组成部分。

4.1.2 草坪生态系统的生物与环境

4.1.2.1 自然环境

自然环境是指生物生存和发展所依赖的各种自然条件的总和，包括太阳辐射、大气层、水圈和土壤圈。

(1)太阳辐射

太阳以电磁波的形式向外传递能量，称为太阳辐射(solar radiation)。

草坪植物依赖光来控制细胞的分化、结构和功能的改变，最终汇集成组织和器官建成的过程，称为草坪植物的光形态建成(photomorphogenesis)。光对草坪植物的影响主要有两个方面：第一，光是绿色植物光合作用必需的；第二，光调节植物整个生长发育，以便更好地适应外界环境。绿色植物只能利用可见光部分光波进行光合作用，这部分的太阳辐射称为生理有效辐射。

①光的生态作用：光对草坪植物的生态作用由光照强度、日照长短和光谱成分等组成。植物对光的反应通常将植物分为阳性(喜光)、阴性(喜阴)与耐阴植物三大生态类型。草坪草多属于阳性植物，个体的光饱和点很高。在草坪草遮阴的条件下，光质、温度、相对湿度、病害易感性等因素，都会对光补偿点产生影响。

暖季型禾本科草坪草依赖 C_4 途径进行光合作用，属 C_4 植物，冷季型禾本科草坪草利用 C_3 途径进行光合作用，属 C_3 植物。C_4 植物比 C_3 植物更能适应高温、光照强烈和干旱的环境。根据开花过程对日照长度的反应，可将植物分为长日照植物、短日照植物和中日照植物。冷季型草坪草多属于长日照植物，如草地早熟禾、匍匐翦股颖、高羊茅等；暖季型草坪草有短日照(如虎尾草)和中日照植物(如狗牙根、地毯草和格兰马草等)。

②太阳辐射光谱：太阳辐射光谱对植物生长发育有很重要的影响。紫外线增多会造成植物形成特殊形态，如茎部矮小、叶面缩小、毛茸发达、积蓄物增多、叶绿素增加、茎叶有花青素存在、颜色特别艳丽。长紫外线对植物的生长有刺激作用，可以增加作物产量，促进蛋白质、糖、酸类的合成。长紫外线照射种子可以促进种子发芽。短紫外线对植物的生长有抑制作用，可以防止植物徒长，有消毒杀菌作用，可以减少植物病害。可见光是绿色植物进行光合作用制造有机物质的原料，绿色植物叶绿素吸收最多的是红橙光，其次是蓝紫光，而对黄绿光吸收最少。远红外线产生热效应，供给作物生长发育的热量，近红外线对植物无用途。快繁、水培过程中一般采用红光进行补光，以达到最大的利用率。

③光照强度：光照强度的大小决定于可见光的强弱。在自然条件下，由于天气状况、季节变化和植株密度的不同，光照强度有很大的变化。光照强度直接影响植物光合作用的强弱。在一定光照强度范围内，随着光照强度的增加，光合作用的强度也相应地增加。但光照强度过强会破坏原生质，引起叶绿素分解，或者使细胞失水过多而使气孔关闭，造成光合作用减弱甚至停止。

光照强度能够影响植物的外形和发育速度。生长在空旷地的植物，光照强度强，茎秆粗矮；生长在光照强度较弱条件下的植物，则茎秆细长、节少挺直、生长均匀。

(2)大气层

大气层又称大气圈，提供生物生存所必需的碳、氮、氧、氢等元素，是草坪植物生长发育所必需的元素。

(3)水圈

水圈是地球表面和接近地球表面的各种形态的水的总称，水是生物体的基本成分，在植物中起着重要作用。

水分利用效率(water use efficiency, WUE)指植物消耗单位水量生产出的同化量。影响草坪草 WUE 的外界因子很多，如光照、水分、CO_2 浓度、空气温度、叶温等，但其影响程度不同。C_4 草坪草比 C_3 草坪草具有更高的 WUE。C_3 草坪草(如草地早熟禾)在高温

(35℃)条件下比低温(22℃)条件下 WUE 低。

不同草坪草种的夏季日平均蒸散量不同(表4-1)。一般来说，草坪草生长1 g干物质需500~700 g水，但在草坪的实际管理中消耗的水量远远大于上述数值，其原因是不同土壤的蒸发、渗漏以及灌水时的气候条件等对草坪的实际用水量影响较大。多年生黑麦草的日平均蒸散量为11.2 mm/d；野牛草的日平均蒸散量为5~7 mm/d。

表4-1 常见草坪草种的夏季日平均蒸散量

暖季型草坪草	夏季日平均蒸散量/(mm/d)	冷季型草坪草	夏季日平均蒸散量/(mm/d)
野牛草	5.0~7.0	多年生黑麦草	6.6~11.2
杂交狗牙根	3.1~7.0	高羊茅	2.7~12.6
普通狗牙根	3.0~9.0	匍匐翦股颖	5.0~10.0
结缕草	3.5~10.0	草地早熟禾	>10.0

(4)土壤圈

土壤圈是覆盖于地球陆地表面和浅水域底部的土壤所构成的一种连续体或覆盖层。草坪植物生长发育所需的水分和养分，一般都是从土壤获取。同时，土壤还是支撑植物生长的基底。

4.1.2.2 人工环境

草坪是人类干预下的生态系统。人工环境是由人为设置边界围合而成的空间环境，包括人工影响的环境(如室外的球场草坪)和人工建造的环境(如室内的球场草坪)。

4.1.3 草坪生态系统的物质循环

4.1.3.1 基本规律

物质循环遵循的基本原理是质能转化与守恒定律。草坪是物质循环流动中被暂时固定、贮存的场所，称为草坪库。物质在库之间的运行转移称为流。流使系统与外界环境联系成为一个整体。

4.1.3.2 物质与能量循环

人工草坪是在人为干预情况下形成的生态群体，需要大量输入和输出能量及物质，是一个流动相当迅速的开放系统。物质循环与能量流动不仅局限于生物-自然环境之间，也在生物-自然环境-社会环境中进行(图4-1)。

4.1.3.3 水循环

草坪生态系统的水分循环是与大气相通的，草坪在人工建植的条件下，其水分循环受地球水分循环的影响同时又受人类的控制。草坪成熟前的生态水循环状态与农林作物几乎一致。草坪一旦成熟，尤其是草坪形成冠层、枯草层等，坪表径流大幅度增加，相应地减少了入渗土壤中的水量。水通过蒸散(植物的蒸腾与土壤的蒸发)回到大气(图4-2)。

4.1.3.4 养分循环

天然草坪养分循环通常通过土壤、草坪植物和动物(草食动物为主)3个物质库间循环流动(图4-3)；而人工草坪的养分主要在土壤与草坪植物两者之间循环流动，人类只是干

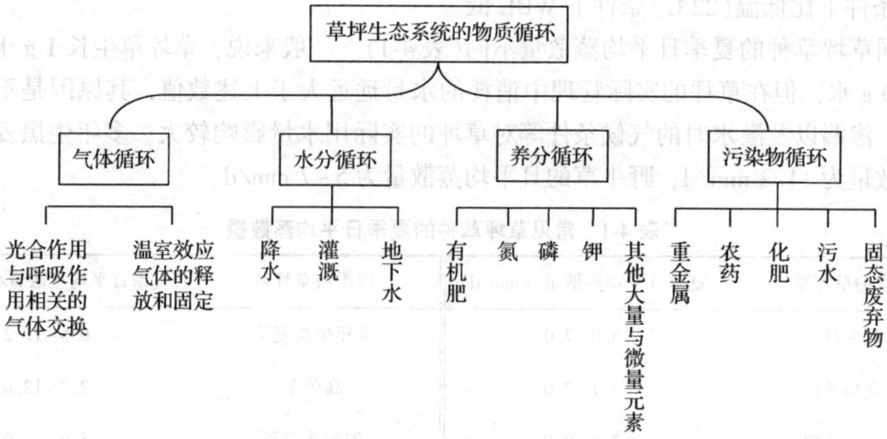

图 4-1 人工草坪生态系统物质循环框架

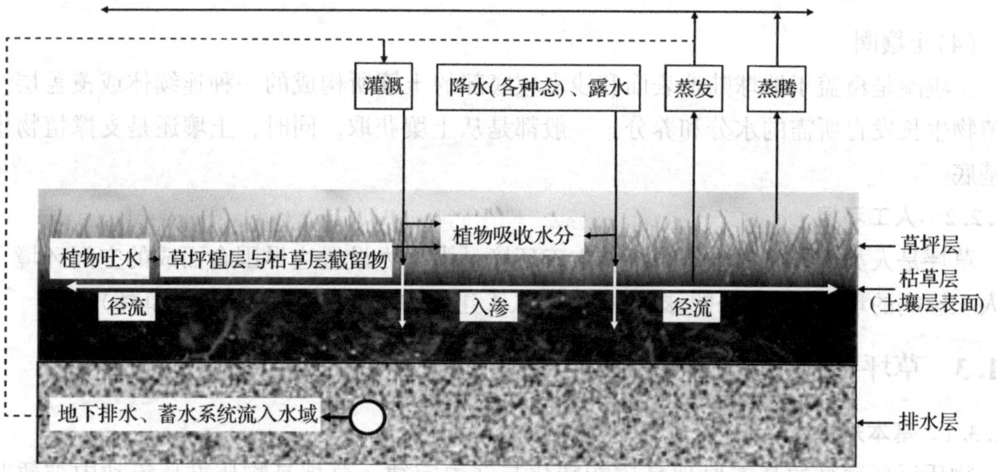

图 4-2 成熟草坪生态系统水循环概念模型

预者和利用者，人工草坪中的一些动物忽略不计。同时每个库与环境之间保持着多条输入与输出的途径。

4.1.3.5 污染物循环

草坪污染物的来源主要是草坪长期养护管理中农药(杀虫剂、杀菌剂、除草剂、生长调节剂等)和化肥的不合理使用，还有城市污水、垃圾、污泥等未经处理而导致污染物在土壤、水体积累与残留，形成草坪特殊物质的循环。很多草坪草具有吸收有毒物质的功能，如黑麦草、草地早熟禾、紫羊茅、狗牙根、白颖薹草、野牛草等均有吸收二氧化硫功能，狗牙根与野牛草能吸收氟化氢，草地早熟禾能吸收氯气，三叶草是硫化氢指示草种等。

4.1.4 草坪生态系统的基本生态学规律

在草坪草所处的大的生态环境系统中，有环境对其的限定，也有草坪草对环境的适应与影响，如最小因子定律与耐性定律等是环境对生物的限定，而能量最低原理与生态位等是生物对环境的适应，同时草坪草对环境也有影响。

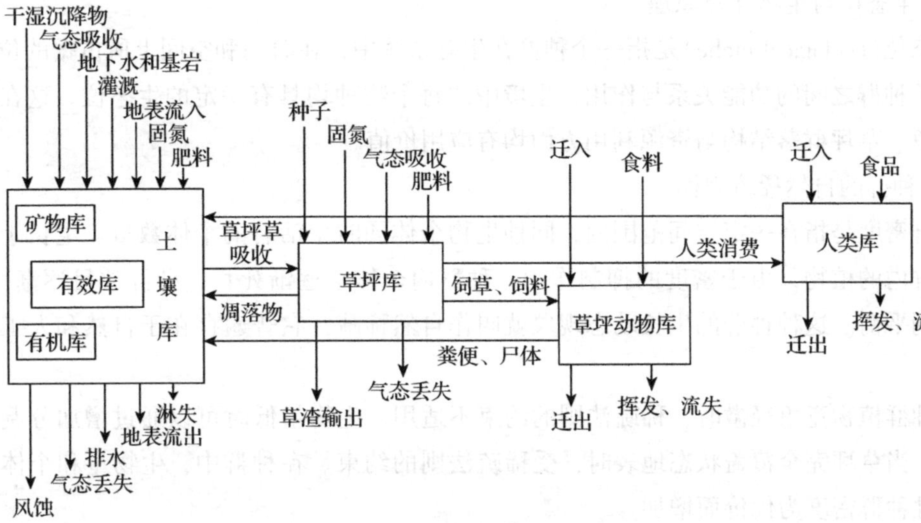

图 4-3　草坪生态系统养分循环概念模型

（引自陈志一，2001）

(1)最小因子定律

低于某种生物需要的最少量的任何特定因子，是决定该种生物生存和分布的根本因素，也被称为李比希最小因子定律。

(2)主导因子原理

在生物体所需的生态因子中，对生物的生长发育具有决定性的作用被称为主导因子。对生物而言，主导因子不是绝对的，而是可变的，它随时间、空间以及生物有机体的不同发育时期而发生变化。

(3)限制性与耐受性定律

限制性定律是指：对具体生物来说，各种生态因子都存在着一个生物学的上限和下限(或称阈值)。耐受性定律也称谢尔福德耐性定律(Shelford's law of tolerance)。任何一种环境因子对每一种生物都有一个耐受性范围，范围有最大限度和最小限度，一种生物的机能在最适点或接近最适点时发生作用，趋向这两端时就减弱，然后被抑制。耐受性的下限和上限之间的范围，称为生态幅(ecological amplitude)或生态价。例如，白三叶温度生态幅度比较宽，在南方与北方多地均能安全越冬和越夏；而多年生黑麦草在北方越冬和南方越夏均存在问题。又如，冷季型草坪草最适温度是 15~25℃，而暖季型草坪草最适温度是 25~32℃。不同草种，以及同种草坪草的不同品种在耐受性上都有很大差别。

(4)能量最低原理与物质循环原则

因为低能量状态比较稳定，所以自然变化进行的方向都是使能量降低。物质循环指生态系统中的有机物、无机物、化学元素和水(作为介质)在生物与环境不同组分间的频繁转移和循环流动。土壤与大气都是物质循环的库，物质循环是双向的，能量流动却是单向的，不可逆的。维持良好的营养物质和水分等循环，才能保障草坪草的健康。

(5)生态位与生物互补原理

生态位(ecological niche)是指一个种群在生态系统中，在时间和空间上所占据的位置及其与相关种群之间的功能关系与作用，生境中的每个物种均具有一定的生态位。这在草坪物种竞争、草坪群落结构与资源利用方面均有应用价值。

(6)种群的自然稀疏规律

种群密度是指在一定空间范围内，同种生物个体同时生活着的个体数量。生长于较高密度种群内的植物，由于密度的抑制作用，种群内个体会逐渐死亡，种群数目逐渐减少，直至达到平衡。这种种群的生长动态现象就叫作自然稀疏，它普遍存在于自然和人工植物种群中。

当种群植物竞争轻微时，稀疏法则的约束不适用。生物量低时可以通过增加分蘖来增加竞争，当草坪完全覆盖状态地表时，受稀疏法则的约束。在种群中，生物量和个体的大小以牺牲种群密度为代价而增加。

(7)边缘效应与干扰原理

边缘效应总体上是指群落交错区或生态系统过渡区内物种表现出不同于核心区的复杂多样的变化，这种变化往往具有极强的生物与生态价值，可体现在微气候环境格局、物种组成结构及物种水平、大小、分布、结构等多方面。林草或果草间种就是系统间边缘效应的体现，树林或果树下的高湿、弱光生态位，有利于草坪植物的生长，而草坪植物涵养水分，减少地表蒸发反哺林木。在自然界边缘形成初期，往往存在一定的负相互作用，所以在设计人工边缘时，要考虑物种生态位特征以及密度与数量参数等，使人工边缘正生态效应凸现。

(8)生态演替原理

生态演替是指随着时间的推移，一种生态系统类型(或阶段)被另一种生态系统类型(或阶段)替代的顺序过程。生态演替有时是有利的，有时是不利的。草坪生态系统是一个人工生态系统，在人工控制的条件下形成较稳定的群落；若管理不善，系统破坏，很容易退化、演替，在没有任何管控的情况下成为自然草坪，最终会演替成当地植被类型。

(9)生物多样性原则

生物多样性是生物(动物、植物、微生物)与环境形成的生态复合体，以及与此相关的各种生态过程的总和。生物多样性有利于群落的稳定。冷季型草坪草建植时多采用多品种混合或多种混播，提高生物多样性，扩大草坪的适应性，使草坪群落更加稳定。

4.1.5 草坪生态系统的属性

(1)自然属性

草坪是由自然植物——草坪草组成的草本植被。草坪草和自然与人工环境之间以及自身种群之间，通过能量流动、物质循环和信息传递，维持一种相对平衡、稳定的状态，达到绿化作用。受到外来干扰时，草坪生态系统能通过自我调节恢复到初始的稳定状态，这种能力是草坪生态系统的自然属性。

(2)服务属性

草坪在提供人类竞技、运动、休闲场地的同时也传播相应的文化，如草坪文化、高尔夫文化、休闲文化、体育文化、建筑文化、园林文化、旅游文化、科技文化等。草坪在使用时，不论是竞技场还是娱乐休闲场地，都体现着草坪服务性功能。

(3)社会属性

草坪生态系统循环起到净化空气、精神理疗、协调社会的功能，这种生态效益以及潜在的社会效益为整个社会所有。草坪生态系统还具有直接与间接的经济价值，包括为社会提供就业机会等。

4.2　草坪草对生态环境的适应

长期适应某个生态环境下，草坪草形成特有的形态特征与结构特点，同一种草坪草在长期不同的环境条件下，其结构与功能也有所差异。这种同一物种内因适应不同生境而表现出具有一定结构或功能差异的不同类群，称为生态型(ecotype)。生态型是基本的生态单位，是遗传变异和自然选择的结果，代表不同的基因型，将不同生态型移植于同一生境，仍保持其稳定差异。但不同生态型之间可以自由杂交。根据形成生态型的主导因子类型的不同，可将生态型分为以下4种类型。

(1)气候生态型

气候生态型主要是长期在不同气候因子(日照、温度、降水量等)的影响下形成的。草坪草根据地域与气候划分为冷季型草坪草和暖季型草坪草。同一种草坪草也可以有不同气候生态型，例如，狗牙根在我国北方生态型表现为节间长、茎秆粗、抗寒型强，并能安全越冬，在我国南方生态型表现为叶片与茎秆均细，抗寒性也差。结缕草具有南北方不同生态型，北方生态型叶子远宽于南方生态型。

(2)土壤生态型

土壤生态型主要是长期在不同土壤条件的影响下形成的，可划分土壤水分生态型、土壤pH生态型、土壤营养生态型、土壤盐度生态型和土壤污染生态型等。例如，羊茅有耐铅的生态型，细弱翦股颖有耐多种金属的土壤生态型，碱茅有耐盐碱生态型等。

(3)生物生态型

生物生态型主要是在生物因子的长期作用下形成的。有的草坪草种长期生长在不同的群落中，由于植物之间竞争等关系的不同，可分化为不同的生态型。如牧场区系中的生态型，因长期受特定动物的啃食和践踏，多矮小、丛生或呈莲座状或具匍匐茎，再生力较强，无性繁殖较盛，提早成熟。

(4)品种生态型

草坪的品种生态型是由于人为因素(引种、扩种等活动)使草坪草在新生境的长期影响下形成的。草坪草有很多地方品种，经受复杂的气候和土壤条件，在长期的自然选择或人工培育下，形成了很多适应于不同气候、土壤的品种生态型，如狗牙根有阳江狗牙根、保定狗牙根等。

4.3　草坪植物种群与群落

4.3.1　草坪植物种群

4.3.1.1　草坪植物种群定义

草坪植物种群(population)指在一定时间内占据一定空间的同种草坪草的所有个体。草坪植物种群有3个基本特征：数量特征、空间特征和遗传特征。数量特征体现种群的大小是变化的，常用指标是密度。由于遗传特性不同，不同的草坪草种自然种群密度也不同。羊草、白颖薹草自然种群的密度较结缕草低。空间特征是种群的分布区域和布局，如结缕草在我国胶州半岛有大面积的野生分布，草地早熟禾主要分布于我国的东北、华北、华东及西南各地，狗牙根广泛分布于热带、亚热带和温带地区。遗传特征是指种群内个体可以相互交配，具有一定的基因组成，可通过繁殖将各自的基因传给后代，以区别于其他物种。

4.3.1.2　草坪植物种群结构特征和动态变化

自然界种群数量变化有两个重要的特征，即波动性和稳定性。波动性如草坪草生长呈季节变化；稳定性指种群的波动在一定范围内，基本维持在特定水平上。

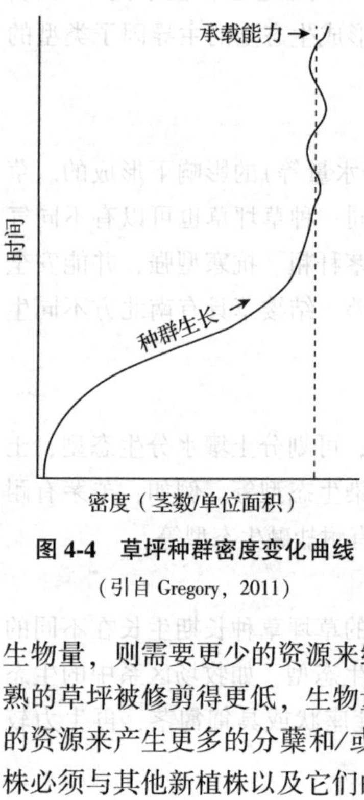

图4-4　草坪种群密度变化曲线

（引自Gregory，2011）

(1)种群密度

每个草坪草种群在一定条件下都有一个适宜的密度，在该密度下种群生长最佳，低于或高于该密度范围种群生长则会受到影响。种群密度的大小同样有上限和下限。草坪草的密度在承载能力周围波动(图4-4)。当达到承载能力时，除非旧植株死亡，否则不能增加新植株。增加种群的唯一途径是提供足够的新资源来增加承载能力。当种群达到承载能力时，种群内的个体进行种内竞争。如同种草坪草不同品种的混合播种，品种之间存在着竞争。承载能力是生态系统能够支持的最大密度。通过降低草坪的修剪高度，我们能够增加生态系统的承载能力。当刈割高度降低时，生物量减少。在不超过草坪适应极限的情况下，将草坪高度修剪越低，草坪的密度越大。

在可用资源范围内，草坪种群的生物量和密度呈反比关系。如果我们降低修剪高度，从而降低成熟草坪种群的生物量，则需要更少的资源来维持生物量，而剩余的资源则可以用来增加密度。当一个成熟的草坪被修剪得更低，生物量降低到低于充分利用可用资源的关键点，植物将分配多余的资源来产生更多的分蘖和/或子代植物，此时资源再次成为限制，种内竞争发生。新植株必须与其他新植株以及它们的亲本株竞争空间和资源。靠营养繁殖的草坪草，如杂交狗牙根，子代间的遗传基因完全相同，植株间的竞争和淘汰是随机发生的，大多可能是外部来源的干扰或损害。靠种子繁殖的品种，遗传基因由于育种选择有所不同，其适应环境的能力就不同，当竞争产生时，适宜环境的品种容易保存下来，不适宜的品种则被淘汰。通常情况下，随着自然种群的成熟，种群密度与生物量存在-3/2幂法则(或称-1.5自疏定律)，但修剪过的草坪种群与非修剪的自然草坪种群还是有所区别，其自疏线斜率被认为是-0.5(图4-5)。当草坪生态系统中添加限制性资源时，承载能力也随之增加，密度也增加。随着承载能力的增加，自疏线向新的最大密度移动，但生物量与密度之间的关系没有变化(图4-6)。

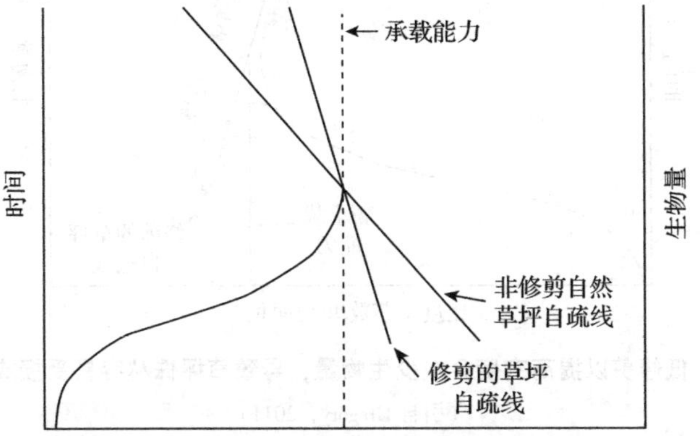

图4-5 自然草坪自疏(斜率为-1.5的直线)斜率与修剪过草坪自疏(斜率为-0.5的直线)斜率的比较

(引自 Gregory，2011)

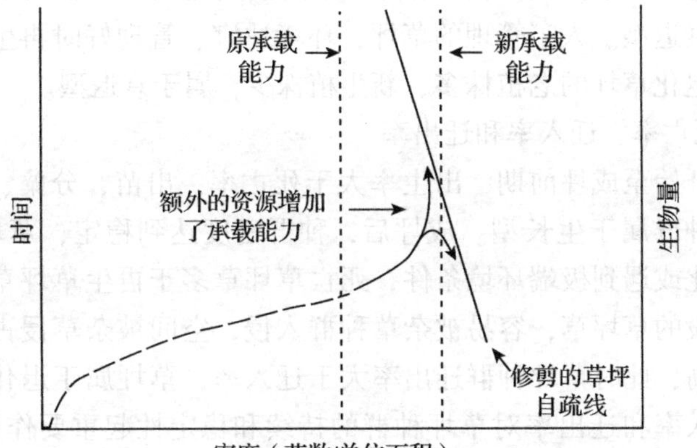

图4-6 添加额外资源后种群承载力变化

(引自 Gregory，2011)

草坪低修剪可以提高密度，减少其生物量，这对草坪的利用是有利的，可以满足草坪的使用性能，尤其体现在运动场草坪上。但低修剪下的草坪草总是处于幼草状态，成熟度低，株丛更易受到破坏(图4-7)。成熟草坪草比未成熟草坪草更有竞争优势，未成熟的草坪草很容易受损，未成熟草坪草的种群是不稳定的。若维持稳定的种群需要更多的养护管理投入，如高尔夫球场的果岭草坪和足球运动场草坪，均需要比普通绿化更精细的养护管理，才能获得理想健康的草坪。所以在草坪应用上，在保证景观效果和使用性能的同时，适当提高修剪高度，以提高草坪草的抗性，降低养护成本，使草坪种群更稳定和可持续。

草坪在一定环境下所能允许的最大密度，称为饱和密度。了解饱和密度有助于确定播种量。如果播种量过大，造成种群密度大，个体间竞争加剧，死亡多，浪费种子。如果以

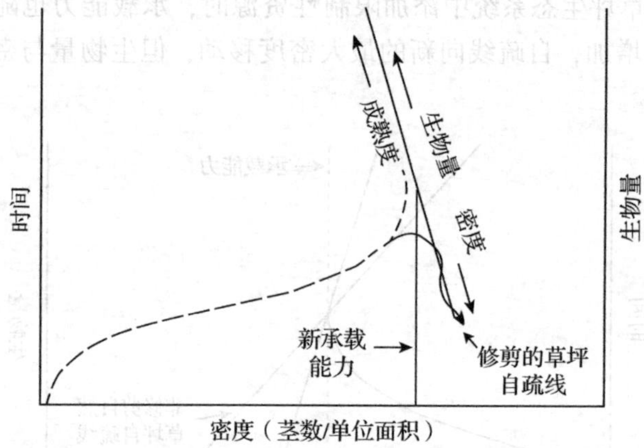

图 4-7 低修剪以提高密度会减少生物量，导致草坪株丛容易受损或被破坏

(引自 Gregory，2011)

稳定群落的饱和密度确定播种量，则能节省大量的种子。每个草种均有适宜的播种量。此外，防除杂草和病虫害，其目的也是把杂草、病虫种群密度控制在允许范围之内。

(2)年龄结构

年龄结构是指草坪草种群幼年个体(生殖前期)、成年个体(生殖时期)、老年个体(生殖后期)的个体数目及比例。根据年龄结构可以间接判定出该种群的发展趋势，是属于生长型、稳定型还是衰退型。人工管理的草坪，环境适宜、管理好时再生的和新分蘖的植株多，属于生长型；退化草坪的老植株多、新生植株少，属于衰退型。

(3)出生率和死亡率、迁入率和迁出率

草坪草从建植开始至成坪前期，出生率大于死亡率，出苗、分蘖、扩展直至成坪，种群密度逐步增加，种群属于生长型。成坪后，种群密度达到稳定，草坪种群属于稳定期。当草坪年限长、老化或遇到极端环境条件，死亡草坪草多于再生草坪草，草坪种群则属于退化型。在退化阶段的草坪草，容易被杂草种群入侵，空间被杂草侵占，草坪草的迁入率低，杂草的迁入率高，此时草坪种群迁出率大于迁入率，草坪属于退化型。草坪种群的出生率和死亡率、迁入率和迁出率对草坪种群的持续和稳定性起重要作用。在实际生产中，也利用草坪草出苗生长快慢来达到最终种群和群落稳定的目的。如建坪时，播种通常会添加一定比例生长快的草坪草种(如多年生黑麦草)作为保护性草种，多年生黑麦草种子萌发出苗快，苗期生长快，可使草坪很快覆盖地表，形成良好的群落，控制了杂草种群的迁入，成坪后，由于生长快的草种在抗逆性等方面不佳，死亡率大于出生率，逐渐被其他抗逆性强的草坪草种取代，最后达到稳定的种群群落。

(4)空间特征

组成草坪种群的个体在其空间中的位置状态或布局，称为种群空间格局。种群的空间格局大致可分为三类：均匀分布、随机分布、集群分布。人工建植的草坪都属于均匀分布；自然分布的草坪草种通常是集群分布；随机分布基本上不存在。

草坪生态系统是园林生态系统的组成部分。在园林生态系统中，草坪空间结构的合理布局是生态系统稳定的关键因素，一般园林设计师通常采用乔、灌、草结合配置设计，既能体现园林景观效果，也能体现种群间互惠互利的优势。

草坪种群的动态变化，不单单是草坪草种内个体之间的竞争，种群中不同物种之间是相互作用的，存在各种关系，如竞争、互惠、捕食、寄生等。不同种草坪草之间存在竞争关系，杂草与草坪草之间存在竞争关系；昆虫与草坪草之间存在捕食关系；寄生植物菟丝子与草坪草是寄生关系。

4.3.2 草坪植物群落

4.3.2.1 草坪植物群落定义

草坪植物群落(turfgrass community)是指生活在一定区域内所有草坪植物的集合。在生物界的基本结构规律中，草坪植物群落是由单个或多个草坪植物种群组成，分为单植群落与混植群落两种类型。单植群落是由草坪草单播而成的，混植群落是多个草坪草品种混合或多种草坪草混播建植而成。

4.3.2.2 草坪植物群落组成结构和特征

(1)自然草坪植物群落

自然草坪植物群落的种类组成按其重要性和个体数量可依次分为优势种与建群种、亚优势种、伴生种、偶见种或罕见种。在进行水土保持草坪建植时，为了群落稳定不易退化，通常根据当地自然植被的种类组成以及优势种与建群种进行植物配置。

①优势种(dominant species)：是对草坪群落环境与群落结构形成有明显控制的草坪植物种，也可称为建群种(constructive species)。优势种通常个体数量多、投影盖度大、生物量高、体积较大、生活能力强。不同层次群落可以有各自的优势种。

②亚优势种(subdominant species)：指个体数量与作用都次于优势种，但在决定群落性质和控制群落环境方面仍起到一定作用的植物种。

③伴生种(companism species)：为群落中的常见种类，与优势种相伴存在，但不起主要作用。

④偶见种或罕见种(rare species)：是指在群落中出现概率很低的种类，它可能是人为的或某些原因带入的，也可能是衰退残留种。有些偶见种的存在具有一定的生态指示意义，还可以作为地方性特征种来看待。

(2)人工草坪植物群落

人工草坪植物群落种类组成是人们根据利用目的与功能，选择不同草坪草种与品种建植形成的，通常混植群落的种类组成主要分为主体草种、伴生种和保护草种。

①主体草种：指当草坪处于稳定状态时起主要作用的草种，也称建群种，可以是1种或2种等。

②伴生种：在草坪中不起主要作用，在主体草种受到环境条件等胁迫，生长受阻而失去主体地位时起辅助作用的草种，在草坪中起到扩大适应性的作用。

③保护草种：指在草坪建植初期能够对主体草种起临时保护作用的草种，也称先锋草种。它发芽快、生长迅速，能很快覆盖地表，可防止杂草的入侵，但草种寿命短，一般在1~2年后就退化枯死。如冷季型草坪草混播建植草坪时，加入多年生黑麦草或一年生黑麦草，一般比例为15%~25%，在混播中起保护作用。

(3)草坪植物群落种类组成的数量特征

对草坪植物群落的种类组成进行数量分析，常采用个体数量特征指标和综合数量特征指标来表示。种的个体数量特征一般用多度、密度、盖度、频度、高度、重量和体积表示；而综合数量特征常采用优势度和重要值来表示。可以以盖度、密度、多度、体积、质量、利用和影响环境的特性、物候动态等来表示优势度，不同群落中应采用不同指标。重要值的计算公式如下：

重要值(IV)=相对密度+相对频度+相对优势度(相对基盖度)

4.3.2.3　草坪植物群落分类

(1)单植群落

为了审美与娱乐运动需求，只采用同一草坪草种的单一品种播种建植成的草坪群落为单植群落(monostand communities)。暖季型草坪草如狗牙根、野牛草及钝叶草，冷季型草坪草如匍匐翦股颖，多为单植群落建植的草坪。

(2)混植群落

为了扩大草坪草适应性，大多数冷季型草坪草采用混合或混播的方式建植草坪，建植成的草坪群落为混植群落(polystand communities)。根据草坪生态系统生物多样性原则，混植群落更利于草坪的适应性，合理的混植能使草坪群落外观质量好且长期稳定。混植群落是由混播(种内混播和种间混播)、交播或间播等播种形式建成的。

①种内混播群落：种内混播是将同一草种的不同品种混在一起的播种方法，也称混合(blend)。如在公园绿地建植时可选用草地早熟禾的不同品种‘菲尔金 Fylking’(40%)+‘若姆 Ram-I’(30%)+‘巴润 Baron’(15%)混合，或多年生黑麦草的3个品种‘卡特 Cutter’(33%)+‘边缘 Edge’(33%)+‘快车 Express’(34%)混合，能使草坪呈现深绿色，生长低矮，建植快，质地细，抗性良好。

②种间混播群落：种间混播(mixture)是将两种以上草坪草种混合播种，以提高草坪适应性。混播在一起的草种在颜色、质地、生长率及入侵力上相似。在混播组合中，每一草种的含量应控制在有利于主体草种发育。如在"高羊茅(20%)+草地早熟禾(60%)+多年生黑麦草(20%)"组合中，草地早熟禾为主体草种，多年生黑麦草为保护草种。多年生黑麦草一般3~10 d发芽，生长迅速，能很快覆盖地表，起到防除杂草的目的，但它容易退化，在1~2年后就枯死，所以不能作为主要的建坪种，只起保护作用，其用量通常在15%~25%。

③交播群落：交播(overseeding)是在草坪草生长迟缓期，把短期生长的草坪草种子播于草坪中，以延长草坪功能的作业方式，也称盖播或覆播。交播主要用于我国南方亚热带地区，在暖季型草坪草生长不旺盛，草坪进入休眠期时播种冷季型草坪草，以延长冬季草坪绿期(如狗牙根草坪休眠期交播黑麦草)。交播草坪也是混植群落。交播的时间很重要，如果时间掌握不好，交播的草坪草就无法生长，不能形成理想的草坪群落。

④间播群落：间播(interseeding)是为了增加草坪密度和地表覆盖，在现有活跃生长的草坪上播种适宜的草种或草坪品种的技术措施。为成功实施间播，一般需减少现有活跃生长草坪草的竞争，如在果岭草坪上进行垂直修剪、覆沙等作业。为了增加一年生早熟禾与匍匐翦股颖混播草坪群落的密度和盖度，提高景观效果，在优势种一年生早熟禾活跃生长期间播种匍匐翦股颖已获得成功。

⑤混植群落草坪草种间相容性：在混植群落中，群落是否稳定，依据混植群落草种的生长类型而定。同种生长类型草种(匍匐型与混合型除外)一般相容性很好，从生型与根状

型两类之间相容性也很好。但匍匐型和混合型这两种类型与其他类型的相容性极差，在选择组合时一般不推荐混植，以免群落不稳定。其他类型间的组合群落通常不稳定，成功与否要看品种的匹配情况(表 4-2)。

混植组合的成功案例详见二维码。

表 4-2　混植群落草坪草种的相容性

生长习性	从生型	根茎型	匍匐型	混合型
从生型	√	√	○	○
根茎型	√	√	×	×
匍匐型	○	×	○	×
混合型	○	×	×	○

注：√代表混播相容性好，群落稳定；○代表通常混播群落不稳定，混播成功与否看是否有匹配的品种；×代表混播相容性极差，不推荐，应避免。引自 Doug Brede，2000。

复习思考题

1. 简述草坪生态系统的概念与特点。
2. 草坪生态系统中草坪草对环境生态的适应表现在哪几方面？
3. 草坪种群动态变化规律如何？
4. 简述草坪群落组成结构和特征及分类。

第 4 章知识拓展

第 5 章

草坪草选育

草坪草选育(turfgrass breeding)包括草坪草选种和育种两部分内容。选种包括种源选择和个体选择，方法简单易行，所需时间短。育种是通过杂交或用物理的、化学的方法，使遗传基因重组或发生突变，从其后代中选择遗传性较为稳定、性状优良的品系。育种是较复杂的方法，所需时间长。优良的草坪草品种作为园林绿化和生态建设重要的种植材料，在提高运动场和绿地草坪的质量、增强对不良环境的抗性、扩大栽培种植面积，以及绿化环境、保持水土等方面都起着十分重要的作用。

5.1 草坪草种质资源

种质资源(germplasm resources)是指经过自然选择和人工选择，长期演化形成的决定各种遗传性状的基因资源，也称为遗传资源(genetic resources)。它既存在于已有的栽培品种中，也广泛存在于野生植物类型中。草坪草种质资源就是草坪草遗传资源，是选育草坪草新品种的种质资源，即在筛选和培育草坪草新品种时可被利用的遗传物质或种质。草坪草种质资源是草坪草选育的物质基础。

5.1.1 草坪草种质资源物种多样性

中国幅员辽阔、地形复杂、气候多样，草坪草种质资源极为丰富。不仅蕴藏的种类多、储量大，而且生境类型各异、性状变异多样、优良种质丰富，具有巨大的研究和开发利用潜力。如美国推出的假俭草品种的部分原始材料采自我国云南，狗牙根品种中的‘Tifton10’则是1974年采自我国上海的一份狗牙根材料，后经评价后登记为品种。但目前我国对野生草坪草种质资源的研究和开发利用仍处于初级阶段。种质资源收集量少，开发利用方式不合理，资源浪费严重。我国辽宁、山东等地的野生结缕草，由于无节制地原始性采挖，局部资源受到严重破坏。

目前利用的草坪草多为禾本科植物，该科是种子植物中的一大科，约750属，万余种，为草坪草的选育和利用提供了巨大的资源库。据统计，全世界禾本科冷、暖季型草坪草共计24属59种，我国分布有32种，占总数的54.24%。

冷季型草坪草主要是早熟禾属、翦股颖属、黑麦草属、羊茅属植物，表5-1列出了截至2021年年底，部分重要冷季型草坪草种质资源收集情况。全球冷季型草坪草种质资源中多年生黑麦草最为丰富，高羊茅和草地早熟禾次之，而美国收集最多的草坪草种质资源为高羊茅。冷季型草坪草主要分布在北半球的温带至亚寒带地区，在我国主要分布在东北、

表 5-1　部分重要冷季型草坪草种质资源收集情况（截至 2021 年 12 月）

种名	美国种质材料收集数*/份	全球种质资源收集数**/份	种名	美国种质材料收集数*/份	全球种质资源收集数**/份
草地早熟禾	955	6 689	紫羊茅	519	2 878
普通早熟禾	60	68	硬羊茅	20	25
一年生早熟禾	83	114	羊茅	245	418
多年生黑麦草	1 204	18 662	匍匐翦股颖	62	377
一年生黑麦草	263	3 550	细弱翦股颖	62	578
高羊茅	1 478	8 671	绒毛翦股颖	13	27

注：*数据来源于美国国家植物种质系统（NPGS）。**数据来源于国际植物遗传资源研究所（International Plant Genetic Resources Istitute）。

华北、西北和西南等地区。

暖季型草坪草主要分布于热带、亚热带地区，画眉草亚科的一些草种可分布到温带地区。其中，只有狗牙根为全球广泛分布，其他草种多局限于一定区域内。表 5-2 中，在全世界 10 属 26 种（变种）暖季型草坪草中，亚洲草种最为丰富，有 7 属 15 种；美洲有 6 属 9 种；非洲有 5 属 8 种，与大洋洲相同；欧洲暖季型草坪草最贫乏，仅有 3 属 4 种。而且，亚洲的暖季型草坪草特有种也最为丰富，主要有弯穗狗牙根、假俭草、锥穗钝叶草、结缕草、中华结缕草、大穗结缕草以及高丽结缕草。美洲的特有种有野牛草、扁穗钝叶草、巴哈雀稗、热带地毯草以及海雀稗。非洲特有种有麦景狗牙根、非洲狗牙根、布莱德蕾狗牙根以及铺地狼尾草等。大洋洲只有匍匐马唐 1 种，而欧洲无特有的暖季型草坪草种。

表 5-2　暖季型草坪草种的地理分布

属名	学名	亚洲				非洲	南美洲	北美洲			大洋洲	欧洲
		中国	日本	东南亚	其他地区			墨西哥	美国	加拿大		
狗牙根属	狗牙根	+	+	+	+	+	+	+	+	+	+	+
	双花狗牙根	+										+
	弯穗狗牙根	+		+	+							
	麦景狗牙根					+						
	非洲狗牙根					+						
	布莱德蕾狗牙根					+						

(续)

属名	学名	亚洲				非洲	南美洲	北美洲			大洋洲	欧洲
		中国	日本	东南亚	其他地区			墨西哥	美国	加拿大		
结缕草属	结缕草	+	+	+								
	中华结缕草	+	+	+	+							
	大穗结缕草	+	+		+							
	沟叶结缕草	+	+	+	+							+
	细叶结缕草		+	+	+	+						
	高丽结缕草				+							
蜈蚣草属	假俭草	+		+								
钝叶草属	钝叶草	+		+	+							
	扁穗钝叶草						+					
	锥穗钝叶草	+		+							+	
格兰马草属	野牛草						+	+	+			
金须茅属	竹节草	+		+	+						+	
地毯草属	地毯草						+	+	+			
	近缘地毯草						+	+	+			+
雀稗属	巴哈雀稗						+	+	+			
	双穗雀稗	+	+	+	+	+	+	+	+		+	+
	海雀稗								+			
马唐属	长花马唐											
	匍匐马唐										+	
狼尾草属	铺地狼尾草					+						
草种数目		12	7	10	11	7	7	6	7	1	6	4
百分率/%		46	27	38	42	27	27	23	27	4	23	15

注：引自刘建秀，2012。

由此可见，在全球暖季型草坪草物种多样性分布中，亚洲草种最为丰富，其草种及特有种的占有率分别为57.7%和26.9%，列各洲之最。美洲和非洲次之，大洋洲再次，最贫乏的地区是欧洲。而在亚洲地区，中国的暖季型草坪草物种多样性最为丰富，共拥有12种(部分重要暖季型草坪草的地理分布特点见表5-3)，其草种占有率为46.2%，较东南亚、日本及其他地区高出7.7%~26.1%。

表 5-3 中国部分重要暖季型草坪草的地理分布特点

学名	北纬	东经	年均气温/℃	年温差/℃	极端最低气温/℃	平均相对湿度/%	平均风速/(m/s)
狗牙根	19°02′~43°06′	75°05′~122°02′	7.5~22.8	9.5~45.0	−37.0~3.1	40.0~83.0	1.0~5.4
结缕草	23°05′~41°02′	114°01′~124°04′	5.2~20.6	14.1~36.0	−30.0~3.8	62.0~83.0	1.3~5.8
中华结缕草	19°03′~39°00	116°00~122°03′	10.0~24.4	11.3~30.3	−23.6~4.36	62.0~83.0	1.6~5.8
大穗结缕草	30°00~40°02′	118°01′~124°04′	11.9~16.3	20.0~27.7	−20.0~−6.1	70.0~82.0	2.8~3.7
沟叶结缕草	20°06′~25°03′	109°00~111°00	21.7~24.0	11.2~15.6	−2.1~3.3	78.0~84.0	2.0~4.0
假俭草	19°01′~35°01′	98°05′~122°01′	10.0~26.5	6.0~28.0	−20.9~2.79	70.0~81.0	1.2~5.4
竹节草	18°45′~26°05′	98°05′~119°02′	15.4~21.9	10.2~19.4	−6.3~4.2	74.0~84.0	0.6~3.6
双穗雀稗	19°03′~31°07′	98°05′~122°03′	14.2~22.1	11.7~26.4	−15.5~4.36	72.0~84.0	0.8~3.3

注：引自刘建秀，2012。

5.1.2 草坪草种质资源的类别和特点

根据材料的来源，通常将草坪草种质资源分为本地种质资源、外地种质资源、野生种质资源和人工创造的种质资源四类。

(1)本地种质资源

本地的草坪草种质资源主要包括古老的地方品种和当前推广的改良品种。地方品种是长期自然选择和人工选择的产物，在当地栽培历史达30年以上，对本地区的自然条件、生态环境以及栽培方式具有最大的适应性，对当地的不利气候、土壤因素乃至某些病虫害具有一定的抗性或耐性。但是，由于地方品种存在产量较低、比较混杂等缺点，加上病虫害种类不断发生变化，人类对草坪品质的要求不断提高，使得地方品种不能适应现代农业技术水平的要求，而逐渐被新的改良品种所取代。改良品种一般由当地品种与外来的优良品种杂交获得，因此既能够很好地适应本地区自然条件，又具有外来品种的优良性状。总的来说，本地种质资源是草坪草选育工作的最基本的原始材料。

(2)外地种质资源

外地种质资源是指从外地区或外国收集来的种、品种或类型。具有多种多样的生物学和遗传性状，其中有些是本地区品种所欠缺的。若外来优良品种的原产地基本条件与本地区比较接近，且经试验证明能够适应本地区条件并能满足生产发展和建坪性能的要求，就可以直接在本地区推广种植。若外地区和外国的品种不能很好地适应本地区的气候环境和土壤条件，在育种中可以与当地品种进行杂交，取长补短，以创造遗传基础丰富的、品质更为优良的新品种。

(3)野生种质资源

草坪草野生种质资源是指育种工作中所应用的野生的坪用植物类型，无论是冷季型草坪草还是暖季型草坪草均存在大量的野生资源。不同的野生种质资源在叶色、质地、密度、草层高度、根状茎、种子结实率、发芽率等一系列性状上都有不同程度的差异。如结缕草不同种源在叶色、质地、密度、匍匐茎长度、结实率和发芽率等方面存在明显差异。狗牙根其种内变异较大，不同种源在叶长、叶宽、叶色、节间长度、草层高度和密度、根状茎形态、根系深度、结实率等方面均存在广泛差异。假俭草、扁穗钝叶草不同种源茎色和柱头色泽存在变异等。因此可以选择优良的野生种质资源进行驯化，有可能选出质优色美的草坪草品种。但由于野生草坪草矮小细致，是以营养体作为其观赏和利用的主体，它对不同环境胁迫反应敏感，在驯化中要求新品种具有较强和较为广泛的适应性。

除此之外，野生种质资源往往具有一般栽培品种所没有的顽强的抗逆性，携带着抗病、抗虫、抗旱、抗寒、耐盐碱等优良基因。通过杂交等方式，可以把野生植物中的优异基因或携带这些基因的染色体或片段转移到现有草坪草品种中。还可以合成异源多倍体，创造新种属、新品种。

(4)人工创造的种质资源

人工创造的种质资源包括通过人工杂交、人工诱变、植物组织培养、原生质体培养及融合、转基因技术等各种育种手段和育种过程中所得到的育种材料和创造的新类型。虽然人工创造的种质资源不一定都具有直接利用的价值，但却是培育新品种和进行有关理论研究的珍贵材料。

5.2 草坪草育种目标与技术

育种目标(breeding objective)就是对所要培育品种的要求，在一定地区的自然、耕作栽培及经济条件下所要培育的新品种应具备的一系列优良性状的指标。育种目标是育种工作的前提、依据和指南，育种目标适当与否是决定育种工作成败的关键因素。这些目标的实现，不仅需要传统育种和选择方法，还需要应用现代的分子手段。

5.2.1 草坪草育种目标

在草坪草选育工作中，需根据选定的草坪草类型来制订具体育种目标。基本的育种目标主要有观赏性、抗性和管理性3个方面。各类育种目标性状的选择，应遵循制订育种目标的原则，将各个大的目标分解成小的目标，每次只选择个别目标进行育种工作。

5.2.1.1 观赏性

观赏性状多受微效多基因控制，且在自然群体中变异广泛，通常利用传统的育种方法进行改良。

(1)色泽

色泽为草坪草的重要质量性状。在草坪草属间、种间及种内叶色均存在程度不同的差异，且具有遗传性。通过育种手段可以改变植株颜色。叶色衡量标准因人的爱好和欣赏习惯不同而存在差异。

(2)均一性

高质量的草坪应是高度均一，不具有裸地、杂草、病虫害污点，生育期一致的草坪。

均一性是度量草坪草种群内个体差异大小的指标，个体间大小、叶色、生长速度等差异越小，均一性越高，所形成的草坪越均匀整齐。一般以营养繁殖的草坪草种类因不受机械混杂的影响，其均一性的保持较种子繁殖的草坪草种类容易。种子繁殖系统中，均一性一般依自交系—常异交系—异交系递减。均一性主要由遗传因子决定，通过育种手段减少品种的基因分离，可以提高种苗均一性。

(3)密度

形成密集毯状的草坪是对优良的草坪草品种的基本要求之一。虽然管理措施会影响草坪密度，如低修剪比高修剪更易形成致密的草坪，但密度主要由遗传因素决定，不同草坪草种间、种内及品种间都存在广泛的差异。一般具有发达匍匐茎和根状茎的草坪草具有形成高密度草坪的潜力，而直立型生长的草坪草种应以耐密植作为育种方向之一。

(4)质地

质地是对草坪草叶片的宽窄和触感的度量指标，通常认为叶片越窄、触感越柔软，则质地越好。不同草坪草的叶片质地差异很大，具有遗传性。

(5)绿期

绿期指成坪的草坪在一年中保持绿色的天数。绿期主要受遗传因子决定，但在建坪地的表现又受当地气候等因素影响。现代育种手段日新月异，运用转基因技术培育出一年四季常绿的草坪草品种已成为现实。

5.2.1.2　抗性

草坪草的抗性是指草坪草在生长发育过程中对外界不良环境的反应及抵抗能力，是草坪草选育的重要目标，抗逆性育种以培育能适应或抵抗不良外界环境的草坪草品种为主要目的。抗逆性育种目标主要包括以下8个方面。

(1)抗寒性

抗寒性是一个十分复杂的性状。与传统育种方法相比，采用分子工具在提高草坪草抗寒性能以及抗寒品种选育上，能够达到事半功倍的效果。

(2)抗旱性

近年来，全球的水资源和能源日益紧张，且我国干旱、半干旱地区的面积占全部国土面积的一半以上，因此培育质地优良、养护水平要求低的草坪草新品种已成为草坪草主要的育种目标之一，同时也是我国草业发展急需解决的问题。抗旱性由遗传因子决定，不同草种、不同品种的抗旱性不同。总的来说，冷季型草坪草抗旱性较暖季型草坪草差。在抗旱性选育中，常采用种间或属间杂交。此外，转基因技术、关联作图等新兴的育种手段也越来越多地应用于草坪草的抗旱性育种。

(3)耐热性

耐热性主要针对冷季型草坪草，育种工作者经常将耐热性和抗旱性相结合进行研究。多年生黑麦草、翦股颖等都将耐热性作为品种选育的一个十分重要的目标，高羊茅是冷季型草坪草中最耐热的草种。草坪草耐热性的研究和耐热品种的选育工作目前大多集中在耐热相关标记或基因、QTL定位、热激蛋白等基础研究方面。

(4)耐阴性

草坪草在园林绿化中常与灌乔木共存，因此，要求草坪草具有较好的耐阴性。不同草种、不同品种耐阴性不同。

(5)耐盐碱性

耐盐碱性主要指草坪草对土壤盐碱等矿物质环境的耐受能力。一方面，中国沿海及西北内陆地区分布大面积的盐碱地，培育耐盐碱草坪草品种具有十分重要的现实意义；另一方面，随着可饮用水资源的愈加短缺，选育可长期使用海水灌溉的草坪草品种成为育种者的新目标。

(6)抗病性

由于草坪草为观叶植物，提高抗病性一直是草坪草选育工作的一个重点。不同草坪草种对病害的反应不同，如草地早熟禾的主要病害包括叶斑病、秆锈病、条锈病、币斑病等，结缕草的主要病害有锈病、黄叶病、春季坏死斑病、圆斑病、叶斑病等，狗牙根易染枯萎病等。草坪草抗病品种的选育核心是以室内接种及田间感染相结合的方法筛选抗性材料，轮回选择和杂交育种是目前应用最为广泛的抗病品种选育方法。抗病性是一个较复杂的性状，且草坪草大部分为异花授粉植物，群体相对杂合度高，遗传来源复杂，根据表现型进行抗病性状的选择，在一定程度上受到环境等因素的影响，从而使常规育种时间长、效率低。而基因定位与标记辅助选择相结合，不受其他基因效应和环境因素的影响，同时又可能避免等位基因间显隐性关系的干扰，获得可靠的选择结果，从而大大缩短育种周期，提高优良抗病品种的育种效率。

(7)抗虫性

草坪害虫也是危害草坪草的有害生物的重要组成部分。草坪害虫的危害会造成草坪斑秃和枯死，严重的虫害对草坪具有毁灭性的危害，直接影响草坪的观赏价值和使用价值。近年来，草坪草抗虫品种的选育主要集中在两方面。一方面，为利用现代生物技术改良内生菌草坪草，即将内生真菌导入植株愈伤组织、体细胞胚、分生组织和幼苗等不同组织或器官中。目前，高羊茅和多年生黑麦草中内生真菌的原生质体已被繁殖及成功转移。DNA重组技术可增加特殊需要的酶产量和抗虫基因的克隆，为内生真菌品系改良提供了有力的辅助措施。另一方面，为利用基因工程的方法培育抗虫转基因草坪草，它不仅可以利用存在于植物中的抗虫基因，还可以利用某些动物、微生物中的抗性基因，将其重组到植物染色体上，并使之在植物体内进行特定的遗传与表达，从而产生抗虫性状。

(8)耐践踏性

典型的草坪草，特别是应用于运动场的草坪草，常常需要具有较强的耐践踏性，因此，在草坪草选育中，耐践踏性非常重要。耐践踏性是耐磨性和再生性的综合体现，由遗传因子决定，不同草种耐践踏性程度不同，机理也不同。例如，狗牙根和结缕草均耐践踏，但前者是因为很强的再生性，而后者是因为很强的耐磨性。在育种过程中，需从草坪草的根系发育情况、扩展能力、繁殖方式、茎叶强度等多方面考虑，因地制宜地确定具体可行的育种目标。

5.2.1.3 管理性

(1)生长速度

草坪的建植管理需要耗费大量的人力、财力、物力，尤其在后期的草坪管理中，剪草频率很高，病虫害容易发生。因而如何减少修剪次数，控制草坪草的生长，选育生长缓慢的草坪草品种已成为高尔夫球场、公园、运动场地草坪养护，乃至庭院绿地管理的重要需求。目前常用的方法为采用生长调节剂进行化学修剪，控制草坪生长。虽然辐射诱变能够培育生长缓慢的草坪草，但同时也会降低草籽的产量和生活力，有可能导致后代草籽的发育异常。利用基因工程手段是培育生长缓慢型草坪草的好办法，如采用反向的水孔蛋白基因来控制植物对水分的吸收和运输，明显地延缓了植物的生长和发育，且与普通草坪草相比，可节约一半的浇灌用水。

(2)成坪速度

出苗早、迅速覆盖裸地是优质草坪的一个重要评价标准。成坪速度快、扩展能力强的品种与杂草的竞争能力强，稳定性好。草地早熟禾和多年生黑麦草以成坪速度快的优势成为我国北方地区草坪混播主要成员。地下根茎的分布及数量、地上分蘖能力的强弱等是影响扩展能力的主要因素。

(3)持久性

持久性指草坪草生存的年限。草坪草的生存年限主要由不同草坪草种的生育型决定，同时也与养护水平密切相关。如具有发达的匍匐茎和(或)地下根状茎的草坪草的利用年限远远超过从生型的草坪草。

(4)耐低修剪

草坪的修剪高度与草坪的类型、用途和所用草种有关，一般越精细的草坪要求的剪草高度越低。再生能力、再生速度、分蘖节位置的高低、分蘖能力等都是影响草坪草种耐低修剪性能的主要因素。

(5)抗除草剂能力

对于大型的运动场(如高尔夫球场)和公共绿地，人工除草成本高，使用对环境污染小的除草剂降低养护成本是一种经济有效的选择。因此，培育抗除草剂的草坪草品种成为草坪草育种的一个重要方向，特别是对于像结缕草这样生长和定植较慢的草坪草种，选育抗除草剂的优良品种更为重要。

除此之外，虽然大多数草坪草种在生产上可用草皮、分蘖和插枝进行无性繁殖，但利用种子繁殖具有生产成本低、劳力耗费少、种植材料易于保存及远距离运输等优点，且种子生产还往往关系到一个草坪品种的产业化和市场的占有程度。因此，提高结实率和种子产量也是草坪草的一个重要的育种目标。

5.2.2 草坪草育种技术

5.2.2.1 引种和选择育种

(1)引种

引种是指从外地或外国引进新植物、新草种、新品种以及各种种质资源，在本地区试种鉴定，从中选出适应本地栽培的品种，直接应用于生产；或者利用它们的某些优良性状，作为育种原始材料，间接地加以利用。引种简单易行、成本低、收效快，目前仍是解决我国草坪业对新品种需求的主要途径。

我国是从国外引种观赏花草最早的国家之一。北美野牛草，草地早熟禾品种'瓦巴斯'(Wabash)、'菲尔金'(Fylking)及'肯塔基'(Kentucky)，结缕草品种'兰引Ⅲ号'等均为从国外引进。这虽然在一定程度上弥补了我国草坪草种的不足，但也带来了一些不利问题，如引进草种的适应性及养护水平等方面不能很好适应我国草坪业发展水平，因此大量引种存在一定的盲目性。为使我国草坪业健康持续地发展，在规范国外冷季型草坪草引种同时，驯化引进品种和国内野生坪用植物极为重要。

引种要求遵循一定的规律，否则会出现不良的后果。由于草坪草基本是多年生草本植物，而且功能部位是营养器官。草坪草在引种时，主要考虑的是引进品种在引种地的营养器官的表现，对生殖繁育状况关注较少。因此，草坪草引种与一般农作物、果树等引种要求不完全相同，较农作物等更易引种成功，尤其对无性繁殖的草坪草种，只要在引入地坪用性状表现符合要求就可以进行引种。原产于亚热带的沟叶结缕草，引种到温带的天津市坪用性状表现优异。杂交狗牙根品种在暖温带的洛阳也表现良好。

为保证引种效果，引种工作必须有组织、有计划、有步骤地进行。首先，根据当地生产发展的需要，结合自然、经济条件和现有草坪草种或品种存在的问题，如草坪色泽、质地、病虫害、生育期不适应等确定引种目标，如是需要冷季型草坪草还是暖季型草坪草，需要观赏型、运动型还是水土保持草坪草，需要低水平养护草坪草还是高水平养护的草坪草。然后根据需要，确定候选的草种，并对候选草种品种的背景材料加以详细了解，以确定需要的品种，并制订切实可行的引种方案。再收集引种材料，对新引种的材料进行严格的检疫，并通过特设的生态安全检验圃隔离种植，以防止生态入侵。通过检疫圃繁殖的材料进入引种试验。对初引进的品种，必须进行小区试验观察。对于多年生的草坪草，其试种周期为2~3年，其中表现良好的品种进入品种比较试验。经2~3年的品种比较试验后，表现非常优异的品种参加区域试验，以明确种植区域。最后还要对待推广品种的栽培要点进行归纳总结，以配合推广，充分发挥引进品种应有的坪用潜力。

(2)选择育种

选择育种是指在自然和人工创造的变异群体中，根据个体和群体的表现型选优去劣，选择符合育种目标相应性状的基因型，使优良或有益基因不断积累及所选择的性状稳定地遗传下去的过程。

选择既可以作为一种独立的育种途径进行选育和创造出新品种，同时也可以作为辅助手段，应用于其他任何育种途径之中，如引种、杂交育种、诱变育种等。选择育种是常异花授粉植物和无性繁殖植物常用的育种方法。大多数草坪草是常异交植物，自交高度不育，其自然群体或栽培群体都是由基因型各异的个体组成。因此，选择育种法是草坪植物育种最富有成效的方法之一。目前在生产中应用的大量品种都采用这种育种方法。1970年以前，所有草地早熟禾品种均是从收集于天然草地和古老草坪的丰富种质资源中筛选获得。美国许多重要的狗牙根品种是从非洲、大洋洲、欧洲、美洲、南亚等收集的狗牙根属种质资源中直接筛选出来的。结缕草品种'Meyer'、野牛草品种'Pairie'、匍匐翦股颖品种'Arlington'等也均来自选择育种。

生物进化的3个重要因素——变异、遗传和选择，是人工选育新品种的理论基础。而选择的主要目的是选拔某一原始材料中最优良的类型或某一类型中最优良的个体。特别对于一些数量性状，需要通过多次选择，借助于一些有利基因的积累和基因的累加效应，才能收到预期的选择效果，即"优中选优"。另外，只有对可遗传的变异加以选择才有意义。对于多年生草坪草，在田间条件下应观察多年，在育种计划中采用合适的后代测定形式，以识别其是真实的遗传变异还是短暂的表观变化，并注意在关键时期、合适的生长区域、结合主要性状和综合性状进行选择。选择育种的缺点在于只能从变异中选择优良个体，因此只能从现有群体中分离出好的基因型，改良现有品种，而不能有目的地创新，产生新的基因型。

5.2.2.2 杂交育种

遗传性不同的个体之间进行杂交获得杂交种，继而在杂种后代中进行选择以育成符合生产要求的新品种的方法，称为杂交育种。杂交后代的基因重组，形成新的基因组合；通过基因互作，产生新的性状；通过基因的累加，把控制双亲同一性状的不同微效基因累积于一个杂种个体中，形成超亲类型。因此，通过人工杂交和选择，有意识地将不同亲本的理想基因组合在一起，对创造新的种质资源、选育优良新品种，具有重大的创造性意义。

狗牙根种子繁殖品种绝大多数是通过杂交育种育成的，如‘Sonesta’是由6个无性系混交而成，‘Numex SAHARA’是由8个无性系混交而成，‘Cheyenne’是由5个无性系混交而成等。冷季型草坪草有关杂交育种的研究和育成品种很多，如早熟禾属种间杂交、匍匐翦股颖和细弱翦股颖的杂交组合以及匍匐翦股颖和旱地翦股颖的杂交组合等。二倍体的一年生黑麦草和六倍体高羊茅的杂交后代，经染色体加倍以及选育后，分别得到饲用型高羊茅品种‘Kenhy’‘Johnstone’和草坪型高羊茅品种‘Rebel’。

草坪草的杂交育种通常做法是选择互补性强的数个亲本材料，并将它们栽植在一起，令其混交。混交后代保持距离，单株种植。在开花前将性状不理想的株系去除，理想株系令其混交。数代后即可作为一个选系参加区域试验。这项工作通常在屏障栽植区进行，以免受到外来花粉的影响。草坪草的远缘杂交育种主要指不同草种的杂交育种方法。通常F_1代不育，但因为暖季型草坪草可以通过营养器官来繁殖，因此可以从杂种一代中选择优良株系进行无性繁殖，并作为一个选系参加区域试验。

杂交育种通常遇到的一个问题是花期不遇，因此必须调节亲本的开花期，以保证杂交的顺利进行。可通过改变光照时间和环境温度等方面调整花期。对于暖季型草坪草，缩短或延长光照时间可以促进或延迟开花，而对于冷季型草坪草则相反。提高生育期温度可促进暖季型草坪草开花，而延迟冷季型草坪草开花。此外，早熟亲本多施氮肥可延迟开花，晚熟亲本多施磷肥可促进开花。

草坪草在利用杂种优势方面具有较多有利条件，如大多暖季型草坪草既可有性繁殖，又可无性繁殖，便于固定杂种优势。且草坪草主要用于环境绿化和保护，在利用雄性不育系制种时，可不需要恢复系，当雄性不育系与某一品种杂交时，只要营养体有优势，即可用于生产。还有许多种类的草坪草属多年生，F_1代可连续利用多年，杂交制种隔离区还可以连续利用多年。当不需要扩大面积或更换群丛时，就不必年年制种。

5.2.2.3 诱变育种

诱变育种是利用物理或化学等诱变因素诱发植物发生变异，并从中进行新品种的选育。诱变育种是将常规育种与现代理化技术结合而成的现代育种技术。在草坪草选育过程中，可以采用诱变育种改善叶色、叶宽、叶长等，但了解、预测和控制变异的方向和性质，是有效应用诱变、定向改良品种性质的关键。如采用不同射线处理杂交狗牙根、假俭草、高羊茅等，使其在质地、叶长、叶宽、节间长度、叶色、结实性、抗寒性等均产生较大的变异，为新品种的选育提供丰富的突变体材料。

为提高育种效果，应选择适宜的诱变材料和诱变方法。目前多以种子为诱变对象，但种子生命活动不活跃，对一般因素的敏感性差，且种胚为多细胞，所得突变体要进行嵌合体与二倍体的选择，造成突变率降低和突变谱改变。按育种目标要求，选用营养器官、雌性配子、合子、单倍体及愈伤组织进行处理，可收到特有的效果。在诱变方法上，辐射诱变会有降低结实率的风险而常常用于营养繁殖的草坪植物，化学诱变如秋水仙碱对结实率影响甚微，适合种子繁殖的草坪植物应用。

在对诱变材料加以处理后，就要对它们进行种植和鉴定。既可以对同一处理不同材料分别种植，也可以混合种植。对于诱变材料为种子的草坪植物而言，同一处理材料分别种植就是将每粒种子分别种植鉴定；而对于营养体繁殖的材料而言，就是将其匍匐茎或地下根状茎每个节作为一个繁殖单位，分别种植鉴定。混合种植指将同一处理材料种植在一起加以观察鉴定，表现良好的后代可进入品种比较试验乃至区域试验。诱变育种目前可作为常规育种方法的补充。

5.2.2.4 现代生物技术育种

随着分子生物学的飞速发展，基因工程和细胞工程等植物生物技术在草坪草品种改良上得到越来越多的应用。生物技术可以超越物种间的界限，在更广泛的育种材料中进行细胞诱变、繁殖和细胞杂交，或者直接将功能基因转化特定品种，培育出常规育种方法难以得到的新品种或新材料，而且可以克服常规育种方法耗时长、工作量大等不足。将现代生物技术育种与常规育种有机结合，可大大提高育种效率。

(1)细胞工程与草坪草选育

①组织培养技术在草坪草育种中的应用：在无菌条件下，将植物的器官、组织或细胞在人工培养基上进行培养的过程统称为植物组织培养，又叫作离体培养。1973 年，Atkin 就进行了暖季型草坪草的组织培养工作，但是当时只诱导出了愈伤组织，未能再生出植株。此后许多研究者对草坪进行了组织培养研究，大多数草坪草如高羊茅、草地早熟禾、黑麦草、紫羊茅、匍匐翦股颖、结缕草、狗牙根等的植株再生体系已相继建立。

目前，组织培养技术在草坪草品种改良上的应用主要有以下 3 个方面：a. 利用组织培养进行草坪草倍性育种，不仅可以大大缩短育种周期、提高育种效率，还能同时培育出 3 种倍性不同的个体，且不受季节的限制；b. 利用组织培养进行草坪草远缘杂交育种；c. 利用组织培养进行草坪草突变育种。转基因草坪草育种过程中，高效、稳定的组织培养再生体系的建立是进行转基因的前提和重要保障。

②原生质体培养与细胞融合技术在草坪草育种中的应用：利用不同植物的原生质体使之相互融合，形成杂种细胞，再经过人工培养诱导杂种细胞分化形成植株的过程称为细胞杂交，也称体细胞杂交或细胞融合、原生质体融合。体细胞杂交在弥补草坪草常规育种方面具有很大前途：a. 由野生种向栽培种转移基因存在有性杂交障碍；b. 在预期目标下快速重组不同有性亲和(或不亲和)遗传种质间部分基因组来转移某些特殊特性，需要使用桥梁材料；c. 有待于获得细胞质杂种和(或)不通过多次回交就可转移细胞质编码的特性。有关草坪草体细胞和细胞质杂交的研究，典型例证为高羊茅和黑麦草属间对称和非对称原生质融合以及种内转移多年生黑麦草雄性不育特性的研究。

③草坪草体细胞杂种育性改良：多数体细胞杂种植株的染色体遗传不稳定，经常出现非整倍体，在有性生殖时是不育的。因此，许多体细胞杂种植株需要进行育性改良。即使不出现非整倍体现象，由于亲本之间的亲缘关系，来自双亲的染色体也可能出现配对不规则现象，引起育性降低。育性改良的方法主要有人工染色体加倍法、自然加倍法和回交法。

(2)转基因技术与草坪草选育

转基因技术，也称遗传转化技术。通常指依据一定的需要，将已经分离、克隆并组建呈一定载体形式的外源基因借助于物理、化学或生物的手段，转入受体植物细胞，实现在新背景下表达和遗传的过程。该技术为草坪草的定向改良和分子育种提供了一个有效的途径和方法。植物基因转化的方法很多，用于草坪草的转基因技术有农杆菌介导法、基因枪法、聚乙二醇法、电击法、硅碳纤维介导法和显微注射法等。目前已经获得了高羊茅、紫羊茅、匍匐翦股颖、一年生黑麦草、结缕草、草地早熟禾等草坪草的转基因植株。

将功能基因有目的、有针对性地导入特定品种的愈伤组织或原生质体，获得改良的转基因植物，提高草坪草的抗逆性，是草坪草育种领域的研究前沿。如已培育出的抗除草剂转基因巨序翦股颖、匍匐翦股颖、高羊茅、抗潮霉素结缕草。

(3)基因编辑技术与草坪草选育

基因编辑技术是指在基因组水平上对目的基因序列甚至是单个核苷酸进行替换、切除，增加或插入外源DNA序列的基因工程技术。CRISPR(clustered regularly interspaced short palindromic repeats)系统，是基因编辑的第三代技术。

由于草坪草驯化程度低、基因组复杂、遗传转化体系难以建立等特点，导致该技术目前在草坪草中的应用较少。未来可以利用基因编辑技术精准改良草坪草性状，提高草坪草育种效率，是最有望改善草坪草特性的基因工程技术之一。

(4)DNA分子标记及QTL定位与草坪草选育

分子标记技术利用高分子物质作为遗传标记对草坪草进行有关亲缘关系的鉴定，与常规育种相结合，大大加快了育种的进程。分子标记技术在草坪草方面的研究起步较晚，在草坪草选育工作中，主要应用于种质鉴定、遗传连锁图谱的绘制和辅助育种等方面。随机扩增多态性DNA标记(random amplification polymorphism DNA，RAPD)表明，羊茅和多年生黑麦草之间的差异明显，且种内具有较高多态性，但羊茅的种内多态性明显低于黑麦草。高羊茅、多年生黑麦草、一年生黑麦草、结缕草、狗牙根、翦股颖等草坪草的分子标记遗传连锁图谱均已构建完成。利用相关序列扩增多态性(sequencerelated amplified polymorphism，SRAP)引物建立的13个品种(系)匍匐翦股颖的指纹图谱，可以用于鉴定国内外品种比较。

简单序列重复标记(simple sequence repeat，SSR)和单核苷酸多态性(single nucleotide polymorphism，SNP)是目前常用的构建指纹图谱以及辅助育种的方式。现已进行了10种草坪草指纹图谱的构建，包括沟叶结缕草、结缕草、细叶结缕草、黑麦草、高羊茅、草地早熟禾、紫羊茅、细弱翦股颖、草地早熟禾、紫羊茅，利用3种引物可以将10种草坪草品种全部区分开。在高羊茅、草地早熟禾、狗牙根、黑麦草、翦股颖等中，均开发了有效的SSR标记，对遗传资源研究和分子育种有很高价值，为草坪草遗传多样性分析、种质资源鉴定等提供了一定的技术基础。

植物分子标记遗传连锁图谱构建后，可以通过其分子标记进行数量性状(quantitative trait locus，QTL)定位，利用QTL定位筛选相关性状的候选基因在基因组中的位置，此项技术被广泛应用于定位草坪草中的抗逆基因，为草坪草的分子育种奠定基础。如在结缕草中定位到多个抗寒性位点。利用测序基因分型(GBS)方法构建了多年生矮丛禾本科草高密度连锁图，利用2 871个SNP和81个SSR检测到了与草坪质量相关的QTL，为标记辅助提供了宝贵资源。在黑麦草、匍匐翦股颖等草坪草上也相继开展了抗性相关QTL定位研究，在分子水平上对相关性状进行改良，大幅度提高选育效率。

5.2.2.5 组学在草坪草育种中的应用

组学，也称为生物组学，指研究生物体生命现象的各种关联技术的集合。近年来，围绕不同的育种目标，关于草坪草坪用性状、抗性性状等相关内在调控机制，关键功能基因挖掘及分子网络互作成为热点研究内容，在一定程度上推进了草坪草组学相关研究和发展进程。

(1)基因组学与草坪草选育

基因组学(genomics)是指对生物体内所有基因进行基因组作图(包括遗传图谱、物理图谱、转录本图谱)、核苷酸序列分析、基因定位和基因功能分析的一门科学。通过基因组学，可以对草坪的生长、发育、进化、起源等重大问题进行探索分析，加深对草坪草物种认识，加快新基因发现和物种改良的速度。目前，草坪草中获得完整基因组信息的物种较少，主要因为草坪草为多倍体，基因组较大，杂合度也很高，具有高度重复序列和全部或部分的基因组重复片段，基因组测序较难。黑麦草的基因草图于2015年完成，组装后的大小为1 128 Mb。二倍体狗牙根结合Illumina和Nanopore测序获得了染色体规模的基因组组装。这项工作大大推进了草坪草育种进程，有助于遗传改良和功能研究的深入开展。

(2)转录组学与草坪草选育

转录组(transcriptome)是在特定发育时间或特定条件下，细胞内所能转录出来的所有RNA的总和，包括mRNA，no-codingRNA和small RNA。

利用转录组测序能够针对不同研究目的和种类的草坪草，筛选不同逆境胁迫下不同组织和器官以及不同生长发育阶段差异表达的功能基因，探究基因功能和相关机制，在海雀稗、狗牙根、草地早熟禾、多年生黑麦草等草坪草研究中已得到愈发广泛的应用。尽管某些草坪草的基因组测序并未被拼接完成，但利用三代测序获得的全长转录本作为物种的参考基因组，已在高羊茅，六倍体硬羊茅和狗牙根中获得了全长转录组。三代测序的读长在转录信息识别上更全面并且弥补了一代和二代测序在读长上的局限性，也避免了扩增引入的碱基偏好等错误，已经成为更快捷更方便获得草种基因信息的技术手段。

(3)蛋白组学与草坪草选育

蛋白质组学(proteomics)是以蛋白质组为研究对象，研究细胞、组织或生物体蛋白质组成及其变化规律的科学。在不同环境胁迫下的蛋白表达和差异已成为草坪草功能基因组学研究的前沿和热点。如在野牛草中发现响应低温逆境的相关蛋白主要参与能量代谢、脂肪酸代谢和信号传导等。咖啡酸O甲基转移酶(Caffeic acid O-methyltransferase，COMT)蛋白及其直接作用生成的褪黑素，有利于白颖薹草抗氧化和活性氧的清除，是黄骅白颖薹草耐盐的重要机制。研究草坪草蛋白质的组成及其活动规律，对蛋白定性和定量研究，获得抗逆蛋白与逆境应答之间的关系，将有利于解析草坪草抗逆的分子机理。

(4)代谢组学与草坪草选育

代谢组学(metabolome)主要研究生物体中内源低分子量代谢物种类、数量的变化和规律，揭示代谢物质的生物学功能，代谢组是生物体在内外因素共同作用下基因转录和蛋白表达的最终结果，它反映外界刺激或遗传修饰的细胞或组织的代谢应答变化。在逆境胁迫下，植物细胞代谢水平的改变会影响植物表型生理和基因等变化。因此，利用代谢组学技术可以作为一种桥梁将基因型和表型联系在一起，通过生物信息数据分析，解释草坪草在胁迫下所进行的代谢过程并且鉴别新的代谢物。

随着组学研究的开展，在利用单一的组学技术对草坪草进行研究的基础上，越来越多的研究侧重于利用多组学结合进行联合分析。这种采用不同角度和维度相结合的研究策略，将更有助于全面深入地对草种的机制和机理进行挖掘和阐述。

草坪草的育种目标正日益多样化，而可利用的种质资源也逐渐枯竭，因此传统的常规育种方法正面临着越来越严重的挑战。现代分子生物技术的发展为解决这些问题提供了有力的武器，但现代生物技术育种应与常规育种有机结合才更有生命力。

5.3 草坪草品种审定及发展概况

品种审定(culitivar registration)，是指对新育成的品种、地方品种或引进的品种，由相应的品种审定机构根据品种区域试验结果和其他生产表现，审查评定其推广价值和适应范围并批准认可为品种的工作。草坪草品种审定是品种管理的核心。品种审定不仅可以鉴定和评价良种，科学推广良种，加快其在适宜地区的推广速度，而且可以有效限制不良品种的乱引、乱推，避免给生产造成重大损失，从而规范良种选育、生产、经营和推广行为，促进草坪草产业和草种市场健康、有序地发展。

5.3.1 国外草坪草品种审定及发展概况

澳大利亚、加拿大、美国、匈牙利、德国、新西兰、日本等都实行草品种审定登记制度，并由官方专门机构负责。澳大利亚草品种登记委员会成员包括农业部和州初级产业部的官员、大学和研究所的专家、种子生产者和经销商等，对拟登记的品种要求来源清楚、遗传性状稳定、特征特性明显。加拿大《种子法》规定，拟登记注册的品种必须具有特殊农艺性状，且优于对照品种，并经过一定年限的试验鉴定，申请者将试验材料、数据交由审定委员会审核评议，合格者由加拿大农业部注册，并印发品种植物特征、育种过程、检验及实验数据等情况介绍资料。国外引进品种也允许在加拿大登记注册，但必须提供国家检疫证书，并履行同一注册程序，具备同等条件。美国和匈牙利要求新品种登记前必须进行包括特异性(distinctness)、一致性(uniformity)和稳定性(stability)在内的“三性”测试试验(简称DUS测试)，以确认品种是否具有新颖性。德国政府规定，新品种在进行DUS测试的基础上，还要进行品种栽培利用价值(value for cultivation and use, VCU)评价。通过DUS测试的品种可申请品种注册和保护，除园艺作物(如果树、蔬菜、花卉)之外的其他作物还必须通过VCU测试(相当于我国的区域试验)，才能获准登记上市(相当于我国的品种审定)，在适宜区域内推荐种植。

目前，美国是世界上最大的草坪草种供应国，位于其西北部的爱达荷、华盛顿和俄勒冈州是美国草坪草种子的主要生产区，该区域生产的种子量占美国生产总量的90%左右。丹麦也是草坪草种子出口大国，其最大的草坪公司——丹农公司的草坪草种子产量占欧洲总量的83%。美国的国家草坪草评价计划(National Turfgrass Evaluation Program, NTEP)为世界著名的草坪草研究计划之一，覆盖范围从最初的美国40个州和加拿大6个省的17个草坪草种，到目前多达30个国家的主要草坪草种。NTEP每年对草坪草种及品种的质量、颜色、密度、抗性等相关数据进行收集和总结，已成为美国及世界其他国家草坪草评价的标准。截至2022年1月，NTEP已收集的草坪草评价数据的品种数目中早熟禾属、羊茅属和黑麦草属的品种数目最多，占释放草坪草品种总数的85%左右。而另一著名的数据库——欧盟(European Union，EU)的植物品种数据库，则为了解和搜索所有在欧盟市场上经营流通的已登记注册的蔬菜、农作物和草品种的种子提供了便利快捷的途径。截至2022年1月，从该数据库可查到，已登记注册黑麦草属以1 109个的品种数量占有绝对优势，其次为羊茅属品种数目829个。早熟禾属品种180个，翦股颖属50个。暖季型草坪草中，只搜索到狗牙根属登记注册的品种为7个，而未查到其他暖季型草坪草种。

5.3.2 中国草坪草品种审定及发展概况

5.3.2.1 中国草坪草品种审定体系

《中华人民共和国草原法》第二十九条规定“新草品种必须经全国草品种审定委员会审定，由国务院草原行政主管部门公告后方可推广”。《草种管理办法》第十五条明确提出“国家实行新草品种审定制度。新草品种未经审定通过的，不得发布广告，不得经营、推广”。草品种审定是优良草品种推广环节中的关键一环，直接影响着我国草品种的质量和市场竞争力。

我国的草品种审定工作起步于20世纪80年代。1983年，农牧渔业部开始筹备成立国家级草品种审定机构。1987年7月23日“全国牧草品种审定委员会”正式成立，秘书处设在吉林省农业科学院，成为我国当时唯一的国家级草品种审定权威机构。1992年2月，第二届全国牧草品种审定委员会成立，秘书处改设在中国农业科学院畜牧研究所。2006年，根据《农业部办公厅关于全国牧草品种审定委员会更名的通知》和《农业部关于成立第五届全国草品种审定委员会的通知》，“全国牧草品种审定委员会”更名为“全国草品种审定委员会”，2010年9月，农业部发文成立了第六届全国草品种审定委员会，并相继组织编写了行业标准《草品种审定技术规程》《观赏草品种审定标准》等，开发了“国家草品种审定管理系统”，使我国草品种审定工作进入正常轨道，确保了我国草品种审定工作的科学性、公平性和公正性，有力地推动了新草品种的选育、引进、整理、驯化等工作。在此期间，多个省区依照自身需求相继成立了省级草品种审定机构，进一步健全了我国草品种审定体系。2018年国家机构改革后，草坪草品种管理职能调至新组建的全国林业和草原行政管理体系。2018年年底，国家林业和草原局发文成立第一届草品种审定委员会，主要开展草坪草和生态保护修复用草品种的审定工作。农业农村部继续负责饲草品种管理，于2021年4月成立第八届全国草品种审定委员会，承担以饲喂家畜为主要用途的饲草品种审定工作。

5.3.2.2 审定通过的草坪草品种概述

自1987年全国牧草品种审定委员会成立以来，我国草品种审定工作取得了丰硕的成果。截至2023年年底，共审定通过了草坪草品种656个，其中育成品种249个，引进品种188个，地方品种68个，野生栽培品种151个。其中，包括常见的草坪草品种63个，占比很少，而我国登记的品种中，草坪草绝大多数为引进品种和野生栽培品种，其中代表我国草品种选育能力的育成品种仅17个，品种信息见表5-4所列，只列出了自主产权的草坪草信息(育成品种、野生栽培品种和地方品种)。国家林业和草原局草品种审定委员会从2021年成立至2023年年底已审定通过45个，其中育成品种24个，引进品种7个，野生驯

表5-4 我国审定通过自主产权的草坪草品种信息

属	种名称	品种名称	学名	登记年份	申报单位	申报者	品种类别	适应区域
地毯草属	地毯草	华南地毯草	*Axonopus compressus* 'Huanan'	2000	中国热带农业科学院热带牧草研究中心	白昌军等	野生栽培品种	适宜长江以南无霜或少霜,年降水量775 mm以上的热带、亚热带地区种植
狗牙根属	普通狗牙根	喀什	*Cynodon dactylon* 'Kashi'	2001	新疆农业大学	阿不来提等	野生栽培品种	适宜我国南方和北方较寒冷、干旱、半干旱平原区种植
		南京	*Cynodon dactylon* 'Nanjing'	2001	江苏省中国科学院植物研究所	刘建秀等	野生栽培品种	适宜长江中下游地区种植
		新农1号	*Cynodon dactylon* 'Xinnong No. 1'	2001	新疆农业大学	阿不来提等	育成品种	适宜我国南方和北方较寒冷、干旱、半干旱的平原区种植
		新农2号	*Cynodon dactylon* 'Xinnong No. 2'	2005	新疆农业大学	阿不来提等	育成品种	适宜我国南方和北方较寒冷、干旱、半干旱平原区种植
		阳江	*Cynodon dactylon* 'Yangjiang'	2007	江苏省中国科学院植物研究所	刘建秀等	野生栽培品种	适宜长江中下游及其以南地区种植
		川南	*Cynodon dactylon* 'Chuannan'	2007	四川农业大学、四川省燎原草业科技有限责任公司	张新全等	野生栽培品种	适宜西南及长江中下游地区种植
		邯郸	*Cynodon dactylon* 'Handan'	2009	河北农业大学	边秀举等	野生栽培	河北省保定、沧州以南的冀中南平原及河南、山东平原地区以及类似地区
		保定	*Cynodon dactylon* 'Baoding'	2009	河北农业大学	边秀举等	野生栽培	河北省保定、沧州以南的冀中南平原及河南、山东平原以及类似地区
		新农3号	*Cynodon dactylon* 'Xingnong No. 3'	2010	新疆农业大学	阿不来提等	育成品种	适宜用于我国北方暖温带及亚热带,干旱、半干旱平原区城乡绿化、生态建设及人工草地建设
		关中	*Cynodon dactylon* 'Guanzhong'	2017	江苏省中国科学院植物研究所	刘建秀等	野生栽培品种	适宜在京津冀平原及以南地区用于草坪
		川西	*Cynodon dactylon* 'Chuanxi'	2017	四川农业大学、成都时代创绿园艺有限公司	彭燕等	野生栽培品种	适宜在我国西南地区及长江中下游中低山、丘陵、平原地区用于草坪建植
		桂南	*Cynodon dactylon* 'Guinan'	2020	中国热带农业科学院热带作物品种资源	黄春琼等	野生栽培品种	适用于长江中下游及以南地区作为景观
		天府	*Cynodon dactylon* 'Tianfu'	2023	四川省草业技术研究推广中心	张瑞珍等	野生栽培品种	适宜在西南及长江以南温暖地区种植
	杂交狗牙根	苏植2号非洲狗牙根-狗牙根杂交种	*Cynodon transvaalensis*× *C. dactylon* 'Suzhi No. 2'	2012	江苏省中国科学院植物研究所	刘建秀等	育成品种	适宜我国长江中下游及以南地区种植

(续)

属	种名称	品种名称	学名	登记年份	申报单位	申报者	品种类别	适应区域
剪股颖属	匍匐剪股颖	粤选1号	*Agrostis stolonifera* 'Yuexuan No. 1'	2004	仲恺农业技术学院、中山大学、中山伟胜高尔夫服务有限公司	陈平等	育成品种	适宜长江流域及其以南地区，年降水量在800 mm以上的亚热带、南亚热带地区种植
结缕草属	结缕草	青岛	*Zoysia japonica* 'Qingdao'	1990	山东青岛市草坪建设开发公司、青岛市园林科学研究所	董令善等	野生栽培品种	全国各地均可种植
	结缕草	辽东	*Zoysia japonica* 'Liaodong'	2001	辽宁大学生态环境研究所	董厚德等	野生栽培品种	在南北纬42°30′范围内的湿润和半湿润气候区可建成雨养型草坪。在中国除青藏高原、新疆和大兴安岭北部外，全国大部分地区均可种植
	结缕草	上海	*Zoysia japonica* 'Shanghai'	2008	上海交通大学	胡雪华等	野生栽培品种	长江中下游及以南地区
	结缕草	广绿	*Zoysia japonica* 'Guanglv'	2018	华南农业大学	张巨明	育成品种	适宜长江流域以南的热带、亚热带地
	青结缕草	胶东	*Zoysia japonica* var. *pollida* Nakai ex Honda 'Jiaodong'	2007	中国农业大学、青岛海源草坪有限公司	王赟文等	野生栽培品种	适宜河北、山东、四川盆地、长江中下游过渡带、华南热带亚热带地区种植
	半细叶结缕草	华南	*Zoysia matrella* 'Huanan'	1999	中国热带农业科学院	白昌军等	地方品种	适宜长江以南的热带、亚热带地区种植
	杂交结缕草	苏植1号	*Zoysia japonica* × *Z. tenuifolia* 'Suzhi No. 1'	2010	江苏省中国科学院植物研究所	刘建秀等	育成品种	适宜用于长江三角洲及以南地区的观赏草坪、公共绿地、运动场草坪以及保土草坪的建植
	杂交结缕草	苏植3号	*Zoysia sinica* Hance× *Z. matrella* 'Suzhi No. 3'	2015	江苏省中国科学院植物研究所	郭海林等	育成品种	适宜北京及以南地区作为观赏草坪、公共绿地、运动场草坪以及水土保持草坪建植
	杂交结缕草	苏植5号	*Zoysia japonica* × *Zoysia tenuifolia* × *Zoysia matrella* 'Suzhi No. 5'	2018	江苏省中国科学院植物研究所	宗俊勤等	育成品种	适宜长江中下游及以南地区用于草坪
	杂交结缕草	苏植4号	*Zoysia sinica* ×*Z. matrella* 'Suzhi No. 4'	2020	江苏省中国科学院植物研究所/中国科学院华南植物园	郭海林等	育成品种	适宜于我国北京及以南地区等地作为观赏草坪、公共绿地、运动场草坪以及保土草坪建植
	杂交结缕草	苏植6号	*Zoysia japonica*× *Zoysia matrella* 'Suzhi No. 6'	2023	江苏省中国科学院植物研究所	郭海林等	育成品种	适宜用于长江中下游及以南地区

（续）

属	种名称	品种名称	学名	登记年份	申报单位	申报者	品种类别	适应区域
蜈蚣草属	假俭草	华南	*Eremochloa ophiuroides* 'Huanan'	2014	华南农业大学农学院	张巨明等	野生栽培品种	适宜我国热带、亚热带地区种植
		赣北	*Eremochloa ophiuroides* 'Ganbei'	2019	江苏省中国科学院植物研究所	陈静波等	野生栽培品种	适宜于我国长江中下游及以南地区种植
		渝西	*Eremochloa ophiuroides* 'Yuxi'	2021	江苏省中国科学院植物研究所	宗俊勤等	野生栽培品种	适宜在我国长江中下游及以南地区用于景观绿化和水土保持草坪建植
羊茅属	高羊茅	北山1号	*Festuca arundinacea* 'Beishan No. 1'	2005	北京大学	林忠平等	育成品种	适宜我国华北、东北及西部诸省区种植
		黔草1号	*Festuca arundinacea* 'Qiancao No. 1'	2005	贵州省草业研究所、贵州阳光草业科技有限责任公司、四川农业大学	吴佳海等	育成品种	适宜我国长江中上游中低山、丘陵、平原及其他类似地区种植
		沪坪1号	*Festuca arundinacea* 'Huping No. 1'	2009	上海交通大学	何亚丽等	育成品种	长江中下游地区
		水城	*Festuca arundinacea* 'Shuicheng'	2009	贵州省草业研究所、贵州阳光草业科技有限公司、四川农业大学	吴佳海等	野生栽培品种	适宜我国云贵高原、长江中上游及类似生态区种植
格兰马草属	野牛草	京引	*Buchloe dactyloides* 'Jingyin'	2003	北京天坛公园、中国农业大学	牛建忠等	野生栽培品种	适宜北京及其气候条件相类似的地区种植
		中坪1号	*Buchloe dactyloidies* 'Zhongping No. 1'	2006	中国农业科学院北京畜牧兽医研究所	李敏等	育成品种	适宜我国暖温带和北亚热带地区种植
早熟禾属	草地早熟禾	大青山	*Poa pratensis* 'Daqingshan'	1995	内蒙古畜牧科学院草原研究所	额木和等	野生栽培品种	适宜内蒙古、西北地区种植
		太行	*Poa pratensis* 'Taihang'	2022	山西农业大学	朱慧森	野生栽培品种	适宜在我国华北、西北及东北中南部地区用作绿地、运动场、护坡草坪建植
		帽儿山	*Poa pratensis* 'Maoershan'	2022	东北农业大学	陈雅君	野生栽培品种	适宜在我国东北、西北及西南高海拔冷凉地区用作绿地、运动场、护坡草坪建植

(续)

属	种名称	品种名称	学名	登记年份	申报单位	申报者	品种类别	适应区域
雀稗属	海雀稗	广星	*Paspalum vaginatum* Sw. 'Guangxing'	2021	华南农业大学、广州星太体育场地设施工程有限公司	张巨明等	育成品种	适宜在我国长江中下游以南的热带、亚热带地区用于草坪建植
		苏农科1号	*Paspalum vaginatum* 'Shunongke No. 1'	2021	江苏省农业科学院畜牧研究所	钟小仙等	育成品种	适宜在长江中下游及以南地区用于绿地、运动场草坪建植和盐碱地改良

注:截至2023年年底,全国草品种审定委员会审定。

化品种14个。育成品种以生态修复草种为主。例如，中国农业大学2022年育成野牛草品种'中野1号'(*Buchloe dactyloides* 'Zhongye 1')，适宜在我国北方年降水在250~630 mm的半干旱、半湿润地区种植。从所有审定草坪草品种中，已经形成规模产业化生产的品种很少，目前国内产业化比较好的草坪草品种有'青岛结缕草''阳江狗牙根''中坪1号野牛草'和'兰引3号结缕草'(引进品种)等。草坪育种采用远缘杂交品种有'苏植1号''苏植2号''苏植3号''苏植4号''苏植5号''苏植6号'等；生物技术等在草坪草育种中还未取得重大突破。

5.3.3 中国草坪草选育工作发展建议

历经半个多世纪的努力拼搏，我国草坪草品种选育工作取得了可喜的成绩。但与发达国家相比，我国育种工作起步较晚、发展滞后，在许多方面存在着快速发展的制约因素和有待解决的问题。纵观世界草坪草品种选育的发展趋势，结合我国实际情况分析，我国草坪草品种选育的快速发展需要从体制和机制上解决一些关键的制约性问题，建立和完善我国草坪草品种选育的管理体系和技术体系。

(1)建立与国际接轨的草坪草品种审定体系

英国、法国、德国等发达国家普遍采用DUS测试来评判新品种身份。此外，一些国家还要求新品种通过官方VCU测试，进入《国家目录》(*National List*)才能推广上市。即一个品种要成为审定新品种，首先要求这个品种必须具有特异性、一致性和稳定性，在此基础上具备一定的生产利用价值才可能通过审定。现阶段我国草品种区域试验只是测试参试品种的区域适应性和生产利用价值(与VCU基本一致)，并没有真正实施DUS测试，相关工作还只停留在DUS测试指南的编制以及DNA指纹图谱辅助鉴定体系构建等前期基础阶段。导致审定委员只能依靠专业知识和经验判断申报品种是否是真正的“新品种”。2016年，“国家草品种区域试验专项”中安排了苜蓿、柱花草、红三叶、鸭茅、狼尾草、狗牙根、结缕草、高粱-苏丹草杂交种、小黑麦9个属种的育成或野生栽培品种DUS实测试点工作，加快我国测试指南制定工作的进行，使其发挥技术支撑作用。

(2)提高草坪草品种选育技术手段

制定较为系统的我国草坪草品种选育技术规程和相关标准是完善草坪草品种选育技术体系的重要环节，是提高我国草坪草品种选育整体技术水平的关键。在相继完善和普及常规育种理论和技术的基础上，积极探索草坪草品种选育的高新技术，将生物技术等高新技术与常规育种结合起来，完善我国草坪草品种选育的技术体系，提高选育效率，缩短新品种更新换代周期。

(3) 建立草坪草品种选育协作机制

草坪草品种选育涉及遗传学、植物育种学、植物分类学、生理生化等多门学科的知识，是一项周期长、难度大的系统工程。发达国家新品种的选育多由相关国家组成科研梯队合作攻关。近年来，我国开展草坪草品种选育的单位数量明显增多，开展跨地区和跨行业的草坪草品种选育合作研究是今后草坪草品种选育的一条重要途径。此外，广泛收集、保存、鉴定草坪草种质资源是加快草坪草品种选育的前提条件，完善草坪草种质资源信息与实物共享系统，使育种工作者能及时发现并掌握优异的育种材料，加快育种进程。

复习思考题

1. 草坪草种质资源的类别有哪些？
2. 草坪草育种目标主要有哪些？
3. 试述草坪草选育途径与技术。
4. 试比较中外草坪草品种选育工作的差距。
5. 根据掌握的专业知识与我国当前形势，试提出我国育种发展方向与发展建议。

第 5 章知识拓展

第 6 章

草坪土壤

草坪生长离不开气候、土壤、生物等因子的影响。作为草坪生长的坪床基质，土壤不仅提供了水、肥、气、热等条件，而且是生态系统中物质与能量交换的重要场所，土壤状况的优劣会直接对草坪质量及其寿命产生深刻影响。

不同用途的草坪对坪床土壤条件的要求也有所差异，健康的草坪来自健康的土壤，了解土壤的基本性质、熟悉草坪土壤的特点以及掌握草坪土壤改良的技术与方法，对草坪建植与后期养护管理、实现绿色发展具有重要的指导意义。

6.1 草坪土壤特性

土壤为草坪植物提供了养料和水分，并为根系提供呼吸作用所需的氧气和机械支撑。草坪植物生长的好坏取决于土壤的营养状况和养护管理水平，贫瘠的土壤通过良好的管理可以得到改善，而肥沃的土壤也可被不良的操作方式毁坏。

6.1.1 土壤物理性质

土壤基本物理性质包括土壤的质地、孔性、结构等。其中，质地、结构与土壤水分、土壤空气、土壤热量关系密切，这些都能对植物根系的生长和植物的营养状况产生明显的影响。运动场草坪土壤的物理结构及性质直接影响草坪使用质量。评价运动场草坪质量时，草坪场地中土壤的质地、结构、容重、水分以及孔隙度都是必测的指标。

6.1.1.1 土壤质地

各粒级的土粒在土壤中的相对比例(质量百分比)，称为土壤质地或土壤机械组成，一般可分为砂土、黏土和壤土。

土壤质地的分类对草坪管理非常重要，一般可用实验室分析法或感观测定法。草坪建植时进行砂粒特征的测试非常重要，尤其是在高尔夫球场和运动场草坪建植时，要求对每种粒径砂粒的含量有精确的配比。

(1)砂土

砂土中含有丰富的大孔隙，具有良好的排水透气特性，水可以更快地渗透整个土层，但保水能力较差，水流过后孔隙中充满了空气。砂土这种疏松的特性可以促使草坪草根系深穿土层并向下生长。但砂土也存在一些问题，由于这种土质浇水后渗透快，干得也快，尤其在干旱时期，必须进行频繁灌溉才能为草坪草正常生长提供足够的水分。灌溉或降雨会把肥料淋溶至根系难以达到的土壤深层，砂壤土也需要更频繁地施肥，才能保障草坪的营养需求。然而一些运动场必须以大比例的砂粒坪床结构来满足运动需求，如果管理恰当，砂质土壤也可以长出优质的草坪草。

(2)黏土

黏土的持水能力较强，黏粒土壤具有小尺寸的微孔，非常适合保水。黏粒比砂粒和粉粒，有着更大的比表面积，1 g黏粒的表面积至少是砂粒的1 000倍。与砂土相比，黏土通过淋溶作用造成的养分损失是非常小的，且持水能力较强。但黏粒含量太多时也可导致严重的问题，如排水和渗水能力较差。湿黏土容易结成土块，干燥后变得非常硬且不易破碎。大雨也容易造成积水，不利草坪草根系深入土壤生长。

(3)壤土

草坪建植时砂粒和黏粒的比例都不应过大。壤土对草坪草的生长非常适宜。壤土包含了25%~50%的砂粒和10%~25%的黏粒，充足的砂粒能够保障良好的排水性和透气性，适当的黏粒比例又保障了壤土拥有良好的保水保肥能力。

6.1.1.2 土壤孔性

土壤中土粒或团聚体之间以及团聚体内部的孔隙，称为土壤孔性。土壤孔性包括土壤孔隙度与孔隙类型，前者决定土壤气液两相的总量，后者决定气液两相的比例。

6.1.1.3 土壤结构

土壤结构是指土壤颗粒(包括团聚体)的排列与组合形式。除砂土外，土壤颗粒在自然条件下是聚集在一起以土壤结构的形式表现出来，而土壤质地对土壤生产性状的影响也是通过土壤结构性表现出来。土壤结构按形状可分为块状、片状和柱状三大类型；按其大小、发育程度和稳定性等分为团粒、团块、块状、棱块状、棱柱状、柱状和片状等结构。其中，团粒结构对植物生长有利，改良土壤结构性，往往就是促进团粒结构的形成。团粒结构对土壤肥力的作用是：①能协调水分和空气的矛盾；②能协调土壤有机质中养分的消耗和积累的矛盾；③能稳定土壤温度，调节土热状况；④改良耕性和有利于植物根系伸展。为了草坪植物生长健康，创造条件利于土壤团粒结构的形成。一个好的结构可以解决许多由于土质不好所造成的问题。由于土粒大小是固定的，所以质地是土壤的永久属性，不会发生改变，而土壤结构是可变的。对于草坪管理者来说，好的管理就是维持好的土壤结构，错误的管理方式可以破坏土壤结构，如机械过度碾压、含水量较高时犁地等操作都是不良管理方式，会使土壤板结，减少大孔隙。草坪草生长需要良好的土壤团粒结构。

6.1.2 土壤化学性质

土壤化学性质主要包括土壤肥力和土壤反应，其对于植物生长有很重要的作用。

土壤及时满足植物对水、肥、气、热要求的能力，称为土壤肥力。肥沃土壤是植物正常生长发育的基础。植物根部主要吸收一些简单的、可溶性的营养物质，这些营养物质主要以离子形式存在于土壤溶液中。植物根系在吸收水分的同时也会将各种营养物质吸收进体内。草坪草大多是须根系植物，便于从土壤溶液中吸收营养物质。当根系直接和土壤颗粒接触时，也能够吸取颗粒表面阳离子交换位点上含有的阳离子。

土壤反应是指土壤酸性或碱性的程度，常以pH值表示。土壤pH值实际上是测量土壤溶液中H^+浓度的负对数。大多数草坪草在土壤中生长的最适pH值是5.5~7.0，不同草种其适宜pH值范围不同，一些草种喜欢酸性环境，如假俭草和地毯草，一些草种喜欢碱性环境，如冰草和格兰马草。大多数草种适宜生长的pH值范围通常微偏酸性，因为所有必需营养元素在这个区间内都呈可利用的化学形式。当土壤pH值在6.5左右时，可供植物

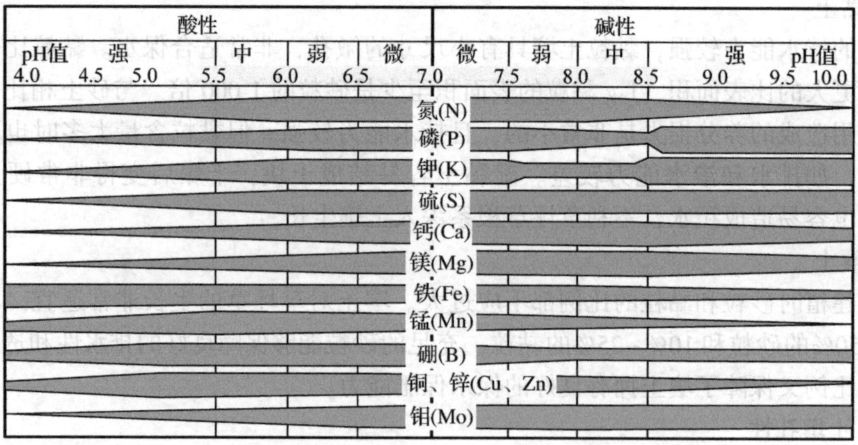

图 6-1 各种营养元素在不同土壤 pH 值条件下的有效性

(幅的宽窄表示养分有效性的高低)

利用的每种营养物质的有效量达到最大(图 6-1)。

在土壤中氮素通常是有机物结构的一部分。当有机物被微生物分解后，氮素等必需元素就会释放出来，转化成植物可利用的形式。极端的酸性或碱性会抑制微生物的活性，并导致氮有效性的减弱。当土壤 pH 值偏高或偏低时，植物难以获取磷素。当 pH 值低于 6.5 时，磷素与铁、铝或锰形成难溶的复合物。在 pH 值增加到 7.0 以上时，磷和钙或锰发生反应，形成不可利用的复合物。当 pH 值低于 6.5 时，铁、锰等微量元素的有效性才开始变强，由于植物需要量少，通常对植物的生长没有影响。在强酸性土壤条件下，锰和铝可溶性较强，会对植物造成毒害。当土壤处于理想 pH 值时，植物能够获取所需养分，并保持旺盛的生长状态。如果土壤过酸或过碱时，植物可能会出现营养匮乏，这是由于土壤虽然含有大量的必需营养元素，但它们被锁在复杂的、难溶的复合物中，不能被植物所用。

6.1.3 土壤剖面结构

土壤剖面可分为有机层(O 层)、腐殖质层(A 层，也称表土层)、淋溶层(E 层)、淀积层(B 层)、母质层(C 层)和母岩层(R 层)(图 6-2)。有机层主要由未分解或半分解的有机物组成，也称枯草层。草坪土壤中可能不包含所有层次。例如，为了减少土壤紧实度，高尔夫球场果岭或运动场坪床常加入改良性砂层。刚形成的土壤可能含有腐殖质层和母质层，但尚未形成淀积层。理想的腐殖质层应该深且具有良好结构，以确保通风排水良好，当土壤表层变干时植物仍能获取水分。

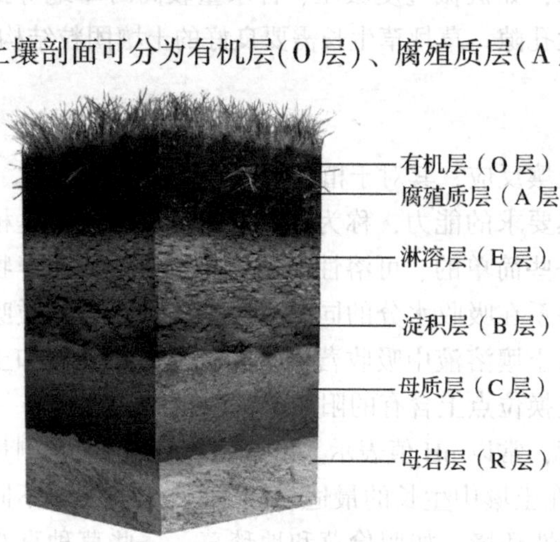

图 6-2 土壤剖面结构

6.1.4　草坪枯草层

6.1.4.1 概述

枯草层是由草坪草周期性脱落的根系、水平茎(匍匐茎和根状茎)和成熟的叶鞘叶片堆积起来而形成的半分解半腐烂状态的有机物，位于地上植物与土壤层之间，也称为芜枝层。当草坪生物量积累的速度大于降解速度，则会不断形成枯草层。

枯草层来源于腐烂的地上部叶片和茎秆，这些组织中木质素、纤维素和半纤维素含量很高，木质素是枯草层的主要成分。木质素的作用是使草本植物茎秆保持直立状态，有些草类植物的木质素含量可高达25%。由于细菌难以分解木质素中大分子的长链聚合体，且木质素的降解产物对细菌有毒，土壤中的细菌很难降解木质素。

6.1.4.2　枯草层的利弊

(1)枯草层的优点

①枯草层有缓冲作用。与无枯草层的草坪相比，当运动员倒地时，有枯草层的草坪会减少17%的重力冲击，枯草层发挥的缓冲作用大于草坪草本身。枯草层还可缓冲践踏或剪草机等对草坪地上部的磨损。

②枯草层可吸收并降解残留农药，减轻农药对草坪草的伤害和对自然环境的污染作用。枯草层含有比土壤高40~1 600倍的细菌、500~600倍的真菌和超过100倍的放线菌。这些微生物在农药的分解中发挥着重要作用。

③枯草层隔离了杂草与土壤的直接接触，使杂草种子难以萌发。

④当草坪草根系和根颈生长在土壤中而不是枯草层中时，枯草层对温度的剧烈变化有一定的缓冲效果，使草坪草根系对急剧变化气温的敏感性降低。

(2)枯草层的缺点

①枯草层会阻隔或截留水分渗入土壤。枯草层干燥后很难再吸收水分，隔离水分作业会截留部分要渗入土壤中的水分。枯草层过厚时，草坪草根系会被局限性在枯草层内，难以深入土壤获得水分，枯草层经常导致小范围枯斑。

②阻隔农药或化肥进入施药/肥部位，减弱农药和肥料的使用效果。使用的杀虫剂或杀菌剂会黏附在枯草层上，难以到达昆虫采食或病害发生的部位，造成药剂浪费，并且这些农药在枯草层中降解的速度高于土壤。施用的肥料也无法进入土壤中，尤其像磷肥这样难溶的肥料，难以达到根系生长区域。

③枯草层为昆虫和病原菌提供安全的庇护所：大多数致病真菌在其生活史中是腐生生物，依靠腐烂的有机体存活，而枯草层可以为它们提供良好的栖息地与食物。

④枯草层影响草坪的修剪：浓密的枯草层会在剪草过程中产生弹力，使剪草机械难以运行，影响修剪过程。

⑤抑制草坪草的根系生长，使草坪根系变浅，抗性下降。

6.1.4.3　影响枯草层形成的因素

(1)氮肥

肥料的过度施用是枯草层积累的主要原因，特别是速效氮肥过量施用，容易引起草坪快速生长，促进有机物的生成，同时使土壤pH值下降，土壤微生物的活性下降，有机物的降解速率降低，导致枯草层积累。因此，草坪科学、合理施肥，既能保证草坪正常生长，也有利于控制枯草层在较为理想的厚度。

(2)灌溉

浇水不当可能会引起枯草层的积累。如果浇水不能见干见湿、一次灌透，而是少量多次、浅层浇水，易使草坪根系集中在浅表，使枯草层的积累加剧。过量浇水则易使表土含水量增加，土壤通透性变差，土壤好氧微生物的分解作用下降，也易导致枯草层的积累。

(3)易产生枯草层的草种

有水平茎(匍匐茎或根状茎)的草种相比丛生型草种更易积累枯草层，狗牙根、结缕草、紫羊茅、匍匐翦股颖、草地早熟禾易产生枯草层。多年生黑麦草和高羊茅属于丛生型草种，相对不易产生枯草层。

(4)农药的副作用

杀真菌剂和杀虫剂可杀死土壤中76%~99%的蚯蚓，而蚯蚓可以促进枯草层的降解。农药也会抑制对分解枯草层有利的细菌和真菌的生长。与不施药的草坪相比，喷施农药的草坪往往会形成更厚的枯草层。

(5)表面活性剂的副作用

枯斑是枯草层造成的不良结果之一，枯草层有光滑的有机质外衣，因此表面的水分很难被其吸收。一些草地管理者会选用表面活性剂处理枯斑，这种化学药剂可以帮助水分子吸附在油性物质表面。然而，研究发现表面活性剂本身会加剧枯草层的产生，最终变成恶性循环。

(6)修剪

有研究发现，当修剪高度提高时，枯草层的积累更快，植物生物量积累越多，枯草层产生的量也越多。通常认为低修剪高度的草坪需要更好的养护措施，这样可能会产生更多的枯草层，然而，试验表明如果养护水平(灌溉、施肥和施药)保持不变，留茬较高的草坪的枯草层积累量会更大。草屑是否留在坪面也会影响枯草层的形成。如果剪草高度过低，未遵循1/3原则，剪下大量草茎遗留在坪面上，由于草茎比草叶更难以被微生物分解，因此也会造成枯草层的积累。

(7)pH值控制

几乎所有的生物体都呈酸性，枯草层的pH值往往比土壤偏酸性。当枯草层表面的pH值是3.8或4，而土壤的pH值呈7.4或偏碱性时，枯草层会大量积累。每年使用少量的石灰可加速枯草层的降解。

6.1.4.4 枯草层的控制

(1)枯草层的厚度范围

草坪最适宜的枯草层厚度应该在12~19 mm，当枯草层厚度超过25 mm时就会产生不良效果，低于12 mm时就会因为太单薄而不能具有良好的缓冲效果。

(2)枯草层的控制措施

草坪枯草层去除可以采用垂直修剪、空心打孔、表施土壤等方法。

垂直修剪可有效去除枯草层，轻度的垂直修剪在一年中的任何时间都可以进行，而重度的垂直修剪要在生长季来临之前进行。垂直修剪后草坪植物会变得稀疏，尤其是重度垂直修剪，通过施肥和浇水可以帮助草坪快速恢复，免受杂草侵入。

空心打孔后孔芯被带走，土壤通气性得到改善，新鲜的氧气会进入土体，有利于好氧微生物发挥作用，促进枯草层的分解。与其他处理枯草层的机械措施相比，打孔可能是控制枯草层效果最好并对草坪干扰最小的措施。

表施土壤是将表土或沙子撒在枯草层表面上，也称覆沙。通常每次覆沙的厚度不宜过厚，以 1~2 mm 为宜，覆沙后有利于好氧微生物的生长，加速枯草层的分解。一次覆沙的厚度过厚时容易出现土壤分层现象，不利于草坪根系生长。有机物、肥料和堆肥都会有效降低枯草层，因为这些物质可以提供养料给能够分解枯草层的细菌和真菌。

6.2　草坪土壤检测

6.2.1　土壤样品的采集

建坪前，一般需要进行土壤质地、土壤 pH 值、土壤含盐量、土壤营养成分等指标的测定，根据土壤状况以及草坪用途进行土壤改良。土壤检测在草坪土壤改良中起着重要的作用，准确的检测结果是草坪建植土壤改良的基础，而土壤检测结果准确与否的关键是能否采集到有代表性的土样。土样的采集一定要在适宜时间并采用正确的方法，选择没有被污染的工具和盛装土壤的器皿或封口袋，以免影响土壤测试结果。

(1)取样时间

取样时间为除土壤冰冻外的任何时间，最好在施肥前或者在施肥至少两周后。可以在每年的相同时间采样，尽量减少季节差异的影响。

(2)取样工具

取样器(如土钻、铲、铁锹等)、记号笔、盛装土壤样品的封口袋和塑料桶等。所有器具都应干净无污染。

(3)取样模式

所收集的土壤样本必须具有待测试区域的土壤特征。一般具有代表性的取样模式是“Z”字形取样(图 6-3)，取样需尽量随机，不带任何喜好，避开测试地的边缘、角落等不具代表性的地方。样本的采样点应该遍布被测试区域，而不应该取自局部样地。取样时也应该避免采集与整个调查区域的环境或土壤状况完全不同的局部位置。

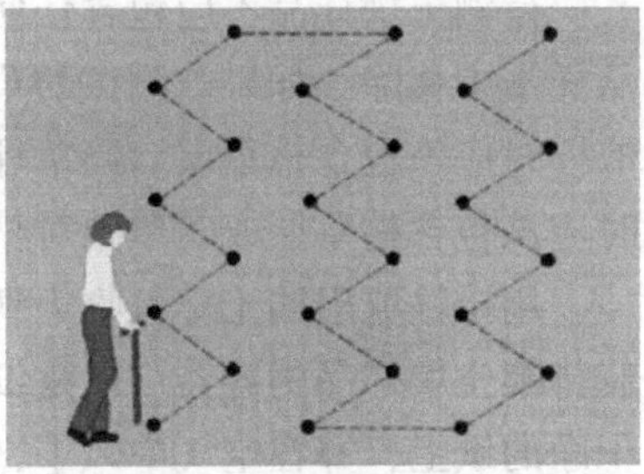

图 6-3　土壤取样模式图

(4)取样深度

建坪前取样深度一般为 15~20 cm，建植好的草坪一般取土至 10 cm。土壤改良剂混入土壤中后，也要进行取样检测。

(5)取样方法

首先划分取样地块，同样背景的地块划分在一起。例如，有一个庭院，其前院一侧有很多树且重度遮阴，另一侧没有栽培植物；后院有一侧种植过蔬菜，另一侧则没种植任何植物，这个庭院具备 3 个背景土壤状况，所以可划分 3 个区进行取样(图 6-4)。如果只取一个混合样本不能精确代表庭院整体土壤的营养状况。所以，一块建植地，土壤取样时要把不同背景的区域进行区别，并分开采样。同样背景的待测区域划分在一起，其面积一般小于 0.4 hm^2，若面积大于 0.4 hm^2，就另划一块样地单独取样。每个待测区域地块的样本量一般 15 个或更多，然后将单独点取的样混合在一起形成混合样本，装袋记录以备测定。

如果待测区域面积非常小，也可以少于15个样本量。取样应具有代表性，没有代表性的地方不取，也不能盲目或有偏好地取样。例如，从位置较低斑块处收集到的一个样本可能包含了异常高的养料，这是由于水的流动会将肥料从斜坡带入低洼的地方。草坪中树木周围的养分含量可能非常低，这是因为树和草坪草的根系会竞争土壤中的养料。

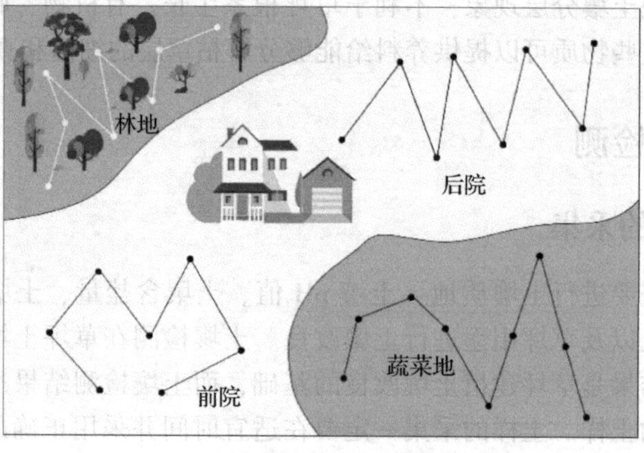

图6-4 不同地块土壤取样方法

(6)注意事项

任何小的、不寻常或独特的位置，如高地势、斜坡、低地、花或者灌木，都应避免作为采样区域。采样时也要远离草坪与高速公路或道路相接的边缘地带。如果一个非相似区域的面积很大时，应该单独采样。收集的混合样本应该是来自每个面积大的或较重要的区域，不同样地有着不同的环境和土壤条件。

待测土壤样品不应包含任何草坪草叶片或绿色的有活力的植物组织，通常枯草层也应从样本中移除。如果被测试的草坪被化学试剂损伤或存在农药残留，土壤测试实验室要求取样时应该包含枯草层。当草坪枯草层很厚而且大部分植物根系生长在枯草层时，取土样时应该包含枯草层或者单独对枯草层取样。

用土钻取出的土样可收集到干净的塑料桶内，并且完全混合，避免使用金属桶。用于装待测土壤样品的容器可以是纸袋、封口袋或厚纸板箱。如果需要干土样，可将样本散在干净的纸上，并在空气中风干，而不应该放入烘箱中烘干，因为加热土壤会造成一些物质发生化学反应，影响土壤的测试结果。通常用于土壤测试的样品量控制在1 kg左右较好，如采集的混合土样量较多时，可用四分法进行缩减。每个混合样品要贴一个标签，记录采集地点、采样人员、采样深度、采样时间等信息。

6.2.2 土壤样品的测定

土壤检测是草坪建植管理的必要环节，通常检测内容包括以下几个方面：①针对高尔夫球场、足球场等运动场地建造阶段，建议开展土壤物理性质的测定，如粒径分析、渗透率(饱和导水率)、容重、持水力、孔隙度等指标，为运动场地坪床的优质建造材料的选择提供科学依据。②在草坪建植成功后，开展土壤化学性质的测定，包括土壤pH值、有机质、有效养分、阳离子交换量等指标，为养护管理阶段草坪施肥方案的制订提供参考。③草坪发生病害时，有的草坪管理者希望进行土壤检测，通过土壤病原菌检测，明确致病原因，从而采取有效的药剂控制方法。④当出现环境问题时，往往也需要采集土壤样品分析重金属、农药或其他因素等，寻找造成污染的原因。

土壤检测工具箱可以现场快速检测如土壤 pH 值、盐分、磷、钾等指标。也可以将土壤样品送至专业实验室进行检测，以确保获得准确的土壤检测结果。

新建植坪床土壤应该每年检测 1 次，并连续检测几年。草坪成坪并成熟后，土壤的检测时间应间隔 2~3 年一次。如果草坪质量突然变差时，应该迅速进行土壤检测，并采集临近区域健康草坪的土壤样本作为对照，比较两处测试结果，有助于找到草坪品质变差的原因。高尔夫球场的草坪土壤，由于需要高水平的养护管理措施，应该每年检测 1 次。

土壤氮素的测定结果往往不准确，因为土壤中主要的氮素存在于有机物中，不能被植物吸收利用，当土壤微生物将有机物分解转化成铵态氮和硝态氮以后，才能被植物根系吸收，而释放氮素的速度取决于微生物的活动强弱，而外界环境如土壤温度和湿度决定了微生物的活力。因此，土壤中铵态氮和硝态氮的含量会随着气候的变化而变化，而这种波动常常是不可预测的。还有其他因素会引起土壤中氮素的转化。灌溉和降雨会淋洗土壤硝酸盐至土壤深层。草坪需要的氮肥量，取决于草坪草的颜色、密度以及生长速率。草坪草种类、灌溉的频率、土壤质地以及管理者要求的建坪标准都对氮肥需要量有影响。因此，在草坪氮素管理中应定期、按照生长所需进行氮肥补充。

在一个生长季内，植物能够从土壤中吸收利用的养分称为土壤有效养分。在制订草坪施肥计划时，常常需要依据土壤有效养分含量的测定结果，特别是磷、钾及微量元素的测定结果。当土壤有效养分供应达到高水平时，表明土壤中该养分供应充足，可以少施肥或不施肥。另外，有时也可以测定土壤有机质含量、土壤容重、化学毒性、阳离子交换容量和土壤盐渍化程度等指标。盐碱化程度较高的地区，要专门对其土壤盐渍化程度进行测定。盐的浓度越高，土壤电导率数值就越大。在其他非盐碱化区域，当土壤中过量施肥，或者利用盐融化冰雪，或者灌溉用水含盐量较高时，也会对草坪植物造成盐害。

为了更好地进行草坪养护管理，建植后也可以采集草坪植株进行营养物质的测试作为补充，通过分析从草坪草植株上剪下的草叶来测定草坪植物中每种元素的含量，称为组织检测或叶片检测。建议高尔夫球场、运动草坪和生产草皮农场的经营者定期进行组织检测，可以更好地了解、判断草坪生长状况。

6.3 草坪土壤改良

与大多数农田土壤不同，草坪建植的地方往往是表土层缺乏、层次结构混乱、营养严重缺乏，其土壤特点是：土壤质地杂、土体构造乱、土壤板结和土壤肥力低，可简称为“杂乱板瘦”。草坪土壤在物理、化学和生物性质等方面与肥沃农田相比都存在较大差距。草坪建植前一般需要进行土壤的改良工作。

6.3.1 草坪土壤改良的类型

(1)完全改良

草坪改良是在原有草坪基础上，针对存在的问题加以改良，使草坪恢复生机的过程。

完全改良就是将草坪生长的根系区域全部更新，高质量的运动场多为完全改良型。美国高尔夫球协会(USGA)2004年发布的高尔夫球场果岭结构推荐标准就是完全改良的典型应用，是目前世界上应用最为广泛的高品质运动场地建造的重要参考依据，全人工足球场、橄榄球、网球场地等也会参照此结构(图6-5)。

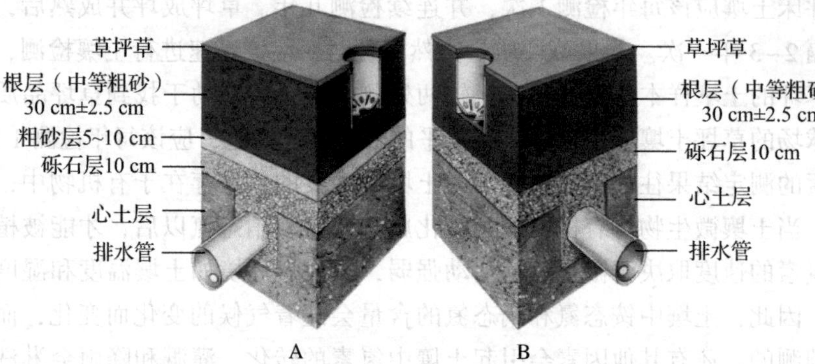

图6-5 美国USGA推荐(2004)的高尔夫球场果岭坪床结构(完全改良)

(2)部分改良

在普通绿化中，草坪建植通常并不需要进行完全改良。运动场草坪的建设，如果资金有限或者土壤问题不严重时，也可以采用部分改良方式。部分改良是指把外来的砂性材料与现存土壤结合，以便改善其结构和质地，这是较为常用的一种改善土壤结构的技术，相对完全改良而言价格低廉。建造足球场地时若原土不符合要求，则需要实施部分改良、表土改良、增设排水系统等工作，这类球场称为半自然基质足球场，多在新建场地或包括改良原有较差的场地时采用此种方式。改良过程主要包括以下几个步骤：表土剥离，管道排水系统安装，砂带铺设，表面铺砂。对于公园、机关单位等公共绿地中草坪的建植，常采用表土改良，地下增设喷灌系统的方式进行改良。

6.3.2 草坪土壤质地改良

草坪草一般在壤土上能生长良好，而在砂土或黏重土壤上生长不良。所以对砂土或黏重土有必要进行改良，在砂土中掺黏，黏土中掺砂。此外，还会应用到一些土壤改良物质：有机改良物质和无机改良物质。

(1)有机改良物质

有机改良物质对提高根系土壤的保水保肥能力以及改善土壤理化性质具有不可替代的作用，包括泥炭、草炭、可可豆壳、腐殖土、木炭、稻壳、可可皮、锯末、木屑、树皮堆肥、污泥、家畜粪便、生活垃圾、废纸及海藻等。大部分有机改良物质都含有少量营养物质，一旦被分解，营养物质就会释放进土壤中被草坪根系所利用。我国有施用农家有机肥和栽培绿肥以改良土壤的悠久传统，是保持我国土壤肥力的重要措施。但施用以上改良物质，需针对当地土壤状况，合理使用，特别需注意随时监测其中有无重金属等有害物质，以免因长期使用而造成土壤污染。

普通绿化需考虑成本因素，草炭和有机肥是最常使用的有机改良剂。通过这些有机物质的添加，有利于改善土壤结构，促进团粒结构的形成，调节土壤通透性，特别是能提高砂质土壤保水保肥的能力。草坪建植前，先在地表上铺撒 2.5~5 cm 的堆肥，然后耕翻 10~15 cm 的深度，使肥料与表土充分混合以避免出现分层现象。如果要想产生良好的表土层，对于壤土添加 2.5 cm 的堆肥是最低要求，而对于肥力较差的砂质土、黏质土或底土，添加 5 cm 的堆肥较为适宜。堆肥花费不大且易于得到，但必须腐熟。每公顷土壤添加 110~450 m^3 的草炭或有机肥，相当于添加了 1.3~5 cm 厚度。也可在后期养护管理中追肥，通过长期改良，逐步提高土壤有机质含量，改善土壤结构，促进草坪草的生长。

泥炭是高尔夫球场使用的主要有机改良剂。但在运动场草坪上，有机改良物质用量不能过多，否则会对运动场坪床的硬度及草坪生长产生负面影响。多数学者认为，运动场草坪根区混合物中有机物质含量以不超过 5%(质量分数)或 40%(体积分数)为宜。

(2)无机改良物质

无机改良物质中使用较为广泛的是煅烧材料，如煅烧土、蛭石、珍珠岩、硅藻土、膨胀页岩及炉渣等。砂与煅烧土的混合根系层可以有效地降低土壤紧实，同时与泥炭/砂混合物或纯砂介质相比，其具有更高的水分入渗率。蛭石保持水分的效果较好，但在践踏胁迫下容易形变降低介质的饱和导水率。与纯砂或砂/泥炭混合基质相比，砂与沸石的混合基质具有更好的持水性和离子交换量。根系土壤中混入沸石，可以有效防止氮素淋溶。

对于普通绿化草坪土壤，改良过程中的常见注意事项：①用砂改良黏土，期望达到改善通气性和排水的目的，然而添加后改变了土壤孔隙分布状况，有时甚至可以使黏土变得更糟。要想获得较好的改良效果，可能需要将大批量的砂与根区土壤充分混匀。②掺入有机质含量高的壤土，对黏砂质土壤的改良有利。一般将 5~10 cm 的壤土混入土壤表层的 15~20 cm 处，质地改良达到 25~36 cm 的深度时才会达到最大效果。③如考虑混合不同质地的土壤，建议将土壤改良的方案和准备改良的土壤样品送去专业土壤测试实验室，以确保达到较好的改良效果。④使用其他无机改良剂时，还需结合草坪使用目的、经济成本、改良效果持久性等因素综合而定。煅烧黏土、煅烧硅藻土、沸石这类无机改良物质虽然改良效果好且持久，但因价格昂贵，一般在普通绿地改良中很少被采用。

6.3.3　草坪土壤酸碱性的改良

大多数草坪草适宜在微酸性-中性(pH 5.5~7.0)的土壤条件(表 6-1)。过酸、过碱的土壤条件可通过土壤改良的方法，使其有利于草坪草的生长。

表 6-1　主要草坪草适宜的土壤 pH 值

草坪草种	适宜 pH 值	草坪草种	适宜 pH 值
普通狗牙根	5.7~7.0	一年生早熟禾	5.5~6.5
改良狗牙根	5.7~7.0	草地早熟禾	6.0~7.0
巴哈雀稗	6.5~7.5	普通早熟禾	6.0~7.0
海雀稗	3.6~10.2	加拿大早熟禾	5.5~6.5
结缕草	5.5~7.5	一年生黑麦草	6.0~7.0
沟叶结缕草	5.5~7.5	多年生黑麦草	6.0~7.0

(续)

草坪草种	适宜 pH 值	草坪草种	适宜 pH 值
钝叶草	6.5~7.5	紫羊茅	5.5~6.8
野牛草	6.0~7.5	高羊茅	5.5~7.0
假俭草	4.5~5.5	细弱翦股颖	5.5~6.5
地毯草	5.0~6.0	匍匐翦股颖	5.5~6.5
猫尾草	6.0~7.0	绒毛翦股颖	5.0~6.0
格兰马草	6.5~8.5	无芒雀麦	6.0~7.5
冰草	6.0~8.0	碱茅	6.5~8.5

6.3.3.1 酸性土壤改良

在我国南方高温多雨地区，土壤一般呈酸性，长期施用硫酸铵、氯化铵等酸性盐或生理酸性盐肥料，也会使土壤酸性增大。酸性土壤的改良通常是施用含有钙或镁的石灰材料。钙和镁能中和酸性，提高土壤 pH 值，同时也是植物需要的营养成分，有助于改善土壤结构。

最常见的改良物质是石灰石粉，价格便宜，见效快。石灰石研磨成粉的颗粒越细，越易与酸起反应，且反应速度越快，因此土壤改良效果越好。如果颗粒能够全部通过 20 目筛，并且其中至少有 50%能通过 100 目筛时，土壤改良效果会更好。黏质土壤上改良比砂质土壤需要更多的石灰石粉，这是因为同体积的黏质土壤具有更大的比表面积和更多的离子交换位点。与砂质土壤相比，黏质土壤能吸附保持更多阳离子。在已建成的草坪上施用石灰石粉，每次用量以 244 g/m² 为宜，应撒布均匀。因遗漏处土壤酸性无法中和，下次施用应间隔数月以上，否则会使表土碱性过高。

含镁量低或缺镁土壤上，应该使用白云石粉，它含钙和镁，可以弥补镁的不足，但白云石粉起效非常慢，使用前应经过精细研磨。黏质土壤或者含有大量有机质的土壤缓冲性能更强，因此需要添加更多的钙和镁用于土壤改良。

熟石灰和生石灰提高土壤 pH 值很快，但易溶于水，使用不当会烧伤草坪草，所以除了在建坪前整地时使用外，很少用于建成的草坪草。水化石灰作用比石灰石和白云石快，但价格高，与铵态氮肥起反应生成氨气，会杀死草坪草，草坪湿时也不能使用，会烧伤草坪草，因此很少用于草坪草，即使施用量很低也不安全。

坪床土壤改良时需要添加的石灰材料用量，最好通过测定土壤 pH 值和土壤盐基饱和度来决定。石灰石粉提高砂质土 pH 值速度比壤土或黏质土快。草坪建植前可将改良材料通过施肥机撒施混入土壤 15~20 cm 的深度，撒施时一定要均匀，机械行走要匀速，一般几个月就能提升草坪根区土壤 pH 值。已经建植好的草坪进行土壤改良，施入石灰石粉比较困难，石灰石粉通过草坪进入土壤很慢，通常 2 年或更长时间才能到达效果。肥料与石灰石粉不能同时施用，应避免两者反应，降低肥料与石灰石粉的效果。

6.3.3.2 盐碱土壤改良

(1)碱性土壤改良

我国北方干旱或半干旱区土壤富含碳酸钙和碳酸镁，土壤 pH 值多在 7.5~8.5。碱性土壤改良可使用硫黄、硫酸钙(石膏)及磷石膏。在草坪建植前可将硫黄充分混于土壤中，对建植好的草坪或铺植草皮时，应注意小心施用，避免硫黄对草坪草叶片有伤害，施硫黄后应立即浇水，少量多次效果较好。过磷酸钙是酸性肥料，对降低土壤 pH 值也有一定作用。硫酸铵和硫酸铁等肥料也有类似的作用。在高尔夫球场中，会将多种硫化物加入灌溉水源中，通过喷灌来中和土壤碱性。

(2)盐渍土壤改良

我国沿海城市以及一些干旱、半干旱地区土壤中水溶性盐分含量较高，主要包括钠、钙、镁形成的氯化物、硫酸盐、碳酸盐和碳酸氢盐。当土壤水溶性盐分总量超过 2 g/kg 时，会对植物生长产生不利影响。草坪草植物多数喜欢中性或弱酸性的土壤条件，钠盐含量高时土壤 pH 值往往大于 8.5，土壤含盐量过高，盐与碱同时产生胁迫，对草坪草危害很大。这类土壤上建植草坪时应选择的耐盐碱能力较强的草种或品种，如海雀稗、结缕草、狗牙根、匍匐翦股颖、高羊茅等。此外，在盐渍化土壤上成功建植草坪的关键还应确保灌溉水源的矿化度(灌溉水中易溶性盐分的含量)符合要求，必须通过灌溉将土壤表层中过量的盐分淋洗至土壤深层，避免盐分危害草坪根系生长。盐碱土改良使用石膏较为广泛。

6.3.4 草坪土壤排水的改良

草坪土壤排水不良常发生在黏土含量高或紧实的土壤上。粗质地的土壤遭受重度践踏，变得板结后，也会发生排水不良。当土壤排水不良，使草坪草长期处于潮湿的环境，土壤通气性变差，不利于根系生长，会使草坪更容易感染病害。排水不良可通过改善土壤质地和结构来解决，但也只能解决部分排水问题，若出现严重排水不良就必须要设置排水系统。排水方式有地面排水和地下排水两种。

6.3.4.1 地面排水

地面排水就是采用地面造型，使地表呈现一定的坡度，使水通过重力流入排水点。运动场地的表面通常会设置 1%~3%坡度，以利于排水。建筑物周围的草坪区域应该有 1%的倾斜度，坡度应该是从建筑物到草坪的边缘部分，便于地表水从建筑物旁流走。排水拦截设施可以设置在斜坡底部，以便拦截水流入临近草坪区域，排水管道周围一般用碎石或砂砾填充。

地表开敞的狭缝沟、渠道沟、壕沟等也可收集和排除地表径流，属于排水。根据降水量，可以采用一种或多种形式排水。我国南方地区降水量较多，大型的运动场如足球场均带有开敞的狭缝沟、渠道沟、壕沟等排水设施。

6.3.4.2 地下排水

地下排水有主要排水和辅助排水两种。主要排水方法是采用地下铺设排水管道，设置主管和支管。辅助排水主要有狭缝沙沟排水、砾石带、化学纤维材料等排水。排水管周围多用砾石铺设，也有的全部为化学纤维材料组装。

(1)主要排水方法

目前，草坪主要排水方法是采用排水管道排水，安装主排水管与支排水管。主管和支管布置模式通常为鱼骨刺状和平行状两种(图 6-6)。美国高尔夫球协会(USGA)规定高尔夫果岭排水系统的主管直径≥10.16 cm，支管直径 10.16 cm，设置形式为鱼骨刺状或网格形。

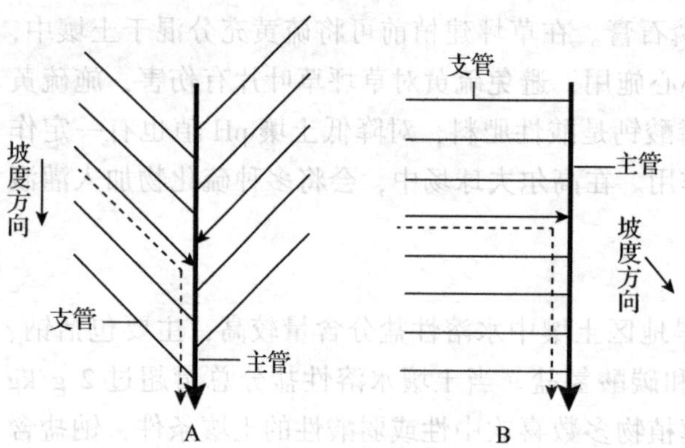

图 6-6 排水管排列模式图
A. 鱼骨刺状；B. 平行状

侧面与地基轮成一定角度，间隔不超过4.57 m，并延伸到果岭的周边(包括果岭环)。

排水管通常由刚性、光滑壁管或柔性波纹管组成。为了确保不小于25.4 mm的砾石完全围绕管道，排水管沟槽宽应至少为15.24 cm，深20.32 cm。排水管应具有0.5%的最小坡度，孔朝下放置在沟槽中。足球场排水支管直径根据间距的不同而相应变化(表6-2)。

表 6-2 足球场不同间距的支管直径要求 mm

坡度	支管间距/m					
	6	8	10	12	15	20
0.5%	<20	<30	30	35	40	<45
0.1%	<30	35	40	45	50	55

注：足球场降水量设为30 mm/d。

草坪排水管道的间距与排水管直径应根据排水速度、排水系数来设计，美国俄亥俄州立大学给出了高尔夫球场果岭、发球台、沙坑以及湿润地区球道与障碍区的地下排水系统的排水系数(表6-3、表6-4)。

表 6-3 果岭、发球台、沙坑的排水系数

类型	排水系数/(cm/d)	类型	排水系数/(cm/d)
当地土壤的果岭或发球台	2.56	高砂含量的果岭(USGA)	5.08
高砂含量的发球台(15~20 cm)	2.56	沙坑	10.16

表 6-4 湿润地区地下排水管的排水系数

土壤	深度/间距	排水系数/(cm/d)
低渗透率土壤：粉壤土、黏壤土、壤土	浅/窄	1.27~3.87
高渗透率土壤：砂黏壤、砂壤	深/宽	3.87~6.35

(2)辅助排水方法

①沙沟排水(sand slitting)或狭渠排水(trench drainage)：最常见的系统之一是沙沟排水或狭渠排水。沙沟/狭渠宽50 mm，间隔1~2 m。深度通常为250 mm，用100 mm厚的砾石、150 mm厚的粗砂回填沟槽。安装最好选择在干燥条件下进行，此狭沟与主排水系统支管呈90°角，主排水支管间隔5 m。

②砾石带(gravel banding)或砂带(sand banding)排水：一般由专门的机械不锈钢齿自动开沟，根据排水速度要求沟间隔500 mm或2 m，沟宽25 mm，深250 mm，再由砾石或砂

入槽，之后轮或辊实施沟闭合覆盖，形成砾石带或砂带排水结构。新西兰奥克兰理事会规定的运动场自然草坪排水标准见表6-5。

表6-5 辅助排水方式的规格标准

项目	排水方式	
	沙沟排水	砾石带排水
间距/m	1	0.5或2
沟宽/mm	50	25
沟深/mm	250	250
回填材料	100 mm砾石； 150 mm的粗砂	砾石或砂

注：引自Marke Jennings-Tempie，2013。

③闪电式快速排水(lightening drain)：为了更快地排水，国外一些公司特推出闪电式快速排水方式。应用机械设备安装，挖沟35 mm，在回填粉煤灰陶粒之前安装一个25 mm的多孔排水管道。沟间距为500 mm。回填材料粉煤灰陶粒是轻质材料，具有蜂窝结构，尺寸范围为14 mm或更细，其透水渗水性非常好。

主要排水方法是草坪排水的主体，尤其是运动场草坪，辅助方法只是补充。如果草坪排水设计合理、养护到位，基本不用辅助方法。

6.3.5 运动场草坪土壤改良要求

运动场草坪的建植要求较高，其坪床土壤要求具备一定特点，其土壤改良具备一定的复杂性和专业性。

6.3.5.1 运动场草坪坪床土壤的组成及特性

运动场草坪坪床土壤一般由砂、有机改良物质、无机改良物质和加固材料组成。有机改良物质和无机改良物质见“6.3.2 草坪土壤质地改良”，以下主要介绍运动场草坪坪床土壤中砂和加固材料的特性。

(1)砂

砂是目前各类运动场草坪土壤及坪床结构中应用最为广泛的组成材料。草坪土壤用砂的主要特性有其粒径大小、均一性、形状、球状度及根系层土壤用砂含量。

①砂的粒径大小与均一性：是决定运动场草坪的质量，尤其是使用质量的主要因素。研究表明，根系土壤排水率和孔隙度的平衡主要受砂的粒径影响，而容重、总孔隙度取决于砂的均一性。砂的粒径大小对排水速率及孔隙度影响最大，要保证土壤的饱和导水率>10 cm/h，砂的粒径应≥0.1 mm。但是，如果粒径过大，又会对土壤孔隙度及表面稳定性产生负面影响。有关砂粒粒径的适宜范围各学者之间尚存在分歧，但分布范围主要在0.1~2.0 mm。USGA对于高尔夫球场有明确的规定(表6-6)。

除了砂的粒径大小外，粒径分级系数(即均一性)也是一个十分重要的影响因素(表6-7)。目前，有许多种表达粒径分级的方式，有效粒径(D_{10})是指10%颗粒通过分级曲线的粒径，它是评价表层导水率及排水性的重要指标。均一系数(coefficient of uniformity，C_U)是指D_{60}/D_{10}，该指标被广泛用于高尔夫球场坪床结构设计中。此外，还有分级指数(gradation

表 6-6 USGA 推荐果岭根层的粒径分布与范围

名称	粒径大小/mm	推荐值(以质量计)	
小砾石	2.0~3.4	不能超过总量的10% 其中小砾石的最大量不能超过3%，最好没有	
极粗砂	1.0~2.0		
粗砂	0.5~1.0	至少要达到总量的60%以上	
中砂	0.25~0.5		
细砂	0.15~0.25	不能超过总量的20%	
极细砂	0.05~0.15	不能超过总量的5%	三者之和不能超过总量的10%
粉粒	0.002~0.05	不能超过总量的5%	
黏粒	<0.002	不能超过总量的3%	

index，*GI*，D_{90}/D_{10})、曲率系数$\left(\frac{D_{30}^2}{D_{60}\cdot D_{10}}\right)$及分类系数($D_{75}/D_{25}$)等。这些都是影响和评价表层排水性及稳定性的重要指标，被广泛用于运动场坪床结构设计及其他工程实践中，评估场地的质量及稳定性。在高尔夫球场中，均一系数D_{60}/D_{10}被更多地应用，并已有相关标准推荐。而对于运动场草坪，应用哪一个指标更能充分客观地评价出场地稳定性，目前尚无定论。因为低C_U值有利于场地排水，而高C_U值则有利于场地稳定性。

表 6-7 砾石层与粗砂层(过渡层)的粒径要求

	粗砂层存在时		粗砂层不存在时
砾石层	>12 mm 的不超过10% 6~9 mm 的至少达到65%以上 <2 mm 的不超过10%	砾石层	粒径不能有>12 mm 的 <2 mm 的不超过10% <1 mm 的不超过5% $D_{15(砾石层)} \leqslant 8\times D_{85(根层)}$ $D_{15(砾石层)} \geqslant 5\times D_{15(根层)}$ $D_{90(砾石层)}/D_{15(砾石层)} \leqslant 3.0$
粗砂层	至少90%的粒径在1~4 mm		

注：$D_{15(砾石层)}$指砾石总质量中最小的15%部分所对应的粒径大小；$D_{85(根层)}$指根层总质量中最小的85%部分所对应的粒径大小；$D_{15(根层)}$指根层总质量中最小的15%部分所对应的粒径大小；$D_{90(砾石层)}$指砾石总质量中最小的90%部分所对应的粒径大小。

②砂粒形状及球状度：分别表达出了砂粒的外形及轮廓特征。尽管砂粒形状及球状度对于砂质坪床稳定性至关重要，但是由于在研究技术、设备以及将形状和球状度进行量化评价等方面存在困难，因此，相对于其他影响因素而言，砂粒形状与球状度的影响尚处于研究的初级阶段。USGA 虽然已经制定出了有关球场用砂的形状及球状度的规格说明，但是此规格在应用中依然需要典型的砂样及专家的判别。在实践中，多运用计算机辅助二维分析或图表推算颗粒的形状及球状度。在 USGA 推荐的果岭坪床结构建造规格中，多使用图表分析方法划分砂砾的形状及球状度。利用表面积描述粒体形状及球状度的困难在于，传统方法在测量砂砾表面积时不够精确。

实际上，形状及球状度特征对于反映砂粒三维信息是客观而科学的，对于评估砂床结构的稳定性也是十分关键的。因为，砂床的稳定性是多个砂粒的群体反映，而形状与球状度能够表现大量砂粒的特征。大量的砂粒被堆积挤压，形成一个稳定的表面。用粗糙程度(Ir)评估砂粒的形状及球状度，即 $Ir=S/S_{sphere}$，其中 S 为砂粒的表面积，S_{sphere} 为体积相同的假定球体的表面积。测量砂粒的表面积，目前较为常用的染色法是将砂粒用染料包裹，而后利用分光光度计测量洗刷掉的染料溶液浓度。根据 Lambert-Beer 法则，该方法测量的精确度与所用染料的消光系数成正比。

③根系层土壤用砂含量：也是很重要的影响因素。砂在最初的使用中是被当作改良剂使用的，其在高尔夫果岭及运动场中的施用量从最初的 30%～50%，一直增加到 80%～85%。在 20 世纪 50 年代研究的基础上，以砂为主的土壤结构于 60 年代初由 USGA 果岭部提出，并在以后的使用中先后经过 3 次修正，目前有关高尔夫果岭根系土壤组成已形成行业推荐标准。其他类型的运动场草坪系统，如足球场、橄榄球场、棒球场及赛马场等，在设计与建造高水平的球场时，大都采用 USGA 推荐的果岭坪床结构建造方式及用砂标准。但是，其根系层有一个明显的缺点——缺乏稳定性。为了保证其稳定性，一些研究学者提出以下建议：a. 扩大土壤组成材料的粒径范围。b. 增加一些起稳定作用的物质，如纤维等。当砂的含量低于 50%时，且土壤水分含量较高时(75%～100% FC，FC 为田间持水量)，紧实易导致根系层土壤导水率显著下降(<2.5 cm/h)。当砂含量高于 70%时，根系层可以保持理想的导水率，最大可达 43.7 cm/h，但是土壤可利用水含量下降 4.7%。此外，在进行砂土混配时，一定要分析原有砂土的颗粒组成，因为自然界的砂土中一般都含有一定比例的黏粒和粉粒(<0.05 mm)，否则会影响最终的结论。

虽然加入细颗粒的土壤会增加砂质坪床的稳定性，研究发现含有 5%～7%的壤土对于运动场草坪表面保持稳定的承载能力及表面硬度具有一定的作用。但同时也会产生负面影响，如易导致表层土壤紧实、渗水率下降、根区缺氧等。有研究认为，砂土配比中土壤的比例不应大于 10%(质量分数)，以保证表层适宜的导水率。

(2)加固材料

土壤中加入加固材料对于增加土壤强度，减少土壤变形，提高草坪表面的抗踩压能力效果明显，运动场草坪的土壤改良中常会应用到土壤加固材料。常用的加固材料有纤维碎片、聚丙烯纤维、金属或塑料网格、尼龙线等。按照其混入土壤的方式，一般分为两种类型：①以任意方式混入，材料主要为纤维碎片、丝带及尼龙线等；②水平有序地铺设，材料主要为网状物。要使土壤强度达到较为理想的状态，所使用加固材料的形状及大小要考虑所在层土壤颗粒的大小。为了不降低土壤的强度，所施用的网状物质不能明显降低土壤容重。

6.3.5.2　运动场草坪坪床土壤的特点

(1)由人工设计配置

运动场草坪坪床土壤通常根据场地建造标准人工设计配置而成，一般不具备典型土壤的剖面结构特征。运动场草坪坪床土壤设计依据，通常包括建造标准、使用频率、当地降水量、养护条件等，上述参考要素要求越高，根系层的设计标准也越高。

(2)适宜的物理性质

草坪根系土壤的饱和导水率、总孔隙度及持水性是影响及评价根系土壤质量的主要因素。有关根系土壤结构适宜物理性质的研究，最初多来自USGA果岭部，并于1960年发表了关于高尔夫球场果岭坪床的物理性质推荐标准，随后这项标准在1973年、1993年、2004年分别进行了修正(表6-8)。

表6-8 USGA果岭根层混合物的物理特性

物理特性	推荐范围			
	1960年	1973年	1993年	2004年
总孔隙度/%	>33	40~50	35~55	35~55
通气孔隙度/%	12~18	>15	15~30	15~30
毛管孔隙度/%	—	—	15~25	15~25
饱和导水率(渗透率)/(cm/h³)	1.3~4.3	5~15	正常范围15~30 高速范围30~60	至少达到15
容重/(g/cm³)	—	1.2~1.6	1.2~1.6(1.4)	—
持水力/%	—	12~25	12~16	—
有机质含量/%	—	—	1~5(2~4)	—
pH值	—	—	5.5~7.0	—

大多数学者认为5 cm/h是饱和导水率可接受的最小值，10%的通气孔隙度被多数学者认为是所接受的最小值。通气孔隙度和饱和导水率是极相关的，二者均依赖于大孔隙，这些大孔隙的直径>0.03 mm。也有学者认为饱和导水率是最重要的影响因子，只要饱和导水率达到标准，通气孔隙度不再作严格要求。

土壤导水率是运动场坪床结构排水设计中最为重要的因素。对于排水良好的场地，表面质量稳定均一，在大雨过后能够很快进行比赛。而排水不畅的场地，球场表面在高强度的践踏下，表面质量容易发生变化，根系层易发生紧实，不仅草坪生长受到影响，而且各种运动质量也会随之下降。常见运动场草坪中，高尔夫果岭的导水率要求远高于其他类型的运动场，一般运动场草坪的根系层导水率的可接受值为2.5~10 cm/h，而高尔夫果岭草坪的可接受值≥15 cm/h。高尔夫果岭是高尔夫比赛最为关键的地方，对果岭表面的场地平整度、湿度、高度、硬度等有着极高的要求，这些指标都会直接影响高尔夫球的滚动速度及方向，会直接影响比赛的结果；而一般运动场草坪，相对于高尔夫球场果岭而言要求有所降低，尤其是运动员对抗相对较激烈的场地类型，草坪表面很大程度上还要起到对运动员安全保护的作用，因此对球与场地的接触面要求就相对较低，但也远高于普通绿化草坪，如足球场草坪对场地的导水率等各种质量也有着较为严格的要求。

(3)稳定的表面性能

运动场草坪表面通常需要承载各种运动竞技，需要提供稳定的表面硬度、摩擦力、滚动性能、平整度、反弹率等运动性能，尤其是一些质量标准要求高或强度高的比赛，不仅要求场地排水良好，更重要的是场地在高强度的对抗中表面性质及坪床结构要保持稳定均一，这对于比赛本身以及运动员的安全至关重要，因此对于运动场草坪而言，其根系层通常都要在高含砂量的情况下混入一定比例的无机改良剂或加固材料，如纤维丝、纤维网等，在满足球场排水效率的同时要充分考虑球场的稳定性。

(4)合理的土壤三相比

土壤三相比，即单位体积原状土壤中固、液、气之比，依时间而变化。对于草坪植物生长及球场使用来讲，合理而稳定的土壤三相比至关重要，其中尤以水、气的相互变化最为关键。合理的土壤结构更多是取决于大小孔隙的比例。大孔隙影响通气，小孔隙影响保水，水气变化是此消彼长的。大孔隙过多，土壤保水性差；小孔隙过多，则土壤通气性差。对草坪草生长而言，当草坪践踏较少时，最佳总孔隙度为 40%~50%，当草坪践踏较多时最佳的总孔隙度为 35%~40%。一般持水孔隙和充气孔隙的比例为 2.0∶1.0 较适宜。

6.3.6　草坪土壤改良常见问题

低养护管理条件下的草坪质量主要受两个因素影响，即草坪的种类和建坪土壤。良好的土壤状况是草坪低养护管理的核心。因土质问题出现的草坪质量问题往往是难以改变的，坪床修复可能会涉及枯草层处理、土质改良、打孔等方式，一旦建坪后无法轻易改变坪床土质。表 6-9 列举了一些草坪土壤常见问题和解决措施。

表 6-9　与土壤相关的草坪常见问题的成因和解决措施

问题	原因	影响	措施
土壤板结	土壤中砂粒和黏粒含量较高；机械碾压；行人践踏	根量减少；草坪稀疏；杂草生长；降低草坪抗病虫害和抗逆性能力	土壤改良；打孔；重新布局交通方式
斑块	土壤旋耕或改良不佳；土壤中混合石头或其他碎片；枯草层过厚；砂质土壤	边缘不整齐的枯草区	打孔；追肥；更精细的灌溉管理；润湿剂
被侵蚀的土壤	陡坡斜坡；轻质土；粗劣的建坪方式	土壤水土流失	铺覆盖物；铺草皮；表面修整
黏土膨胀	蒙脱黏土湿润时膨胀	破坏草坪平整性；干燥后会产生裂缝；透水性差	更精细的灌溉管理；增加排水系统；土壤改良
有机物含量低	底土土壤贫瘠	水分问题；生长缓慢；土壤板结；保肥性差	添加有机肥、泥炭或表层土
持水能力差	砂质土或砂砾土；表土层较浅	快速干旱胁迫；养分流失至土壤深层	添加有机肥、泥炭或表层土
土壤偏酸	酸性母质；酸性肥料；高降水量	草坪草稀疏；杂草竞争；病虫害；养分缺失	施用石灰；利用碱性或中性肥料
土壤偏碱	碱性母质；低降水量；灌溉水偏碱性	草坪草稀疏；杂草竞争；养分缺失	施用硫黄；利用酸性肥料
透水性差	土壤板结；土壤分层；黏粒含量高；枯草层过厚	不耐磨损；植物根系浅，易受到干旱影响；苔藓和藻类过量生长；水洼	打孔通气；安装地下排水系统；土壤改良
含盐量高	盐性母质；低降水量；灌溉水含盐量高；地下水流入；高盐肥料；邻近道路撒盐	草坪稀疏；杂草丛生；增加灌溉设施；产生紫色叶片；枯萎	增加灌溉量洗盐；施入石膏；种植耐盐碱草种；施用低盐、高有机质含量的肥料；使用无毒的除冰产品
土壤渗透性差	自然发生的坚硬或黏性洼地；建植不完善	排水不良；透水性差；表面水洼	深度打孔；追肥；重新建坪；增加地下排水管道

(续)

问题	原因	影响	措施
黏粒含量多	高黏土母质	易板结；排水不良	添加有机肥、沙子或表层土；增加地上/地下排水管
砂粒含量多	高砂母质	干旱；保肥性差	添加表层土或有机肥
枯草层	过量施肥或浇水；易产生枯草层的草种	降低修剪高度；耐旱性差；易产生病虫害	打孔；覆沙；采用垂直修剪去除枯草层；避免水肥过多；采用产生枯草层少的草种
磨损	机械碾压；行人践踏	磨损；植物稀疏；土壤板结	提高灌溉和施肥频率；换用耐磨草种；重新布局交通方式

注：引自 Turgeon A. J.，2012。

复习思考题

1. 试述土壤质地和土壤结构的定义。
2. 试述土壤主要营养元素在不同土壤 pH 值下的有效性，以及主要草坪适宜的土壤 pH 值范围。
3. 简述草坪枯草层的含义及形成枯草层的因素。
4. 草坪枯草层有哪些利弊？通常草坪适宜的枯草层厚度是多少？如何控制枯草？
5. 试述草坪土壤测试时地块取样的模式与方法，以及取样时的注意事项。
6. 草坪土壤改良的类型有哪些？
7. 试述运动场草坪坪床土壤的组成及特征。
8. 草坪土壤排水方法有哪些？
9. 草坪管理过程中常见问题有哪些？造成原因是什么？如何解决？

第6章知识拓展

第二篇

草坪管理篇

第 7 章 草坪的建植

草坪建植是建造和种植草坪的过程。草坪建造包括草坪建植设计、规划和造型。草坪种植包括草坪播种材料、播种方法和前期的养护。利用人工的方法建立起草坪地被的综合技术总称，简称“建坪”。如何选择草坪草种？选择什么样的方式建坪？用种子还是用草皮？如何铺植草坪？这些问题会在本章得到解决。在草坪开始建植前，应明确所建草坪的用途是公园草坪、运动场草坪还是普通绿地。最好进行实地考察、准确测量，根据草坪用途、当地的自然环境条件、土壤状况、降水量等因素进行设计，对专业性较强的部分如排灌系统的设计最好请专业人员帮助，并且估量种子、草皮或栽植材料所需的数量，确定最佳的建坪时期。

就常规而言，草坪的建植主要环节大体包括草坪的设计、坪床的准备、草坪草种的选择、建植过程和新建草坪的初期养护管理。

7.1 草坪的设计

草坪设计的最终目的是创造出美丽、舒适、健康、符合功能的区域，是草坪建植成功的前提。草坪绿地布置质量的高低、美学艺术和服务功能的发挥，在很大程度上取决于规划设计的水平。良好的设计可以将乔木、灌木、草坪恰到好处地组合在一起，使之成为一个有机整体，并创造出各具特色的意境、风格和艺术情趣。草坪设计是对专用特殊草坪场地必需的程序，如高尔夫球场草坪、运动场草坪等，而一般普通绿化草坪根据情况而定。

7.1.1 草坪设计的依据与原则

(1)以人为本

草坪设计的内涵是以人为基础、以人为前提、以人为动力、以人为目的。草坪要反映社会的意识形态，为广大人民群众的精神与物质文明建设服务。草坪设计应当遵照园林绿地的设计规范、社区的总体规划以及民俗特点，完善城市游憩职能。所以，草坪设计者要体察广大人民群众的心态，了解民风民俗，掌握人们的生活和行为的普遍规律，面向大众，面向人民，满足人们使用的最根本的需求。合理的草坪设计可大大减少草坪后期的养护管理投入。

(2)科学性

草坪的设计要依据有关的科学原理和技术要求进行。设计者必须对草坪草特征特性和设计地域、气候、水文、地貌等环境条件有较好的了解，才能设计出符合科学规律的作品。

草坪草是有生命力的有机体，对其生态环境有特殊的要求，所以设计中应用的草坪植物一定要因地制宜，适宜当地气候、土壤等环境条件，符合生态学规律，才能正常生长。

草坪草种类的选择与配置也一定要符合自然群落的竞争与发展规律，才能保障草坪群落的稳定性，使生态平衡，最终达到所需的景观效果。除此之外，草坪设计还涉及水利工程、土方工程、动植物生态系统等方面的科学问题。

(3)功能性

草坪设计者应根据建造草坪的类型来满足使用者的审美要求、活动规律、功能要求等。例如，设计者可利用草坪草的形体、线条、颜色和质地进行构图设计，创造出景色优美、环境卫生、环保健康、舒适方便的草坪空间，满足人们的审美需求；公园的草坪，应充分考虑整体园中园路位置和走向，以免不合理的设计导致行人频繁践踏草坪形成小路，还需考虑残障人员的无障碍通行；游憩草坪和运动场草坪，应充分考虑使用者游憩和开展竞技、健身娱乐活动的功能要求。

(4)可维护性

草坪设计要考虑后期的养护管理是否方便，便于草坪的修剪、施肥、灌溉等养护措施。不合理的设计会给养护带来很大的麻烦，如采用各种栅栏或水泥砖等围合草坪边界，使养护机械难以行驶、操作，非常不利于草坪后期的养护作业。为便于草坪养护，通常在保障人身安全的基础上，尽量减少周边围合或使围合低于草坪平面。

(5)经济性

草坪景观以创造生态效益和社会效益为主要目的，但并不意味着无限制地增加投入成本，形成浪费。任何地区的财力、物力、人力和土地等都是有限的，应在节约成本、方便管理的基础上，以最小的投入来获取最大的生态效益和社会效益。

综上所述，一项优秀的草坪设计，必须做到以人为本、科学合理、实用美观且便于养护，争取达到最佳的社会、环境和经济效益。

7.1.2 草坪设计的基本形式

(1)规则式

规则式又称几何式，有明显的对称轴线，各要素都是对称布置，具有庄严、雄伟、肃静、整齐、人工美的特点，如天安门广场升旗草坪、纪念碑草坪等。特殊专用草坪如足球场草坪、棒垒球场草坪、保龄球场草坪等也是几何规则式草坪设计，这是运动场地规则需求。规则式草坪在西方的古典园林中较常见。

(2)自然式

自然式又称不规则式、风景式，对称轴线不明显，各个要素自然布置，创造手法是效法自然、服从自然，具有灵活、幽雅、自由的自然美。但不适合与严整对称的建筑、广场相配合。自然式草坪适合休闲、度假娱乐场地，如公园、旅游度假村、高尔夫球场。

(3)混合式

混合式是把规则式与自然式的特点融为一体，两种形式与内容在比例上相近。一般情况下，在原地形平坦处，根据总体规划需要安排规则式的布局；在原地形复杂，有起伏不平的丘陵、山谷、洼地等处，结合地形规划成自然式。例如，中国皇家园林草坪设计中，在保持整体自然的情况下，在局部采用规则式，以营造雄伟壮丽的景观，即混合式风格设计。

7.2 坪床的准备

坪床是用于建植草坪的基质层面，好的坪床能为草坪草生长提供良好的生长条件，建坪的成败在很大程度上取决于坪床准备的质量。坪床的准备一般包括以下步骤和技术环节(表7-1)。

表7-1 建坪时坪床准备的一般步骤

步骤	过程	步骤	过程
第一步	评价土壤	第六步	旋耕与土壤改良
第二步	清理坪床	第七步	安装地下排灌系统(可选择)
第三步	防除杂草	第八步	固定边界(可选择)
第四步	粗略平整和造型	第九步	精细平整和造型
第五步	测量草坪面积	第十步	滚压和浇水

(1)评价土壤

建坪前，一般需要了解草坪土壤的状况，如土壤质地、pH值、含盐量、营养成分等。根据测试土壤理化性状结果，决定土壤是否需要改良。取样一定要有代表性，是土壤测试的关键，详见“第6章6.2.1土壤样品的采集”。

(2)清理坪床

清理坪床床面木头、石块、大树根和草根等，必要时可将土壤过筛。

(3)防除杂草

①人工去除杂草：在晚夏大多数杂草结籽时，用锄头或灭生性除草剂灭除，浇水让杂草萌发后再用同样方法灭除，重复此过程，直至无杂草萌发为止。

②喷施农药除草：在春季和夏季大多数杂草正活跃生长时喷施草甘膦，一些多年生杂草如狗牙根等需要在施药3~4周后第二次喷施(这种方法最有效)。草甘膦处理1周或2周后方可播种或铺草皮。

③土壤熏蒸法除草：土壤熏蒸法在任何时候均可进行。熏蒸剂不但能除灭杂草，也能杀死土壤中的害虫。熏蒸3周后，种植能快速发芽的种子(如萝卜)来测试土壤是否安全，若萝卜发芽且开始正常生长，说明可安全地播种草坪草或铺草皮。

具体的杂草防除详见“第10章10.2草坪杂草防除”。

(4)粗略平整和造型

通常是挖掉突起部分和填平低洼部分，作业时应把标桩钉在固定坡度水平之间，整个坪床应设一个理想的水平面。填方应考虑填土的沉陷问题，细土通常下沉15%(每米下沉12~15 cm)，填方后应镇压。表面排水适宜坡度为1°~2°。在建筑物附近，坡度应离开房屋的方向。运动场则是中心隆起以便排水，高尔夫球场的发球台和球道则应在1个或多个方向向障碍区倾斜。

(5)测量草坪面积

测量草坪面积有利于估计所需草坪草种子、草皮和改良剂的数量，避免盲目购料，引起材料的缺乏或浪费。规则形状地块面积的测量按照几何形状计算，不规则形状地块要划分成若干个规则形状来计算。

(6)旋耕与土壤改良

理想的草坪土壤应是土层深厚、排水良好、pH 6.5左右、质地适中的壤土。旋耕是必须进行的坪床准备工作。土壤贫瘠或过酸过碱都会对建植后的草坪带来严重的问题，给养护增加困难。如果建高质量的草坪，必须进行土壤改良；若所建草坪只是用于防止土壤侵蚀，增加绿色景观，对草坪质量要求不高时，就不需要进行土壤改良。土壤改良可在草坪建植地块初步完成平整和造型后进行，可在旋耕时添加土壤改良剂。因为草坪草根系大多数生长在0~20 cm的土层，土壤改良剂可用铲或旋耕机均匀掺和至土壤上层15~20 cm。土壤改良包括土壤质地的改良、土壤酸碱性的改良和土壤肥力的改良等，改良剂包括肥料(改良重黏土或轻砂壤土最好用有机肥料)、石膏、石灰或硫黄等。若添加大量的土壤改良剂，会提高现有土壤土层的水平高度，所以首先要把部分土壤移走或用于造型。土壤改良详见“第6章6.3草坪土壤改良”。

基肥一般可施混合肥或复合肥，一般高磷、高钾、低氮，如每平方米可施5~10 g硫酸铵、30 g过磷酸钙、15 g硫酸钾的混合肥作基肥。施用肥料可用旋耕机以交叉(垂直)方式来回旋耕，以确保所施肥料、有机物质、石灰石粉、硫等混匀，混入的土深为15~20 cm。

(7)安装地下排灌系统

在降水量少的干旱地区，灌水系统很重要；在降水量多且集中的地区，排水设施就应放在首位。排灌系统应根据地域和草坪功能进行合理设计。

①排水系统：分为地表排水和地下排水两类。地表排水包括采用开敞的隙水沟(slot)、渠道(channel)、壕(trench)等排水或表面造型(坡度，slope)排水。在降水量多的我国南方，大型的运动场如足球场均设有开敞的隙水沟、渠道、壕等排水设施，球场场地表面均设置一定坡度排水。例如，足球场一般设有0.5%~1%表面排水坡度；棒垒球场的内场表面坡度一般为0.5%，外场有1%的表面坡度。地下排水的坡度不一定要与地表的起坡方向一致。地下排水一般通过地下铺设一层透水材料排水，如砾石(gravel drainage)、化学纤维材料(synthetic drainage)等，也可采用狭缝砂沟排水(slit drainage)方式。砂槽一般宽6 cm、沟深25~37.5 cm、沟间距60 cm，并与地下排水沟垂直，上面填满细砂或中砂，用碾磙压实。

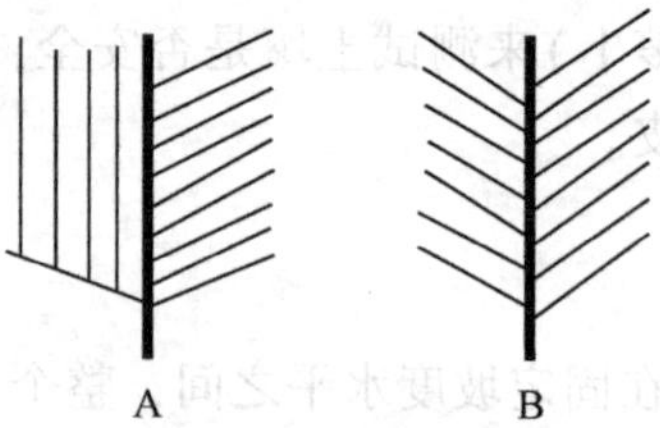

图7-1 两种通用的排水系统设计模式
A. 平行状 B. 鱼骨刺

地下排水管常用陶管或水泥管，塑料管也较普遍。排水管有主管和支管，主管与支管常常成平行状或鱼骨刺状，如图7-1所示。排水管主管低于支管，利于水从支管定向排向主管。根据场地状况，地下排水系统采用不同的设计模式(图7-2)。一般场地不平或有坡度的地方宜采用鱼骨刺模式，而较平坦或平坦且不规则形状场地宜采用平行模式。

排水管一般应在草皮表面以下40~90 cm处，为防止淤塞，支管在进入主管处有一个45°角，若为90°角则水流缓慢，而且排不出沉淀物。支管间的距离要依土壤质地而定，在紧实的黏土中间隔6.1 m，而在砂质土中间距以30 m为宜。高尔夫球场果岭地下排水管坡度2%~3%，球道最大坡度一般是1%。

②灌水系统：在缺水季节，灌水系统能保证草坪草正常生长发育。灌水可用地上水车

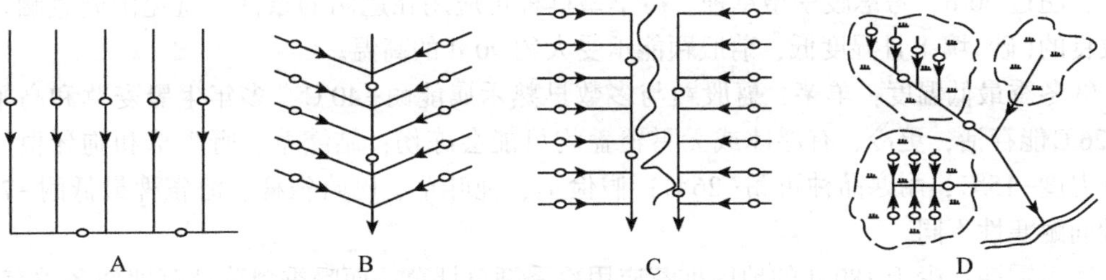

图 7-2　支管向主管排水设计模式

A. 平行　B. 鱼骨刺　C. 2 个主管　D. 定向

喷灌、安装地下喷灌系统、漫灌等。目前在养护管理较高的草坪，均安装有地下喷灌系统。草坪详细的喷灌设计见“第 9 章 9. 2. 3 灌溉”。

(8) 固定边界

对于轮廓要求精细的草坪，要固定边界，如高尔夫果岭草坪、足球场草坪等。

(9) 精细平整和造型

各种排水与灌水系统安装后，要用耙、耱、板条大耙和钉齿耙等耙地，也可采用平整机、水平仪等作业。细平整应在播种前进行，防止土壤板结，同时注意土壤的湿度，最终达到坪床表面平滑。

(10) 滚压和浇水

平地时除检查坡度是否符合要求，地面是否平整，还需进行镇压和浇水。镇压时土壤潮湿(土在手中可捏成团，落地后散开即可)，通常选用 100~200 kg 的滚子镇压，镇压应以垂直方向交叉进行。如果发现由于安装管道等浇水后土壤下陷不平，重复第九、第十步，直到坪床几乎看不到脚印或脚印深度小于 5 cm 为止。

7. 3　草坪草种的选择

草坪草种的选择应综合考虑建植地的气候环境和立地条件、草坪的使用目的和养护管理水平，结合草种的特征和抗性来做出决定。草种的选择是建植成功的关键。

7. 3. 1　草坪草种的选择依据

(1) 气候环境

由于我国地域辽阔、地形复杂，不同地区气温与降水量都有很大差异。气候指标对草坪草选择的限制不仅是气候指标的极端值(如最高或最低温度)，还有量的大小(如降水量)以及持续时间的长短(如高温/低温持续的天数、无霜期的天数)。所以，选择草坪草必须清楚建植草坪场地的地理位置与环境条件，根据不同的气候环境选择适宜的草坪草种。

影响草坪草关键的气候指标有以下 6 个(Doug Brede，2000)。

①夏季最高气温：最高气温如果超过 38℃，不能应用羊茅类和高山禾本科草类；如果气温升至 46℃，强烈推荐采用暖季型草坪草；如果气温很少超过 27℃，应用冷季型草坪草。

②气温超过 32℃的天数：持续高温会影响草坪草的生长。多数冷季型草坪草能耐 32℃以上温度 20~30 d，若超过此限，考虑选择适宜过渡带的冷季型草种，如高羊茅、硬羊茅、

羊茅；超过60 d，考虑暖季型草种。冷季型草种可应用在遮阴的条件，避免阳光直晒。若用改良的(砂)壤土且湿度低，翦股颖能承受大约90 d的高温。

③冬季最低温度：羊茅、翦股颖与多数早熟禾属能耐-40℃，多年生黑麦草和高羊茅在-26℃能存活，更冷、有浮冰或无雪覆盖均可能会冻伤；结缕草、野牛草和狗牙根能耐最低温度-15℃，耐寒品种可耐-26℃；假俭草、钝叶草、巴哈雀稗、海雀稗最低耐-7℃，品种间耐寒性不同。

④无霜期：少于180 d的地区推荐应用冷季型草坪草，而暖季型草坪草即使冬季存活，在夏季时间短暂的地区也不能生长茂盛。典型的热带地区霜罕见，暖季型草坪草全年绿色。在过渡带和亚热带地区，暖季型草坪草可以交播冷季型草坪草来维持其使用性能。

⑤夏季相对湿度：是冷季型草坪草的限制因子，如果温度(华氏)与湿度相加超过150，病害就可能成为此地突出的问题。

⑥年降水量：是无灌溉地区选择草种的主要限制条件。在过渡带无灌溉的地区，一般冷季型草坪草种至少需要760 mm降水量才能维持正常生长，如草地早熟禾；降水量大于1 500 mm的地区，选择喜湿润草种或莎草科薹草属的一些种；降水量低于400 mm的地区，选择抗旱草种，如野牛草、冰草等；用含盐碱水灌溉地区，应选用海雀稗、碱茅等耐盐碱草种。

(2)立地条件

草坪草的立地条件要考虑土壤的质地、结构、酸碱度及土壤肥力。草坪草在质地疏松、团粒结构的土壤上生长最好，黏性土壤中生长不良。土壤孔隙为25%对草坪草有利。

土壤肥力直接影响草坪草的生长。一般在贫瘠的土壤上种植耐一些贫瘠、耐粗放管理的草种，而不宜种植需精细管理的草种(如匍匐翦股颖)。土壤酸碱度对草坪草的影响很大，大多数草坪草适宜弱酸到中性土壤(参见表6-1)。碱茅属的草种以及狗牙根、冰草、野牛草、薹草和格兰马草较耐盐碱，海滨雀稗是最耐盐的草坪草种，有的品种能耐pH 10.2的土壤。

(3)使用目的

根据使用目的，草坪可分为多种类型，如观赏草坪、运动场草坪、游憩草坪等。运动场草坪一般需要耐践踏、耐频繁修剪的草种，如高尔夫球场的果岭在南方一般用狗牙根，而在北方则用匍匐翦股颖。

(4)养护管理条件

若资金充足，可选择要求管理比较精细的草坪草品种；若资金不足，可选择耐粗放管理的草坪草品种。

(5)草坪草特性

草坪草的密度、质地、色泽均有差别，且在抗旱、抗寒、抗病、耐热、耐践踏、耐酸碱、再生性和需肥量等多方面的表现都有不同，需结合草坪草的特性与抗性综合决定。

7.3.2 草坪草种的组合

在实际应用中，为使草坪获得更高的环境适应性，通常采用多种或多品种组合来建植草坪。根据草坪的草种组成，可分为3种类型：单播、混合和混播。

(1)单播

单播(single seeding)是指用同一草坪草种的单一品种播种建植草坪的方法。在暖季型草坪草中，狗牙根、野牛草及钝叶草一般只用于单播，在冷季型草坪草中翦股颖有时采用单播。

(2)混合

混合(blend)是将同一草种的不同品种混在一起的播种方法，也称种内混播。混合播种较单播相比增强了抗性与适应性，所需养护管理较少。

(3)混播

混播(mixture)是将两种以上草坪草种混合播种的方法，也称种间混播。混播草坪相比混合草坪，一般抗性与适应性更高，但均一性可能不如混合草坪。混播主要成分包括：主体草种、保护草种、伴生种。组合成分之间的关系以及作用详见“第4章4.3.2草坪植物群落”。

混播提高了草坪群落生物的多样性，扩大了草坪的适应性(如使草坪提前返青、耐低养护)，提高了草坪的抗性(如抗病性、耐阴性、抗虫性)。此外，混播还能获得较高茎密度以及更好的草坪景观等。

混播组合中每一草种的含量应控制在有利于混播中主体草种发育的程度内，混播在一起的草种应综合考虑其生长习性、植株高度与垂直生长率、叶宽度、颜色等方面。

①生长习性：混播组合成功的关键是草种的生长习性。实践证明，丛生型草坪草与根茎型草坪草间或内混播较为成功(参见表4-2)。例如，草地早熟禾、高羊茅、多年生黑麦草三者能很好地混播，相容性很好，群落稳定；而狗牙根与匍匐翦股颖混播则效果不佳，是由于狗牙根具有发达的匍匐茎和根状茎，匍匐翦股颖具有发达的匍匐茎，两者混播景观效果不佳且群落不稳定。要想获得好的景观效果，除了注意生长习性外，其他因素也不能忽视。

②植株高度与垂直生长率：考虑成熟时植株高度，尽量选择高度相近、垂直生长率一致的草种。

③叶宽度：叶片宽度相近的草坪草种混播才能获得好的景观效果。高羊茅与草地早熟禾生长习性的相容性很好，但高羊茅品种间叶宽差距很大，只有选择叶宽度与早熟禾相近的草坪型高羊茅，才能获得最佳效果。

④颜色：草坪草颜色丰富，从深蓝绿色到浅苹果绿色均有，采用颜色一致的草种(品种)混播才能得到均一性较好的草坪。如粗茎早熟禾叶为淡黄绿色，与颜色深的草地早熟禾品种混播，往往由于颜色差异大形成斑块，降低草坪的均一性，景观效果差。

7.4 建植过程

草坪建植(即建坪)通常采用种子繁殖与营养体繁殖，具体选择应依建坪目的、建坪时间、成本投入、草种繁殖特性等确定。一般冷季型草坪草种子易获得，通常采用种子繁殖，暖季型草坪草多采用营养繁殖。

7.4.1 种子繁殖建坪

种子繁殖建坪以种子作为播种材料，是常用的草坪建植方法。种子繁殖建坪主要是种子直播法，种子植生带和种子喷播也是种子繁殖的特殊方法。种子直播法是常规绿地草坪建植中最广泛采用的方法，成本低，但建坪时间较长，成坪前的养护管理较烦琐。

7.4.1.1 种子质量

草坪草种子质量是一个综合概念，包括种子净度、发芽率、含水量、生活力、其他植物种子数等，对生产者、消费者、经营者都极为重要。草坪草种子质量的优劣，直接关系到草坪建植成功与否、种子经营部门的信誉好坏、经济效益高低以及种子事业的兴衰成败。种子质量取决于种子生产的全过程和贮藏条件。

①净度：被检测草坪草种子样品中除去杂质和其他植物种子后，被检种子质量占样品总质量的百分率。净度组分包括：净种子、其他植物种子、无生命杂物(砂、石块等)。

②发芽率：正常种苗占供试种子的百分比。

③含水量：指种子样品中含有水的质量占供试种子样品质量的百分率。

④生活力：种子发芽的潜在能力或胚具有的生命力。一般在需要快速了解种子质量时可以进行生活力测定，比发芽率测定需要的时间更短。

⑤其他植物种子数：指单位质量除测定种外的所有种的种子数，包括其他作物种子、其他牧草种子和杂草种子。

市场销售的较规范的草坪草种子包装上均带有标签，其上注明的内容包括：草坪草种子的种名、品种名以及质量指标，如净度、发芽率、杂草种子以及无生命杂质含量。草坪草种子标签上的质量指标数值，通常是生产企业或第三方检验机构检测的结果。为保证草坪草种子的质量的准确性，检测方法严格按照国家颁布的《草种子检验规程》和国际种子检验协会的《种子检验规程》进行，才能在允许误差范围内得出普遍一致的结果，确保优质的种子进入市场。严格的种子质量检验还可保证种子的贮藏和运输的安全，防止杂草、病虫害的传播。

7.4.1.2 播种时间

温度适宜草坪草种子发芽和幼苗旺盛生长的时期即可为播种期。冷季型草坪草发芽和幼苗生长的最适温度为20~25℃，理论上，春季、夏末与秋季均适宜，但以夏末至初秋最佳(北京地区8月末至9月末)。夏末秋初不仅气温适宜，杂草的危害也相对较轻，对种子萌发和幼苗生长有利；而春季气温偏低，如此时播种则萌动的草坪草生长较慢，杂草危害严重，且春季气候干燥、土壤易板结，对幼苗的生长不利，此时播种应注意加强灌溉和杂草防除等养护管理措施。暖季型草坪草发芽和幼苗生长的最适温度为25~30℃，即春末至夏初(6~8月)播种最适宜。一般在适宜温度条件下播种的草坪草4~30 d发芽，平均14~21 d，6~10周成坪。主要草坪草发芽所需天数见表7-2所列。

表7-2 主要草坪草发芽所需天数 d

草坪草种	发芽所需天数	草坪草种	发芽所需天数
匍匐翦股颖	7~28	普通狗牙根	7~21
草地早熟禾	10~21	野牛草	14~30
普通早熟禾	7~21	假俭草	14~20
加拿大早熟禾	10~28	格兰马草	7~28
高羊茅	7~14	巴哈雀稗	7~28
紫羊茅	7~14	地毯草	10~21
多年生黑麦草	5~10	铺地狼尾草	7~14
一年生黑麦草	5~10	结缕草	10~28
巨序翦股颖	5~10	弯叶画眉草	6~10

生产中如遇未能在上述时期完成播种的情况，在播种后根据气候条件采取有效措施如加盖遮阳网、覆盖秸秆、覆盖渗水地膜等以确保幼苗免遭高温或低温危害。秋季播种时间不宜过迟，需确保草坪草幼苗在冬季来临前积累足够的贮藏营养物质安全越冬。

7.4.1.3 播种前的处理

对于一些草坪草种子，播种前需/可进行一定的前处理。例如，结缕草、白颖薹草的种子在收获后、播种前需用强碱进行处理以破除休眠；异穗薹草的种子在播种前需进行长时间(80~90 h)的水流冲洗并晾干；野牛草的种子在播种前可进行机械破除硬壳以帮助草种发芽等。

7.4.1.4 播种量

播种量的多少需要综合考虑建坪目的、种子的大小、纯净度、发芽率、草种生长习性、环境条件、混播组合等问题。

草坪的使用目的不同播种量差异较大，一般运动场草坪的播种量是普通草坪播种量的2~3倍。种子的大小直接决定了单位面积上草坪草种子的理论播种量，实际播种量是草坪草种子质量、所需要的成坪速度以及土壤和环境条件等因素综合决定。因此，确定播种量的最终标准，是以足够数量的活种子确保单位面积上幼苗的额定株数，即1万~2万株/m^2。理论播种量公式：理论播种量(g/m^2)=额定株数(株/m^2)/克粒数(粒/g)。

然而，所使用的种子本身纯净度和发芽率不一定均是100%，加上播种萌发后诸多不利因素影响，有一定比例的幼苗存在生存风险，因此，实际的播种量要考虑种子的净度和发芽率的影响(表7-3)，要根据以下公式计算：

实际播种量(g/m^2)=理论播种量(g/m^2)/(种子净度%×种子发芽率%)

需要注意的是，生产中应根据实际情况确定播种量，要保证播种至出苗后达到额定株数，根据实际需求，播种量甚至可能加大到原来播种量的2~3倍，如场地需要快速成坪、建坪地环境条件恶劣、水肥条件差等。

表7-3 草坪草种子克粒数与播种量

草坪草种	克粒数/(粒/g)	单播种子用量/(g/m^2)	草坪草种	克粒数/(粒/g)	单播种子用量/(g/m^2)
高羊茅	500	25~35	冰草	714	18~20
匍匐紫羊茅	1 203	17~20	碱茅	1 754	25~35
羊茅	1 167	17~20	无芒雀麦	250	18~22
草地早熟禾	4 795	8~10	狗牙根	3 936	5.0~7.3
普通早熟禾	5 595	8~10	野牛草	110	25~30
加拿大早熟禾	5 496	8~10	格兰马草	1 978	7.3~12.2
多年生黑麦草	500	30~40	结缕草	3 015	8~12
一年生黑麦草	500	30~40	地毯草	2 474	10~12
匍匐翦股颖	17 532	5~7	巴哈雀稗	365	29~39
绒毛翦股颖	25 991	4~6	假俭草	900	18~20
细弱翦股颖	19 214	7~7	白三叶	1 429~2 000	3~4.5
巨序翦股颖	10 991	6~8	小冠花	19	15
猫尾草	2 498	4.9~9.8	百脉根	814	8~10

在混播中，每个草种的播种量依照其在混播组合中的比例和单播量计算，如混播组合为90%高羊茅+10%草地早熟禾，则二者在混播组合中的播种量应为各自单播量的90%和10%。在流通商品中，播种量一般指的是所播种子的质量而非数量。

7.4.1.5 播种深度

播种深度对种子的萌发和出苗有着重要影响。大多数草坪草种子较小，可均匀掺和在1.5~5 mm深的土壤中，粒径稍大一些的种子播种深度可以稍深些，切忌过深而影响出苗。在干旱无灌溉设施区域，种子播种深度较有灌溉条件区域适当深一些。

7.4.1.6 播种方法

播种方法有手工撒播和专门机械播种两种。小面积草坪建植常采用手工撒播或手摇播种机播种，大面积的需用专门的播种机具。播种应遵循均匀播种、适度镇压的原则。为实现均匀播种，播种前首先将坪床区域化，即将坪床划分成若干等面积的块或条，根据单位面积播种量将种子分成若干等份后播种；在无风时进行播种，避免种子受风吹散影响均匀性；对于克粒数较大的种子，可与砂土混匀后进行播种；将种子分为两等份，横竖交叉往复式播种。播种后轻耙，使种子与表土均匀掺和，再用轻型碾磙或耕作镇压器进行镇压，以确保种子与土壤紧密接触。

7.4.2 营养繁殖建坪

营养繁殖建坪包括铺草皮法、塞植法、草茎繁殖法等，其中铺草皮法具有瞬时建坪和前期管护简捷的特点，但成本较高。

7.4.2.1 铺草皮法

铺草皮法是草坪最常用的营养繁殖方式，是将预先生产的一定规格的草皮，采用不同铺植方法形成“瞬时”草坪最有效的方法。同时，铺草皮法避免了铺植地杂草的竞争问题，解决了不利立地条件下种子建坪的困难，大大降低了成坪前草坪的养护管理费用。其缺点是建坪初期的成本较高。

(1)草皮的选择及铺植时间

草皮的组成草种和品种应适宜当地环境、土壤条件，草皮本身应密度大、质地均一、无病虫害和杂草、根系发达健康。冷季型草坪草理想的铺草皮时间在春季、夏末和秋初；暖季型草坪草在春末和夏初。

(2)场地的准备

参照“7.2 坪床的准备”。需要注意的是，因草皮有一定的厚度，整地后坪床的高度要较最后形成的草坪坪面更低，具体根据草皮的厚度和坪面压实程度确定，最终确保新建草坪与周边的路面等其他设施很好地匹配。铺植草坪的坪床土壤应保持湿润。

(3)铺植

草皮铺植的最佳时间在收获后的24 ~48 h。如未能在最佳时间铺植，应及时将草皮摊开摆放至阴凉处，并保持湿润。

草皮铺植方法分为人工铺植与机械铺植两种，通常小面积不规则区域以人工铺植为主，大面积的采用机械铺植。铺植时选择以最长的直边作始端。铺植的模式有密铺法、间铺法或条铺法。密铺法是用草皮块将地面全部覆盖，相邻草皮块间仅保留1~2 cm的间距，此法铺植的草坪效果最好。间铺法是将草皮块交错相间成“梅花”式样铺植，面积大、时间紧、成坪时间没有严格要求时常用此法。条铺法是草皮条按一定间距进行铺植，此法适用于坡地草坪铺植。生产中根据实地情况，结合各方法特点完成草皮铺植，铺植完成后在草皮缝隙处撒入表层土与沙的混合物，轻型辊压实。铺植时一定要注意保障草皮根系与坪床土壤完全接触，尤其是坡地草坪的铺植更应注意此问题，以免草坪草接触不到土壤而枯死，导致铺设失败。

(4)铺植后的养护

铺植结束后应压实并立即浇水，确保土层湿润。一般铺植后 10 ~15 d 长出新根，随后可进行修剪，确保刀片锋利，遵循 1/3 原则。坪床土壤准备过程中未施肥，在草坪铺植后 6 周需施入高磷含量的肥料，以利于草皮根系发育。

7.4.2.2 塞植法

塞植又称点铺法，是将预先在备草区取得的小柱状草塞或草坪通气作业中打出的草塞柱移植在建坪地建植草坪的一种方法。塞植法多用于修补受损的草坪，如高尔夫球场和运动场草坪的赛后修补，也可用于新坪建植。塞植法可大大节省植物材料，但建坪速度较慢，匍匐茎发达的草种如冷季型草坪草匍匐翦股颖和暖季型草坪草(野牛草、结缕草、狗牙根、假俭草、钝叶草)等多用此法。

塞植前需用钢质塞植刀(或移植铲或小铲子)预先在坪床上挖穴，穴的大小通常要比草塞的直径和高分别多出 5 cm 和 2.5 cm。穴间距根据草坪草种类和塞植材料的规格而定，一般为 15 ~30 cm。例如，杂交狗牙根直径 5 cm 的草塞和钝叶草 7.6 ~10 cm 的草塞，植入坪床的穴间距为 30.5 cm；结缕草和假俭草直径 5 cm 的草塞，穴间距 15 cm 为宜；野牛草直径 10 cm 的草塞，穴间距为 91 ~122 cm。

塞植时把塞植材料放入预先湿润的土穴中，尽可能使植物的冠层叶片集中并与地平线平行，压实周围土壤，然后滚压和浇水。根据气候降水情况，一般前 2 周每天浇 1 次，以后可以每隔 1 d 浇 1 次，持续 1 个月或直到塞植材料生根并与土壤牢固结合。如果很难用手把塞拔起，表明草坪草已生根并与土壤牢固结合。塞植的成坪速度与草种、草塞的大小及草塞间距等因素有关。草塞间距是影响成坪速度的重要因素。在其他因素一致的情况下，野牛草、美洲雀稗和狗牙根的成坪速度较快，而钝叶草、假俭草和日本结缕草则较慢，细叶结缕草更慢一些。

草塞生根并与土壤牢固结合后应立即修剪，以刺激匍匐茎等营养枝的生长，提高草坪盖度，缩短成坪时间。一般每 6~8 周施肥 1 次，直到整个坪面被全部覆盖。草塞植入前期，灌溉量以确保草塞底部接触的土壤湿润为准，随后按常规草坪灌溉管理。

7.4.2.3 草茎繁殖法

草茎繁殖法包括草茎栽植、撒植等，适用于匍匐茎或根状茎发达、生长迅速的草坪草种。草茎栽植法是将草皮分成单株或若干株丛，以一定的行间距植入坪床建坪的方法。草茎撒植法主要利用的是匍匐茎，即将预先切短至 3 ~5 cm、具有 2~4 活节的匍匐茎段均匀栽植或撒于湿润的坪床表面，经覆土、镇压、灌溉等养护形成新坪。此法常在温暖潮湿带用于匍匐茎发达的草坪草，如狗牙根、钝叶草和假俭草等。草茎撒植法以春末夏初效果最佳，用量为 5~15 g/m^2，撒茎后覆盖 0.5 ~1.0 cm 细沙，保持床土湿润，5 ~15 d 茎节处生根发芽，1.5~3 个月即可成坪。

7.4.3 特殊建坪方法

7.4.3.1 植生带法

草坪植生带是以特定的工厂化机械生产工艺，将草坪草种子或草茎与添加物按一定的比例和排列方式均匀固定在两层载体间所制成的草坪建植材料。植生带包括草茎植生带和种子植生带(即种子带)两种。草皮植生带是在塑料薄膜上铺一层2 ~3 cm厚的培养土，然后在其上撒一层草茎，经过3~4个月的培养，即形成新草皮。植生带法在我国广东沿海地区广泛应用，使用时切成块叠起或成捆运到工地，运输方便。植生带法生产过程不占用土地，且能合理利用农业废弃物资源作为基质，建坪施工简便快捷，是坡地绿化的有效方法。植生带的铺设过程如下：

(1)坪床准备

全面翻耕土地，翻耕深度为20~25 cm，并适当施入底肥(氮、磷、钾复合肥)。将土块打碎，耧细耙平，并清除残余根系和石块等杂物。在铺装施工前的1~2 d要灌足底水，以利保墒。

铺装前，在施工地附近要准备好适量的用以覆盖的细土。为了避免在备用细土中带入杂草种子，准备好的覆盖用细土应采取耕作层以下的生土，绝不允许采用混有杂草和杂物的土壤作覆盖土。覆盖土以砂质壤土为好。覆盖细土的备用量是每铺装100 m^2的植生带，需备用细土0.5 m^3。

(2)铺设过程

把成卷的植生带自然地铺放在整平的土壤上，边缘交接处重叠1~2 cm，如果土地不平整，可用木板条刮平地面后再铺植生带。铺放植生带时要将植生带拉直、放平，但不要用力过猛将植生带拉长、拉断。

(3)铺后管理

在铺好的植生带上，均匀地用筛子覆盖事先准备好的细土，覆盖细土的厚度为0.3~0.5 cm，以不露出植生带为宜，辗辊镇压使其与土壤紧密结合。风力大的地方或坡地铺植生带后还应采取必要的固定措施，如分段打桩、拉绳加固或加盖覆盖物等。

植生带铺装好后，采用微喷灌保持土表湿润，2~3次/d，第一次喷水时一定要将植生带完全润湿和润透。每日的喷水量以保持铺设地块的土壤湿润为原则。待苗全部出齐后，可逐渐减少喷灌次数，每次以浇透为宜。

7.4.3.2 喷播法

喷播法是将草坪草种子或草茎、纤维覆盖物、肥料、黏合剂、保水剂和水等材料经过喷播机混合、搅拌并喷洒到所需建坪的区域，从而形成初级生态植被的绿化技术。喷播法适用于高速公路、堤坝等斜坡建坪，以及矿山植被恢复、荒漠化治理等裸露地面积大或土壤易受侵蚀的场地建坪。

(1)喷播材料

一般包括建植材料、水、覆盖物、肥料及其他添加剂等。

①建植材料：一般根据建坪目的、立地条件和草种本身的特性选择草坪草种或其他植物材料，草种组合方式为混播或混合。

②水：水作为主要溶剂，把草籽/草茎、纤维、肥料、黏合剂等均匀混合在一起。

③覆盖物：主要是纤维材料，纤维在水和动力作用下形成均匀的悬浮液体，喷后能均匀地覆盖地表，具有包裹和固定种子、吸水保湿、提高种子发芽率及防止冲刷的作用。覆盖物是以木材、废弃报纸、纸制品、稻草、麦秸等为原料，经过热磨、干燥等物理加工方法加工成的絮状纤维，一般在平地少用，坡地多用，用量为60~120 g/m^2。

④肥料：根据土壤肥力决定施肥用量，选用含磷量高的复合肥为好，如氮：磷：钾=4：17：4的肥料，一般用量为20~60 g/m^2。

⑤其他添加剂：主要包括黏合剂、保水剂、染色剂、松土剂、活性钙、生长激素、微生物等。

黏合剂是以高质量的自然胶、高分子聚合物等配方组成，水溶性好，并能形成胶状水混浆液，具有较强的粘合力、持水性和通透性，平地少用或不用，坡地多用，黏土少用，沙地多用，一般用量为3~5 g/m^2。

保水剂为一种无毒、无害、无污染的水溶性高分子聚合物，具有强烈的保水性能，其用量根据气候、立地条件、水源情况而定，一般为3~5 g/m^2 或纤维质量的3%，干旱区、陡峭坡地、无灌溉或少灌溉条件地区建坪要增大用量。

染色剂使水和纤维着色，用于指示界限和提示播种是否均匀，染色剂一般采用绿色，用量为3 g/m^2。

有时还会添加活性钙，用于平衡土壤pH值。

(2)喷播施工程序(以裸岩山体植被建植为例)

①现场勘察：对准备施工区域的地质、气候、坡面条件等进行勘察，并对现有条件进行详细分析，制订适宜的施工方案。

②施工方案制订：根据搜集掌握的数据，制订适宜的实施方案。

③坡面修整：清除松散块石及杂物，对坡顶转角和坡面突出的岩石棱角进行修整，使之呈弧状；对于光滑的岩面通过挖横沟等措施进行加糙处理；低洼处适当覆土夯实或以草包土回填，使坡面基本平整。

④固定安全桩与挂网：根据岩石稳定性间隔一定距离布置锚杆，通过锚杆和锚钉将成品网固定在岩石上，网与岩石的距离约为种植基质厚度的一半。常用的成品网有金属网、三维土工网垫等，一般来说，边坡坡度≤45°时多用三维土工网垫，三维土工网垫是采用高分子材料聚乙烯及抗紫外线助剂加工而成的；边坡坡度>45°时则多用金属网，金属网多用金属材料和铅丝，一般采用12号或14号镀锌棱形铁丝网(直径2 mm)、网孔4 mm × 40 mm、强度30~50 kg/mm^2。

⑤覆土或客土吹附：客土由种植土、泥炭土、草纤维、黏合剂、保水剂、复合肥等组成，按一定比例混合后满足堆密度0.8~1.2 g/cm^3、有机质含量≥25%、孔隙度40%、pH 6.0~7.5。用客土喷播机将客土吹附在岩石上，厚度不少于6 cm，一次喷附宽度4 ~5 m，确保厚度均匀一致且无剥离、流失现象。

⑥种子喷播：将种子与纤维、黏合剂、保水剂、缓释肥等经喷播机搅拌混匀后喷附在客土上层，厚度2 ~4 cm。

⑦覆盖：采用无纺布、草帘等材料，主要目的是稳定种子，防止暴雨冲刷；调节温度和防止水分蒸发，为种子萌发和幼苗生长创造适宜的小生境。

⑧养护管理：从草坪草种子发芽、幼苗生长到成坪期，少量多次浇水，保持土壤湿

润，同时完善边坡排水系统；成坪后减少浇水次数，每次浇水量应大于蒸散量。根据草坪草的生长情况和草坪的用途，适量追施肥料或叶面喷施叶肥；若杂草、病虫害严重，及时采用物理、化学方法进行防控，直到形成稳定群落。

(3)喷播的优点

①克服不利自然条件的影响，在坡地等建坪困难的地方能够成功建坪，可抗风、抗雨、抗水冲；②播种均匀，节省种子，混合匀浆为种子萌发、草茎和幼苗的生产提供良好的条件；③效率高，将种子、肥料等材料的混合、播撒、固着、施肥、覆盖等工序一次性完成。

7.4.3.3　模块移动式草坪法

模块移动式草坪法是将草坪建植在可移动的结构框架上，使用时在场地完成拼装，随后可拆移运出场地进行养护再利用。模块移动式草坪主要作为世界杯及奥运会等大型赛事草地灵活多变的建造和使用方式，基本不存在室内草坪光照不足等问题。其优点是：可以拼装和移动，适宜大型运动会主赛场多功能需要，如开闭幕式表演与项目竞赛综合应用的场馆；可以随时拆卸、更换，建造场地和时间不受场地限制；由于模块移动式草坪可以随时更换严重损坏的部分，保障了场馆草坪的高质量和全天候使用；模块结构框架上设计有通风、排水、温度调节装置，草坪的养护管理更具科学性、高效性。

模块移动式草坪建造时，预先将模块固定在水平空地上，模块内铺装砾石层、过渡层、种植层基质，采用种子直播或营养体建坪，按常规草坪进行养护管理，待草坪生长健壮后，将模块分开，随时准备移动、拼装、使用。

移动式模块形状以正方形多见，模块为1~6 m^2，主要受模块承重及移动设备的影响，而单个模块承重又受到基质组成及厚度的影响。2008年北京奥运会主赛场鸟巢即采用模块移动草坪建造，共用5 460块1.159 m×1.159 m聚乙烯模块。

7.5　新建草坪的初期养护管理

新建草坪初期养护管理的科学性和规范性直接决定了成坪期的外观特性以及成坪后的使用特性、养护管理强度等，其具体养护管理方式与成熟草坪有很大不同。

覆盖是一项常见的新坪养护措施。为了稳定种子、调节地表温度、减少土壤水分蒸发，给种子萌发和幼苗生长提供一个更有利的微环境条件，可以将秸秆、无纺布、遮阳网、塑料薄膜等覆盖材料覆盖已播种坪床表面。当新建草坪的草坪草种子出苗后，应及时移去覆盖物，具体根据气候条件及覆盖物特性确定揭除覆盖物的时间。例如，用无纺布覆盖的，在幼苗即将长出时应移出覆盖物；用草帘覆盖的，应在50%种子出苗时移出。无论采用哪种覆盖材料，当幼苗长至2 cm时，应取走所有坪床覆盖物。撤除覆盖物需在阴天或晴天的傍晚，切忌在烈日下进行，如果遇到特殊天气变化如突然降温或降雨等，待恢复正常后再揭去覆盖物。揭除后应均匀喷水适量。

此外，新建草坪的灌溉、修剪、施肥与病虫害保护方面均与成熟草坪有所区别，一般新建草坪需要4~6周的特殊养护。灌溉是新建草坪养护管理中比较重要的措施之一，充足的水分供应对于种子的萌发及正常的生长发育具有重要意义。一般在种子未萌发前，要求每天灌溉1次；当草坪草长到2.5 cm以上时，可以逐渐减少浇水次数，3 ~4 d灌溉1次，但要求每次灌溉一定要灌透，至少湿润根系层 5~10 cm。如果采用营养体建坪，前 5 ~7 d 要求每天灌溉 1 次，以后可逐渐少次多量。幼坪第一次修剪前可进行轻度滚压，以促进分蘖与匍匐茎的生长、防止苗被拔出。当幼苗长到 10 cm 左右即可进行第一次修剪，按 1/3 原则逐渐修剪到预定目标。新建草坪尽量避免喷施除草剂，一般必须在草坪草已经修剪 3 次以后才可应用。使用药剂时，一定要注意控制施用量，使用成坪期药剂量的 1/3~1/2 比较安全。人工清除杂草时，应在土壤比较干燥时进行。

复习思考题

1. 草坪建植大体包括哪几个主要环节？
2. 草坪设计的原则是什么？
3. 建坪时坪床准备的一般步骤有哪些？
4. 试述草坪草种的选择依据。
5. 什么是混播？混播的好处是什么？
6. 试述影响混播组合成功的因素。
7. 种子繁殖与营养繁殖有哪些方法？各有什么优缺点？
8. 什么是喷播技术？其优点是什么？
9. 新建草坪需要哪些管理？

第 7 章知识拓展

第 8 章
草坪养护材料

草坪草作为一类特殊用途的植物，除了常规的浇水、施肥、病虫害和杂草防治外，其养护管理与传统农业存在很多不同。养护管理工作的好坏，直接关系到草坪的质量和使用年限。草坪植物多属多年生草本植物，作为草坪利用的最佳时期是草坪植物生长前期，而不是生长后期。生长后期的草坪植物会表现出茎叶枯黄，生长衰退。因此，要通过养护管理和养护材料来使草坪植物保持在前期生长状态。

8.1 草坪用肥料

氮元素是植物体核酸、蛋白质、叶绿素以及多种植物激素的必需成分，氮肥是草坪中用量最大的肥料，也是大部分施肥计划的依据。氮肥依据其配方一般分为水溶性肥料(速效肥)和水不溶性肥料(缓释肥)。

8.1.1 水溶性肥料

水溶性高的肥料主要包括无机氮源(如硫酸铵、硝酸铵、磷酸铵、硝酸钾、氯化铵)和有机氮源(如尿素等)，一般都为速效氮肥。尿素一般认为是无机肥料，但是严格意义上来讲尿素是有机肥料(含有碳元素)，只是相对一般的有机肥料，其可溶性好。所以，尿素是草坪上用得最多的有机水溶性肥料。它们多数是由大气中的氨与其他化合物反应制成。速效氮肥具有以下特点：高水溶性；草坪草反应迅速；养分的有效性受温度影响较小；可以溶解在水中作为叶面喷施；施用后，肥效期较短，一般为 4~6 周(肥效期的长短与施肥量高低、土壤质地、水分供应多少以及草坪管理强度有关)；易以硝酸根的形式淋失；施用不当，易产生烧苗；相对于缓释肥，每单位纯氮的价格较低。由此可以看出，速效氮肥有优点，也有不足。其高水溶性可以快速有效地被草坪草根系吸收(只要土壤水分适宜)，但施用后易造成草坪草徒长，肥效的持续期也短。如想利用速效氮肥来获得均匀一致的草坪草生长，最好少量多次施肥，但会增加施肥成本。

8.1.2 水不溶性肥料

8.1.2.1 天然有机物

随着社会的发展，草坪天然有机肥料的种类越来越多，如淤泥、玉米面筋/麸粉、畜肥和大豆豆粕等。

8.1.2.2 合成有机物

合成的有机物肥料主要是水溶性的尿素和基于尿素与其他化学物质反应后生成的缓释产品。尿素有很多类似无机肥料的特点，如可溶于水，氮含量高，是草坪上用的氮含量最高的肥料。同时由于尿素的可溶性，适合与其他肥料或者杀虫剂等混合使用，而且其“烧苗”的可能性比一般的可溶性无机肥低很多。

为了进一步降低肥料烧苗的可能性和延长肥料的释放时间，肥料化学家通过化学反应和包衣两种方法对尿素进行处理，得到缓释肥料。其中，利用化学反应生成的缓释肥料包括脲醛(UF)、亚甲基脲、三嗪酮和异丁基双尿素(IBDU)，前 3 种物质是由尿素和甲醛化学反应生成，IBDU 是由尿素与异丁醛化学反应而成。化学反应生成链状分子，链越长，“烧苗”的风险就越低。包衣的尿素一般是在可溶的尿素颗粒外面包上一层可溶性低的物质，如硫、塑料多聚物等。通过不同的外包材料和外包的厚度，可以降低肥料烧苗的可能性并延长氮的释放时间。由于缓释肥料的成本相对高很多，因此，在传统农业作物上使用并不很广泛，而在草坪上，尤其是一些需要精细管理的草坪上，如高尔夫球场的果岭和高水平的运动场草坪等，其使用相对较多。

缓释氮肥的共同特点是：水溶性较低；释放氮的速度缓慢；对草坪草叶片的灼伤危险性低；相对于速效氮肥来说，每单位纯氮的价格较高；肥料施用后，氮素渗漏损失较低；施肥后，肥料期较长。

8.1.3　其他肥料

磷肥对植物的能量代谢等多种代谢作用重大，是细胞磷脂、核酸和核蛋白的主要成分，一般以磷酸根的形式进入植物体。草坪用无机磷肥有磷酸氢二铵、磷酸铵、过磷酸钙等，有机的有污泥处理后的产品，动植物的副产品如动物的堆肥、骨粉等。

钾主要以 K^+形式通过根系吸收到植物体内。其富含于植物的分生组织中，起促进碳水化合物的形成和转运、酶的活化、渗透压调节、气孔开闭调节等作用。一般来说，充足的钾肥可以提高草坪植物对不良环境的适应能力。草坪用的无机钾肥有氯化钾、硝酸钾、硫酸钾、硫酸钾镁等，有机的如动植物的副产品、动物的堆肥、骨粉和海藻等。钾肥也有商品化的多聚物包衣缓释的产品。

草坪草，尤其一些运动场的草坪建植在砂质土壤上，土壤 pH 值过高或者过低，可能会导致一些其他营养元素的缺乏，如镁、铁、锰、铜、锌、硅等微量元素。铁和硅肥在高养护水平的草坪上使用较多。铁是草坪草最可能缺乏的微量元素，铁的缺乏会导致常见的缺铁失绿现象，一般发生在土壤 pH 值高于 7 的情况下。草坪草如果缺铁，其对使用铁肥的反应一般非常快，在 24~48 h 就能看到施肥的效果。常用的铁肥有硫酸铁和螯合的商品化产品。硫酸铁相对便宜和速效，但是一般有效时间持续较短，只有 2~3 d。螯合的产品价格较贵，但有效时间持续较长，一般能达到 1 周或者更长。硅虽然没有被列入植物的必需营养元素，但是在禾本科植物里其含量相对来说非常高。一般大部分双子叶植物干物质量中硅(SiO_2)含量一般在 0.1%~0.5%，而单子叶植物莎草科和禾本科植物中可高达 10%。对于禾本科的草坪草，据报道适量的硅肥能提高植物的抗逆性，并增加草坪植物叶的强度，提高植物的耐践踏能力。

8.2　草坪用药剂

8.2.1　草坪除草剂

随着人工除草的成本越来越高以及管理方法和技术等的变化，使用除草剂对草坪杂草进行科学的化学防除越来越重要。除草剂对草坪杂草防除的选择性主要依据除草剂的施用时间、位置以及草坪草对其耐受性的差异。除草剂根据施用的时间一般分为芽前除草剂与芽后除草剂，根据原理和特性可以分为化学除草剂和有机除草剂。

8.2.1.1 除草剂类别

(1)化学除草剂

①植物生长调节类除草剂：这类除草剂主要是生长素类复合物，引起敏感植物不正常的生长，如茎秆扭曲、叶子变形、刺激ABA的合成。包括苯氧基羧酸类，如2,4二氯苯氧基乙酸(2,4-D)，二甲四氯/2甲-4氯-苯氧基乙酸(MCPA)，二甲四氯丙酸/2-甲-4-氯-苯氧基丙酸(MCPP)和2,4-滴丙酸/2,4二氯苯氧基丙酸(2,4-DP)等；苯甲酸类，如麦草畏/3,6-二氯-2-甲氧基苯甲酸。吡啶、氮苯羧酸类，如二氯吡啶酸/氯草啶，定草酯/三氯吡氧乙酸和喹啉羧酸类如二氯喹啉酸/稗草净。2,4-D是当前世界上使用最为广泛的除草剂之一，作为苯氧基类的除草剂，起到生长素类似物的作用，通过过度刺激选择性的杀除阔叶植物，主要用于草坪和免耕的农田作物上。现在一般和其他的除草剂混合使用以减少用量。

②破坏细胞生长类除草剂：一般是芽前除草剂，主要是抑制发芽杂草幼苗的根或者是地上部分的生长。具体的机制是除草剂和植物细胞内催化微管形成的酶结合，从而抑制细胞分裂。包括二硝基苯胺类、苯基脲类、二硫代磷酸酯类和吡啶基/氮苯类。

③光合作用抑制类除草剂：可以通过抑制植物叶细胞叶绿体中的光合系统Ⅰ或者光合系统Ⅱ而影响植物的光合作用。

a. 光合系统Ⅰ的抑制剂：包括联吡啶类，如敌草快(也称杀草快)等接触性除草剂。

b. 光合系统Ⅱ的抑制剂：包括氰苯类，如溴草腈(也称溴苯腈)，三嗪(也称三氮苯类)，如阿特拉津(也称莠去津)、西玛津(也称田保净)，三嗪酮类，如赛克嗪(也称草克净或嗪草酮)。

④呼吸作用抑制类除草剂：这类除草剂有甲基胂酸二钠(DSMA，未在国内登记)，甲胂酸单钠/甲胂一钠(MSMA，未在国内登记)，甲胂酸钙(未在国内登记)等。其中，甲胂酸单钠可以用于狗牙根、结缕草和草地早熟禾草坪上的巴哈雀稗、马唐、毛花雀稗、稗草、莎草、蒺藜草、繁缕和酢浆草等杂草，对于匍匐翦股颖和羊茅可能会造成伤害，另外在钝叶草、地毯草、假俭草以及马蹄金草坪上不要使用。

⑤细胞壁合成抑制类除草剂：这一类除草剂包括苯甲腈类如敌草腈(未在国内登记)，苯甲酰胺类如异恶酰草胺(未在国内登记)，喹啉羧酸类如二氯喹啉酸。喹啉羧酸类除草剂还有生长素的功能，因此也属于生长素类除草剂。二氯喹啉酸可以用于早熟禾、高羊茅、多年生黑麦草、狗牙根、结缕草和野牛草草坪上的一些禾本科杂草与阔叶杂草的控制，禾本科杂草包括马唐、稗草、狗尾草、金色狗尾草、谷莠子和隐花狼尾草等，阔叶杂草包括田旋花、白三叶、红三叶、天蓝苜蓿、雏菊、蒲公英、天胡荽、天竺葵、牵牛花、婆婆纳等。不能用于钝叶草、假俭草、巴哈雀稗、细弱翦股颖、马蹄金等草坪上。

⑥氨基酸合成抑制类除草剂：这类除草剂的作用依赖于氨基酸抑制种类的不同而不同，主要包括芳香族氨基酸、支链氨基酸和谷氨酸氨。芳香族氨基酸包括色氨酸、苯丙氨酸和酪氨酸。抑制芳香族氨基酸的除草剂如草甘膦，能抑制一种植物莽草酸途径中氨基酸合成所必需的酶——5-烯醇丙酮莽草酸-3-磷酸合酶(EPSPs)，从而影响植物的生长代谢，

是一种非选择性、灭生性除草剂。

支链氨基酸包括亮氨酸、缬氨酸和异亮氨酸。这一类除草剂如咪唑啉酮类的灭草喹，嘧啶羟基苯甲酸类的如双草醚(也称农美利)，磺脲类(也称磺酰脲类)的氯磺隆(也称绿磺隆，未在国内登记)、甲酰胺磺隆、氯吡嘧磺隆、甲磺隆、玉嘧磺隆(也称砜嘧磺隆)和三氟啶磺隆，三唑嘧啶类和磺酰胺基羰基三唑啉酮类。这一类除草剂抑制支链氨基酸合成途径第一步的关键酶乙酰乳酸合酶(ALS)。由于ALS的生物途径在动物中不存在，因此这一类除草剂是最为安全的除草剂种类之一。

在谷氨酸氨的合成中，谷氨酸被谷氨酸氨合成酶转化为谷氨酸氨。广谱触杀型除草剂草胺磷即可以抑制谷氨酸氨合成酶的活性，从而导致其他氨基酸的合成受到抑制，最终导致植物的死亡。

⑦脂肪酸生物合成抑制类除草剂：脂肪酸的生物合成途径生成组成细胞膜的长链脂肪酸，而除草剂芳氧基苯氧基丙酸氟替卡松类如禾草灵(二氯硫醚磷)、吡氟禾草灵(稳杀得)，与环已二酮类如烯草酮(收乐通)和烯禾啶(拿扑净)等除草剂为乙酰辅酶A羧化酶(ACCase)抑制剂，抑制乙酰辅酶转化为丙二酰辅酶A这一脂类合成第一步的部分过程，从而影响脂肪酸的合成。因为双子叶植物叶绿体中的乙酰辅酶A羧化酶对这类除草剂不敏感，所以这类除草剂对单子叶植物禾本科草类特异。苯丙呋喃(香豆酮)类如乙呋草黄(灭草呋喃)抑制特长链脂肪酸的合成，这些特长链脂肪酸对于植物叶表面的蜡质和角质层非常重要，而角质层的减少导致乙呋草黄处理的植物对于极端温度的致死伤害更敏感。

⑧植物色素生物合成抑制类除草剂：植物色素生物合成抑制因子类除草剂分为三类，其中两类抑制胡萝卜素的合成，分别为羟苯丙酮酸二加氧酶(HPPD)抑制因子和八氢番茄红素去饱和酶(PDS)抑制因子，第三类原卟啉原氧化酶(PPO/PROTOX)抑制因子抑制叶绿素的合成。

(2)有机除草剂

有机除草剂是化学除草剂的纯天然替代品。一般来说，有机除草剂可以杀死出苗的杂草，但是因为没有残留，所以对后续的杂草没有效果；且有机除草剂主要是通过灼烧杂草的地上部分起效，因此多年生杂草一般会很快恢复。常用有机除草剂，如 Weed Pharm (20% 乙酸)、C-Cide (5%柠檬酸)、GreenMatch (55% d-柠檬烯)、Matratec (50% 丁香精油)、WeedZap (45% 丁香油 + 45%锡兰肉桂油)和 GreenMatch EX (50%柠檬草精油)。其中，柠檬油精(citrus oil)和丁香油(clove oil)是天然的去油脂剂，它们能去除杂草的角质层，从而导致植物脱水并最终死亡。玉米面筋粉在草坪上除了用作有机肥料，也被用作苗前封闭用除草剂，可以减少很多禾本科草类和阔叶类杂草的萌发。

8.2.1.2 草坪上使用的常见除草剂

草坪上使用的常见除草剂大概占现有除草剂种类的10%。

(1)一年生禾本科杂草除草剂

一年生杂草一般可用苗前除草剂控制，如莠去津、西玛津、氟硫草定、环草隆、氯苯嘧啶醇、异恶草胺、异丙甲草胺(也称稻乐思)、敌草胺(也称萘丙酰草胺)、拿草特(也称戊炔草胺)、二甲戊乐灵、氨氟乐灵、氟乐灵、硝磺草酮、恶草酮等。可以在春季使用以防除夏季一年生杂草，且必须在杂草种子萌发前1~2周施药。这些苗前除草剂通常正好在土壤开始变暖时施用，一般在夏末或早秋杂草种子第二次萌发高峰前再施一次。因为一年生杂草萌发要持续几周，如施药过早除草剂药效在杂草高峰期就已失效，因此施药时期一定要适当。防除一年生杂草的苗后除草剂如甲胂钠、甲胂一钠，为杂草苗后早期生长阶段施用。

其中，氟硫草定、异恶草胺、异丙甲草胺、敌草胺、拿草特、二甲戊乐灵、氨氟乐灵和氟乐灵等一般适合完全建植好的草坪，在新草坪或者不成熟草坪上施用可能对生根会有抑制作用。一般在这些产品使用3~5个月后才能重新建植草坪。恶草酮是草坪营养建植最安全的苗前除草剂之一，一般以颗粒状在暖季型草坪使用。其主要通过被杂草幼芽和茎叶吸收而起作用，在有光的条件下能更好地发挥其杀草活性。当杂草一旦发芽接触吸收恶草酮后其芽鞘的生长就被抑制，然后组织迅速坏死，最后导致杂草死亡。苗前除草剂环草隆(未在国内登记)可以用于新建的草坪，而且可以播种时使用。二氯喹啉酸也可用作苗前和早期苗后除草剂，在黑麦草、匍匐翦股颖、普通狗牙根、结缕草、草地早熟禾、高羊茅的新建植草坪上控制马唐和多种阔叶杂草。但杂交狗牙根、匍匐翦股颖和羊茅对二氯喹啉酸耐受性中等，在匍匐翦股颖建植的高尔夫果岭草坪上，以及巴哈雀稗、假俭草、钝叶草和马蹄金草坪上均不要使用。硝磺草酮和苯比唑草酮可以用作苗前和苗后除草剂，在播种时的羊茅、草地早熟禾、多年生黑麦草、高羊茅草坪上使用，但不能用在匍匐翦股颖、狗牙根和结缕草建植的草坪上。精恶唑禾草灵(也称骠马，未在国内登记)一般施用1次，用来苗后控制冷季型草坪夏季一年生禾本科杂草。其他的如有机砷类除草剂一般施用2~4次，每次间隔7~10 d，避免在高温天气使用。

一年生早熟禾是很难防治的冬季一年生杂草，如果大面积主要生长一年生早熟禾，可用草甘膦防治，然后补播或补栽。也可用乙氧呋草黄(也称灭草呋喃)，但是只在多年生黑麦草草坪上合适。另外，双草醚(也称农美利)作为一种广谱除草剂，也被用来在冷季型草坪(如匍匐翦股颖和多年生黑麦草)中控制一年生早熟禾。使用时添加辅剂可以提高药效并降低药剂使用量，但是在草地早熟禾上药害明显。冬季一年生杂草的防治一般在夏季或早秋，杂草萌发前进行。

(2)多年生禾本科杂草除草剂

冷季型草坪上选择性去除多年生禾本科杂草的除草剂非常有限，一般都用非选择性的(如草甘膦或草铵膦)点除。据报道，啶嘧磺隆可在暖季型草坪上控制阔叶杂草和冷季型草，或在翦股颖草坪上选择性去除黑麦草，具体使用请参照除草剂产品说明书并小面积试用。冷季型草坪草高羊茅、紫羊茅和黑麦草对硝磺草酮耐受性中等敏感，暖季型草坪草中假俭草耐受性较好。苯吡唑草酮最近引入草坪上，可以在冷季型草坪草(早熟禾、黑麦草、高羊茅、紫羊茅)上苗后控制狗牙根。匍匐翦股颖耐受性中等，对暖季型草坪草如结缕草、狗牙根和野牛草等会产生药害。

对于暖季型草坪草，有些杂草是可以选择性控制的。例如，狗牙根草坪中的巴哈雀稗和多花雀稗可以通过多次使用有机砷类除草剂控制；假俭草草坪上多年生禾本科杂草可以用稀禾定控制；暖季型草坪中的多年生冷季型草可以用磺酰脲类除草剂控制，如在狗牙根草坪上控制交播的多年生黑麦草。

草坪业界一般把莎草科杂草作为多年生禾本科草对待。传统的控制除草剂为有机砷类产品，如甲基胂酸单钠和甲基胂酸二钠。现在还常用氯吡嘧磺隆、啶嘧磺隆和三氟啶磺隆等磺酰脲类除草剂，其对草坪更安全并且控制的效果很好。此外，苯达松、唑草酮和甲磺草胺等对莎草科杂草也有很好的防除效果。香附子比油莎草更难控制，现在通常使用灭草喹控制。

(3)阔叶杂草类植物除草剂

大部分的阔叶杂草都是使用生长素类除草剂控制，包括苯氧基羧酸类(如 2,4-D)、苯甲酸类(如麦草畏)、吡啶(也称氮苯羧酸)类(如三氯吡氧乙酸)、喹啉羧酸类(如二氯喹啉酸)。综合考虑不同阔叶类杂草对不同除草剂敏感性差异，一般常用几种除草剂混合的产品以提高控制杂草的种类和效果，如 2,4-D、2 甲 4 氯丙酸和麦草畏 2 种或者 3 种的混剂。

在暖季型草坪草上，用得较多的是三嗪类(如阿特拉津、西玛津)、三嗪酮类(如草克净和戊炔草胺)。钝叶草因为对苯氧基羧酸类除草剂敏感，主要以三嗪类为主。另外，硝磺草酮(主要用于假俭草草坪)也可以选择性控制一些阔叶杂草。这些除草剂有一定的苗前封闭防治阔叶杂草的功效，其苗后防除阔叶杂草以早期杂草为主，对于成熟的杂草效果较差。氟硫草定和异恶草胺可以较好地苗前防除一年生阔叶类杂草。恶草酮是暖季型草坪上最常用的苗前除草剂之一，可以较好防除苋科、藜科、大戟科、酢浆草科、旋花科杂草，但对已长大的杂草基本无效。

(4)苔藓类植物除草剂

可用洗洁精、苏打、肥料、杀菌剂、除草剂等进行苔藓的化学防治，如可用草甘膦进行非选择性的控制，或唑草酮选择性的在苔藓发生初始时期使用。

(5)交播黑麦草等控制的除草剂

对于结缕草和狗牙根球道草坪，冬季交播的多年生黑麦草或者是杂交狗牙根果岭交播的粗茎早熟禾，翌年春天的控制主要以磺脲类(也称磺酰脲类)为主，如甲酰胺磺隆、玉嘧磺隆、啶嘧磺隆和三氟啶磺隆等。甲酰胺磺隆起效快，能在 2~4 周完成从多年生黑麦草到狗牙根的过渡转换，一般建议在过渡期的晚期使用。玉嘧磺隆一般在仲春使用，研究表明配合氮肥使用可以有一定的增效协同作用。

(6)豆科草坪上的常用除草剂

在白三叶等豆科草坪播种前和杂草萌发前，可用氟乐灵或除草通配成药液喷于地表，然后立即混土并镇压，可防除多种一年生杂草；在播种前、杂草萌发后，可用草甘膦配成药液喷于杂草茎叶，或用百草枯等灭生性除草剂处理茎叶；播种后苗期，可用苯达松灭除以阔叶和莎草科杂草为主的多种杂草，或用拿捕净配成药液均匀喷于杂草的茎叶上。

8.2.2　草坪杀虫剂

常用的草坪杀虫剂包含以下四类。

(1)神经系统类

神经系统类草坪杀虫剂包括氨基甲酸酯(Group 1A)杀虫剂、有机磷(Group 1B)杀虫剂、苯吡唑(Group 2B)杀虫剂、拟除虫菊酯(Group 3)杀虫剂、新烟碱类(Group 4A)杀虫剂、多杀菌素(Group 5)杀虫剂、恶二嗪(Group 22)杀虫剂、邻氨基苯甲二酰胺类(Group 28)杀虫剂等。

(2)生长发育类

昆虫生长调节剂类杀虫剂破坏昆虫正常的内分泌系统或者激素系统的活性，从而影响其发育、繁殖或者变态等，一般来说起效比合成的化学杀虫剂慢。主要包括保幼激素类似物(Group 7)杀虫剂和双酰基肼(Group 18A)杀虫剂。

(3)能量生成类

生物需要通过氧化磷酸化生成ATP，提供用于生长和代谢所需能量。氟蚁腙(Group 20)杀虫剂能通过抑制ATP的合成而破坏能量代谢，产生慢性毒性，最后导致昆虫瘫痪和死亡。氟蚁腙/灭蚁腙杀虫剂作为诱饵主要用于火蚁控制。

(4)微生物杀虫剂

例如，苏云金杆菌细菌产生的蛋白小晶体，德尔塔内毒素(delta-endotoxins)能够在昆虫吞食后导致中肠道上皮细胞膜的破坏，引起肠道瘫痪和昆虫死亡。草坪上用到的有苏云金杆菌的Kurstaki变体(未在国内登记)，用于控制草地螟。

8.2.3 草坪病害防控剂

几乎所有主要的草坪病害都是由真菌引起的。草坪病害防控有多种方法，最直接的控制可以通过使用杀菌剂来实现。杀菌剂是具有能够控制病原真菌能力的复合物，包括有机和无机的。一些通过植物吸收起作用，一些以表面残留物的形式保留在草坪植物的叶表面起作用。杀菌剂一般在预期的病害发生之前施用，可以预防病害的发生。早期病害发生之后施用杀菌剂通常能够阻止病害的进一步发展并促进草坪草的恢复，但是晚期的病害施用杀菌剂的效果通常比较有限。

8.2.3.1 化学杀菌剂

(1)叶面保护型

叶面保护型可分为芳香烃类[如地茂散(也称氯苯甲醚，未在国内登记)、磺胺乙噻二唑和五氯硝基苯/喹硫磷]、二硫代氨基甲酸盐类(如二硫四甲秋兰姆/福美双、代森锰和代森锰锌)、腈类(如百菌清/四氯异苯腈)。

(2)叶面穿透型

叶面穿透型可分为二甲酰亚胺类如异菌脲杀菌剂/扑海因和烯菌酮/农利灵，和苯醌外部抑制剂(QoI)如嘧菌酯、吡唑醚菌酯和肟菌酯等。

(3)系统型

系统型可分为苯并咪唑类化合物(如甲基托布津/甲基硫菌灵)、酰亚胺(如氟酰胺和啶酰菌胺)、去甲基作用抑制剂(DMI)，包括三唑类(如环唑醇/环菌唑、灭特座/叶菌唑、腈菌唑/迈克尼、丙环唑/丙唑灵、三唑酮/粉锈宁和灭菌唑)、嘧啶类(如氯苯嘧啶醇/异嘧菌醇，未在国内登记)、苯酰胺类木质部移动系统型杀菌剂(如甲霜灵)、膦酸盐(也称酯，如乙膦酸/福赛得和膦酸钾)。

8.2.3.2 生物杀菌剂

生物杀菌控制剂包括某些细菌如阴沟肠杆菌和真菌哈茨木霉菌等，可以显著降低有些病害的发生，如币斑病、褐斑病等的侵害。另外，菜籽粕等也被报道可以作为杀菌剂降低币斑病和结缕草大斑病的发生。

8.2.4 草坪生长调节剂和生物刺激物质

8.2.4.1 草坪生长调节剂

植物生长调节剂(plant growth regulator)主要通过改变内源激素的分布和含量，实现控制草坪生长的作用。植物生长调节剂于20世纪90年代开始应用于草坪。植物生长调节剂最早用于降低草坪的修剪频率，尤其是护坡公路草坪等实用型草坪(utility turf)，而随着生长调节剂有效性的提高，它们在草坪管理上的应用逐渐增加。在草坪品种的转换、花序/穗的抑制以及草屑的减少等方面都有着明显作用，但在使用不当时，其植物毒性(如使草坪褪色、密度降低、根生长受抑制等)也会非常明显。早期分类方法将草坪上应用的植物生长调节剂分为Ⅰ型和Ⅱ型两类。最新的分类方法将草坪上应用的植物生长调节剂细分为A、B、C、D、E、F 6个类型。

(1) Ⅰ型和Ⅱ型

①Ⅰ型生长调节剂通过阻止分生区细胞分裂和分化来抑制草坪草生长。例如，青鲜素/马来酰肼(MH)等通过抑制草坪草顶端分生组织细胞分裂和分化，导致顶端优势丧失。外施生长素可以逆转这种抑制效应，但外施赤霉素则无效。Ⅰ型生长调节剂可以分为抑制剂、延缓剂和除草剂3个类型。

②Ⅱ型生长调节剂通过阻止分生区细胞的伸长和膨胀来抑制草坪草生长。例如，多效唑(PP_{333})、烯效唑、矮壮素(CCC)、乙烯利、缩节胺(也称甲哌啶、助壮素)和丁酰肼(B_9)等通过抑制植物体内赤霉素的合成延缓分生组织生长，最终抑制草坪草生长，但不会抑制顶端部位的生长。外施赤霉素可以逆转这种抑制效应。Ⅱ型生长调节剂包括多效唑等。

(2)A-F类型

①A型生长调节剂为赤霉素合成途径后期抑制剂，抑制细胞伸长，如抗倒酯。A型生长调节剂只能被草坪草地上部分吸收，因此能够和冬季交播过程中的草种转换结合使用，如用冷季型草坪草交播狗牙根以维持冬季体育活动和颜色，或者在已建植的草坪中引入更好的草坪草品种等。

②B型生长调节剂为赤霉素合成途径早期抑制剂，抑制细胞伸长，如多效唑。B型生长调节剂通过根部吸收，因此可能对生长中的幼苗产生伤害。B型生长调节剂可用于在匍匐翦股颖草坪中抑制一年生早熟禾。A型和B型均属于早期分类中的Ⅱ型，主要差异在抑制赤霉素合成途径的阶段不同(A型后期、B型早期)，且植物吸收位置不一样(A型地上部分、B型地下部分)。A型和B型生长调节剂一般不会抑制穗的发育，但可以通过抑制穗秆节间的伸长显著降低穗的高度。A型和B型生长调节剂一般会抑制地上部分的垂直生长，并在抑制时间上比C型更长。

③C型生长调节剂作为细胞分裂的抑制剂会影响草坪草穗的发育，如氟草磺和青鲜素。C型生长调节剂相当于较早分类中的Ⅰ型。

④D型生长调节剂为除草剂类，如草甘膦和唑啶草/甜菜呋/乙呋草黄。低剂量(亚致死剂量)下，草甘膦可用于抑制植物生长，使引入的草坪草种成功建植。乙呋草黄可以在冷季型草坪上用于差异抑制一年生早熟禾。由于多年生黑麦草对乙呋草黄耐受性较好，乙呋草黄常用于多年生黑麦草草坪上以抑制其他禾本科杂草如一年生早熟禾等。D型生长调节剂造成药害的可能性很高，一般用于低维护草坪区域的杂草控制和修剪频率的降低。

⑤E型生长调节剂为植物激素类，如赤霉素、乙烯利等，可用于改善秋季草坪的颜色。如使用A型或B型生长调节剂造成叶片发黄，可以使用赤霉素作为解毒剂。冷季型草坪草出现叶片密度增加但地上部分密度不变的情况，赤霉素可以通过产生更多较短的叶片，并

延缓老叶的衰老来保证草坪质量。乙烯利可以被植物吸收后转变为植物激素乙烯并释放，乙烯利可用于抑制一年生早熟禾穗的形成。

⑥F型生长调节剂为天然来源的生长调节剂，如腐殖酸、黄腐酸、海藻提取物以及堆肥有机残留物等。部分F型生长调节剂属于草坪生物刺激素，是在少量使用的情况下可以提高植物生长和发育的有机物质，也包括一些植物激素等。但现在生物刺激素一般指腐殖酸、黄腐酸和海藻提取物等，三唑类杀菌剂、硅酸钠和水杨酸等也都可作为生物刺激素。

8.2.4.2 其他草坪生物刺激物质

(1)氨基酸类产品

氨基酸类产品可以促进草坪草的生长并增强草坪草抗逆性，一般用于高价值的草坪，如高尔夫球场的球道和果岭或运动场。

(2)枯草层的控制产品

枯草层的控制产品主要成分有微生物刺激素(如植物糖分)、微生物和酶，可以刺激微生物的活性，并将枯草层降解为小分子供微生物利用，使用得当的情况下比常规枯草层控制方法(打孔等)的有效率高20%。

8.3 其他草坪养护材料

8.3.1 草坪染色剂

草坪染色剂主要用于为冬季休眠草坪添加人工颜色，美化有病害发生的质量下降的草坪，以及标记药剂喷施地点等。草坪染色剂颜色从蓝绿色到亮绿色，需要根据草坪原本的颜色、质地进行选用，并在使用前小范围试用一下。草坪染色剂建议在5℃以上、草坪干燥的情况下使用，使用时注意均匀喷施，以免颜色差异过大不够美观。草坪染色剂干燥之后不容易从草坪上去除，颜色可以保持一个冬季。此外，少量草坪染色剂有时会与肥料或者杀虫剂混合使用，以标记肥、药施用的区域。

8.3.2 草坪润湿剂

草坪润湿剂(wetting agent)是一种表面活性剂类物质，以液态为主，也有颗粒状可喷施的产品。草坪润湿剂能降低水和固体间的张力，从而提高水在疏水土壤或者其他生长基质上的润湿能力。草坪润湿剂较易被微生物降解，需要在生长季重复使用(如每月)，使用浓度为30~400 μg/L。草坪润湿剂可以提高土壤的可润湿性，还可以降低水分蒸发损失，减少露水和霜的产生，缓解果岭干斑的问题。草坪润湿剂在使用不当的情况下可能会对草坪植物产生毒性。

8.3.2.1 常见的润湿剂产品和种类

表面活性剂一般具有1个亲水的部分和1个疏水的部分，分为阳离子型、阴离子型和非离子型，其化学组成对使用效果影响很大。

其中，阳离子型和阴离子型可能会对精细管理的草坪如高尔夫果岭草坪产生植物毒性，且阴离子型易通过土壤淋洗，有效时间较短。目前，应用较多的是非离子型润湿剂。非离子型材料可分为酯类、醚类和醇类，其中酯类材料适用于润湿砂质土壤，醚类材料适用于润湿黏土质土壤，醇类材料适用于润湿有机质质地土壤，因此，一般非离子型润湿剂由几种材料混合而成，从而能对各种质地的土壤都有较好的润湿效果。目前，草坪上常用的非离子型润湿剂有屏蔽共聚体类、聚氧化乙烯/聚乙二醇类(POE)、烷基多葡萄糖甙类、甲基修饰屏蔽共聚体类、腐殖酸物质再分配分子、多分支再生润湿剂等。

8.3.2.2 草坪露水控制产品

草坪露水控制产品也是表面活性剂类物质，可以降低水的表面张力从而减少露水在叶片上的积累，广义上也属于草坪润湿剂。草坪露水是高尔夫球场夏季常面临的问题。露水不仅会影响剪草，还会打湿球手的靴子和裤子，影响球手发挥。同时，露水也会增加草坪病害的发生。传统方法一般采用剪草机、露水刷或者拖绳/杆等工具去除露水，但工作量较大，且可能对草坪造成伤害。因此，不少公司开发了草坪露水控制产品，不仅减少夏季露水的发生，对秋季薄霜也有一定预防效果。

8.3.3 草坪抗蒸腾剂

抗蒸腾剂(antitranspirant)是一种在保证植物正常生长、光合作用的前提下，能够降低植物蒸腾速率的物质，它能提高植物的抗旱性。通常分为以下四类。

(1)薄膜型抗蒸腾剂

一般为长链的醇类、蜡质物质。施用后可在草坪植物表层形成防护膜，有效减缓植物蒸腾和风造成的水分流失，对光合作用影响较小，但施用后可能导致叶表面温度略高。

(2)代谢型抗蒸腾剂

一般是激素类或者植物生长调节剂类，如ABA、矮壮素等。ABA主要调节气孔开度和相关代谢，达到抗蒸腾和抗旱作用。矮壮素可以提高植物根冠比，增加细胞保水能力。

(3)反光剂型抗蒸腾剂

一般是高岭土和铝粉等产品。施用后可在叶表面形成一层反光介质，减少太阳辐射，降低叶温，减少水分蒸腾损失。

(4)气孔阻塞剂

一般为脂肪醇类物质。施用后可部分阻塞开放的气孔以降低蒸腾。

复习思考题

1. 常见的草坪养护材料有哪几类？请举例说明。
2. 什么是缓释肥料？常见的有哪些种？分别有何特点？
3. 除草剂按作用原理有哪些种类？
4. 草坪上常使用的除草剂可分为哪几类？
5. 草坪上的蛴螬有哪些杀虫剂可以控制？

第8章知识拓展

第9章 草坪养护

草坪养护是为了维持草坪功能而对草坪实施的一系列管理措施的总称，主要包括修剪、施肥、灌溉、通气(打孔、垂直切割、疏草等)、滚压、表施土壤、草坪更新、交播等。合理的草坪养护是草坪草健康生长和良好草坪质量的重要保证，反之则会造成草坪质量下降、退化死亡等。

9.1 草坪质量下降的原因

导致草坪质量下降的原因有很多，常见的有5个方面。

(1)草坪草种或品种选择不当

草坪草种或品种选择不当主要指选择的草坪草种或品种不适应建坪地区的气候或土壤条件，从而造成草坪出现问题，草坪质量下降。例如，在温暖地区种植冷季型草坪草，由于其耐热性差而极易发生病虫害和过早衰退；或者在冷凉地区种植暖季型草坪草，由于其不耐寒而容易发生冬季低温伤害或冻死，翌年返青差或未返青；在土壤盐碱严重的地区种植不耐盐碱的草种或品种，会造成草坪草生长不良或成片死亡。

(2)草坪草植株自然衰老

常用草坪草虽属多年生草本，但植株从幼苗生长到成株进而抽穗开花，也会经历一个从幼小到成熟再到衰老的自然过程。实践中，采用人工修剪的方法控制草坪草的生殖生长可以起到延缓其衰老的作用，同时还可以增加草坪草的分蘖，提高草坪密度和质地。然而，随着草坪草的使用年限增长，草坪草植株的分蘖能力逐渐减弱，植株进入衰老期，草坪质量也会随之下降。

(3)建植基础欠佳

建植基础欠佳主要指由于设计不合理或建植中坪床基础没有达到相应要求，或某些步骤操作不到位等问题，从而影响成坪后的养护管理及草坪质量。例如，草坪被围合在小空间中，养护机具无法应用，不能进行修剪等常规养护操作，以致草坪质量下降；或者在坪床场地清理时未将草坪草根系层附近的建筑垃圾清理干净，使成坪后的草坪草根系生长受到伤害，草坪草出现生长不良甚至死亡等问题；排灌系统安装不到位或不平整的坪床，容易发生水淹或干旱等情况，也会影响草坪草生长，从而降低草坪质量。

(4)不利的自然条件

不利的自然条件包括光照、温度、水分等非生物因素和杂草、微生物等生物因素。严重遮阴、极端高温和低温、持续的干旱和水淹等都会对草坪草的生长造成不利影响，草坪质量难以保证。夏季高温高湿会助长病菌侵染草坪草，发生草坪病害，造成病斑或斑秃。此外，杂草的入侵会降低草坪密度，线虫的侵染会使根系受损，严重时会造成杂草丛生或草坪死亡。

(5)不正确的养护管理

不正确的养护管理主要指不合理的修剪、施肥、灌溉、打孔等养护措施对草坪造成伤害。两次修剪间隔时间太长和一次性留茬太低是修剪过程中最常见的问题，这样不但严重影响草坪草的光合作用和根系生长，还会迅速降低草坪密度和加速草坪衰退。过量施肥(特别是氮肥)容易使草坪草地上部生长过旺，既增加修剪频率，又抑制根系生长，降低草坪抗性。频繁少量灌溉会使草坪草根系变浅、抗旱性下降，在某些条件下还会增加草坪病害发生概率。

9.2 草坪基本养护管理

草坪常有“三分种，七分养”之说，合理运用养护措施是获得理想草坪质量的必要途径。通常，绝大多数的草坪需要一定程度的修剪、施肥和灌溉措施，称为草坪的基本养护管理作业。它们之间紧密联系，相互作用，直接影响草坪质量的高低。本节主要介绍这3种养护措施的基本原理。

9.2.1 修剪

修剪又称剪草、轧草或刈割，是指为了维护草坪美观或满足特定使用目的，使草坪保持平整而进行的适度剪除草坪草多余茎叶的措施。它是草坪养护管理中工作量最大、费用最高的一项措施，除人工外，还需要专用的修剪机械设备等。

9.2.1.1 修剪对草坪的影响

草坪草能忍耐修剪，主要是由于草坪草具有亚顶端分生组织和从茎基、横向茎节上发育新植株的能力。其再生能力主要表现为：剪掉上部的老叶可以继续生长；未剪到的幼叶尚能长大；基部的分蘖节可产生新的分蘖。又由于根茎贮藏着一定的营养物质，因此草坪草具有很强的再生能力，可以忍耐较频繁的修剪。但对草坪草而言，修剪也是一种胁迫，而且修剪高度越低，胁迫程度越大。即使是适度、正确的修剪对草坪也具有正负两方面的影响。

(1)正面影响

①增加草坪草分蘖，促进横向匍匐茎和根状茎的发育，增加草坪密度。在一定范围内，修剪次数与茎叶密度成正比。

②控制草坪高度，抑制草坪草的生殖生长，维持草坪的观赏价值和使用性能。

③使草坪草叶片变窄，提高草坪草的质地，让草坪更加美观。

④抑制杂草蔓延，减少杂草种源。双子叶杂草的生长点位于植株的顶部，通过修剪可以剪除其顶部生长点，使其生长经常处于受抑制状态，进而逐渐被消除。单子叶杂草的生长点虽然不易剪掉，但由于修剪后其光合叶面积减少，从而降低其竞争能力。多次修剪还能够抑制杂草结穗和种子的形成，减少杂草种源。

⑤改善草坪的通风状况，降低草坪冠层温度和相对湿度，有利于减少病虫害的发生。

(2)负面影响

①影响草坪草根系生长，使贮存性营养物质减少。修剪使草坪草植株减少了用于光合

作用以产生碳水化合物的叶片面积，使碳水化合物的生产和积累受到影响，严重时需要调用根系中贮藏的营养物质以供顶端叶片的再生。因此，根系的生长会受到抑制，入土深度变浅，甚至出现暂时的生长停止，从而影响草坪草的生长发育，使草坪草在生理上和形态上发生较大变化。

②修剪在降低草坪草叶片宽度的同时也增加了叶片的多汁性，加之修剪产生的开放切口，在某些不利环境条件下，也会增加草坪病虫害发生的机会。

总之，适度、正确修剪对于维持一个健康、实用和令人心情愉悦的草坪具有非常重要的作用。不正确的修剪，如修剪次数太多或太少、留茬过低、剪草机刀片钝等，会严重降低草坪质量，甚至加速草坪草死亡和草坪退化。

图 9-1　1/3 原则示意

9.2.1.2　1/3 原则

1/3 原则是草坪修剪应遵循的基本原则，即每次修剪量不超过茎叶组织纵向总高度的 1/3。但在实际应用中，由于很难实现精准操作，一般将修剪量控制在地上总组织量的 30%~40%即可(图 9-1)。例如，草坪需要的修剪高度为 4 cm，那么当草坪草长至 6 cm 时就需要剪掉 2 cm。若单次修剪量超过 40%，将导致地上茎叶生长与地下根系生长不平衡，草坪草根系会停止生长 6~14 d，进而影响草坪草的正常生长。

9.2.1.3　修剪高度

修剪高度是指草坪修剪后草坪草顶端距离地面的垂直高度，也称留茬高度。实际中常依据草坪草种及品种、草坪质量要求、环境条件、发育阶段、利用强度等因素来确定草坪的适宜修剪高度，再按照 1/3 原则进行修剪作业。

每一种草坪草都有其特定的耐修剪高度范围(表 9-1)，这个范围与草坪草的生长特性直接相关。丛生型的草坪草一般不耐低修剪，如高羊茅的修剪高度在 3.8 cm 以上；具有匍匐茎或根状茎的草坪草则能够忍耐较低的修剪高度，如匍匐翦股颖在高尔夫球场果岭上可以被剪到 3 mm。多数情况下，在耐修剪高度范围内可以获得令人满意的草坪质量，甚至在较高的养护强度下还可以修剪得更低。

表 9-1　主要草坪草的参考修剪高度范围

草　种	修剪高度/cm	草　种	修剪高度/cm
海雀稗	0.4~1.3	匍匐翦股颖	0.3~1.3
普通狗牙根	1.3~5.0	细弱翦股颖	0.8~2.0
杂交狗牙根	0.3~1.5	草地早熟禾	1.9~6.4
结缕草	1.3~5.0	多年生黑麦草	1.3~5.0
假俭草	2.5~5.0	高羊茅	3.8~7.6
地毯草	2.5~5.0	紫羊茅	3.8~5.1
钝叶草	6.0~9.0	野牛草	2.5~7.5

草坪质量要求越高，修剪高度就越低。高质量要求的草坪，如高尔夫球场的果岭区，为了获得最佳的击球表面，经常将修剪高度控制在0.3~0.6 cm；而粗放管理的草坪，如高尔夫球场的高草区，草坪修剪高度可允许为7.6~12.7 cm。护坡和水土保持草坪甚至可以不修剪。

当草坪草遭受或即将遭受环境胁迫时，通常需要提高修剪高度。如冷季型草坪草在夏季应适当提高修剪高度，以增加忍耐高温和干旱的能力；而暖季型草坪草在生长期的前期和后期，应提高修剪高度，以增加草坪的光合作用面积和增强耐寒性；草坪草在遮阴环境下常生长较弱，提高修剪高度，有利于其复壮生长。

在返青期，草坪修剪高度可以低一些。返青期较低的修剪可以对草坪进行全面的清理，清除大量枯死的叶片，有利于增加地面的太阳辐射，加快土壤温度的升高，减少病虫害等寄生物宿存侵染的机会，促进草坪草快速返青和健康生长。

运动场草坪既要考虑使用要求，同时也要考虑草坪的破坏程度和恢复能力。对于足球场、橄榄球场等受强烈践踏的草坪，修剪高度可适当提高，以利于草坪恢复。对于高尔夫球场、保龄球场等轻型运动的草坪而言，为保证运动成绩，必须严格控制修剪高度，以形成光滑的坪面。

然而，草坪草的修剪是有限度的，大多数草坪管理者喜欢将草坪剪到草种或品种能忍受的最低限度，这是因为修剪低矮的草坪更加美观。但是如果草坪被修剪得太低，大量的绿色叶片被剪掉，会严重影响草坪草的再生能力和光合作用，导致根系变浅甚至停止生长，使草坪草从土壤中吸收养分和水分的能力减弱，从而过度消耗自身贮存的营养物质，容易造成草坪退化和死亡。修剪过低还会降低草坪草对环境胁迫和病虫害的抵抗能力，造成养护管理需求增加。

同样，修剪太高也有不利的影响。较高的草坪给人蓬乱、粗糙、不整齐的外观感受；叶面积的增大也加速了水分的损失；修剪太高导致枯草层加厚以及由此带来的一系列问题。

9.2.1.4　修剪频率

修剪频率是指单位时间内草坪修剪的次数。它和修剪周期(连续2次修剪的间隔天数)成反比。对于正常管理的草坪，常用1/3原则来确定修剪频率。修剪频率主要受草坪草的生长速率和草坪质量要求的影响，即草坪草生长至修剪高度的1.5倍所需的时间越短，修剪频率越高。

草坪草的生长速率主要依赖于环境条件、组成草坪的草种及品种、养护水平等因素。因此，掌握草坪草生长变化规律非常重要。冷季型庭院草坪在温度适宜和保证水分的春秋季，草坪草生长旺盛，每周可能需要修剪两次，而在高温胁迫的夏季生长受到抑制，每两周修剪一次即可；相反，暖季型草坪草在夏季生长旺盛，需要经常修剪，在温度较低、不适宜生长的其他季节则需要降低修剪频率。此外，不同草种的生长速率也有差异，如多年生黑麦草和高羊茅生长量较大，修剪频率高；野牛草、结缕草、假俭草生长较缓慢，修剪频率低。

草坪质量要求越高，养护水平越高，修剪频率也越高。例如，在适宜生长季，高尔夫球场果岭草坪几乎需要每天修剪，足球场草坪每周修剪3次左右，绿化草坪每周修剪1~2次即可，而设施草坪一年中仅需要修剪几次。

对于生长过高的草坪，不要一次就将其剪到设定的修剪高度，否则会造成大量光合器官的损失，过多失去地上部和地下部贮藏的营养物质，导致草坪变黄、变弱，恢复困难。正确的做法是在遵循1/3原则的前提下，适当增加修剪次数，逐渐降低修剪高度。这样虽然增加了养护成本，但有助于提高草坪草的适应能力。此外，除非特殊需要，草坪修剪频率也不宜过高，否则不仅会浪费人力和物力，还会引起草坪草根系减少、养分储存降低、病原菌侵染等一系列问题。

9.2.1.5　修剪模式

修剪模式是指剪草机修剪草坪时采取的行进方向。不同的修剪模式会造成草坪草茎叶倾斜方向也不同，导致茎叶对光线的反射方向发生变化，在视觉上就产生了明暗相间的条纹状，使草坪更加美观。但需要注意的是，同一块草坪，每次修剪应变换行进方向以保证茎叶向上生长，要避免在同一地点、同一方向的多次重复修剪，防止发生叶片出现定向倾斜生长而影响植株健康或使用性能。例如，在高尔夫球场果岭区，定向生长产生的纹理会影响击球质量。变换修剪方向还可避免剪草机轮子在同一方向上对草坪过度重压而造成的压槽和土壤板结。

9.2.1.6　修剪机的选择

草坪修剪应选择适当的修剪机，不损伤草坪草或破坏草坪表面，才能保证修剪质量，提高草坪使用性能。草坪修剪机一般根据草坪的使用性能以及草坪草种来选择。普通绿化草坪通常选择旋刀式剪草机；高尔夫球场果岭草坪质量要求高且修剪高度极低，要使用滚刀式剪草机；而管理特别粗放且修剪高度超过10 cm的绿地一般选择链枷式剪草机。

9.2.1.7　草屑处理

草屑是指修剪草坪时剪下的叶、茎等碎屑。通常，如果剪下的叶片较短，在不影响运动功能的前提下，可直接将其留在草坪内分解，还会促进大量营养返回到土壤中。剪下的茎叶越短，越容易落到土壤表面，不影响美观，草屑还可迅速分解，不会形成枯草层。但在草坪质量要求较高的运动场上，草屑的存在会影响草坪运动功能的发挥，因此必须清除出去。草叶太长时，要将草屑收集并带出草坪，以免形成遮阴而影响草坪草的光合作用和通气性而滋生病菌。收集的草屑可以用石灰腐熟后，作为有机肥使用。此外，对于发生病害的草坪，剪下的草屑无论长短，均应清除出草坪并进行妥善处理，防止病菌蔓延。

9.2.1.8　化学修剪

化学修剪是指利用植物生长调节剂(主要是生长抑制剂)来延缓或抑制草坪草垂直生长，在一定程度上代替机械修剪，以达到减少修剪次数和草屑量、降低草坪养护成本的目的。

一般情况下，某种植物生长调节剂只对几种草坪草起作用，而且其使用常取决于草坪用途和养护水平。因此，在选择植物生长调节剂时，应遵循"适草适药"的原则，不能盲目施用。在施用生长调节剂时应注意以下事项：

(1)施用方法

根据吸收部位的不同，植物生长调节剂的施用方法有喷施法和土施法。多数植物生长调节剂可采用喷施法，该法简便易行、见效快，是控制草坪草高度的常用方法。由于植物生长调节剂的用量小，易被土壤固定或土壤微生物分解，因此不宜采用土施法。但有些植物生长调节剂采用喷施法会使叶片变形或抑制顶端分生功能，适合采用土施法。土施法不仅省药，而且药效期长。对于叶片吸收的植物生长调节剂，喷施后24 h内若遇降雨或灌溉，将影响药效；而根部吸收的植物生长调节剂施用后，需及时灌溉。施用时，应避免出现漏施和重施。

(2)施用浓度

植物生长调节剂的施用浓度需要在适宜的范围内，浓度过低往往不起作用，过高则可能产生毒害或过度抑制，甚至导致草坪草死亡。因此，施用植物生长调节剂应谨慎小心。最好的方法是在某种草坪上施用植物生长调节剂之前，先进行试验观察，以确定适宜的施用浓度。

(3)施用时间和次数

植物生长调节剂的施用应在草坪草生长旺盛期来临前或快速生长初期进行，以达到最佳的控制效果。冷季型草坪草应在春季或夏末秋初施用，暖季型草坪草则应在春末或夏初施用。在使用植物生长调节剂控制生殖生长时，应在草坪草花芽形成前施用，否则效果不佳，甚至完全失败。不要在未成坪草坪上使用生长抑制剂，以免伤害幼苗、延缓成坪。也不要连续多次施用生长调节剂，以防草坪退化。可根据当地气候条件和草坪类型来确定施用植物生长调节剂的次数，通常一年内施用1~2次即可。

9.2.2 施肥

草坪施肥是保障草坪草正常生长、维持和提高草坪质量的重要措施。不合理的施肥会给草坪造成不良影响甚至严重危害。合理施肥应是在了解各种营养元素作用和肥料特性的基础上，综合考虑草坪草养分需求、环境条件和质量要求等因素，科学制订施肥方案。

9.2.2.1 草坪草必需营养元素

草坪草生长发育必需的营养元素有碳(C)、氢(H)、氧(O)、氮(N)、磷(P)、钾(K)、钙(Ca)、镁(Mg)、硫(S)、铁(Fe)、锰(Mn)、铜(Cu)、锌(Zn)、硼(B)、钼(Mo)、氯(Cl)、镍(Ni)，共17种。除碳、氢、氧主要来源于空气和水外，其他14种元素由草坪草的根系从土壤中吸收获得，称为矿质元素，包括大量元素氮、磷、钾，中量元素钙、镁、硫和其他微量元素。

(1)氮

氮是除碳、氢、氧外草坪草生长需求量最多的元素。对于健康生长的草坪草植株，其含量通常为3%~5%。氮作为草坪草叶绿素、氨基酸、蛋白质、核酸及其他物质的构成成分，对草坪草的正常生长发育至关重要，也是施肥项目中最关键且施用量最大的养分。

在草坪草生长过程中，氮素的丰缺，不但直接影响草坪草根和茎的生长、草坪色泽和密度，而且对草坪草的抗逆和抗病能力、受损后的恢复速度以及草坪群体构成等产生重大影响。

当氮供应不足时，草坪草的生长会受到抑制，草坪草色泽褪绿转黄，密度下降，使草坪变得稀疏、草坪草植株细弱、抗性下降，这时的草坪不但易被杂草入侵，还易感染一些草坪病害，如锈病、币斑病、红丝病等。

但是，草坪过量施氮有时比氮素缺乏带来的弊病更大。过量施氮会引起草坪草茎叶组织多汁、细胞壁变薄、根系养分贮存减少等，使草坪的抗性和耐践踏性下降，感病性增强，易导致叶斑病、褐斑病、腐霉病等病害的发生。施氮过多也常导致草坪地上部生长过旺、修剪次数增多，给管理带来负担；草坪草的根及根茎生长也会受到抑制，使根系下扎深度和扩展范围缩小，影响对水分和养分的吸收。

对于多数草坪来说，草坪草吸收的氮虽然部分来自土壤有机质的分解，但更主要是来自施用的肥料。在土壤溶液中，氮素是以 NH_4^+ 和 NO_3^- 的形式被草坪草吸收，并直接进入有机氮库。其他形式的氮在被吸收之前需转化为 NH_4^+ 或 NO_3^-。通常情况下，氮素较其他营养元素更易缺乏，一方面由于土壤中氮素含量不丰富，另一方面则由于施用氮肥后易发生 NO_3^- 淋溶和氨挥发而造成氮素损失。因此，在砂壤土上建植的草坪，为将修剪掉的草屑移出草坪经常大量灌水，氮肥供应不及时，则极易导致草坪草的氮营养缺乏。

当氮素缺乏时，草坪草首先表现为生长受阻，使得叶片和分蘖减少，单个植株长势变弱，枝条稀疏，从而造成草坪密度下降。草坪草叶色表现为老叶首先褪绿，逐渐变黄。对于狗牙根草坪，缺氮首先表现为茎叶生长缓慢，接着变为金黄色；如果氮素继续缺乏，叶色则变为淡紫色，随后坏死。氮素缺乏时，狗牙根易于结穗，会严重影响草坪质量和观赏价值。

(2)磷

在草坪草植株中，磷含量一般为0.15%~0.55%，平均为0.3%~0.4%，草坪草利用磷的量低于氮和钾，但不同草坪草在磷的吸收上差异较大，草地早熟禾含量最高，而海雀稗、狗牙根相对较低。

磷在植物体内起着重要的作用。它不但是细胞质和遗传物质的组成元素，而且在植物新陈代谢过程中起能量的传递(以ATP形式)和储存作用。大量的磷集中在幼芽、新叶以及根顶端生长点等代谢活动旺盛的部位。因此，在草坪草生长过程中，有效磷的充分供应会促进草坪草根和根茎的生长，使草坪草生长迅速，分蘖增多，提高草坪的抗寒、抗旱和抗践踏能力。磷能促进根系的早期形成和健康生长，对于新建植的草坪尤为重要。因此，在建植草坪时应施足磷肥，且应施在离种子较近的土层，以保证快速建植成坪。

植物对磷的吸收主要是以 $H_2PO_4^-$ 的形式，其吸收过程受环境pH值的影响较大，一般在土壤pH值为6.0~7.0和草坪草快速生长阶段吸收最快。与在植物体内正好相反，磷在土壤中移动性较差，不易从根层中淋失。但磷肥施入土壤后极易转化为难溶形态，从而使其有效性降低。不过，可溶性磷与难溶性磷之间存在着动态平衡，当有效磷因植物吸收而降低时，一些难溶性磷可以转化成可溶性磷来维持植物的正常生长。有研究表明，当土壤中有效磷含量过高时，会影响某些除草剂对杂草的防除效果。因此，土壤中有效磷含量不宜过高。

在草坪建植过程中，如果土壤基质含磷量低(一般认为<5 mg/kg)时，草坪草在苗期即会表现出缺素症状。对于大多数成熟草坪，当草坪草叶片中磷含量为0.08%时，植株缺磷症状已相当明显。磷和钾一样，在植物体内易于移动。当磷供应不足时，磷由老叶向新叶移动，使磷缺乏症状首先在草坪草的老叶出现，老叶变成深绿色，接着变成暗绿色，叶脉基部和整个叶缘变成紫色。从外型看，植株矮小，叶片窄细，分蘖少。磷素缺乏时，不同草坪草的反应略有差异。对草地早熟禾(如品种'Merion')，其变化为叶尖变紫，转为暗红色，整个叶片变红，叶尖死亡，整个叶片死亡。而对于狗牙根，磷素缺乏时，草坪草叶片表现为由深绿色变为灰绿色，但茎生长受阻较轻。

(3)钾

草坪草对钾的需求仅低于氮，其组织中钾含量为0.9%~4.0%，多数为2%~3%。在生长快速的幼嫩部位钾的含量会更高，但当植物接近成熟时，其含量显著降低。

钾虽不是活细胞的构成成分，但在大量化合物如氨基酸、蛋白质、碳水化合物等的合成中起重要作用，在许多生理过程中起调节与催化的作用(如调节植物呼吸、蒸腾、催化大量酶促反应)。因此，尽管从草坪色泽、密度和生长中或许肉眼难以看出钾对草坪的影响，但实际上钾是维持草坪草健康生长必不可少的元素。尤其在促进根与根茎的生长发育、提高草坪抗逆能力、增强草坪草抗病性与耐践踏能力等方面，钾的作用相当重要。钾供给不足时，草坪草的氮代谢和碳水化合物的平衡被打破，蛋白质合成受阻，氨基酸等水溶性含氮化合物含量上升；水分含量提高，淀粉等高分子碳水化合物的合成停止，易溶于水的低分子糖类含量增高，为病原菌的活动提供了适宜的寄主。此外，缺钾可导致细胞壁变薄和易损，使草坪在修剪后更易为病原菌提供理想的侵染条件。当钾在植物体内浓度增加时，植物的吸水和持水等功能得以合理协调，植物细胞壁增厚，叶片挺拔，不易萎蔫，从而增加草坪的耐践踏性。较高的钾含量还可减少草坪草褐斑病、币斑病、红丝病、镰刀霉斑病等病害的发生。草坪草叶片内氮与钾的适宜含量比例为2∶1，过多的钾也会影响植物对钙、镁及其他元素的吸收。

钾通常以 K^+形式被草坪草吸收，并以离子态水溶性无机盐的方式存在于细胞及组织中。当土壤中钾含量高时，植物可过量吸收高于自身需求量很多的钾，并贮存在组织中，这种现象通常被称作钾的“奢侈吸收”。在这种情况下如将草屑移出草坪，那么同时也会有大量的钾被带出。虽然土壤中全钾量较高，但多为黏土矿物固定态钾，对植物生长无效，仅有少部分存在于土壤溶液中的有效钾可被草坪草吸收利用。在土壤中由无效钾向有效钾的转换是一个缓慢的过程，而且钾盐易溶于水，也易于从土壤中淋失，尤其在砂性土壤中，其淋溶较黏重土壤更为严重。因此，在草坪生长季施入钾肥时，应本着少量多次的原则，在砂性土壤上更应如此。

在匍匐翦股颖和紫羊茅上，钾素缺乏的最初表现为叶片变软下垂，倾斜方向更加水平。用手触摸时叶片发软，刚性差，且下部老叶片的叶尖和叶片脉间变黄，接下来叶尖卷曲、枯萎；如钾继续缺乏，叶脉也会变黄。当狗牙根缺钾时，最初特征是茎变细，随之老叶叶尖坏死；如钾素继续缺乏，狗牙根则生长缓慢，叶片变为棕色。

(4)钙

草坪草的钙含量为0.2%~0.5%，主要存在于草坪草的叶片和茎中，并集中存在于分生组织，是细胞壁的重要组成成分。充足的钙供应可促进根的生长，尤其是根毛的生长和发育。钙还具有中和细胞内毒素的功能，对钾和镁的吸收也有影响。缺钙常易导致草坪草感染红丝病和枯萎病。

钙通常以 Ca^{2+}的形式被草坪草吸收。在不同母质、不同质地土壤中，钙含量变化很大。质地粗、渗漏强的土壤中钙的含量偏低。钙可改善土壤结构，增强土壤通透性与持水性能，但由于钙是石灰的主要成分，易使土壤 pH 值升高，在不同程度上影响其他养分的有效性。

钙在植物体内难以移动，钙缺乏时首先表现为幼嫩叶片边缘变为红棕色，并逐渐延伸到中脉。但缺钙症状常随植株年龄而异，在较老的植株上，首先是脉间部分变为红棕色，接着变为淡红色，再变为玫瑰红色，最后叶尖枯萎。

(5)镁

草坪草中镁含量一般为0.1%~0.7%，草种间差异较大。在草坪草生长过程中，镁是叶绿素的重要组成成分，是草坪草正常生长和保持绿色所必需的元素。镁还是许多酶系统的辅酶并参与植物体内磷的转运，有助于对磷的吸收。镁在植物体内活动性相对较强，可以由老叶转移到幼嫩组织再被利用。尽管在茎尖和根尖部位有镁的累积，但通常镁在叶片中的含量最高。

镁在土壤中以 Mg^{2+} 的形式被草坪草吸收。它在土壤中的含量不如 Ca^{2+} 高，对土壤的理化性状影响较小。Mg^{2+} 虽然被土壤胶体吸附，但并不增加土壤的团聚性，且浓度过高还会使凝聚作用下降。

缺镁后草坪草的色泽变化与缺钙类似，但缺镁症状首先发生在下部的老叶，叶片呈带状樱桃红色，最后叶片坏死。狗牙根缺镁时，表现出叶片灰绿，茎生长减慢，如镁继续缺乏，则老叶片变黄、坏死。

(6)硫

草坪草中硫的含量与磷较为接近，但硫在植物体内多均匀分布。在草坪草生长过程中，硫是某些氨基酸的组成成分，没有硫，植物则不能利用氮。因此，土壤缺硫会导致蛋白质合成受阻，直接影响草坪草的正常生长发育。

硫主要以 SO_4^{2-} 形式被草坪根系吸收，少量以气体 SO_2 的形式通过叶片吸收进入植物体内。虽同为中量元素，但硫在土壤中的含量较钙、镁低得多。大多数土壤中的硫存在于有机质中，有机质分解后硫才有效。因此，有机质含量较低的砂性土壤更易发生缺硫。

草坪草缺硫的症状与缺氮相似，但硫在植物体内流动性有限，因此在幼嫩的叶片上表现更明显，即叶片逐渐变黄，叶缘枯萎，最后整个叶片枯死。

(7)微量元素

微量元素主要包括铁、锰、铜、锌、硼、钼、氯、镍8种元素。由于植物需求量低，大多数土壤并不缺乏。但某些元素易受环境条件的影响，造成在土壤中的溶解性下降，对植物的可利用性降低，从而导致植物一种或几种元素的缺乏。这些因素主要包括土壤有效磷素水平下降、土壤有机质含量过高、枯草层积累过厚、土壤紧实、排水条件太差、土壤酸碱度不适宜等。但土壤中微量元素浓度过高对草坪草的生长也会造成毒害，尤其是锰、铜、锌、硼。

在所有的微量元素中，草坪草最易缺乏的是铁，且以暖季型草居多，如结缕草、狗牙根和假俭草等。铁虽不是叶绿体组成成分，却是合成叶绿素所必需的，因此草坪色泽受有效铁水平的影响。当铁缺乏时，症状与缺氮相似，但首先发生在幼嫩叶片，叶片脉间变黄；如继续缺铁，幼嫩叶片变为白色或象牙白色，并扩展到老叶片，但一般叶片不坏死。

9.2.2.2 草坪肥料

草坪肥料是指那些含有一种或多种草坪草生长所必需的养分，将其施入土壤中后可增加有效养分的供应，使草坪达到理想质量的物质材料。由于草坪草对氮、磷、钾的需求量最大，所以多数草坪肥料主要含有这3种养分。

(1)养分含量

养分含量指肥料中某种养分的质量百分比。传统上以元素氮的质量百分比(N%)来表示肥料的含氮量，用 P_2O_5%表示有效磷、用 K_2O%表示有效钾的含量。例如，包装袋上标有16-8-10的肥料，即代表此肥料养分含量为16%的N、8%的 P_2O_5 和10%的 K_2O。那么，一袋50 kg的肥料各养分质量则分别为：N，50×16% = 8(kg)；P_2O_5，50×8% = 4(kg)；

K_2O，50×10%=5(kg)。

(2)养分比例

养分比例指肥料中N、P_2O_5和K_2O所占的质量分数比。例如，30-10-10的肥料，其养分比例为3∶1∶1，20-5-10表示其养分比例为4∶1∶2。当草坪专家推荐选用2∶1∶1的肥料时，可选用20-10-10、14-7-7或18-9-9的肥料。但选用何种比例的肥料较为适宜，多依赖于土壤测试得出的土壤有效磷和有效钾含量、草坪草植株养分含量测定和营养诊断的综合结果。

(3)常见肥料及特点

“第8章8.1草坪用肥料”中已经介绍了常见肥料的特性及养分含量。氮肥是草坪养护中应用最多的肥料，常用的氮肥有速效氮肥和缓释氮肥。

9.2.2.3 合理施肥

草坪施肥是草坪养护管理的重要环节。通过科学合理施肥，不仅为草坪草生长提供所需的营养物质、提高草坪密度、改善草坪色泽，还可增强草坪草的抗逆性、延长绿期、维持草坪应有的功能。

(1)合理施肥的原则

①根据土壤养分状况、草坪草营养需求和季节气候变化等，科学配比，平衡施肥。

②禁止和限制使用未经无害化处理或不符合标准的肥料。

(2)合理施肥的影响因素

草坪合理施肥受多种因素的影响，概括起来主要有以下几个方面。

①养分供求状况：草坪草对养分的需求和土壤可供给养分的状况是判断草坪需要肥料情况和施用肥料种类的基础。判断方法主要有外观诊断、组织养分测定和土壤养分测试。

外观诊断是指肉眼直接观察草坪草的生长发育状况，来判定草坪的养分供应状况。通常，草坪管理者多根据草坪草是否表现出缺素症状来判断某种养分缺乏与否及其缺乏程度，以确定草坪是否需要施肥和施用肥料种类。在应用中，管理者还必须了解有些外观特征并非是由于养分缺乏所致，不可忽略其他相关因素对草坪草生长影响的可能性，如草坪易发生的各种病害、虫害、土壤板结或积水、盐害以及其他一些不适宜生长的环境条件(如高温、干旱)等。草坪管理者必须将这些因素造成的影响排除之后，才可根据植株的外观症状来判断某种养分的丰缺。因此，该项技术不但需要诊断人员有专业的理论知识，更要有丰富的实践经验，才能做出正确的判断。此外，该方法虽然简单直观，但当用肉眼能够观察到缺素症状时，草坪草植株体内往往已经出现某种养分的严重不足。因此，外观诊断方法常具有滞后性。

组织养分测定是通过化学分析方法测定草坪草体内某种养分的含量。该方法的优点在于可以直接测定草坪草实际吸收与转化的养分量，能够准确判定当时草坪草的营养水平，尤其对分析和判定草坪草微量元素的营养状况更为重要。草坪管理者在分析草坪草养分测定结果时，一定要将结果同植株样品的取样时期结合起来。例如，草坪植株含氮量偏低，除了土壤氮素缺乏外，也有可能是其他因素所致，如生长期的胁迫(温度过低或过高)、植株吸收养分能力弱、草坪病害和虫害等。

土壤养分测试是指通过对草坪草生长的土壤或基质进行养分化验分析，来判定土壤的养分供应水平。草坪管理者在施肥时，经常据此结果来确定肥料的某些养分构成、养分间的适宜比例和施肥量等，尤其是磷、钾肥的施用主要取决于土壤中的有效养分含量。当与氮肥同时施用或组合含3种元素的混合肥料时，保证营养元素间适宜的比例和平衡至关重要，尤其是氮和钾之间的平衡。这样可保证养分最大限度地吸收和在草坪上发挥理想的效果。因此，定期土壤养分测试可帮助草坪管理者逐步完善施肥计划。在多数情况下，草坪建植前进行土壤测试是非常必要的。

由于以上3种方法均存在一定的局限性，实践中常将以上三项或其中两项结合起来，综合分析草坪的养分供求状况。

②草坪草养分需求特征：不同草坪草种或品种对养分需求常存在一定的差异，尤其对氮素的需求差异更为明显。在保持理想草坪质量时，有的草种需氮量中等或较高，也有一些草种可耐受的肥力水平较宽。例如，紫羊茅对氮素需求较低，高氮水平供应反而使草坪密度和质量下降；结缕草不仅在高肥力下表现更好，也能够耐受低肥力条件；狗牙根的一些改良品种对氮的需求较高；而野牛草、假俭草、雀稗草生长量较少，对肥力要求较低。

③环境条件：当环境条件适宜草坪草快速生长时，要有充足的养分供应以满足其生长需要。此时，充足的氮、磷、钾供应能增强植株对干旱、低温、高温等胁迫的抵抗能力。但在胁迫到来之前或胁迫期间，要控制肥料的施用或谨慎施用。当环境胁迫解除后，应该及时施肥，保证养分供应，以利于受到胁迫伤害的草坪草迅速恢复。例如，夏季高温高湿来临前，冷季型草坪的氮肥施用要相当注意，此时若氮肥用量过高，常导致严重的草坪病害发生。气候条件和草坪生长季节的长短都会影响草坪的施肥。我国南方地区和北方地区气候条件差异较大，温度、降雨、草坪草生长季节长短都有很大不同，甚至栽培草种也完全不同，因此其施肥方案也应有所区别。

④草坪质量要求：对草坪质量的要求决定肥料的施用量和施用次数。草坪质量要求越高，所需的养分供应也越高。运动场和观赏草坪的施肥水平明显高于一般绿地及护坡草坪。

⑤肥料成本：在考虑肥料成本时，除肥料价格外，还应考虑单位养分的价格、发生叶片灼伤的风险、肥效期长短、颗粒是否易于撒施、有机还是无机肥料、是否为草坪专用肥等因素。这些因素既影响施肥成本，又影响施肥效果和安全性。在土壤结构或质地较差的情况下，有机肥料或有机无机复合肥料有助于改善草坪土壤理化性质。适宜的草坪专用肥能满足草坪草的养分需求，实现养分均衡供应，这对没有太多施肥经验的草坪管理者来说尤为重要。

⑥草坪草生长速度要求：在选择供肥水平，尤其是氮肥水平时，要考虑施肥的目的是维持现有草坪质量水平，还是促进草坪草生长而提高质量，或是加快受损后草坪的恢复速度。如果是为了维持现有高质量草坪，则应该选择较低的供氮水平，并且随季节气温的变化，根据草坪草生长速度来确定施肥量。相反，如是要使密度较低、长势较弱或由于环境胁迫、病虫侵害的草坪尽快得到改善和恢复，则需要较高的施氮水平。此外，新建植草坪的需氮量通常比成熟草坪要高。

⑦土壤物理性状：土壤质地对土壤保肥能力影响很大，也直接影响肥料的施用。颗粒粗的砂质土壤持肥能力差，并易于渗漏淋失养分。对于保肥能力差的土壤，为降低养分的渗漏损失，提高肥料的利用效率，通常需要几项措施共同作用。常用的方法有：施用缓释性草坪专用肥；少量多次施肥；施加元素专肥；施加有机肥；调节灌溉水量，避免过量灌水。

⑧栽培管理措施：影响草坪施肥的栽培管理措施主要包括草屑是否移出草坪以及草坪灌溉方式。在修剪产生的草屑干重中，通常含有 2%~5%的氮、0.1%~1%的磷、1%~3%的钾及其他养分。如果草屑归还到草坪中，则每年不仅可以提供所需氮素的 20%~35%及其他养分，而且还有利于增加土壤有机质含量，改善土壤结构。但对于高尔夫球场果岭草坪或足球场、网球场草坪，为保证运动效果，需要把草屑移出，因此草坪施肥量也相应增加。此外，频繁的灌溉容易造成土壤养分的淋溶和含量下降，也会增加草坪对肥料的需求。

(3)制订施肥方案

一个理想的施肥方案应该保证草坪草在整个生长季表现出均匀一致与健康的生长状态。尽管由于温度和水分的波动难以完全达到这一目标，但是可以通过合理选择肥料类型，制订适宜的施肥量、施肥时间和施用次数，采用正确的施肥方法等，使计划趋于更科学、更合理。

①施肥量：确定草坪肥料的适宜施用量主要应考虑下列因素。如草种或品种类型、草坪质量要求、气候状况(温度、降雨等)、生长季长短、土壤特性(质地、结构、紧实度、pH 值、有效养分等)、灌水量、草屑是否移出、草坪用途等。

氮是草坪施肥首要考虑的营养元素。氮肥施用量常根据草坪色泽、密度和草屑的积累量来确定。颜色褪绿转黄且生长稀疏、缓慢，剪草量很少是草坪需要补氮的征兆。不同草种或品种以及不同用途的草坪对氮素的需求都存在较大差异。

钾肥和磷肥的施用量通常根据土壤测定结果来确定。一般情况下，推荐施肥中 N∶K_2O 之比选用 2∶1 的比例，测定结果表明土壤富含钾的情况除外。也有一些管理者在草坪草遭到胁迫的季节，为了增强草坪草抗性，采用 1∶1 的比例。磷肥的施用对于众多成熟草坪来说，每年施入 5 g/m^2 磷即可满足需要。但是对于即将新建草坪的土壤，可根据土壤养分测定结果，适当提高磷肥用量，以满足草坪草苗期根系生长发育的需要，加快成坪。

碱性、砂性或有机质含量高的土壤易缺铁，草坪缺铁可以喷施 0.3%~0.5% $FeSO_4$ 溶液，每 1~2 周喷施一次。也可以喷施 EDTA 铁溶液，根据草坪外观表现、土壤缺铁程度来确定喷施量和频率。

②施肥时间：根据草坪管理者多年的实践经验，最佳的施肥时间是温度和水分状况均适宜草坪草生长的初期或期间，而当有环境胁迫或病害胁迫时应减少或避免施肥。对于暖季型草坪草，在打破春季休眠之后，以晚春和仲夏时节施肥较为适宜。对于冷季型草坪草而言，春、秋季施肥较为适宜，仲夏应少施肥或不施，或采用叶面喷施和应用土壤润湿剂相结合的方法。晚春施用速效肥会降低冷季型草坪的抗性而不利于越夏，这时可选用释放速率适宜的缓释肥。冷季型草坪草可适当减少春季施肥量，增加秋季施肥量，有助于草坪越夏和翌年返青。

③施肥次数：实践应用中，草坪施肥次数取决于土壤供肥状况、草坪质量要求、草坪用途、草坪草生长现状、草坪管理强度等多种因素。通常，低养护管理的草坪，如水土保持草坪和道路绿化草坪，每年施肥 1 次即可。中等养护管理的草坪，如园林绿地或庭院草坪，每年施肥 2~3 次，冷季型草坪宜安排在春季(4~5 月)、秋季(9 月)和晚秋(11 月)，暖季型草坪宜安排在晚春(5~6 月)和夏季(7~8 月)。高养护管理的草坪，如运动场草坪等，在草坪草适宜生长的季节，无论是冷季型草坪草还是暖季型草坪草，至少每月施肥 1 次。

根据多年的施肥经验，有些草坪管理者在制订施肥计划时，尤其是在氮肥的施用上，常采用少量多次的施肥策略。少量多次施肥能够提供一个相对均匀且适量的氮素供应，可以避免过多施氮或不均衡施氮导致的草坪草徒长、抗性下降和产生氮素淋洗等问题。但多次施肥也会增加养护成本，应综合考虑相关因素，确定适宜的施肥次数。

④施肥方法：草坪施肥方法主要有颗粒撒施、叶面喷施和灌溉施肥。

a. 颗粒撒施。一些有机或无机的复混肥是常见的颗粒肥，可以用跌落式或旋转式施肥机具进行撒施。这两种施肥机械的介绍详见“第 12 章 12. 2. 2. 1 施肥机械的分类”。

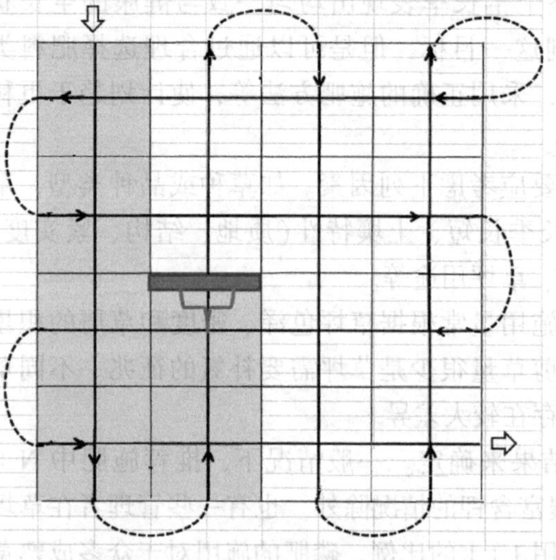

图 9-2 草坪施肥方向模式图

草坪施肥时，为保证施肥均匀，通常将定量的肥料至少分成 2 等份，分 2 次垂直交叉施用(图 9-2)。操作时做到匀速行走，路线不重复、不漏施。

b. 叶面喷施。将可溶性好的一些肥料制成浓度较低的肥料溶液，或将肥料与农药一起混施时，可采用叶面喷施的方法。这样既节省肥料又可提高效率：叶面直接吸收，不受土壤条件影响。但溶解性差的肥料或缓释肥料不宜采用此方法。草坪管理中，可采用叶面施肥的情况有高降雨、砂基质、易产生渗漏的地区；草坪土壤氨挥发、反硝化发生较严重的区域；草坪草根系受损或生长受抑制，吸收养分能力差；草坪土壤条件差，土壤 pH 值过高或过低不利于对养分的吸收；施用微量元素肥料。

叶面喷施要防止溶液浓度过高造成烧苗现象，也要避免由于天气原因如大风、高温、降雨等导致叶片吸收减少。喷施后 24 h 内不要修剪，以免带来不必要的养分损失。

c. 灌溉施肥。灌溉施肥是利用灌溉系统将肥料与灌溉水同时经过喷头喷施到草坪上。由于对灌溉系统技术水平要求较高，目前仅在某些高养护管理的草坪上应用。

9. 2. 3 灌溉

水分主要来自大气降水与灌溉水，在草坪草生长发育中起着非常重要的作用。灌溉是弥补降水不足、避免引起草坪草缺水而造成干旱胁迫的重要手段。由于我国降水存在明显的时空分布不均特征，如我国多数地区夏秋降水丰沛而春冬降水不足，北方降水量远低于南方地区，尤其在降水量远低于草坪草需水量的北方干旱和半干旱地区，灌溉对于保证草坪草正常生长发育，维持其功能特性具有更加重要的意义。春季，灌溉可帮助草坪草及时返青；夏季，灌溉可有效降低冠层温度，防止草坪草被高温灼伤；秋季，灌溉有助于延长草坪绿期和保护草坪草越冬。此外，适时适量的灌溉还能有效抑制杂草，增加草坪草的竞争力，预防病虫害发生，延长草坪的使用年限。

9. 2. 3. 1 草坪需水量与灌溉制度

草坪需水量与灌溉制度是草坪灌溉系统规划、设计与管理的基本依据。本小节将从草坪水分消耗途径、草坪需水量、灌溉制度与确定方法 3 个方面介绍。

(1)草坪水分消耗途径

草坪水分消耗途径主要包括植株蒸腾、株间蒸发、深层渗漏和径流损失。植株蒸腾是指草坪草根系从土壤中吸入体内的水分，通过叶片的气孔扩散到大气中去的现象。株间蒸发是指植株间土壤的水分蒸发。株间蒸发与植株蒸腾二者间存在此消彼长的关系：在草坪草生长初期，植株较小，地面裸露空间大，株间蒸发占主导作用；随着植株生长，叶片和密度增大，植株蒸腾逐渐大于株间蒸发。深层渗漏是指由于降水量或灌水量过大，使得土壤水分超过田间持水量，并向根系活动层以下土层运移导致植物无法吸收利用的现象。深层渗漏易引起水肥资源的流失，造成水肥资源浪费，属于水分无效消耗的途径。尤其对于草坪草而言，其根系相对较浅，应尽量通过调整灌溉制度与改进灌溉方法，减少深层渗漏的发生。此外，大部分草坪地形并不平整，有时还会根据美观需要使草坪具有较大的坡度，这时草坪水分消耗途径还包括径流损失。

(2)草坪需水量

草坪需水量是指植株蒸腾和株间蒸发消耗的水量之和，通常也称蒸发蒸腾量或蒸散量(evaportranspiration, ET)。根据大量灌溉试验资料分析，草坪需水量与天气条件(温度、日照、风速)、土壤状况、草种与品种、生长状况以及养护管理水平等多种因素有关。这些因素对草坪草需水量的影响错综复杂，因此目前尚无法实现对其进行精确计算，只能估算。与多数作物一样，草坪需水量估算方法也分为两种方法：直接计算出草坪需水量、通过计算参照作物需水量来计算实际草坪需水量。前者通过安装符合一定规范要求的蒸发皿(一个开敞的装满水的圆桶)来获取当地水面蒸发量，并辅以需水系数(经验值，因地区而异)进行修正即可估算出当地草坪草需水量，但由于存在计算误差较大、通用性较低的缺点，此方法应用较少，故当前草坪草需水量估算多以第二种方法为主。

参照作物需水量(reference crop evaportranspiration, ET_0)是指土壤水分充足、地面完全覆盖、生长正常情况下的需水量。经过学者们的不断研究，发现这种参照作物需水量主要受气象条件影响，并逐渐完善了相关计算公式。其中，应用最广的是英国学者彭曼(Penman)提出的彭曼公式，该公式经过多次修正后，形成 Penman-Monteith 公式，联合国粮食及农业组织于 1979 年正式向各国推荐作为参照作物需水量的通用公式，即

$$ET_0=\frac{0.408\Delta(R_n-G)+\gamma\frac{900}{T+273}u_2(e_s-e_a)}{\Delta+\gamma(1+0.34u_2)}$$

式中：ET_0 为参考作物蒸发蒸腾量(mm/d)；R_n 为植被表面净辐射量($MJ/m^{-2}\cdot d^{-1}$)；G 为土壤热通量($MJ/m^{-2}\cdot d^{-1}$)；Δ 为饱和水汽压与温度关系曲线的斜率(kPa/℃)；γ 为湿度计常数(kPa/℃)；T 为空气平均温度(℃)；u_2 为在地面以上 2 m 高处的风速(m/s)；e_s 为空气饱和水汽压(kPa)；e_a 为空气实际水汽压(kPa)。

由于该公式计算复杂，可借助从联合国粮食及农业组织官网下载的计算软件完成。已知参照作物需水量 ET_0 后，可根据作物系数(k_c)进行修正，求出草坪草的实际需水量，即

$$ET= k_c\times ET_0$$

对于草坪草而言，作物系数 k_c 随着草种、品种与生育阶段而变化，在美国的科罗拉多州开展试验测得高羊茅草坪的作物系数为 0.6~0.8，草地早熟禾草坪的作物系数为 0.5~0.8。

(3)灌溉制度与确定方法

草坪草的灌溉制度是指在一定的气候、土壤、降雨等自然条件和一定的养护管理水平下，为确保草坪草生长状态良好而制定的灌水方案。主要参数包括播种前及全生育期内的灌溉次数、每次的灌水日期和灌水定额以及灌溉定额。灌水定额是单位面积上每次灌溉的水量，灌溉定额则为当年草坪草各次灌水定额之和，均以 m^3/hm^2 或 mm 计。

①灌水次数：确定草坪草需水量后，依据土壤类型调整灌溉次数与灌水定额。对于土壤保水能力好的草坪，如壤土和黏壤土，可在保持灌溉定额不变的情况下，减少灌溉次数，采用“低频多灌”以降低灌溉水蒸发飘移损失与机组能耗。对于土壤保水能力较差的草坪，如砂土或砂壤土，可在保持灌溉定额不变的情况下，增加灌溉次数，采用“高频少灌”以减少灌溉水深层渗漏与径流损失。生产中，应遵循允许草坪适度干旱再灌溉的原则，而每次灌溉时应完全浸润草坪根系层。对于修剪高度低、根系浅的草坪，每次允许的干旱程度和灌溉量要适度减小，以防造成干旱胁迫和水资源浪费。应尽量避免每天浇水，表层土壤经常处于湿润状态会使草坪草的根系靠近表土生长，降低其对环境胁迫的抵抗力，同时还易引起病害和杂草问题。

②灌溉时间：草坪灌溉时间的确定可依据土壤水分状况、植株生理生态状态进行确定。其中，草坪草生理指标如叶水势、气孔导度等对水分亏缺响应敏感，但鉴于测量方法复杂且耗时费力，在实际中应用相对较少。土壤水分状况方面，当 10~15 cm 土层土壤水分含量低至 65%~70%的田间持水量或土壤水势低于-35 kPa 时开始灌溉；植株生理生态状态方面，当草坪草发黄或出现不同程度的萎蔫时开始灌溉。每次灌溉，还需明确在一天中何时灌溉最为合适。由于大多草坪都采用喷灌的方式进行灌溉，而喷灌受气象因素影响较大，如风速较大时，喷灌水滴轨迹易发生改变，喷灌水蒸发飘移损失也较多，会造成灌溉水资源的浪费。根据喷灌相关的工程技术标准的要求，当风速大于 5.4 m/s(风力等级 3 级以上)时，不宜进行灌溉。中午气温高，水分蒸发损失大，并且叶片截留的水滴甚至会引起植株叶片的灼烧，因此多考虑在清晨、傍晚或夜间进行灌溉。就提高水的利用率而言，晚上是灌溉的最适宜时间，但夜间较低的蒸发强度也容易引起灌溉水在植株冠层停留时间较长及空气湿度过大，易导致草坪病害发生。此外，对于城市公园绿化草坪或运动场草坪，灌溉时间还应考虑其使用功能，如清晨和傍晚是公园草坪使用高峰时间，应尽量错开；在城市用水紧张时，草坪灌水应错开生活和生产用水高峰时段。

③灌水定额：草坪灌水定额可采用上述 Penman-Monteith 公式确定，即两次灌水日期之间累计的每日需水量之和即为当次灌水定额。该方法估算需要通过气象站测定当地气象参数，若无气象站时，也可依据土壤水分状况来确定灌水量。通常，由于草坪草根系主要分布在 10~15 cm 的土层中，建议当 10~15 cm 土层土壤水分低至 65%~70%的田间持水量时开始灌溉，灌溉至 90%的田间持水量时停止，并据此计算出灌水定额。

④其他注意事项：a. 幼坪灌溉最理想的灌溉方式为微喷灌。在出苗前每天喷灌两次，土壤湿润层的厚度为 5~10 cm。随着幼苗生长并变得茁壮，逐渐减少灌水的次数和灌水量。b. 一般施肥后应及时浇水，以避免可能出现的烧苗现象。c. 春季，在土地开始解冻之前，应该及时浇灌返青水。如果有霜，应该在霜冻融化之后再进行浇水，否则，草坪草会像开水烫过一样萎蔫死亡。d. 在北方地区，入冬之前应对草坪浇灌封冻水。封冻水应在地表刚

刚冻结时进行灌溉，灌水量应比较大，充分湿润表层 30 cm 的土壤。以地面灌溉(如漫灌)为宜，但要防止土壤上面出现积水现象。

9.2.3.2　灌溉方法

灌溉方法是指灌溉水进入田间并湿润根区土壤的方式，根据灌溉水向田间输送与湿润土壤的方式不同，一般将灌水方法分为地面灌溉、喷灌、微灌、渗灌四大类，应用于草坪灌溉的主要为前三类。

①地面灌溉：是指灌溉水通过田间渠沟或管道输入田间，水流成连续薄水层或细小水流沿田面流动，主要借助重力作用兼有毛细管作用下渗湿润土壤的灌水方法，又称重力灌水方法。按其湿润土壤方式，地面灌溉可细分为畦灌、沟灌、淹灌和漫灌。尽管地面灌溉具有基础投资少、田间工程简单、管理操作要求低的优点，但对土地平整度要求较高，费人工，无法实现自动化，尤其是灌溉水利用率低下的缺点十分不利于草坪的可持续发展。通常，此种灌溉方法多用于养护要求不高的城市绿地以及护坡绿地中。

②喷灌：是指利用专门设备将灌溉水加压或利用地形高差自压，通过管道系统输送压力水至喷头，并喷射至空中散成细小的水滴，像天然降雨一样降落至地面，主要借助毛细管力和重力作用渗入土壤的灌水方法。喷灌的分类方法较多，将在 9.2.3.3 小节中详细介绍。该方法具有省水、对地形适应性强、自动化程度高、灌水均匀、灌溉水利用系数高、调节小气候等诸多优点。缺点主要是基础建设投资较高和受风的影响较大。喷灌是当前草坪中应用最多的灌溉方法，在城市公园绿地、运动场草坪、草坪生产基地等均有广泛应用。

③微灌：是指通过专门设备，将灌溉水加压或利用地形落差自压，将有压水流变成细小水流或水滴，输送到植物根部附近土壤的一种灌水方法。与传统全面积湿润的地面灌溉和喷灌相比，微灌只以较小的流量湿润植物根区附近的部分土壤，又称局部灌溉。该方法具有省水、省工、灌溉均匀、对土壤地形适应性强以及灌溉效率高等优点，但也具有灌水器易堵塞、易引起盐分积累、限制根系发展、基础建设投资较高以及灌水器露于地表降低美观效果等缺点。此种灌溉方法在屋顶绿化、干旱缺水地区的公路绿化、城市绿化工程以及部分护坡草坪苗期管理时应用较多。

9.2.3.3　草坪喷灌系统

喷灌是当前草坪管理中应用最多的灌溉方法，也是未来草坪智能灌溉发展的重要载体。下面从喷灌系统的关键技术参数、类型、组成以及设计方法 4 个方面来简要介绍。

(1)关键技术参数

①喷灌强度：是指单位时间喷洒在单位面积上的水深或水量，一般用 mm/min 或者 mm/h 表示。为避免由于地表径流而造成的水资源浪费，草坪喷灌系统设计时，要求平均喷灌强度不得大于土壤允许喷灌强度。通常，不同质地的土壤允许的喷灌强度见表 9-2 所列，当地面坡度大于 5%时，可按照表 9-3 进行折减。

表 9-2　各类土壤允许的喷灌强度　　mm/h

土壤类型	砂土	壤砂土	砂壤土	壤土	黏土
允许喷灌强度	20	15	12	10	8

表 9-3 坡地允许喷灌强度降低值 %

地面坡度	允许喷灌强度降低	地面坡度	允许喷灌强度降低
5~8	20	13~20	60
9~12	40	>20	75

②喷灌均匀度：喷灌均匀度直接影响草坪质量，同时也是决定灌溉系统造价的重要参数，一般以喷灌均匀性系数 CU 来表示。若系统喷灌均匀度高，草坪生长和外观质量通常也较均匀。若系统喷灌均匀度低，灌水较多的地方则容易积水而浪费水资源，严重时还会导致发生病虫害；灌水不足的地方，草坪则容易枯黄甚至死亡。因此，《喷灌工程技术规范》(GB/T 50085—2007)规定，在规定风速范围内，固定式喷灌系统的 CU 值应不低于75%，行喷式喷灌系统的 CU 值应不低于 85%。草坪喷灌设计时，应根据当地气象条件(主要考虑风速)选择合适的喷头类型，并设计合理的喷头埋设间距，后期系统运行管理时也应对系统压力和流量进行及时监测，以避免低压运行导致系统均匀性下降。

③水滴打击强度：是指单位喷灌面积内，水滴对土壤或植物的打击动能。影响水滴打击强度的因素包括每一水滴的质量、水滴达到地面的速度和单位面积上水滴的数目与水滴粒度分布，这些因素主要与喷头自身结构有关。由于水滴打击强度的测定方法较为复杂，因此多用雾化指标(H/d，喷头工作压力 H 与主喷嘴直径 d 之比)来表示。通常，草坪的设计雾化指标应在 2 000~3 000；在草坪苗期，雾化程度要高一些，可在 3 000~4 000。

(2)系统类型

喷灌系统可细分为固定式、半固定式与移动管道式。

①固定式喷灌系统：所有管道系统及喷头在整个灌溉季节甚至常年都固定不动，水泵及动力组成固定的泵站，干管和支管多埋在地下，喷头靠竖管与支管连接。草坪固定喷灌系统专用喷头多数为埋藏式喷头。固定式喷灌系统需要大量管材，单位面积投资高，但便于自动化控制，运行管理方便，极为省工，运行成本低，灌溉效率高，在经济发达地区或劳动力紧张的情况下可采用。

②半固定式喷灌系统：动力、水泵及干管是固定的，喷头及其连接喷头的支管是可移动的。干管上留有许多给水阀，喷水时把带有快速接头的支管接在干管上，喷头一般安装在支架上，通过竖管与支管连接。

③移动管道式喷灌系统：除水源外，动力、水泵、管道及喷头都是移动的。移动式喷灌系统最大优点是设备利用率高，可大幅降低单位面积设备投资，而且操作也比较灵活；缺点是管理强度大，工作时占地较多。草坪应用最多的是卷盘式喷灌机，其工作原理将在第 12 章 12. 2. 3 喷灌机中详细介绍。

选择草坪喷灌系统的类型要根据草坪的使用目的、投资规模、管理水平等因素综合考虑。对于城市公园与绿化草坪、运动场草坪以及草皮生产基地而言，由于此类草坪需经常灌溉，因此多选用灌溉效率较高、劳动强度较低、易于实现自动控制的固定式喷灌系统。在一些降雨较多(灌溉频率较低)、经济水平较低、人工相对廉价的地区，此类草坪可采用半固定式喷灌系统或移动式喷灌系统。

(3)系统组成

喷灌系统是指从水源取水到田间喷水整个工程设施的总称。喷灌系统主要由水源工程、水泵、管道系统、喷头等组成。通常，草坪喷灌系统还配有先进的自动控制系统，以实现作业的自动化。

①水源工程：城市自来水、邻近的河流、小溪、湖泊、水库、池塘以及经过处理且符合灌溉水质标准的城市污水都可用于草坪灌溉。当将河水、溪水、湖水等作为其他水源时，由于水源中可能含有泥沙、木屑等各类杂质，灌溉前需要将水源引至沉沙池并配备一定过滤设备后方可用于灌溉，以免出现灌溉水破坏水泵、堵塞管道及喷头等情况。

②水泵：除非灌溉系统规模小或是直接分接在城镇的总水管上，否则都需要一个或几个泵。从水源抽水的泵称为系统抽水泵。如系统中现有压力不足，可在压力管上安装增压泵，以增加压力。以水井或自然水体(河、湖、池等)为水源时，系统抽水泵多采用潜水泵，水泵选型时主要考虑扬程、流量、转速、效率等性能参数。

③管道系统：可将有压水输送至喷洒器，管道系统除管道外，还包括弯头、三通、旁通、闸阀等配件，由于管材用量大，其系统价格很大程度决定了整个草坪喷灌的造价。喷灌系统的压力管道对抗压强度、耐腐蚀性与抗老化性均有一定要求。当前，草坪喷灌系统材质多采用聚氯乙烯(PVC)和聚乙烯(PE)，两种材质内壁光滑、水头损失小、移动安装方便，使用年限可达15年以上。其中，PVC价格便宜、安装方便，比PE管使用更加广泛。但需注意的是，PVC管应尽量埋于地下，以免长期暴晒引起的管道老化，并在冬天及时泄水以免管道发生冻裂。

④喷头：是把具有压力的集中灌溉水流分散成细小水滴并均匀地喷洒到地面的灌溉设备。喷头种类繁多，划分方法也多样。常用的划分方式包括以下3种：a. 依据工作压力与射程可分为微压喷头(工作压力0.05~0.1 MPa，射程1~2 m)、低压喷头(工作压力0.1~0.2 MPa，射程2~15.5 m)、中压喷头(工作压力0.2~0.5 MPa，射程15.5~42 m)、高压喷头(工作压力 > 0.5 MPa，射程 > 42 m)；b. 依据结构形式与喷洒特征可分为旋转式喷头、固定式喷头与喷洒孔管；c. 依据埋设方式又可分为地埋式喷头与非地埋式喷头。草坪灌溉选用喷头时要综合考虑价格、草坪功能特点、运行成本以及管理维修等多个因素。例如，运动场草坪要求选用地埋式喷头以避免影响比赛和对运动员造成伤害；对于园林绿地，若对景观要求较高，也可选用地埋式喷头，同时也要尽可能选择压力与射程较低的喷头以避免水滴打击强度过大对草坪与花卉造成破坏。总之，草坪喷头的选型不可一概而论，还需根据草坪工程要求而具体分析，但应遵循《喷灌工程技术规范》(GB/T 50085—2007)中关于喷灌技术的要求下，根据草坪功能与养护管理要求尽量选择能耗较低、高性价比的喷头。

⑤自动控制系统：指根据草坪草需水规律与灌溉要求预先编制的一套控制程序，可实现水泵、喷头阀门的自动开启与关闭的控制系统，主要由电磁阀、控制器、传感器与计算机控制系统组成。通常，多数草坪灌溉系统都有一套阀门，以调节通过灌溉系统的水流。自动控制系统的遥控阀门是由控制器操作的。控制器的基本部件包括一个定时器和称为端站的一系列终端。每个终端用电线或水管连接一至多个电磁阀，每个电磁阀控制一至多个喷头，每个终端控制一定的区域。定时器上的表按预定时间旋转，按顺序依次给一系列终端供电。随各终端的接通，即可灌溉终端所覆盖的区域。如果受系统供水压力限制，无法同时开启喷头喷水，应按照轮灌组逐个开启电磁阀。较小的灌溉系统只有一个控制器，而大型场地，如高尔夫球场，则有一个能编程并能控制一系列控制器的中央控制器。更高级

的控制器带有传感器，在下雨或系统内压力不正常时传感器能自动关闭灌溉系统。控制器也可连接在测量土壤水分的张力计或电极探头上，通过设置一定的土壤水分阈值来控制灌溉系统的开关。

(4)系统设计

①基本资料的收集：a. 地形资料和园林规划资料。了解园林绿地的总体规划或种植规划，获取设计地址不小于1∶2 000的地形图，以便为喷灌系统管道、喷头放线提供依据。b. 水文气象资料。了解当地降雨、蒸发、风向、风速、气温等资料，水源水压及水质情况，便于水泵、过滤设备、管网与喷头的选型与布设。c. 土壤资料。主要是指喷灌系统控制区内地表土壤质地、土壤结构、土壤容重等资料，其目的是掌握灌溉与土壤保水、渗透等方面配合问题，以便确定喷头选型与制定灌溉制度。

除掌握上述资料外，还需了解建植草坪的目的、投资规模、预期效果以及养护管理水平，进行全面分析和综合协调。

②设计内容与步骤：草坪喷灌系统设计内容应包括编制设计说明书与绘制设计图纸两部分。其中，设计说明书应将技术设计的内容、设计依据的标准以及计算方法、公式、结果等步骤详细解释，具体包括：a. 基本资料情况、水源分析与水源工程规划。b. 喷灌系统布置与喷头选型和组合。将工程规划布置图中的水源工程和输配水管网的布置绘到比例尺不小于1∶2 000的地形图上，根据选定的喷头组合间距，在输配水管网的末级渠道上布置给水栓，并进行管道系统的布置。根据喷灌的技术要求选择喷头的规格、型号和性能参数，确定喷头的组合间距并进行布置，并对组合后的喷灌强度和均匀度按《喷灌工程技术规范》的要求进行校核。当草坪工程面积不大时，最好选用同一种喷头。对控制面积和地面高差较大的工程，应按管网的压力变化进行分区，分别选用适宜的喷头，但为了便于管理，同一工程中选用的喷头规格不宜过多。c. 拟订喷灌工作制度。给出有关各项数据，进行轮灌编组，安排轮灌顺序。d. 管材与管径的选择。按已经确定的管道布置方案和喷灌工作制度，确定各级管道的流量、长度；根据系统要求的耐压能力及管材供应等因素，选用合适的管材，通过管道水力计算，确定其管径。e. 管道系统结构设计。绘制管道纵剖面图、管道系统结构示意。f. 喷灌系统设计流量和设计扬程的确定，水泵及动力机选配，各级管道的压力校核。g. 技术经济分析。编制材料设备明细表；进行工程投资预算，年费用及效益估算；进行经济分析，计算经济指标。此外，在设计说明书中，还要对施工及运行管理提出必要的要求，阐明有关注意事项。

设计图纸应包括系统平面布置图、管道纵剖面图、管道系统结构示意、工程建筑物设计图等。

③管网系统布置：草坪喷灌管网系统的布置取决于地块形状、地形坡度、水源条件(压力)以及灌溉季节的风速与风向等因素，应综合考虑并设计备选方案，择优选用。通常，草坪喷灌管网系统的布置应遵循以下原则：a. 符合《喷灌工程技术规范》要求；b. 喷洒支管最好平行等高线布置，若受地形限制也应尽量避免逆坡布置；c. 在风向较为恒定的地区，支管最好垂直于主风向布置，应尽量避免平行主风向布置；d. 喷洒支管和干管或分干管的连接应尽量平顺、减少折角。

④喷头选型与组合间距：喷头选型包括喷头型号、喷嘴直径和工作压力。选定喷头后，喷头的流量、射程等性能参数也随之确定。通常，若组合间距与运行方式确定后，喷

灌强度、组合均匀度与雾化指标基本确定，也常用这3个指标实测值对喷头选型与组合间距的合理性进行判断。喷头选型与组合间距应满足喷灌质量与经济要求，即喷灌强度不超过土壤允许喷灌强度值，组合均匀系数不低于规范值，雾化指标不低于规范要求，并有利于减少工程费用。

在选定喷头后，根据喷灌区的形状布置喷头，其布设合理与否直接关系到灌溉质量。喷头的布置要考虑各点均能喷到，又不能将水喷洒到草坪区域外，原则是：一角，二边，三中间。喷头布置形式有正方形、三角形等，具体选择取决于地块形状和风速等，喷头间距依据喷头射程计算。不规则地块一般分为若干个相对规则的大区，单独设计。正方形布置时，最大喷头间距 $S=\sqrt{2}R=1.414R$（R 为喷头的射程），最小喷头间距 $S=R$，因此在正方形布置时，喷头间距可调整的范围为 $S=1\sim1.414R$。三角形喷头布置时，最大喷头间距为 $S=\sqrt{3}R=1.732R$，最小喷头间距为 $S=R$，因此在三角形布置时，喷头间距可调整的范围为 $S=1\sim1.732R$。三角形喷头布置覆盖最均匀，节省喷头。

⑤管道设计与水力计算：管道设计在各级管道的平面布置方案确定后进行，主要包括各级管道的管材和管径选择、各级固定管道的纵剖面设计、管道各控制点的压力计算，具体流程与要求如下：a. 初步确定干管与支管管径，管径决定了工程成本和流量是否足够。b. 管道水力损失（水头损失）计算，包括管道水头损失和局部水头损失。c. 支管水力设计，一般流程为：喷头选型→确定布点及管长→确定支管流量→初设管径→计算水力损失→校核→调整管径、管长重复计算→确定管径、管长。d. 干管水力设计，类似于支管，要求支管分流处的压力应满足支管的压力要求。

⑥水泵的选择：根据喷头工作压力、各级管道沿程水头损失、水位平均高程与喷头高程之差，以及整个系统流量，选择合适的水泵，一般水泵设计流量和扬程应大于系统流量和所需压力的10%~20%，以避免实际运行时流量和扬程达不到设计要求。常用的水泵有螺旋离心泵和垂直涡轮泵。草坪供水系统通常由一个或多个主泵和一个副泵组成。喷灌系统设计流量应大于全部同时工作的喷头流量之和。$Q=n\rho$（Q 为喷灌系统设计流量，ρ 为一个喷头的流量 mm^3/h，n 为喷头数量）。水泵的功率应适宜。水泵选择时功率大小计算可采用下列公式：

$$N=\frac{9.81K}{\eta_{泵}\ \eta_{传动}}Q_{泵}\ H_{泵}$$

式中：N 为动力功率（kW）；K 为动力备用系数 1.1~1.3；$\eta_{泵}$ 为水泵的效率；$\eta_{传动}$ 为传动效率 0.8~0.95；$Q_{泵}$ 为水泵的流量（m^3/h）；$H_{泵}$ 为水泵扬程（m）。

水泵确定后，选择配套电机。在电力不足的地区可考虑采用柴油发电机。

9.2.3.4 其他农艺节水措施

我国是一个水资源紧缺的国家，节水灌溉是草坪养护管理的重要方面。一些农艺措施也有助于减少草坪对水分的消耗。

（1）选择适宜的草种与品种

建植草坪时，选择适应当地气候条件的草坪草种或品种是节约用水的一项重要措施。例如，野牛草可在极端干旱条件下正常生长，可用于一些干旱地区的草坪建植；用狗牙根建植的草坪比匍匐翦股颖草坪用水量少。品种间的需水差异也很明显，在凉爽湿润的地区，有些草地早熟禾品种比改良品种更适应无灌溉的条件。

(2)合理的修剪高度和修剪次数

较高的草坪草其根系也较深。适当提高草坪修剪高度，草坪的光合叶面积增加，根系可以获得更多生长所需的有机物质，这样根系可变得更深广，可从更大范围土壤中吸收水分。另外，留茬增高，更大的冠层可遮蔽土壤表面，减少水分蒸发。减少修剪次数并使用锋利的刀片也可有效节约用水，修剪次数越多或使用钝刀片剪草，造成伤口张开越大或愈合时间越长，水分损失越多。

(3)定期清除枯草层

厚的枯草层阻碍水分渗入土壤，常引起水分在地表流动或储藏在枯草层，加速蒸发损失，降低水分利用效率，还会导致草坪草根系分布变浅。因此，可利用打孔机或垂直切割机或疏草机对枯草层进行破除，有助于改善土壤的渗透性，降低土壤紧实度并促进根系向更深的土层生长。

(4)科学施肥

通常情况下，多年不施肥的草坪根系分布较浅，在干旱胁迫下更易进入休眠状态而变枯黄。但过多的施肥，特别是高比例的氮肥，使草坪草地上部分过度生长，需水增加；而且叶片表皮薄且多汁，会因大量蒸腾而损失过多的水分，草坪对水分的利用率和对干旱的抗性均会下降。因此，草坪施肥应严格控制氮肥用量，可使用富含磷、钾的复合肥料，以增加草坪草的抗旱性。

(5)其他管理措施

建植草坪时使用有机肥和土壤改良剂，可提高草坪土壤的持水能力。灌溉前，注意查看天气预报是否将要下雨。当降雨充沛时，可延迟灌溉；利用雨量器计量降水量，减少灌溉量。

9.3 草坪辅助养护管理

9.3.1 草坪通气

草坪通气是对草坪进行打孔、垂直切割、疏草、穿刺、划破、灌注通气等技术处理，改良土壤物理性状及坪床其他特性，以利于草坪草根系呼吸、生长以及养分吸收的一类养护措施。目的是增加土壤通气性能，改善土壤紧实、枯草层厚等不良现象，促进草坪草正常生长发育，提高草坪质量。

9.3.1.1 打孔

打孔是一种对草坪土壤进行打洞通气的作业。有空心打孔(除芯土作业)和实心打孔两种方式(图9-3)。草坪在使用一段时间后，由于滚压、践踏等使草坪表层土壤紧压在一起，导致表面坚硬，限制水、气和肥料渗入土壤，草坪草根系发育不良，有害气体积累。同时由于草坪枯草层的累积，使草坪草生长发育受阻，生活力下降。

(1)打孔的作用

打孔作业可以增加土壤表面积，改善土壤的通气性、吸水性和透水性，利于水肥进入坪床深层，加快有机质的分解，刺激草坪根系的生长，控制枯草层的发生。但是，打孔对草坪也具有副作用，主要包括：使草坪外观暂时受到影响；由于表层草坪组织外露，增加了草坪干枯的可能性；利于杂草萌发，增加了杂草侵入的机会；增加地老虎等喜居孔内害虫的发生率。

A　　　　　　　　　　　　　　　B

图 9-3　空心(A)和实心(B)打孔

(2)打孔的方法

打孔是用打孔机械在草坪上打许多孔洞，孔的直径在 1~2.5 cm，孔距一般为 5 cm、11 cm、13 cm 和 15 cm，孔的深度随打孔机类型、土壤紧实度和土壤湿度的不同而变化，通常孔深 5~15 cm，某些大型设备打孔深度可超过 20 cm。

(3)打孔时间

打孔的最佳时间是草坪草生长旺盛、恢复力强且没有逆境胁迫时。冷季型草坪适宜在早春或夏末秋初进行打孔，暖季型草坪适宜在晚春和初夏时节进行打孔。夏季由于天气炎热干燥，打孔会引起根系干旱导致草坪草发生严重的脱水现象，一般避免打孔或打孔后及时进行灌溉。尽可能避免在正午给草坪打孔，以防止打孔后土壤水分流失过快。此外，打孔时土壤湿度要适中，不能太湿或太干。

(4)打孔机械

打孔有专门的草坪打孔机，包括手工打孔机和动力打孔机。手工打孔机主要用于一般动力打孔机作业不到的地方，如树根附近、花坛周围及运动场球门杆边缘等。动力打孔机一般有垂直运动式打孔机和滚动式打孔机两种机型。

垂直运动式打孔机利用机械动力使空心管或实心针垂直刺入土壤，打孔较深，工作时对草坪造成的破坏较小。由于兼具水平运动和垂直运动，所以工作速度较慢。常用于低修剪和打孔质量要求较高的运动场草坪。

滚动式打孔机具有一圆形滚筒或卷轴，其上装有空心管或半开放式的小铲，通过滚筒或卷轴的滚动将空心管或实心针压入土壤，完成打孔作业。除了去除部分芯土(草塞)外，还具有松土的作用。同垂直运动式打孔机相比，工作速度较快，效率较高，但对草坪表面的破坏性较大，打出的孔洞也较浅。常用于普通绿地和大面积草坪的打孔通气养护作业。

(5)打孔后的处理

通常情况下，草坪打孔后或打孔时需伴随表施土壤作业，否则灌溉和践踏会导致附近土壤移动，填埋打出的孔洞，使得打孔带来的好处很快消失。也可通过拖耙或垂直切割等措施将打出的柱形土芯原地破碎，使部分土壤回到孔内，留下的土壤与草坪表面的枯草层混合，使枯草层有了土壤特性，养分和水分状况得到改善，枯草层分解加快，而且破碎的芯土其质地和组成与原草坪土壤相同，不会产生分层。

9.3.1.2　垂直切割

垂直切割是应用安装在草坪机械上高速旋转水平轴上的刀片对草坪进行垂直方向的切割，以消除草坪纹理或达到草坪通气目的的作业。刀片划破草坪的深度可以调整，以实现不同程度的刺激。浅的垂直切割可切断匍匐茎及其上面的叶片，消除草坪纹理，也可破碎打孔留下的土芯，使土壤重新混合；刀片设置较深但未划破土壤时，可清除大量草坪中积累的枯草层；刀片深度超过枯草层时，能改善表层土壤的通透性。垂直切割的适宜时间与打孔一样，但破坏程度比打孔小，且应在土壤和枯草层干燥时进行。

9.3.1.3 疏草

疏草也称为“耙草”“梳草”，是利用人工或疏草机对草坪内的枯草层和其他多余的根、茎、叶进行清理的一项作业。其目的是通过清除枯草层和草坪内的枯枝落叶，改善草坪表面通风状况，提高土壤透气透水能力，促进根系和茎叶更新。

一般认为，适量的枯草层(厚度在1.2 cm以下)对草坪是有益的，此时有机质的积累速度和腐烂分解速度基本相当，枯草层处于一种动态平衡状态，可以源源不断地给草坪草根系供给营养。但当枯草层厚度大于2.5 cm时，这种动态平衡被破坏，则会对草坪形成危害，如草坪透气渗水能力下降、根系变浅、病害滋生等，导致草坪草耐热、耐旱性降低。

在草坪面积较小或条件不允许时，常用钉齿耙进行人工疏草。对面积较大的草坪进行疏草时，宜选用自走式或拖挂式疏草机。疏草机的刀片或疏草针按一定间隔松挂在一根水平滚轴上，滚轴由动力驱动高速旋转后带动刀片或疏草针垂直旋转，切入草坪并拉出枯草，有时也可调整刀片划入土壤深层来切断根状茎。疏草机刀片划入草坪的深度应调整合适，刀头太高时，枯草梳出效果不佳；刀头入土太深，则会增加旋转的阻力，对草坪和设备都不利。

疏草宜在草坪返青前(或返青初期)和草坪草生长旺盛期进行，以利于草坪恢复。疏草也不宜太频繁，应允许少量枯草层存在和自行分解。疏草时应保持土壤与枯草层较为干燥，疏草后应及时清理梳出的枯草和进行灌溉。

9.3.1.4 穿刺与划破草皮

穿刺与划破草皮是借助安装在草坪机械圆盘上的一系列锥形或“V”形刀片完成对草坪的刺入或划破，以达到草坪通气的一项作业。该作业与实心打孔相似，没有土芯带出，对草坪表面的破坏较轻，穿刺深度一般为2.5 cm左右，而划破草皮深度一般为7.5~10 cm(图9-4)。

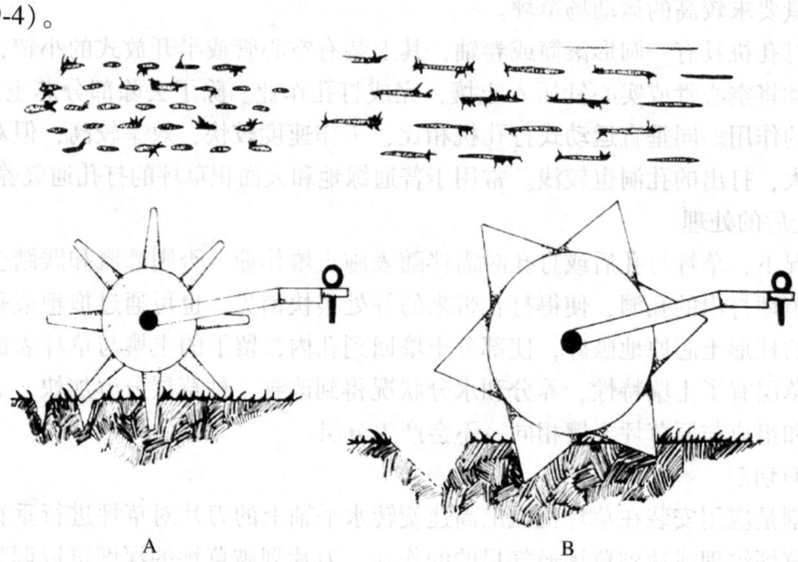

图9-4 穿刺(A)与划破草皮(B)作业

(引自A. J. Turgeon, 2012)

9.3.1.5　灌注通气

灌注通气是指通过机械上的注射设备向草坪土壤中灌注水、砂、砂砾或空气等，以改善草坪通气性能的作业。注水通气起始于 20 世纪 90 年代，它是以高脉冲的速度将细小水柱射入草坪根系层，以达到改善草坪草生长，提高草坪土壤渗透能力的目的(图 9-5)。灌注通气作业深度可达土层的 15~40 cm，孔洞间距 3~15 cm，不会对草坪表面造成明显的破坏，因此作业时间不受限制。近些年又出现注砂砾或砂以及向草坪中注射空气等新方式来改善土壤通气性的做法。

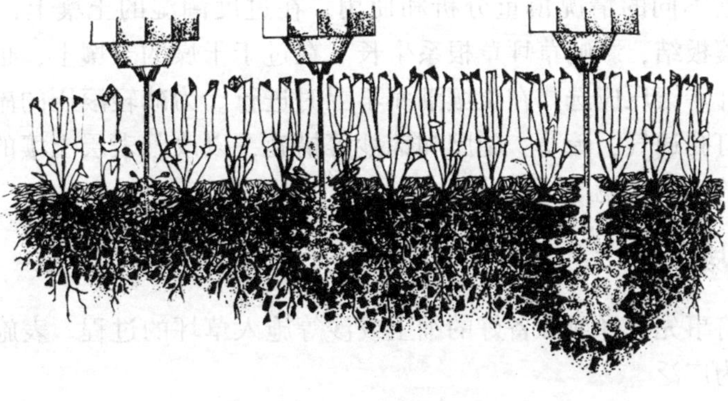

图 9-5　注水通气

(引自 A. J. Turgeon，2012)

9.3.2　草坪滚压

(1)滚压的作用

滚压是用一定质量的滚压器对草坪进行镇压的作业。滚压是草坪建植与养护管理中一项重要的措施。不同时期滚压的作用也不同。

①在草坪建植时，对耕翻、平整后的坪床进行滚压，可使坪床表面平整、结实。

②播种后滚压可使种子与土壤紧密接触，有利于种子发芽，提高种子萌发的整齐度。

③幼坪第一次修剪后的适度滚压可有效促进草坪草分蘖，使坪床变得致密、平整，促进根系发育。

④生长季节滚压，可使草坪叶丛紧密，保持平整。

⑤有土壤冻层的地区，冻融交替常使草坪表面高低不平，同时造成根系裸露，降低植株的抗寒性和抗旱性，滚压可将凸出部分压回原处。

⑥草皮铺植后滚压既可使坪面平整，又可使草皮根系与土壤接触良好，易于吸收水分，产生新根，有助于草皮定植。

此外，滚压还可以改变草坪草叶片反光方向，从而在草坪表面形成明暗相间的条纹或各种花纹图案，增强草坪的视觉效果。

(2)滚压的方法

滚压可用人力推动或机械牵引。手推滚轮重 60~200 kg，滚压幅宽为 0.6~1 m；机械牵引的专用草坪滚压机有手扶式和乘坐式两种，滚轮重 80~500 kg，滚压幅宽可达 2 m。滚轮常为空心的铁轮，可充水或充砂，通过调节水量或砂量来调整滚轮重。滚压时滚轮重依滚压的次数和目的而异，用于坪床修整的滚轮重以 200 kg 为宜，播种后使种子与土壤接触的滚压以及出苗后的首次滚压则以 50~60 kg 滚轮为宜。避免滚压强度过大造成土壤板结，或强度不够达不到预期效果。

成熟草坪的滚压不能始终按同一起点、同一方向、同一路线进行，否则会出现纹理。

(3)滚压的时间和注意事项

滚压的时间一般根据目的而定，如播种后、起草皮前、铺植草皮后等均需适度滚压。正常管理的草坪，滚压通常在草坪草生长旺盛季节进行，草坪草生长较弱时不宜滚压。

滚压可改善草坪表面的平整度，但也会带来土壤紧实等问题，对草坪草生长产生不利影响，因此要根据不同的情况慎重分析和使用。在过度潮湿的土壤上，应避免高强度滚压，以免造成土壤板结，影响草坪草根系生长。在过于干燥的土壤上，也要避免重压，防止损伤草坪草茎叶。滚压应选择在土壤潮而不湿时进行。为减轻滚压的副作用，滚压后的草坪应定期进行打孔通气、疏草、施肥和铺沙等措施，以改善表层土壤的紧实状况，使草坪草生长在良好的土壤环境中。

9.3.3　表施土壤

表施土壤是将事先选择或准备好的细土或沙等施入草坪的过程。表施土壤在草坪建植和管理中用途较为广泛。

(1)表施土壤的作用

在草坪建植过程中，表施土壤可以覆盖和固定种子、根茎、匍匐茎等繁殖材料，有利于出苗。在建成草坪上表施土壤，可以改善草坪土壤结构，控制枯草层，防止草坪草徒长，有利于草坪更新。对凹凸不平的坪床可起到补低、拉平作用，增加平整度。冬前表施土壤还可以为草坪草越冬提供保护，防止遭受冻害。有时还可以将肥料混合在土壤中施入草坪，补充养分，促进草坪草生长；将农药混入以杀灭地下害虫和土传病原物。在对退化草坪进行修补或更新时，常将种子掺入表施的土壤中，在覆土的过程中完成播种作业。

(2)表施土壤的材料

表施土壤的材料要与原有的草坪坪床土壤相似，否则会出现土壤分层现象，对空气和水分的运动造成不利影响。表施的土壤通常是土、沙、有机质的混合物，比例为 1∶1∶1 或 2∶1∶1。现在多数运动场草坪倾向于全部用沙(也称铺沙)，但长期用沙，会出现沙层，造成局部干燥。表施材料中的有机质应是腐熟的有机质或良好的泥炭土，所采用的沙子应为质地均一、粒径较小的河沙。为了取得最好的效果，应在施用前对表施材料过筛(φ = 0.6 cm)、消毒，而且表施材料要干燥，以便能均匀地施入草坪。所用材料不能含有杂草种子、病菌、害虫等有害生物。

(3)表施土壤的时间

表施土壤的时间要视实际需要而定，但在草坪草萌芽期或生长季节进行最好。冷季型草坪草通常在春季(3~6 月)和秋季(9~11 月)，而暖季型草坪草通常在春末至夏初(4~7 月)和初秋(9 月)。表施土壤也可在打孔或垂直切割作业之后进行，打孔后覆土的量应与打孔带走的芯土量相当。

(4)表施土壤的次数和用量

表施土壤的次数与用量应根据草坪使用目的和草坪草生长发育特点而定。水土保持草坪通常不需要表施土壤；一般绿化草坪一年 1 次或更少，可加大一次施用量，减少施用次数；运动场草坪则需要少量多次，一年需要2~3次或更多。一般情况下少量多次进行表施，比偶尔进行重施要有效得多。

表施土壤的量取决于表施的目的。如果是为了改造大范围的凹凸不平，或者是为了改变土壤组成，则需要较大的覆土量，但一次表施土壤厚度不宜超过0.5 cm。过多覆土容易导致土壤分层，影响土壤水分运动和根系发育，还会覆盖叶片，影响光合作用，从而影响草坪草生长。

(5)表施土壤的方法

表施土壤可采用肥料撒播机进行。为保证表施土壤的效果，作业前应先剪草和施肥。表施后常用金属刷进行拖耙，将施入的土或沙耙入草坪中，否则会影响修剪等管理措施。当表面不平整时，拖耙也可以使表施的土壤重新分布，去高就低，填平低洼处。

9.3.4 草坪更新

草坪更新是对退化或者失去使用功能的草坪采取的重建或者改建措施的总称。

9.3.4.1 草坪更新的时间

草坪存在以下情况时可以考虑更新：

①长期使用的草坪表层土壤板结，影响根系生长。

②草坪中布满杂草，草坪植被组成发生严重变化。

③草坪受病虫危害严重，大量草坪草死亡。

④草坪中有大量枯草层存在，不利于草坪草的生长。

⑤由于过度践踏，草坪出现大面积秃斑。

一般情况下，只要地形设计良好，表层以下5 cm的土壤结构良好，通过草坪的更新，即可获得满意的效果。在更新之前，必须对引起草坪退化的原因进行细致的分析，而后制订合适的改良措施。可能的原因：草种或品种选择不当；过度使用；养护管理不合理或出现过失；极端气候条件。

9.3.4.2 草坪更新的步骤

退化草坪的更新包括坪床准备、草种选择、建植和建成后的草坪养护管理等方面。

(1)坪床准备

如果草坪中出现大量的杂草，可使用选择性或非选择性除草剂防除。如草坪中出现的杂草为阔叶型杂草，或草坪草在草坪中仍有大面积分布时，可选用选择性除草剂，否则可用非选择性除草剂。除草剂处理过的草坪须等几天或1~2周时间让土壤中残留的除草剂失效，方可建植新草坪。

如果草坪中有大量枯草层存在，应根据枯草层厚度选择起草皮机将草皮铲走，并用垂直切割、划破草坪、疏草等措施进行清理。在表层土壤严重板结时，需要进行高强度空心打孔作业，改善坪床土壤通透性。草坪由于过度践踏和土壤紧实，出现大面积裸地时，可对裸地进行浅耕和平整作业。

(2)草种选择

保留部分原有草坪时，草种应选择与原有草坪相同的草种或草种组合；若被原有草坪完全清除时，应选择适合当地气候环境与栽培条件的草种或品种。

(3)建植方法

草坪更新可采用播种或铺植草皮的方法。时间允许时可采用播种法，播种量可比普通草坪建植高20%。播前疏松表土，播后把种子均匀拖耙于土壤中，而后滚压。急需使用的草坪可采用草皮铺植法，具体方法是：铲去要修补的草坪块，并测量其面积和形状，将准备好的草皮块进行铺植、滚压和浇水。

(4)养护管理

更新后草坪出苗期的管理与普通草坪建植期管理大致相同。但应注意对原有草坪进行适时修剪，以免影响新建草坪草生长发育。

9.3.5 交播

在亚热带地区，暖季型草坪进入秋季枯黄之前，将冷季型草坪草种子播种于暖季型草坪之中使其生长，延长草坪绿期，保持其草坪质量和使用功能，这种措施称为交播，也称“盖播”或“覆播”。交播后，冷季型草坪草种子萌发并迅速生长，代替暖季型草坪草行使“临时草坪”的功能。翌年随温度的回升，暖季型草坪草开始返青和快速生长，而冷季型草坪草生长受高温抑制并逐渐被暖季型草坪草替代。

(1)坪床准备

为确保交播成功，需要对草坪进行枯草层清除、施肥控制和杂草控制等准备工作。较厚的枯草层不利于种子落入土壤中生根发芽，且在枯草层中生长的幼苗很难适应枯草层的条件，极易遭受低温、干旱、践踏等逆境损伤，可采用表施土壤、垂直切割、打孔、疏草等措施对枯草层进行清理。一般情况下，在交播前2~4周停止施肥，但在播种后应适时追肥，以保证足够的养分供应，加快交播草种生长。为减少杂草与交播的冷季型草坪草发生激烈竞争，可在打孔和表施土壤后施用芽前除草剂，但要慎用，避免除草剂抑制交播草种的萌发和生长。

(2)草种选择

交播草种通常要具有生长力强、建坪迅速、耐热性差、寿命短的特性。目前最常用的草种是多年生黑麦草，其他草种还包括一年生黑麦草、粗茎早熟禾、紫羊茅等。

(3)播种量

为形成致密细致的草坪，确保交播的质量和成坪迅速，播种量通常比建植常规冷季型草坪的播种量大。具体播种量应根据交播目的、当地气候和养护水平确定。

(4)交播时间

适合的交播时间是交播建坪成功的关键，可将暖季型草坪草的竞争降到最小，同时有利于冷季型草坪草种子萌发和幼苗快速生长。交播太早，冷季型草坪草的出苗势必会受到暖季型草坪草影响，交播太迟则会造成冷季型草坪草成坪速度减慢，养护期延长。一般在初霜到来前20~30 d或午间气温降至23℃时进行交播。

(5)建植过程

建植过程包括播种、施肥、拖耙和灌溉等。一般采用播种机进行播种。为加快交播的草种生长发育，播种后可适当施用复合肥。如果暖季型草坪密度较大，交播的草种难以落到草坪土壤中，则需要进行拖耙作业，使所有种子落到土壤中，如条件允许可适量表施土壤或铺沙。播后及时灌溉以保持土壤表层湿润，促进种子萌发。

(6)播后管理

交播后的最大问题是暖季型草坪草与冷季型草坪草之间的竞争，合理施肥可减少竞争，既要满足冷季型草坪草生长所需的养分，也要避免过量施用氮肥。为避免低温对冷季型草坪草幼苗的影响，可适当提高修剪高度，增强其抗性。

9.4　智能化草坪管理

智能化草坪管理是一种利用现代科技手段对草坪进行高效、精准管理的方式。它主要包括数据的采集与分析以及智能机械的应用等方面。智能化草坪管理旨在提高草坪的运营管理效率，降低管理成本，同时实现精准管理，提高水、肥、药的利用率，减少浪费。同时，智能化草坪管理还有希望实现对草坪生长和使用情况的实时监测和数据分析，为草坪养护管理者提供更即时、准确的管理依据。高尔夫球场上实现精准草坪管理的方法见表 9-4 所列。

表 9-4　高尔夫球场上实现精准草坪管理的方法

项目	实现方法	达到目标
灌溉	通过土壤湿度传感器开发灌溉应用模型； 自动化数据收集和处理	使用气象站、土壤传感器或热成像仪数据进行建模； 基于模型的现场特定灌溉设施； 通过对单个喷头进行控制以实现既定灌溉效率
施肥	利用遥感或数字图像测定植物表现； 测量土壤和有机质的变异性； 根据传感器数据开发模型； 自动化数据收集和处理	自动化传感器处理，以量化草坪肥力需求的变异性； 结合传感器数据的基于模型的现场特定施肥设施； GPS 施肥系统实现变量施肥
防治害虫	开发通过遥感或数字图像对病害症状、杂草和昆虫取食进行分类的算法； 开发模型优化农药比例以减轻对草坪的负面影响	自动化数据处理，以定位害虫暴发； 基于模型的现场特定设施，精确农药施用量； GPS 施药系统实现按需施药

注：引自 Carlson MG et al.，2022。

9.4.1　数据的采集与分析

9.4.1.1　成像技术的应用

相比于人工进行外观质量评价，摄像机或热成像仪等可以更快、更准确地检测草坪的外观及生存质量，包括是否存在逆境胁迫、疾病压力和其营养状态。

成像技术将为草坪管理和研究人员提供更便捷的评估方式。基于电子图像的深绿色指数(dark green color index，DGCI)与外观质量评价密切相关，与传统的评价方式相比，它降低了平均误差，并提高了评价效率，为草坪草育种者提供了更有效的品种评估方法。成像技术还可以在出现表观症状之前检测到草坪草所受到的胁迫。如测量草坪冠层温度的热图像可用于估计草水分胁迫指数(grass water stress index，GWSI)，以确定所需灌溉的时间和用量。

成像技术可以区分草皮和杂草，精确除草剂的应用，减少除草剂对环境的影响。利用先进的数据科学技术对即看即喷施用系统进行快速图像分类，可以提高施加除草剂的精度和效率。摄像机还可以准确定位草坪上的病害症状并精准施药以减少杀菌剂的用量。

9.4.1.2　传感器的应用

光谱反射率可以与外观评价相结合，非破坏性地评估草坪草所处的环境和可能存在的胁迫。冠层反射率可为草坪草的健康、外观质量及功能等提供参考数据。植被指数，如归一化差异植被指数(normalized difference vegetation index，NDVI)和红色植被指数与草坪外观质量高度相关，可以远程检测由水分胁迫、氮状态或昆虫引起的草皮反射率差异。水带指数(water band index)也可以估算植物冠层内的水分限制，提前预测水分胁迫。不同传感器平台测量的多种植被指数还可以区分氮状态，为氮肥的精准施加提供参考。

近端、无人机或卫星传感器测量的草坪草植被指数可准确区分不同品种或特种，并与传感器平台高度相关。有报告称，高光谱反射率可以区分结缕草、钝叶草、假俭草、匍匐翦股颖及常见杂草(如达利斯草、南方马唐草、假泽兰和维吉尼亚纽扣草)。提高传感器对于特定波长的感应可以提高物种间的准确分类。植被指数还可以在表观症状出现前的10~16 d检测出害虫的存在，为杀虫剂的精准施加提供参考。

9.4.2 智能机械的应用

9.4.2.1 无人机的应用

无人机可以通过搭载高清摄像头和传感器，对草坪的生长状况、病虫害情况进行实时监测，为草坪的养护提供科学依据。通过无人机航拍，可以获取草坪的宏观信息，如颜色、密度、覆盖度等，从而评估草坪的健康状况。

无人机可以搭载灌溉和施肥设备，实现精准灌溉和施肥。通过无人机搭载的传感器，可以实时监测草坪的土壤湿度、养分含量等参数，根据草坪的实际需求进行精准灌溉和施肥，提高草坪的养护效率。

无人机可以通过搭载病虫害识别系统，对草坪上的病虫害进行精准识别和定位，从而制定科学的防治方案。此外，无人机还可以搭载喷洒设备，对病虫害进行精准施药，提高防治效果。

9.4.2.2 智能剪草机器人

随着科技的发展，现在已经推出智能化剪草机器人。机器人配备有传感器，可以扫描后绘制区域地图，规划路线并实施修剪。借助传感器，机器人可以检测路线中的障碍物以避免修剪工作受到干扰。修剪任务完成后，剪草机器人会自行返回充电站充电，为下一次工作做好准备。

9.4.2.3 智能灌溉系统

草坪的智能灌溉系统可以根据传感器的反馈数据，自动对外部环境进行分析并安排灌溉计划，根据土壤和空气的温、湿度值，调整水压、水量和浇水时间，旨在实现草坪灌溉的自动化、智能化和精准化，达到较为理想的灌溉效果。该系统通常由以下几个部分组成：

①监测设备：监测设备包括土壤温湿度传感器、空气温湿度传感器、pH值传感器等，用于实时监测灌溉区域的环境情况，如土壤湿度、温度、酸碱度等，并将监测到的数据传输到控制系统进行分析和处理。

②控制系统：根据监测设备提供的数据，控制系统能够判断草坪的需水情况，并自动控制灌溉设备的运行。控制系统可以根据草坪的需水规律、土壤水分、土壤性质等条件提供合适的水肥灌溉方案，自动开启或调节灌溉施肥设施执行相应操作。

③灌溉设备：灌溉设备如喷灌机、滴灌管等将水输送到草坪上。智能灌溉系统可以根据控制系统发出的指令，自动调节灌溉设备的运行状态，如灌溉时间、灌溉量等，以满足

草坪的灌溉需求。

④管理云平台：用户可以通过手机、电脑等终端设备访问管理云平台，对智能灌溉系统进行远程监控和管理。用户可以在平台上设置灌溉参数、查看灌溉记录、接收报警信息等，实现对草坪灌溉的全方位掌控。

在草坪的智能灌溉系统中，还可能会用到一些其他的技术和设备，如平移式喷灌机、提水泵房、水肥一体机等。这些设备和技术可以根据草坪的具体需求和实际情况进行选择和配置，以达到更加精准、高效的灌溉效果。此外，智能灌溉系统还可以与物联网、大数据等先进技术相结合，实现更加智能化、自动化的灌溉管理。例如，系统可以通过收集和分析历史数据，预测草坪的灌溉需求，并提前进行灌溉准备；系统还可以根据草坪的生长情况和环境变化，自动调整灌溉参数和灌溉策略，以实现更加科学、合理的灌溉管理。

复习思考题

1. 草坪质量下降的原因有哪些？
2. 修剪会对草坪产生哪些影响？
3. 适宜的修剪高度受哪些因素影响？
4. 简述大量元素对草坪草生长的影响。
5. 草坪合理施肥受哪些因素影响？
6. 成熟草坪灌溉的基本原则是什么？
7. 草坪打孔的作用有哪些？最佳的打孔时间是何时？
8. 简述草坪滚压和表施土壤的作用。
9. 什么是交播？影响交播成功的关键因素有哪些？

第 9 章知识拓展

第 10 章 草坪保护

10.1 草坪保护概述

草坪保护是为确保草坪的品质和功能免受危害而进行的草坪有害生物的管理方法，包括草坪杂草防除、病害防治、虫害防治及其他有害生物防治。草坪杂草、病、虫等危害的防治方法很多，各种方法有其优点和局限性，单靠其中一种措施往往不能达到防治目的，有时还会引起其他的一些不良反应。因此，需要对有害生物进行综合治理。

10.1.1 有害生物综合治理的策略

1967 年，联合国粮食及农业组织在罗马召开的“有害生物综合治理”会议上，提出“有害生物综合治理”(integrated pest management，IPM)，即依据有害生物的种群动态及与之相关的环境关系，尽可能协调运用一切适当的技术及方法，将有害生物控制在经济损害允许水平之下。1975 年春，全国植保会议确定了“预防为主，综合防治”的植保工作方法。

(1)草坪生态系统的整体观念

草坪生态系统是由草坪植物、病虫杂草和天敌及其所在的环境构成的，各组分之间相互依存，相互制约的一个整体。其中，任何一个组分的变化，都会直接或间接影响其他组分，影响病虫害及其天敌的消长与生存，最终影响整个草坪生态系统的稳定。因此，要从生态系统整体出发，综合考虑，有目的、有针对性地调节和控制，创造一个有利于草坪植物和天敌的生长、发育，而不利于病虫杂草害发生、发展的环境条件，进而实现长期、可持续控制有害生物发生发展。

(2)充分发挥自然控制因素的作用

草坪植物病虫杂草害在综合治理过程中，要充分发挥自然控制因素(如天敌、气候、生物群体竞争等)的作用。如播种时选择好播期就可以避开杂草旺盛期，从而减少杂草发生；生长慢的草种在播种时可混播一些发芽快的草种以控制苗期杂草的发生。病虫害防治更应以预防为主，充分保护和利用天敌，逐步加强自然控制的各因素，增强自然控制力，减少病虫杂草害的发生。

(3)协调运用各种防治措施

草坪植物有害生物综合治理是一个系统工程，通过一种防治方法往往很难达到目的，需要联合应用多种防治措施。以植物检疫为前提，草坪栽培养护等技术措施为基础，综合应用生物防治、物理机械防治、化学防治等措施。针对不同的病虫杂草害，采用不同对策。因地制宜，取长补短，实现“经济、安全、有效”地控制病虫杂草害的发生和危害。

(4)经济阈值及防治指标

经济损失允许水平(economic injury level, EIL)也称经济阈值(economic threshold, ET),是指植物因病虫造成的损失与若防治其危害采取措施成本相等条件下的作物受害程度或病虫情指数(虫口密度、感病指数等)。此概念于20世纪50年代首先由Stern正式提出。草坪有害生物防治不同于常规农业,不单单是经济效益,更注重生态效益、观赏价值和使用价值,应根据实际需求灵活应用,及时防治病虫杂草害发生,以免带来更大的经济损失。

10.1.2　有害生物综合治理的措施

(1)植物检疫

为获得健康的草坪,首先从源头,即草坪的使用材料如种子、营养枝条等开始进行植物检疫,对其质量进行严格控制,禁止危险性病、虫及杂草随着植物及其产品和包装材料等的进出口或运输传播蔓延。

(2)农业防治

农业防治是综合运用农业科学技术措施,有目的地创造有利于草坪草生长发育而不利于有害生物发生的草坪生态环境,直接或间接地消灭或抑制有害生物发生与危害的方法。例如,选用抗病虫杂草的草坪草种与品种,选用合理的养护管理措施如适时修剪、合理施肥与灌溉,促进草坪草的生长。农业防治的优点是不需要额外投资,一般可结合耕作、养护管理等措施进行,能达到经济、安全、有效的目的,是其他防治方法的基础;缺点是效果缓慢,当有害生物大量发生时还必须依靠其他防治措施。

(3)生物防治

生物防治是利用生物及其代谢产物来控制病虫杂草害的方法。生物防治不仅可以改变生物种群组成成分,而且可以直接消灭杂草、病、虫危害。对人、畜、植物安全,不伤害天敌,不污染环境,不会引起害虫的再猖獗和产生抗性,对一些病虫杂草有长期的控制作用。生物防治也存在局限性,它不能完全代替其他防治方法,必须与其他防治方法有机结合,才能有效地防治有害生物。生物防治包括以虫治虫、以菌治虫、利用昆虫激素治虫、以其他有益生物治虫、以菌治病、以菌治草等,其中以虫治虫应用最为广泛,是生物防治最主要的内容。利用天敌昆虫防治害虫,如瓢虫控制蚜虫、介壳虫,草蛉防治蚜虫、蓟马、白粉虱等;利用微生物及代谢产物防治病虫害,如利用真菌球孢白僵菌(*Beauveria bassiana*)和金龟子绿僵菌(*Metarrhizium anisopliea*)防治玉米螟、稻苞虫、地老虎、斜纹夜蛾等害虫;利用已知的病原细菌如苏云金杆菌(*Bacillas thuringiensis*)和芽孢杆菌杀害虫,苏云金杆菌主要用于防治鳞翅目害虫,乳状芽孢杆菌则用于防治金龟甲幼虫;利用已发现的昆虫病原病毒如核多角体病毒、颗粒体病毒防治虫;利用肉食性动物如蜘蛛,捕食昆虫如飞虱、叶蝉、螨类、蚜虫、蝗蝻、蝶蛾类卵和幼虫等;利用捕食性螨类控制植食性螨类;利用两栖类的青蛙、蟾蜍、雨蛙、树蛙等捕食多种农业害虫,如蝗虫、叶蝉、飞虱、蚜虫、蝽类、蝼蛄、金龟甲、象甲、叩头虫、蚊、蝇及多种鳞翅目幼虫和成虫;利用绝大多数鸟类捕食害虫。

(4)物理防治

物理防治是指人工或利用各种器械和物理因素(如光、温度等),直接或间接消灭病虫杂草害的方法。此法简单易行,见效快,不污染环境和伤害天敌,适合无公害生产,但费时费力。

(5)化学防治

化学防治是指使用各种化学药剂来防治病虫杂草等有害生物的方法。化学防治具有作用快、防治效率高、经济效益高、使用方法简单、不受地域和季节限制、便于大面积机械化操作等优点。但化学防治也存在一定问题，如长期使用同一类型的农药，会导致一些害虫及病原物产生不同程度的抗药性；不合理用药也杀死大量的害虫天敌，可能会导致虫害再猖獗；药剂在环境中存在残留，特别是高毒性药剂，破坏生态平衡，污染环境，影响人类健康。寻求研发高效安全、经济的药剂品种至关重要。化学防治在目前乃至今后相当长的时期内仍占有重要地位，要合理使用，与其他防治方法相互配合，取长补短。

10.2 草坪杂草防除

杂草即在人们不需要的地方生长的草。即使是草坪草种如高羊茅，若出现在精美的翦股颖草坪中，也被认为是一种杂草。草坪杂草能与草坪草竞争阳光、水分、营养，降低草坪草的生活力，损害草坪的整体外观。杂草在草坪上依靠种子、根茎、匍匐茎和各种地下贮藏器官进行繁殖。在一个生长季一株杂草单株结籽量可达200~135 000粒，如果草坪上有小块裸地，有些杂草种子就有机会迅速发芽，在短时间内出现大量的杂草。杂草可通过风、水、动物、人类的农业活动等途径传播。如果草坪中出现相当多的杂草，说明草坪管理不当以致密度过低，必须改进养护计划，如施肥、灌溉、修剪等。

10.2.1 杂草的分类

杂草通常根据杂草的生物学特性、萌发时间和防治方法的差异来进行分类。

①根据叶片类型：可分为阔叶杂草与窄叶杂草。

②根据子叶数：可分为单子叶杂草和双子叶杂草。被子植物中除少数寄生植物如菟丝子(*Cuscuta chinensis*)没有子叶外，具有2片子叶的称为双子叶植物，如大多数阔叶杂草。只有1片子叶的称为单子叶植物，如禾本科与莎草科杂草。

③根据寿命：可分为一年生杂草、二年生杂草和多年生杂草。一年生杂草又分为夏季一年生杂草与冬季一年生杂草。夏季一年生杂草是在早春或春季发芽，在夏季生长成熟到秋天或冬天死亡。如蟋蟀草、萹蓄、藜。冬季一年生杂草是在夏季或秋季萌发至翌年春天开花、结实、死亡，如一年生早熟禾。二年生杂草是第一年进行营养生长，翌年开花、结果、枯死，如黄花蒿。多年生杂草可连续生存3年以上，一生中能多次开花、结实。一般多年生杂草危害草坪面积不如一年生杂草大，但从局部地区看，多年生杂草由于防除较困难，一旦形成草害，损失往往大于一年生杂草。

④根据杂草萌发与温度的关系：可分为早春杂草与晚春杂草。早春杂草，在早春温度5~10℃即可发芽，当年夏季开花结果，如藜、萹蓄。晚春杂草，在晚春温度10~15℃开始发芽，最适的发芽温度在20℃以上。如稗、狗尾草、反枝苋、马唐、野燕麦等。

⑤根据防治措施：可分为3个防治组，一年生单子叶杂草、多年生单子叶杂草和双子叶杂草。防治措施可详见“第8章8.2.1.2草坪上使用的常见除草剂”。

10.2.2 中国常见草坪杂草

根据联合国粮食及农业组织报道，全世界杂草总数约有5万种，其中18种危害极为严重，被称为世界恶性杂草。中国杂草种类目前已发展到1 000种以上，600种是比较常见的，其中草坪杂草近450种。1982—1985年间我国对27省区进行实地调查，一年生杂草278种，多年生杂草243种，二年生杂草只有59种。

我国南北各地由于水热条件不同、气候各异，所以不同地区有不同的代表性植物，杂草也不例外，如华南地区有飞机草、藿香蓟、圆叶节节菜、两耳草；华中地区有狗牙根、猪殃殃等；华北地区有狗尾草、蟋蟀草、播娘蒿等；东北地区有卷茎蓼、野燕麦、苍耳等；西北地区有苦豆子等。车前、打碗花、荠、萹蓄、藜、刺儿菜、蒲公英、稗、蟋蟀草等几乎遍及全国。常见草坪杂草见表10-1。

表10-1　常见草坪杂草

防治组		科	杂草名称
单子叶杂草	一年生	禾本科	蟋蟀草(也称牛筋草，*Eleusine indica*)，狗尾草(*Setaria viridis*)，金色狗尾草(*Setaria pumila*)，马唐(*Digitaria sanguinalis*)，止血马唐(*D. ischaemum*)，稗(*Echinochloa crusgalli*)，画眉草(*Eragrostis pilosa*)，野燕麦(*Avena fatua*)，虎尾草(也称刷子头、刷帚草，*Chloris virgata*)，千金子(*Leptochloa chinensis*)，一年生早熟禾(*Poa annua*)，硬草(*Sclerochloa dura*)
	多年生	禾本科	狗牙根(*Cynodon dactylon*)，假高粱(也称石茅高粱、约翰逊草，*Sorghum halepense*)，两耳草(*Paspalum conjugatum*)，双穗雀稗(*Paspalum distichum*)
		莎草科	香附子(也称莎草、回头青，*Cyperus rotundus*)
双子叶杂草	一年生	菊科	藿香蓟(*Ageratum conyzoides*)，苍耳(*Xanthium strumarium*)，黄花蒿(也称黄蒿、香蒿，*Artemisia annua*)
		藜科	藜(也称灰菜，*Chenopodium album*)，地肤(也称扫帚菜，*Bassia scoparia*)
		蓼科	卷茎蓼(*Fallopia convolvulus*)，萹蓄(*Polygonum aviculare*)
		十字花科	荠(也称荠菜，*Capsella bursa-pastoris*)，播娘蒿(*Descurainia sophia*)
		大麻科	葎草(也称拉拉秧，*Humulus scandens*)
		苋科	反枝苋(也称西风谷，*Amaranthus retroflexus*)
		马齿苋科	马齿苋(*Portulaca oleracea*)
		石竹科	繁缕(也称鹅肠草，*Stellaria media*)
		车前科	婆婆纳(*Veronica polita*)
		茜草科	猪殃殃(也称拉拉藤，*Galium spurium*)
		千屈菜科	圆叶节节菜(*Rotala rotundifolia*)
	多年生	菊科	刺儿菜(也称小蓟，*Cirsium arvense*)，蒲公英(*Taraxacum mongolicum*)，雏菊(*Bellis perennis*)，飞机草(*Chromolaena odorata*)
		车前科	车前(*Plantago asiatica*)，平车前(*P. depressa*)，大车前(*P. major*)
		旋花科	田旋花(*Convolvulus arvensis*)，打碗花(*Calystegia hederacea*)
		豆科	酢浆草(*Oxalis corniculata*)，苦豆子(*Sophora alopecuroides*)
		石竹科	鹅肠菜(*Malachium aquaticum*)

10.2.3 杂草管理基本措施

杂草管理的基本措施包括5类：预防措施、栽培措施、生物措施、物理措施和化学措施。前4种措施相对更加环保，是人们提倡的方法，但化学防除措施在实际应用中更为普遍。许多人认为杂草的防除就意味着化学防除，但从根本上讲，防除杂草的最核心的方法是预防，应以预防为主，综合防治。草坪杂草管理的最终目的是在控制杂草的基础上，对环境没有污染且对人类安全没有威胁。

10.2.3.1 预防措施

预防是杂草防除中最关键的措施，从建植源头起所有建植材料均应无杂草污染，包括土壤、草坪草种子或营养繁殖材料、施入的肥料。草坪建植后，合理的养护管理措施也是预防的重要部分。

(1)繁殖材料

用种子直播的草坪，一定要选用纯净度高而符合标准的种子，确保其不含杂草种子。自主生产的种子，在收获时必须用清选机进行精选，使种子的纯净度达到标准，有效去除杂草种子后才能用于播种。如美国俄勒冈州生产草皮的种子，其质量标准规定多年生黑麦草、匍匐翦股颖、羊茅类种子，净度应大于98%，杂草种子最大允许量为0.02%，其他作物种子最大允许量为0.1%。营养建植的无性繁殖材料也要求杂草含量满足要求。

(2)有机肥料

不论是在草坪建植时还是在后期养护时，所用的堆肥或厩肥必须经过50~70℃高温堆沤处理，闷死或烧死混在肥料中的杂草种子，方可施入。堆置的时间视肥料种类和气温而定。猪、牛粪及一般土杂粪属冷性肥料，所含杂草种子较多，需堆置较长时间，一般要6~12个月；鸡粪、马粪、羊粪属热性肥料，堆置时间3~6个月。南方气温较高，所需时间短，北方则要长些。堆置腐熟的肥料中90%以上的杂草种子丧失活力即可施用。

10.2.3.2 栽培措施

采用栽培措施提高草坪草竞争优势来控制杂草。如混播萌发快的草坪草种，以及于秋季草坪草生长力旺盛而杂草生命力弱的时期播种。施肥、修剪、灌溉、垂直修剪、打孔通气等养护管理措施也能提高草坪草种群的竞争性，使草坪草成为优势种群，从而达到防除杂草的目的。

(1)混播

采用混播的方式，将生长慢的草种与发芽和生长快的草种混合后播种，以提高苗期对杂草的竞争性。如采用草地早熟禾+多年生黑麦草混播组合建植草坪，其中多年生黑麦草发芽速度快，能提高苗期草坪草对杂草的竞争力，是先锋保护性草种。

(2)浇水

在坪床播种前进行浇水，使杂草种子萌发，过1~2周后大多数杂草种子都发芽时锄掉杂草。重复该过程直到无杂草种子发芽为止。之后再进行草坪草种的播种，可以省去建坪后除草的养护行为。

(3)修剪

适宜的修剪高度和频率可有效控制杂草，尤其是防止一年生杂草种子产生是非常必要的。即在夏末大多数杂草结籽并未成熟前进行修剪，可有效防除一年生杂草和以种子繁殖的多年生杂草。选择草坪草最适宜的修剪高度和修剪频率，逆境条件下适当提高修剪高度，使草坪草生长旺盛，可有效控制杂草生长。

(4)垂直修剪与打孔通气

在草坪枯草层比较厚的情况下，通过垂直修剪可以改善草坪通气渗水条件，促进草坪草生长，提高草坪活力。定期对草坪进行合理打孔等通气措施来改善草坪草生长条件，可对板结土壤进行改良。虽然垂直修剪和打孔通气有利于改善土壤条件，促进草坪草生长，但要注意选择适宜的时间，否则可能适得其反。打孔通气一定要在草坪草生长旺盛时期进行。

(5)表施土壤

草坪的表施土壤一般是打孔通气后或赛后进行，草坪进行打孔后覆沙，可以降低草坪土壤干旱速度，提高坪床平整度，利于草坪草恢复生长。

10.2.3.3 生物措施

生物措施是采用生物制剂或有益生物来减少或消除草坪中杂草种群。一般有两种方式：一种是通过培养繁殖等现代先进技术，在杂草上接种能自生自存和自然扩散的病原菌，又称古典性方法，该方法尤其适用于防治水生的大面积草坪杂草；另一种是像施用化学除草剂一样来全面施用微生物除草剂(即植物病原微生物)以使目标杂草感病致死，该方法适用范围广、目标性强，近年来发展较快。从20世纪60年代起，国外就已经开始微生物除草剂研究，目前在中国、美国、日本、加拿大、荷兰等国家已经有登记的商品生物制剂。报道的有除草潜能的微生物类型包括：真菌、细菌、病毒、放线菌和线虫。如一种细菌除草剂(有效成分是野油菜单胞菌 *Xanthomonas campest*)，能引起顽固性杂草早熟禾及翦股颖类杂草的枯萎病，主要用于防除高尔夫球场的草坪杂草。该制剂防效可达90%以上，且细菌持效甚长，并随季节不同而呈现不同的效果，在施药后1~3个月可使草坪中的一年生早熟禾密度减少，菌株寄主专一性较强，对同属的许多草坪草不致病。此外，近几年有研究探索利用一年生早熟禾象鼻虫控制翦股颖草坪中一年生早熟禾杂草的可行性。

10.2.3.4 物理措施

物理措施是应用机械设备或物理手段防除杂草的方法。包括深耕、耙地、火焰除草、滚压、人工除草、电击除草等。

①深耕：在播种前进行深耕是防除问荆、苣荬菜、刺儿菜、田旋花、芦苇等多年生杂草的有效措施之一。

②耙地：可杀除已萌发的杂草。早春耙地可提高地温，诱发杂草种子发芽，而后除掉杂草，用除草机除草效果比圆盘耙好。

③火焰除草：利用火焰发射器防除铁路及公路两旁的杂草。在播前可在拖拉机上安装火焰喷射器，进行全面除草。火焰除草防除一年生杂草的效果优于多年生杂草，但往往导致土壤的腐殖质含量下降以及草坪草生育初期土壤中养分供给不足。因此，火焰除草目前应用并不普遍，一般作为一种特殊的除草方法，在特定的条件下采用。

④滚压：对早春已发芽出苗的杂草，可采用质量为100~150 kg的轻滚进行南北向、东西向交叉滚压消灭杂草幼苗，每隔2~3周滚压一次。

⑤人工除草：在小面积草坪上，手工拔草、锄草是一种古老并且非常安全有效的方法。

⑥电击除草：通过电击毁坏杂草的根部，从而达到除草的目的。

10.2.3.5 化学措施

化学措施是应用除草剂除灭杂草。目前，已有用于防治草坪杂草的一些专门除草剂。

(1)草坪除草剂类型

在“第8章8.2.1除草剂”中介绍了草坪除草剂的类型、特点及应用，除草剂可根据使用时期、植物的吸收方式、使用范围、作用方式以及化学结构等进行分类。

(2)除草剂的施用方法和原则

除草剂要根据其特性和作用机制以及用药条件，确定最佳的施用方法。一般可分为土壤处理和茎、叶处理。

主要靠幼芽吸收的除草剂以及触杀性的除草剂采用土壤处理，如氟乐灵、杀草丹等，应尽量提早施用，可在草坪草播种前2~3 d甚至5~7 d施用，以防杂草幼芽期错过而降低效果。由根部吸收，内吸性较强的除草剂，如莠去津，对施药要求不严，可稍迟些施药，但作为土壤处理剂，仍在苗前施用。对非选择性的除草剂，如草甘膦、草胺膦、百草枯等，从草坪草生长的角度来考虑，通过提前用药可使药效高峰期与草坪草出苗期相错开。

被茎、叶吸收的除草剂(如2,4-D等)，应进行茎、叶喷施处理。施药适期通常依据以下4个方面确定：①杂草抗药性最差时，禾本科杂草一般在1.5叶期，多至3叶期；阔叶杂草一般在4~5叶期内。②杂草已多数萌发，并处于除草剂的有效控制期内。③杂草发生显著危害之前。④草坪草抗药性最强时期。

施用除草剂还应遵循以下原则：①新建、新铺草坪谨慎施药。②施药应在杂草生长旺盛时进行。③无风、气温在18~29℃时施药效果最好。当温度高于29℃时除草剂蒸发而飘散，更有可能危害草坪植物，也会减少除草剂进入杂草叶内的量。④施药后至少几个小时(最好24 h)避免下雨或灌溉。⑤施药前不要剪草坪，保证杂草有足够的叶组织接触除草剂，施药后2 d内不能剪草，否则除草剂会失去作用。⑥由根吸收的除草剂，土壤湿度应适宜以保证杂草根顺利吸收药，切勿在长期极度干旱时期用药；颗粒除草剂施用应在杂草叶面湿时用药。⑦再次喷药至少间隔2周，因为杂草1~4周才能死亡。⑧用药地区至少几个小时禁止践踏。

(3)不同阶段草坪杂草的化学防除

应用化学防除要根据当地的环境条件、草坪草种、杂草种类与发芽高峰、除草剂的特性等正确选择所用的除草剂。在播种前、播种后苗前、播种后苗期及成熟草坪所应用的除草剂不同。为草坪草的安全起见，所用的除草剂最好预先进行小面积的试验，以测定在当地环境条件下，所使用的除草剂及使用剂量对草坪草的安全性。

①播种或移栽前杂草的防除：初建大面积草坪，一般可在播种或移栽前，杂草萌发后用草甘膦、草胺膦、草丁膦、百草枯、二甲胂酸等非选择性灭生性的除草剂灭除。例如，用草甘膦水剂配成药液喷于杂草茎叶，或在草坪草播前3~4 d或杂草出齐苗后，用百草枯水剂配成药液喷于杂草茎叶上。若发生阔叶杂草较多时，也可选用2,4-D类的防除阔叶杂草的除草剂。例如，在杂草3~5叶期，用2甲4氯钠原粉或盐水剂配成药液进行茎叶喷洒；若发生禾本科杂草较多时，也可选用茅草枯等除草剂灭除。土壤施药后，大多数除草剂要求至少要1个月以后再播种或移栽。

初建小面积草坪，在播种或移栽前还可用氰氨钙、棉隆、威百亩等土壤熏蒸剂进行熏蒸处理。若莎草、狗牙根较多，可用溴甲烷熏蒸。熏蒸的优点是可兼防土壤线虫等害虫和病菌；缺点是要求施用技术严格，操作麻烦。一般具体操作是用薄膜覆盖地面，将药导入已覆盖好的场地，24~48 h 撤出地膜，再播种或移栽。

②播种后苗前杂草的防除：在播种后，杂草和草坪草发芽前，可用苗前土壤处理剂处理。例如，在草地早熟禾、多年生黑麦草、羊茅等草坪播种后苗前杂草发芽前，用环草隆可湿性粉剂配成药液均匀喷洒于地表，对于防除马唐、狗尾草和稗等一年生禾本科杂草特别有效；在草地早熟禾、多年生黑麦草草坪上，在播种后苗前杂草发芽前，用恶草灵乳油配成药液均匀喷洒于土表，可防除稗等一年生杂草和藜、田旋花等阔叶杂草，持效期可达 3 个多月；用地散磷(未在国内登记)浓乳剂配成药液均匀喷洒于土表，可防除马唐、看麦娘、一年生早熟禾、稗、蟋蟀草、藜、苋、马齿苋、荠等多种一年生禾本科杂草和阔叶杂草，持效期可达 4 个月以上。

③播种后苗期或移栽后草坪草刚恢复时期杂草的防除：草坪草幼苗对除草剂很敏感，最好延迟施药，直到新草坪已修剪 2~3 次再施药。在新铺草皮地上，草坪草未充分扎根以前，不要用除草剂。如果杂草较严重必须施药，可选用对幼苗安全的除草剂(如溴苯腈)，或可按正常比例的一半施用普通的杀阔叶杂草的除草剂。例如，用溴苯腈水剂或 2,4-D 丁酯配成药液均匀喷洒于杂草茎叶，可防除阔叶杂草。

④成熟草坪上杂草的防除：一年生禾本科杂草、多年生禾本科杂草、阔叶杂草的防治以及豆科草坪杂草的防除参见“第 8 章 8.2.1.2 草坪上使用的常见除草剂”。

10.3　草坪病害防治

10.3.1　草坪病害概述

草坪病害是草坪草受到病原生物侵染或不良环境的作用，发生一系列病理变化，使其正常的新陈代谢受到干扰，生长发育受阻甚至死亡，最终导致草坪坪用性状和功能下降的现象。

依据不同的致病原因，草坪病害分为两大类：侵染性病害和非侵染性病害。侵染性病害是指由病原物引起的有明显传染现象的病害，其病原为生物病原，主要包括真菌、细菌、支原体、病毒、类病毒、线虫等。其中，以真菌病原物所致的病害为主。我国目前已记录的禾本科牧草和草坪草真菌病害 1 000 多种。而非侵染性病害则是由物理或化学的非生物因素引起的无传染的病害，其病原为非生物病原，指不适宜的物理化学因子(环境因子)，如大气、土壤环境逆境胁迫，营养物质的缺乏，践踏等。草坪草抗病性取决于草坪草种、环境条件、养护条件等多种因素。病害的发生取决于草坪草抗病能力的强弱。有病原物存在，草坪不一定生病，只有当环境条件有利于病原物而不利于草坪草时，病害可能发生、发展。反之，当环境条件有利于草坪草而不利于病原物时，病害就不发生或者受到抑制。病害发生及流行具备的 3 个条件：具有大量的感病的寄主植物(草坪草)、致病力强的病原物和利于病原物的环境条件。

草坪病害防治有多种策略，每种防治策略均是对抗病害的重要手段，通常草坪病害一旦发现，发展程度已经较为严重，治理起来会很困难，所以“预防为主，综合防治”才是上策。防治方法归纳起来有五大类：植物检疫、农业防治、生物防治、物理防治以及化学防治。植物检疫是从源头入手，对建植草坪的材料种子、营养材料等进行植物检疫，杜绝病原物的携带，减少病原物的污染。农业防治包括选择抗性草坪草种与品种和合理的养护管理措施，根据草坪草种、环境条件以及营养状况进行修剪、施肥、灌溉等养护措施，如及时修剪，夏季剪草不要过低；高温高湿来临前或期间，少施或不施氮，可施一定量磷、钾肥；冷季型草坪草重施秋肥，轻施春肥；避免串灌、漫灌、傍晚灌水；草坪出现枯斑应于早晨尽早去掉吐水(或露水)，有助于减轻病情；适当打孔、疏草、清除枯草、保持通风透光等。物理防治是采用热处理法或利用电波、X 射线、射线、紫外线、红外线、激光、超声波等电磁辐射对种子与建植材料进行处理，来防治有害生物。化学防治仍然是很重要的方法，研制与利用安全、有效的药剂是当务之急。

10.3.2　草坪主要病害及其防治

本小节主要介绍草坪草常见的真菌病害的发病症状、病原、发生规律以及防治措施等。

10.3.2.1　褐斑病

褐斑病(brown patch)又称大褐斑病或夏枯病，是最早报道的主要草坪草病害之一，广泛分布于世界各地，能侵染所有已知的草坪草，如草地早熟禾、高羊茅、多年生黑麦草、匍匐翦股颖、结缕草、狗牙根等，以冷季型草坪禾草受害最为严重，造成植株死亡，使草坪形成大面积秃斑，条件合适时该病能在极短的时间内迅速毁灭草坪。

(1)症状

通常情况下，菌核在感病区的植株叶鞘或者枯草层中肉眼就可以观察到。该病害发生早期往往是单株受害，被侵染的叶片首先出现水浸状，颜色变暗、变绿，最终干枯、萎蔫，转为浅褐色，在暖湿条件下，枯黄斑有暗绿色至灰褐色的浸润性边缘，系由萎蔫的新病株组成，称为“烟状圈”。在清晨有露水或高温条件下，这种现象比较明显，为褐斑病的典型特征之一。修剪较高的草坪则出现褐色圆形枯草斑，无“烟状圈”症状，在干燥条件下，枯草斑直径可达 30 cm，枯黄斑中央的病株较边缘病株恢复得快，致使中央呈绿色，边缘为黄褐色环带，有时病株散生于草坪中，无明显枯黄斑。褐斑病另一个鉴别特征是病害发生前 12~24 h 能闻到麝香型的霉味，有时一直持续到发病后，因此可利用这种气味确定施药时间。

(2)病原

草坪草褐斑病的病原主要为立枯丝核菌(*Rhizoctonia solani*)，属于半知菌亚门丝孢纲无孢目丝核菌属。菌丝初期无色，后变为淡褐色至黑褐色，直角分支，分支处缢缩，附近形成隔膜，初生菌丝较细，成熟后常形成粗壮的念珠状菌丝。菌核红褐色，形状不规则，表面粗糙，内外颜色一致，表层细胞小，但与内部细胞无明显不同。菌丝核以菌丝与基质相连。不产生无性孢子。

(3)发生

褐斑病是一种流行性很强的病害。早期只要有几个叶片或几株草受害，如果没有及时防治，一旦条件适合，病害就会很快蔓延，造成大片禾草受害形成秃斑。病原以菌丝体或分生孢子器在枯叶或土壤里越冬，借助风雨传播，夏初开始发生，秋季危害严重，高温高湿、光照不足、通风不良、连作等均利于病害发生。菌核有很强的耐高低温能力，侵染、发病适温为 21~32℃。由于丝核菌寄生能力较弱，对于处于良好生长环境中的禾草，只能造成轻微发病。当冷季型禾草生长于不利的高温条件、抗病性下降时，更有利于病害的发展，因此发病盛期主要集中在夏季。当白天气温升至大约30℃，夜间温度高于20℃时，同时空气湿度很高(降雨、有露或潮湿天气等)，则会造成病害猖獗。此外，枯草层较厚的老草菌源量大，发病重。低洼潮湿、排水不良、田间郁闭、气候温度高、偏施氮肥、植株旺长、组织柔嫩、冻害、灌水不当等因素都极利于病害的流行。

(4)防治

①农业防治：加强草坪管理，避免大水漫灌和积水，特别要避免傍晚灌水；改善通风透光条件，降低湿度；清除枯草层和病残体，减少侵染源；平衡施肥，增施磷、钾肥，避免偏施氮肥，避免炎热高湿天气施肥、剪草。

②化学防治：尽量在病菌侵染前用药，才能有效地控制病害。防治褐斑病可以选用甲托、三唑酮等常规杀菌剂，如果病情很严重，可以选用阿米西达或绘绿，依据药剂说明进行喷施。对严重发病地块或发病中心，用高浓度、大剂量上述药剂灌根控制。

10.3.2.2 锈病

锈病(rusts)分布广、危害重，可侵染所有禾草，是草坪禾草上最重要病害之一。冷季型草中的多年生黑麦草、高羊茅和草地早熟禾等受害最重，暖季型草中的狗牙根和结缕草等也可受害。感染锈病后草坪草叶绿素被破坏，光合作用降低；呼吸作用失调，蒸腾作用增强；叶片大量失水、变黄枯死，草坪被破坏、变稀疏，景观质量严重下降。

(1)症状

病斑主要出现在叶片、叶鞘或茎秆上，在感病部位生成黄色至铁锈色的夏孢子堆和黑色冬孢子堆，被侵染的草坪远看是黄色的，近看是锈孢子在叶片表面形成的。锈病种类很多，主要包括秆锈病、条锈病、叶锈病和冠锈病(不同锈病可根据其夏孢子堆和冬孢子堆的形状、颜色、大小和着生特点进行区分)。①秆锈病：夏孢子堆生于茎秆、叶鞘和叶片上。夏孢子堆大，散生，深褐色，长椭圆形至长方形，穿透能力强，叶两面均可形成夏孢子堆，而背面较大，病斑处表皮大片撕裂，呈窗口状向两侧翻卷。②条锈病：夏孢子堆主要生于叶片上，侵染严重的草坪呈棕色，茎秆、叶鞘也有，夏孢子堆小，鲜黄色，成行排列，虚线状，叶表皮开裂不明显。③叶锈病：夏孢子堆生于叶片上，中等大小，圆形，散生，橘红色，叶表皮开裂。④冠锈病：与叶锈病相似。

(2)病原

草坪禾草锈病的病原隶属于担子菌亚门冬孢菌纲锈菌目，主要包括柄锈菌(*Puccinia* spp.)、壳锈菌(*Physopella* spp.)、夏孢锈菌(*Uredo* spp.)、单孢锈菌(*Uromyces* spp.)。锈菌不生子实体，只生孢子器和孢子。最典型的锈菌有五类孢子：即性孢子、春孢子、夏孢子、冬孢子和担孢子。除担孢子外，其他四类都有孢子器。性孢子产生方式为环痕式产孢，锈孢子器疱状，锈孢子串生，具疣突。异宗配合。锈菌寄生于蕨类以上的所有种子植物，与寄主的关系十分密切。

(3)发生

锈菌是一种离开寄主则不能存活的专性寄生菌。只要在冬、夏季禾草能正常生长的地区，病菌一般就可以在病草的发病部位越冬、越夏。但条锈菌因不耐高温，当夏季最热一旬的旬均温超过22℃时就不能越夏。影响锈病发生的因素很多，如草种和品种的抗病程度、温度、降雨、草坪密度、水肥养护管理等，不同年份、不同地块发病程度都会有所不同。其中，对温度的要求，以秆锈病最高，叶、冠锈病居中，条锈病最低。

(4)防治

①农业防治：适期播种，避免深播，缩短出苗期；合理灌水，降低田间湿度，避免傍晚浇水；发现草坪发病后及时剪草，减少菌源数量；增施磷、钾肥，适量施用氮肥。

②选用抗病品种：草种间和品种间抗锈病性存在明显的差异，如普通狗牙根和杂种狗牙根是较为抗病的草种。在建植草坪时尽量选择抗病的草种和品种，提倡不同草种混播或多品种混合种植。

③化学防治：三唑类杀菌剂防治锈病效果好、作用的持效期长。常见品种有粉锈宁、羟锈宁、特普唑(速宝利)、立克秀等。

10.3.2.3 白粉病

白粉病(powdery mildew)为草坪常见病害之一，世界各地均有分布。易感病草种或品种、生境郁蔽、光照不足时发病最为严重。主要造成草坪生长不良，早衰，严重影响草坪景观质量。可侵染草地早熟禾、狗牙根、紫羊茅、鸭茅等多种禾草，其中以早熟禾、紫羊茅和狗牙根发病最为严重。

(1)症状

主要侵染叶片和叶鞘，也危害茎秆和穗部。受侵染的草皮呈灰白色，霉斑表面着生一层白色粉状物质。发病初期，叶片上出现1~2 mm白色霉点，以正面较多。以后逐渐扩大成近圆形、椭圆形绒絮状霉斑，最初白色，后逐渐变灰白色、灰褐色。霉斑表面着生一层粉状分生孢子，易脱落飘散，后期霉层中形成棕色到黑色的小粒点，即病原菌的闭囊壳。随着病情的发展，叶片变黄，早枯死亡。

(2)病原

引起白粉病的病原为禾本科布氏白粉菌(*Erysiphe graminis*)，属子囊菌亚门白粉菌目白粉菌属。病菌主要以菌丝体或闭囊壳在病株体内越冬。翌春，越冬菌丝体产生分生孢子，越冬的子囊孢子也释放、萌发，通过气流传播。分生孢子椭圆形，念珠状串生，产孢量大。有性世代为闭囊壳，多聚生，深褐色或黑色，扁球形，由菌丝丛上长出。

(3)发生

白粉病一般在晚春或初夏侵染禾草，在草坪草上形成初侵染。着落于感病植物上的分生孢子很快萌发而侵染禾草，在新病叶上1周内(大约4 d)，就可以产生大量分生孢子，不断引起再侵染。白粉病发生程度与温湿度密切相关。通常在春秋季发病较重。气温2℃上下就可发病，15~20℃为发病适温，当温度超过25℃时病害发展趋于缓慢。湿度越高对病害越有利，但雨水太多或连续降雨又抑制病害。当草坪受到极度干旱胁迫时，白粉病危害加重。品种的抗病性及种植方式、有利的气象因素、管理不善、氮肥施用过多、灌水不当、荫蔽、光照不足、种植密度大等都是诱发病害的重要因素。

(4)防治

①农业防治：降低种植密度，减少草坪周围灌、乔木的遮阴，保证草坪通风透光，降低草坪湿度。适度灌水，避免草坪过旱。发现感病植株，及时修剪，减少再侵染源。减少氮肥用量或与磷钾肥配合使用。

②选用抗病品种：选用抗病草种和品种并合理布局是防治白粉病的重要措施。多年生黑麦草和早熟禾及草地早熟禾的'Nugget'和'Bensun-34'两个品种比较抗病。

③化学防治：可采用三唑酮乳油或烯唑醇可湿粉剂，丙环唑乳油喷雾防治。连用2次，

间隔12~15 d。注意：使用三唑类药剂防治时，幼嫩花木及草坪一定要注意使用的安全间隔期，不可加量和缩短间隔期使用，以免造成矮化效果。

10.3.2.4 腐霉枯萎病

腐霉枯萎病(pythium diseases)又称油斑病，是一种真菌病害，夏季高温时，能在数小时将草坪毁坏殆尽。该病在全国各地区普遍发生，可以侵染所有草坪草。如冷季型的早熟禾、匍匐翦股颖、高羊茅、紫羊茅、多年生黑麦草和暖季型的狗牙根等。其中，以冷季型草坪草受害最重。

(1)症状

草坪草的各个部位均可被侵染，主要造成芽腐、苗腐、幼苗猝倒和整株腐烂死亡，其侵染、发病和传播的速度都很快，一夜之间可毁灭整片草坪。清晨有露水或湿度较高时，病叶呈水浸状暗绿色，变软、黏滑，连在一起，用手触摸时有油腻感(故有油斑病之称)，倒伏，紧贴地面枯死，形成"马蹄"形枯草斑。当空气湿度很高时，腐烂叶片成簇堆在地上且出现一层绒毛状的白色菌丝层，在枯草病区的外缘也能看到白色或灰色的菌丝体。干燥时，菌丝体消失，叶片萎缩并变为红棕色至稻草色，整株枯死形成枯死圈。高温高湿天气最易发病，病菌可随灌水传播和设备传播。

(2)病原

腐霉枯萎病是由腐霉菌(*Pythium* spp.)引起的一种真菌病害，属鞭毛菌亚门卵菌纲霜霉菌目霉菌属。其菌丝为无隔多核大细胞，无色透明。无性世代生成孢子囊和游动孢子，孢子囊形状多样，顶生或间生，游动孢子具有鞭毛；有性世代形成卵孢子，球形。腐霉菌可侵染所有的草坪草，是一种毁灭性的病害。

(3)发生

腐霉菌通常存在于病残枯草、土壤或者同时存在于这两种介质上，只有在适合的环境条件下才会有致病力，土壤和病残体中的卵孢子是最重要的初侵染菌源。该病两个主要发病高峰期：一个在苗期尤其是秋播的苗期；另一个在高温高湿的夏季。后者对草坪的危害最大。夏季当白天最高温30℃以上，夜间最低温20℃以上，大气相对湿度高于90%，且持续14 h以上时，腐霉枯萎就可能大暴发。高氮肥下生长茂盛稠密的草坪最敏感，受害尤重；碱性土壤比酸性土壤发病重。在北京地区，腐霉枯萎病的主要危害期发生在6月下旬至9月上旬的高温季节。

(4)防治

①农业防治：及时清除枯草层，高温季节有露水、特别看到已有明显菌丝时不能修剪，以避免病菌传播。灌水时间最好在清晨或午后。平衡施肥，避免施用过量氮肥，增施磷肥和有机肥。氮肥过多会造成徒长，因而加重腐霉枯萎病的病情。良好的通气也有助于防治该病。

②选用抗病品种：提倡不同草种混播或不同品种混合建植草坪。大部分改良的狗牙根品种较耐或较抗腐霉枯萎病。

③化学防治：用灭霉灵或杀毒矾药剂拌种，是防治烂种和幼苗猝倒的简单、易行和有效的方法。此病为典型根部病害，最好用绿青、地爱、三治等控制力强的药剂根部浇灌防治，具体浓度按药剂说明。

10.3.2.5 夏季斑枯病

夏季斑枯病(summer patch)又称夏季斑，是一种危害严重的草坪病害，1984年由美国首次报道。主要危害冷季型禾草，如一年生早熟禾、紫羊茅等，其中以草地早熟禾受害最重。据北京地区调查，凡是种植草地早熟禾的草坪均有发生，主要造成整株死亡，使草坪出现秃斑，严重影响草坪景观。

(1)症状

感病草坪最初出现生长较慢、瘦弱的小斑块或不规则病斑，以后草株褪绿变成枯黄色，或出现枯萎的圆形斑块，直径3~8 cm，斑块可逐渐扩大到30 cm，条件适宜时会继续扩大。典型的夏季斑为圆形的枯草圈，直径大多不超过40 cm左右，但最大时也可达80 cm。在持续高温天气下(白天高温达28~35℃，夜温超过20℃)，病情迅速发展，草坪多处呈现不规则形斑块，且多个病斑愈合成片，形成大面积的不规则形枯草区。随病情发展，病株根部、根冠部和根状茎黑褐色，后期维管束也变成褐色，外皮层腐烂，整株死亡，在显微镜下检查，可见到平行于根部生长的暗褐色匍匐状外生菌丝，有时还可见到黑褐色不规则聚集体结构。

(2)病原

引起夏季斑的病原为 *Magnaporthe poae*，属子囊菌亚门，是一种雌雄异体的外生菌。该菌无性繁殖形成分生孢子，无性时期，瓶梗孢子无色，附着胞球形，深褐色，浅裂，自然条件下可在基部和根部看到。有性阶段形成子囊壳，黑色，球形，子囊单囊壁，圆柱形。在1/2PDA培养基上，菌丝初期无色，较稀疏，紧贴培养基卷曲生长。后期成熟后逐渐变灰或橄榄棕色。菌丝从菌落边缘向中心卷回生长。在生长季节，真菌在根际生长扩散。在湿润的天气下气温显著上升时，会出现明显的症状。

(3)发生

病害主要发生在6~9月高温季节中。病菌在同一块土地上能够存活很多年。如果条件适宜，病斑在下一个生长季同一地点扩大。病菌最初只是侵染根的外部皮层细胞。以后随着炎热多雨天气的出现，病害开始明显显现并很快扩展蔓延，造成草坪出现大小不等的秃斑。这种病斑不断扩大的现象，可一直持续到初秋。由于秃斑内枯草不能恢复，因此在下一个生长季节秃斑依然明显。该病还可通过清除植物残体的机器以及草皮的移植而传播。

(4)防治

①农业防治：由于夏季斑枯病是一种根部病害，所以凡是能促进根生长的措施都可减轻病害的发生。避免低修剪高度(一般不低于5~6 cm)，特别是在高温时期。最好使用缓释氮肥，如含有硫黄包衣的尿素或硫铵。要深灌水，尽可能减少灌溉次数。打孔、疏草、通风，改善排水条件，减轻土壤紧实等均有利于病害控制。

②选用抗病草种：改善发病的生态条件是防治夏季斑枯病的最有效经济的方法之一，在播种的时候混播一年生黑麦草或其他夏季斑抗性较强的草种会减少病害的发生。不同草种间抗病性的差异表现为：多年生黑麦草>高羊茅>匍匐翦股颖>硬羊茅>草地早熟禾。

③化学防治：嘧菌酯、肟菌酯、氯苯密醇、腈菌唑、丙环唑、三唑酮可以用于春季夏季斑的防治，嘧菌酯、肟菌酯的防治效果尤其好。甲基拖布津一般用于夏季夏季斑的控制治疗。

10.3.2.6 币斑病

币斑病(dollar spot)又称钱斑病，于1932年由Moneith首次在美国发现报道，发生在世界各地，也是我国南北方常见病害。主要发生在高尔夫球场草坪，果岭、球道发病最重。

除翦股颖、海雀稗、狗牙根外，还能侵染结缕草、野牛草、早熟禾、黑麦草等40多种冷、暖季型禾草。

(1)症状

典型症状是在草坪上形成圆形、凹陷、漂白色或稻草色的小斑块，约钱币大小，因而得名币斑病。在高尔夫球场修剪很低的果岭草坪上，斑块直径很少超过6 cm。病情严重时，斑块愈合成大的不规则枯草斑或枯草区。在家用、绿地草坪和其他留茬较高的草坪上，可形成直径2~15 cm的病斑，形状不规则，多个斑块愈合可覆盖大片草坪。经过湿润低温的午夜，在新鲜的枯草斑上可看到白色、棉絮状或蛛网状的菌丝体，叶片变干后，菌丝体消失。

(2)病原

币斑病是由子囊菌亚门核盘菌纲柔膜菌目的铸型菌(*Lanzia* spp.)和核盘菌(*Moellerodiscus* spp.)中的一种或几种复合侵染引起的。有关病原菌的鉴定及分类地位的研究鲜有报道。

(3)发生

草坪冠层温度在15~32℃，且长期处于高湿状态时，有利于币斑病的发生。温暖潮湿的天气、形成重露的凉爽夜温、干旱瘠薄的土壤等因素，均可以加重病害的流行。当环境条件适宜时，从病组织或子座上产生的菌丝可在其接触的相邻叶片上定殖，成为初侵染来源。病原菌主要通过雨水、流水、工具、人畜活动等方式传播和蔓延。目前，已知因病菌株系的不同，发病条件有两种：在凉爽天气条件下(气温低于24℃)；在高湿、白天高温而夜晚凉爽条件下。

(4)防治

①农业防治：通过科学的水肥供应和合理的辅助措施提高草坪草的抗病能力，是草坪养护管理的关键。提倡灌透水，尽量减少灌水次数，避免傍晚灌水。高尔夫球场草坪可采用竹竿或软管“去除露水”的措施来防止币斑病。不要频繁修剪和修剪过低。保持草坪的通风透光。轻施、常施氮肥，使土壤中维持一定的氮肥水平，是最好的防病方法。

②选用抗病品种：目前，包括翦股颖、草地早熟禾、高羊茅、狗牙根、海雀稗等在内的我国主要草坪草中，尚无抗币斑病的品种。在我国北方，主要草种抗耐病能力的强弱依次为高羊茅>草地早熟禾>翦股颖。

③化学防治：在病害初发期，可喷施百菌清、多菌灵、三唑酮、甲基硫菌灵、异菌脲等药剂预防币斑病；病害严重时可与代森锰锌等保护性杀菌剂复配使用。为延缓病原菌抗药性的产生，可将几种杀菌剂轮换使用。

10.3.2.7 镰刀枯萎病

镰刀枯萎病(fusarium disease)是一种重要的真菌病害，1950年首次被报道。可侵染多种草坪禾草，如早熟禾、假俭草、翦股颖等，在全国各地草坪草上均有发生。

(1)症状

镰刀枯萎病可造成草坪草苗枯、根腐、颈基腐、叶斑和叶腐、匍匐茎和根状茎腐烂等一系列复杂症状。开始初现淡绿色的小斑块，若不进行防治，随后会迅速变成枯黄色，在高温干旱的气候条件下，病草枯死变成枯黄色。枯草斑圆形或不规则形，直径2~30 cm。叶斑主要生于老叶和叶鞘上，呈不规则形，病健交界处有褐色至红褐色边缘，外缘枯黄色。3年以上的草地早熟禾草坪被镰刀菌侵染后，可出现直径达1 m左右，呈条形、新月形、近圆形的枯草斑。枯草斑边缘多为红褐色。由于枯草斑中央为正常植株，整个枯草斑呈“蛙眼状”，这一症状通称为镰刀菌枯萎综合症，多发生在夏季湿度过高或过低时。

(2)病原

镰刀枯萎病病原为镰刀菌(*Fusarium* spp.)，属于半知菌亚门丝孢纲瘤座孢目镰孢菌属，分生孢子梗无色、分隔或不分隔、不分枝或多次分枝。镰刀菌可产生两种分生孢子：大型分生孢子，基部常有一明显突起；小型分生孢子，单生或串生。镰刀菌是一类世界性分布的真菌，它不仅可以在土壤中越冬越夏，还可侵染多种植物，寄主植物达100余种，破坏植物的输导组织维管束，并在生长发育代谢过程中产生毒素危害作物，造成作物萎蔫死亡。

(3)发生

病土、病残体和病种子是镰刀菌的主要初侵染来源。影响镰刀菌侵染发病的因素很多，如大气和土壤的温湿度、pH值、肥料和枯草层的厚度等。高温和干旱有利于冠部和根部腐烂病的发生，主要是发生在夏季高温期间、充分暴露在阳光照射下的土壤干旱地方，特别是南向的斜坡上。土壤含水量过低或过高都有利于镰刀枯萎病的发生，干旱后长期高温或枯草层温度过高时发病尤重。此外，春季或夏季过多或不平衡地使用氮肥、草的修剪高度过低、土壤表层枯草层太厚等，均有利于镰刀菌病害的发生。pH值高于7.0或低于5.0利于根腐和基腐发生。

(4)防治

①农业防治：镰刀枯萎病是一种受多种因素影响、表现出一系列复杂症状的重要病害，在防治时更应强调“预防为主，综合防治”的原则。草坪修剪不要过低。及时清除枯草层。减少浇水次数，应适当深浇，提供足够的湿度而不致造成干旱胁迫。提倡重施秋肥，轻施春肥。增施有机肥和磷、钾肥，控制氮肥用量。

②选用抗病品种：种植抗病、耐病品种。草种间的抗病性差异明显，翦股颖>草地早熟禾>羊茅。提倡草地早熟禾与羊茅、黑麦草等混播。病草坪补种时首先考虑黑麦草或草地早熟禾等抗病品种，高尔夫球场可选用翦股颖。

③化学防治：用灭霉灵、绿亨1号、代森锰锌、甲基托布津等药剂拌种。在发生根颈腐烂始期，可施用多菌灵、甲基托布津等内吸杀菌剂。

10.3.2.8　离蠕孢叶枯病

离蠕孢叶枯病(bipolaris disease)分布广泛，主要危害植株叶、叶鞘、根和根颈等部位，造成叶枯、根腐、颈腐，发病严重则导致植株死亡，形成枯草斑或枯草区。根据侵染对象可分为狗牙根离蠕孢和禾草离蠕孢。

(1)症状

初感病植株叶片上出现浅棕褐色病斑，外缘有黄色晕。潮湿条件下有黑色霉状物。温度超过30℃时，明显病斑消失，整个叶片变干并呈稻草色。在天气凉爽时病害一般局限于叶片。在高温高湿的天气下，叶鞘、茎、颈部和根部都受侵染，短时间内就会造成草皮严重变薄和出现枯草区。不同种的离蠕孢菌所致叶枯病的症状有所不同。

①狗牙根离蠕孢：狗牙根离蠕孢引起狗牙根的叶部、冠部和根部腐烂。严重时病叶大量死亡，呈枯黄色，草坪上出现不规则的枯草斑块，直径从5 cm可扩展到1 m左右。该病主要发生在画眉草亚科和黍亚科草上，如狗牙根、结缕草、假俭草等。

②禾草离蠕孢：禾草离蠕孢可侵染所有草坪草，引起叶部、冠部和根部病害，造成芽腐、苗腐、根腐、茎基腐、鞘腐和叶斑。叶片和叶鞘上生椭圆形、梭形病斑，病斑中部褐色，外缘有黄色晕圈。潮湿时病斑表面生有黑色霉层。气候适宜，病情会迅速发展，草坪上出现不规则的枯草斑。

(2)病原

病原为离蠕孢菌(*Bipolaris* spp.)，属半知菌亚门丝孢菌目暗色菌科离蠕孢属真菌，分生孢子形状多样，芽管只能从分生孢子的末端细胞产生。主要病原菌有两种：狗牙根离蠕孢，主要危害狗牙根，分生孢子梗筒状，分生孢子略弯曲，一般中部宽，两端略窄，褐色；禾草离蠕孢，危害多种禾草，分生孢子梗多单生，褐色，分生孢子弯曲，暗褐色。

(3)发生

春秋雨露多气温适宜时，主要侵染叶片，造成叶斑和叶枯；夏季高温高湿时，造成叶枯和根、茎、茎基部腐烂。禾草离蠕孢多发生在夏季，受侵染的主要为冷季型草坪草；当气温升至20℃左右时，只发生叶斑，随着温度的升高，叶斑变得明显。当气温升至29℃以上且高湿时，表现严重叶枯并出现茎腐、茎基腐和根腐，造成病害流行。其他离蠕孢菌引起的茎叶发病，适温一般都在15~18℃，超过27℃病害受到抑制，因此，在冷凉、多湿的春季和秋季发病重，根和根颈发病多在干旱高温的夏季。草坪水肥管理不良，高湿郁闭，病残体和杂草多，都有利于发病。播种建植草坪时，种子带菌率高、播期选择不当，气温低，萌发和出苗缓慢，或者因覆土过厚，出苗期延迟以及播种密度过大等因素都可能导致烂种、烂芽和苗枯等症状发生。另外，冻害和根部伤口也会加重病害。

(4)防治

①农业防治：适时播种，适度覆土，加强苗期管理以减少幼芽和幼苗发病。避免频繁浅灌，要灌深、灌透，减少灌水次数，避免傍晚灌水。及时清除病残体和修剪的残叶，经常清理枯草层。合理施用氮肥，特别避免在早春和仲夏过量施用，增加磷、钾肥。

②化学防治：播种时用种子重0.2%~0.3%的25%三唑酮可湿性粉剂或50%福美双可湿性粉剂拌种。草坪发病初期建议施用敌力脱乳油、三唑酮、代森锰锌等药剂。

10.3.2.9 德氏霉叶枯病(根腐病)

德氏霉叶枯病(Drechslera disease)在世界各地均有发生，是引起多种草坪禾草发生叶斑、叶枯、根腐和茎基腐的重要病害(故又有根腐病之称)。主要侵染早熟禾亚科，如羊茅、多年生黑麦草、草地早熟禾、翦股颖、鸭茅、无芒雀麦等，也可侵染狗牙根。环境适宜时，病情迅速发展，造成草坪早衰、秃斑，严重降低草坪的景观效果。

(1)症状

寄生禾草的德氏霉种类较多，再加上有些种类与寄主之间有相对专化性，引起的病害症状表现有所不同。

①黑麦草大斑病：黑麦草大斑病可侵染早熟禾、羊茅等，以侵染黑麦草为主。典型症状是叶片出现大量的卵圆形褐色小病斑。随着病斑的增大，病斑的中央变成浅褐色至白色，边缘深褐色。另外，还可形成深褐色的长条大斑，最后造成叶片枯死，使得草坪稀疏，严重的形成枯草斑。

②羊茅和黑麦草网斑病：羊茅和黑麦草网斑病危害黑麦草、紫羊茅、高羊茅等禾草。紫羊茅上引起的叶斑病，出现红褐色、不规则形的小斑点。病斑迅速扩大，引起叶片黄化

并从顶尖开始枯死。严重发病时，大面积草坪上普遍出现很多叶片死亡的褐色枯斑。还可发生根部和冠部腐烂，造成整株枯死。主要的发病季节在春秋两季的潮湿时期。在高羊茅和多年生黑麦草上，形成网纹状的褐色条纹。随着病情发展，网斑汇合形成深褐色的病斑，病叶枯死，草坪早衰、黄化，变为黄褐色或褐色。

③早熟禾叶斑病：早熟禾叶斑病主要侵染草地早熟禾，老叶比嫩叶容易被侵染。发病初期，病叶和病鞘上出现很多小的椭圆形、红褐色至紫黑色病斑，周围有黄色晕圈，后病斑沿平行于叶轴方向伸长，病斑中央坏死，多个病斑愈合成较大的坏死斑。当整个叶片或叶鞘上受害时，维管束系统被环割，整个叶片或分蘖死亡，使草坪变得稀疏，瘦弱早衰。通常发生在春、秋季，温暖干燥时期或寒冷过后马上出现干旱时期，叶斑发生以后还可发生枯焦，根、根状茎和冠部腐烂。

④翦股颖赤斑病：翦股颖赤斑病主要危害匍匐翦股颖、细弱翦股颖等，常发生在高温湿润天气。感病植株叶片出现细小、褐色至红褐色病斑，多个病斑愈合使草坪呈现红色。病情严重时，病叶被环割，萎蔫死亡。

⑤狗牙根环斑病：狗牙根环斑病发病时叶片开始出现褐色小点，扩大伸长成长圆形或长椭圆形，病斑中央漂白成浅黄褐色。病斑迅速增大，病组织上有时会形成漂白色的和褐色的同心环斑。因此，又称轮纹斑病。严重发病的草坪随着病叶的干枯死亡而稀疏早衰。环斑病主要发生在秋季。

(2)病原

病原菌为德式霉属(*Drechslera* spp.)，属于半知菌亚门丝孢目暗色菌科。病原菌产生深褐色的菌丝体、分生孢子梗和分生孢子。分生孢子梗分化明显，分生孢子顶侧生，多单生，呈圆柱形、椭圆形。分生孢子可由两端或中间细胞萌发。

(3)发生

分生孢子萌发最适温度为8~15℃，20℃左右最适宜侵染发病。叶面水滴是侵染发病的前提条件。因此，春秋季的温度、降雨、结露及其时间的长短就成了病害流行程度的重要影响因素。叶斑病的发生主要是在春秋两季；翦股颖赤斑病和狗牙根环斑病，主要发生在较温暖的气候条件下；羊茅网斑病、早熟禾叶枯病和黑麦草大斑病从秋季至春季的任何时候都可侵染茎基部、根部以及根状茎。一些地方在温和的冬季也能引起发病，造成腐烂。另外，当种子带菌时，在新建植的草坪上还会引起烂芽、烂根和苗腐。病菌可通过风、灌水、机械或人和动物的活动等进行传播。

(4)防治

防治方法同离蠕孢叶枯病。

10.3.2.10 弯孢霉叶枯病

弯孢霉叶枯病(Curvularia disease)又称凋萎病，是草坪上常发生的一种病害，各地均有分布，主要侵染画眉草亚科和早熟禾亚科植物。如羊茅、草地早熟禾、狗牙根、匍匐翦股颖、加拿大早熟禾、多年生黑麦草等。

(1)症状

发病草坪衰弱、稀薄，有不规则枯草斑，枯草斑内草株矮小，呈灰白色枯死。在草地早熟禾和细叶羊茅上的病叶常由叶尖向叶基褪绿变黄，最后发展为褐色、灰白色，直至整个叶片皱缩枯死。在匍匐翦股颖上，枯死病叶黄褐色，最后凋落。不同种的病菌所致症状有所不同。

(2)病原

病原为弯孢霉叶枯病菌(*Curvularia clavata*)，属半知菌亚门丝孢菌目暗色菌科弯孢霉属。典型特点是菌丝体、分生孢子梗和分生孢子均为深褐色。分生孢子顶生，形状多样，椭圆形、梭形等，向一侧弯曲，有隔膜，中间细胞大，颜色深。

(3)发生

夏、秋季节发病严重，管理不善、修剪不及时，生长势衰弱的草坪易被侵染，高温、高湿有利于病害流行。弯孢霉菌主要以菌丝体及分生孢子在病残体上越冬，翌春随气温升高而大量产孢，借气流和雨水传播，并进行再侵染。除禾草外，还可侵染多种禾谷类作物和禾本科杂草，但以发生在遭受高温和干旱逆境的一年生早熟禾上最为常见。种子普遍带菌。

(4)防治

①农业防治：及时清除病残体和修剪的残叶，经常清理枯草层。浇水应当在早晨进行，特别避免傍晚灌水。合理使用氮肥，特别避免在早春和仲夏过量施用，增加磷、钾肥。

②选用抗病品种：把好种子关，播种抗病和耐病的无病种子，提倡不同草种混播或不同品种混合种植。

③化学防治：草坪发病初期可用敌力脱乳油、三唑酮、代森锰锌等药剂喷雾。最新药剂推荐喷克菌、醚菌酯、阿米西达等，对真菌性病害有特效。

10.3.2.11　仙环病

仙环病(fairy rings)几乎在所有草坪草都有发生，造成草坪早衰，死亡，有时病斑周边会长出一圈蘑菇，又称蘑菇圈。

(1)症状

春季和夏初，潮湿的草坪上会出现大小不一的深绿色或由长势好的草围成的直径为10~20 cm的圈，在疯长的草圈内部偶尔出现长的很弱的、休眠不长的、或死草形成的同心圆。有时候在死草围成的圈里又出现由疯长的草形成的次生圈。土壤干旱时，特别是在秋季，最外层疯长的草围成的圈可能消失，使得最外层圈里的草死亡而内层圈的草疯长。在温暖湿润的天气特别是雨后，外围的圆圈上会长出蘑菇，圆圈可迅速发展很大，又可能迅速消失。这样蘑菇圈可形成3种类型：第一种类型，能够杀死草坪或者对草坪造成严重危害；第二种类型，能够促进草坪的生长，只有一深色疯长的草围成的圈，叶墨绿；第三种类型，对草坪生长没有明显的影响，但是长有一圈蘑菇。无论哪种情况，蘑菇只是暂时产生的。

(2)病原

引起蘑菇圈的病菌主要为硬柄小皮伞(*Marasmius areades*)。

(3)发生

仙环病倾向于每年在同一位置发生，最初一般是病草围成一个小圆圈或出现一束蘑菇。蘑菇圈的直径每年都增大几厘米，随着蘑菇圈病菌往圈外迅速生长，圈内老病菌逐渐死亡，随之就出现内圈草疯长的现象。逐步扩展发病范围，病原物会产生疏水物质，导致水分很难穿透土壤到达根系，当干旱少雨时仙环病原本疯长的草坪会因为缺水而萎蔫死亡。浅灌溉、浅施肥、枯草层厚和干旱都有利于病害的发生。

(4)防治

①农业防治：对于病斑部位，要注意浇水，如果水分渗透困难，可以通过局部打孔、浇灌渗透剂等保证根系部位有充足的水分。养护过程中，定期打孔和疏草，及时清除枯草层，避免枯草层过厚。

②化学防治：可以通过使用百菌清等杀菌剂打孔浇灌，有效控制仙环病的扩展，混用渗透剂效果更佳。在早春至初夏或者暮夏至秋天使用杀菌剂预防效果较好。

10.3.2.12 叶斑(枯)病

叶斑(枯)病(Leaf blotch)广泛分布在温带地区，是我国常见病害之一。可侵染多种草坪草，以黑麦草受害最重。轻者引起叶斑，使草坪变色，缩短绿色期；重者导致叶部至整株或成片死亡，形成斑秃，杂草侵入，破坏景观，甚至毁种。

(1)症状

叶片受染症状分两种类型：一种为叶斑型，病斑最初呈褪绿小点，后扩展成椭圆形、梭形或不规则形。斑点散生，多横向扩展，最后发展成横断叶面的斑块。中央处浅褐色，周围有红褐色晕圈。另一种为叶枯型，病菌自叶颈处侵染，受染部变褐，并逐渐向叶鞘蔓延，叶鞘变褐枯干，致使整个叶片发生青枯最终整株死亡。草坪中病斑多散生，严重地块成片发病、枯黄，极大地影响了草坪景观。

(2)病原

病原菌为德氏霉(*Drechslera* spp.)。孢子两端萌发。分生孢子梗1~4根单生或集生，直立，黄褐色，基细胞膨大呈半球状，有3~8个隔膜。分生孢子淡褐色，直形或广纺锤形，单生，脐点位于基细胞内，不明显。

(3)发生

病原菌喜冷凉，生长适温为20℃，夏季高温干旱不利于病害发生，秋季病情又会加重。在贵州发病期为5~10月，高峰期为6月中旬和8月底至9月初。该菌寄生专性强，禾草品种间抗病性有明显差异。草坪管理不当会使病情加重。

(4)防治

①农业防治：适时播种，适度覆土，及时修剪，保持植株适宜高度。浇水应当在早晨进行，特别不要在傍晚灌水。避免频繁浅灌，要灌深、灌透，减少灌水次数，避免草坪积水。合理使用氮肥，特别避免在早春和仲夏过量施用，增加磷、钾肥。

②化学防治：建议使用药剂有代森锰锌、利得、大生、扑海因、百菌清和多氧霉素等。喷药量和喷药次数，可根据草种、草高、植株密度以及发病情况不同，参照农药说明确定。

10.3.2.13 霜霉病

霜霉病(downy mildew)分布广泛，在我国华东、西北、华北、西南、青藏高原及台湾均有发生。侵染多种草坪禾草，造成严重危害。

(1)症状

发病植株会矮化萎缩，叶和穗扭曲畸形，叶色淡绿有黄白色条纹，病害症状在春末和秋季最为显著。发病早期植株略矮，叶片轻微加厚或变宽，叶片不变色。当发病严重时，草坪上出现直径为1~10 cm的黄色小斑块。霜霉病在不同草种上呈现不同特点，在剪股颖属和羊茅上，斑块较小，一般不超过3 cm；在黑麦草和早熟禾上的斑块较大，每一斑块里面都有一丛茂密的分蘖，根黄且短小，很容易拔起。在凉爽潮湿条件下，叶面出现白色霜状霉层。在钝叶草病叶上出现沿叶脉平行伸长的白色线状条斑，条斑上表皮稍微突起。天气潮湿时，也出现白色霜状霉层。

(2)病原

霜霉病病原为大孢指疫霉(*Sclerophthora macrospora*)，属鞭毛菌亚门卵菌纲霜霉目指疫霉属。菌丝体无隔多核，比腐霉属的卵孢子大得多。孢子囊柠檬状，顶端有乳突，可释放卵形至梨形的游动孢子。

(3)发生

病菌对水的要求比较严格，只有在水滴的条件下才能萌发，因此高湿多雨、低洼积水、大水漫灌等因素均利于病害流行。发病草坪在冬季可因受冻而死亡，在炎热干旱时期则萎蔫或死亡。

(4)防治

①农业防治：确保良好的排水条件，保证灌溉或降雨后能及时排除草坪表面过多的水分，及时清理病株。合理施肥，避免偏施氮肥，增施磷钾肥。

②化学防治：用瑞毒霉、乙磷铝、杀毒矾等药剂拌种或喷雾，均可取得较好的防治效果。

10.3.2.14 其他病害

除以上病害外，其他草坪病害还有黑粉病、炭疽病、全蚀斑块病、白绢病、红丝病、褐条斑病、壳二孢叶斑病和叶尖枯病、尾孢叶斑病、壳针孢叶斑病、灰斑病、铜斑病、尾孢枯萎病，具体症状、病原、发生及防治措施详见二维码。

10.4 草坪虫害防治

10.4.1 草坪虫害概述

昆虫(Insect)隶属动物界(Animal)节肢动物门(Arthopoda)昆虫纲(Insecta)。昆虫诞生于4亿年前或更早的时期，经过长期的历史进化，成为动物界中种类最多、个体数量最大、分布范围最广的自然类群，也是草坪上的常见生物。昆虫纲的成虫主要具有以下特点：①体躯由若干体节组成，集合成头、胸、腹3个体段。②头部为感觉和取食的中心，具有口器、触角，通常还有复眼和单眼。③胸部是支撑和运动的中心，具有3对足，一般还有2对翅。④腹部是生殖和代谢的中心，主要包含生殖系统和内脏器官，无行动用的附肢，但多数有转化成外生殖器的附肢。⑤在一生的生长发育过程中，通常要经过一系列显著的内部及外部体态上的变化，才能转变为性成熟的成虫。

草坪虫害是昆虫危害导致草坪品质与功能下降的现象。草坪在生长过程中，受到多种昆虫的侵害。根据害虫危害草坪的部位，可以把草坪害虫分为危害草坪根部及近地面根茎部的地下害虫、危害草坪茎叶的地上部害虫。地上害虫根据其口器及危害方式的不同，又可分为取食叶片的食叶类害虫、刺吸植物汁液的刺吸类害虫、钻蛀植物秸秆的钻蛀类害虫和潜叶类害虫，其中食叶类害虫和刺吸类害虫较为常见。有害昆虫不仅破坏草坪草植株，影响其生长和美观，还有的昆虫在活动过程中传播多种病害，使草坪变黄枯萎，危害严重时形成大片的草坪光秃区，甚至毁坏整片草坪。本节主要介绍草坪草上常见的有害昆虫种类、危害方式、形态特征、生活习性及防治措施等。

10.4.1.1 草坪虫害的发生

草坪在整个生长发育过程中会受到许多害虫的侵害，但能否形成虫害，主要取决于以下几点。

(1)虫源

在相同环境下，虫源基数越多，发生虫害的可能性越大。因此在实际管理工作中，应控制田间生物群落，争取增加有益生物的种类和数量，减少害虫的种类与数量。

(2)环境条件

有利的环境条件下，害虫才能繁殖发展到足以危害草坪的种群数量。因此应恶化害虫发生危害的环境条件。

(3)时期

害虫的发生期与寄主植物的受害敏感期相一致。应控制作物易受虫害的危险生育期与害虫盛发期的配合关系，使草坪能避免或减轻受害。

10.4.1.2 草坪虫害防治方法

植物检疫、农业防治、物理防治及生物防治是虫害防治的基础，必要时施以化学防治，应将几种方法结合使用，争取所采用的措施能最大限度地起到预防虫害的作用。

(1)植物检疫

植物检疫是防止有害生物传播蔓延的一项根本性措施。在草坪草的虫害防治中，植物检疫可以防止草坪害虫随着草坪种子、草坪草的运输而传播危害，降低了外来虫源虫害在本地发生的可能性。

(2)农业防治

农业防治是根据害虫、草坪草和环境条件三者之间的关系，结合整个种植操作过程中土、肥、水、种、密、管、工等各方面的一系列农业技术措施，有目的地改变某些环境条件，使之不利于害虫的发生发展，而有利于草坪草的生长发育；或者直接消灭、减少虫源，如在越冬防治时压低害虫来年的发生基数，达到防治害虫保护草坪的目的。

(3)生物防治

生物防治是利用生物有机体或其代谢产物来控制有害动植物种群的方法。在草坪草害虫的生物防治中，主要是利用自然界中各种有益生物来控制害虫的种群数量，使其对草坪不能造成损失。如利用有益动物(鸟类、两栖类动物)，利用自然天敌昆虫、病原微生物及害虫不育性、昆虫激素等。

(4)物理防治

物理防治是根据害虫对某些物理因素的反应规律，利用物理因子的作用防治害虫。如利用黑光灯、高压汞灯等诱杀蛾类、蝼蛄，以及人工捕杀或消灭害虫的各种措施。

(5)化学防治

化学防治是利用化学药物来降低害虫的种群数量甚至消灭害虫，包括药剂拌种、毒饵诱杀、喷雾防治等。在大量发生危害前，应及时采取适当的措施抑制害虫，如及时施用适当农药。

10.4.2 地下害虫

地下害虫是指在土中生活的害虫，它们栖息于土中，取食危害草坪草的地下部分(种子、根)和地上部靠近地面的嫩茎，使草坪草失水死亡，造成严重的缺苗断垄，影响草坪的美观。由于其潜伏且危害期长，不易及时发现，因而增加了防治的困难。我国草坪草的地下害虫主要有蛴螬、蝼蛄、地老虎、金针虫、根蛆、根叶甲类等。下面主要介绍蛴螬类。

蛴螬是鞘翅目金龟甲总科幼虫的总称，为地下害虫中种类最多、分布最广、危害最重的一个类群，是冷季型草坪草的主要地下害虫，在黄河流域和北方地区危害较重。金龟甲在我国有100余种，遍布全国各地，其中危害较重的种类主要有大黑鳃金龟(*Holotichia oblita*)、暗黑鳃金龟(*Holotrichia parallela*)、黑绒鳃金龟(*Maladera orientalis*)、黄褐丽金龟(*Anomala exoleta*)、铜绿丽金龟(*Anomala corpulenta*)等。

蛴螬食性杂，可危害多种农作物，牧草及草坪草。幼虫栖息在土壤中，取食萌发的种子，咬断幼苗的根与茎，端口整齐平截，易于识别。蛴螬取食后，草坪早期症状是草坪草慢慢变细、变黄、枯萎，出现分散的、不规则的斑秃区(图10-1A)，草坪草被蛴螬危害后，会变高或卷曲呈地毯状，露出白色“C”字形的幼虫(图10-1B)。成虫仅食害树叶及部分作物叶片。金龟甲种类较多，一个地区常数种混合发生，但几种金龟甲幼虫的习性、危害基本一致，其生物学可作为一个整体来考虑。

大黑鳃金龟是蛴螬中最为常见的种类之一，由几个近缘种组成，根据在国内主要分布区域命名，常见的有东北大黑鳃金龟(*Holotichia diomphalia*)和华北大黑鳃金龟(*Holotichia oblita*)。东北大黑鳃金龟主要分布于东北三省、内蒙古、河北和甘肃，华北大黑鳃金龟主要分布在黄淮海地区。大黑鳃金龟蛴螬主要危害的草坪草有三叶草、狗尾草、猫尾草、早熟禾等，一年生早熟禾受害最重。成虫、幼虫均能危害，其中幼虫危害最严重。下文主要以大黑鳃金龟为例介绍其形态特征、生活史及发生规律和防治方法，其他常见金龟甲的形态特征及发生特点见表10-2所列。

表10-2 几种常见金龟甲的发生特点

种类	形态特征	生活史	主要习性
暗黑鳃金龟	体长17~22 mm，宽9~11.5 mm，体被黑色或黑褐色绒毛，无光泽；前胸背板最宽处位于两侧缘中点以后；腹部臀板呈三角形，且较钝圆	1年1代，以老熟幼虫在15~40 cm处土室里越冬。4~5月化蛹，6月中旬为羽化盛期。7月下旬为卵孵化高峰，幼虫危害盛期为8月中下旬	成虫昼伏夜出，在成虫出现峰期有较强的趋光性
黑绒鳃金龟	体长5~6 mm，宽4~5 mm，黑褐色，被灰色或紫色绒毛，有光泽；两鞘翅上各有9条纵纹，侧缘具一列刺毛；腹部最后一对气门露出鞘翅外	一般1年1代，以成虫在20~40 cm深的土中越冬。4月下旬至5月初开始出土。危害盛期在5月初至6月中旬。6月中旬开始出现新一代幼虫，幼虫一般危害不大。8~9月化蛹，蛹期10 d左右，羽化后成虫不出土直接越冬	成虫白天潜伏在1~3 cm的土表，夜晚出土活动，以23：00至凌晨7：00最盛。成虫有假死性，略有趋光性
黄褐丽金龟	体长15~18 mm，宽7~9 mm，黄褐色，有光泽。前胸背板隆起，两侧呈弧形，最宽处位于靠近鞘翅基部之间，后缘在小盾片前密生黄色细毛，腹面淡黄色	1年1代，以幼虫越冬。成虫5月上旬出现，6月下旬至7月上旬为成虫盛发期，成虫出土后不久即交尾产卵，幼虫期300 d，主要在春、秋两季危害	成虫昼伏夜出，傍晚活动最盛，趋光性强。成虫不取食，寿命短

（续）

种类	形态特征	生活史	主要习性
铜绿丽金龟	体长19~21 mm，宽10~11.3 mm，体具铜绿色光泽。前胸背板最宽处位于两后角之间。雄性腹板呈黄白色，臀板基部中间具1个三角形黑斑。雌性腹板呈白色	1年发生1代，以幼虫越冬。6月下旬至7月上、中旬为成虫出现盛期。7月中旬出现新1代幼虫，10月上旬开始越冬	成虫通常昼伏夜出，食量大，食性杂。趋光性很强，对黑光灯尤为敏感。幼虫取食草坪草的地下部分，在辽宁春秋两季均受害，在山东危害期主要在夏季

图10-1 蛴螬及危害特征

A. 草坪被蛴螬危害后症状 B. 草坪下危害的“C”字形蛴螬

C. 大黑鳃金龟（1. 成虫 2. 卵 3. 幼虫 4. 蛹）

D. 初产卵和发育后期膨大的卵

(1)形态特征（图10-1C，D）

①成虫：体长16~21 mm，宽8~11 mm，黑色或黑褐色，具光泽。触角10节，鳃片部3节呈黄褐或赤褐色。前胸背板宽度不及长度的2倍，两侧缘呈弧状外扩，最宽处位于两侧缘中点或以前。小盾片近于半圆形。鞘翅呈长椭圆形，每翅具4条明显的纵肋。前足胫节外齿3个，内方有距1根；中、后足胫节末端具端距2根，中段有一完整的具刺横脊。臀节外露。前臀节腹板中间，雄性为一明显的三角形凹坑，雌性呈尖齿状。

②卵：初产长椭圆形，大小为2.5 mm×1.5 mm，白色稍带黄绿色光泽；发育后期膨大近圆球形，大小为2.7 mm×2.2 mm，洁白而有光泽。

③幼虫：共3龄。三龄幼虫体长35~45 mm，头宽4.9~5.3 mm。头部黄褐色，通体乳白色。头部前顶刚毛每侧3根，成一纵列，其中两根彼此紧靠，位于额顶水平线以上的冠缝两侧，另一根位于近额的中部。肛门孔呈三射裂缝状，肛腹片后部复毛区散生钩状刚毛，70~80根，分布不均；无刺毛列。

④蛹：椭圆形裸蛹，长21~24 mm，宽11~12 mm；初期淡黄色，渐转红褐色。

(2)生活史及发生规律

我国各地多为2年发生1代，以幼虫和成虫在土中越冬。河北1.5~2年1代，河南、山东1年1代。东北以幼虫和成虫越冬，在河南幼虫、蛹和成虫都可越冬。

2年发生1代地区，越冬幼虫春季5月中下旬时上升表层危害，6月上、中旬为危害盛期，7~8月幼虫钻入30~50 cm深土中作土室化蛹。羽化后成虫不出土，在土室里越冬。到来年5月下旬，成虫在晚上出土危害，5月下旬雌虫产卵，入秋后以幼虫越冬，越冬深度为80~120 cm。

一年发生1代地区，越冬成虫4月中旬开始出土，5月中旬至7月下旬为危害盛期，6月上旬到7月上旬为产卵盛期。6月下旬至8月中旬幼虫盛发。部分幼虫当年化蛹、羽化，而越冬的蛹和幼虫于次年5~6月先后发育为成虫出土活动。危害盛期在5月下旬至6月上旬。

成虫历期约300 d；卵多产在6~12 cm深的表土层，卵期15~22 d；幼虫期340~400 d；蛹期约20 d。

成虫昼伏夜出，傍晚出土活动，20：00~21：00为取食、交配活动盛期。成虫有假死性和趋光性，并对未腐熟的厩肥有强烈趋性。一般交配后10~15 d开始产卵，卵大多散产，但常是5~7粒或10多粒相互靠近，在田间呈核型分布。成虫出土的适宜温度为12.4~18.0℃，10 cm土层温度为13.8~22.5℃。卵和幼虫生长发育的适宜土壤含水量在10.2%~25.7%，以15%~18%最适宜。土壤过干或湿都会造成幼虫大量死亡。幼虫终生栖息土中，土壤温度是影响其垂直移动的主要因子，一般当10 cm土温达5℃时开始上升至表土层，13~18℃时活动最盛，23℃以上则往深土中移动。

(3)防治方法

①农业防治法：

a. 翻耕土地，在深秋或初冬翻耕耙压土地，能够直接消灭部分蛴螬，同时可将蛴螬暴露于地表，使其被冻死、风干或被天敌啄食、寄生等，一般可压低虫量15%~30%，明显减轻第二年的危害。

b. 合理灌溉，土壤温湿度直接影响着蛴螬的活动。土壤过干过湿均会迫使蛴螬向土壤深层转移。如持续过干或过湿，则使其卵不能孵化，幼虫致死，成虫的繁殖和生活力严重受阻。由于湿的草坪会招引雌虫产卵，尤其在周围土壤干旱时，因此在成虫发生盛期，在不影响草坪草生长发育的前提下，要减少灌溉。在卵孵化后，灌溉或降雨有助于减轻危害。秋季灌溉，有助于减轻翌年蛴螬危害。

c. 合理施肥，避免施用未腐熟的厩肥，促进草坪草根系发育，增强抗虫能力。合理施化肥，春季过量施用氮肥会促进地上部生长而使根系受弱，使得草坪草不耐受蛴螬危害。

d. 及时清除田间枯草，可减轻危害。

②生物防治法：自然界中捕食者、寄生物和病害均可压低蛴螬种群数量。如步甲、蚂蚁和其他有益昆虫取食卵或低龄蛴螬，某些胡蜂和蝇类寄生老熟蛴螬。细菌芽孢杆菌属(*Bacillus*)的几个种可感染蛴螬，使蛴螬患“乳状病”。

③物理防治法：成虫盛发期可设置黑光灯诱杀成虫，减少蛴螬发生数量。

④化学防治法：

a. 毒土处理，用敌百虫或辛硫磷乳油兑水拌土，在播前均匀撒施，翻入土中，出苗后施用应灌水。

b. 药液灌根，在幼虫发生多、危害重的草坪，用辛硫磷乳油、西维因可湿性粉剂加水灌根。

c. 成虫防治，在成虫盛发期用辛硫磷乳油、晶体敌百虫加水或氰戊菊酯乳油加水，于傍晚时喷雾防治。

d. 药剂拌种，用辛硫磷、对硫磷或异柳磷药剂加水拌种；用辛硫磷胶囊剂或对硫磷胶囊剂等有机磷药剂或用克百威种衣剂包衣，还可兼治其他地下害虫。

e. 毒饵诱杀，用对硫磷或辛硫磷胶囊剂拌谷子等饵料或对硫磷、辛硫磷乳油拌饵料沟施，也可获得良好防治效果。

除蛴螬外，草坪地下害虫还有蝼蛄、地老虎等，具体形态特征、危害情况和防治方法详见二维码。

10.4.3 食叶类害虫

危害草坪草的食叶害虫较多，均具有咀嚼式口器。这类害虫主要取食叶片，形成圆孔和缺刻，有些种类取食叶肉，留下叶脉，危害严重时将整个植株吃光，严重影响草坪草的生长和观赏价值。常见的草坪草害虫主要包括草地螟、蝗虫、黏虫、斜纹夜蛾等。下面以草地螟为例进行简要介绍。

草地螟(*Loxostege sticticatis*)属鳞翅目(Lepidoptera)螟蛾科(Pyralidae)，又名黄绿条螟、甜菜网螟，是北高寒地带、北温带的害虫。我国主要分布于东北、西北、华北一带。属间歇性发生、危害严重的暴发性害虫。草地螟幼虫食性杂，可危害35科200多种植物。初龄幼虫多群集于叶背，吐丝缀叶或结薄网危害，只取食叶肉，残留表皮。3龄后食量大增，将叶片吃成缺刻，仅留叶脉，使叶片呈网状，可单独结网。

(1)形态特征(图10-2)

①成虫：体长8~12 mm，前翅灰褐色，外缘有淡黄色条纹，翅中央稍近前缘有淡黄色斑一块，顶角内侧前缘有不明显的三角形浅黄色小斑。后翅灰褐色，沿外缘有两条平行的黑色波状条纹。

②卵：椭圆形，长0.8~1.2 mm，宽0.4~0.5 mm，灰白色，表面光滑有光泽。卵面稍突起，底部平，紧贴植物表面，覆瓦状排列。

A　　B　　C

图10-2　草地螟

A. 成虫　B. 幼虫　C. 土茧(引自张蓉等，2014)

③幼虫：共5龄，1龄淡绿色，体背有许多暗褐色纹，3龄幼虫灰绿色，体侧有淡色纵带，周身有毛瘤。5龄多为灰黑色，两侧有鲜黄色线条。老熟幼虫体长19~21 mm，头黑色，有白斑，胸腹部黄绿或暗绿色，体背有明显的纵行暗色条纹，气门线2侧各有1条白线。腹部各节背面各有6个暗色肉瘤。体上疏生刚毛，其基部黑色，外围着生2个同心的黄白色环。

④蛹：蛹长14~20 mm，黄色至黄褐色。背部各节有14个赤褐色小点，排列于两侧，尾刺8根。长5 mm。蛹被口袋形的茧包围，茧长20~40 mm，直立于土地表皮下，上端开口以丝状物封住。

(2)生活史及发生规律

每年发生1~4代，其中华北地区1年2代，以老熟幼虫结茧在土中越冬。华北地区越冬代成虫始见于5月中下旬，6月初为盛发期。第一代卵产于6月上旬至7月下旬，幼虫发生于6月中旬至8月中下旬，6月下旬至7月上旬是严重危害期，第一代成虫出现于6月中旬至8月。第二代幼虫发生在8月上旬至9月下旬，一般危害不大。

成虫有迁飞习性，可进行远距离迁飞。成虫昼伏夜出，对光有较强的趋向性，尤其对黑光灯趋向性更强。草地螟喜产卵在三叶草、向日葵、灰菜等植物中下部叶片及土壤表面。在成虫交配时，温度越高，降水量越大，产卵量越高。

幼虫活跃，性暴烈，无假死性，稍一触动即跃进，其跳跃方式是头部和尾部先向上抬，腹部贴地，然后腹部向上一拱，全身便跃起，尾部向上，可跃起6~7 cm，落地后稍静止，便再次爬行。有吐丝结网习性，遇惊或轻微震动后，吐丝下垂，坠于地面，有多次转移危害的习性。幼虫四五龄期食量较大，占幼虫总食量的80%以上。

(3)防治方法

①农业防治：清除田间地埂、道旁杂草，以避免产卵。

②化学防治：2龄幼虫盛期为防治适期。此时幼虫活动范围小，分布集中，食量小，对药剂敏感，故可提高防效，减少损失。当草地螟幼虫达10头/m^2时，可用溴氰菊酯乳油或氯氰菊酯乳油加水喷雾；也可用杀螟杆菌或青虫菌进行防治。

除草地螟外，常见的草坪食叶类害虫还有蝗虫、黏虫等，其形态特征，危害情况和防治方法详见二维码。

10.4.4 刺吸类害虫

危害草坪草的刺吸类害虫具有刺吸式或锉吸式口器，主要包括蚜虫、盲蝽、叶蝉、蓟马等。这类害虫通过口器吸食植物汁液，虽然植物的外表没有显著的残缺破损，但叶子被刺吸后外观会改变，如出现褪绿小斑点，变红或者卷曲、皱缩。同时，刺吸式口器昆虫在取食过程中还会传播植物病毒，如蚜虫、飞虱可携带和传播黄矮病毒、丛矮病毒等。此外，一些其他有害生物，如螨类也可以刺吸植物汁液，造成危害。

10.4.4.1 蚜虫类

蚜虫属同翅目(Homoptera)蚜总科(Aphidoidea)。目前，全球已经发现的蚜虫总共4 000多种。危害草坪草的蚜虫主要有麦长管蚜(*Macrosiphum granarium*)、麦二叉蚜(*Schizaphis graminum*)、禾缢管蚜(*Rhopalosiphum padi*)、无网长管蚜(*Acyrthosiphon dirhodum*)和苜蓿蚜(*Aphis medicaginis*)。其中，前4种主要危害禾本科草坪草，如雀麦、羊

茅等；苜蓿蚜危害豆科的三叶草。上述几种蚜虫分布极广，均为全球性种类，在国内除无网长管蚜分布在北方地区外，其余在各地区普遍发生。禾缢管蚜主要发生在南方，麦二叉蚜主要发生在西北、华北地区。

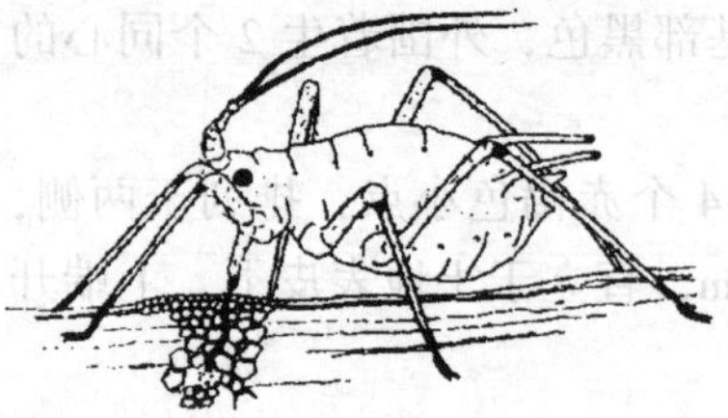

图 10-3 蚜虫危害模式

(引自 Potter，1998)

蚜虫成虫、若虫均产生危害，多聚集在植株的嫩茎、幼芽、心叶和嫩叶背、花器上，刺吸植物汁液，使叶片褪色、卷曲、皱缩、发黄脱落，严重时全株枯死。蚜虫在取食的同时，将消化液分泌到植物组织中，导致被害部位形成黄斑或坏死(图 10-3)。此外，蚜虫能传播大麦黄矮病毒和甘蔗花叶病毒病害，排泄蜜露诱发煤污病。

(1)形态特征

蚜虫成虫体小，头部触角一般 6 节，最末 2 节上有原生感觉圈，有翅蚜触角第 3~4 节上有若干次生感觉圈。翅 2 对，膜质透明，前翅中脉分叉 1~2 次。腹部第 5 节背面有 1 对腹管，尾节上有尾片。若虫与无翅成虫相似，仅在大小上有区别。卵长卵圆形，长约 1 mm。草坪草常见蚜虫的各虫态模式如图 10-4 所示，具体的形态特征描述见表 10-3 所列。

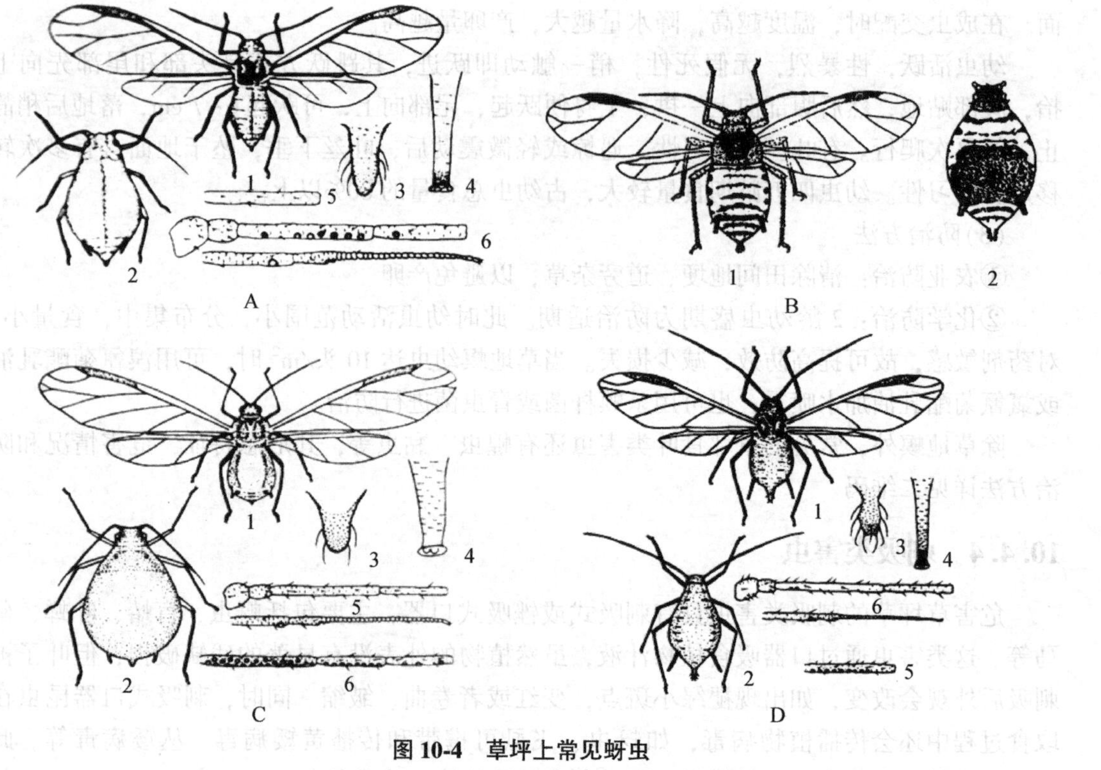

图 10-4 草坪上常见蚜虫

(引自张广学，1983)

A. 麦二叉蚜(有翅孤雌蚜：1. 成虫 6. 触角；无翅孤雌蚜：2. 成虫 3. 尾片 4. 腹管 5. 触角第 3 节)
B. 苜蓿蚜(1. 有翅孤雌蚜 2. 无翅孤雌蚜)
C. 禾谷缢管蚜(有翅孤雌蚜：1. 成虫 6. 触角第 3、4、5 节；无翅孤雌蚜：2. 成虫 3. 尾片 4. 腹管 5. 触角)
D. 麦长管蚜(有翅孤雌蚜：1. 成虫 5. 触角第三节；无翅孤雌蚜：2. 成虫 3. 尾片 4. 腹管 6. 触角)

表10-3　草坪草常见蚜虫的形态特征

种类	有翅胎生雌蚜	无翅胎生雌蚜
麦二叉蚜	体长1.8~2.3 mm，头胸部灰黑色，腹部绿色，腹部中央有1条绿色纵纹。额瘤不明显；触角比体短；前翅中脉分2叉；腹管圆锥状，中等长，黄绿色	体长1.4~2 mm，淡黄绿色至绿色，腹背中央有1条绿色纵纹；触角为体长一半或稍长；尾片圆锥状，中等长，黑色，有2对长毛
麦长管蚜	体长2.4~2.8 mm，头胸部暗绿色或暗褐色，腹部黄绿色至浓绿色，背腹2侧有褐斑4~5个。额瘤明显，外倾；触角比体长；前翅中脉分3叉；腹管管状，极长，黑色	体长2.3~2.9 mm，淡黄绿色或黄绿色，背侧有褐色斑点；触角与体等长或超过体长，黑色；尾片管状，长，黄绿色，有3~4对长毛
禾缢管蚜	体长1.6 mm左右，头胸部黑色，腹部暗绿带紫褐色，腹被后方具红色晕斑2个。额瘤略显著；触角比体短；前翅中脉分3叉；腹管近圆形，端部缢缩如瓶颈状，黑色	体长1.7~1.8 mm，淡绿色或紫褐色，背侧有褐色斑点；触角与体等长或超过体长，黑色；尾片管状，长，黄绿色，有3~4对长毛
苜蓿蚜	体长1.5~1.8 mm，黑绿色，有光泽。翅痣翅脉橙黄色。腹部各节背面均有硬化的暗褐色横纹，腹管黑色，圆筒状，端部稍细，具覆瓦状花纹。尾片黑色，上翘，两侧各有3根刚毛	体长1.8~2.0 mm，黑色或紫黑色，有光泽，体被蜡粉。腹部体节分界不明显，背部有一块大形灰色骨化斑

(2)生活史及发生规律

一年发生代数因地而异，一般可发生10代以上，越冬虫态也随各地气候不同。除禾缢管蚜在我国北方常以卵在蔷薇科木本植物上越冬外，其余4种以成虫、若虫或以卵在草坪草或其他寄主上越冬。蚜虫生活史复杂，世代交替现象严重。一般越冬卵在翌年春天孵化，行孤雌生殖产生无翅雌性后代，几代后产生有翅蚜，迁移到夏季主要寄主植物上，继续行孤雌生殖，产生无翅胎生蚜虫。在蚜虫密度过大、营养条件恶化时还可产生有翅型蚜虫以便扩散。夏末秋初产有翅蚜，陆续迁飞到越冬寄主上产有性蚜，交配后产卵越冬。

蚜虫种类不同，危害习性也有差异。麦二叉蚜最喜幼苗，常在苗期开始危害。喜干旱，怕光照，多分布在植株下部和叶片背面。麦二叉蚜致害能力强，在吸食过程中能分泌有毒物质，破坏叶绿素，被害叶面呈黄斑，严重时下部叶片枯死，呈现一片黄色，严重影响草坪的美观。麦长管蚜喜光照，较耐潮湿，多分布在植株上部和叶片正面，抽穗灌浆后繁殖量大增，并集中穗部危害。无网长管蚜介于麦长管蚜和麦二叉蚜之间，主要在叶面和茎秆上危害。禾缢管蚜怕光喜湿，多分布在植株下部的叶鞘、叶背甚至根茎部分，嗜食茎秆和叶鞘。

蚜虫天敌种类较多，主要有瓢虫、草蛉、蚜茧蜂、食蚜蝇、螨类、食蚜蜘蛛、蚜霉菌等，其中瓢虫、食蚜蝇和蚜茧蜂较重要。近年的调查研究表明，影响蚜虫总群数量波动的原因，前期以风雨为主，后期多以天敌为主。

(3)防治方法

①农业防治：清除杂草，减少虫源；适时修剪草坪，对蚜虫早期危害有一定作用。

②生物防治：合理选用农药，保护利用天敌，充分发挥天敌对蚜虫的控制作用。

③化学防治：蚜虫发生量大时，施用化学药剂，如乐果乳油、马拉硫磷、西维因喷雾。

10.4.4.2 盲蝽类

盲蝽属半翅目(Hemiptera)盲蝽科(Miridae)。盲蝽成虫和若虫均以刺吸口器吸食嫩茎叶、花蕾、子房。被害叶片上先出现黄色小斑点，小斑点逐渐扩大并造成黄褐色大斑，造成叶片皱褶，轻则阻碍草坪草的生长发育，重则植株干枯而死亡。危害豆科草坪草及作物的盲蝽主要有绿盲蝽(*Lygus lucorum*)、三点盲蝽(*Adelphocoris taeniphorus*)、苜蓿盲蝽(*Adelphocoris lineolatus*)、中黑盲蝽(*Adelphocoris suturalis*)、牧草盲蝽(*Lygus pratensis*)。危害禾本科草坪草及作物的主要有赤须盲蝽(*Trigonotylus ruficornis*)。下文主要以绿盲蝽为例介绍其形态特征(图10-5)、生活史及发生规律和防治方法，其他常见盲蝽的形态特征及发生特点见图10-6、表10-4。

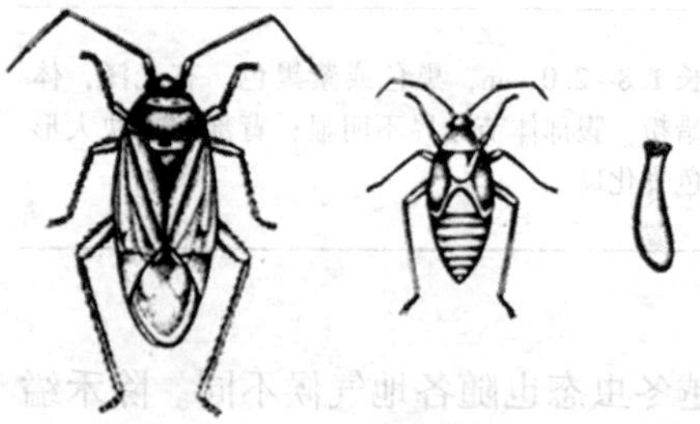

图10-5 绿盲蝽

A. 成虫 B. 若虫 C. 卵

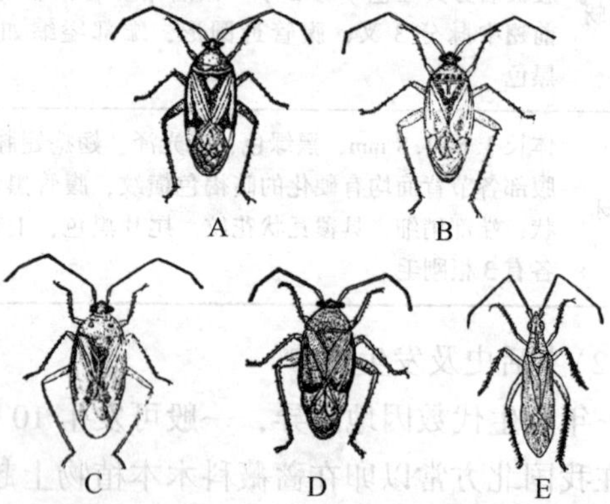

图10-6 常见其他5种盲蝽成虫

A. 三点盲蝽成虫 B. 苜蓿盲蝽雌成虫 C. 中黑盲蝽雌成虫 D. 牧草盲蝽雌成虫 E. 赤须盲蝽成虫

(1)形态特征

①成虫：体长约5 mm，宽2.2 mm，绿色，密被短毛。前胸背板深绿色，布有许多小黑点。触角比身体短，第2节长等于3、4节之和。前翅基部绿色，膜片半透明暗灰色。

②卵：长约1.0 mm，黄绿色，长口袋形，卵盖奶黄色，中央凹陷，两端突起，边缘无附属物。散产于植物组织内，只留卵盖在外。

③若虫：5龄，与成虫相似。初孵若虫短粗，体绿色，复眼红色。5龄若虫体鲜绿色，密被黑细毛；触角淡黄色，端部色渐深。复眼灰色。

(2)生活史及发生规律

绿盲蝽在北纬32°以北一年发生3~4代，长江流域一年发生4~5代，以卵在豆科草坪草及牧草等茎表皮组织中越冬。在河南，3月下旬卵开始孵化，第一代若虫主要危害豆科草坪草及作物，5月初羽化为成虫，6月发生第二代，7~8月发生第三代和第四代。成虫寿命长，产卵期达30~40 d，有世代重叠现象。第五代成虫9月底羽化，10月上旬产卵，11月下旬陆续死亡。

春季低温会使盲蝽越冬卵延迟孵化，夏季高温45℃以上时，成、若虫大量死亡。盲蝽是喜湿性昆虫，越冬卵一般在相对湿度60%以上才能孵化。一般6~8月降雨偏多月份，有利于盲蝽发生危害。

(3)防治方法

用药剂防治若虫，可使用乐果乳油或马拉硫磷乳油。

表 10-4　草坪草上常见盲蝽的发生危害概况

种类	成虫形态特征	发生危害概况
三点盲蝽	体长 7 mm 左右，黄褐色。触角与身体等长，前胸背板后缘具一黑横纹，前缘具黑斑 2~3 个，小盾片及 2 个楔片具 3 个明显的黄绿三角形斑	在河南 1 年发生 3 代，以卵越冬。越冬卵 4 月下旬开始孵化，初孵若虫借风力迁入邻近草坪及苜蓿田等处造成危害，5 月下旬羽化为成虫，第二代若虫 6 月下旬出现，7 月上旬第二代若虫羽化，7 月中旬孵出第三代若虫。第三代成虫 8 月上旬羽化，从 8 月下旬在寄主上产卵越冬
苜蓿盲蝽	体长 7.5~9 mm，黄褐色，触角比身体略长，前胸背板后缘有 2 个黑色圆斑。小盾片上有黑色纵带 2 条。足胫节刺着生处有小黑点	在新疆和北京 1 年 3 代，山西、陕西、河南 1 年 3~4 代，以 4 代为主，南京 1 年 4~5 代，以卵越冬。在新疆，越冬卵 4 月上旬孵出第一代若虫，成虫于 5 月上旬开始羽化，第二代若虫 6 月上旬出现，成虫 6 月下旬开始羽化，第三代若虫 7 月下旬孵出，若虫于 10 月中旬全部结束，第三代成虫 8 月中下旬羽化，9 月中旬成虫在越冬寄主上产卵越冬，成虫多在夜间产卵
中黑盲蝽	体长 6~7 mm，褐色。触角比身体长。前胸背板中央具 2 个小圆黑点，小盾片、爪片大部为黑褐色	在陕西、河南 1 年发生 4 代，以卵越冬。4 月上旬孵化，5 月上旬羽化为第一代成虫，6 月下旬第二代成虫羽化，第三代成虫发生在 8 月上旬，第四代成虫 9 月中旬羽化
牧草盲蝽	体长约 6 mm，绿褐色，触角比体短，喙 4 节，前胸背板上具橘皮状点刻，侧缘黑色，后缘有 1 条黑横纹，小盾片黄色，后足股节有黑色环纹，胫节基部黑色	在新疆莎车 1 年发生 4 代，以成虫越冬。越冬成虫 3 月中旬至 4 月中旬开始取食并产卵。3~5 月中旬首先在麦田，后转移到十字花科和藜科等开花植物上取食产卵，5 月中旬至 6 月中旬虫口分散到各植物上危害。6 月下旬至 8 月中旬，主要危害棉花、苜蓿、胡麻等
赤须盲蝽	体长 5~6 mm，宽 1~2 mm，细长，鲜绿色或浅绿色。触角红色。前胸背板梯形，具暗色条纹 4 个，前缘具不完整的鳞片，四边略向里凹，中央有纵脊。足胫节末端和跗节黑色	在内蒙古 1 年发生 3 代，以卵在禾草茎叶上越冬。4 月下旬至 5 月初越冬卵孵化，第一代成虫于 5 月中旬开始羽化，5 月中下旬交配产卵。第 2 代和第 3 代成虫分别现于 6 月中下旬和 7 月下旬，8 月上中旬产卵越冬。成虫白天较活泼，傍晚或清晨气温较低不太活动，若虫行动活泼，常群集在叶背面取食危害。喜食粗纤维较多的禾本科草坪草

10.4.4.3　叶蝉类

叶蝉类属同翅目(Homoptera)叶蝉科(Cicadellidae)。叶蝉均以成虫、若虫群集叶背及茎秆上，刺吸汁液，使寄主生长发育不良。叶片受害后，多褪色呈畸形卷缩现象，甚至全叶枯死。苗期寄主常因流出大量汁液，经日晒枯萎而死。在草坪草中，黑麦草和羊茅稍具抗性。我国草坪草上常见的叶蝉有大青叶蝉(*Cicadella viridis*)、二点叶蝉(*Cicadula fasciifrons*)、黑尾叶蝉[*Nephotettix cinctilcps* (Uhler)]。

大青叶蝉在国内除西藏不详外，其他各地均有发生，以甘肃、宁夏、内蒙古、新疆、河南、河北、山东、山西、江苏等地发生量大，危害较严重。主要危害禾本科草坪草、豆科草坪草、豆类植物等。下文主要以大青叶蝉为例介绍其形态特征(图 10-7)、生活史及发生规律和防治方法，其他常见叶蝉的形态特征及发生特点见图 10-8、表 10-5。

图 10-7 大青叶蝉成虫

(引自张蓉等，2014)

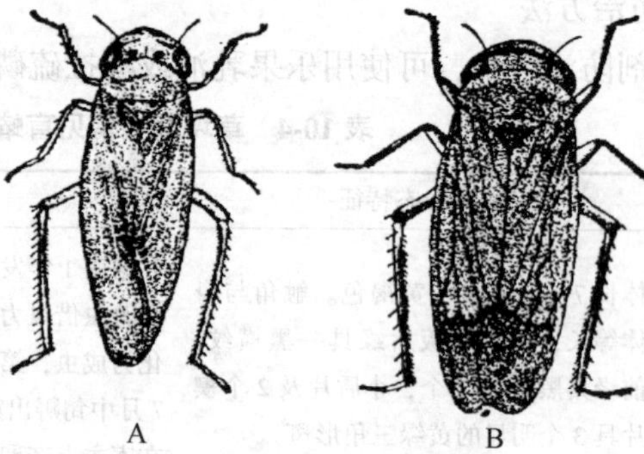

图 10-8 两种叶蝉成虫

A. 二点叶蝉 B. 黑尾叶蝉

表 10-5 两种草坪草常见叶蝉的发生危害概况

种类	形态特征	发生危害概况
二点叶蝉	体长 3.5~4 mm，体色淡黄绿色，略带灰色。头顶有 2 个明显小黑圆点。复眼内侧各有一短纵黑纹，单眼前头有显著的黑横纹 2 对。前胸背板淡黄色，小盾片鲜黄绿色，基部有 2 个黑斑，中央有一细横刻痕。前翅呈白色	在江西南昌 1 年约发生 5 代，以成虫及若虫在潮湿草地上越冬。3 月下旬至 4 月上中旬越冬若虫羽化，第一代成虫于 6 月上中旬出现，陆续繁殖危害，12 月上中旬仍能正常活动。在宁夏银川以成虫在冬麦上越冬，7~8 月为盛发危害期
黑尾叶蝉	体长 4.5~6 mm，黄绿色，在头部两复眼间有一黑色横带，横带后方正中线黑色，极细，有时不明显。前胸背板前半部黄绿色，后半部绿色，小盾片黄绿色。前翅鲜绿色，前缘黄色	1 年发生 4~7 代，主要以若虫和少量成虫在草地、田边、休闲地越冬。成虫活泼，白天潜伏在植株中下部，早晨和夜晚在叶片上危害。高温、微风的晴天最活跃。成虫趋光性强，成虫羽化后 7~8 d 始产卵，卵多产于叶鞘边缘内侧，单行排列。若虫多栖息在植株基部。幼虫共 5 龄，2~4 龄活动最强，有群集习性，遇惊动时便横行斜走或跳跃而逃

(1)形态特征

①成虫：体长 7~10 mm，青绿色，头部颜面淡褐色，颊区在近唇缝处有一小型黑斑，在触角上方有一块黑斑，头部后缘有一对不规则的多边形黑斑。前胸背板和小盾片淡黄绿色。前翅绿色带青蓝色光泽，前缘淡白，端部透明，翅脉青黄色，具狭窄的淡黑色边缘。后翅烟黑色，半透明。

②卵：长 1.6 mm，宽 0.4 mm，长卵圆形，白色微黄，中间稍弯曲，一端稍细，表面光滑。

③若虫：共 5 龄。1~2 龄若虫灰白带黄绿色；3~4 龄若虫黄绿色，并有翅芽出现；5 龄若虫中胸翅芽后伸，几乎与后胸翅芽等齐，超过腹部第 2 节。

(2)生活史及发生规律

大青叶蝉 1 年发生 2~6 代，以卵越冬。北京 1 年发生 3 代，越冬卵 4 月孵化，第一代成虫羽化期为 5 月中下旬，第二代为 6 月末至 7 月下旬，第三代为 8 月中旬至 9 月中旬。

成虫有趋光性。非越冬代成虫多产卵于寄主植物的叶背主脉组织中，卵痕如月牙状，较整齐排列，呈弧形口袋状。若虫多在早晨孵化，初孵若虫群集于叶片上，以后逐渐分散危害，中午气温高时最为活跃，晨昏气温低时成、若虫多潜伏不动。

(3)防治方法

①农业防治：在冬春季铲除坪边、田边杂草。

②物理防治：利用成虫趋光性，在成虫盛发期进行黑光灯诱杀，可消灭大量成虫。

③化学防治：在若虫盛发期用叶蝉散乳油、乐果乳油、敌百虫、西维因可湿性粉剂进行药剂防治。

10.4.4.4　蓟马类

昆虫纲缨翅目统称为蓟马。危害禾本科草坪草的主要有小麦皮蓟马、稻管蓟马、稻蓟马，危害豆科草坪草的主要有端带蓟马、花蓟马、苜蓿蓟马。

(1)形态特征

体微小，细长，一般 0.5~0.7 mm，黑色、黄色或黄褐色。锉吸式口器，缨翅，足末端有可伸缩的端泡。

(2)生活史及发生规律

蓟马类经历卵、若虫、伪蛹和成虫 4 个阶段，若虫和成虫阶段对植物危害严重。花期危害最严重，在花内取食，造成落花落荚。以锉吸式口器吸取叶片和花等部位。嫩叶被害后呈现斑点，卷曲以至枯死。

(3)防治方法

①农业防治：清除田边杂草。

②化学防治：可在花期进行药剂防治。

10.4.5　其他昆虫

有些昆虫虽然不吃草坪草，但有时也危害草坪。如蚂蚁不直接危害草坪，但群居于草坪上时会挖出大量土壤，在地表形成土堆，破坏草坪的一致性；在刚播种的地方，蚂蚁还会搬走种子；蚂蚁的筑穴和打洞，往往使草坪草的根裸露而死亡；蚂蚁有堆土习性，在洞口筑成蚁山，因而在草坪上形成许多小土堆，影响草坪的美观。对于蚂蚁，一般不需进行防治。在管理精细的草坪上，当蚂蚁活动严重影响到草坪的美观和使用时可用药物进行防治。常用于防治蚂蚁的化学药剂有辛硫磷、灭蚁灵、灭蚁清等。

有些昆虫可威胁工人、高尔夫球手和其他草坪使用者的健康和安全，如跳蚤、蠓、蜱等，它们骚扰人、吸血传病。人被叮咬后，被刺叮处常有局部反应和瘙痒，严重的可引起全身过敏反应，并且还有可能传播病毒病、寄生虫病、鼠疫、伤寒等。对于这些害虫的防治主要是通过改善草坪的周围环境，清除垃圾、污水，保持良好的卫生环境；及时修剪草坪周围的树木，美化草坪周围环境等。

还有些昆虫如蜜蜂、土蜂、胡蜂在草坪里筑巢，蝉的若虫生活在草坪的土壤中，在土中吸食植物根系汁液，出土羽化时在草坪上凿洞，影响草坪的美观。

10.5 草坪其他有害生物防治

(1)蚯蚓

蚯蚓属于环形动物门，终年生活在草坪区的土壤中，一般喜欢生活在潮湿低温、高有机质含量的土壤里。在土壤中打洞，摄取土壤、植物的落叶、根的碎片等。蚯蚓爬到土表大量排泄，使草坪表面形成许多凹凸不平的小土堆，影响草坪的美观。尤其在高尔夫球场果岭上产生许多小洞和排泄物。但蚯蚓的这种行为同时又是有益的，它能使土疏松和肥沃，对草坪草的生长有利。但当蚯蚓栖居达到一定的数量时，就会造成危害，导致草坪凹凸不平、变得泥泞妨碍使用，甚至引起草坪的退化。只有当草坪上蚯蚓栖居达到一定数量造成危害时，才需进行防治。目前，防治蚯蚓较为有效的杀虫剂是亚砷酸钙。也可应用茶麸诱集蚯蚓，然后收集。

(2)线虫

线虫属于无脊椎动物线形动物门线虫纲的低等动物。虫体大多两端稍尖，细长如线，极小，平均长1.2 mm。寄生在草坪上的线虫有50余种。线虫以利口刺穿寄主的表皮和组织，并同时将食道分泌的酶和有毒物质注入植物体内，帮助线虫消化植物的营养以利吸食，有的破坏植物的生理机能，干扰新陈代谢，可刺激细胞分裂形成瘤肿和畸形；抑制顶端分生组织的分裂；溶解中胶层或细胞壁，使细胞解离、坏死和崩溃。

草坪线虫发生的症状常表现为地上部分茎叶卷曲或组织坏死，地下部根系组织的坏死和腐烂等，由于根部受害，使地上部分的生长势变弱，耐旱、耐热能力弱，常表现为植株矮小，开始时叶片呈淡绿色，逐渐变黄，似严重缺肥缺水状。被害后形成的草坪病枯斑块直径小的为5~6 cm，大的可达150~160 cm。线虫的活动一般在18~23℃时旺盛，对草坪的危害在3~6月和9~10月较严重。

线虫由于位于草坪根部，防治较为困难。一般播种前在草坪坪床上进行土壤熏蒸可杀除线虫，熏蒸剂有溴化钾、三氯硝基甲烷及二氯丁二烯等。在被害草坪上，每间隔30 cm挖穴，穴深15 cm，每穴注入二嗪农或克线磷药液2~3 mL，在施用药液之前，板结的土壤应使用机具松土，并清除枯草层的未分解有机物，这样可获得杀除线虫的显著效果。在春季返青后或秋季土壤温度13~16℃时使用杀线虫剂效果最好，至少每年施用药液1次，连续施用2~3年，可彻底杀除线虫。

(3)螨类

螨类俗称红蜘蛛、黄蜘蛛，隶属节肢动物门蛛形纲。体微小，0.1~2.0 mm，圆形或椭圆形，体分颚体和躯体两部分，颚体上着生有口器，一般4对足。以叶螨类危害草坪草最重，主要种类有麦岩螨、麦圆叶爪螨、苜蓿苔螨、草地小爪螨、棉二斑叶螨。

受害后叶片上会产生许多灰白色斑点或变棕、变黄，叶片失绿失水，影响光合作用，导致生长缓慢甚至停滞，严重时落叶枯死。螨类的防治可以选用抗性品种，栽培上注意适时浇水，在必要时可用有机磷、除虫菊酯或杀螨剂防治。

(4)啮齿类动物

一些啮齿类的动物(如草地鼠等)有打洞习性，破坏了草坪的外观。鼠害防治需控制鼠的数量，可使用诱捕器械或下毒饵进行诱杀。

(5)鸟类

许多鸟类经常光顾草坪地区，这些鸟类主要以取食草坪草叶的鳞翅目幼虫和其他一些昆虫为食，它们能消灭早期危害草坪的草地螟、地老虎等害虫，对草坪保护是有益的。但在精细管理的草坪上(如高尔夫球场果岭)，鸟类活动给草坪造成比较严重的物理损害。需要对危害草坪的害虫进行防治，以减少鸟类在草坪上的活动。

复习思考题

1. 什么是草坪保护与有害生物综合治理？有害生物综合治理的策略与措施有哪些？
2. 草坪杂草如何分类？
3. 简述杂草管理的基本措施。
4. 如何掌握化学除草剂的类型、用量、使用时间？应该注意哪些事项？
5. 根据不同致病原因，草坪病害分为哪两类？侵染性病害病原主要有哪些？目前引起草坪病害的以哪种病原物为主？
6. 病害发生和流行具备哪些条件？草坪病害防治有哪些方法？
7. 如何在症状上区分锈病、白粉病和黑粉病？其发生规律有何异同？
8. 草坪害虫主要分为哪几类？如何进行防治？

第10章知识拓展

第11章

草坪质量评价

草坪质量是草坪在其生长和使用期内功能的综合表现，它体现了草坪的建植技术与管理水平，是对草坪优劣程度的一种评价。草坪的用途不同，质量评价的指标和侧重点各异：如观赏草坪主要是供人欣赏，评价时多侧重外观质量；水土保持草坪要有良好的生态适应性，评价时多侧重生态质量；运动场草坪需要经受频繁践踏和修剪，满足不同运动项目的特殊要求，评价时多侧重使用质量等。实践中还需根据草坪的使用目的结合多种评价指标进行质量的综合评价。

草坪质量评价与运动场草坪的发展息息相关。1754年，英国圣安德鲁斯皇家古典高尔夫球俱乐部(The Royal and Ancient Golf Club of St. Andrews)成立。1863年，英国足球协会成立，并制订民官方的14条规则。1904年，国际足球联合会(Fédération Internationale de Football Association，FIFA)成立，实施对草坪质量标准的研究与制定。FIFA作为世界性的足球管理机构，确保了一个公认的国际足球比赛场地标准，并推出足球相关质量标准。如《国际足联足球场草坪质量概念——足球场草坪要求手册》和《人造草坪国际标准》(IATS)，对足球场草坪的使用质量的评价给出了具体测定方法和准则。1920年，美国高尔夫球协会在J. Monteith博士的倡导下设立了草坪部。目前，世界上高尔夫国际比赛的规则和场地要求即出自英国圣安德鲁斯皇家古典高尔夫球俱乐部和美国高尔夫球协会。1929年，英国成立第一个包括足球场在内的运动场草坪研究所。1935年，美国Edward S. Stimpson发明草坪果岭测速仪。1976年，果岭测速仪由Frank Thomas重新设计，将木制改为铝制，1978年，USGA正式将其命名为斯蒂姆果岭测速仪(stimpmeter)。1976年，澳大利亚Baden Clegg博士研发果岭硬度仪。1975年，英国成功试制践踏机，模拟运动员对草坪的践踏以测定草坪的耐践踏性。

除草坪使用质量评价外，草坪的外观质量和生态质量等也有着相应的发展。1924年，国际种子检验协会(International Seed Testing Association，ISTA)成立，负责制订草坪草种子检测规程，每年1月进行修订，为草坪草种子市场提供公正的数据检测方法。草皮质量认证标准中也采用ISTA的种子质量标准。1980年，由美国农业部(United States Department of Agriculture，USDA)农业研究局(Agricultural Research Service)和国家草坪基金会(National Turfgrass Federation，NTF)共同推出合作项目：国家草坪草品种评价项目(The National Turfgrass Evaluation Program，NTEP)。NTEP每年测定并评价草坪草的质量、颜色、密度、抗病虫害、耐热、抗旱、抗寒以及耐践踏性等，进行多点、多年统一标准试验，数据广泛为生产者、经营者以及育种者和研究者采用，试验结果为他们正确选择适宜的优良品种提供可靠的指导。

我国2000年出台了国家标准《主要花卉产品等级 第7部分：草坪》(GB/T 18247.7—2000)，2003年发布国家标准《草皮生产技术规程》(GB/T 19369—2003)，2006年发布行业标准《草皮生产技术规程》(NY/T 1175—2006)。但目前对于天然草坪运动场质量评价还没有专门的质量检测机构，多数是草坪种子检测机构。目前草坪市场需求量大，为了草坪业的持续发展，需要出台检测标准与评价标准，提高草皮质量的检测与评价技术，按质定价来保障市场健康竞争与有序发展。

11.1　草坪质量评价指标

草坪质量包括外观质量、生态质量、使用质量和基况质量 4 个方面。

11.1.1　草坪外观质量

为确保草坪外观质量评价(visual ratings)结果有意义，评价人员要掌握一般原则和观测技巧。评价人员需经过训练，且经常巡视需要评价的草坪，从总体上把握质量变化，在观测前也应参照上一次评分结果与记录，确保评价的一致性。评价一般选在阴天时进行，此时阴影和反射最小。修剪方向能影响颜色，但遗传颜色差距比修剪造成的更显著。NTEP 对进行外观质量评价时的观测条件有规定(表 11-1)，以保障评价的准确性与一致性。外观质量评分方法有 5 分制、10 分制和 9 分制，其中 9 分制较常用。NTEP 评价系统基本采用 9 分制，9 分表示最优秀或最理想的，1 分表示最差或死的。通常 6 分及以上的草坪质量可以接受。质量评价是基于每月(1~12 月)的数据进行。外观质量评价最好集中在一天完成，以确保评价过程的一致性。

表 11-1　草坪外观质量评价时的观测条件要求

观测条件	NTEP 要求
观测时间	10：00~15：00
观测天气	阴天
观测方向	评价者应背对太阳，尽量从一个方向进行观察
距修剪的最短时间	24 h
观测小区最小面积	1.5 m^2
其他	评价前需标记小区边界与边角，掌握完整的养护措施与条件

(1)草坪颜色

草坪颜色(turfgrass color)是评价人眼对草坪表面反射光线量与质的感受，又称草坪色泽。草坪颜色反映草坪草的生长状况和草坪的管理水平，同时在很大程度上决定了人们对其喜好的程度。草坪颜色分遗传颜色(genetic color)、冬季颜色(winter color)和季节颜色/保色性(seasonal color/color retention)。遗传颜色是反映基因型固有的颜色，应在草坪活跃生长期而不是胁迫条件下评价，褪绿和褐变坏死不是遗传颜色的一部分；冬季颜色即草坪冬天的颜色，是对草坪草在冬季保色性的评估，应评估整个试验区颜色；季节颜色/保色性是用于草坪由病虫害、营养缺失或环境胁迫等条件下的表现评价，保色性用于评估由于季节变化草坪保持颜色的能力，尤其适用于秋季暖季型草坪草在温度变化或霜冻发生时的反应。

草坪颜色可用目测法(直接目测法和比色卡法)或实测法(叶绿素含量测定法和反射光

测定法)测定。9分制：7~9分表示深绿到墨绿；5~7分表示浅绿到深绿；3~5分表示较多的绿色，少量枯叶；1~3分表示较多的枯叶，少量绿色；1分表示休眠或枯黄。

(2)草坪质地

草坪质地(turfgrass leaf texture)是指草坪草叶的宽窄与触感。草坪草的叶宽主要由基因决定，但当栽培管理技术适当时，草坪密度较大，同一草种的草坪质地也会有所提高。

在草坪草活跃生长时期选择叶龄与着生部位均基本一致的叶片进行测定，取叶片最宽处表示。9分制：1为最宽，9为最细；叶片宽度1 mm或更窄，为8~9分；1~2 mm为7~8分；2~3 mm为6~7分；3~4 mm为5~6分；4~5 mm为4~5分；5 mm以上为1~4分。叶片细窄但手感不好的草坪在以上评分的基础上略减。

(3)草坪高度

草坪高度(turfgrass height)是指在自然状态下，草坪草顶端(包括修剪后的草坪平面)与地表的垂直距离。

一般采用直尺或草坪高度棱镜仪(grass height prism gauge)或草坪高度检测仪(turf height tester)等测量工具进行人工测量。根据草坪的具体使用目的进行评价。

(4)草坪密度

草坪密度(turfgrass density)是指单位面积上草坪草个体或枝条的数量，死草坪部分除外。草坪密度与草坪强度、耐践踏性、弹性等使用特性密切相关。草坪密度受草坪草遗传基础的影响，在相同播种量和相同生长条件下，不同分枝类型、不同生长习性的草坪草密度有很大的差异。但良好的养护管理可以在草坪种性范围内提高草坪的密度。以不同形式表示的草坪密度在实际应用中也有很大的不同，因此在草坪评价系统中应统一密度的单位。

为全面反映草坪生长发育状况，需测定草坪一年内春、夏、秋及全年季节变化，尤其对冷季型草坪草。草坪密度可用目测法或实测法测定。9分制：1分表示极差、极稀疏；5~6分表示中等密度；9分表示优、极密。

(5)草坪盖度

草坪盖度(turfgrass living ground cover)是指草坪草的垂直投影面积占草坪所在土地面积的百分数。盖度与密度相关，但盖度可以表示草坪所占的空间范围，而密度不能完全反映个体分布状况。

盖度应在春、夏、秋季分别测定，可用目测法或点测法测定。9分制：盖度为97.5%~100%最佳，记8~9分；95%~97.5%为合格，记6~7分；90%~95%记4~5分；85%~90%记2~3分；75%~85%记1分；不足75%的草坪需要更新或复壮。

(6)草坪均一性

草坪均一性(turf uniformity)是指草坪表面均匀一致的程度，是某一非同质草坪类群分布状况在外观上的反映，是对草坪表面的总体评价。草坪均一性包括两个方面：一是地上枝条在颜色、形态、长势上的均一、整齐程度，二是草坪表面的平坦性。不同用途草坪的评价中侧重点各不相同：观赏草坪的均一性评价多侧重于草坪草叶的外部形态、颜色和草种的分布状况在草坪外观上的反映；运动场草坪则侧重于草坪表面的平坦性。此外，草坪的均一性受草坪的质地、密度、草坪草组成种类、颜色、修剪高度等的影响。

草坪均一性可用样方法、目测法、均匀度法或标准差法测定。9分制：草坪草色泽一致，非同质草类均匀、完全由目标草坪草组成，不含杂草，并且质地均匀的草坪为9分；

6 分表示中等；裸地、杂草所占据的面积达到 50%以上时的草坪为 1 分。

(7)叶片取向

叶片取向(leaf orientation)是指草坪草叶片所生长的方向点，是果岭和其他精密养护管理草坪质量评价的重要指标之一。叶片取向分随机和直立两种，取决于草坪草种和养护管理措施。靠近茎尖的草坪草(丛生型草坪草和紧缩的匍匐型或根茎型草坪草)比远离茎尖的草坪草(匍匐型与根茎型草坪草)具有更直立的叶片取向，草坪的修剪方向、垂直切割、疏草等养护管理措施也会改变叶片取向。

叶片取向可用植物冠层图像分析仪、叶面积指数测定仪或基于立体视觉系统的相机等测定。当直立取向叶超过随机取向叶时，评价得分较高。

11.1.2　草坪生态质量

草坪生态质量是指草坪草间及草坪与环境间的相互作用所表现的特征，反映了草坪对环境及人类利用方式的适应能力。生态质量评价有定性和定量评价，如生物量可以定量测定，而抗寒、抗病等只能进行定性评价。有的采用 9 分制，有的采用百分制。

(1)草坪组成

草坪组成(turf components)是指构成草坪的植物种或品种以及它们的比例。这一特性与草坪的使用目的有关。观赏草坪要求种类单一、均一性好，绿化草坪要求适应性强，草坪组成合理。

应首先确定草坪是由单一草坪、混合草坪还是混播草坪，如果是混合/混播草坪则应调查主要建坪草种的频度和盖度。根据草坪的具体使用目的进行评价，可参考草坪的其他质量特征来评价草坪组成成分是否合理。5 分制：将草坪的草种组成与设计要求进行对比，就目的、功能的要求进行对照，做分级评估，达到设计要求的给 5 分，每下降 5%扣 1 分。

(2)草坪草分蘖类型

草坪草分蘖类型(branch type of turfgrass)是指草坪草的枝条生长特性和分枝方式。这一特性与草坪的扩展能力和再生能力密切相关。草坪草分蘖类型与草坪草种遗传特性有关，可分为匍匐型、根茎型、丛生型和混合型(详见“第 2 章 2.1.3 按草坪草分蘖特性分类”)。

匍匐型草坪草的匍匐茎沿地表生长，节上产生不定根和与地面垂直的枝条和叶，与母枝分离后可形成新个体，匍匐型草坪草的扩展能力与土壤质地密切相关，在砂质土壤上易形成新个体，耐低修剪性强；根茎型草坪草通过地下根状茎进行扩展，定植后扩展能力很强，地上枝条与地面趋于垂直，可形成均一的草坪；丛生型草坪草通过分蘖进行扩展，建坪时在播种量充足的条件下能形成均匀一致的草坪，但在播种量偏低时形成分散独立的株丛，导致不均一的坪面，影响草坪的外观质量和使用质量。确定草坪组成后应确定草坪草的分蘖类型。

(3)草坪生物量

草坪生物量(turfgrass biomass)是指草坪群落在单位时间内植物生物量的累积程度，与草坪的再生能力、恢复能力、定植速度和草皮生产性能都有密切关系。草坪生物量由地上部生物量和地下部生物量两部分组成。

地上生物量是草坪生长速度和再生能力的数量指标，一般以单位面积草坪在单位时间内的修剪量表示。地上生物量可用样方刈割法测定，也可用剪下的草屑体积来估测。

地下生物量是指草坪植物地下部分单位面积一定深度内活根的干重，是草坪质量的内在指标，是草坪外观质量和使用质量的基础和关键。草坪地下生物量的测定通常采用土钻法，取样深度为30 cm，可分3层取样。

草坪生物量应根据草坪的具体使用目的进行评价。

(4)枯草层累积量

枯草层是由草坪草周期性脱落的根系、水平茎和成熟叶鞘叶片堆积形成的半分解半腐烂状态的有机物，枯草层累积量(thatch accumulation)表征着枯草层的积累程度。

通常取5 cm深度的草塞，去掉枯草层上面新鲜的草层，在枯草层表面放置直径5 cm 1 kg的物体，测量经压缩后枯草层的厚度(单位mm)，记为枯草层累积量。

(5)春季返青时间

冬季休眠后草坪草冠层首次可见叶生长的日期，为草坪春季返青(spring green-up)时间。可通过持续记录在休眠草坪草中新出现绿叶的日期，来评价春季返青状况。

(6)春季恢复性能

草坪经过冬季后，从春季开始返青到形成均匀、稳定的覆盖层(即通常95%绿色覆盖)的能力，称为春季恢复性能(spring recovery)。

(7)草坪绿期

草坪绿期(green period)是指草坪群落中从50%的草坪草返青到50%的草坪草枯黄的持续天数。草坪绿期长短与草坪草种遗传特性、地理和环境条件以及养护水平有关。绿期越长，评价越高。

春季返青时间、春季恢复性能与草坪绿期可以实地调研得出，也可以在不同时间对草坪进行外观质量评价(9分制：观测基于小区颜色而非遗传颜色，1分枯黄，9分全绿)，再通过数据统计的方式模拟计算得出(图11-1)。

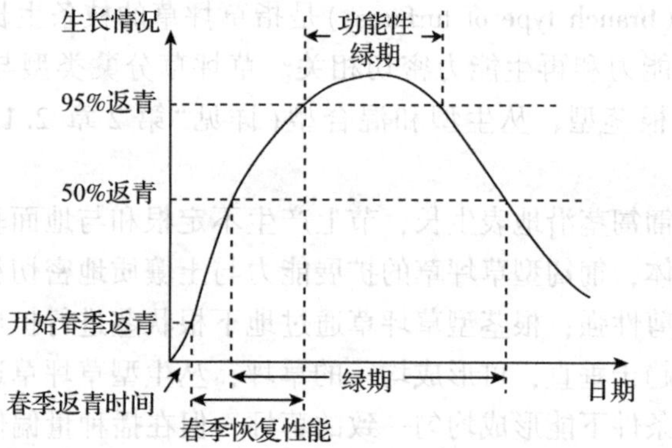

图11-1 草坪春季返青时间、春季恢复性能与草坪绿期的模拟计算示意

(8)草坪抗逆性

草坪抗逆性(turf resistance)是指草坪草对高温、寒冷、干旱、水涝、盐渍及病虫害等不良环境条件以及践踏、修剪等使用和养护的抵抗能力。草坪抗逆性除受草坪草的遗传因素决定之外，还受草坪的管理水平和技术以及混播草坪的草种配比的影响。草坪抗逆性是一个综合特征，可以从形态、生理、生化和生物等多个方面进行评价。不同用途的草坪对抗逆性要求的侧重点不同，如运动场草坪要求耐践踏、耐修剪、耐高强度管理；水土保持草坪要求耐瘠薄、耐干旱；观赏草坪要求颜色鲜绿、抗病虫害、绿期长等。草坪抗逆性的主要测定指标有7个。

①耐寒性(chill stress tolerance)：暖季型草坪草对10~16℃低温的耐性，用寒害引起草坪草死亡的百分率表示。采用9分制或百分制：1分最差，100%死亡；9分最好，无死亡。

②耐霜/抗冻性(frost tolerance or winter kill)：霜冻致草坪草死亡的程度，可用霜冻使草坪草死亡的百分率表示。冷冻或直接低温、干燥或霜冻均会使植株出现冻害症状。采用9分制或百分制：1最差，100%损伤；9分最好，没有伤害。

③耐旱性(drought tolerance)：干旱引起草坪草死亡的程度，可用干旱使草坪草死亡的百分率表示。采用9分制或百分制：1为完全萎蔫、100%烧焦，完全休眠或没有一株恢复，即100%死亡；9分表示没有萎蔫、没有烧焦，100%绿色，没有休眠，100%恢复，零死亡。

④病虫的损害(disease or insect damage)：病虫害造成植株死亡的程度，可用病虫害使草坪草死亡的百分率表示。采用9分制或百分制：1分为没抗性或100%受损害；9为抗性最强或没有损害。虫侵害一般计算单位面积的虫的数量，NTEP鼓励评价者将虫鉴定到属和种。

⑤一年生早熟禾入侵(*Poa annua* invasion)：一年生早熟禾作为杂草种在特定环境或特殊时间是非常棘手、难以根除的问题，可用小区内一年生早熟禾出现的盖度或百分率表示。采用9分制或百分制：没有一年生早熟禾可评9分；一年生早熟禾盖度达25%以上可评1分。

⑥修剪质量/茎量评价(mowing quality or steminess)：一些草种修剪后可能存在质量下降的问题，这是由于它们在生长周期的繁殖阶段产生许多茎。9分制：1分表示修剪质量最差、茎最多；9分表示修剪最好或没有茎。

⑦耐践踏性(traffic tolerance)：反映了草坪对运动员或车辆等对草坪的磨损与挤压的适应能力，主要包括草坪草在践踏下的生存能力和践踏后草坪草的恢复能力。采用9分制或百分制：1表示没有耐性或100%损伤；9表示抗性最强没有伤害。

抗逆性还包括抗热性、耐磨性、狗牙根草坪冬季交播质量等。也采用9分制：9分最好；1分最差。偶尔也采用百分制。无论采用什么方法均应在记录表抬头处注明。

(9)杂草侵蚀率

杂草侵蚀率(weed encroachment)是指单位面积草坪中杂草(非目标草)所占的百分数，表示草坪被杂草侵染的程度。杂草数量直接影响草皮质量。

(10)有毒有害草率

有毒有害草率(toxic and harmful grass rate)是指单位面积草坪中有毒有害草所占的百分数。含有毒有害检疫性杂草的草皮不允许流通于贸易市场的。有毒有害草的检测对象主要是国际或国内进出口检疫性的植物种。

(11)建植率

建植是指草坪草从种子萌发后的茎与根的生长或营养体繁殖到形成均匀、成熟、稳定的草坪种植层。建植率(establishment rate)是指单位时间内草坪草从种子种植或营养体繁殖开始所能达到覆盖地表的百分数。

建植率可以通过连续记录(如每周)草坪草覆盖率直至达到均匀、稳定的草坪草覆盖(通常为95%草坪覆盖),或记录达到均匀、稳定的草坪(通常95%覆盖)种植的时间(天)数。根据草坪的具体使用目的进行评价,一般时间越短得分越高。

(12)种苗活力

种苗活力(seedling vigor)是对草坪草幼苗健壮程度的评价。一般根据90%种子萌发长成幼苗所需的天数表示。9分制:9分活力最大。

(13)结实性

草坪草进行生殖生长形成花序穗的能力称为结实性(seedheads)。结实性通常用穗的密度、频率和高度来评价。密度是单位面积内穗数;频率是单位时间单位面积出现的花序头数;高度是穗顶端到地面的垂直距离。9分制:1分为产穗最多,9分为无穗。

11.1.3 草坪使用质量

草坪的使用质量主要体现运动场草坪在使用时所表现的特性(图11-2)。草坪使用质量的评价内容体现在:①草坪对运动项目的适应性,即赛球与草坪之间的相互作用,如赛球在草坪上的弹跳和滚动情况是否能满足比赛项目的要求;②运动员对草坪性能的感觉与要求,即运动员与草坪之间的相互作用,如草坪与运动员之间产生的滑动与转动阻力,草坪是否使运动员感到安全和舒适等。使用功能良好的草坪可以为运动项目提供理想的场地,同时对运动员与场地间的剧烈冲击有良好的缓冲作用,对运动员起到保护作用。

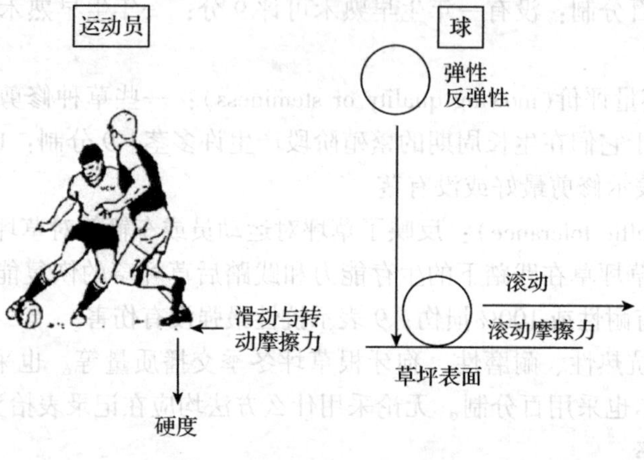

图11-2 运动员和草坪间及赛球与草坪间的相互作用关系

11.1.3.1 赛球与草坪之间的相互作用

(1)草坪弹性

草坪弹性(turf elasticity)是指草坪在外力作用下产生变形,除去外力后变形随即消失的性能。草坪弹性与草坪草种、草坪密度、质地、修剪高度以及坪床的物理性质有关,同时还受气候、土壤等因素影响。网球场草坪必须具有足够的弹性来保证球反弹高度,而足球场草坪的弹性适宜对减少运动员受伤具有重要的意义。草坪弹性指标在实际应用中不易测定,因此多以球反弹性间接表示,测定指标为球垂直反弹率和角度球反弹率。不同的运动项目对草坪反弹性的要求有所不同。

①球垂直反弹率(vertical ball rebound):是球反弹高度与下落高度的比值,体现球从

一定高度下落后从场地表面上方反弹的能力，是反映草坪弹性的重要指标。FIFA 规定，将足球标准赛球在没有任何外力与自转条件下从 2 m±0.01 m 高处释放落地再反弹，足球场草坪垂直反弹高度的合格范围为 0.6～1.0 m(理想范围为 0.6～0.85 m)(FIFA，2015)。可以使用自动摄像法或自动计时法进行球垂直反弹率的测定。

②角度球反弹率(angle ball rebound)：是以指定的速度和角度将赛球投射到草坪表面，球在冲击后速度与冲击前速度的比值为角度球反弹率。此时球与草坪面间的交互作用包括球与草坪间的冲击摩擦、水平速度和草坪对球的垂直反弹性。FIFA 规定将标准赛球在没有旋转状态下，从直径 0.90 m±0.02 m 的发射枪以速度 50 km/h±5 km/h(精确度 1km/h)以 15°+2°发射角射向被测草坪表面，测量球入射地面的末速度和反弹后的初速度，计算二者比值即为角度球反弹率。测定装置包括气压发球枪、雷达测速仪、标准赛球等。足球场草坪角度球反弹率的合格范围为 45%～70%(理想范围为 45%～60%)。

(2)球滚动距离

滚动距离(ball roll)是在没有任何外力的作用下标准赛球从特定测定装置上，自由滚下后在草坪上所滚动的距离，体现球与草坪之间的摩擦性能。滚动距离与草坪草的种类、草坪密度、草坪质地等密切相关。

足球场与高尔夫球场的测定装置不同，但原理是一样的。足球场滚动距离的测定设备包括滚动距离测定装置、测量尺、标准赛球、风速仪等，高尔夫球场果岭滚动距离(也称果岭速度)的测定设备包括 1 个测速计、3 个小高尔夫球、3 个标记小钉、1 本记录本和 1 把测量尺。足球场合格滚动距离范围为 4～10 m(理想范围为 4～8 m)。

11.1.3.2　运动员与草坪之间的相互作用

(1)草坪吸震性

草坪的软硬直接影响运动员的运动。草坪太硬会使运动员受伤，尤其易对运动员的关节及软组织造成损伤；草坪太软会使运动员奔跑时产生疲劳感。草坪吸收外力作用所产生冲击力的性能称为草坪吸震性(shock absorption)，可用吸震百分率表示，草坪表面越软吸震百分率越高。

FIFA 一般以特有的震动吸收测定装置，在球场上选择 19 个测试样点来进行测定。FIFA 推荐天然或人造草坪吸震率合格范围为 55%～70%(理想范围为 60%～70%)。

(2)标准垂直变形

标准垂直变形(standard vertical deformation)是当垂直向下的外力作用于草坪后，草坪垂直方向的变形程度，目的是测试草坪在受到冲击时的稳定性能。标准垂直变形会影响运动员的跨步：草坪过度变形导致坪面不稳定，会缩短运动员步幅造成速度下降；草坪过硬而不变形，会使运动员感觉不适。

测定标准垂直变形的装置与测定草坪吸震性的装置相同，但标准垂直变形记录的是坪面的位移数值。FIFA 推荐天然或人造草坪标准垂直变形的合格范围为 4～9 mm(理想范围为 4～8 mm)。

(3)抗滑性

草坪良好的抓附力是保证运动员安全运动的基础，这种性能称为抗滑性，体现运动员脚底与草坪表面的摩擦性能。运动员在赛场需要迅速起动并加速，如果草坪抓附力不够，运动员就会失去平衡而滑倒，可能造成肌肉韧带、软组织甚至骨头损伤；运动员也可能会迅速停止，如果草坪抓附力太大，当运动员运动急停时，力量传递给关节和韧带来减缓向前冲力，传递过快会造成扭伤。

抗滑性一般用线性滑动摩擦值(linear friction stud slide value，SSV)和减速值(stud deceleration value，SDV)表示。良好的天然草坪滑动摩擦值合格范围为120~220 g(理想范围为130~210 g)，减速值合格范围为3.0~6.0 g(理想范围为3.0~5.5 g)。一般采用改良的线性摩擦滑动值测定装置进行测定。

(4)转动阻力

运动员在草坪上会不定期转身或改变方向与速度，这时草坪的抓附能力称为转动阻力(rotational resistance)，也称阻碍相对运动的摩擦力。

一般使用转动阻力测定仪进行转动阻力的测定。FIFA推荐天然或人造草坪合格转动阻力值为25~50 N(理想范围为30~45 N)。

(5)表面摩擦力与皮肤磨损力

草坪表面(主要指人造草坪)有磨蚀性或摩擦烧伤的倾向，因此要评估草坪产品的表面能力，以减少皮肤磨损和皮肤灼伤的影响。但草坪表面与运动员鞋底之间还要有一定摩擦性能，才能保护运动员安全，防止滑伤。这种体现草坪表面与运动员之间的相互摩擦性能称为表面摩擦力(determination of skin/surface friction)和皮肤磨损力(skin abrasion)，分别用表面摩擦系数和表面磨损率表示，从摩擦特性和磨损风险两个角度评价草坪表面的摩擦性能。

一般采用专门的测试装置进行测定：使用安装有硅表皮的旋转测试脚以圆周运动移动穿过测试样本，计算之间的摩擦系数表征表面摩擦力；利用合成皮肤的磨损引起的质地变化，在摩擦力测试之前和之后分别测量合成皮肤在抛光钢板上的滑动阻力以计算表面磨损率表征皮肤磨损力。人造草坪表面摩擦系数的合格范围为0.35~0.75，表面磨损率的合格范围为<30%。

11.1.4 草坪基况质量

草坪基况质量是对草坪群落着生土壤和坪床提供草坪生长营养及人类活动需要能力的综合评价。良好的基况质量为草坪生长提供营养条件，满足运动项目的需求，为运动员提供良好的竞技场地。草坪基况质量主要包括两个方面：一是坪床满足草坪生长的条件，如坪床土壤的营养状况、土壤质地、酸碱性等；二是作为使用功能时所表现出的状态，如坪床的坡度、厚度、平整度、渗排水性能等。如果场地不平、稳定性差，球员盘带球就非常困难，延长比赛时间，使比赛缺乏激战性。若场地坪床土层结构不佳，场地使用的时间短，草坪的质量差，其弹性和硬度等使用质量不佳，容易引起运动员受伤等。草坪基况质量直接影响草坪的外观质量和使用质量。

11.1.4.1 坪床土壤

(1)土壤养分

土壤养分是指土壤中直接或经转化后能被植物根系吸收的矿质营养成分，取决于矿质营养成分的含量、存在形式和有效性，主要以单位质量土壤中各种矿质营养所占的百分比来表示。对草坪草生长影响较大的矿质营养元素包括氮、磷、钾、钙、镁、硫、铁、锌、硼、铜和氯等。

(2)土壤质地

土壤质地指土壤中不同直径的矿物质颗粒的组合状况，与土壤通气、保肥、保水状况有密切联系，可分为砂土、黏土和壤土三类。

砂土的保水和保肥能力很差，养分含量少，土温变化较大，但通气透水良好，适用于高强度管理的草坪，如高尔夫球场的果岭坪床；黏土的保水与保肥能力较强，养分含量较丰富，土温变化小，但通气透水性差，干时硬结，湿时泥泞，不利于草坪草的生长和草坪的管理；壤土兼有砂土和黏土的优点，通气透水能力强保水能力较好，适于各种草坪草的生长，是建植草坪的理想土壤质地。

(3)土壤酸碱度

土壤酸碱度反映土壤溶液中氢离子浓度和土壤胶体中交换性氢、铝离子数量状况。土壤酸碱度的指标是 pH 值。通常用 pH 计测定土壤 pH 值，也可用 pH 指示剂或 pH 试纸进行比色测定。

根据土壤 pH 值的大小，可将土壤分为五类：强酸性土壤，pH<5.0；酸性土壤，pH 5.0~6.5；中性土壤，pH 6.5~7.5；碱性土壤，pH 7.5~8.5；强碱性土壤，pH>8.5。不同草坪草对土壤酸碱度的适应能力不同，但在建植草坪时一般以中性土壤为宜。运动场一般要求最佳 pH 5.5~6.5，pH 值合适范围为 5.0~7.0。

(4)土壤容重

土壤容重是指一定容积的土壤(包括土粒及粒间的孔隙)烘干后质量与烘干前体积的比值，受土壤类型、含水量、颗粒大小等因素影响，一般用环刀法测定。

11.1.4.2　坪床结构

(1)场地坡度

场地坡度是衡量场地整体平整度的标准，一般足球场坡度合格标准要求小于 1.0%，FIFA 推荐坡度小于 0.5%。可用经纬仪测量场地中心以及周围共计不少于 10 个点，找出场地长轴脊线上最高点和边线处最低点，并计算它们的距离和高差，计算相应的坡度。

(2)坪床结构厚度

足球场草坪结构应由草层、根系层、排水层组成，各层次度合理。根系层厚度应为 80~120 mm，排水层厚度>120 mm。测定方法是用土壤取样器现场取样，分段测量厚度。

(3)场地平整度

场地平整度表示场地表面凸凹程度的值，FIFA 规定用 3 m 直边范围内相差毫米数表示。天然或人造足球场草坪场地合格标准应小于 10 mm，人造草坪基底层平整度为 3 m 直边范围内相差小于 10 mm，300 mm 范围相差小于 2 mm。

(4)基质的渗透性

基质的渗透性主要测定草坪基质渗水性能，能够快速比较通过土壤类型或土壤水平的水分渗透速率。

(5)坪床承载能力

要求有足够的承载能力。如一辆轮子承载 5 t，轮胎气压 3 bar 的大卡车压过后，要求草坪下陷深度不超过 30 mm。

11.2 运动场草坪质量评价

运动场草坪质量是竞技运动安全与质量的保障。运动场质量评价主要分为以下几个方面：①草坪使用质量评价(包括赛球与草坪间的相互作用和运动员与草坪间的相互作用)；②草坪基况质量评价(体现运动场场地结构性能)；③草坪外观质量评价(体现草坪草本身的性能)。下文主要以足球场为例展开阐述。

11.2.1 检测方法

运动场草坪质量检测通常采用两种方法：实验室检测方法和场地实测方法。检测方法不但适用于自然草坪，也适用于人造草坪。

11.2.1.1 实验室检测方法

国际足球联合会(FIFA，2015)规定，实验室检测方法要求实验室的检测温度为23℃±2℃，检测送验样品的最低标准见表11-2，送验草皮样品在送达实验室后应在检测温度下至少适应3 h再检测。检测样品可使用干试样或湿试样进行检测。湿的样品需提前制备，即均匀地将一定量(试验样品的体积)的水充分浸泡在试样上，润湿后试样应排水15 min，然后立即进行试验。

表11-2 实验室草坪检测送验样品最低标准

检验项目	最短长度/m	最小宽度/m	检验项目	最短长度/m	最小宽度/m
球反弹率	1.0	1.0	转动阻力	1.0	1.0
角度球反弹率	1.0	1.0	线性滑动摩擦值或减速值	1.0	1.0
滚动距离(简化滚动距离)	11.0(4)	1.0	表面摩擦力/皮肤磨损力	1.0	1.0
吸震性能	1.0	1.0	拉伸强度	1.0	1.0
标准垂直变形	1.0	1.0	模拟磨损	4.0	1.0

注：引自FIFA，2015。

11.2.1.2 场地实测方法

(1)场地实测条件

场地的气象条件应符合检验要求，通常温度范围应在-5~50℃。检测球滚动距离与球的反弹性时，最大风速应<2 m/s，如果条件达不到要求，可以采用屏蔽设施(如用塑料制成的棚道)。场地实测选择的测定点如图11-3所示，每测定点至少在3个方向(0°、90°、180°)测定。每个测定点重复5次，每次重复测定点间距至少300 mm。根据不同的检测指标，测定点、测定方向以及重复次数有所增加或稍加变化。

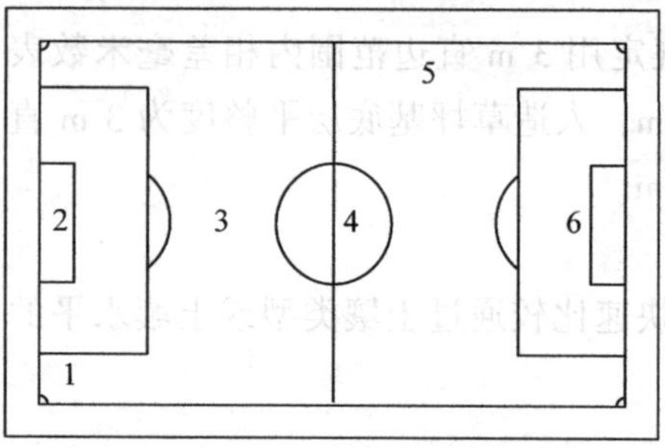

图11-3 足球场场地实测测定位点
(FIFA，2015)

(2)检测用球与设备要求

检测用球应是认证许可的标准赛球，符合规定温度下任何检测球气压范围。足球要求气压0.6~0.9 bar，球在混凝土面上从2.0 m±0.01 m处下落，反弹高 1.35 m±0.03 m。检测前必须在混凝土表面进行测试，以确保检测用球符合标准规定。检测用鞋钉要满足权威部门如 FIFA 规定。

11.2.2　草坪使用质量检测

运动场草坪使用质量评价包括标准赛球与草坪间相互作用和运动员与草坪间相互作用。实验室检测与场地实测的检测条件以及符合范围见表 11-3 和表 11-4。

表 11-3　标准赛球与草坪间相互作用指标

项　目	预先准备	实验室检测			场地实测		
		检测条件	FIFA 推荐最佳范围	FIFA 推荐合格范围	检测条件	FIFA 推荐最佳范围	FIFA 推荐合格范围
垂直反弹性	预处理，23℃	干样	0.60~0.85 m	0.60~1.0 m		60~85 cm	60~100 cm
		湿样	0.60~0.85 m	—			
	模拟磨损，23℃	干样	0.60~0.85 m	0.60~1.0 m			
角度球反弹性	预处理，23℃	干样	45%~60%	45%~70%	干样	45%~60%	45%~70%
		湿样	45%~80%	45%~80%	湿样	45%~80%	45%~80%
滚动距离	预处理，23℃	干样	4~8 m	4~10 m	开始测定	4~8 m	4~10 m
		湿样	4~8 m	—	12 月后测定	4~10 m	

注：参考 FIFA2015 整理。

表 11-4　运动员与草坪间相互作用指标

项　目	预先准备	实验室检测			场地实测		
		检测条件	FIFA 推荐最佳范围	FIFA 推荐合格范围	检测条件	FIFA 推荐最佳范围	FIFA 推荐合格范围
吸震性能	预处理，23℃	干样	60%~70%	55%~70%	平测脚，第二/第三次冲击	60%~70%	55%~70%
		湿样	60%~70%	—			
	模拟磨损	干样	60%~70%	55%~70%			
	-5℃	冰冻	60%~70%	—			
标准垂直变形	预处理，23℃	干样	4~8 mm	4~9 mm	平测脚，第二/第三次冲击	4~8 m	4~9 m
		湿样	4~8 mm	—			
	模拟磨损	干样	4~8 mm	4~9 mm			
转动阻力	预处理，23℃	干样	30~45 N m	25~50 N m	—	30~45 N m	25~50 N m
		湿样	30~45 N m	—			
	模拟磨损	干样	30~45 N m	25~50 N m			
线性摩擦-滑动减速值	预处理，23℃	干样	3.0~5.5 g	3.0~6.0 g	—	3.0~5.5 g	3~6.0 g
		湿样	3.0~5.5 g	—			
线性摩擦-滑动摩擦值	预处理，23℃	干样	130~210 mm	120~220 mm	—	130~210 mm	120~220 mm
		湿样	130~210 mm	—			
表面摩擦力	预处理，23℃	干样	0.35~0.75	—	—	—	—
皮肤磨损	预处理，23℃	干样	±30%	—	—	—	—

注：参考 FIFA2015 整理。

11.2.3 草坪基况质量检测

场地结构检测主要测定指标为：场地坡度、场地平整度、基质的渗透性、土壤容重和坪床结构厚度。具体检测方法详见“第 11 章 11.1.4 草坪基况质量”。场地实测的条件及要求见表 11-5。

表 11-5 运动场场地实测的条件及要求

项目	条件	FIFA 要求
需求场地地表平整度	3 m 直边	<10 mm
坡度	—	<1%
	—	<0.5%
底层基质水渗透性	干样	45%~60%
	湿样	>180 mm/h
底层表面规则性	3 m 直边	<10 mm
	300 mm	<2 mm

11.2.4 草坪外观质量检测

运动场草坪质量评价除了使用功能和场地结构外，还需评价外观质量，主要测定指标是草坪颜色、盖度、质地、均一性、杂草率、草坪高度等，涉及草坪运动场的星级评价(表 11-6)。

表 11-6 草坪外观质量评价方法与指标范围

项目	测定方法	评价表示法	最佳范围值	合格范围值
草坪颜色	目测法和实测法	9 分制，1~9 分	7~9	5.5~6.9
草坪盖度	样方实测法	百分数,%	96~100	90~95
草坪密度	样方实测法	条数	20 000~40 000	15 000~60 000
草坪质地	尺子测量	9 分制 ≤1 mm 8~9 分；1~2 mm 7~8 分；2~3 mm 6~7 分	1.5~3.0 mm 8~9 分	—
草坪均一性	目测法	5 分制，1~5 分	五项总分>20	16~19
杂草率	样方实测法	百分数,%	≤1	1.1~2
病虫侵害度	样方实测法	百分数,%	≤1	1.1~3
草坪高度	尺子测量	cm	2~3	3.1~5

11.2.5 其他指标检测

对于人造草坪运动场，还需要测定草坪的耐久性指标。如草皮接头拉伸强度是单位长度内破坏黏合剂黏合或缝线缝合的接头强度所用的最大力，单位为 N/mm。通常 FIFA 推荐接头缝线缝合强度的最佳数值为 10 N/mm，接头黏合强度 0.25 N/mm。

11.3　草坪质量的综合评价

草坪质量是综合特征的表现，在平衡好评价目的和评价手段的基础上，采用结合统计学和数学的量化方法消除人为因素的影响是草坪质量评价的发展方向。测定方法的标准化是比较测定结果的基础。目前草坪质量综合评价的数理统计方法主要有加权评分法和模糊综合评价法。

(1)加权评分法

加权评分法需确定两个标准：草坪质量指标的分级和加权平均数的分级。用加权评分法进行草坪质量综合评价，首先要将被测草坪的评价指标的实测值与草坪质量指标的分级进行对比，得到草坪在各指标上的得分。再将各指标的得分与指标权重相乘，累加后除以指标数量，即得到加权平均数。最后根据加权平均数的分级标准确定被测草坪的等级。

(2)模糊综合评价法

模糊综合评价法运用模糊数学原理，对草坪质量构成因素“求同存异”，侧重于由使用目的确定的各构成因素的重要程度，采用数学方法量化草坪质量评价的目的、方法和结果。

复习思考题

1. 草坪质量评价指标与方法有哪些？
2. 什么是草坪外观质量？有哪些评价指标？简述 NTEP 评价体系。
3. 什么是草坪使用质量？有哪些评价指标？
4. 什么是草坪基况质量？有哪些评价指标？
5. 作为运动场草坪质量评判员，主要关注哪些指标？如何选择评价方法？
6. 叙述运动场草坪质量检测方法与检测的条件要求。
7. 草坪质量的综合评价有哪些方法？

第 11 章知识拓展

第 12 章 草坪机械

草坪机械是草坪生产建植和养护管理所需的一系列设备，包括草坪种子和草皮的生产，草坪的播种、铺植以及修剪、施肥、喷灌、打孔、滚压、覆沙等一系列的养护管理。草坪机械源于农业和林业机械，但又有其独特的性能。大部分草坪机械是在原型机械的基础上，根据作业对象的特殊性进行了某些改进，如优化外形、降低功率、细化结构、减少噪音等，具有质量轻、功率小、品种多等特点。通用的草坪机械可分为草坪生产建植机械与草坪养护管理机械两大类。

12.1 草坪生产建植机械

草坪生产建植机械是用于草坪生产和建植草坪的设备，包括地面整理机械、草坪播种机械、草皮移植机械(起草皮机械)和铺植机械。

12.1.1 地面整理机械

12.1.1.1 整地机械

整地机械指用于坪床的造型、排灌管路铺设的开沟、土块的粉碎、地面的平整修复等机械，如挖土机、推土机、开沟机、碎土机、刮铲、刮耙机、耙、镇压器、平整机等。其中，耙和镇压器是草坪建植中较为常用的，也是运动场草坪等专用草坪建植所必需的。

(1)耙

用犁耕翻过的土地，土壤的松碎和平整程度不能满足草坪播种需求，需用耙来进一步平整。耙有圆盘耙、钉齿耙、动力平地耙等。圆盘耙按机具重和耙直径，分为重型圆盘耙、中型圆盘耙和轻型圆盘耙。根据需要可选用不同的圆盘耙。钉齿耙的主要作用是松碎表土、耕平地面、清除杂草和播种后覆盖种子。钉齿耙由钉齿、耙架和挂接机构组成。钉齿固定在齿杆上，根据其不同的形状有圆形、三角形和方形等。方形断面齿便于固定，工作稳定，应用最广。三角形断面齿除用于耙地外，还用于草坪的耙草作业。圆形断面适用于播种后的种子覆盖和耙除杂草。动力平地耙以拖拉机动力输出轴驱动作业装置进行平地作业。

(2)镇压器

在耙平和种子撒播后用镇压器镇压土壤，使土壤平整和种子与土壤接触，利于土壤下层水分上升，加速种子发芽。镇压器有平面镇压辊和环形波纹辊两种形式。大多数平面镇压辊为钢板焊接的空心辊，直径为 0.4~1.0 m，镇压宽度为 1.2~2.7 m，一般镇压辊由拖拉机牵引作业。若增加辊重，可以在滚筒内注水或灌沙等。加重的镇压辊主要用于运动场草坪的镇压养护管理。

12.1.1.2　耕作机械

耕作机械指能翻起土垡，破坏原来土壤结构的机械，如铧式犁、旋耕机、松土机等。

(1)铧式犁

铧式犁主要有悬挂铧式犁、机引双壁铧式犁、翻转铧式犁等。其中，翻转铧式犁能同向翻转土垡，大大提高整地机械的适应能力，目前普遍采用 180°翻转犁。犁的主要作用是翻耕土壤，覆盖杂草。

(2)旋耕机

旋耕机具有良好的碎土和混土性能，对肥料与土壤的混合能力强，但对杂草的覆盖能力比犁差，且耕深较浅，能量消耗大。旋耕机有手扶式旋耕机和牵引驱动式旋耕机。手扶式的旋耕机一般采用 1.6~5.3 kW 的单缸、风冷发动机为动力，作业宽度最大为 1 m。手扶式旋耕机适用于小面积的旋耕，大面积的旋耕采用牵引驱动式旋耕机。

草坪旋耕机的旋刀的刀头形式有镰式刀、砍刀和“S”形刀。镰式刀用于一般坪床的耕作，对杂草或匍匐根较多的土地翻耕时，杂草或匍匐根易缠在刀上，这时应使用砍刀。砍刀刃幅宽，工作方向与镰式刀相反，不易被杂草缠住，但机器功率消耗和刀的磨损较大。“S”形刀是具有加长弯曲端部的砍刀，但切刀的数量比砍刀少。

(3)松土机

由于犁的碎土性能有限，在用犁翻耕过的土地，还需进一步松土。弹齿式松土机是用拖拉机牵引，由机架和安装在机架上的一些用于碎土和松土的弹齿犁组成。作业宽度为 1.2~8 m，随挂接的拖拉机功率不同而变化。

12.1.2　建植与移植机械

12.1.2.1　播种机械

播种机械是在经过整地处理的地面上播撒草坪种子的设备。

(1)按照种子下落的形式分类

按照种子下落的形式可分点播机和撒播机。点播机是指靠种子或化肥颗粒的自重下落来实现播种，也叫跌落式撒播机，适用于小面积的补播。撒播机指靠星式转盘的离心力将种子向四周抛撒实现播种的机械。抛撒的量通过料斗底部落料口开度的大小调节，抛撒距离取决于转盘的转速。

(2)按照操作形式分类

按照操作形式可分为手持式撒播机、肩挎式撒播机、推行式撒播机和拖带式撒播机。小面积的草坪播种可采用手持或肩挎式撒播机。大面积的可使用推行式或拖带式撒播机。表 12-1 列举了一些撒播机的性能。

表 12-1　撒播机性能

类　型	额定容量/L	撒播面积/m^2	撒播宽度/cm
手持式撒播机	1	15~30	100~300
肩挎式撒播机	5	60~90	100~300
推行式撒播机	34，45，56	930，1 630，2 300	120~360
拖带式撒播机	34，45，56	930，1 630，2 300	120~360
跌落式撒播机	34，45	465，1 120	91

12.1.2.2 草皮移植机械

草皮移植机械(起草皮机)是将草皮按一定宽度和地表面下的深度与地面分离的设备。

草皮移植机械主要有随进式(自行式)起草皮机和拖拉机挂接式起草皮机。随进式(自行式)起草皮机是操作者步行跟随操纵自带动力驱动前进和起草皮作业的机器，一般配有4~6 kW 的发动机、30~45 cm 的铲刀。门形的铲刀通过振荡式铲割将草皮和地面分离，侧面的割刀再按照设定宽度割离草皮。铲刀的切入角度可以通过调整后轮高度加以改变，同时草皮的厚度也可以调节。这种移植机使用灵活，机动性好，适用于小面积或零散地块的草皮基地。拖拉机挂接式起草皮机是以拖拉机为动力，将分离草皮的装置挂接在拖拉机上进行起草皮的作业的机器，由牵引的拖拉机、铲割机构、输送机构、分垛打卷机构等部分组成，用于大面积草皮生产基地。

12.1.2.3 草皮铺植机械

草坪铺植机是进行草坪铺设的机器，按结构分为履带式和轮式两种，按操作形式又可分为手扶式铺植机、坐骑式铺植机和拖拉机拖带式铺植机。不同铺植机型幅宽不同。

12.1.2.4 草坪补播机

由于草坪管理不善或利用不当使草坪稀疏或有斑秃时，就要求进行补种或再次播种。草坪补播有专门的补播机，它由一些独立浮动安装的圆盘、种子箱和一个可以用注水增加重量的圆辊组成。圆盘的作用是开沟，种子从种子箱中通过导管撒在圆盘所开的沟。辊子用于将草种与土壤压实，若土壤较坚硬，辊子还可以浇水，使土壤软化后再播种。例如，A950 型补播机为 3.7 kW 的 B & S 汽油机，播种宽度为 46 cm，播种密度可以调整。

12.1.2.5 喷播机

喷播机也称喷植机，分为气流喷播机和液压喷播机。

(1)气流喷播机

气流喷播机主要由机架、输送器、风机和喷洒器组成。适用于无性繁殖的草种。气流喷播机多用于播种后对坪床的覆盖作业，也叫草坪喷铺机。如美国 FINN 公司生产的 B260、B70 等草坪喷植机系列产品，可用于无性繁殖草坪草的根茎、匍匐茎的撒播，也可以将麦秸粉碎喷铺在草坪坪床表面。

(2)液压喷播机

液压喷播机主要由车架、搅拌箱、机动泵和喷枪组成。喷播机是以水为载体，将经过处理的植物种子、纤维覆盖物、黏合剂、保水剂及植物所需要的营养物质，进行混合、搅拌，再喷洒到需要种植的地方。液压喷播机的尺寸大小、自身重量、动力、装载容量、效率根据品牌与型号的不同而变化，功率由几千瓦到几万瓦，容器由几百升到几万升，一次可完成几百平方米到几千平方米的草坪建植。

12.2 草坪养护管理机械

草坪养护管理机械一般包括修剪机械、施肥机械、喷灌机、打孔机械、滚压机械、覆沙机械等。

12.2.1　修剪机械

12.2.1.1　修剪机械的分类

(1)按工作装置与剪草方式分类

修剪机械按工作装置与剪草方式可分为滚刀式剪草机、旋刀式剪草机和链枷式(甩刀式、甩绳式、剪刀式)剪草机。草坪上常用旋刀式剪草机和滚刀式剪草机。不同类型剪草机的比较见表 12-2。

表 12-2　不同类型剪草机的比较

类型	剪草高度/cm	适应场景	剪草质量
滚刀式	0.2~6.5	管理水平较高、低修剪的运动场草坪，如高尔夫球场果岭	极高，平整干净，细匀
旋刀式	2~12	普通绿化草坪、部分运动场草坪	较高，较平整，粗匀
链枷式	3~8	公路两侧，河堤的绿地，适于去除杂草与细灌木	差

①滚刀式剪草机(reel mower)：通过转动由数把定长、以某种曲线排列在一个圆柱体表面的刀片装置与一把固定刀片结合形成剪切而实现修剪的设备，主要适用于地面平坦，质量较高的草坪，如高尔夫球场的果岭等。适宜修剪如狗牙根、翦股颖等需低修剪的草坪草，不适宜用在管理较粗放的高草草坪或地面不平整的草坪上。滚刀式剪草机剪草的质量决定于滚刀上的刀片数、刀刃锋利程度和滚刀的转速。刀片数越多，越锋利，滚刀转速越高，所剪下的草就越细，修剪的质量就越高。滚刀式剪草机有手推步进自行式、坐骑式、大型拖拉机牵引式、悬挂式等，其驱动一般有 3 种形式：齿轮传动、发动机驱动和电力驱动。

②旋刀式剪草机(rotary mower)：剪草装置为高速旋转的刀片，其旋转平面与地面平行，刀片与草坪植株相碰撞而将其割断。旋刀式剪草机对草坪质量的要求不高，普通的草坪均可使用这种剪草机，应用较为广泛，造价较滚刀式剪草机更为低廉，但剪草质量比滚刀式剪草机差，不能用于像高尔夫球场果岭这样要求极低修剪高度的草坪。其修剪质量取决于刀刃的锋利程度和刀旋转的速度。旋刀式剪草机也有手推式和乘坐式，驱动旋刀旋转的是发动机。有一种特殊的旋刀剪草机是靠旋转刀片形成的气垫拖举起整机，称为气垫式剪草机，其拖举高度为修剪留茬高度。由于气垫式剪草机没有轮胎，只能浮动草坪表面工作，因此适于小面积起伏较大的地方，如护坡草坪或高尔夫球场沙坑边坡的修剪等。

③链枷式剪草机(flail mower)：包括甩刀式剪草机、甩绳式剪草机和剪刀式剪草机。甩刀式剪草机、甩绳式剪草机在剪草作业时，其刀片(绳)在离心力的作用下工作与农村手工打麦用的链枷很相似。甩刀式剪草机(flail mower)是旋转平面垂直于地面的剪草刀片与草坪植株碰撞而将其打碎的剪草机器。这种机器有许多松挂的刀片，当机轴高速转动时，离心力使刀片高速旋转，当刀片与草接触时，在离心力的作用下使草折断，这类剪草机修剪效果最差，但可修剪高草。甩刀式剪草机有小型步进式(剪幅约 75 cm)和大型剪草机(剪幅约 2.3 m)。有一种大型甩刀剪草机的工作头安装在一液压臂上，通过液力驱动刀旋转。这种剪草机专用于公路两侧和河堤的绿地剪草。甩绳式剪草机(nylon-cord mower)是通过发

动机将尼龙绳或钢丝绳高速旋转与草坪植株碰撞而切断草茎实现剪草的机器，多数是肩挎式，用手来调整剪草的高度，主要适用于树下草坪草或细灌木、杂草的修剪。操作时要注意安全，最好佩戴防护眼镜并穿工作靴。甩刀式剪草机与甩绳式剪草机有时也称割灌打草机(表12-3)，用于草坪面积不大，地形或工作环境较复杂或修剪精度要求不高的草坪。剪刀式剪草机(reciprocating mower)是由往复运动的动刀与固定不动的定刀形成剪切而实现剪草的机器。甩刀式剪草机与剪刀式剪草机主要用于杂草与灌木的修剪，也可用于草种混杂的环保或护坡草坪。

表12-3 割灌打草机性能

类型	功率/kW	转速/(r/min)	工作效率/(m^2/h)	适用类型
手提式	0.37~1.12	7 000~7 800	60~240	庭院草地
侧挂式	0.5~2.2	7 000~9 200	180~1 200	复杂地形及荒杂草地
背负式	0.9~1.5	7 000~7 800	300~950	复杂地形草地

(2)按操作部分的结构分类

剪草机按操作部分的结构可分为手推式剪草机、手扶式剪草机、坐骑式剪草机及拖拉机式剪草机。

手推式草坪修剪机(hand pushed mower)是通过人力用手推动草坪修剪机前进而实现剪草的机器。手扶式剪草机(walk behind mower)是操作者步行跟随并进行操纵的具有自主动力的草坪修剪机器。坐骑式草坪修剪机(riding mower)是操作者乘坐在机器上进行操纵的草坪修剪设备。拖拉机式剪草机(tractor lawn mower)是动力源置于操作者前面的乘坐式草坪剪草机，可进一步分为拖拉机牵引草坪剪草机，即由拖拉机的牵引装置牵引编组的多台草坪修剪机进行草坪修剪作业的设备，和拖拉机悬挂式草坪修剪机，即由拖拉机的悬挂装置挂接编组的多台草坪修剪机进行草坪修剪作业的设备。应根据草坪的用途和所需养护管理水平选择相应的修剪机械。一般手推式和手扶式剪草机剪幅范围为30~70 cm，坐骑式剪草机与剪草拖拉机的剪幅范围为70~500 cm。

剪草机说明书上可以看到如“6HP I/C 21”草坪修剪机的字样，其中“6HP”指发动机的功率为6马力(4.5 kW)，HP为英文Horse Power的缩写，即马力，“I/C”指I/C发动机，“21”指修剪的幅宽为21英寸(53 cm)。多数剪草机带集草和侧排功能。

应根据草坪的用途、面积及不同的养护管理水平来选择相应的剪草机。一般2 000 m^2以下的普通绿化草坪，选择手推式或手扶式草坪剪草机；2 000~12 000 m^2的草坪，选择手扶式或坐骑式草坪剪草机；更大面积的选用拖拉机式草坪剪草机。

(3)按刀头与剪草车体的相对位置分类

剪草机按刀头与剪草车体的相对位置可分为前置式剪草机、中置式剪草机、后置式剪草机和侧置式剪草机。旋刀式与滚刀式的刀头可以设在剪草机车体的任何方位，但甩刀式与剪刀式的刀头一般只有前置和侧置形式。

(4)按驱动的动力源不同分类

剪草机按驱动的动力源不同可分为人力剪草机、马拉式草坪剪草机、汽油动力剪草机、电动剪草机、气浮式剪草机以及机器人式剪草机等。气浮式剪草机(hover mower)是用空气动力将机器支承距离地面一定高度的草坪修剪机器。机器人式剪草机是智能控制的草坪机器。

12.2.1.2 修剪机械的使用

(1)使用前的检查

使用前检查空气滤清器有无脏堵。将剪草机修剪高度调整到需要的高度。根据需要安装集草袋。检查汽油与机油的油位是否符合要求。清理修剪场地，移除如石头、树枝等杂物。对障碍物做标记，计划修剪行走路线。穿戴保护鞋、长裤、护目眼镜。

(2)启动发动机

将火花塞导线套在火花塞上，手动启动燃油泵，拉起离合器杆，然后轻扯启动绳手柄，怠速运转 3 min 后开始剪草作业。

(3)剪草作业

根据草坪草生长高度掌握行走速度。手推剪草机以阻力适中为宜，匀速行驶。转弯时，手推把向下按，前轮离地再转弯。自走式剪草机只需合上离合器，将油门控制手柄推至"工作"状态，以恒定速度前行。转弯时，先松开离合器手把，然后双手将推把向下按，前轮离地再转弯。

(4)停机

修剪作业结束，应将油门控制手柄推至慢速位置，转动 2 min 再推至停止位置，让发动机自动熄火。

(5)注意事项

使用剪草机时注意，操作人员一定需经过培训或详细了解说明书并懂得操作方法再开始作业。剪草作业时，附近一定不能站人或动物，尤其是侧排口。启动时脚离刀片不能太近，启动时要离加油地点至少 3 m，以确保安全。草坪剪草机使用时不能倒置。剪草时，千万不能用绳索捆住安全控制手柄，不允许发动机大油门长时间工作。工作 1~2 h，休息 10 min。

12.2.1.3 修剪机械的保养与检修

修剪机械在使用时一定要按要求定期维修保养。

(1)定期清理与更换空气滤清器

保持空气滤清器的透气性和滤清能力。旋刀剪草机每工作 50 h 清洗一次，先将空气滤清器拆下，取出其中的滤芯，如果滤芯很脏则应更换，或用低泡沫洗涤剂和热水的混合液清洗，然后用水冲净、晾干。

(2)定期更换机油

在使用时要严格控制机油油面高度，定期更换润滑油。如旋刀剪草机新机使用 5 h 后更换，以后每使用 50 h 或 1 个工作季度更换一次机油。

(3)定期清除火花塞积碳

定期清除火花塞积碳，以免机器打不着火，或动力不足。

(4)注意保养机壳、刀片、机身等部位

正确使用剪草刀片，旋刀式修剪机的刀片绝大多数是刚性两刃刀，所以保持刀片的锋利与平衡性非常重要。刀钝后要及时磨刀，保持锋利。使用前要观察刀的平衡性，如不平衡会引起草坪机的剧烈振荡使操作者感到不舒服，也会引起机械零件的损坏。观察刀片的平衡性：①观察刀片两端的尺寸形状是否一致，具体操作是侧翻草坪机，拔去火花塞上的高压线，盘转刀片，以主壳体边缘某一位置为参照，比较刀片两端的高低长短是否一致，如明显不一致，则需校正或更换新刀片。②将刀片拆下，以中央孔套在小圆杆件上，用手指轻轻来回拨转，如一端明显偏重，则在砂轮上磨刃口以减少刀片重直至平衡。刀刃上黏附草屑或泥土也会引起不平衡，所以在使用前应先除去泥土与草屑。

(5)防止零件生锈

应把机械放在室内地面干燥场所，存放前应清除黏附在零件表面的泥土及草屑，切忌将机械浸入水中或用高压水枪冲洗，在易生锈的地方加注润滑剂(如外部相对活动的表面、连接螺纹处等)。

(6)定期检修

修剪机在使用时常出现一些故障，要经常进行检修，保证机械的正常运转和使用寿命(表12-4)。

表12-4 剪草机常见故障检修

故障现象	产生原因	排除方法
不启动	空气滤清器过脏	清洁、更换滤心
	燃油耗尽	加油
	燃油陈旧	排出旧油，加新油
	燃油进水	排出残油，加新油
	火花塞线脱落	复位接线
	火花塞失效	更换火花塞
	刀片松动或接口破损	更换或紧固部件
	控制杆脱开	压合控制杆
	控制杆失效	更换控制杆
	电池弱电	充电
	电池接线脱落	按说明书接通线路
动力不足	剪草机刀盘被草堵住	设定较高切削速度
	剪草量过大	设定较高切削速度
	滤清器过脏	清洁、更换滤心
	切削杂物粘积在底盘	清理底盘
	机油过多	调整至规定油位
	行走速度过快	降低速度
修剪不整齐	刀片磨损、弯曲或松动	更换或紧固刀片
	轮子高度设置不一致	调整轮高
	汽油机转速偏低	加油提速
	切削杂物粘积在底盘	清理底盘
剪草机推不动	一次修剪量过大	分次修剪
	剪草机刀盘、刀片被草堵住	后退、提速、缓行
	集草袋充满	排空集草袋
	手柄高度不适合	调整手柄至适当高度
启动绳拉不动	控制杆脱落飞轮被制动	按启动程序操作
	汽油机曲轴变形	维修汽油机
	刀片法兰破损	更换法兰
	长草堵塞刀盘	移至平地或低草区启动
行走机构失效	切合后驱动轮不转	调整或更换驱动线
	链、带不工作	检修行走传动部件

（续）

故障现象	产生原因	排除方法
振动过大	刀片磨损、弯曲或松动 汽油机曲轴变形	更换或紧固刀片 维修
集草袋不收草	修剪量过大或草湿度过大 刀片尾翼磨损 汽油机转速偏低 集草通路不畅	调整修剪时间或力度 更换刀片 加油、提速 清理集草袋和通路

12.2.2　施肥机械

12.2.2.1　施肥机械的分类

草坪上有专用的施肥机，应根据草坪的管理要求和草地面积选择不同施肥机。专用的草坪施肥机有重力跌落式施肥机和旋转式施肥机，用于施颗粒肥料。

(1) 重力跌落式施肥机

重力跌落式施肥机的漏斗底部有一排孔，通过小孔颗粒肥料直接落到草坪上，通过调节孔的大小和行走速度可控制施肥量。它的特点是施肥精确均匀，操作简便，其工作幅宽一般是 60 cm 或更小，特别适合施用颗粒细小的肥料或颗粒大小不均的肥料。但由于机具的施肥宽度受限，因而工作效率较低。使用中需要注意施肥作业的行间距必须严格控制，既不能因间隔太大而形成遗漏，也不能因路径重叠而产生重复施肥。施肥前还必须校准好施肥量。

(2) 旋转式施肥机

旋转式施肥机也称离心式或气旋式施肥机，多数在漏斗下面有一个连接推进器的可旋转的施肥盘。施肥盘转动时，离心力将经漏洞落下的肥料以半圆形掷出。旋转式施肥机的工作幅宽大于滴式施肥机，可达 1.8～18.3 m，在控制好来回重复的范围时，工作效率较高。由于其施肥幅度相交的边缘不像重力跌落式施肥机那样明显，所以不易形成条纹，但其施肥不如跌落式施肥机准确均匀，需要合理控制行走路线，以叠盖适当。旋转式施肥机不适合施用由不同颗粒组成的混合肥料，对于颗粒不匀的肥料，较重和较轻的颗粒被甩出的距离远近不一致，会影响施肥均匀度。

此外，颗粒肥料也可使用播种机械播撒，液体肥料可使用喷药机喷洒。

12.2.2.2　施肥机械的调整与保养

(1) 调整

施肥机的正确调整与保养是保证正确施肥和延长使用寿命的关键。通过施肥机本身调节装置调节所需肥料，按照使用说明书正确调整施肥装置距离地面的高度，前进时的速度要与施肥装置的撒肥速度相适应，使所施肥料不过稀或过密。

(2) 保养

由于所施肥料大多数呈酸性或碱性，会腐蚀机身，所以在每次施肥后应将机器内肥料清理干净，定期拆下并清洗施肥作业的工作部件，清洗后要晾干上油，安装，最好用布等罩住，防止灰尘落入，发现被腐蚀或损坏的零件等应立即更换。

12.2.3 喷灌机

喷灌最早出现在19世纪，主要用于果园与苗圃，随后就迅速发展到草地、蔬菜园等。喷灌机是机组式喷灌系统的核心，主要分为滚移式喷灌机、卷盘式喷灌机、圆形喷灌机与平移喷灌机四类。其中，卷盘式喷灌机与圆形喷灌机在草坪草灌溉中应用较多。

(1)卷盘式喷灌机

卷盘式喷灌机属于中小型喷灌机组，主要由喷头车、输水软管(PE管)、变速及导向装置、卷盘及水涡轮驱动装置等部件构成。进行喷灌作业时，先由拖拉机或其他机械将喷头车与输水软管牵引至指定作业地点，高压灌溉水流进入喷灌机后分流成两路：其中一路水流冲击水涡轮转动，将水能转换为机械能并通过变速箱驱动卷盘缓慢转动回收PE管，从而牵引喷头车自行平移行走以实现控制面积内的覆盖；另一路水流由旁路通道与流经水涡轮的水汇合后一道进入PE管，并通过PE管将灌溉水输送到喷头喷撒灌溉水进行草坪灌溉。

卷盘式喷灌机能满足大、中、小不同规模及不同形状的草坪灌溉要求，并具有价格低、地形适应性强以及作业灵活的优点，在大型运动场、高尔夫球场以及公园或家庭花园多有应用。值得注意的是，在草坪灌溉使用过程中，卷盘式喷灌机常配用大流量高压喷头(喷枪)，该喷头的水滴打击强度较大，长期使用不利于草坪草生长，甚至可能会损坏草坪，应尽量选配低压桁架式多喷头的喷灌车进行灌溉。

(2)圆形喷灌机

圆形喷灌机又称中心支轴式喷灌机，由于机组绕中心支点旋转运行使灌溉覆盖面积为圆形而得名，国内也将其形象地称为时(指)针式喷灌机。圆形喷灌机属于大型喷灌机组，由中心支座、桁架、悬臂、塔架车和电控同步系统等部分组成。圆形喷灌机的驱动方式可分为电力驱动、水力驱动、液压驱动3种，目前以电力驱动为主。装有喷头的桁架支承在若干个塔架车上，各桁架彼此柔性连接，并通过多个塔架连接形成不同跨数的机组来满足不同面积的灌溉需求。喷灌机绕中心支点旋转时，每个塔架上配置一台电动机驱动塔架轮按一定的速度行走，其中外圈塔架行走速度快，内圈塔架速度较慢，各塔架行走速度协同保证了喷灌机的正常运行。

圆形喷灌机不但具有灌溉均匀性高、对地形适应性强的特点，更因具有自动化程度高、单机控制面积大及作业效率高的优点，而较多地应用于规模化草坪生产基地的草坪草灌溉。国内外，圆形喷灌机机组长度多为200~400 m，旋转一周的灌溉面积为12.5~50.0 hm^2。然而，由于机组的灌溉面积为圆形，与我国常规地块形状不符，通常需在机组末端安装尾枪或增加其余辅助灌溉设施来实现使用效率的最大化。

12.2.4 打孔通气机械

12.2.4.1 打孔机

打孔可改善土壤的通透性，使水、肥容易进入土壤，使草坪草根系能向土壤深层生长，增强草坪草的抗旱性，也提高了草坪表面的排水能力。草坪专用的打孔机，分为手工打孔机和动力打孔机。手工打孔机主要用于一般动力打孔机作业不到的地方，如树根、花坛及运动场球门杆周围等。动力打孔机有小型手扶打孔机和大型刀辊或刀盘滚动式打孔机。小型手扶打孔机适用于小面积草坪的打孔作业，大型动力打孔机适用于大面积绿地的打孔作业。根据打孔通气的要求不同，打孔机的刀具也有所不同，一般分为 4 种类型。

①扁平深穿刺刀：主要用于深层土壤的耕作与通气。

②空心管刀：主要用于草坪的打孔通气。空心管刀可将原有的土壤带出，可以添加新土，在不破坏原有土壤结构时更新土壤，利于肥料进入草坪根部，加快水的渗透与扩散。

③圆锥实心刀：主要用于积水的草坪，让水流入洞内，促进草坪排水使草坪干燥。

④扁平切根刀：主要用于切断草坪草盘结的根，达到通气的作用，促进草坪草的生长。

许多打孔机的空心管刀和圆锥实心刀可以互换。

12.2.4.2　切根疏草机

枯草层是由枯死的根、茎、叶组成的致密层，一旦草坪草上形成枯草层，会阻止土壤吸收水、氧气、肥料等，影响草坪草的正常生长，使草坪易患病虫害。采用切根疏草机可以改善这种状况，恢复草坪的正常生长。切根疏草机有各种类型，有小型手扶疏草机与拖拉机悬挂疏草机。小型手扶疏草机一般由一台功率为 2.2~3.7 kW 的单缸风冷汽油发动机为动力，疏草宽度为 46 cm。一台 12 kW 小型拖拉机悬挂疏草机的疏草宽度为 1.1 m。

除以上介绍的打孔机与切根疏草机用于草坪通气外，还有草坪注沙机也通过向草坪注沙达到土壤通气目的。

12.2.5　滚压机械

专用草坪滚压机有手扶/手推式和乘坐式。滚压机的滚压幅宽为 0.6~1 m，机重为 120~500 kg。滚压机的滚筒有实心滚和可调空心滚，空心滚根据土壤状况和草坪建植情况，需要注水或沙来调节使用机重。大型拖拉机牵引的滚压机幅宽可达 2 m 以上，机重可达 3 500 kg。

12.2.6　覆沙机械

草坪覆沙机主要用于撒种、疏根后覆土，也可用于补播种子，有助于改良表层土壤结构，调整草坪平整度。例如，1800 型自走式覆沙机容量为 0.5 m^3，覆宽 153 cm。

12.2.7　修边机械

修边机也称切边机，是以切割的方式对草坪的边缘进行修整的机器，可以保持草坪边缘的整齐美观。修边机有手持式电动机驱动的修边机、小型手推式修边机和大型拖拉机驱动的修边机。例如，87302 型修边机为 2.2 kW B&S I/C 发动机，30°倾角(可调节)，切深 7.6 cm(可调节)。

12.2.8　喷洒机械

喷洒机主要用于喷洒化学药剂，如杀虫剂、除草剂、染色剂等，也可喷洒液体肥料。按照喷洒物体的不同和喷洒出物体的颗粒大小，有喷雾机、喷粉机、弥雾机、超低量喷雾机、静电喷雾机、喷烟机等。按动力配备方式可分为手动式与机动式。按机器的配置形式可分为手扶式、背负式、担架式、牵引式、悬挂式和自走式。

手动喷雾机一般结构简单、轻便，但劳动强度较大，效率低。工作压力可达 392.3 ~

588.4 kPa。弥雾喷粉机是用一台机器更换少量部件，即可进行弥雾、超低量喷雾、喷粉、喷洒颗粒、喷烟等作业。超低量喷物机具有用药量少、雾滴细、黏着力强，分布均匀、药效持久等优点。

12.2.9　草坪刷

草坪刷用于修整、去除草坪表面露珠，恢复经运动踩踏后的草坪状态，是由许多根既有一定柔软性又有适当硬度的相同长度细丝组合在一起的刷子。

复习思考题

1. 草坪机械主要分为哪两大类?
2. 草坪建植机械主要有哪些?
3. 草坪养护管理机械主要有哪些?
4. 简述草坪剪草机的主要类型及适用的范围。
5. 如何正确使用与保养草坪剪草机?

第12章知识拓展

第三篇

草坪应用篇

第 13 章

绿化草坪

绿化草坪是供人们生活、工作、学习、劳动、休息、娱乐等环境绿化草坪的总称，包括种植于公园、广场、街头绿地、学校、医院、教堂、墓地、军营、政府机关、工业区、居住区、风景区、河道两侧、街道两侧、飞机场等地的草坪。因建造和管理水平的差异，不同绿化草坪的质量差异很大。就住宅别墅区草坪来说，有人花大量经费进行养护，以获得优美的草坪；而有人任草坪自然生长，只是偶尔对草坪加以修剪以求整齐。总体来说，绿化草坪一般为低养护管理，应用的草坪草种多为当地草种。

绿化草坪常呈 3 种基本形态，即点状、块状和线状。点状指小面积绿化草坪，一般指街缘、路边、桥头或广场等草坪绿地，大者 0.5~1 hm^2，小者数十到数百平方米；块状指具有一定规模的花园或公园，一般指小区或居住区等处的绿化草坪；线状指道路、河流两侧的草坪或环岛绿化，宽度为 1~3 m，呈线状随道路、河流延伸，沿河流或工业区延伸的、宽度 10~20 m 的隔离带草坪绿地，又称带状公园。

13.1 公园草坪

13.1.1 公园草坪概述

公园草坪是建植在公园中，具备运动、游憩和观赏等功能的草坪。公园是人们集中游乐和休息的户外场所，是城市园林绿化系统中的有机组成部分。在人口密集的城市生态系统中，公园平时可供人类休息、观赏、游戏和运动，在特殊的情况下，也是防灾避难、改善环境和美化城市的场所。

综合公园主要有专类园和开放性场地两种类型。专类园具有观赏、科研和科普功能，主要由花坛、观赏草地、花丛和花境、观赏树丛和观赏树群，以及密林地组成；开放性场地允许游人入内活动，包括各种体育场、儿童游戏场、日光浴场、大型草坪、林中草地、疏林草地、密林中的园路及林间小空场等。公园的草坪绿地是一门综合性艺术，在全面绿化的基础上，要达到绿化、美化和香化，需要乔木、灌木、草本、花卉充分结合。

13.1.2 草坪建植

13.1.2.1 坪床准备

建坪区内清除残余根系和石块等杂物，移方和填方，均匀表土，进行全面的土地翻耕，翻耕深度为 20~25 cm，并适当地施入底肥(氮、磷、钾复合肥)和土壤改良剂，与床土均匀混合，并将土块打碎，耧细耙平，并进行平面调整。

13.1.2.2 草坪草种的选择

科学选择适宜当地气候和土壤条件的优良草坪草种和品种，是建坪的关键。公园人口密集，公园草坪还应具有适宜人类密集活动的特点：①必须为多年生；②质地强健，繁殖力强，生长旺盛；③覆盖力强，能迅速覆盖地面；④直立生长较少，不需频繁修剪；⑤易用种子和营养体建坪；⑥耐践踏，耐低修剪，抗病虫害力强。北方多选禾本科草坪草如草地早熟禾、高羊茅、野牛草，以及莎草科薹草属草种如白颖薹草、异穗薹草、青绿薹草等，南方多选择暖季型草坪草假俭草、地毯草、巴哈雀稗、钝叶草、狗牙根等。

冷季型草种可以采用单播，也可以采用两种以上草种的混播。混播可以适应差异较大的环境条件，更快地形成草坪，还可以使生活期短的草种为生长缓慢的优良草种幼苗提供遮阴，抑制杂草，延长绿期和生长寿命。混播需注意：所选草坪草种在生长习性上可以兼容，并在外观上基本相似；在混播的草种或品种中，至少有一个草种在当地条件下有较好的适应性，并有一定的抗病性。混播常见配方有以下几种。

①草地早熟禾(50%)+紫羊茅(35%)+多年生黑麦草(15%)混播：草地早熟禾在充足的光照条件下占据优势地位，紫羊茅在遮阴条件下更适宜生长，多年生黑麦草起到迅速覆盖地面、对其他草种起早期保护作用，几年后慢慢消失。该混播方案常用于温带庭园草坪建植。

②草地早熟禾(80%)+匍匐翦股颖(20%)混播：草地早熟禾为主要草种，其单播时生长慢，易为杂草所侵占；匍匐翦股颖为保护草种，其生长快，在早期可防止杂草生长，在混播草坪中可逐渐被主要草种挤出。

③草地早熟禾(50%)+紫羊茅(30%)+普通早熟禾(5%)+细弱翦股颖(5%)+匍匐翦股颖(10%)混播。

④狗牙根(70%)+地毯草或结缕草(20%)+多年生黑麦草(10%)混播：狗牙根、地毯草或结缕草作为主要草种，多年生黑麦草作为保护性草种。该混播方案常用于南方温暖湿润地区草坪建植。

⑤羊茅(70%)+巨序翦股颖(30%)或羊茅(50%)+紫羊茅(20%)+巨序翦股颖(30%)混播：该混播方案适用于要求草坪叶质细腻，并在修剪后能保持均一色泽和理想坪面的区域建植。

⑥羊茅(45%)+紫羊茅(35%)+早熟禾(10%)+巨序翦股颖(10%)混播。

⑦羊茅(50%)+紫羊茅(40%)+巨序翦股颖(10%)混播。

⑧多年生黑麦草(80%)+普通早熟禾(20%)混播、高羊茅(50%)+草地早熟禾(50%)混播、草地早熟禾(70%)+多年生黑麦草(20%)+紫羊茅(10%)混播、高羊茅(80%)+草地早熟禾(20%)混播：该混播方案适用于被践踏频繁的草坪。

⑨多年生黑麦草(50%)+普通早熟禾(50%)混播：该混播方案适用于荫地草坪。

⑩多年生黑麦草(30%)+紫羊茅(30%)+羊茅(25%)+巨序翦股颖(15%)混播。

此外，酸性较大的土壤上，不宜混入早熟禾类和三叶草类，可以翦股颖类或紫羊茅为主要草种，并以巨序翦股颖或多年生黑麦草为保护草种；碱性或中性土壤上，草地早熟禾常用于混播或单播，如混播时仍可以巨序翦股颖和多年生黑麦草作为保护草种。

除上述多种混播方案外，还可采用相同草坪草种内不同品种的混合播种。常用的草地早熟禾和多年生黑麦草不同品种之间的混合播种，均能形成抗病性强、品质高的草坪。

13.1.2.3　建植时期

冷季型草坪草建植时间一般在早春和夏末初秋，其中最适宜的播种季节是夏末，最适宜温度为15~25℃。早春或初夏播种冷季型草坪草增加了幼苗在炎热干旱条件下死亡的可能性，并且此时的条件极有利于杂草的生长。暖季型草坪草建植时间一般在春末夏初，最适宜的温度为26~32℃。

此外，校园内草坪的建坪时间一般不甚严格，在建植本身允许的前提下，通常与学校的重大活动(运动会、开学、庆典等)相呼应。暖季型草在3~5月开始建坪较好，冷季型草则在初秋为宜。

13.1.2.4 建植方法

公园草坪建植通常有种子直播和营养繁殖两种方法，可详见“第7章 7.4 建植过程”。具体选用何种方法建坪要根据成本、时间要求、种植材料在遗传上的纯度及草坪草的生长特性而定。通常种子繁殖成本低，劳动力耗费少，但是建成草坪所需的时间较长；营养繁殖成本较高，但建坪较快。一般暖热地区以营养建植法为主，寒冷地区用种子直播法为宜，在条件允许时均可采用草皮铺植法建坪。

13.1.3 养护管理

公园草坪的养护管理除需满足草坪的功能和遵循草坪草的生物学特性外，还应符合草坪的艺术构图要求，以及相应园林职工的技术水平和目前园林事业的经济状况。养护管理措施一般包括以下几种。

(1)修剪

公园新建草坪的草长到7~8 cm高时，应该进行第一次修剪。公园的一般性草坪留茬高度为3~4 cm，遮阴地(如林下草地)的留茬高度可适当高些，达6~8 cm。修剪的时间、次数根据不同草种生长旺盛状况不同而定。冷季型草坪草在春季约10 d剪1次，4~6月修剪6~10次；夏季7~8月修剪4~6次；秋季9~10月修剪3~4次，全年修剪15~20次；暖季型草坪草5~6月修剪2~4次；7~8月修剪4~6次；9~10月修剪1~2次，全年修剪10~15次。

(2)施肥

要依照土壤的肥力状况和草坪草的生长状况增施一定的追肥。一般情况1年追肥2~3次。新建草坪根系及营养体弱小，应进行少量多次追肥。应采用含氮量高，并且含有适量的磷、钾的复合肥料。若施用有机肥，一定要腐熟、过筛，并在草坪完全干燥时施用。当草坪枝叶过茂密时，应先刈剪，过1 d后再撒施，施肥后应拖平并灌水。

冷季型草坪草每年施2次肥，施肥时间在早春和早秋。早春施肥可以加速草坪春季返青，有利于草坪草在夏季一年生杂草萌生前恢复损伤处和加厚草皮、增加抗性；早秋施肥能延长绿期，并促进翌年生长新的分蘖枝和根茎。暖季型草坪草的施肥应在早春和仲夏进行。北方以春施为主，南方以秋施追肥为主。

(3)灌溉

草坪建植后应立即进行灌溉，完全湿润土壤。以后也要定时定期地进行灌溉，避免频繁和过量的灌溉，如果床面有积水或土壤过湿，要采取排除积水的措施。灌水时间一般应在早晨进行。

在夏季高温时，地面高温容易烫伤草坪草幼苗，可在最热的时候进行短暂的喷水(每次2~3 min)，适当降低气温和地温。为保证草坪草安全越冬和翌年返青，初冬要灌封冻水，灌水深度要达到20 cm。早春要灌返青水，灌水深度要达到根系活动层以下。

公园草坪上应安置喷灌系统，以伸缩式的、喷灌强度较小、雾状喷灌的喷灌系统为好。雾状喷灌不仅能保证草坪草植株正常生长，同时也能使公园的空气保持湿润，有利于树木和花卉植物的生长。一般窄条块的花坛，可选用离心式或折射式喷头；大面积绿地可选用摇臂式喷头；在机械化操作、美观要求较高或是一些开放式的草坪，则优先选用地埋式喷头。摇臂式和地埋式喷头的水压要求较高，一般需要0.2~0.4 MPa。布置有洒水喷头的绿地，要留有喷洒水枪接口，以备人工洒水之用。

(4)杂草防除

公园草坪上，手工拔草或用锄头铲草安全有效且不影响草坪的美观。

化学除草剂能有效防除杂草，如2,4-D类，2甲4氯类化学药剂能杀死双子叶杂草且对单子叶植物安全，有机砷、甲砷钠等可防除一年生杂草。

在公园的草坪上施用化学除草剂，一定要严格掌握使用剂量，避免重复。在18~29℃、杂草正处于旺盛生长状态时效果较佳。使用时要注意不将除草剂喷洒到其他树木花卉上，以免其他园林植物受到药害，并注意人身安全。

(5)病害防治

尽量为草坪创造适宜的栽培生长环境，如适度修剪、平衡施肥、合理排灌、减少枯草层、改良土壤透气性等，可帮助草坪草健康生长，大大降低霉菌、病毒等病菌发生的可能性。

草坪草发生病害时，应及时使用杀菌剂，注意药液浓度和交替使用效果相似的多种杀菌剂，防止抗药菌丝的产生和发展。春天可喷药进行预防。

(6)草坪的休养生息

对公园中供游人游憩活动的开放型草地，尤其是活动频繁的草地，应预先采取措施加以保护。例如，在早春草坪返青前设置标志暂停开放或轮流开放，待草坪生长良好后再恢复开放使用；按照草坪的生育期(生长期、休眠期等)调整使用日期和使用强度；根据天气状况(雨、雪、霜冻等)限制草坪的使用。

草坪使用过度时，应表覆薄土，以保护草坪草的生长点；草坪踩踏损坏严重已形成光秃的地段，要松土、施肥，适当添补草籽或补植草皮块，及时消灭空秃地段。

13.2 水土保持草坪

13.2.1 水土保持草坪概述

水土保持草坪可以保持水土、改善环境，兼顾绿化美化。随着我国工业、农业、商业和旅游业等的发展，交通运输事业相应迅速发展，新建铁路、公路及河流堤岸的护坡任务日益增多，乔灌、草坪绿化保持生态环境和防止水土流失的作用得到广泛重视。铁路、公路边的裸露坡面等地段含有较多数量的风化岩石、砾石和沙粒等。河流堤岸的坡地因裸露遭受风雨的侵蚀，均易产生地表径流、水土流失，甚至发生坍塌和滑坡。塌方一旦发生，将给经济建设和生命财产带来严重损失。过去多采用工程固土，把石块、水泥铺在坡面上，但这种方式投资大、效益差。随着我国铁路、公路和河流建设的发展，采用生物与工程相结合的固土方法，栽植乔木、灌木、草本来保护路基，不仅投入少、寿命长，还起到绿化作用，具有经济和生态的双重效益。

植被在保持水土、抑制地表径流方面的作用十分显著。植被及其根系可以吸收大量降水，并能大大延缓在强降雨的过程中地表径流的快速形成。草坪因有致密的地表覆盖和表土中絮结的草根层，具有良好的防止土壤侵蚀的作用。同时，草地植被的根系可以改善土壤性质，使土壤肥沃。

13.2.2　草坪建植

13.2.2.1　坪床准备

(1)边坡的特点

①条带状分布，具有地域性特点。如一条公路长数十千米甚至几百千米。

②表土缺乏，土质条件差，变化大。公路边坡、河流堤岸尤其是挖方边坡，开挖后完全是生土，地表缺乏表土，多岩石组成，坡面紧实，肥力低，几乎不含有机质，土壤极贫瘠，保水、保肥能力差。

③边坡小气候复杂，限制因子多。裸露的公路边坡风速比林地大 15 倍，比草地大 8 倍。边坡的朝阳面土壤昼夜温差大，蒸发量高。

④边坡陡峭，施工难度大。中国公路边坡坡比多为 1 : 1，坡面有 45°，有的坡面甚至达 60°以上，给土壤的处理和草的种植带来难度。

⑤公路污染，影响植被的正常生长。汽车尾气和铅的排放，不仅对周围环境造成污染，也影响边坡植被的生长。在中国北方地区，冬季撒盐除雪也会造成边坡土壤盐分含量过高，抑制植物生长甚至引起死亡。

(2)选定坡面保护施工方法

引入植物之前必须要通过一定的工程措施(绿化基床工程)使坡面稳定。植物工程就是通过植物的播种、移植等，在坡面上覆盖植物，防止表层土壤被侵蚀、流失、崩塌及沙土飞扬等，同时最好能形成一定的景观。根据坡面的坡度、土质和气象条件等综合决定坡面的保护方法。

①在坡度大于 45°、土壤条件较差的地段，应首先采用工程固土。以种草为主，边缘用石块或水泥砌成菱形或方形网格。每边宽 50 cm，每块菱形面积 9 m^2 左右，在菱形中栽植草本植物。在坡顶和坡脚应栽植 1~2 行固坡能力强的灌木，既能防风固沙，又能封闭坡面，防止行人穿行践踏。

用石块、卵石、砾石先铺设在斜坡上，然后在间隙中种植草本植物或直播草种。用石块、砾石固坡和排水，首先在斜坡上进行土方调整，使之成为梯田形。外边缘用石块垒成石坝，石坝斜坡上的低层用砾石铺装，厚度一般为 15~200 cm，砾石与斜坡面交接处铺设排水管，在砾石面上覆土，厚度为 15~25 cm，播种草籽或栽植草本固土植物。

②在坡度小于 45°、土质好的坡面可采用草灌混栽。一般在底部栽植 3~5 行灌木，沿等高线每隔 5~10 cm 栽 1~3 行灌木，灌丛之间种植草本植物。

③坡度小于 15°以下的坡面可种植草本植物。

(3)土壤耕作方法

坡面一般为不易着生的裸地，土壤也为非耕作地，土壤硬度高，温度、水分条件差。为使草坪定植，需要调整坡度和改良土壤。坡度较大的地方要挖鱼鳞坑或水平沟，在坑或沟内栽植灌木或穴内播种草本植物。

坡面土壤可以换新土，掺肥土，加土壤改良剂(如细砂、泥炭、锯屑)。在播种时为了防止大雨冲刷坡面引起水土流失或草种被水冲失，可用沥青乳剂对坪床面进行固化处理，或加覆盖物，如草帘、秸秆、木屑、化学纤维等。应在土壤中加入保水剂，以保持土壤水分。必要时应采取工程措施，以利于植物的根系生长。

在土层比较深厚的坡面上，首先旋耕 10 cm，同时施入有机肥料，局部不能用机械旋耕的地方用人工翻挖。清除杂草，播前用除草剂百草枯、草甘膦等灭生性除草剂除草，使用除草剂 2~3 周后才能播种。绿化施工坡面应尽量整平，不得有较大的土颗粒。如果采用喷播法，土壤水分过少时应事先浇透底水，待土壤湿润后随即进行喷播。若采用播种或铺草皮的方法，有条件的地方也最好先浇透水，待土壤变潮不泥泞时就可播种或铺草皮。无条件的也可不灌溉。

13.2.2.2 植物的选择

在水土保持草坪上，建植的植物组合最好选择当地自然植物群落的组合。在坡面一般不宜栽植大型乔木，坡度在30°以下时，中高等树木有生长的可能性，60°以上则难以导入植物。为了提高修景效果，也可以尝试导入野花。水土保持草坪一般选择以灌木和草本植物混栽为主。

(1)灌木

灌木要选择耐寒、耐旱、抗风和抗逆性好、茎叶繁茂、覆盖地面能力强的种类，如紫穗槐、沙棘、荆条、小叶锦鸡儿、枸杞、胡枝子等。其根系发达，根系易交织或呈网状固定土壤。

(2)草本植物

草本植物要求发芽快、茎叶繁茂、根系发达、覆盖地面能力强。一般要求主根粗大、侧根多、生长迅速且能抵抗杂草，能产生大量种子、成熟迅速、种子落地能自行生长，具有多年生的习性和发达的匍匐茎、地下茎、根蘖分根等，与土壤固结能力强，耐寒、耐旱、抗逆性强，如小冠花、紫花苜蓿、草木樨、羊草、沙打旺、无芒雀麦、高羊茅、结缕草、野牛草、狗牙根、葛藤、披碱草等。

多年生禾本科草类中，狗牙根、假俭草、地毯草、巴哈雀稗、钝叶草、偃麦草、无芒雀麦、高羊茅、冰草、结缕草等，都是护坡能力较强的植物。它们都有繁茂的地上部分和发达的根状茎。偃麦草还有较强的耐盐碱能力，在含盐量 0.6%~0.8%的土壤中仍能正常生长，是盐碱地路基斜坡上的优良护坡植物之一。

13.2.2.3 建植方法

(1)灌木、草坪草混栽

采用灌木、草坪混栽，进行固定护坡。灌木生长初期比草本植物生长缓慢，覆盖地表能力较差，但其持久护坡能力好。草本植物初期就能很好地起到拦蓄斜面地表径流，覆盖地表速度快、减免侵蚀作用好。灌木、草坪草结合，能持久地保护铁路、公路、水库、河岸等斜坡。

可供混栽配置的保土植物种类很多，如紫穗槐与野牛草混栽效果较好，可采用 1 行紫穗槐 4 行野牛草，行距 20 cm，形成横向水平沟栽植。注意压实土壤，使固土植物的根系与土壤紧密结合，确保新栽植物成活。野牛草生长迅速，覆盖地面严密，杂草不易侵入，且能降低蒸腾强度，改善周围环境，对紫穗槐生长非常有利。紫穗槐地下部分有根瘤，可利用空气中的游离氮，增加土壤氮素，有利于野牛草的生长蔓延。紫穗槐的根系发达，遇干旱时可深入土层吸收水分。野牛草有75%的根系分布在20 cm土层内。紫穗槐和野牛草都能耐盐碱，对保护盐碱地上的铁路、公路、水库等斜坡非常有利。此外，小叶锦鸡儿、胡枝子等灌木都可与野牛草等禾本科草混合栽植。

(2)铺草皮

可将草皮切成30 cm×30 cm、厚2~3 cm(或不同规格)的草皮块，一块一块衔接，铺成草坪，在坡度大的地方，每块草坪需用桩钉加以固定。

草皮卷在坡面铺设时，要将坡面土壤修整平滑，施足基肥，坡度不应超过45°，太陡时草皮卷必须固定，否则会滑脱和断裂。草皮铺设后应压实，坡面上可用木槌击打，使草皮与表土紧贴，不能悬空，否则不利于草皮成活和生长。护坡草坪一般禁止修剪，陈草也不需清理，任其自然分解回归土壤。但发生虫鼠害时要及时消灭，尤其是鼠洞，最易造成滑坡。

(3)铺设草坪植生带

铺设草坪植生带可防止雨水冲刷而造成种子流失，还可减缓冲击力，并且可使水顺着纤维流入土中，起到良好的保土作用。植生带上的种子发芽和出苗迅速，很快成坪，同时用植生带建植的草坪杂草较少，在铁路、公路等斜坡上用植生带建植草坪，一般沿等高线铺设。植生带法详见“第7章 7.4.3.3 植生带法”。

(4)植生袋

植生袋是在斜坡上采用重点保土、固坡的种草方法。选用质地柔软且有网眼的植生袋，装入砂质土壤和草籽。袋中土壤含水量保持在20%左右，袋内底部放入基肥。把植生袋埋入斜坡时，应1/2露出坡面，1/2埋入土中。每个植生袋必须用木桩固定，木桩插入土中。植生袋之间的距离以50 cm为宜。

(5)喷播

目前，国内常在水土保持草坪建植上应用喷播设备，并在高速公路(如昆曲、成雅、成南等)护坡工程上应用。喷播法详见“第7章 7.4.3.4 喷播法”。喷播常与在坡面铺设塑料网结合，其效果更佳。

(6)塑料植被网种植法

塑料植被网包括塑料三维植被网与塑料平面植被网。三维网是用聚乙烯制成的3~4层、网孔6 mm×6 mm、厚度18 mm、幅宽1.5 m的网状物，其网孔用于固定种子和土壤。平面网是幅宽2.0 m，孔径6 mm×6 mm或12 mm×12 mm的单层塑料网，主要用于生产无切割草皮的材料。

植被网种植法的步骤：①修整坡面使网与坡面紧密衔接，并降低坡度；②预铺营养土5~10 cm，并修整平滑(也可先固网后覆营养土)；③固定三维植被网；④加固网的上下部；⑤将种子或营养体(无性繁殖材料如狗牙根的茎段)撒入网内，可用播种机或手工均匀播入网孔，用无齿耙轻耙使种子分布均匀；⑥将营养土(混好有机肥、保水剂、杀虫剂和肥土)填入植被网；⑦轻压，用锹或长竹竿轻击植被网表面，使种子和土粒接触严密，便于种子吸水萌发。

植被网安装种植完后，需要喷水、补种、防虫等养护措施。植被网若松动滑脱，要随时修复加固，需要施肥时也应追施肥料。

(7)陡壁垂直绿化法

一些黄土或岩石陡坡坡面直立，植物难以生长，可在坡脚处整出一带状耕作土地，施足基肥，栽植能攀援生长的藤本植物，如凌霄、紫藤、爬山虎、金银花、葛藤、山荞麦等。栽植完后在坡面上预埋支架，固定供植物攀援的钢丝和绳索。加强苗期管理，促进枝蔓发育，并随时扶正固定脱落枝条，使其沿支撑物顺利攀升。发现虫害时及时防治，多余枝叶应适时修剪。

13.2.3 养护管理

在坡地播种草坪，易流失水分，要保持土壤有一定的水分，才能保证种子发芽、幼苗生长。应采用适宜措施适量喷水，水流要细，雾状为好。可用沥青乳剂对坪床面进行固化处理或加盖覆盖物(如秸秆、木屑、化学纤维等)，防止水土流失。

为更好地发挥灌木、草本植物固土、护坡的作用，使幼苗生长迅速，应及时松土、除杂草，定期施肥、灌水。可在栽植2~3年后对灌木进行平茬复壮，平茬后能萌生出繁茂的新枝。

13.3 屋顶绿化草坪

13.3.1 屋顶绿化草坪概述

屋顶绿化是指在一切建筑物和构筑物的顶部、城围、桥梁、天台、露台或是大型人工假山山体等上面所进行的绿化装饰及造园活动。屋顶绿化建设的重点是根据屋顶的结构特点及屋顶上的生境条件，选择生态习性与之相适应的植物材料(瓜果、蔬菜、树木、花卉及草坪等)，通过一定的技术艺法创造丰富的景观。

屋顶绿化使土地得到更有效的利用，为人们提供一处安全休憩的场所，使建筑空间更舒适、美观，可以通过滞留雨水，选用节水耐旱的植物、铺装透气、透水的环保型材料，推广使用微喷、滴灌、渗灌等节水技术，节约利用水资源，对建筑构造层有一定的保护作用，有效改善城市生态环境，在不增加城市用地的情况下，最大限度地扩大了城市绿化范围、提高了绿化覆盖率，景观效果非常显著。

13.3.1.1 屋顶绿化的构成

屋顶绿化的构成要素分为植物、基质、假山、水景、园路、雕塑和建筑等。屋顶绿化一般应选用比较低矮、根系较浅的植物。屋顶绿化一般栽植草皮等地被植物的泥土厚度需10~15 cm；低矮的草花，泥土厚度需20~30 cm；灌木土深40~50 cm；小乔木土深60~75 cm。草坪与乔灌木之间以斜坡过渡。屋顶绿化不宜兴建大型景观，不能破坏防水、排水体系。

13.3.1.2 屋顶绿化的特点

屋顶绿化的造园优势是基于屋顶绿化高于周围地面而形成的，各种环境因子包括空气、土壤、温度、光照、湿度和风等都与普通绿化不同。

①空气：屋顶绿化高于地面几米甚至几十米，因此气流通畅清新，污染减少。屋顶空气浊度比地面低，对植物生长有利。

②土壤：由于建筑结构的制约，一般屋顶绿化的荷载只能控制在一定范围之内。所以，土层厚度不能超出荷载标准。较薄的种植土层会使土壤极易干燥，造成植物缺水、养分含量较少，需要定期添加土壤腐殖质，以保证植物生长。

③温度：由于建筑物材料的热容量小，白天接受太阳辐射后迅速升温，晚上受气温变化的影响又迅速降温，致使屋顶上的最高温度和最低温度都要高于和低于地面的最高温度和最低温度。在夏季，屋顶上的气温比地面温度白天高3~5℃，晚上低2~3℃。较大的昼夜温差，对植物体内积累有机物十分有利。

④光照：屋顶上光照强，接受日辐射较多，为植物光合作用提供了良好环境，利于阳性植物的生长发育。例如，在屋顶上种植的月季花，比地面上种植的叶片厚实、浓绿，花大色艳，花蕾数增加2倍多。春花开放时间提前，秋花期延长。同时，高层建筑的屋顶上紫外线较多，日照长度比地面显著增加，这就为某些植物(如沙生植物)的生长提供了较好的环境。

⑤湿度：屋顶上空气湿度情况差异较大，相对湿度比地面低10%~20%。一般低层建筑上的空气湿度同地面差异很小，而高层建筑上的空气湿度往往明显低于地表。屋顶植物蒸腾作用强，水分蒸发快，更需保水。

⑥风：屋顶风速比地面大1~2级且易形成强风，对植物生长发育不利。因此，屋顶距地面越高，绿化条件越差。选植物的时候应以浅根系、低矮、抗强风的植物为主。另外，就我国北方而言，春季的强风会使植物干梢，对植物的春季萌发往往造成很大的伤害，在选择植物时要充分考虑。

⑦与周围环境的分隔：屋顶绿化一般与周围环境相分隔，没有交通车辆干扰，远离道路边上的噪声与车辆尾气，很少形成大量人流，因而既清静又安全。

基于屋顶的环境特点，屋顶绿化中植物的选择，应该考虑耐旱、抗寒性强的矮灌木和草本植物；阳性、耐瘠薄的浅根性植物；抗风、不易倒伏、耐积水的植物种类；以常绿树种为主，冬季能露地越冬的植物；尽量选用乡土植物，适当引种绿化新品种；能抵抗空气污染并能吸收污染的品种；容易移植，成活率高，耐修剪，生长较慢的品种；具有较低的养护管理要求的品种。

13.3.1.3 屋顶绿化的分类

屋顶绿化可按用途分为营业型、家庭型、观赏型、工厂环保型和科研科普型；按使用功能分为公共游憩型、家庭型和科研生产使用型；按建筑结构与屋顶形式分为坡屋面绿化建筑的屋顶和平屋面绿化；根据植物的养护管理情况分为精细型屋顶绿化、粗放型屋顶绿化和简易精细绿化；按绿化形式分为地毯式、花坛式、棚架式、苗床式、花园式、庭园式；按空间位置分为开敞式、封闭式、半开敞式；按照现代住宅空中花园分为私家型空中花园和公共型空中花园。

13.3.2 草坪建植

13.3.2.1 屋顶绿化垂直剖面的基本构造

一般屋顶绿化屋面面层结构从上到下依次是：植物和景点层(包括排水口及种植穴、管线预留与找坡)、种植基质层(包括灌溉设施、喷头、置景石)、过滤层、排(蓄)水层、隔根保护层、分离滑动层、屋面防水层、保温隔热层、现浇混凝土楼板或预制空心楼

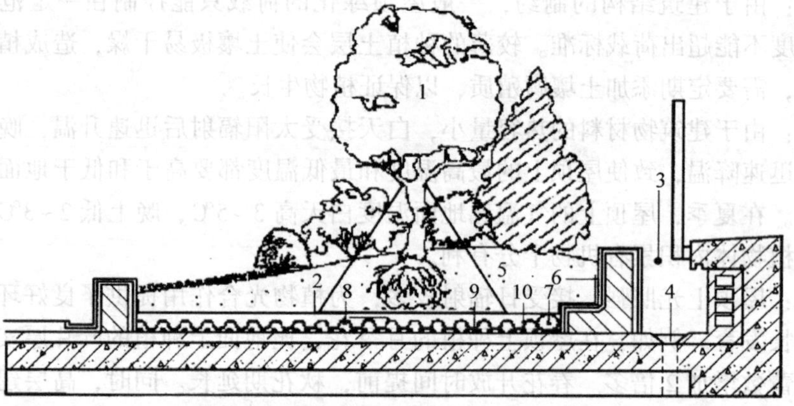

图 13-1　屋顶绿化种植区构造层剖面示意

1. 乔木　2. 地下树木支架　3. 与围护墙之间留出适当间隔，或围护墙防水层高度高于基质上表面不小于 15 cm　4. 排水口　5. 基质层　6. 隔离过滤层　7. 渗水管　8. 排(蓄)水层　9. 隔根层　10. 分离滑动层(引自徐峰等，2006)

板(图 13-1)。

13.3.2.2　防水材料与防水层的结构

满足基层适应性的防水材料可采用一种或多种材料复合，适应基层的材料多数为涂料和压敏型、蠕变型自粘卷材，但由于适应基层抗裂性能的不同，常采用与其他防水材料如卷材类材料复合的方法。

(1)常用屋顶防水材料

屋顶绿化常用防水材料有无规立构聚丙烯(APP)改性沥青卷材，包括酯胎基 APP 改性沥青卷材和加有抗根剂的 APP 改性沥青卷材(抗根卷材)；苯乙烯-丁二烯-苯乙烯嵌段共聚物(SBS)改性沥青卷材；土工膜(HDPE、LDPE、EVA、ECB)；聚氯乙烯(PVC)防水卷材。

(2)防水层构造

①基层封闭层：可以封闭堵塞基面的毛细孔、孔洞和微细裂缝，与基面牢固地黏结，不脱层，具有避拉层(应力缓冲层、应变层)的作用，耐水性好，并具有黏结性能，既是防水层又是主防水层的黏结剂。目前，已有数种材料可适用于封闭层，如反应固化型聚氨酯、反应固化聚合物水泥涂料、双面自黏卷材和改性沥青热熔涂料等。

②主防水层：应有较高强度和延伸性，较强的抗渗性和耐水性，较大的耐穿刺和耐外力冲击性，良好的耐热性和低温柔性，满足屋面使用功能和耐久性设计的要求。

③增强提高层：按照功能分为局部增强和全面增强。屋顶绿化在使用功能上有特别的要求，所以屋面的防水层应增强其耐穿刺、耐腐蚀、耐老化等性能，需再增设一道增强防水层或局部设增强防水层。

目前，国内建筑平屋顶的防水做法多采用柔性卷材防水、刚性防水及涂膜防水 3 种方法。柔性卷材防水屋面适用于防水等级为Ⅰ~Ⅳ级的屋面防水；刚性防水多用于日温差较小的我国南方地区防水等级为Ⅲ级的屋面防水，也可用作防水等级为Ⅰ、Ⅱ级的屋面多道设防中的一道防水层；涂膜防水主要适用于防水等级为Ⅲ、Ⅳ级的屋面防水，也可用作防水等级为Ⅰ、Ⅱ级的屋面多道设防中的一道防水层。

13.3.2.3　给排水与节水系统

(1)绿化给水

绿化给水通常采用喷灌的形式，也可以采用滴灌的形式。

(2)绿化排水

屋面的排水系统多采用屋面找坡、设排水沟和排水管的方式，避免积水造成植物根系腐烂。常用软式透水管和排(蓄)水板。

(3)节水系统

①雨水利用系统：该系统的屋顶材料选择中，植物和种植层土壤的类型是关键。植物应根据当地气候条件来确定，还应与土壤类型、厚度相匹配。种植层土壤应选择孔隙率高、密度小和耐冲刷、可供植物生长的洁净材料。最常用的是火山石、浮石等。需要收集雨水时，可在下部布置集水管，集水管周围可适当填塞卵(碎)石。

②生态种植屋面复合排水呼吸系统：采用先进的屋面生态防水换气导水技术，达到顺应自然屋面防水的长期目标。其机理是客土层既是植被的培土层、排水层，又起到吸水、隔绝热量、保护屋面、找坡层或基层的作用。屋面滤水层所滤下的雨水，通过区间找平层纵横交错的排水槽系统迅速排泄，不会在屋面形成积水，故无水向下渗漏。屋面水箱连通若干根支管，在客土层内分区布置，利用节水灌溉技术，在旱季和夏季给植被层补充水分，有利于植被生长。而植被生长又利于夏季隔热，降低室温，形成一个大的生态循环系统。

13.3.2.4　屋顶绿化的栽培基质

(1)栽培基质的分类和性能

屋顶绿化采用的基质有许多种，包括岩棉、蛭石、珍珠岩、沙、砾石、草炭、稻壳、椰糠、锯末和菌渣等，这些基质加入营养液后，能像土壤一样给植物提供氧气、水、养分和对植物起到支持的作用。

现在屋顶绿化种植用的基质大多是复合基质。配制复合基质时，应满足 4 个要求：增加基质的孔隙度；提高基质的保水保肥能力；改善基质的通气性和透水性；提高基质固定植株的能力。在实践中，为同时达到轻质、肥沃、保水、排水等良好的效果，通常是几种基质或与腐殖土混用。有以下几种配方：

①土壤和人工轻质骨料(蛭石、珍珠岩、煤渣和泥炭等)组合，按体积比 3∶1 或 5∶3 配制，容重为 1 000~1 600 kg/m^3。

②黄泥、腐熟有机肥料、珍珠岩按体积比 6∶2∶2 配制，其容重达 800~1 000 kg/m^3。

③东北草炭土、腐熟的锯屑、微生物有机肥、珍珠岩按体积比 5∶3∶1∶1 比例组合，干重为 200 kg/m^3，饱和湿重为 450 kg/m^3。

④草炭土、蛭石、砂土按照体积比 7∶2∶1 混合，其水饱和容重为 780 kg/m^3。

⑤屋顶花园专用营养土，干重为 300 kg/m^3，饱和湿重为 650 kg/m^3。

⑥泥炭∶花泥∶砂∶椰糠=3∶3∶2∶1(体积比)的混合基质适合用于屋顶建植唇萼薄荷草坪；泥炭∶砂∶珍珠岩∶椰糠=2∶3∶2∶2(体积比)的基质适合用于屋顶建植铺地百里香草坪；泥炭∶花泥∶砂∶椰糠=3∶3∶3∶1(体积比)的基质适合用于屋顶建植佛甲草坪。

(2)栽培基质中的添加剂

使用栽培基质添加剂可以满足植物需要的营养，调节土壤 pH 值，增强基质的缓冲作用和提高基质的保肥能力，增加植株吸水和生态杀虫作用。添加剂包括肥料、碱性添加物(如碳酸钙)、缓冲作用添加物(如黏土)、保水添加物(如黏土、淀粉、纤维素产品等)和生态产品。

13.3.2.5　屋顶绿化的建植过程

屋顶绿化的建设需要规范施工和管理。成立专门的屋顶绿化设计、施工部门，保证屋顶绿化安全、长时间地被有效利用。其应用到的培养基质、疏水层、构筑材料都需考虑轻型材料。屋顶绿化基质荷重应根据湿容重进行核算，不应超过1 300 kg/m^3，或控制在建筑荷载和基质荷重允许的范围内。各种屋顶绿化技术体系都有特定的基质铺设技术要求。例如，无土草坪草块的铺植，常与基质和植被一起铺设。另外，还需要在基质层以下进行严格的防水处理。小型乔木、灌木、草坪、地被植物、攀缘植物等通过移栽、铺设植生带和播种等形式种植在设计的种植区域中。

13.3.2.6　一次成坪佛甲草苗块技术

佛甲草(*Sedum lineare*)是景天科佛甲草属多年生草本植物。主茎匍匐生长，直径3~4 mm，高250~400 mm，着地后各节能长出不定根和分枝。凭此伏地蔓延可生出庞大的株丛。叶呈半圆柱状、条形，叶长10~20 mm。主茎下部节短，根系不发达，是一种耐旱性极强的植物。

佛甲草的苗块技术属于一种薄层绿化技术，是将佛甲草进行无土培养成苗块，然后铺设在有排水防水设施的屋顶上。该技术的关键仍是基质的配方技术——以木屑为主并由多种原料配制而成。此技术是主要应用于轻型屋顶(承重200 kg以下)。

铺植采用“一次成坪佛甲草苗块”技术的屋顶，需要先确定防水层的完好，然后铺上3 cm厚的栽培基质，再将苗块铺在基质上，之后浇水1次，铺植即完成，耐旱时间可长达1个月。此后不再采取浇水、施肥、防病虫等措施，可任其自然生长。

佛甲草在生长成园时，排列整齐，高矮基本一致(10~20 cm)，株距密集，枝繁叶茂，5 000~8 000株/m^2，保持自然平整，给人以朴实之美感，无须修剪。佛甲草四季常绿，春夏两季开黄花，有较高的观赏价值。

13.3.3　养护管理

屋顶花园建成后的养护，主要是指花园主体景物的各类地被、花卉和树木的养护管理，以及屋顶上的水电设施和屋顶防水、排水等的管理工作。这项工作一般应由有园林绿化种植管理经验的专职人员来承担。

(1)修剪

屋顶花园中一些植物基部易发生落叶或干枯现象，有的会长出徒长枝，这时要及时对植物进行修剪，控制植物生长体量，以保持植物的优美外形，减少养分的消耗，不破坏设计意图。另外，屋顶风大，体量过大对植物生长不利，根据根冠平衡的原理，可以通过对树木花卉的整形修剪抑制其根部的生长，减少根系对防水层的破坏。

(2)施肥

刚移栽的植物根系因受到不同程度的损伤，当年施肥量应少。多采用叶面喷肥，施肥常采用复合肥。

(3)灌排

屋顶因光照强、风大，植物的蒸腾量大、易失水。夏季高温，易发生日灼、枝条干枯等现象，必须经常浇水来缓解干燥气候，提高空气湿度。花池土层薄，需控制浇水量，可常进行叶面喷洒，既可保持植物水分平衡，又降低温度。

屋顶渗水影响到下层居民的生活是目前屋顶绿化普遍存在的一个问题。应及时清除排水口的垃圾，做好定期清洁、疏导工作。特别要注意勿使植物的枝叶和泥沙混入排水管道，造成排水管道的堵塞。

(4)病虫草害防治

在屋顶花园中，常常会有杂草侵入，杂草一旦侵入，往往会形成优势种，破坏原来的景观。需要及时清除，以免对其他植物生存造成危害。如上海常见的入侵植物有水花生、加拿大一枝黄花和鸟嗜植物构树等。发生病虫害时应及时对症喷药，并修剪病虫枝。

(5)越冬

北方冬季应注意保证植物正常越冬，要采取一定防冻措施。特别是要及时清除积雪，防止大雪压坏树苗。

复习思考题

1. 不同地区公园常见草坪草组合方案有哪些？
2. 边坡有哪些特点？如何选择草种？
3. 坡地可以采用什么建植方式？
4. 屋顶绿化的构成要素包括哪些？
5. 屋顶具有哪些环境特点？屋顶绿化的建植和植物选择应注意什么？

第 13 章知识拓展

第 14 章

运动场草坪

14.1 高尔夫球场草坪

高尔夫运动自 15 世纪在苏格兰流行，随着人类社会文明进步与发展，逐渐成为一项全球运动。

高尔夫球场草坪是所有球类运动中规模最大、管理最精细、艺术品位最高的草坪，因而投入的人力和物力最多。高尔夫球场草坪的规划设计、草坪草种选择和养护管理技术等都代表了草坪科学的前沿。主要的养护管理措施包括修剪、施肥、灌溉、病虫杂草防治、通气、覆沙、移动球洞位置、修复球痕等。

14.1.1 高尔夫历史

关于高尔夫的起源，众说不一。沃尔特·希波森爵士在《高尔夫艺术》中提到："牧童牧羊时常碰到卵石，手中握着弯柄杖，然后将石头击走；只要是休息时手中握着杖的人不可避免地会击打任何散落在路上的零星目标"，这可能是高尔夫运动的起源。James B. Beard 博士认为："任何挥杆击物的运动均可称为高尔夫运动的一个起源。"在中国和古罗马，都曾流行过类似高尔夫以杆击球的游戏。8～14 世纪，中国有种被称为"捶丸"的球戏(图 14-1)，证明高尔夫起源于中国，山东泰山岱庙的宋代石刻《捶丸图》，描绘的是孩童在捶丸的场景，是中国目前发现的年代最早的捶丸图，它说明中国人早在 1 000 多年前就有了类似高尔夫的运动了。中国捶丸的竞赛规则早在 1282 年就已经成立，时间比英国的高尔夫球竞赛规则的确定时间早 472 年。公元前 27 年古罗马也有以木杆击打用羽毛充塞制成的球的游戏。另外，法国和荷兰也都有声称本国为高尔夫球起源地的报道。也有人认为高尔夫于 15 世纪起源于苏格兰或者更早。苏格兰皇家于 1457 年宣布高尔夫球和足球一样，是一项民族体育运动。1754 年，世界上最古老的高尔夫俱乐部之一苏格兰圣安德鲁斯皇家古典高尔夫球俱乐部成立。目前，世界上国际比赛的规则和场地要求即出自这个俱乐部和美国高尔夫球协会。2021 年美国有超过 16 000 个高尔夫球场，逾 2 500 万高尔夫球手。

高尔夫运动最早是在"林克斯地带"上举行的。林克斯(Links)是古老的苏格兰语，代表苏格兰风景的一种特殊形式，是指海边沙丘地带强风吹积而成的缓缓移动的沙丘上覆盖着粗糙的被动物啃食过的草地为特色的海岸地貌。最早的比较有名的高尔夫球场包括利斯林克斯、布朗兹菲尔德林克斯和蒙特罗思林克斯等。高尔夫一直到 19 世纪中叶都是一个冬季运动，夏季打球主要通过绵羊或鹿放牧采食来修剪球场。直到机械剪草机的出现，夏季打球也盛行起来。

图 14-1　明代杜堇《仕女图卷》(上海博物馆藏)

14.1.2　高尔夫球场的基本构造

高尔夫球场一般兴建在丘陵地带开阔的缓坡草坪上，其中应有水域和乔木、灌木等点缀。球场占地面积 49~81 hm^2，一个标准的高尔夫球场有 18 个球洞。小点的球场可以为 9 洞，球手来回打 2 次完成一次比赛；大点的球场可以多于 18 洞，但球洞数应是 9 的倍数如 27 洞、36 洞、54 洞等。每个球洞场地应当首尾相接，即一个球洞场地的球洞区与另一个场地的发球区相接(图 14-2)，这是高尔夫球场的设计原则，具体到每个球场则风格各异。

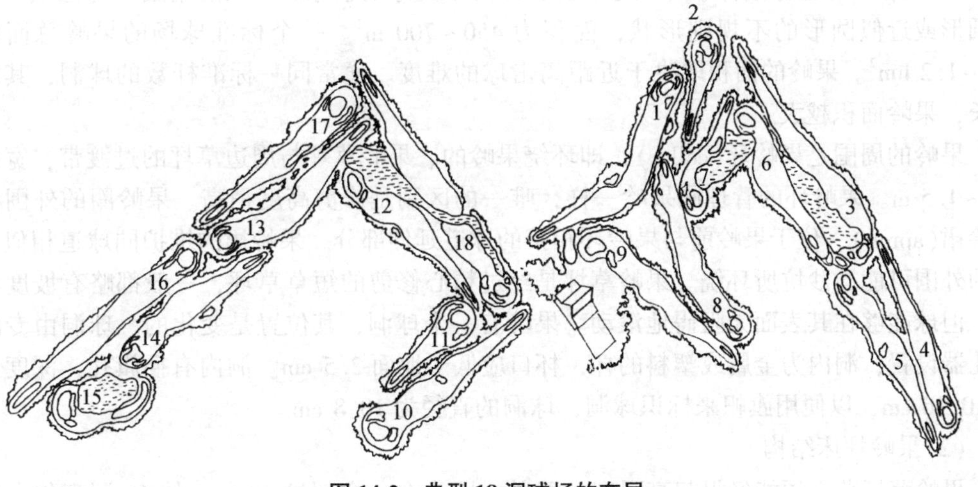

图 14-2　典型 18 洞球场的布局

(引自 Emmons，2015)

1~18 为 1~18 号洞

由 The R&A 规则有限公司和美国高尔夫球协会(USGA)联合修订的 2023 年高尔夫球新规中规定：球洞场地划分为 5 个区域(图 14-3)：普通区(general area)和 4 个特别区域(four specific areas)。普通区是规则中 4 个特别区域之外的所有球场部分，它包含了大部分球场。在球到达推杆果岭之前，普通区是球员最经常打球的地方，它包括了球道、高草区和树木等。4 个特别区域分别是发球区、罚杆区、沙坑和推杆果岭。一个标准球洞场地(18 洞)的长度为 5 943.6~6 400.8 m。发球台和果岭之间由球道连接。球道一般长 137~492 m，宽 33~94 m。高尔夫球手在每一洞所打的杆数主要取决于球道的长度。球洞场地之外，还有练习场、备草区和器械区等。

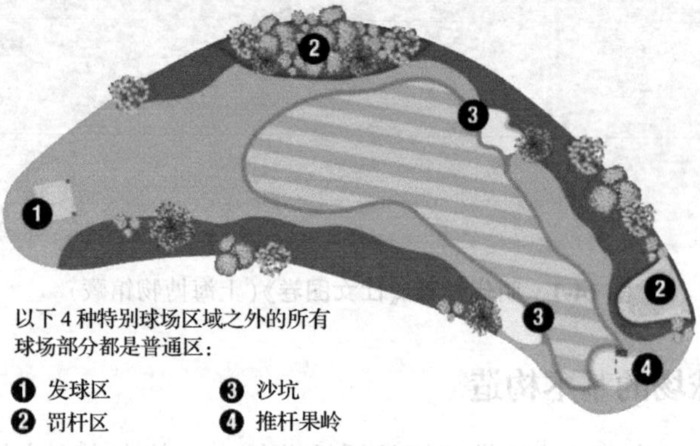
以下 4 种特别球场区域之外的所有
球场部分都是普通区：
1 发球区
2 罚杆区
3 沙坑
4 推杆果岭

图 14-3 球场区域的划分

14.1.3 球洞各部分的结构、草种选择与养护管理

14.1.3.1 果岭

(1)概况

果岭(green)也称推杆果岭或球洞区，即高尔夫球场中球洞所在的精细草坪区域。一般为圆形或近似圆形的不规则形状，面积为 450~700 m^2。一个标准球场的果岭总面积为 0.8~1.2 hm^2。果岭的面积取决于近距离击球的难度。通常同一标准杆数的球洞，其距离越长，果岭面积越大。

果岭的周围是果岭环(collar)，即环绕果岭的、果岭草坪与周边草坪的过渡带，宽度为 0.9~1.5 m。果岭环的管理同果岭一样，唯一的区别是修剪高度稍高。果岭圈的外围称为果岭裙(apron)，位于果岭前与果岭环相接的球道延伸部分。果岭裙的维护同球道相似。果岭的外围可能被沙坑所环绕。果岭草坪是经过精心修剪的短草草坪，一般都略有坡度和起伏，但球能够在其表面无阻碍地滚动。果岭有一个球洞，其位置是变化的。球洞由专门的打孔器设置，洞内为金属或塑料的杯，杯口应低于地面 2.5 cm。洞内有插旗孔，深度至少为 10.16 cm，以便用旗帜来标识球洞，球洞的直径为 10.8 cm。

(2)果岭坪床结构

果岭草坪草必须能经得起高强度的践踏，因为在一个超过 40 hm^2 的 18 洞高尔夫球场中，标准杆 72 杆中有 36 杆都是在果岭上完成的，还有 18 杆是向果岭击球，即大部分比赛是在 0.9 hm^2 的果岭上完成(占整个高尔夫球场面积不足 2%)。果岭质量是高尔夫球场质量的重要决定因素。

鉴于高尔夫球场的果岭在整个赛季都要承受高强度的践踏，其组成坪床的基质也是经过精心挑选的。许多高尔夫球场的果岭区是在原土上修建的，但为了保证高强度践踏后土壤仍有很好的透气性，会用大量的沙子与有机质的混合物与当地的土壤混合，形成质地比较粗糙的土壤。但是在比赛中，由于各地的沙子来源不一样，有机质和土壤的成分都不一样，果岭和果岭之间差异也很大。

1960 年，美国高尔夫球协会公布了果岭坪床的建造标准。这个标准经过严格的试验测试，包括物理特性、过滤和渗透能力、体积密度和保水能力(Turgeon，2010)。USGA 设计的球洞区的坪床上层为 30 cm 的细砂和泥炭，中层为 5 cm 粗砂，下层为 10 cm 砾石，砾石下设排水管，土壤 pH 6. 0~6. 5(图 14-4)。5 cm 的粗砂层形成滞水台，使水分易在土壤质地较好的根系层和质地较粗糙的砾石层或粗砂层之间累积，累积的水分最终被根系吸收，弥补了砂质的根系层保水性不好的缺点。根系层可以加入一些草炭土增加土壤保水保肥的能力，但根系层的土壤一定要混合均匀。底部的砾石层和排水管可以保证将多余的水分迅速排走。排水管之间的间距应大于 5 m。

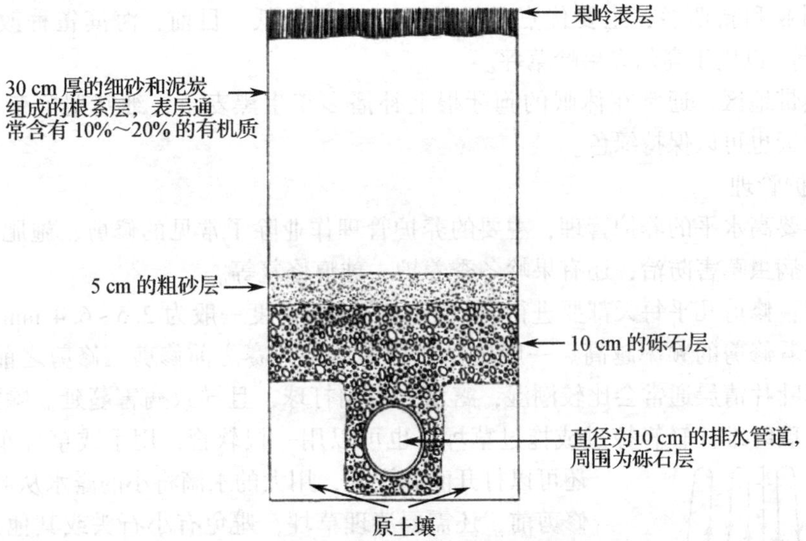

图 14-4　美国高尔夫球协会设定的以砂为基质的果岭坪床结构

(引自 Emmons，2011)

美国普渡大学设计的 Purr-Wick 坪床(图 14-5)是先在底部铺两层 4 mm 的塑料布，再在塑料布上布设排水管孔的直径 5 cm 的排水管，间距 3~6 m；中部为砂层，厚度 36~56 cm，一般最底部 46~56 cm 层面为细砂。36~41 cm 层面为中砂；最上层，在砂的表层 2. 5~5 cm 处铺设有机改良剂，通常为草炭土与砂的混合物。

第三种比较经济的方法是在当地紧实的土壤地基上直接铺设 30 cm 的砂层，排水管道镶嵌在原地基内部。果岭的位置一般比周围地区高，一方面是为了便于地面排水；另一方

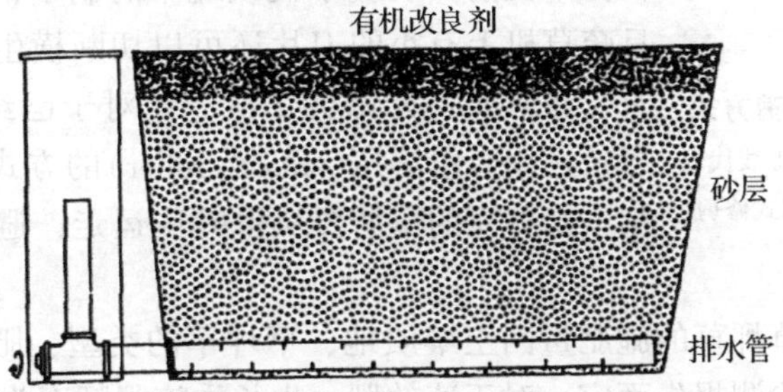

图 14-5　美国普渡大学设计的 Purr-Wick 坪床

(引自 Turgeon，2010)

面也可以让球手便于找到果岭区。

(3)草种选择

高尔夫果岭的草坪草必须耐低修剪。在温带和寒带地区，一般选用匍匐翦股颖，在热带和亚热带地区则选用杂交狗牙根。由于很多球手追求球速，果岭区草坪草的修剪高度越来越低，从4.8 mm演变到3.2 mm。因此，很多耐低修剪的新品种应运而生，如匍匐翦股颖"Penn A-G"系列、杂交狗牙根"ultradwarf"系列(如'Tifeagle''Champion''MS Supreme'和'MiniVerde')。其他用于果岭区草坪的还有绒毛翦股颖和细弱翦股颖。绒毛翦股颖的优点在于其株丛密度高，地理适应范围广。细弱翦股颖在温带海洋地区用得比较多，如英国、澳大利亚和新西兰，主要优点是维护管理水平较低。目前，海滨雀稗改良品种(如'seadwarf'等)也用于高尔夫果岭草坪。

在亚热带地区，通常在休眠的狗牙根上补播多年生黑麦草、细叶型羊茅和普通早熟禾，使其冬天也可以保持绿色。

(4)养护管理

果岭需要高水平的养护管理，主要的养护管理作业除了常见的修剪、施肥、灌溉、通气、覆沙、病虫草害防治，还有果岭冬季养护、球痕修复等。

①修剪：修剪几乎每天都要进行(生长季)。修剪高度一般为2.5~6.4 mm，修剪越低矮也就意味着修剪的频率越高。一般选择在早上球手开赛之前修剪。修剪之前先要除露，因为草坪草叶片清晨通常会比较潮湿，露水会影响打球，且导致病害蔓延。除露可以用长的竹竿或玻璃纤维杆轻轻掠过或拖过草坪；也可以用一根软管，用手或草坪车拖过草坪；还可以打开灌溉设施，用大的水滴将小的露水从叶片上打落。修剪前，还需要清理草坪，避免有小石头或其他杂物等卡入剪草机。

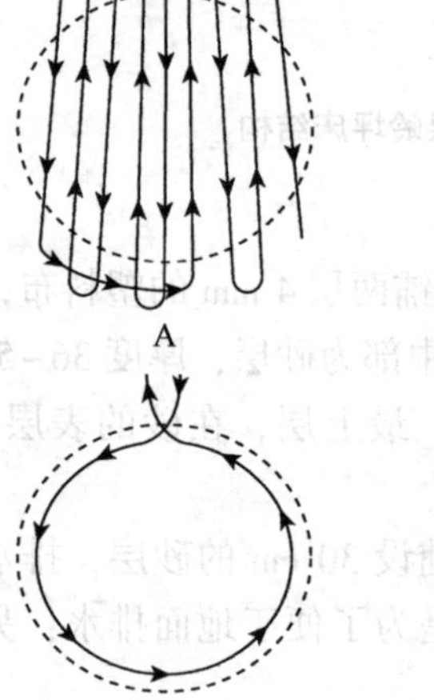

图14-6 高尔夫果岭修剪方式

A. 建议的果岭修剪方式，虚线代表果岭的边界 B. 称为清扫式修剪

剪草机可以使用小型自走型滚刀式剪草机和骑坐三联式滚刀式剪草机。前者的修剪宽度为0.53~0.56 m，后者的修剪宽度为1.5~1.6 m。前者质量较轻，对土壤的压实程度轻，但效率较低，转场时还需用拖车将其从一个果岭转到下一个果岭；后者效率高，但容易造成土壤紧实。每次修剪的路线也应不断变更(图14-6)。长期朝一个方向修剪会导致草坪草朝一个方向生长，影响高尔夫球滚动的方向和击球的准确性。在剪草机前安装疏草机或疏草的刷子，可以避免这一点，而且疏草机上有小的刀片还可以切断横生的匍匐茎。有锦标赛时，有时要一天修剪2次，但对于已经遭受胁迫的草坪草，尽量选用光滑滚压(smooth roller)的方式，避免疏草和二次刈割。修剪完的草屑要从果岭区运走，避免病虫害的传播，可以作堆肥。

②施肥：果岭上草坪草的施肥量因土壤质地、草坪草的类型、肥料类型而异。具体的施肥量需要根据土壤检测报告而定。对于速效肥，生长季施肥频率为2~6周1次；如果施用缓释肥则间隔延长。在草坪草生长速度变慢的时候，如匍匐翦股颖夏季和冬季休眠时，施肥量和施肥频率都要变少。磷肥的需求量一般不大，钾肥量至少应为氮肥量的一半。土

壤检测报告也会标明是否需要施加微量元素。砂质土壤，特别是碱性土壤容易缺乏微量元素。果岭草坪草缺铁时，颜色会发生变化，可以选用施加硫酸铁或铁的螯合物。可以施用石灰或硫黄调整土壤的 pH 值，高尔夫果岭的土壤 pH 值应维持在 5.5~6.5。最近几年，施肥朝着减少病虫害，提高草坪草球速的方向发展。

③灌溉：果岭的浇水频率相对其他草坪更为频繁，常需要每天浇水。这一方面是由于低修剪导致草坪草根系层很浅，从土壤中获取水分的能力有限；另一方面由于果岭区大部分都是以砂为基质的，土壤本身保水能力也有限。目前，高尔夫球场一般采用自动式喷灌系统，但在草坪草受胁迫的情况下，或是坡地上，也会采用手动灌溉，满足草坪草的不同需求。灌溉时间以晚上或清晨为佳。但晚上灌溉或过渡灌溉也可能会形成高温高湿的环境，增加病虫害暴发的概率。此外，有时在炎热的夏季下午也会为了降温而灌溉几分钟，称为叶面喷洒。

④通气：土壤过于紧实不仅影响草坪草的生长，而且会影响击球的准确性，因而在生长季节还要定期进行土壤通气，改善土壤的透气性和透水性。

穿刺在果岭使用强度大时约为 1 周 1 次；打孔因对表面的破坏性较大，一般选择在生长非常旺盛的季节进行，可在一个生长季执行一次或几次；浅的垂直修剪对草坪的伤害较小，在生长季可以 1 周 1 次，以改善草坪草的平整度和纹理，还可以移除侧枝、清除枯草层，便于覆沙的进行；深的垂直修剪对草坪表面影响较大，不宜经常实施。

⑤覆沙：为了控制枯草层，加速枯草层的分解，可进行覆沙。当枯草层厚度大于 0.76 cm 时会严重影响草坪质量。草坪覆沙通常可在打孔后进行，以少量多次为原则，1 次覆沙太厚会导致草坪草黄化。但近年来，因为覆沙可以使草坪草表面更加平整，增加果岭的硬度进而增加球速，很多球场草坪覆沙的频率越来越高，甚至达到每 3~4 周 1 次。

⑥交播：在南方一些地区，狗牙根冬季会休眠。为保证球场冬天的使用，可以交播耐寒的冷季型草坪草，如多年生黑麦草，帮助休眠狗牙根抵抗践踏胁迫，并增加草坪的美观性和可打性。

⑦病虫杂草害防治：鉴于高尔夫果岭草坪草不仅要耐每日的低修剪，还要经受高强度的践踏，因此果岭草坪草更易受各种病虫害的侵袭。保护性的杀菌剂在果岭上用得比较多，一般 1~2 周 1 次，通常用来控制币斑病和褐斑病。在温带和半干旱地区，冬季施用可以控制霜霉病；夏季高温高湿天气施用可以控制腐霉病。

果岭的虫害主要有地老虎和草地螟，一发现征兆应立即治理。在虫害发生高峰期，杀虫剂可以和杀菌剂一起使用。线虫危害在亚热带、热带地区的果岭砂地比较严重，杀线虫剂的使用需专人操作。

果岭由于高强度的维护，修剪高度比较低，双子叶杂草一般比较少，但是也会有繁缕和白三叶等。在温暖的地区，一年生杂草，例如马唐和牛筋草，也可能会造成一定危害。狗牙根果岭上，多年生禾本科杂草香附子可能造成较大危害。可以施用苗前除草剂，但重复施用会降低草坪草（特别是匍匐翦股颖）的耐胁迫性和抗病性；苗后除草剂（有机砷）可以用来治理果岭的一年生杂草，但对草坪草的危害也比较大，特别是在高温的天气。对于果岭草坪杂草，用手拔除还是最安全的方法。

一年生早熟禾是果岭上较为棘手的杂草问题。在狗牙根果岭中，可以施用苗前除草剂抑制一年生早熟禾出苗，或施用拿草特等苗后除草剂进行抑制。但在匍匐翦股颖上，较难选择安全有效的一年生除草剂，主要依赖将匍匐翦股颖维持在一个健康、有竞争力的水平上，避免果岭最后全部被一年生早熟禾占领。

近年来，青苔逐渐成为一些球场果岭上不容忽视的问题。银叶真藓(*Bryum argentum*)是果岭上最为普遍的一种青苔。由于青苔并非一种病原菌，因此常规的杀菌剂往往对其效果不佳。经常使用铜制剂(氢氧化铜+代森锰锌)来防治青苔，但对于青苔发生严重而需要全季使用的果岭，高剂量的铜制剂会严重伤害草坪，因此一般是秋季开始处理最为有效。也有报道说使用硝酸银可以有效防治青苔，但目前市场上还没有银制剂的农药产品。此外，还有唑草酮在国外登记用于青苔的防除，其他产品如过碳酸钠、铁制剂、石灰制剂、百菌清等，也用于青苔的防治，但防治效果不是很稳定。在管理上，可以通过提高修剪高度，提高土壤的氮和钾含量，提高土壤的通气性，避免过度灌溉和表面覆沙等措施来降低青苔的危害程度。在许多球场中，青苔的识别往往与藻类相混淆。治理藻类采取措施与治理青苔相似。

⑧冬季养护：在北方，高尔夫果岭的冬季养护非常重要。一般在冬季用遮阳网和涤纶纤维、丙纶纤维或聚乙烯纤维材料将果岭盖住进行保温(俗称果岭被)，可以保证春季早返青，也可防止草坪草因为长期被雪覆盖引起脱水。果岭被春季的移走时间也很关键：移太早，如果突然降温，草坪草会受到伤害；移太晚，草坪草生长太高，为了适应打球需要，还要再进行修剪，对草坪草也是一种伤害。因此一般采取一个过渡阶段：白天升温时将果岭被取走，晚上降温(特别是0℃以下)时，再将果岭被盖上。

为减少冬季草坪草的冻害，秋季在顶端生长结束前，应尽量避免施用氮肥，但一定要保证充足钾肥。结冰期或霜期尽量不要践踏草坪，刚刚融化的土壤极易被践踏紧实。

⑨果岭球速：高尔夫果岭维护很重要的一点是要维持一个均一的推球表面，以保证高尔夫竞技的公平性。高尔夫管理者会定期检测果岭球速。一般草坪草修剪越矮，球速越快。但球速也与施氮肥量、覆沙、垂直修剪、疏草、打孔和碾压有一定关系。

碾压也是提高果岭草坪球速的一种方法，可以无须将草坪草剪得太短。每天早上碾压一次可以使当天球速提高10%~20%。忌频繁碾压(如1 d碾压2次)或碾压设备过重，以免损坏草坪草。

⑩球痕修复：高尔夫球击球易造成球痕，球痕修复也是果岭常见的作业，有专用的球痕修复工具——果岭叉，也可以用刀子、钥匙或球座进行修复。将修复工具从侧面插入球痕下的土壤，而后翻转并用工具轻轻抬起草皮，使之尽量与周围草皮水平，如此重复，将球痕周围的草皮向中间聚拢，最后用推杆或脚轻轻将其踏平。球痕不及时修复将会影响以后推杆击球的准确性。

⑪移动球洞：果岭上需经常移动球洞的位置，移动频率主要取决于践踏强度、草坪耐磨性和土壤紧实度等，有时需要每天更换。一个果岭上应至少有3~4个球洞。从球打到果岭上再到球洞中心，以及从球洞中心到下一个发球台之间的草坪被践踏的强度肯定是最高的，因此，如何使球洞区的布置尽量使践踏在整个果岭均匀分布很重要。球洞的位置距离果岭环应不低于4.5 m，且新球洞距离旧球洞应有足够距离，以使草坪草充分恢复。更换球洞位置时，需要将新球洞的草塞用球洞挖洞器(cup cutter)取出，移到旧球洞的位置，同时用脚或踏板踏实。新移植的草塞由于根部被破坏需经常浇水，使其尽快恢复活力。

14.1.3.2　发球台

(1)概况

发球区(teeing area)是指打球的起点和开球的草坪区域。形状有矩形、方形、半圆形、圆形、“S”形、“U”形和“L”形等，最常用的为矩形，因矩形易建造和养护管理。发球台一般高于地面，开球台上设有 2 个球状标记，相距 5 码(5.57 m)。开球线(tee marker)是标记之间的直线，每个洞一般具备 4 个开球线，有的 3~5 个，最多的 7~8 个，相应有不同代表颜色：依次为黑色(black tee，职业选手，冠军开球线)、蓝色(blue or “back”tee，男业余选手)、白色(white or “middle” tee，初学男球手或高水平女选手)、黄色或金色[yellow or gold tee，两层含义：白色后面为冠军发球，白色前(除了红色前)为高级男选手]、红色(red or “forward” tee，女子选手)、绿色(green tee，通常比红色短，为初学者或青少年击球处)。

(2)草种选择

球手开球时经常会将草皮削起，因此发球台需要选择耐践踏性好、恢复性强的草坪草，狗牙根是最佳的选择。结缕草耐磨性强，对极端环境的适应力强，耐阴性较好，但再生力相对较差；匍匐翦股颖的再生恢复力强，耐磨性一般；大多数草地早熟禾不耐低修剪，易被一年生早熟禾和其他杂草入侵；草坪型的多年生黑麦草由于其耐磨性好、出苗快的特性通常用来修补削掉的草皮区，而且由于它们的竞争力比较弱，还可以在匍匐翦股颖长势比较弱时进行混播，保持草坪的优良外观。

一般情况下，北方可以选择匍匐翦股颖或草地早熟禾；南方可以选择杂交狗牙根；温带和亚热带过渡地区可以选择结缕草或耐寒的狗牙根。发球台草坪草种类通常与球道草坪草种类相似。

(3)建植

发球台的建植水平介于球道和果岭之间，有时像果岭一样精致。

发球区的面积应该足够大，由于发球时对草坪造成剧烈伤害，因此要经常移动开球线的位置，避免对同一位置的草坪草进行多次重复伤害。发球区的位置应高于球道，表面前倾，具 1%~2%的坡度，以便球员看见果岭的方向和位置。

发球台周围有观赏树木和灌木层，可以保护球手，提供遮阴的地方；缺点在于大部分发球台的草坪草都不耐阴，遮阴会导致发球台草坪草的耐性和更新速度大幅度下降。

(4)养护管理

①修剪：修剪高度应保证高尔夫球能够立在草面之上，而不需要置于太高的球座上。狗牙根和结缕草能够耐受 1.3 cm 的修剪高度，而匍匐翦股颖和一年生早熟禾在此修剪高度则需高强度养护，维护水平不高时则需修剪至 1.9 cm 或更高。

②施肥：发球台应充足施肥保证草坪草的快速恢复，但是施肥量又不宜太高，影响植物的耐磨性。每个生长季氮肥施用量约为每 100 m^2 施肥 0.5 kg，钾肥施用量大约是氮肥的一半，当然也因植物而异。

③灌溉：应充分灌溉以维持草坪草活力生长。注意调整灌溉时间，以保证打球时发球台的土壤干燥且坚实。

④打孔通气：发球台上践踏比较严重，打孔通气必不可少。打孔时要避开杂草发芽的时期，特别是一年生早熟禾和其他夏季一年生杂草。

⑤覆沙：发球台由于低修剪和长期践踏，对于不太容易形成枯草层的草坪草，仅仅在每次打孔后进行土壤覆沙就行；对于易形成枯草层的草坪草，则需要定期覆沙抑制枯草层形成。垂直修剪也可以控制枯草层。

将种子混到沙中，覆沙后每天浇水，还可以修补削起的草皮块，使被破坏区尽快恢复原样。如果被削起的草皮块是完整的，则应将整块草皮盖回原处，再覆沙踏实，通过浇水让其恢复。此外，还可以通过补播或移植草皮块的方式修复被削起的草皮区。

⑥病虫草害防治：发球台草皮的强度破坏将会导致其更易被杂草侵入。大部分的双子叶杂草都可以通过选择性的除草剂控制，而一年生的禾本科杂草则比较难控制，特别是在温带和寒带地区，冷季型草坪草上的一年生早熟禾尤其难控制。

病害暴发易导致杂草侵入，可以提前进行监控和施药以控制病害和虫害的发生。

14.1.3.3 球道

(1)概况

球道区(fairway)是发球台和果岭之间的打球的通道，是连接发球台和球洞区之间的草坪，是球场中最大的部分，因此球道区美观与否直接决定整个球场的美观性。一个标准的18洞球场中，球道区宽33~94 m、长137~492 m、总面积为12~24 hm^2。与发球台不同，木杆或铁杆在球道区是直接在草上打球的，因此草坪要有足够的密度，使球易被击起。

(2)草种选择

狗牙根是在热带和亚热带地区选用比较多的球道区草坪草，特别是'Tifway'。在亚热带和温带的过渡区，通常选用结缕草和耐寒的狗牙根。在温带和亚寒带地区，多会选用草地早熟禾和多年生黑麦草，匍匐翦股颖的管理强度比较高，但近几年由于其品种优秀，很多高尔夫球场在球道区也会选用。

如果在温带和亚寒带地区选用草地早熟禾作为球道区草种，修剪高度应适当提高，也不能经常刈割。因为在低修剪的情况下经常灌溉，会导致草地早熟禾被一年生早熟禾和匍匐翦股颖所替代。不过最近几年草地早熟禾的很多新品种都可以忍受1.9 cm的低修剪。

在半干旱地区，没有灌溉条件的情况下，可以选用野牛草、球道冰草、格兰马草作为球道草坪草。有灌溉条件的情况下，可以选用匍匐翦股颖、结缕草和狗牙根，或者草地早熟禾。从经济方面来考虑，也可以选用其他本土草种，但从可打性来说，通常越好的草坪草需要的维护管理强度越高。

(3)建植

球道区一般很少进行原始土壤改良，而是在粗整之前把表土铲起堆放，球场的轮廓形成后再铺回表土。通常球道区的坡面要朝向障碍区，以利于表面排水，表面要尽量平整，以防止在小的洼地修剪过高或在小土丘上修剪过低。

(4)养护管理技术

①修剪：球道区的养护管理低于球洞区和发球区，修剪高度为1.0~3.2 cm，修剪高度为1.0~1.9 cm时球道区的可打性最好，但也意味着更高强度的管理。修剪频率应至少为每周2次。有时1周4次，近几年流行轻型的易操作的3~4个刈割单位的滚刀式剪草机，虽然速度较慢，但对草坪的践踏较轻，对草坪草的撕拉程度较小。

②施肥：在球道区的施肥量只要保证一定的株丛密度和生长速度即可。如果不移走剪掉的草屑，在温带地区每年的施肥量为1~1.5 kg/100 m^2；如果移走剪掉的草屑，则需要

更多的氮肥。在生长季更长的热带和亚热带地区，施肥量应适当增加。

③灌溉：在球道区进行的灌水作业不仅是为了保证草坪草的生长，也是为了维持均一的打球表面。如业余者会比较偏向于较干旱的球道，球会滚得更远，而专业者在这种情况下，为掌握球速需要格外小心。因此，为保证比赛的公正性，球道区的物理特性要均一。

④其他养护：球道区由于面积很大，不可能像发球台和果岭区一样进行精细管理。枯草层和其他有机物的去除可以通过其他的管理方案实现：如避免过多施用氮肥，选择避免枯草层形成的除草剂，打孔和覆沙等。在生长季节，定期进行穿刺可以增加土壤的通气性，保证草坪草质量。

⑤病虫草害防治：球道区一般不需要施药。对于匍匐翦股颖和一年生早熟禾，则需要施加一些预防性的杀菌剂。

一年生早熟禾仍是球道区危害很严重的杂草，特别是在夏季干热季节，一年生早熟禾大片死亡，导致球道区外观质量和可打性变差。过度灌溉会加重一年生早熟禾的危害。定期施用苗前除草剂可以抑制一年生杂草。在亚热带地区干旱的夏季和热带地区的丘陵地带，铺地狼尾草是一种球道区常见杂草，控制难度很大，目前的控制方法是将铺地狼尾草尽量培育成像球道草坪草一样的外观。

对于白蛴螬等害虫，需要提前监控预防。

14.1.3.4　障碍区

障碍区(hazards)包括球道以外两侧的高草区和球道与球洞区之间设置的沙坑、水面、灌木丛等，使高尔夫球这项运动更具挑战性。设置障碍区的目的是惩罚球员的不准确击球，或增加比赛的难度。

(1)高草区

高草区(rough)为高尔夫球场中每个球洞除发球台、球道和果岭以外的所有草坪区域。高草区养护管理水平低于球道。在高草区击球比在球道上击球难得多。因为高草区的修剪高度比较高，而且表面不够平整，甚至还有树木。

障碍区的高草区，又分为一级高草区(primary rough)和二级高草区(secondary rough)。一级高草区与球道区相连，草坪草的修剪高度为2.5~7.6 cm，管理方式与球道区相似，除了修剪高度较高。一级高草区惩罚力度不是很重。很多球场不设一级高草区。二级高草区距离球道区较远，通常不进行施肥或灌溉，修剪高度为5.1~12.7 cm，或不修剪保持自然状态，草丛较高，管理粗放，近于绿化草坪的管理，无须高强度作业，进行防除杂草和病虫害。同时，高草区也不能成为传播杂草种子、繁殖害虫和病菌的区域。

(2)沙坑

沙坑(sand bunker)为用砂子填充的障碍区，高尔夫球场将其称为陷阱。沙坑也是惩罚球员不准确的击球，将球从沙坑区打出需要有一定的技巧。大部分沙坑位于果岭区附近，也可位于球道区的任何一个位置。果岭区的沙坑与球道区的沙坑不同，通常有一个很高的唇边(lip)。

沙坑也需要精心的管理，沙坑边缘的草坪草要使用修边器修剪平整，也可以使用植物生长调节剂。沙坑周围的草坪草要使用自走式旋刀式剪草机进行修剪，沙坑里面的草要喷洒除草剂，或用锄头或手动拔除。沙坑内部要每天耙砂，使砂疏松、平整。耙砂可以用砂耙，也可以用三轮的耙砂机，前者耙出的效果比较好，后者更节省时间。

沙坑区砂层的厚度为10~15 cm，除了比较陡峭的坡面，厚度都比较厚，所以会看到球手在击球时，砂子会四处飞溅。还有一些砂子会因为水流或风力的作用被带到别的地方，所以要定期往沙坑里添补砂子。沙坑的砂子是形状规则的中粒砂(直径0.25~0.5 mm)，不会因球手的践踏而移位。最好的是晶洁透明的石英砂，与翠绿的草坪相映可以形成一幅美丽的图画。

14.1.4 球洞场地之外的结构

14.1.4.1 高尔夫球练习场

标准高尔夫球练习场由发球台、球道区和果岭组成。球道区面积100 m×50 m~150 m×60 m，场地平坦，地表有1%~5%的排水坡度。发球台为简易发球台(只设简单防雨棚)或雨楼式发球台。练习发球台面积一般为1.394~2.788 m^2，形状通常为矩形或镰刀形。其坪床结构、排灌系统设计、草种选择和养护管理基本与正规发球台相同。

14.1.4.2 高尔夫球场备草区

发球台、球道、果岭均有相应的备草区(sod nursery)，备草区的土壤质地结构和草种类型与其相应区域相同，以便球场损坏时及时更换。备草区的养护措施也与常规球场的基本相同。建议18洞球场备草区面积为：果岭≥465 m^2，发球台929~2 323 m^2，球道0.12~0.2 hm^2。

14.1.4.3 其他

在高尔夫球场中，对树木要定期修剪、施肥、防治病虫害。俱乐部旁边的花圃也要定期进行维护。高尔夫球场的池塘区要使用药物使水中不生长水生植物。高尔夫球场还设有专门对高尔夫器械进行维护管理的区域。

14.2 足球场草坪

14.2.1 足球场草坪概述

14.2.1.1 足球场的类型及其场地规格

(1)专用足球场

国际足协规定，世界杯足球赛决赛阶段的足球场必须是105 m×68 m，边线和端线外各有2 m宽的草坪带。通常草坪外还有10~15 m的缓冲地带，用来设置商业广告和教练员及球员的休息棚。

足球场场地中间横穿球场的线称为中线。以场地中央为圆心，半径为9.15 m的圆圈称为中圈。球门设在每条球门线中央，由两根相距7.32 m的直立门柱与一根下沿离地面2.44 m的水平横木组成；球门前有5.5 m×18.32 m的球门区和16.5 m×40.32 m的罚球区(也称大禁区)；罚球区内有一个距球门线11 m的罚球点，以罚球点为圆心、半径为9.15 m的弧线交于罚球区内线上，称为罚球弧。场地四角各有半径1 m的角旗区。四角和场地两侧正对中线的边线外至少1 m处各竖一面不低于1.5 m高的平顶旗杆，上系一面小旗(图14-7)。

(2)田径足球场

通常体育场都是将足球场与田径场结合在一起建造的，足球场设置在田径场跑道的中央(图14-8)。标准体育场的田径跑道内圈一般为400 m，因而足球场只能在周长400 m的

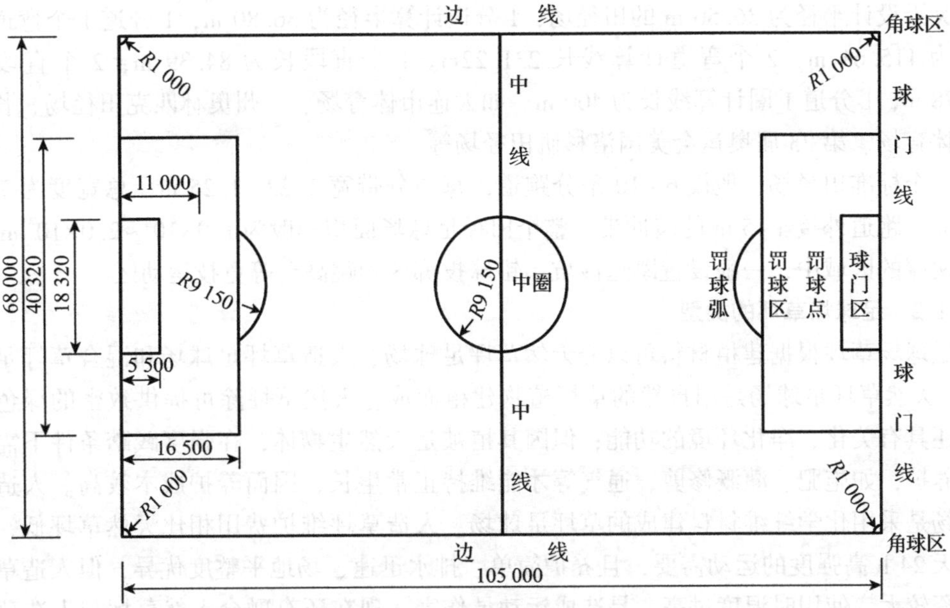

图 14-7　专用足球场场地结构(单位：mm)

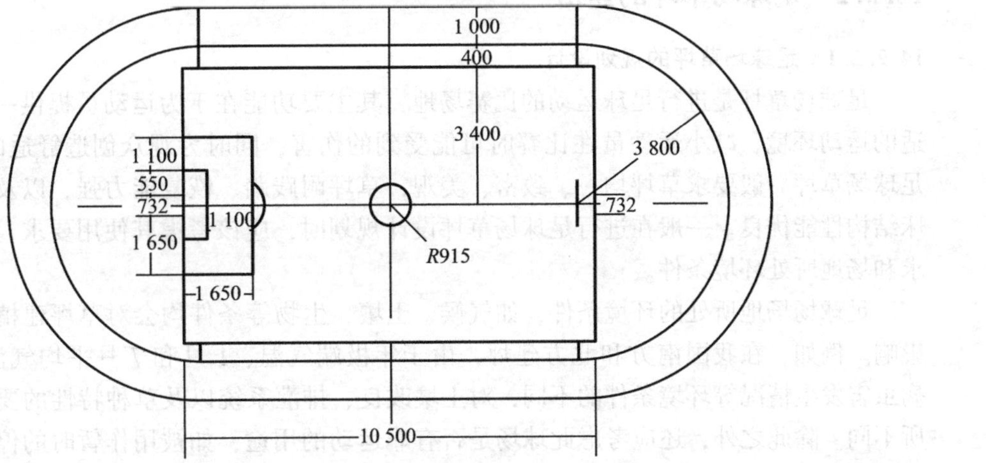

图 14-8　田径足球场场地结构(单位：cm)

长椭圆形区域内加以布局。

田径场中央的足球场维持 105 m×68 m 的布局，弯道半径有轻微差异。目前，国际国内田径比赛通常使用以下规格的田径场。①内突沿半径为 36 m 的田径场，即 1 分道计算半径为 36.30 m，1 分道 1 个弯道计算线长为 114.04 m，2 个弯道计算线长为 228.08 m。1 个直段长为 85.96 m，2 个直段长为 171.92 m，1 分道 1 圈计算线长为 400 m。如北京工人体育场、辽宁鞍山市体育场、上海沪南体育场等。②内突沿设计半径为 37.898 m 的田径场，即 1 分道计算半径为 38.198 m，1 分道 1 个弯道计算线长为 120 m，2 个弯道计算线长为 240 m。1 个直段长为 80 m，2 个直段长为 160 m，1 分道 1 圈计算线长为 400 m。如北京国家奥林匹克体育中心田径场、沈阳市体育中心田径场、24 届奥运会韩国汉城田径场等。

③内突沿设计半径为36.50 m的田径场，1分道计算半径为36.80 m，1分道1个弯道计算线长为115.61 m，2个弯道计算线长231.22m。1个直段长为84.39 m，2个直段长为168.78 m，1分道1圈计算线长为400 m。如大连市体育场、广州奥林匹克田径场、长沙市贺龙体育场、第23届奥运会美国洛杉矶田径场等。

一个标准田径场一般设6~10条分跑道，每条分带宽1.22~1.25 m，总宽度为7.32~12.5 m，跑道外接4~5 m的缓冲带，整个田径足球场面积一般为1.9×10^4~2.0×10^4 m^2。足球场两端的区域中，一般设置跳远沙坑、铅球投掷区和跳高台等竞技运动区。

14.2.1.2 足球场草坪的类型

足球场草坪根据建植材料可以分天然草坪足球场、人造草坪足球场和混合草坪足球场3种。天然草坪足球场是用自然的草坪植物建植而成，天然草坪除可提供致密的绿色植被外，还具有美化、净化环境的功能；但因其植被是天然生物体，在强度践踏条件下需要特定的养护，如施肥、灌溉修剪、通气等才能维持正常生长，因而养护成本较高。人造草坪足球场是采用化学纤维材料建成的草坪足球场。人造草坪维护费用相比天然草坪低，能满足全天24 h高强度的运动需要，且养护简单、排水迅速、场地平整度优异，但人造草坪建坪投资较大，使用时温度过高，易造成运动员伤害。现在还有融合天然草坪与人造草坪优点的混合系统草坪。

14.2.2 足球场草坪的建植

14.2.2.1 足球场草坪的规划设计

足球场草坪是进行足球运动的比赛场地，其主要功能在于为运动员提供一个安全、舒适的运动环境，减小运动员在比赛时可能受到的伤害，同时为观众创造舒适的观赏环境。足球场草坪一般要求草坪均一、致密、美观，草坪耐践踏、恢复能力强，以及足球场的坪床结构性能优良。一般在进行足球场草坪设计规划时，应该考虑其使用要求、养护管理要求和场地所处环境条件。

足球场场地所处的环境条件，如气候、土壤、生物等条件均会对草坪建植及养护产生影响。例如，在我国南方和北方建坪，由于年极端气温、1月和7月平均气温、降水量、病虫害发生情况等环境条件的不同，对土壤改良、排灌系统以及草种特性的要求等均会有所不同。除此之外，还应考虑此球场是否有非运动的用途，如被用作暂时的停车场、举办一些大型活动、被一些俱乐部用作训练场地、是否需要照明等。

14.2.2.2 足球场草坪的坪床结构

坪床是用于建植草坪的基质层面，是足球场草坪的基础，也是决定球场运动质量最主要的因素，其影响程度远远超过草种选择和养护管理。足球运动是一种高强度的对抗比赛项目。据统计，一场90 min的足球赛，每个运动员平均踩在草坪表面的脚印大约为1.2万个，连同裁判员，每场球赛的脚印总数约为25万个。在此种高强度的践踏下，使坪床保持较高的透水性和通气性，保证草坪草地下根系以及地上部分正常生长，维持足球场草坪的弹性和缓冲性能，都需要优良的坪床结构提供支撑。

性能优良的坪床结构主要体现在：较高的导水率(2.5~6.0 cm/h)、稳定的运动表面、适宜的总孔隙度(践踏较少时维持在40%~50%，践踏较多时维持在35%~40%)、适宜的大小孔隙比例(小的持水孔隙和大的充气孔隙的比例一般为2：1)和适宜的表面硬度和牵引力这几个方面。

(1) 坪床结构的选择和设计

坪床结构是指草坪面以下提供草坪生长环境的基质(土壤)剖面结构，由坪床的层次、厚度及其材料构成。按照材料来源和建造方式，可划分为天然型、半天然型和全人工型 3 种结构。建坪时，应根据待建足球场的水平、资金条件、使用强度、养护管理水平及当地的气候、土壤等条件进行合理规划设计。

①天然型坪床结构：是指未经任何工程措施改造的天然床土，在原有场地上直接建坪的坪床结构类型，多应用于质量要求不高、使用频率较低的球场。通常要求土壤质地优良，为砂壤土或壤土；基层排水性能良好，可不设地下排水管道，直接采用地面和明渠边沟排水，降雨多的地区横向坡降可达 3%；土层厚 0.5~1.0 m，土壤下层有透水层；地下水位低，灌溉后无盐碱斑形成。注意事项：在场地施工前最好挖取 80 cm 深土壤剖面，确定坪床基层是否存在不透水层、地下水位太浅等问题，以确定是否能直接建坪。

天然型坪床结构一般利用期限不超过 5 年，每个赛季可以进行 50~75 场比赛，比赛取消率为 10%~50%，每周可以进行 1.4~2.0 场比赛。

②半天然型坪床结构：是指在不改变天然坪床土体结构的基础上，进行表土改良的坪床。一般用于因利用而出现退化的足球场草坪，通过对原有坪床结构进行部分改良，解决土壤紧实、排水不良、水肥下渗困难，草坪盖度降低等问题。目前，半天然型坪床结构主要包括盲管排水型、裂槽式排水型、表层覆沙式排水型和悬浮水台式排水型 4 种(图 14-9)。

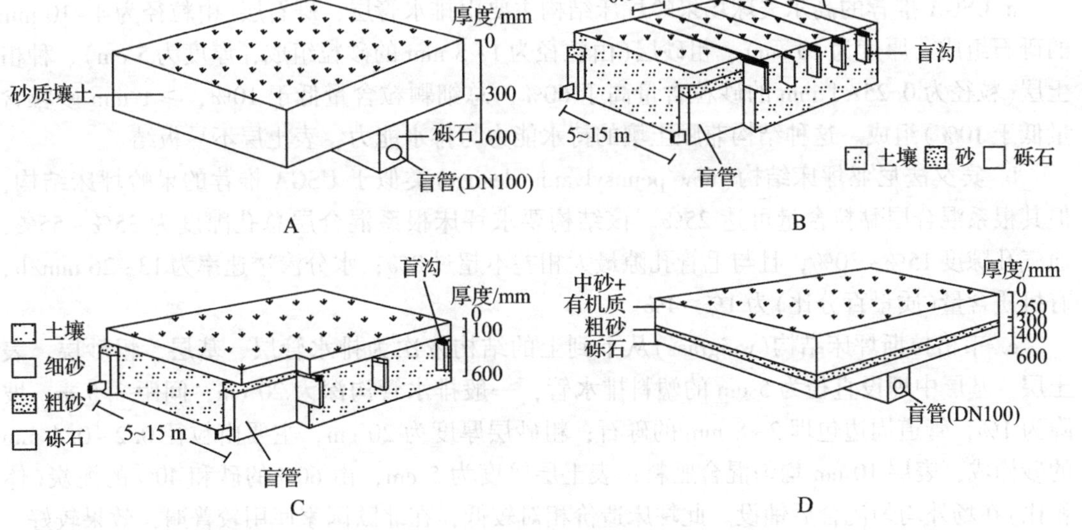

图 14-9　半天然型坪床结构

A. 盲管排水型　B. 裂槽式排水型　C. 表层覆沙式排水型　D. 悬浮水台式排水型

a. 盲管排水型适用于表层具有一定排水能力的砂质土壤的建坪地点。一般在原有坪床基础上，每隔 5 ~10 m 设置一个 45~60 cm 深的排水沟，沟内安装排水盲管，管上依次铺设一定厚度的砾石及粗砂，表层为 30 cm 左右的根系层。此种坪床排水性能的好坏主要取决于坪床的透水性以及排水系统的设计、材料的选择和管道的安装等，因此设计与施工时，要求出水口合理；PVC 管管径适当，管道维持 0.5%~1.0%的坡降；盲沟中的砾石要洁净、坚硬。

b. 裂槽式排水型是在盲管排水的基础上，在坪床表面沿垂直于排水管道方向设置间距为0.6~1.0 m的盲沟，以增强坪床的渗水速度。目前，设置的盲沟有砾石+沙盲沟、沙盲沟和浅沙盲沟3种形式。无论选择何种盲沟，下层排水盲管的间距一般为5~15 m。这种排水系统的缺点在于建成的第一年地表可能不平整，夏季由于湿土的缩水导致裂槽增大，地表不平整。

c. 表层覆沙式排水型是在原有盲管排水或盲沟排水的基础上，在种植层上再平铺一层厚10 cm左右的细砂。利用期限一般可以超过15年，每个赛季可以进行75~100场比赛，比赛取消率为5%~15%，每周可以进行2.0~2.8场比赛。

d. 悬浮水台式排水型是指水分保持在根系层的下方、排水层的上方，在干旱的时候，草坪还可利用一部分这些被保持的水分，一般表层为25~30 cm的砂与土壤混合层，下一层为5 cm的粗砂层，更下层为10 cm厚度的砾石排水层。这种设计一般要求高的养护管理水平，特别是水分的供应。利用期限一般可以超过15年，每个赛季可以进行100多场比赛，比赛取消率为1%左右，每周可以进行2.8场以上比赛。

③全人工型坪床结构：所有坪床建植材料均来自场地外，人工根据场地使用需求进行组配、层层铺设而形成的坪床结构。主要适用于高水平的体育中心和专用足球场，特别是举办世界性足球比赛的场地。这种类型场地种植层一般均由纯砂和有机质构成，场地质量较高。目前，欧美流行的足球场坪床结构主要有美国高尔夫协会(USGA)推荐的高尔夫球场果岭坪床结构、宾夕法尼亚坪床结构、韦格拉斯坪床结构、PAT坪床结构等。

a. USGA推荐的高尔夫球场果岭坪床结构主要由排水管层、砾石层(由粒径为4~10 mm的砾石组成，厚度为10 cm)、粗砂层(由粒径为1~3 mm的砂粒组成，厚度为5 cm)、种植土层(粒径为0.25~1 mm的砂粒含量高于60%，总细颗粒含量低于10%，≥1 mm砂粒含量低于10%)组成。这种结构兼顾土壤的持水能力与排水能力，表土层不易板结。

b. 宾夕法尼亚坪床结构(new pennsylvania design)类似于USGA推荐的果岭坪床结构，但其根系混合层黏粒含量可达25%。该结构要求坪床根系混合层总孔隙度为35%~55%，通气孔隙度15%~30%，且与毛管孔隙最大相差不超过8%；水分渗透速率为13~26 mm/h，有机质含量(质量百分比)为1%~4%。

c. 韦格拉斯坪床结构(weigrass)从下到上的结构依次为排水管层、基层、粗砂层、表土层。基层中埋设直径为5 cm的塑料排水管，一般排水管沟深为20 cm，间距3.5 m，坡降为1%，管道周边包埋2~8 mm的砾石；粗砂层厚度为20 cm，主要由粒径0.2~0.4 mm的砂构成，表层10 cm均匀混合肥料；表土层厚度为5 cm，由60%的砂和40%的泥炭(体积比)在场外均匀混合后铺设。此坪床造价相对较低，在北欧国家使用较普遍，效果较好。

d. PAT坪床结构(prescription athletic turf system)在坪床的底部和周围全部铺设不透水的塑料布，坪床土壤由一定粒径的水洗砂构成，坪床内设置湿度感应探头，安装有给、排水管道，通过与场地外部的给水泵和排水泵连接，确保坪床内土壤的含水量维持在植物所需的最适含水量范围内。此系统最大的特点在于可强制排水，下雨天也可继续比赛，节约用水，场地利用率高，目前在美国及加拿大等国家足球场草坪被广泛应用。

(2)足球场坪床辅助建造系统

①坪床加固技术：为了增强足球场的通气、排水性能和抗紧实能力，根系种植层一般

砂含量较高，易导致坪床稳定性变差。加固材料多为尼龙网和聚丙烯纤维碎片，添加方式可分两种：a. 水平有序铺设纤维织物；b. 随机铺设纤维、细纤维或网格网片。当草根不规则伸入这些材料中时，相互交织在一起，可以增加土壤强度，减少土壤变形，提高草坪表面的抗踩压能力和表面稳定性，并且还能促进坪床的保水能力及增加表面盖度。但施用过多会导致球场出现表层土壤紧实、土壤分层、渗水率下降等问题。近些年，国内草坪学者研究发现，丙纶纤维、植物纤维(竹、麻、椰丝、棕榈)、PET纤维以及矿物纤维(碳丝、玄武岩纤维)等可开发作为坪床加固材料。

②加热保温系统：为了延长足球场草坪使用时间、延长草坪绿期，可以在坪床中设置加热保温系统。目前，广泛应用的加热保温技术主要分为地上覆盖保温技术和地埋式加热技术两种。

a. 地上覆盖保温技术是指在足球场场地不使用时，在草坪上加盖覆盖物，以防止草坪受寒枯萎。早期多采用木屑、稻草、松树枝或麦秆进行覆盖，但每次进行修剪和比赛前后都需对覆盖物进行覆盖与撤销，导致草坪表面杂乱，应用效果不理想。近年来塑料薄膜、无纺布等逐渐被采用，其工程造价较低，且可起到一定程度的保温效果。但塑料薄膜也需要定期揭开覆盖物进行透光换气，同样较为烦琐，且外界气温低时保温效果并不十分理想。20世纪60年代初，在英国Bingley体育场首次采用充气式帐篷覆盖整个运动场草坪，取得较好的效果。这种帐篷材料多为半透明的聚乙烯材料，通过鼓入热空气提高草坪表面的温度。每隔15~20 cm设置一个半径为13~16 mm的通风孔，既可调节温度，还可进行氧气和二氧化碳的交换。虽然此系统较其他覆盖措施保温效果好，但也需每次修剪和比赛之前移开充气帐篷，耗费人力且使用寿命较短，一般只能使用1~2个赛季，成本较高。

b. 地埋式加热技术指在地下一定深度埋设电缆线、暖水管、热风管或暖气管等对土壤进行加热，以促进草坪提早返青、延缓枯黄。主要包括电缆线加热增温技术、坪床水循环加热技术、热风加热保温技术和暖气加热保温技术。

电缆线加热增温技术是把电缆线埋设于草坪坪床根系层，利用电缆线提供的热量来提高坪床温度。一般铺设深度为15 cm，间距也约为15 cm。其增温效果较好，且在阴雨天气可迅速干燥坪床，解决坪床泥泞问题。其不足之处在于电缆线铺设深度较浅，易导致草坪根系局部干旱，对草坪根系的生长有一定的影响；并且打孔、垂直修剪等养护措施容易损坏电缆。

坪床水循环加热技术一般采用聚乙烯管作为暖水管道，埋设在根层和排水管道之间，深度为25~30 cm，水温控制在35~40℃。热水系统的优点在于蓄热能力强，运行费用低；缺点在于施工麻烦，初期投资高，传热效率不高，能源的利用率较低，且难以实现精细控制，系统发生过热或冻坏的可能性大。

热风加热保温技术一般将热风管道铺设在排水层上层，砾石层中间或砾石层和根系之间，深度为30~45 cm。可以通过带加热或不带加热的强迫通风手段来控制根部的温湿度，且正、负压形式均可采用。系统工作时热风在根系层和排水层之间流动，对土壤进行加热保温。

暖气加热保温技术是用管道将暖气通入铺设在坪床基层的管道中，来加热草坪根系层。这种加热系统可以将输送暖气的暖气管与排水管分开单独铺设，也可将暖气直接通入排水管中，既提高加热效率，又节约施工成本，还可以改善根系土壤的通气状况，增加坪床的排水能力，应用前景较好。

③夏季辅助降温技术：为了提高夏季高温环境下足球场草坪的质量，可采用草坪冠层降温技术、坪床通风制冷降温技术、可移动式草坪控温技术来降低坪床温度。

a. 草坪冠层降温技术一般是指在夏季炎热天气开启喷灌系统，使水滴形成雾状喷洒在草坪上，通过水汽蒸发来降低草坪草叶片乃至整个冠层的温度。此技术无须额外投资、简单易行，但只能暂时缓解草坪近地表温度，喷雾停止，温度即会很快上升。另外，喷雾造成草坪冠层湿度增大，在高温高湿的环境下易诱发病害。

b. 坪床通风制冷降温技术主要是指在排水管中注入冷气或冷水，通过其在坪床根层的流动来降低草坪根层温度，为高温环境下的草坪草提供较合适的生长环境，应用效果较好。

c. 可移动式草坪为控温技术实现提供了便利的条件，一方面可以通过移动草坪来避开极端温度的伤害，另一方面可以运用控温技术来降低温度胁迫，在高档球场上应用前景广阔。

14.2.2.3　足球场草坪排灌系统设计

(1)足球场草坪排水系统设计

①排水系统的组成：排水系统是足球场草坪建造中最重要的基础工程，其设计的好坏直接体现出足球场的整体质量。足球场的排水系统包括排水砾石层、排水管道和蓄水池。排水砾石层是草坪草根系分布层的亚土层，通常厚度为15~20 cm，一般由直径为2~10 cm的砾石构成，也是暂时存水的保水层。排水层下面是排水管道，包括排水主管和排水支管。排水支管可用埋碎石盲沟、多孔陶瓷管、有孔塑料管建造，而排水主管多用混凝土管、铸铁管、PVC管等，也可用砖、石块与水泥砂浆建成。蓄水池是为了再利用足球场草坪排出的废水灌溉草坪设置的储水池。

②排水系统的类型：根据足球场草坪的排水形式可分为地表径流排水和地下渗透排水。

a. 地表径流排水是利用足球场表面的坡度自然排水，一般足球场设计是以其纵轴为场地最高点，向两侧设计0.3%~0.5%的表面坡度，并在草坪场地的外沿各做一条排水沟，收集地面坡度径流。如果为田径足球场，则在跑道内侧的道牙外边做一环形排水沟，以排出跑道与足球场的地表水。排水沟宽度一般不小于0.4 m，沟内坡度一般为0.5%。

b. 地下渗透排水与场地结构密切相关，目前多采用地下盲沟排水。场地下部铺设盲沟排水管，坪床为砂质坪床。其渗水过程为雨水→种植层→粗砂层→砾石层→盲沟排水管网→排水管。排水管的排列间距一般为3~5 m，但降水多的区域间距可以适当减少，比较干旱区域可以适当增大。盲管的布设形式可采用周边式或鱼刺式。周边式盲管的出水口向足球场四周均匀分布，水流入四周的环形暗沟，适用于体育场周边地形平坦、场外设蓄水池的场地。鱼刺式盲管是在球场中心线设1条或2条主盲管，支管向两边延伸，并与主盲管呈一定角度的相接，适用地势较高、排水顺畅的场地。

③排水系统施工要求：a. 管道坡度准确，排水管安装中要检查坡度使之符合设计要求，中间不能出现高低起伏状态，以避免堵塞管道；b. 管道不易受损，排水管道四周要填实，回填块石要轻，防止损坏管道；c. 封堵排水管，排水管的高起端如果露出地表，可用塑料包裹封堵管口，防止杂物进入管内；d. 分层整平并压紧，排水管安装后应进行第一次找平并镇压，排水层至少分两层找平和镇压。

(2)足球场草坪灌溉系统设计

①灌溉方式的选择：无论是在干旱地区还是在多雨地区，灌溉对于维护足球场草坪草

的正常生长发育、发挥其正常的使用功能都十分重要。灌溉系统的选择可根据建坪单位的要求以及资金情况进行安排。目前，中高档足球场已实现远程控制式自动灌溉。一般足球场常见的灌溉系统有地埋式、固定式和移动式。

a. 地埋式自动升降喷灌系统，喷头必须为地伸式(升降式)，固定埋于场地下，喷时弹出、喷完缩回，各级输水管道均埋于地下，并应设有蓄水池、水泵房或高压水泵。其优点为全系统易于自动控制；灌溉管理操作方便，省工、省力；喷洒均匀度高，易于满足草的需水要求，但是成本高。地埋式自动升降喷灌系统是目前足球场草坪中最为常用的一种喷灌方式。运动场草坪灌溉最好采用地伸式喷灌系统，且一定要选择运动场专用喷头。

b. 固定式地上喷灌系统，多采用远射程的大喷头($R \geqslant 50$ m)，喷头接口固定在场内或场外边缘处，灌溉时将喷头临时安装在固定的快速接口上，灌溉完毕卸下喷头，并用橡皮盖将快速接口盖上。要求喷灌水压大，喷头射程远、流量大。优点是场内无喷头，不会对运动员造成伤害。缺点是雾化程度低，水滴打击动能大，易产生地面径流，灌溉均匀度差，灌溉效果不理想。

c. 移动式灌溉系统，喷灌设备临时装在场内，灌溉完毕后移走。可分为移动管道喷灌系统和移动机组喷灌系统。移动式管道喷灌系统比较灵活，可任意调整喷头位置和灌溉量，但管理比较麻烦，且喷洒质量较差，容易漏喷，易产生土壤侵蚀；移动机组喷灌系统管理方便，但由于机组在场外，需要大射程、大流量的喷头，导致灌溉均匀度及喷灌强度不理想，也易产生土壤侵蚀及地表径流。

d. 其他灌溉系统，一些比较缺水的地区也有采用滴灌或渗灌进行足球场草坪灌溉，但存在根茎型草类穿透管道、堵塞滴头的风险，应用受限。

② 喷头的布置：

a. 大型喷枪的布置，足球场草坪喷灌中，一般要求场地比赛区域不安喷头，以免对运动员造成伤害，因此多在场地边缘使用射程达 50 m 以上的大型喷头进行喷灌。这种大型喷头一般流量大、射程远、喷灌水滴打击强度大，因此不适合建坪阶段或草坪苗期使用，多用于成熟草坪。图 14-10A 为足球场大型喷枪灌溉布置方式，工作压力 1.0 MPa、DN160 mm 射程 52 m、流量 50.8 m^3/h，足球场全场布置 6 只喷头。

b. 无边线喷头布置，即球场边线上不布置喷头。其布置特点是喷头用量较少、喷灌系统造价低，但部分喷头喷洒的水量超出草坪范围，存在用水量浪费问题。图 14-10B 为足球场无边线喷头布置方式，全场布置 18 只喷头，工作压力 0.4~0.5 MPa、射程 18~19 m、流量 4~4.8 m^3/h，全圆喷洒。全运动场一次性喷洒，总流量 72~86 m^3/h，喷洒时间视草坪生长时期和土壤墒情确定，一般每次喷洒 20 min，不产生径流为原则。

c. 有边线喷头布置与无边线喷头的布设相反，喷头布设在足球场的边线及转折角上。其特点是喷头用量较多，系统造价较高。图 14-10C 为足球场有边线喷头布置方式，工作压力 0.3 MPa、射程 15.2 m、流量 2.23 m^3/h，足球场全场共设置 40 只喷头。

14.2.2.4　足球场草坪的坪床准备

坪床是足球场草坪的基础，其设计与建造直接影响后期足球场草坪功能的发挥、草坪养护管理的难度以及可持续利用的年限等。足球场的坪床准备主要包括场地勘测、坪床清理、排灌系统的设计建造、土壤改良、坪床平整等内容。

(1)场地勘测

通过现场调查勘测和资料收集，了解拟建场地及周边的基本情况，为后期坪床设计及

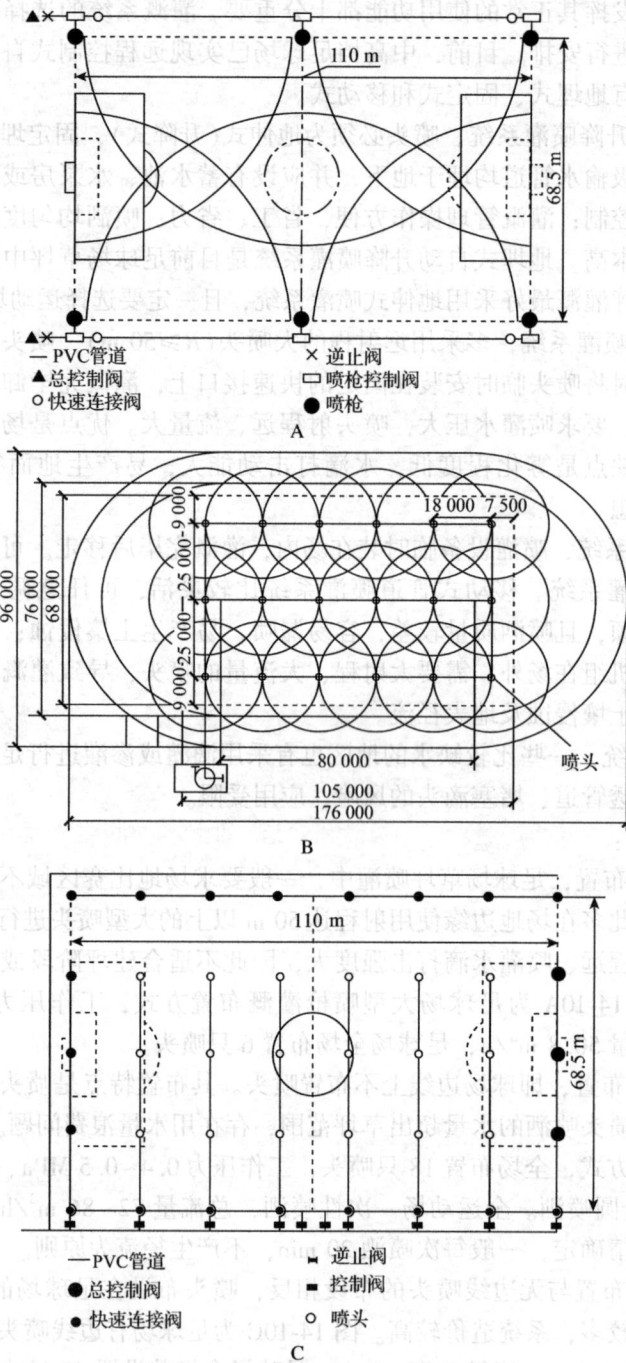

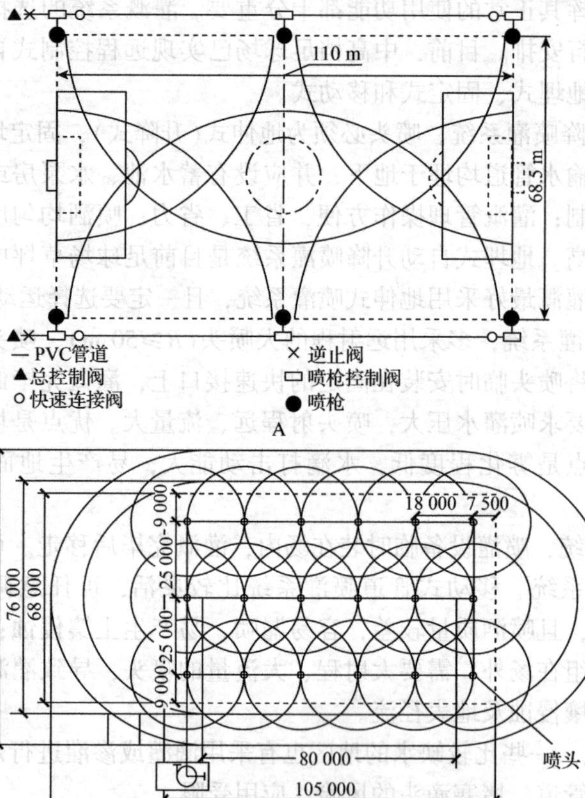

图 14-10　足球场草坪喷头的布置

A. 足球场大型喷枪灌溉布置方式　B. 足球场无边线喷头布置方式(单位：mm)　C. 足球场有边线喷头布置方式

建造方案的拟定提供基础性数据资料。勘测内容主要包括场地所处位置的地形地貌、气候、土壤、水文、交通、原始植被、材料采购条件等。

(2)坪床清理

坪床清理是足球场建设工程正式施工前的一项必要工作。主要涉及足球场边界的确定，坪床上的植被、石块、建筑垃圾以及有毒有害物质的清理等，应特别注意具有根茎、匍匐茎、根蘖等器官的恶性杂草的清理。

(3)排灌系统的设计建造

排灌系统的设计应根据球场所处的气候条件、土壤条件、使用要求以及资金情况等进行综合考虑。其建造需按照预先设计的图纸进行。一般排水系统的建造主要包括排水沟的开挖、排水管道的铺设、砾石层及过滤层的铺设等，灌溉系统的建造包括供水管道的铺设及连接、水泵设置及安装、喷头安装及调试等。

(4)土壤改良

坪床土壤构成不仅关系运动条件下草坪草能否正常生长，而且影响坪床的稳定性和排水性能，因而其土壤配制应根据足球场所处气候条件、使用要求、质量水平以及养护管理要求来确定。足球场根系层厚度一般为30 cm左右，其物质组成通常包括砂、土壤、有机质(如泥炭)等。

一般而言，高质量的足球场砂的含量可为60%~85%，粒径0.1~1.0 mm，其中种植层中细质地土壤的比例不应大于10%，以保证表层适宜的导水率。对于一般足球场而言，在我国红壤和黄壤地区，土壤黏性较大，掺砂量应达50%~60%；在北方黑钙土或淡栗钙土地区，掺砂量可适当减少，一般约为30%。有机肥选用泥炭、腐熟饼肥、鸡粪或其他商品性有机肥料，用量为200~300 kg/100 m^2。复合肥为氮：磷：钾=15：15：15的优质复合肥，用量为15~20 kg/100 m^2。配制好的根系种植层土壤要求总孔隙度35%~55%，非毛管孔隙度15%~25%，渗水速度为0.1 mm/s，有机质含量1%~5%(m/m)，pH 6.5~7.5，全盐含量不得超过0.1%。

(5)坪床平整

坪床平整即根据足球场设计的表面排水坡降进行坪床各层材料的铺设及平整作业。根系层土壤材料在场外进行均匀混合后，搬运至场地进行均匀铺设，30 cm的铺设厚度其误差不超过1.3 cm。为防止铺设不均匀，一般要求按照设计标高分3次进行铺平碾实。铺设时根系层材料应保持湿润以利于压实，防止扬尘，最后灌溉使土壤自然沉降，待土壤干到适宜耕作时，进行细平整。为防止杂草及病虫害，在土壤铺设和平整过程中可以施入除草剂及杀菌(虫)剂，但需注意草种播种或营养体移栽必须在药效消失后才能进行。

14.2.2.5　足球场草坪草种的选择

足球运动是竞技类运动项目，运动员在草坪场地内进行奔跑、踢球、铲球等，会对草坪草茎叶组织产生磨损、挤压甚至撕裂等伤害，轻者导致草坪质量下降，重者会导致草坪草出现永久性损伤、无法恢复。除对草坪草地上茎叶造成伤害外，场地长期开展足球运动也易导致土壤紧实，坪床透气、透水性能下降，影响草坪草根系的生长，进而加剧草坪地上部分生长不良。因而足球场草坪要求有良好的耐践踏性。此外，足球场地要求能够全年利用，并且一年中可利用时间要尽可能长，这就要求草坪草在利用后能快速从损伤中恢复，这也要求草坪草具有良好的再生和恢复能力。

为满足足球运动的需求，足球场一般要求草坪草具有耐践踏、恢复能力强、耐高频率低修剪、密度高、覆盖力强、根系发达，绿期长、抗逆性强等特点。除满足上述要求外，建植足球场时，还必须根据场地所处气候条件、使用强度、养护管理水平以及草种生态生物学特性来选择适宜的草坪草种。

热带和亚热带地区，可选择狗牙根、结缕草、海雀稗等暖季型草坪草。对于高质量的足球场，狗牙根质地纤细、根茎和匍匐茎发达、耐践踏、耐低修剪，是球场首选草种。但其生长迅速、易形成枯草层，相较结缕草需要更频繁的修剪和通气以维持草坪质量，且需肥量较高，一定程度上增加了养护成本，因而在运动强度不大或者希望降低养护成本时可以选择结缕草建坪。海雀稗具有极强的耐盐性、耐淹性，非常适于土壤存在盐碱地区建坪。

长江流域和黄淮平原等过渡带地区建植足球场，多选择较耐寒的狗牙根、结缕草品种，高羊茅的耐热品种、高羊茅与结缕草混播或者高羊茅与草地早熟禾混播等。结缕草是暖季型草坪草中抗寒性较强的草种之一，对水肥要求不高，如果场地使用频率不高，选用结缕草较为理想。冷季型草坪草中高羊茅具有抗旱、抗高温能力，水肥需求量低，被认为是过渡带地区足球场的主导草种。草地早熟禾由于抗旱、抗高温能力弱于高羊茅，一般用于北过渡带及其以北地区。

温带及亚寒带地区建植足球场，多以高羊茅、草地早熟禾和多年生黑麦草不同比例混播为主。如养护条件较好，可选择草地早熟禾或草地早熟禾与多年生黑麦草混播，混播比例通常为9∶1或8∶2；如使用强度不大、要求节水的场地，可选用高羊茅为主，搭配草地早熟禾和多年生黑麦草。在多年生黑麦草的应用上，国内学者认为多年生黑麦草只能作为混播中的保护种，其在混播组合中的比例一般不超过20%，而建群种多是草地早熟禾和高羊茅。而国外许多学者认为多年生黑麦草耐践踏性强，单播或作为建群种混播时足球场草坪品质较优，特别适于温暖湿润地区。

14.2.2.6　草坪的建植

(1)种子建坪

种子直播是足球场草坪建植的常用方式。其优点为成本低、耗费人工少，便于控制草种组成、均一性和密度；缺点是成坪时间较长，幼苗期养护管理要求较高，易受杂草危害。

为避免种子出现问题，一般应在建坪前对所选草种进行生活力检验，采用种子丸衣化、土壤消毒增强种子对病虫害的抗性，可采用福尔马林(福尔马林∶水=1∶40，用量为10~15 L/m^2；或福尔马林∶水=1∶50，用量为20~25 L/m^2)进行土壤消毒。

草种的播种量取决于种子质量、单播播量、混合比例及土壤情况。一般足球场草坪理论要求有2万~3万株苗/m^{2}即可。足球场常用草坪草的播种量见表14-1。

表14-1　足球场常用草坪草的播种量　g/m^2

草坪草种	正常播量/理想条件	高播量/特殊条件
草地早熟禾	15~20	20~30
多年生黑麦草	30~45	50~75
高羊茅	30~45	50~75
80%草地早熟禾+20%多年生黑麦草	10~12	15~20
90%高羊茅+10%多年生黑麦草	30~45	50~75
狗牙根	5~10	12~18
结缕草	20~30	25~40

注：理想条件是指不要求迅速建坪，特殊条件是指要求迅速建坪。

(2)营养繁殖建坪

采用营养繁殖体建坪，常用方法有沟植、撒植和铺植等。

①沟植：适用于具有根茎或匍匐茎的草类。在坪床上进行等距离开沟，一般间距为20~30 cm，开沟深度为5~8 cm，将预先切段的营养体置于沟内，覆土镇压，及时灌溉。

②撒植：将营养繁殖体(根茎或匍匐茎)切成带有2~3个节的小段，均匀撒在平整好的坪床上，一般2年生狗牙根每平方米收获的营养枝条可铺撒5~10 m^2(如果不要求迅速建坪可铺撒10~20 m^2)，然后采用覆沙机进行覆盖，深度为0.5~1.0 cm，保留部分营养繁殖体露出即可。此种方法建坪简单、成坪速度快，也易成功，被广泛用于暖季型草坪草的建植。

③铺植：在草皮生产基地按足球场规范培育草皮卷，等草皮成熟后铲出，运到建坪场地进行直接铺设。铲出的草皮厚度一般≤5 cm，拉线进行整齐铺设，草皮间留1~2 cm的缝隙，缝中用营养土填充，然后用轻辊(<100 kg)进行滚压并浇水。

14.2.3　足球场草坪的养护管理

14.2.3.1　足球场草坪的常规养护管理

草坪成坪前的养护管理为幼坪养护管理，一般新建草坪需要4~6周的特殊养护。成坪后也需要长期进行维护。

(1)修剪

修剪可以促进草坪表面平整，抑制杂草的生长，促进草坪草的分蘖，减少病虫害的发生。修剪高度对于球场的表面硬度、足球的反弹率及滚动距离影响较大。在比赛季时，足球场草坪要求的留茬高度一般为25~38 mm，非比赛时为50~64 mm。当草坪草修剪过低时，会导致草坪草根系变浅，在比赛时易被掀起。修剪频率主要影响足球的滚动距离和反弹高度，当两次修剪之间草坪草新生高度低于0.3 cm时，其对运动质量的影响不显著。足球场生长旺季一般每周修剪2~3次，其他季节每周修剪1次。修剪机械多采用宽幅旋刀式剪草机，要求刀刃要锋利。修剪时要求修剪带要平行，使足球场形成规则的花纹图案，且每次修剪要改变方向，防止“纹理”现象产生。修剪后的草屑应及时运出场地。也有使用生长抑制剂进行足球场草坪修剪的报道，但在比赛季时，足球场要求草坪损伤后能尽快恢复，因而一般不使用抑制剂，除非是禁赛期。

(2)施肥

施肥是足球场草坪养护中又一重要环节。草坪使用的强度越大、修剪的次数越多，草坪草的损伤越大，从土壤中带走的营养和需要补充的营养也就越多。氮肥是足球场养护中的重要肥料之一，研究学者认为冷季型草坪要维持良好的耐践踏性及抗性，每年正确的施氮量应为200~300 kg/hm^2，暖季型草坪在其生长季节每月最适宜的施氮量为48.9 kg/hm^2。钾肥可以增加草坪草的耐践踏性、抗病性及抗旱性，对于狗牙根草坪，每年施钾量为270~360 kg/hm^2 比较适宜。一般情况下，施肥和浇水应密切配合。有机肥多在草坪休眠期施用，用量一般为1.50~2.25 kg/m^2，每隔2~3年施用1次。有机肥的施用不仅能够改进土壤疏松度和通透性，而且有助于草坪安全越冬。

(3)灌溉

足球场草坪因其所处气候、坪床结构、草种等因素的不同，其灌溉要求均会有所不同。总的要求是及时进行灌溉，满足其需水要求。现在高档球场基本实现远程控制型自动灌溉，可以根据球场土壤水分含量的变化及时补充水分。

(4)通气

足球场使用一定时间后，就会出现土壤紧实板结、枯枝层絮结、草坪草生长不良的状况，这时就应该进行通气处理。国外大多数学者认为，打孔是解决足球场草坪土壤紧实最有效的通气措施之一。打孔还可以控制枯草层，去除铺草皮卷可能引起的土壤分层，促进草坪分蘖，增加草坪密度及土壤渗透率等。足球场一般每年需打孔 2~3 次，过度践踏草坪需 3~6 次。可在春秋季进行，最好在早春或南方在深冬进行。实心打孔锥长 10~15 cm，直径 1.3 cm，每平方米孔数不得少于 100 个。

(5)表施土壤和滚压

对于足球场草坪，表施土壤不仅可以平整坪床，促进草坪草分蘖，改善表土层的理化性质，增强土壤的透气和透水性，而且与打孔和垂直刈割相比，经常表施土壤还可显著降低枯草层的发生和积累，有利于损伤草坪的恢复以及足球场的持久使用。表施土壤的材料原则上应与原坪床土壤相似，也可填 100% 的砂土。表施土壤一般在打孔后进行，厚度一般为 0.5 cm 左右，施过后要用金属刷拖平或用细齿耙耙平地。

足球场滚压一般在比赛后、覆沙后或修剪后进行。在比赛和覆沙后进行可以平整坪床，使草坪草根系与土壤紧密接触，保证其从土壤中吸收水分和养分，快速恢复生长。修剪后进行适度滚压，可以减小草坪表面的摩擦力，增加球的滚动距离和球速，提高足球场运动质量。研究认为，坪床表面的水分含量对于滚压的效果起决定作用，太干时滚压效果不明显；但表面太湿时，滚压极易引起土壤紧实。通常滚压的滚筒为 350 kg 左右。

(6)更新复壮

足球场球门区，草坪损伤最为严重。若出现斑秃或局部枯死，就需及时进行更新复壮，补植新的草皮或者补播与原种相同的草种。

14.2.3.2 足球场草坪比赛前后的养护管理

(1)比赛前的养护管理

①球场画线：在足球比赛前，一般要用专用涂料画线和制作草坪图案，涂料要求无毒、不污染衣物、不影响草坪的生长发育。国际上有球场画线专用标记材料——丙烯酸乳胶，其他常用的材料还包括乳漆、胶带及公路线标记漆等。一般在画线之前，首先利用修剪机将待画线部位的草进行修剪。

②修剪：一般在比赛前 1~2 d，将草坪草修剪到理想的高度。

③灌溉：一般在比赛前 48 h 应该停止灌溉，不同的场地水平、土壤质地、排水系统要求可能有所不同，但一定要保证在比赛之前草坪表面干燥，并且具有一定的硬度。

④安全检查：在比赛之前，一定要检查运动表面是否有通气作业留下的坑以及没有清除的草块，还要注意灌溉系统喷头是否都已经在运动表面以下。

(2)比赛后的养护管理

足球运动是一项比较激烈的体育运动项目，运动员的践踏以及铲球对于草坪的伤害特别大。因此，在比赛结束后，应该及时清理场地上被运动员踢起的碎草皮，进行补播草种或者从备用草皮区铲除草皮进行铺植。如果场地特别紧实，可以进行适当的打孔通气作业，但一般打孔后 5 d 内不能进行比赛。进行必要的灌溉与施肥，以维持高质量的草坪运动表面供后续比赛使用。

14.3 网球场草坪

14.3.1 网球场草坪概述

14.3.1.1 网球场的类型及其场地规格

网球场可分为 4 种类型：草地、红土、硬地和地毯。其中，草地球场是最古老的网球场地之一，球速较快，回弹较低，适合技术细腻、善于上网的选手。

标准双打网球场的占地面积为 669.78 m^2(36.6 m×18.3 m)(图 14-11)，这一尺寸是标准网球场地四周挡网或室内建筑墙面的净尺寸。在这个面积内，有效双打场地的标准尺寸是 23.77 m × 10.97 m，有效单打场地的标准尺寸是 23.77 m × 8.23 m。在每条端线后应留有余地不小于 6.40 m，在每条边线外应留有余地不小于 3.66 m。在球场安装网柱，两柱中心测量，柱间距 12.80 m，网柱顶端距地面 0.914 m。当一个兼有单打和双打的场地挂着双打球网用于单打时，球网必须用高 1.07 m 的两面根支柱支撑。这两根支柱称为单打支柱，它的直径或边长不得超过 7.5 cm，单打支柱中心距单打场地边线外沿 0.914 m。球网应充分展开，完全填满两柱间的空隙，网孔大小以不让球穿过为准。球网中央高 0.914 m，并用不超过 5 cm 宽的白色网边布包缝，每边宽不得少于 5 cm，也不得多于 6.3 cm。在球网、中心带、网边白布或单打支柱上均不得有广告。

球场两端的界线称为端线。球场两边的界线称为边线。在球网两侧 6.40 m 处的场内各画 1 条与球网平行的横线，称为发球线。连接两发球线的中点画一条与边线平行的线，线宽 5 cm，称为中线。中线与球网呈“十”字形，将发球线与边线之间的地面分成 4 个相等的区域，称为发球区。在端线的中心，向场内画一条 10 cm 长、5 cm 宽的垂直于端线的短线，称为中点。全场除端线可宽至 10 cm 外，其他各线的宽度均不得超过 5 cm，也不得少于 2.5 cm(1 英寸)。全场各区的丈量，除中线外都从各线的外沿计算。

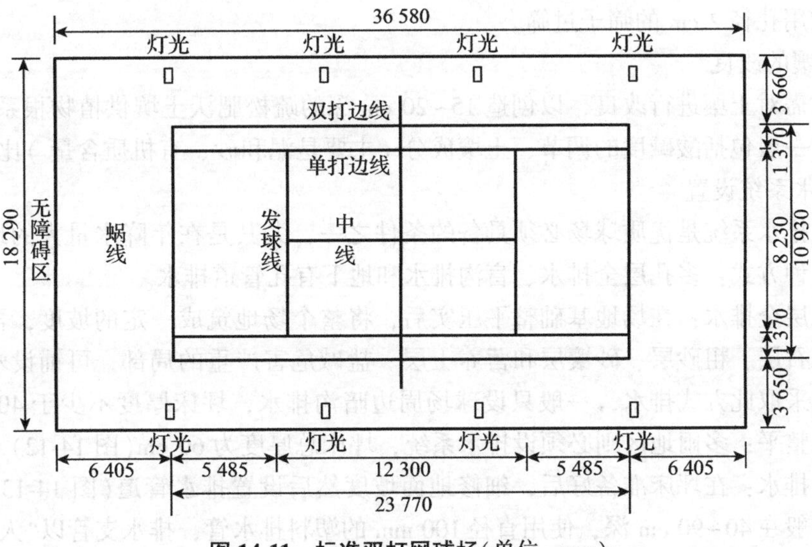

图 14-11 标准双打网球场(单位：mm)

14.3.1.2 网球场草坪的类型

网球场草坪可分为天然草地和人造草坪两类。人造草坪起源于20世纪60年代，最早由美国研制，首先应用于橄榄球球场，并且很快便应用于足球、棒球、网球等领域。

天然草地球场场地的表面是一层疏密均匀、长短一致的草皮。球落在上面，反弹的速度、高度都适中，因此人们把它视为中速场地，较适合于混合型打法的选手。如著名的温布尔登世界网球大赛，即使用这种草地球场。典型的天然草地球场地层的建筑结构很复杂，从地层剖面看，可将其分为排水沟与底土层、透水层(约44 cm的块状石料)、粗土层(15 cm)、精选土壤层(7.5 cm)和表面的草皮层。在粗土层和精选土壤层之间用透水的工程纺织布隔开，周围用混凝土基脚、混凝土墙与耐磨木条构成。

人造草坪球场的表面是片状尼龙编织物，其上栽植着绿色的尼龙短纤维，纤维间以石英砂填充以保持纤维的直立、弹性和缓冲力。人造草坪球场需要平整、坚固的基底和良好的排水结构，在水泥、沥青或硬沙地面上均可铺设。人造草坪的使用不受天气地域的影响，能在高寒、高温、高原等极端气候地区使用，且使用寿命长。因球场上所有标线采用直接编织，不需要频繁划线，维护者只需经常疏平整理石英砂，人造草坪可全天候使用。

14.3.2 网球场草坪的建植

14.3.2.1 坪床准备

坪床结构合理是成功建植网球场草坪的关键，合理的坪床结构直接影响后期网球场草坪功能发挥、草坪养护管理以及可持续利用的年限等。坪床准备主要包括场地的清理、土壤的改良和排水系统设置等。

(1)场地的清理

清除较大岩石和瓦砾时，应注意床面以下60 cm都要清除干净并用土填平，避免形成水分供给能力不均的现象。地表下20 cm土层内的小岩石和瓦砾，要用耙子耙除，也可用拣石机械清除；应使用化学药剂清除杂草菌和害虫。为了改善土壤通透性，提高持水力，减少根系刺入土壤的阻力，增强抗侵性和践踏的表面稳定性，应翻耕地面，并将表层3 cm厚的土壤均用孔径2 cm的筛子过筛。

(2)土壤的改良

必要时需对土壤进行改良，以创造15~20 cm深的疏松肥沃土壤供植物根系生长发育。土壤的改良一般包括酸碱度的调节、土壤成分（主要是泥和砂、有机质含量）比例的调整。

(3)排水系统设置

良好的排水系统是优质球场必须具备的条件之一，尤其是在年降水量大的地区。排水一般采用3种方式：多孔层全排水、盲沟排水和地下有孔管道排水。

①多孔层全排水：在场地基础整平压实后，将整个场地筑成一定的坡度，再在基础地面上铺上砾石层、粗砂层、砂壤层和营养土层。盐碱危害严重的局部，可铺设塑料膜。通常干旱地区采取此方式排水，一般只设球场周边暗沟排水，坪床厚度不少于40 cm，每层土分别镇压整平；多雨地区则必须设排水系统，坪床总厚度为60 cm(图14-12)。

②盲沟排水：在坪床准备好后，细修地面坡度然后设置排水管道(图14-13 A)。地下排水盲管一般在40~90 cm深，使用直径100 mm的塑料排水管，排水支管以“人”字形铺置与干管连接，支管间距为3 m，铺设坡度应不少于0.5%。有时候为防止鼠害破坏，网球场

草坪还应在场地四周设硬胶或塑料网，待排水管和防鼠网铺设好以后就可以回填床土。床土从上到下依次可分为草坪生长层、透水层、排水管道、隔水层(图 14-13B)。

③地下有孔管道排水：采用塑料波纹排水管，规格为 $\Phi100$，排水干支管连接采用 45°三通顺水连接；排水干支管间距为 2.8 m，最小铺设坡度为 0.5%；排水管端部需加盖或包 60 cm 宽的无纺布；排水管沟内填充水洗的粒径 10~20 mm 的砾石；排水主管通过入喷灌水池以便水重复利用。

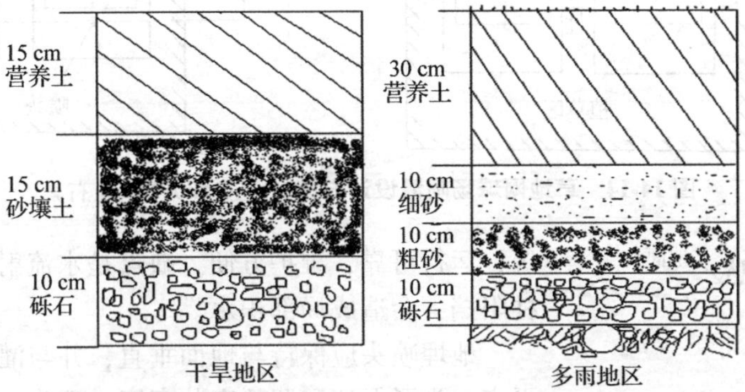

图 14-12　草地网球场多孔层全排水坪床结构

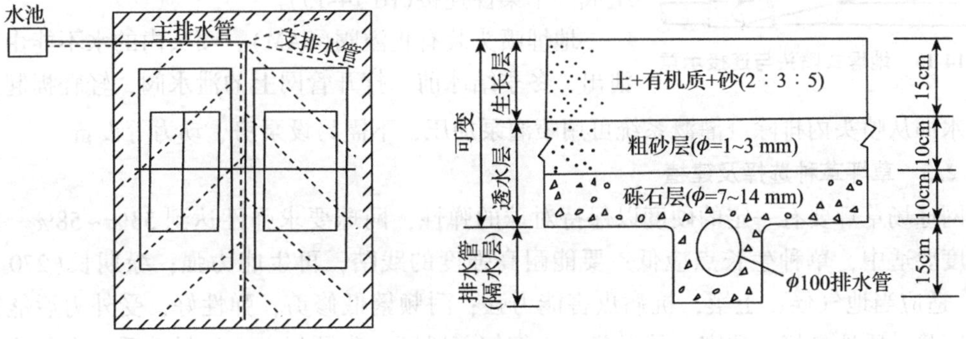

图 14-13　草地网球场盲沟排水系统设置

A. 排水管道设置　B. 坪床结构

14.3.2.2　喷灌系统的安装

网球场喷灌系统的布设原则：标准淡水量供给充足，水压稳定，操作、管理、维修等方便，同时与场地的其他设施相协调布置，井然有序、互不干扰。目前，主要有两种布置方案(图 14-14)。

①方案一：给水主管在界外，一条支管通入场内与网球场球网立柱相通，喷头安装在立柱顶部。特点是使用国产摇臂式喷头，喷头安装在立柱上，不影响场内运动和其他设施，管理方便。缺点是喷头喷完后需要卸下。

②方案二：给水主管在界外，一条支管通入场内，布置 4 个地理升降式喷头。此方案的特点是喷头固定，喷头置于土中，顶部与地面平齐，工作时喷头升降体在水压作用下自动升起，水流喷出。停水后，升降体在重力和弹簧作用下恢复原位与地面平齐。地埋式喷头不但强度高、耐化学腐蚀，顶部还装有橡胶帽，可防止打球时人踏或剪草时机械碾压

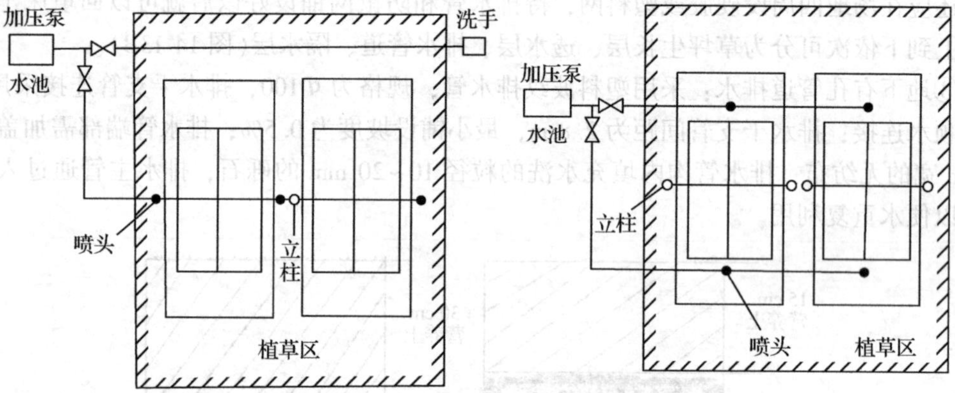

图 14-14　草地网球场喷灌设计方案一(左)和方案二(右)

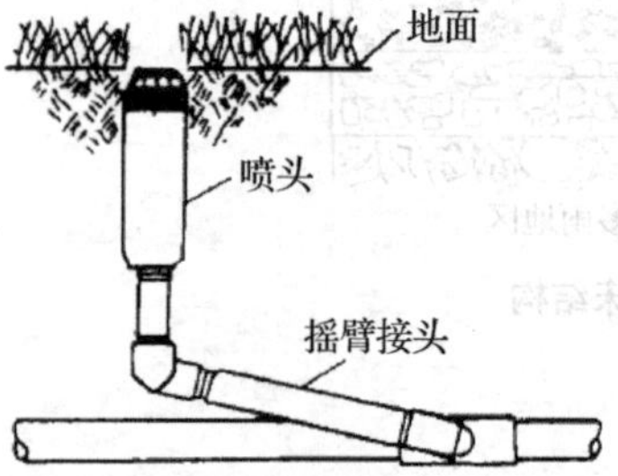

图 14-15　地埋式喷头与连接示意

等，运行可靠，维护方便。缺点是水流射到立柱上，受立柱阻挡，会造成局部积水。

地埋喷头应保持与地面垂直，并与灌溉沉陷后的地面平齐。为了保证和调整安装高度，喷头与供水管之间应加装摇臂接头，也称千秋架(swing-jiont)，或用普通水暖件组成一个柔性连接(图 14-15)。

地埋喷头装有止溢阀(SAM)，喷头内的水不能由管路泄出，冬季结冰前，打开管网上的泄水阀，轻轻提起升降体，水即从喷头内排除。灌溉系统可用喷灌泵加压，不需另设泵房、动力等设备。

14. 3. 2. 3　草坪草种选择及建植

网球场草坪要有一定的硬度以保持对球的弹性，网球要求弹性达到53%~58%。草坪草高度要适中，草种生长点应低；要能耐高强度的践踏，再生能力强；绿期长(270 d 左右)，适应当地气候、土壤，抗病虫害能力强；耐频繁低修剪，弹性好，受外力后能很快恢复原状；质地良好，致密，外形美观。匍匐翦股颖、狗牙根、草地早熟禾、多年生黑麦草、高羊茅、紫羊茅是良好的草地网球场草坪草种。

根据球场修建的气候条件不同，可分为暖季型、过渡型和冷季型三类。暖季型草地网球场通常采用‘天堂系列’狗牙根同时混种‘Princess77’，用以提高种子的多样性，每天修剪1次，维持网球场草坪所需的高度。过渡型草地网球场通常采用匍匐翦股颖或狗牙根，同时在秋播时可以交播多年生黑麦草。冷季型草地网球场通常采用匍匐翦股颖。草坪建植可使用种子直播法、草茎撒播法或铺草皮法。

14. 3. 3　网球场草坪的养护管理

(1)修剪

草坪修剪的时间、高度和次数，不仅与草坪的生长发育有关，还跟草坪的种类与肥料的供给有关，特别是氮肥的供给。职业性联赛的网球场草坪修剪高度为2.0~4.0 mm。修剪频率视生长季节而定，生长期需每天或每2天进行修剪。赛前修剪的高度可以略低，修剪次数也要增加到每天2次，上午和下午各修剪1次，并将草屑及时运出场外。

（2）施肥

施肥应少量多次。追肥季节取决于球场所种植的草坪草种。所选肥料的种类、施肥次数和施肥量需管理者根据以往的经验、草坪草生长的季节需要、草坪草的生长情况以及土壤营养成分分析决定。一般草地网球场常用可以直接溶于水的肥料，主要是氮肥和钾肥。通过追加磷肥和钾肥，最大限度地促进生长发育。在施肥前要对草坪进行修剪，在赛前几天，需停止追肥作业，以免草坪草徒长而影响草坪的耐践踏性。

（3）灌溉

各地草地网球场灌水量、水源、水的化学质量以及灌溉系统的安装技术等方面差异比较大。一般情况下，草地网球场的灌水应该以能够补充因植物和土壤的蒸腾作用而损失的水量为标准。网球场场地要求灌溉后 30 min 就能进场打球，因此应选喷灌。赛前的灌溉应少量多次，以保证坪面坚实，打球性好。

（4）病虫草害防治

草坪病害、虫害主要发生在高湿的夏秋季节。因地区、时间、品种不同，所发生的病虫害种类也不相同，应针对不同病害具体分析，对症下药。杂草发生时应遵循主动除草原则，在杂草生长的不同时期采取较合理的人工剔除和除草剂进行除草。病虫草害防治把握“预防为主，防治结合”原则。雨后针对实际情况喷洒不同的农药进行预防。

（5）滚压

一般使用简单的滚压器滚压球场。根据场地坪床结构及土壤的松软程度，选择适宜重量的滚压机。在大赛期间，一般每天滚压 2 次，分别在赛前和赛后进行。

（6）表施土壤

实心打孔后，表施土量 1.5~2.0 kg/m^2；空心打孔后，表施土量 3 kg/m^2。

（7）划破草皮

枯草层最易在场地边线处出现，尤其是单打线和双打线之间宽 1.37 m 的地带。由于使用次数少，所受践踏轻，枯草层积累相对较快，需经常进行轻型的划破草皮作业，以保持草坪草的直立生长特性。

（8）场地轮换

如果有多个球场可供使用，最好能暂时关闭 1~2 个球场，使草坪能进行自我恢复，休养生息。

（9）清洗灌、排水管

球场若发现积水或排水不畅，要用高压清洗泵逐一清洗排水管。越冬前，需将灌排水管道中的积水清除，防止冻裂和损坏管道。

复习思考题

1. 简述高尔夫球的起源与发展。
2. 简述高尔夫球场的基本构造与功能。
3. 高尔夫球场果岭如何进行养护管理？
4. 足球场草坪有哪几种类型？
5. 简述足球场草坪草种选择原则。
6. 简述草坪网球场草种选择及弹性要求。

第 14 章知识拓展

第 15 章 人造草坪

人造草坪(artificial turf, synthetic turf)又称人工草坪，即以非生命的塑料化纤产品为原料制造的仿真草坪，主要用于修建棒球场、足球场和曲棍球场等运动场。人造草坪是在因利用强度过高、生长条件极端不利而难以建植天然草坪时的辅助手段。

15.1 人造草坪的起源与发展

15.1.1 人造草坪的起源

朝鲜战争后，福特基金会发现部队里来自乡村的新兵比来自城市的身体素质要好很多，当时城市内部的游乐场所内除了沥青就是混凝土等硬质地面，因此认为应在城市里多建设一些安全的游乐场所。1964 年，为了便于人们开展活动和运动，第一块人造草坪 Chemgrass 在美国罗得岛州普列维登斯的摩西布朗学校铺设。1966 年，在美国得克萨斯州当时最大的室内体育场——休斯敦的太空巨蛋球场(Astrodome)体育馆的人造草坪上举行的棒球比赛，使人造草坪引起了关注。1967 年，在泥地和草皮层之间安装了一层橡胶缓冲垫，还在其中设计了一系列的拉链，方便草皮层的移动。后 Chemgrass 更名为 Astroturf，并以 Astroturf 指代第一代人造草坪。

20 世纪 70~80 年代，人造草坪在美国、加拿大和欧洲被广泛使用，主要用于修建棒球场、足球场和曲棍球场，因为其可以耐受高强度的践踏。然而到了 20 世纪 80 年代末期，随着人造草坪的广泛使用，很多问题也接踵出现，如对运动员的伤害更大、易造成擦伤淤青、夏季温度太高等，加之当时对天然草坪的怀旧情结，人造草坪的安装数量开始下降。截至 2011 年，在北美有 6 000 个人造草坪的球场，基本每年都会安装 1 000~1 500 个。随着人造草坪所用纤维丝和填充材料技术的不断改进，人造草坪的安装数量呈逐年上升的趋势。1976 年奥运会第一次使用了人造草坪用于曲棍球比赛。2003 年，国际足球联合会(FIFA)首次以文件形式通过决议，允许正式比赛在通过国际足球联合会检测的人造草坪运动场上进行。同年 8 月，在芬兰首都赫尔辛基，第一个由官方批准的 17 岁以下世界足球青年锦标赛在人造草坪上成功举行，标志着人造草坪的发展进入一个新的时代。2010 年 6 月，在南非世界杯上，Desso Grassmaster 天然草与人造草的混合系统草坪首次在世界杯比赛上被使用。

15.1.2 人造草坪的发展

人造草坪的发展主要经历了 4 个阶段：从第一代的尼龙草毯式，第二代草丝纤维更长的充沙式人造草坪，到目前使用最为广泛的第三代人造草坪，现在还推出了更新的第四代人造草坪。

(1)第一代人造草坪

第一代人造草坪主要起源 20 世纪 60 年代，以尼龙材料(polyamide，PA)为主，经过拉丝，编织在基布上，形状类似地毯，弹性差。后来开始选用聚丙烯材料(polypropylene fiber，PP)制作人造草坪，虽然耐磨性没有尼龙好，但是更柔软，对运动员的伤害更小。一般以 astroturf 指代第一代人造草坪。除此之外，tartan turf、poly-turf 和 poligrass 也属于第一代人造草坪。

第一代人造草坪都没有填充。目前，非填充草坪仍在很多场合被广泛应用，尤其需重点考虑造价和维护，而无须依据 FIFA 的建造标准时，这主要是：①由于其接缝处是缝制而非胶黏(不受空气湿度影响)，且无须填充沙子或橡胶(只能在干燥条件下进行)，因此建造非填充人造草坪无须考虑天气因素；②由于不会混进黑色的橡胶颗粒，非填充草坪上更易除雪；③大多数填充草坪的橡胶填充颗粒会散发异味。

(2)第二代人造草坪

1976 年，用 100%石英砂(silica sand)作填充的人造草坪被发明，标志着第二代人造草坪的诞生。第二代人造草坪的草丝纤维更长，最长为 35 mm。草丝纤维材料出现了聚乙烯(polyethylene，PE)和聚丙烯材料，但仍以尼龙材料为主，经过挤压拉丝插在基布上。草丝纤维层内填充了几毫米厚的石英砂，使草丝纤维保持直立，提高了草皮层的结实度和稳定性，为球员提供了一个比天然草坪更平稳的打球表面。

第二代人造草坪大部分都安装在欧洲，虽然鉴于其粗糙的坪面，官方的足球比赛并不认可第二代人造草坪。但 Omniturf 是欧洲应用比较多的第二代人造草坪。

(3)第三代人造草坪

1997 年，第一块采用石英砂和橡胶颗粒(granulated crumb rubber)混合填充的第三代人造草坪 Fieldturf 诞生。第三代人造草坪采用石英砂和橡胶颗粒结合，或 100%橡胶颗粒填充的方式，替代了之前全沙式的填充方式。选用橡胶颗粒在很大程度上降低了表面硬度和粗糙度，使人造草坪具备类似天然草坪的弹性，降低铲球伤害。草丝纤维以聚乙烯材料为主，更加柔软，经过挤出拉丝插在基布上。

虽然不同生产商生产的第三代人造草坪有一些差别，但基本共性是草丝纤维长度约 70 mm；材料以聚乙烯或聚丙烯材料为主，尼龙为辅；内部由石英砂或橡胶颗粒填充至 50 mm 的深度；最底层为砾石地基层或沥青地基层；草皮层和地基层中间有时会有减震层。

在美国，第三代人造草坪通常被称为填充式人造草坪(infilled synthetic turf)，在欧洲则通常被称为 FIFA 指定的称谓——足球草坪(football turf)。

(4)第四代人造草坪

第四代人造草坪始于 20 世纪 90 年代，与第三代人造草坪相比，第四代人造草坪价格更高，没有填充，加入模拟枯草层的草丝纤维，配合缓冲垫，以减少填充颗粒对环境的污染，易回收，且其耐老化性更好，多用于室内。

15.2 人造草坪的构造

目前，主要应用的是第三代人造草坪，主要由地基层、减震层和草皮层 3 层材料组成。

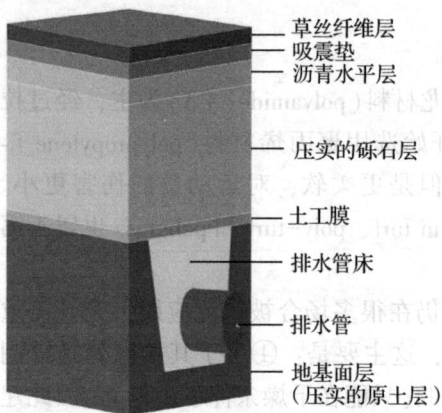

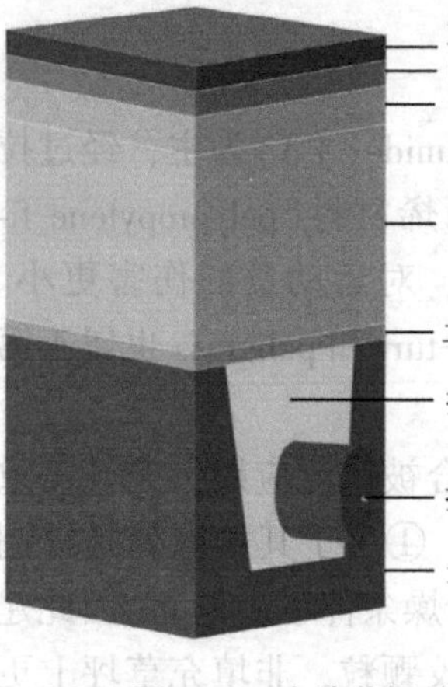

图 15-1　人造草坪的基本构造

人造草坪的基本构造如图 15-1 所示。

15.2.1　地基层

地基层(base contruction)包括原土层、排水系统、地基面、底基层、过渡支撑层和灌溉系统，总体应具有排水性好和稳定性好的特性。地基层建好之后，要使用电子调平装置，保证路基的平整。地基层对水平度的要求较高，要求不能影响球滚动的曲线，球滚动时不能摇晃等。地基层还需有一定的承重能力，保证高强度的运动或机械压过后，整体不能变形。地基层一旦修建好，维持时间比较长，一个好的地基层寿命至少是草皮层的 3 倍。相反，如果一开始没有规划好导致地基下沉，坪床的平整度和均匀度均显著降低，草皮层的寿命也会大大缩减。想要修复，则需整体返工，因此从一开始，一定要保证地基层的质量。

在建造人造球场之前应先进行一系列的勘察，如附近的植物种类和高度、附近的排水井和排水沟渠，附近是否有架空的电力线和通讯线，附近的道路及建筑，建设场地是否有被洪水淹没的隐患等。地形勘察包括原土层和底基层的厚度，土壤粒径分级和含水量等。如果有地下水层，还需评估其水位和流速，以及随季节的年度变化规律。在实验室内测定代表性样点的加州承载比。如果还需将原土分层填充回去，也需要测定其适合程度。如果需要修建旱井等将雨水渗透到地下，还需要测试原土层的水力传导性，以及进行渗透性测试。

15.2.1.1　原土层

最下一层为原土层(subgrade)，即建造人造草坪所在地的原始土壤。原土层必须足够坚固稳定，其加州承载比(California bearing ratio, *CBR*)需高于5%。如果 $CBR<2\%$，则应选择新的位置，否则将来会造成严重的问题；如果 $2\%<CBR<5\%$，则需采取一些加固措施，如加一些破碎的火山石、石灰、水泥或合成的加固网格，而后进行混匀、找平及镇压等。为保证原土层足够坚固，其所用的振动压路机质量最少为 5 000 kg。镇压时需要分层填充、一层层压实，每一层的厚度不超过 15 cm，且要足够平整，每层的坡度都要一样，3 m 内平整度的允许偏差不可超过 20 mm。原土层越厚，对极端气候的缓冲能力越好。

15.2.1.2　排水系统

排水系统(drainage system)主要分为垂直排水系统和水平排水系统(图 15-2)，大部分人造草坪使用的是垂直排水系统。在降水量较低或原土层透水性不好的情况下才会使用水平排水系统，由于大部分水直接从坪床表面形成径流流走，水平排水系统调节温度的能力较低。

根据降水量的多少将排水系统分为四类：①降水量非常低的地区，不需要地下排水系统，也不需要周边排水系统；②降水量较低的地区，底基层一般是不透水的，外加不透水的土工膜和不透水的草皮层，主要依赖水平排水系统和周边的排水管道；③温带地区，主要依赖地下排水和周边排水，底基层一般是可透水的；④易受季风和台风影响的热带地

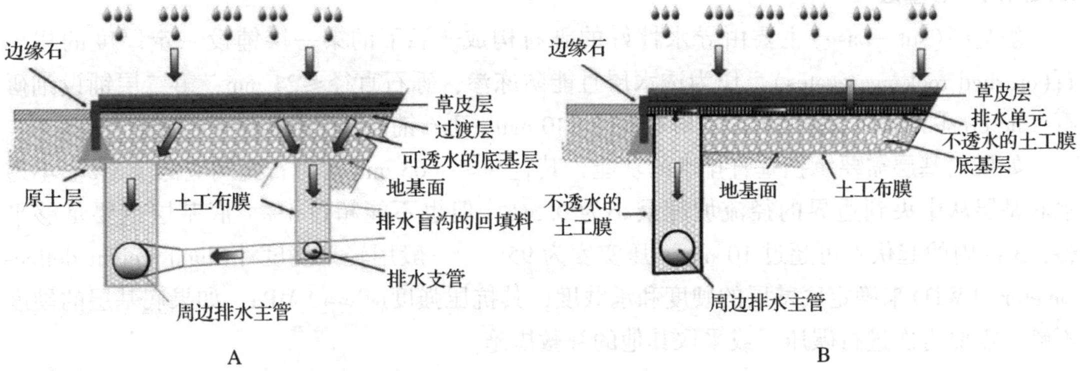

图 15-2　具有垂直排水系统(A)和水平排水系统(B)的人造草坪剖面图(FIFA，2023)

区，其排水管道的间距更小，排水口也更大，以应对更高的洪峰雨量。

常用地下排水管的直径一般有 50 mm 和 80 mm，直径越小，排布的间距也越小；周边集水管的直径一般有 100 mm 和 125 mm，集水管的坡度可以略低于排水管(表 15-1)。集水管的主要交接点应安装清理口和检查井，便于检修和维护，一般间距最大为 60 m。设计的排水管网要求能够应对 20 年一遇的大暴雨，能够以大于 180 mm/h 的速度将雨水排出，不会在坪面停留，影响到原土层和底基层的承载力。

排水盲沟的深度应该是排水管的直径加 150 mm，排水管沟槽的最小宽度至少是排水管直径的 3 倍。排水管被放置于盲沟中间，其下垫面的砾石厚度至少为 75 mm，砾石回填的高度应在排水管之上至少 150 mm 处。人造草坪委员会和美国材料和试验协会(American Society for Testing and Materials，ASTM)制定了人造草坪排水砾石的详细分级(表 15-2)。排水沟槽应该用土工布作为内衬，将套有土工织布的波纹排水管安装于周围布满砾石的排水盲沟，以避免堵塞。对于使用了聚合物颗粒的填充型草坪，15 m 以内的地表雨洪排水系统应加装微孔过滤设备，以避免填充物颗粒污染水体环境。

设计排水系统时，如果雨水将排往城市管网，还需要通过改造底基层等方式控制其排水速度不超过最大允许值。如果排水管直接连着排水暗渠或河道，在排水高峰时，其水位可能会高过排水管道，这时需要在管道上加装防止雨水倒灌的止逆阀。

表 15-1　排水管网的间距和坡度

类型	排水管直径/mm	最大间距/m	最小坡度
地下排	≥50	7	0.5%
水支管	≥80	10	0.5%
周边集	≥100	n/a	0.5%
水管	≥125		0.3%

注：引自 FIFA，2023。

表 15-2　人造草坪盲沟用砾石粒径推荐指标

粒径大小/mm	推荐量(质量分数)
$2 \leq d \leq 5$	不超过总量的 10%
$D \leq 25$	不超过总量的 10%
D/d	>2.5

注：引自 FIFA，2016。

15.2.1.3　地基面

地基面(formation)是位于原土层之上的一层地基。其上要铺一层土工布膜，连接处至少要重叠 30 cm。地基面的作用是保护原土层，如缓解原土层的冻胀现象(frost heave)和热胀冷缩现象(shrinkage and swelling)。地基面还要足够平整，3 m 内起伏不超过 20 mm。

15.2.1.4 底基层

底基层(sub-base)主要由导水性好的砾石构成。靠下的第一层铺设一定厚度的粗砾石(crushed rock aggregates)，作为透水层且能防冻渗，砾石直径≤24 mm；第二层铺设细砾石(fine crushed rock aggregates)，砾石直径≤10 mm。砾石铺设厚度需参照一定标准(表 15-3)。

如果底基层需要承担垂直排水的功能，其直径≤0.63 mm 的砾石比例应低于5%。不透水底基层从中央到边界的径流坡度最小为 0.5%，但也不能超过 1%。底基层也要足够平整，3 m 内的起伏不可超过 10 mm，压实度为 95%。一般用轻型挠度计(light weight deflectometer，LWD)来确定底基层的硬度和承载度，其抗压强度应≥40 MPa。如果底基层的硬度不够，需要再次进行碾压，或采取其他的补救措施。

表 15-3 不同地区底基层和过渡层的构造 mm

层	温带地区	亚极地地区	热带及 受季风影响严重的地区	降雨较少地区
第一层 (粗砾石层)	至少：150 建议：150~200	至少：200 建议：300~400 极寒地区更厚	至少：150	至少：150 建议：200
第二层 (细砾石层)	至少：50 建议：100	至少：150 建议：200~300	至少：50 建议：100~150	至少：50 建议：100~150
过渡层		20~150(细砾石)	20	不透水的土工织布上加装排水垫，再加装聚乙烯薄膜

注：引自 FIFA，2023；FIFA，2016。

在亚极地地区底基层比较厚的主要原因是为缓解极端气候的危害，有时为了防止冻胀现象，还要安装供暖系统。供暖系统可以保证地基层和缓冲垫柔软、不结冰、透气，也可以防止球员在冰冷的人造草坪上滑倒并受到伤害。厚底基层还可以增加承载能力。底基层的厚度每增加一倍，可将对底基面的压力降为以前的 1/4。此外，还可通过改变底基层设计减缓下渗流水的速度，使其符合城市排水管网对排水口水流速的要求。

15.2.1.5 过渡支撑层

过渡支撑层(supporting layer)分为两种：①由细砾石组成的盲筛层(blinding layer)，非固定的细砾石层，主要是为提供一个平滑的运动坪面，承载力应为 40~45 N/mm^2；②由沥青或混凝土构成的沥青层(bound base)主要是为增加地基层的承载能力，其厚度至少为 40 mm，承载力应为 60~70 N/mm^2。当有大型活动的时候，沥青混凝土层承重力更好，但混凝土固化后要切割出膨胀缝，防止热胀变形和裂缝。采用多孔沥青则有助于帮助内部排水。过渡层的建议厚度见表 15-3。当有缓冲垫时，有的足球场会省略过渡支援层。

15.2.1.6 灌溉系统

人造草坪球场一般不需安装灌溉系统(irrigation system)，然而在比较热的地区，特别是填充黑色橡胶颗粒的人造草坪，灌溉可以大大降低其温度，也可以使草丝更加柔滑。如果人造草坪球场安装有灌溉设备，那基层最好建为不透水的，这样水分在缓冲层可以停留更长的时间，减少水分的需求量，但同时也必须安装纵长的排水系统。

15. 2. 2　减震层

减震层(shock-absorbing pad)由两种垫子构成：预制的减震垫(shock pad)和现场浇筑的弹性垫(elastic layer，E-layer)。减震垫由弹性泡沫橡胶构成，可以是成卷的也可以是搭扣瓦片，最厚有 15 mm，多孔有助于排水。弹性垫通常由丁苯橡胶(styrene butadiene rubber，SBR)颗粒或三元乙丙橡胶(ethylene-propylene-diene monomer，EPDM)颗粒、聚合填充料(通常是豆砾石)和包含有 5%~10%聚氨酯胶黏剂现场混制，用铺路机铺设至 35 mm 的厚度。减震层要用白乳胶或万能胶牢固地黏贴在基础层。

减震层的厚度很重要：太厚，草坪太软，易凹陷；太薄，草坪缺乏弹性，起不到缓冲作用。人造足球场草坪减震层的建造需遵循 FIFA 或欧洲足联(Union of European Football Associations，UEFA)的相关规定。FIFA 要求减震垫的吸震能力至少为 20%，此外 FIFA 对其垂直变形(±2 mm)、垂直水分渗透率(≥500 mm/h)、水平水分流动力[>0.1 L/(s·m)]、抗拉强度、尺寸稳定性(≤5 mm)、抗动态疲劳的能力、抗短期和静负荷压缩后变形的能力、导热性、厚度、面重、橡胶含量、黏合剂的成分、容积比重等均有相关要求。减震层不仅可以给球员提供保护，还可以减少对草皮层的磨损，延长草皮层的寿命。

第一代和第二代人造草坪常使用减震层以减少表面硬度，而第三代人造草坪的橡胶填充层或橡胶-沙子填充层已有足够的缓冲能力，因此不再使用减震层。但最新发展的第三代人造草坪草丝纤维更短，填充层也更薄，又开始恢复使用减震层。减震层是否必需常受争议。冬天，潮湿的沙子填充层结冰会使减震层的弹性失去作用，长期将导致其表现性能降低。2017 年，FIFA 对认证草坪调查发现 61%的人造草坪不会使用缓冲垫，可能是因为世界上 83%的人造草坪草皮层的填充物使用的都是 SBR 颗粒，而 SBR 造价较低，通过增加填充层的厚度便可减少对减震层的使用。而由于后续发展使用的 EPDM 颗粒和热塑性弹性体橡胶(thermoplastic elastomer，TPE)填充颗粒造价过高，使用缓冲垫后，可减少草皮层中填充物层的使用量，大大降低人造草坪的造价，因此减震层的使用又有所恢复。减震层同底基层一样，如果质量较好，可以使用很多年，供几个草皮层使用。从环境保护的角度来看，使用减震层更加环保。

15. 2. 3　草皮层

草皮层(turf system)即表层，是由化学纤维编织或压缩而成的草毯，草皮层也要用乳胶牢固地粘贴在缓冲层上。草皮层由底衬层、填充物层、草丝纤维层和接缝处 4 部分构成(图 15-3)。

15. 2. 3. 1　底衬层

底衬层(backing)的材料为尼龙、聚乙烯(polyethylene，PE)纤维、聚丙烯(polypropylene，PP)纤维或聚酯纤维(polyethylene terephthalate，PET)，有时会通过添加玻璃纤维来增加在高温下的稳定性，通过填充石英砂的方式来固定底衬层。底衬层一般主要分为两层，主底衬层(上层)为 PP 材质，辅助底衬层(下层)为乳胶或聚氨酯(polyurethane，PU)背胶层。将 PE 草丝植入到主底衬层，而后使用背胶将其固定在辅助底衬层。

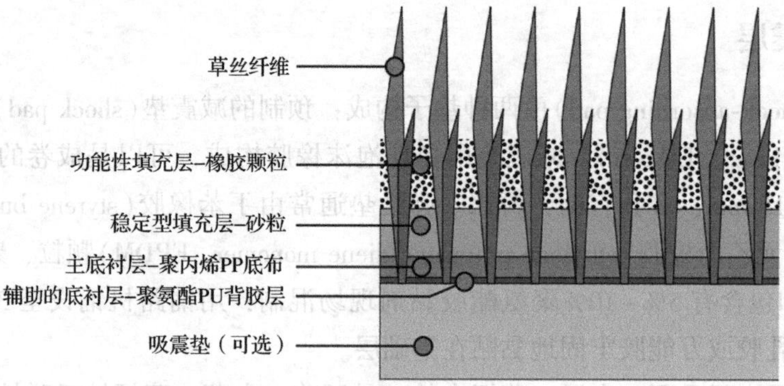

图 15-3 草皮层的基本构造(FIFA, 2017)

底衬层尺寸稳定，能够很好地固定草丝纤维，抵抗紫外线的分解，不易腐烂，不易因湿度等原因变形。底衬层还应保证有良好的排水性。可以通过对簇绒草皮层的表面每间隔 10~15 cm 打直径为 4 mm 左右的小孔，改善底衬层的透水性。因为减震垫的寿命很长，底衬层不可以直接粘贴在减震垫上，尤其对于非填充草坪，而只能在四边固定。

15. 2. 3. 2 填充物层

通常可以用 100%橡胶颗粒或橡胶颗粒和石英砂结合的方式进行填充。

目前，常用的橡胶颗粒主要来源废旧轮胎或工厂橡胶废料经循环生产后制成的丁苯(polymerized styrene butadiene rubber, SBR)橡胶颗粒，在世界使用的占比约为 83%。可按磨碎过程分为常温 SBR(ambient SBR)和低温冷冻 SBR(cryogenic SBR)，其中低温冷冻 SBR 形状更好(更圆、更滑)、粉尘少、在水中不漂浮，下大雨时在填充层内也不会随意移动。为减少异味，降低污染，现在还有用聚氨酯(polyurethane, PUR)包衣的 SBR 橡胶颗粒、三元乙丙(ethylene propylene diene monomer, EPDM)橡胶和热塑性弹性体(thermoplastic elastomer, TPE)橡胶等。

目前，人造草坪的底部一般是用酸洗过的石英砂进行填充，酸洗去除了石子的尖锐角和填充物内的其他杂质。石英砂层的厚度<15 mm，主要作用是固定底衬；上层为橡胶颗粒，厚度≥20 mm，作用是为防止运动员与砂层或底衬层直接接触。橡胶颗粒层以上应留足够的高度，这样颗粒生胶就不会随意移动或由于静电效应黏在足球上了。FIFA 将底层的石英砂填充物称为稳定型填充物(stabilizing layer)，上层的橡胶颗粒称为功能性填充物(performance layer)。

其他填充材料还包括高弹体人造橡胶包衣的砂及各种有机材料，如椰子壳、橡木和打磨过的核桃壳等，但目前有机填充物的占比不高，目前在世界仅占 3%左右。

人造草坪在进行填充时，需用到专门的铺沙机进行分层填充，以避免造成草丝纤维的倒伏或被压到沙子底部。FIFA 对填充颗粒的粒径有明确的要求，60%的粒径应为 0.8~2.5 mm。填充颗粒的填充高度应在草丝层之下 15 mm 左右，对于绝大多数第三代人造草坪，填充物层最后的深度为 25~45 mm。FIFA 对稳定型填充层的鉴定指标主要包括：砂粒的大小和形状、单位体积的质量；对功能型填充层的测定指标主要包括：橡胶颗粒的大小和形状、单位体积的质量、橡胶颗粒的构成、其多环芳香烃的含量等(FIFA, 2017)。

15.2.3.3　草丝纤维层

(1)草丝纤维的材质

第三代人造草坪纤维层的材质有 PP 材料、PE 材料、尼龙/聚酰胺材料或共聚物材质(PP-copolymers)。相对于 PE 材质，尼龙材质变形之后很容易恢复，具有很好的支撑性，但摩擦系数大，对运动员的伤害较大。因此，在草丝纤维中混有尼龙纤维，作为支撑纤维(supporting fiber)。支撑纤维相对较短，而打球纤维(play fiber)草丝较长摩擦力较小。

(2)草丝纤维的编织方式

草丝纤维的编织方式分为开网式单纤维长丝(monofilament)和原纤化纤维(fibrillated fibre，silt film)。单纤维长丝比原纤化纤维的寿命要长，但原纤化纤维非常柔软，对运动员的伤害更小(图 15-4)。一般以单纤维长丝为主，配合原纤化纤维使用。纤维层的草丝可以为直立的，也可以为卷曲的。

(3)草丝纤维层的质量

FIFA 对草丝纤维的鉴定指标主要包括：①单位面积草丝的簇数和质量；②底衬层上草丝纤维的长度和质量；③自然状态下草丝的高度以及草丝纤维的总长度；④草丝的厚度；⑤草丝的拔出力(应≥40 N)；⑥草丝纱线的质量(g/10 000 m^2)；⑦没有填充物时草毯的渗水率(应≥180 mm/h)；⑧紫外线稳定剂等。

图 15-4　单纤维长丝和原纤化纤维

A. 单丝纤维　B. 原纤化纤维　C. 底部混有短的单丝纤维的原纤化纤维
D. 混有原纤化纤维的单丝纤维

15.2.3.4　接缝处

人造草皮块的边缘通常用白色的草丝纤维作为码线的标记。在美国橄榄球场上，每 5 码就会设置一个接缝处(seam)。其他的球场也会用不同颜色的人造草皮(如队徽)作为内置的场地标志。这些标志一般手工安装，接缝处破裂的可能性相对较大。

人造草皮块通常是 3.66~4.57 m 宽、91.44 m 长，安装者通常是将人造草皮块缝合或黏合在一起，以加强接缝处的连接。如果黏合的话，需要用布条(fabric band)将两块草皮块黏合，布条的宽度至少为30 cm。如果恰巧是标记线的地方，则布条的宽度应为50 cm左右。

15.3　人造草坪的养护管理

维护人造草坪可以延长人造草坪的使用寿命、保证打球的平稳性、维持美观的打球表面、保证球员的安全。如果不进行定期维护，人造草坪的寿命会大大缩减，且硬度加强、平稳性变差、球速变快且不受控。长期不维护的人造草坪，安全系数较低且很不美观。及时的维护措施主要包括：保证坪面清洁；维持填充物的水平和松散度；使草丝纤维直立；及时处理小问题，避免演化为大麻烦。

15.3.1　保证坪面清洁

(1)日常清洁维护

禁止在人造草坪上进食、喝饮料和抽烟；不能使用对草皮层有伤害性的化学试剂；禁止玻璃制品及尖锐的物品；禁止小动物入内；避免未经允许的化学液体溅到人造草坪上，特别是含有石油的液体；禁止在球场给维护器械加油；在使用人造草坪的维护器械时，在刹车、转弯时要尤其注意不能对人造草坪造成伤害。

(2)清洗

人造草坪在使用期间，每年都要进行1~2次大清洗(major clean-up)。草皮层干燥时，将所有的填充材料使用清扫工具或吸尘器取出，将草皮纤维层进行彻底清洗后，去除纸屑、砂和其他的异物碎片后，将填充物重新回填。

除大清洗外，平时的护理也很重要。一般每使用25~30 h，就要使用专用的拖拉式毛刷(drag mat)、吸尘器或吹叶机等将人造草坪进行梳理和清洗。自然落叶、小枝条、植物种子和小动物的粪便等杂物易滋生杂草、苔藓和藻类，需及时去除；杂草、苔藓和藻类可以定期用草甘膦清除或人工拔除；石头和玻璃碎片等尖锐的物体要及时清除以免对人造草皮造成伤害；口香糖可以采用制冷喷雾来去除；有机油或燃料可用沙子或锯末移除；污渍、油渍和烟渍可以用生产商提供的除污剂；血渍、呕吐物、尿液、唾液和小动物粪便可采用醋和水或抗菌喷雾清除；病菌可用洗衣液和UV射线清除。可以在人造草坪和天然植被之间建立隔离带以节省维护费用。

(3)灌溉

灌溉人造草坪不仅可以降温，而且可以清理坪面，冲走汗液和其他污染物，润滑草丝纤维，固定填充层，减少橡胶颗粒的移动。除此之外，灌溉还可以提高坪面的可打性，特别对于陆地曲棍球，所以在每次赛前和练习前都会冲刷坪面。在南方很多地区，会在人造草坪底部安装灌溉设施。灌溉需用干净的水源，避免水源含碳酸盐、锰离子和较多其他金属离子。因为这些元素会加速草坪草的老化，使草丝纤维无色，并在草丝纤维表面形成硬壳。

15.3.2　维持填充物的水平和松散度

对人造草坪的填充层要经常检查填充水平，及时进行补填，保持表面的平整。一般在安装 3~4 个月后，践踏会使填充层变得硬实。可以用扫帚上的弹簧齿(spring tines)或运输车牵引的穿刺机(slicer/spiker)打散填充层(loosening of the granules)，降低人造草坪的表面硬度。

橡胶颗粒填充物应距离草纤维层顶部 10~20 mm 的距离，需定期疏理、平整，使其均匀分布。下大雨后要检查填充层，橡胶颗粒可能沿坡度下移。球门区、惩罚区或球场角落等使用强度比较高的地区，是橡胶颗粒最易流失的地区，也是草皮层最易被踏平的地方，应及时检测疏理，补充填充层，保证对草皮层最充分的保护。场地经理需定期测试球速以保证坪面的均一性。

15.3.3 使草丝纤维直立

践踏不仅会使填充层变得硬实，也会使草丝纤维倒伏、失去光泽，影响运动员脚部与坪面的附着摩擦力。此时需要对人造草坪进行疏理(grooming, brushing)。疏理坪面一般是一周执行一次，使用强度大时疏理频率也大。避免长期向同一个方向疏理，否则会使草丝向一边倾倒，影响球的滚动方向。定期的疏理可以使草丝纤维保持直立，避免向一边倒伏。刚刚安装的人造草坪，需要比平时更频繁的疏理，因为填充层需要一段时间归位(settle in)。

疏理草丝纤维可以用牵引式的网球场的专用扫帚，也可以用有动力的旋转的鼓状的鬃毛刷。悬挂在拖车后的拖拉式或水压式毛刷(drag brush)，对于扫平填充物非常有效。为减少对人造草坪的伤害，有的球场管理员只在人造草坪湿润时进行扫刷作业，因为此时的摩擦力较小。

15.3.4 其他维护管理措施

(1)雪和冰的去除

如果雪比较小，可以在人造草坪上铺防水布，用带吹雪机的拖车将雪吹走。雪比较大时，要使用专门的雪犁(snow plough)除雪，旁边配备积雪倾倒车。雪犁前端应为橡胶铲或 PVC 管，且不能直接与坪面接触(保留 3~5 cm 厚的积雪)，避免除雪器械伤害草皮层。扫雪车在运行时，尽量转大圈以避免边角位置铲到草丝纤维层。车辆行驶的速度不能超过人走路的速度，而且应避免急刹车，以免形成冲击波。所有的维护车辆应配备宽大的轮胎或气球胎(低压轮胎)。最后 3~5 cm 积雪可以用刷子扫除，如旋转的鼓刷，也可用吹雪机扫除。应合理制定除雪计划以避免由于除雪车的碾压导致积雪紧实，如果经常下雪，要保证周边有储雪的地方。

如果人造草坪已经结冰，冰和雪黏结在一起，此时应格外注意。不正确的除雪或除冰对人造草坪造成的伤害不在质保范围之内。结冰特别严重的部位可以采用传统的除雪盐(氯化钙)融化。

(2)其他注意事项

①人造草坪一般应选择在温度高于 10℃，湿度低于 70%的时候安装；有时需要在场地上进行标记，为确保最好效果，需要在场地干燥，温度为 18~30℃时进行。

②人造草坪的边界(perimeter edging)应足够水平，足够直，边界之间的缝隙不能大于 10 mm，以免把运动员绊倒。其所用边缘石的排布应足够整齐，阻止填充的橡胶颗粒被雨

水冲刷到场外。

③禁止在人造草坪上加载静负荷超大的重物。在人造草坪上举办一些不常见的活动时需要对人造草坪进行保护，如音乐会、毕业典礼和冰上曲棍球等，否则易出现一系列的问题，如坪面被移动，填充物被移位、缺失和污染，以及破坏排水系统等。

④应定期检查灌溉设备和排水设备是否正常运转。如果人造草坪的排水性不好，应首先考虑其填充层是否是疏水性的，疏水性填充层可以通过喷洒保湿剂加以纠正，类似天然草坪的施用方式；非疏水性填充层可考虑是否安装新的排水系统。

⑤定期检查接缝处是否有损坏。小的裂缝可以由维护球场的人员使用由生产者许可黏合剂进行黏合；大的裂缝应立即联系生产者，进行修理(特别是在保修期内时)，不要试图自己修理。

⑥聚丙烯草丝纤维中填充的橡胶颗粒会由于静电作用吸附在草丝纤维和运动员的皮肤和衣服上，导致表面暂时失色，可使用稀释的纤维柔顺剂可以改善这一现状，去除静电，降低填充颗粒的疏水性。也可以在草丝纤维中加入导电纤维，将电荷从缓冲层导到地基层。

15.4 人造草坪的运动质量指标

2001年，FIFA开始推行人造草坪的质量认证。2004年，人造草坪被允许用于官方比赛。2014年，FIFA将认证的坪面分为两种：用于专业赛事的FIFA quality pro(以前的FIFA 2星，FIFA 2 star)和用于更宽泛比赛项目、平时训练和其他用途的FIFA quality(以前的FIFA1星，FIFA 1 star)。2021年，国际足联董事会又决定加入FIFA basic(FIFA，2022)。这3种草坪的尺寸规格不同(表15-4)，其中FIFA quality pro专门为国际赛事准备，其尺寸规格变化幅度较小。FIFA quality pro证书的有效期是1年，证书更新时需要提前3个月进行再次测试；FIFA quality证书的有效期是4年。如果球场维护不当，可能很快就无法满足FIFA quality program的要求。

表15-4 FIFA quality和FIFA quality pro的尺寸规格 m

指标	FIFA basic	FIFA quality	FIFA quality pro
长度	90~120	90~120	100~110
宽度	45~90	45~90	64~75

注：引自FIFA，2022。

FIFA对运动场草坪有详细的测试指标要求，主要包括人造草坪的使用质量和人造草坪的质量规格性能。其中，人造草坪的使用质量中所涉及具体指标的概念及测定方法详见“第11章11.1.3 草坪使用质量”。

15.4.1 人造草坪的使用质量

15.4.1.1 足球与人造草坪的相互作用

(1)垂直反弹率

FIFA推荐的FIFA quality pro、FIFA quality和FIFA basic人造草坪反弹高度的合格范围分别为：赛球在2 m高度作自由落体运动回弹60~85 cm、60~100 cm和60~100 cm。相对

于天然草坪，一般人造草坪的均一性更好，反弹率更高。

(2)角度球反弹率

FIFA 推荐的 FIFA quality pro 和 FIFA quality 人造草坪角度球反弹率的合格范围分别为 45%~60%和 45%~70%。

(3)球滚动距离

FIFA 推荐的 FIFA quality pro 人造草坪的球滚动距离的合格范围为 4~8 m，安装 12 个月后的滚动距离仍为 4~8 m；FIFA quality 人造草坪的球滚动距离的合格范围为 4~10 m，安装 12 个月后的滚动距离应为 4~12 m；FIFA Basic 人造草坪的球滚动距离的合格范围为 4~15 m。

国际曲棍球联合会采用的标准与其相似，建议曲棍球的滚动距离应为 9~15 m(FIH, 2008)。曲棍球的滚动距离更长是因为曲棍球所用的人造草坪为没有填充层、草丝纤维更短的第一代人造草坪。

一般情况下，球在第三代人造草坪上的滚动速率普遍高于天然草坪，即运动员在人造草坪上比赛时要适应一个更快的打球速度。

15.4.1.2 运动员与人造草坪的相互作用

人造草坪为运动员提供弹性、缓冲性和摩擦力。弹性和缓冲性可通过吸震性和标准垂直变形来体现。摩擦力包括线性的滑动摩擦力(sliding friction)和旋转的扭动摩擦力(traction)。一般来说，坪面应有足够的线性摩擦力，避免运动员滑到；但扭动摩擦力不能太高，否则会因为足部固定在坪面上而对运动员造成伤害。线性摩擦力可通过线性滑动摩擦值和减速值、表面摩擦力和皮肤磨损力间接体现，扭动摩擦力可通过转动阻力间接体现。

人造草坪与运动员间的相互作用与其草丝纤维和填充物等都有关系。由于草丝纤维的长短区别以及填充物的有无和差异，不同人造草坪的特点不同。例如，一般认为第一代人造草坪的扭动摩擦力更大；人造草坪的滑动摩擦力大于天然草坪；填充有冷冻处理 SBR 橡胶颗粒人造草坪的扭动摩擦力，比填充有常温处理 SBR 橡胶颗粒或填充有 TPE 橡胶颗粒人造草坪的扭动摩擦力更小；草丝纤维层底部混有尼龙纤维的 PE 人造草坪比普通第三代人造草坪的扭动摩擦力更小。

(1)吸震性

人造草坪的吸震性一般通过吸震率体现。FIFA 推荐的 FIFA quality pro、FIFA quality 和 FIFA basic 人造草坪吸震率的合格范围分别为 60%~70%、55%~70%和 50%~70%。长时间的践踏会降低人造草坪的吸震率，草丝疏理可提高人造草坪的吸震率。

(2)标准垂直变形

FIFA 推荐的 FIFA quality pro、FIFA quality 和 FIFA basic 人造草坪标准垂直变形的合格范围分别为 4~10 mm、4~11 mm 和 4~11 mm。

(3)线性滑动摩擦值和减速值

FIFA 推荐的 FIFA 2 star 和 FIFA 1 star 人造草坪线性滑动摩擦值的合格范围分别为 3.0~5.5 g 和 3.0~6.0 g，减速值的合格范围分别为 130~210 和 120~220(FIFA, 2008)。但人造草坪的线性滑动摩擦值和减速值已于 2015 年起不再进行检测。

(4)转动阻力

FIFA 推荐的 FIFA quality pro、FIFA quality 和 FIFA basic 人造草坪转动阻力的合格范围

分别为30~45 Nm、25~50 Nm和25~50 Nm。

(5)表面摩擦力和皮肤磨损力

表面摩擦力和皮肤磨损力分别用表面摩擦系数和表面磨损率表征，FIFA推荐的表面摩擦系数的合格范围为0.35~0.75，表面磨损率的合格范围为<30%。

草丝纤维、填充物、运动员的体重、草坪管理措施、场地设计和坪面湿度等都会影响草坪的摩擦系数，一般人造草坪比天然草坪的摩擦力更大，更易造成表皮擦伤，草丝疏理可以降低坪面的摩擦力，践踏会提高坪面摩擦力，湿的人造草坪比干的人造草坪摩擦力更小。

15.4.2　人造草坪的质量规格性能

人造草坪质量规格性能主要包括：①草丝纤维的长度、厚度、高度、抗拉能力和重量等；②2层填充颗粒的粒径、形状、质量以及构成等；③吸震垫的厚度、吸震性能和抗拉强度等；④底基层砂粒的一些特性。草丝纤维的质量可以通过差示扫描量热分析(differential scanning calorimetry，DSC)检测和抗UV性来进行分析。草丝束是通过乳胶或其他黏合剂等粘贴在底衬上的，所以底衬和草丝纤维的强度很重要，需要能够承受运动员比赛的力量，在强度使用下难以将草丝纤维和底衬分离。

人造草坪会由于践踏和光照导致老化、硬化、易碎，一般室内的人造草坪寿命会长于室外的人造草坪。人造草坪的耐用性由耐磨性(wearability)和在不同气候条件下的老化过程决定。人造草坪的耐磨性可以通过人造草坪的使用寿命体现，也可以用Brinkman践踏模拟器模拟践踏并评价。老化过程可以在人工气候室中用UV荧光灯照射人造草坪模拟紫外线对人造草坪颜色、外观和其他物理性状的影响，还可以模拟不同的温度和降雨对人造草坪的影响。人工气候下的检测指标和要求一般包括：草丝纤维和填充物的色牢度≥灰度3，且填充物的形状不能发生改变；草丝纤维的峰值断裂力，表征为未老化长丝变化的百分比≤25%；草丝的拔出力≥40 N；缝合处的结合力≥1 000 N/100 mm；黏合处的结合力≥75 N/100 mm。

15.5　混合草坪

为了结合天然草坪良好的运动特性和人造草坪的耐磨性，混合式运动草坪(hybrid turf)是新的趋势。混合草坪中草坪草的根系与草丝相互缠绕，纤维草丝可保护草坪草的生长点，减少对草坪表面和根系的伤害，草坪草根系可以扎到更深的土层。垂直分布的纤维草丝使混合草坪的排水性能大大提升，与天然草坪相比增长了逾8倍。

1980年左右，荷兰人发明了使用人造草来加固天然草稳定性的新技术，1992年被引入运动场混合系统草坪的建造中。近二十年来，考虑到人造草坪带来的种种安全隐患及其填充物SBR橡胶颗粒，TPE橡胶颗粒和EPDM橡胶颗粒可能随践踏和光照而粉碎带来的环境问题，混合草坪得到了迅速发展。其新的产品也越来越往对环境有利的方向在改善，如可降解、可循环和可替换等。

15.5.1 混合运动草坪的分类

15.5.1.1 加固型草坪

加固型草坪(reinforced turf)主要是指将纤维草丝、纤维碎片或网状纤维混入根系层，起到固定作用的混合草坪。由于大部分球场为了促进排水减少土壤紧实，都会选用沙子作为基质，而沙子的承载力(load bearing)和抗剪能力(shear strength)均较低，因此选择合适的加固产品既要增加土壤基质的承载能力，又不能增加土壤的紧实度。

目前的草坪加固材料主要有两种：第一种是以任意方式混入的纤维碎片、网状纤维、单纤维长丝或网状碎片，主要以较短的聚丙烯纤维为主，以及土工织物等，第二种是水平铺设的网状加固材料，有聚酯尼龙纤维网格、聚丙烯小栅栏、聚乙烯网、甚至多孔渗透的陶瓷根系层和塑料底衬等。

15.5.1.2 植丝式草坪

植丝式草坪又称永久型系统(permanent system)，因为其一经建造，很难被循环或替换。植丝可以在建坪前或建坪后，以天然草坪为基础，使用专业设备在天然草坪内垂直插入人造纤维丝。人造纤维丝的长度一般为 20 cm，18 cm 位于地下，2 cm 位于地上(图 15-5)。

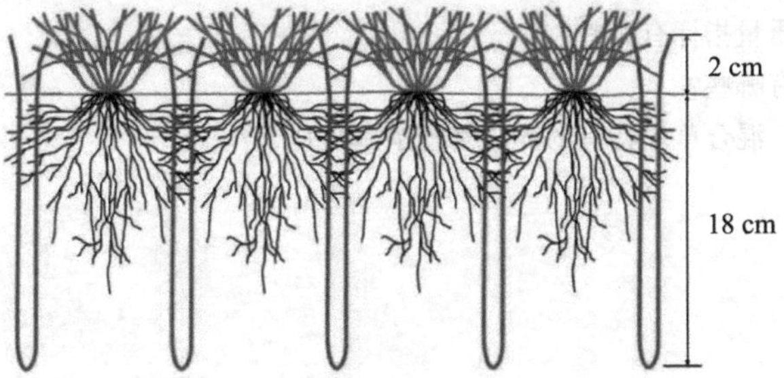

图 15-5 植丝式混合草坪示意

(引自 James，2011，略有改动)

15.5.1.3 毯状平铺式草坪

毯状平铺式草坪(mat system)以人造草坪为主，之上填充基质播种天然草坪(图 15-6)。草坪草的根系层与人造纤维层相互缠绕，并穿过开放的底衬，因此又称稳定型草坪(stabilized turf)，在赛季可以被替换及被移动。

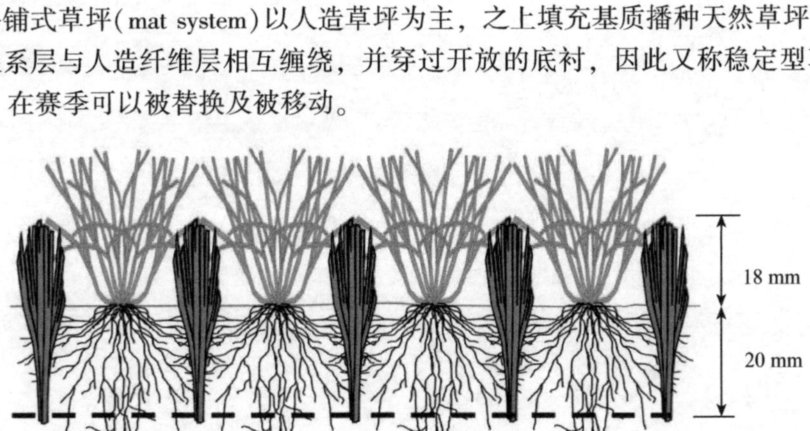

图 15-6 毯状平铺式混合草坪示意

(引自 James，2011)

15.5.2 混合草坪的养护管理

混合草坪的养护同其他高强度使用的天然草坪的养护相似。混合草坪中的天然草在种植4周后，便可进行第一次修剪，最佳的修剪高度是25~30 mm，因为人造草地表以上的高度是15 mm，而天然草的高度要高于人造草。

如何去除混合草坪中的枯草层是最大的问题。垂直修剪会增加表面硬度及球的反弹率，表面覆沙会降低坪面质量，并把毯状平铺式草坪的底衬深深埋入地下，且由于混合草坪坪床中底衬的存在，打孔也不能实现。为保护混合草坪中人造的草丝纤维，一般每隔一或两年需要进行彻底清除枯草层或有机物的工作，这种枯草层或有机物的深度修剪技术称为剥离修剪法(fraze mowing，fraise mowing或fraize mowing)。

复习思考题

1. 人造草坪的概念及发展是什么?
2. 人造草坪发展已经经历几代? 各代产品其特点是什么?
3. 简述第三代人造草坪的基本构造。
4. 人造草坪如何进行养护管理?
5. 人造草坪的运动质量指标有哪些?
6. 混合草坪的分类有哪些?
7. 与天然草坪相比，混合草坪特有的养护管理措施是什么?

第15章知识拓展

第 16 章 草坪经营与管理

经营是用有限的资源创造尽可能大的附加价值。而管理则是通过组织内部的人力资源和物力资源实现目标的过程。本章就草坪领域涉及主要行业的经营与管理进行讲述。

16.1 草坪经营与管理的概念、方法、目的和内容

草坪经营与管理是研究从事草坪业的企业在制订经营决策、从事经营活动时，以同等劳动消耗，取得最好经济效益的应用型科学。研究对象主要是草坪企业的经营方针与经营目标，在分析外部环境与内部条件的基础上，制订经营策略，指导企业有计划有组织地开展经营活动，生产适销对路、有竞争力的产品，满足市场的需要。

草坪经营与管理的方法是根据辩证唯物主义的认识论，运用经营学理论联系草坪业实际，通过生产草坪产品和销售服务，摸清用户的需求情况和经济接受能力，确定企业经营与管理的方针和发展方向，充分利用现有人力、物力、财力，发挥各部门的作用，调动一切积极因素，广泛开展经营活动。

草坪经营与管理的目的是提高企业经营与管理的效益。

草坪经营与管理涉及的主要内容包括：草坪建植材料的生产与经营管理、草坪工程的经营与管理、草坪企业经营与管理、高尔夫俱乐部经营与管理、职业足球俱乐部经营与管理等。其中，草坪企业经营与管理、高尔夫俱乐部经营与管理和职业足球俱乐部经营与管理部分详见二维码。

16.2 草坪建植材料的生产与经营管理

草坪建植材料包括草坪草种子、草皮、植生带等。建植材料的生产与经营管理，是草坪企业生产的产品流向市场的重要手段与根本保障，是草坪产品经营与管理最重要的环节。

16.2.1 草坪草种子生产与经营管理

16.2.1.1 草坪草种子生产

(1)草坪草种子生产地区的选择

草坪草种子生产对生产地区的要求与牧草生产截然不同。同一草坪草在不同的地区，种子产量相差很大，不同种及品种适宜进行种子生产的地区也各不相同。许多种子生产单位因不了解草坪草种子生产对生产地区的特殊要求，往往造成巨大的经济损失。决定一个种或品种是否适于在某一地区生产种子，必须首先考虑气候条件，其次要考虑土地条件。

①草坪草种子生产对气候的要求：草坪草种子生产中气候条件是决定种子产量和质量

的基本因素，必须根据草坪草生长发育特点和结实特性选择最佳气候区进行草坪草种子生产。草坪草种子生产对气候的要求为适于种或品种营养生长所要求的太阳辐射、温度和降水量；诱导开花的适宜光周期及温度；成熟期稳定、干燥、无风的天气。

a. 日照长度。许多草坪草能否开花及开花效应强度都取决于日照长度。低纬度的热带和亚热带地区有利于短日照植物开花，并提高结实率。长日照类草坪草只有通过一定时期的长日照(往往日照时数大于14 h)才能进行花芽分化，否则将处于营养生长状态。在临近赤道的低纬度地区，一般长日照植物不能进行种子生产。

在高纬度的温带地区有利于长日照植物生长和开花结实。多数温带草坪草的开花需经双诱导，即植株必须经过冬季(或秋春季)的低温和短日照感应或直接经短日照之后，在长日照的诱导下才能开花。短日照和低温诱导花芽分化，长日照诱导花序的发育和茎的伸长。

草坪草中也有中日照植物，在经过接近于12 h的光照条件下才能开花。这类草坪草在热带禾本科草坪草中比较常见，如毛花雀稗的一些品系。

b. 辐射量。晴朗多光照的气候条件有利于草坪草种子产量的提高。辐射有利于光合作用，开花、授粉，传粉媒介昆虫的活动，抑制病害的发生。禾本科草坪草开花如遇阴冷天气，小花处于闭合状态，影响小花授粉。光照对于异花授粉的豆科草坪草尤为重要，这类草坪草多靠蜜蜂进行授粉，蜜蜂喜欢在强光、艳日下活动，阴天下雨蜜蜂则停止活动，从而影响授粉结实。多年生草坪草种子生产地的选择要尽量避开结实期阴雨连绵的气候地区，以免降低种子产量。

c. 温度。温度对草坪草生长发育的整个过程都有影响，包括营养生长、花芽分化、开花、花粉萌发、结实、种子成熟等过程，并且每一时期的最适温度和温度效应各不相同。一些草坪草需要经春化后才能开花。不同草坪草生长的最适温度不同，只有生长在最适温度条件下才能获得较高的结实率。

d. 湿度。适量的降水对草坪草种子发育初期是必要的，但种子成熟期和收获期要求干燥气候条件。草坪草营养生长阶段需要充足的水分供应，降水量不能满足要求的地区，必须有灌溉条件才能适合于作种子生产。种子成熟期过多的降水量会造成产量大幅度下降。大部分禾本科和豆科草坪草种子成熟期和收获期要求干燥、晴朗的天气，但部分豆科草坪草种子成熟期如果湿度太低，将造成荚果炸裂引起收获前种子的大量损失。

②草坪草种子生产对土地的要求：土地是选择草坪草种子产地时必须考虑的重要因素之一。适宜的土壤类型、良好的土壤结构、适中的土壤肥力和适合的地形及土地布局对获得优质高产的草坪草种子非常必要。

a. 土壤类型、土壤结构及土壤肥力。用于草坪草种子生产的土壤最好为壤土。壤土较黏土和砂土持水力强，有利于耕作和除草剂的使用，还适于草坪草根系的生长和吸收足够的营养物质。土壤肥力要求适中，肥力过高或过低，会导致营养生长过盛或不足从而影响生殖生长，降低种子的产量。土壤中除含有足够的氮、磷、钾和硫之外，还应含有与草坪草生殖生长有关的微量元素硼、钼、铜和锌等。磷、钾肥对种子生产有重要作用，适量的磷、钾肥能增加种子产量。尤其是在热带降水量大的地区，土壤呈酸性，磷、钾含量相对较低，适当补充磷、钾肥，有助于提升种子产量。

b. 地形及土地布局。用作生产草坪草种子的地块，应选择在开阔、通风、光照充足、土层深厚、排水良好、肥力适中、杂草较少的地段上。

在山区进行草坪草种子生产最好将土地布置在阳坡或半阳坡上。一般使用普通的收获机械，土地的坡度应小于10°，如若坡度太大，种子和草茎在收获机的平筛内难以分离，使大量种子混于草茎之内，造成减产。有些草坪草要求排水良好的土地，所以在低洼地进行这些草坪草的种子生产时，应配置排水系统。对于豆科草坪草还应注意最好布置于邻近防护林带、灌丛及水库近旁，以利于昆虫传粉。

属异花授粉的同种草坪草的不同品种如果在同一地区进行种子生产，在各品种之间为了防止串粉造成生物混杂，必须建立隔离带。《草坪草种子生产技术规程》(GB/T 19368—2003)中规定异花授粉植物种子田的隔离距离应在50~200 m，对于自花授粉的草坪草，同种不同品种间的隔离带为5 m。

(2)草坪草种子生产的田间管理

优质的种子或种植材料，适宜的气候和土地条件，再加上严格的田间管理措施，才能获得较高的草坪草实际种子产量。

①苗床的准备：为草坪草播种及种子发芽出苗提供良好的苗床是苗床准备的主要目的，通过苗床的精细整理还可避免杂草的侵染和其他品种的混杂。草坪草种子田杂草影响草坪草种子质量、清选、贮藏和成本。在选择草坪草种子田时要避免前茬种植同种植物，对于多年生草坪草尽可能选择前4~5年没有种植同种植物，这样可以有效防除品种混杂污染的问题。在条件允许时，杂草较多的地块进行适当的休耕封闭除草，或者种植一年生高大的作物轮作减少杂草侵染。杂草防除方法主要有化学除莠、物理除草、人工除草等。草坪草种子田生产前除杂草对于种子生产有事半功倍的效果。除杂草后，还需经过耕地、耙地、耱地、镇压等一系列工作。

②播种：

a. 播种方式。一般多采用无保护的单播方式。

b. 播种方法。草坪草种子田的播种可采用点播、条播和撒播的方法。植株高大的草坪草或分蘖能力强的草坪草可采用点播的方法，一般点播的株行距采用60 cm×60 cm或60 cm×80 cm。无法采用机械播种或生长期内杂草非常严重的情况下可考虑撒播，有利于对杂草的抑制，撒播草地便于机械在雨天行走，土壤不易侵蚀，管理费用较低。

对多年生草坪草的种子生产最好实行条播，实行条播的行距常为15 cm，宽行条播视草坪草种类、栽培条件不同，对于一些分蘖强、根茎繁殖能力强的草坪草种可放宽行距，行距有30 cm、45 cm、60 cm、90 cm、120 cm。例如，草地早熟禾为30 cm、紫羊茅为60 cm、高羊茅30~60 cm。在干旱、蒸发量大的区域可以适当增加种植密度，增加种植地植被覆盖度，减少裸地水分蒸发。

c. 播种时间。播种时间因种而异，一年生草坪草只能进行春播，越年生草坪草可秋播，次年形成种子。对于多年生草坪草必须考虑其对光周期和春化的反应。长日照的植物适合春季播种；短日照和低温条件的草坪草适合夏末或初秋播种，如高羊茅等草坪草，在来年可得到较高的种子产量；要求短日照和低温，之后需长日照的植物也适合秋季播种，如多年生黑麦草，翌年可进行种子生产。此外，白三叶、无芒雀麦等草坪草既可春播也可秋播。

d. 播种量。种子生产者在确定实际播种量时可以利用种用价值(种子发芽率和净度的乘积)进行计算。实践中用于种子生产的播种量比用于草坪草生产的播种量少，宽行播种时的播量只是牧草生产播量的一半。进行种子生产时，禾本科草坪草应具有发育良好的生殖枝，若播量太高，营养枝增加，抑制生殖枝的生长发育。豆科草坪草要求留有一定空间，以利于昆虫传粉。种子田草坪草的播种量见表16-1所列。

表16-1 种子田草坪草的播种量 kg/hm^2

草坪草	窄行条播	宽行条播	草坪草	窄行条播	宽行条播
草地早熟禾	12.0	7.5	无芒雀麦	15.0	10.5
紫羊茅	12.0	7.5	冰草	15.0~22.5	9.75~12.0
多年生黑麦草	12.0	9.0	白三叶	7.5	4.5
一年生黑麦草	12.0	9.0	红三叶	15.0	
高羊茅	9.0~11.0	3.4~5.6	巨序翦股颖	5.5	2.5

e. 播种深度。影响播种深度的主要因素有种子大小、土壤含水量、土壤类型等。草坪草以浅播为宜，一般草坪草种子在砂质壤土上以2 cm播深为宜，大粒种子以3~4 cm为宜，黏壤土为1.5~2 cm。小粒种子播深可更浅，如白三叶播深为0.5~1 cm，早熟禾、翦股颖等草坪草的种子可播于地表，播后镇压以利于种子吸水萌发。

③施肥：根据土壤养分状况、气候条件和草坪草种子生产对营养物质的需求进行合理的施肥可最大限度地提高种子产量。

氮肥是影响禾本科草坪草种子产量的关键因素，氮肥施入量对草坪草种子产量有明显的影响，大多数草坪草随施氮量的增加种子产量提高。获得最高种子产量的施氮水平因种而异，但需注意氮肥过量也会导致种子产量下降。对于温带禾本科草坪草秋季施氮肥通常可以增加分蘖数，提高冬季分蘖的存活率，增加可育分蘖数。但秋季施氮肥不能过量，以免刺激过度的营养生长。春季施氮可在抽穗之前进行。

磷肥对禾本科草坪草种子产量也有一定的促进作用，尤其是热带的酸性土壤含磷量低，改善磷肥的供应状况，可以增加禾本科草坪草的种子产量。钾是流动养分，易从土壤中流失，需要经常补充。种子收获后大量的秸秆从田间运走，造成钾的大量损失。禾本科草坪草种子生产中，如果施用了大量的氮肥，那么保证磷、钾的平衡供应是非常重要的。在种子生产中，开花期或之前进行磷、钾肥施入，有利于提高种子产量。在多年生草坪草越冬前施入适量的磷、钾复合肥有利于提高越冬率，促进返青。

豆科草坪草可有效地利用共生的根瘤菌增加对氮素的吸收，对土壤氮素的依赖性小，因此，豆科草坪草对氮肥的需要量小于禾本科草坪草。豆科草坪草的种子生产中对磷、钾肥的需要量较高，可在花期或开花之前根外追施磷、钾肥。

硫是蛋白质的组成元素，豆科草坪草的生长中需要大量的硫，种子生产中保证足够的硫肥才能达到稳定和高产。在土壤硫酸根含量为2 mg/kg的白三叶种子田施入20 kg/hm^2硫酸钙，可使种子产量从356 kg/hm^2增加到512 kg/hm^2。

此外，硼、钼、钙、铁、镁、铜、锌等元素在种子生产中也起到增产提质的作用。微量元素通常使用叶面喷施的方法使用，这些元素能够促进营养生长，同时能够增加分枝数、促进花粉粒萌发、提高结实率、提升种子产量。

④灌溉：雨量较少的地区进行灌溉对草坪草的建植、营养生长及种子成熟都是必要的。运用灌溉措施控制水分供应使植株形成尽可能多的花芽，促进开花，为高产提供有利

条件。草坪草种子产量的基础是在建植和花序分化这两个阶段奠定的，因而在这两个阶段之前应进行灌溉。在营养生长后期或开花初期适当缺水对增加种子产量有一定好处。然后在整个开花期保持灌水，使种子产量提高。在选择灌溉方式时应注意草坪草生长时期，如果在开花前期可以选择喷灌，在开花期则尽可能避免喷灌，以免开花期喷灌影响昆虫的传粉活动。过度灌溉也不利于种子生产，原因是过度灌溉促进植株营养生长，开花期和结实期延迟，或者遇到大风降雨等恶劣天气易造成倒伏现象，影响种子产量和品质。因此，根据天气情况和土壤水状况，在重要的生长时期进行适宜的灌溉，有利于种子生产。例如在雨量少的地区，返青期、拔节期、抽穗期和灌浆期进行 4 次灌水是高羊茅种子生产的必要需求。大量的试验证明干湿交替有利于草坪草种子生产。草坪草种子的成熟后期应停止灌溉，以利于种子的收获。

⑤杂草防治：杂草同草坪草竞争可减少草坪草种子的产量；杂草会污染草坪草种子，降低草坪草种子的质量；混有杂草种子的草坪草种子，给清选带来很大困难，提高清选成本，反复清选还会引起草坪草种子的损失。为了减轻因杂草造成的经济损失，应当进行严格的杂草防除。在选择种子田时应该注意原地原有杂草类型和发生情况。尽可能选择杂草少或者杂草类型与目标生产种子生物学特征差异明显的地块，以便后续的除草工作。如果种子田杂草过多且类型复杂，可选择化学灭生性除草剂，提前进行化学除草，封闭田间杂草。

⑥病虫防治：种子田与放牧场相比，大量多汁的植株在田间生长很长时间，为病虫害提供了更为有利的生长环境。因而种子田的病虫害防治显得尤为重要。病虫害是种子生产和贸易过程中的重要检测对象，直接影响种子的经济效益，严格禁止出现国内外检疫控制的对象，特别是国际种子贸易的主要障碍，如三黑病给美国禾本科作物和草坪草种子的出口带来了很大困难。草坪病虫害发生与土壤环境、气候和周围生物群落结构有很大关系。高温潮湿的环境易于真菌、细菌性病害发生，如麦角病、瞎籽病、黑穗病、锈病等。此外，还有病毒、虫害等对草坪种子生产影响严重，如蛴螬对草坪植株的根系危害严重，应在播种前对种子田进行调查，做好防治预案。

⑦人工辅助授粉：

a. 禾本科草坪草的人工辅助授粉。禾本科草坪草为风媒花植物，通过人工辅助授粉，可以显著地提高种子产量。对无芒雀麦等种子田进行 1 次人工辅助授粉，可使种子增产 11.0%~28.3%，进行 2 次人工辅助授粉，可使种子增产 23.5%~37.7%。

要根据禾本科草坪草的开花习性对禾本科草坪草进行人工辅助授粉，必须在大量开花期间及一天中大量开花的时间进行。人工辅助授粉最好进行 2 次，对于具有顶端小穗首先开花、然后下延、基部小穗最后开花的圆锥花序草坪草，应在花序上部大量开花和下部大量开花时各进行 1 次。对于具有花序上部 1/3 处首先开花、然后逐渐向上下延及的穗状花序草坪草，可于大量开花时进行 1 次或 2 次人工辅助授粉，2 次间隔时间一般为 3~4 d。禾本科草坪草人工辅助授粉的方法很简便，授粉时用人工或机具于田地两侧，拉紧一绳索或线网于草坪草开花时从草丛上掠过。这样一方面植株被碰撞摇动可促进花粉的传播；另一方面落于绳索或线网上的花粉，在移动时可被带至其他花序上，从而使草坪草达到充分授粉的目的。此外，空摇农药喷粉器或小型直升机低空飞行都可使植株摇动，起到辅助授粉的功效。

b. 豆科草坪草的辅助授粉。大多数豆科草坪草是自交不亲和的，生产种子所必需的异花授粉都要借助于蜜蜂、蝗蜂、碱蜂和切叶蜂等昆虫。因此，为了促进豆科草坪草的授粉，提高其种子产量，在豆科草坪草种子田中需配置一定数量的蜂巢或蜂箱，而且必须采取措施选择有利于传粉昆虫活动的环境条件，如将种子田设置在邻近林带、灌丛及水库近旁，以便野蜂进行授粉。选派有经验的人进行蜂的管理，预防病虫害及其他肉食性动物对蜂的侵袭。防止滥用杀虫剂，避免杀死蜂类。

⑧植物生长调节剂的运用：在种子生产过程中，保证种子质量的前提下，运用一些植物生长调节剂改善植物生长状况，增加逆境抗性能力，以达到草坪草种子生产目标。例如，利用氯丁唑(又称多效唑，PP333)、矮壮素(CCC)等增加抗逆性和植株农艺性状，保产增效；运用矮壮素喷施无芒雀麦、猫尾草等增加抗倒伏能力，从而提高种子产量；利用氯丁唑不仅可以增加高羊茅、紫羊茅、多年生黑麦草的抗倒伏能力，而且还能减少败育、增加花序结实数，显著提高种子产量。

⑨种子收获后的田间管理：当年草坪草种子收获后到翌年开花期的种子田间管理对种子产量有重要影响，尤其是果后营养生长期较长的地区，秸秆和残茬的田间管理水平直接关系越冬和返青。在一些条件允许的地区，刈割和火烧残茬能够显著提高草地紫羊茅、多年生黑麦草、草地早熟禾、高羊茅、巴哈雀麦等多年生草坪草的种子产量，有助于防治麦角病、锈病、线虫等病虫害的发生，抑制种子落地后产生的自生苗、杂草。秸秆和残茬清理有利于改善植株基部的光照条件，有利于植株的分蘖形成和枝条感受低温春化，促进生殖枝的形成和种子生产潜力的发挥，提高下一年产量。但是有些草坪草采取机械或人工清理较好，焚烧处理不利于种子生长，如硬羊茅、匍匐翦股颖等。利用放牧方式也可以起到清理秸秆和残茬的作用。

多年生草坪草种子田根据生长年限要注意疏枝处理，可利用圆盘耙或旋耕机减少枝条密度。降低种子田内的枝条密度可增加翌年或以后几年的种子产量。此外，在种子收获后，为促进植株分蘖和枝条生长，满足土壤养分的供给，可进行秋季施肥。尤其是砂性的土壤需要在秋季补充一定量的氮肥，有助于越冬、返青。在冬季，种子田进行上冻水，可有效降低低温严寒对根系的伤害，保障根系安全越冬。

(3)草坪草种子的收获、加工与贮藏

草坪草种子的收获在种子生产中是一项时间性很强的工作，必须给予极大的重视，并事先要做好准备及有关组织工作。适时收获可避免种子的损失，收获太早会降低种子活力，收获太晚会造成种子的脱落损失。种子收获后的干燥及清选工作对于提高种子的质量、保证种子的种用价值和种子的安全贮藏具有重要的意义。

①草坪草种子的收获：

a. 种子收获的时间。需要考虑两个问题：既能获得品质优良的种子，也要注意尽可能地减少因收获不当造成的损失。

种子成熟期可分为乳熟期、蜡熟期和完熟期。种胚的成熟完成于乳熟期，此时种子呈现绿色，含白色乳状物质，种子易弄破，乳熟期的种子干燥后轻而不饱满，发芽率及种子产量均低。蜡熟期的种子蜡质状，含水量降至45%以下，种子易于用指甲切断。完熟期的种子千粒重、发芽率、种子产量均较高，是种子收获的适宜时期。当用康拜因收获时，一般可在完熟期进行，而用剪草机、人工收获或收割后需在草条上晾晒时，可在蜡熟期进行。

为了不延误种子的收获，在草坪草开花结束(豆科草坪草当下部开花结束时)12 ~15d 后，应每天进行田间观察，一旦成熟立即进行收获。有些草坪草具有较长的花期，且开花期不一致，造成种子成熟度不一致。落粒性强的草坪草收获不及时会造成较大损失，如多年生黑麦草、草地羊茅、一年生黑麦草等落粒损失可达 100~290 kg/hm^2。种子含水量可作为指示收获的一个指标，对于大多数草坪草，当种子含水量达到 45%时便可收获。多年生黑麦草和高羊茅种子收获的最适时期是种子含水量为 43%时。一般情况下，种子成熟期含水量每天降低 1.5%。种子含水量的测定应在开花结束 10 d 后每隔 2 d 取一次样进行测定，或用红外水分测定仪于田间直接测定。

b. 种子收获方法。可以用康拜因、剪草机或人工收割。用康拜因收获时，草坪草的刈割高度为 20~40 cm。用剪草机刈割时，可将割下的草坪草晾晒在残茬上，放成草条，2 ~7 d 后在田间用脱粒机械进行脱粒。也可刈割后直接运输到干燥晾晒场地，干燥后进行脱粒，具体方法视草坪草种类而定。

豆科草坪草在种子收获之前要进行干燥处理，常用飞机或地面喷雾器对田间生长的植株施化学干燥剂，在喷后 3 ~5 d 直接用康拜因进行收割。干燥剂为一些接触性除莠剂，如敌草快，用量为 1~2 kg/hm^2；敌草隆用量为 3~4 L/hm^2；利谷隆用量为 32 kg/hm^2。

用康拜因收获种子时，应在无雾无露晴朗干燥时进行，这样种子易于脱粒，减少收获时的损失，并且康拜因的行走速度不超过 1.2 km/h。用普通剪草机或人工收割，最好在清晨有雾时进行，防止因干燥引起的搂集、捆束和运输中种子的损失。对于某些脱落时间不一致的禾本科草坪草种子可进行多次收获，以增加总产量。

②草坪草种子的加工：

a. 种子的干燥。草坪草种子收获之后含水量仍然较高，不利于保藏。因此，刚收获后的种子必须立即进行干燥，使其含水量达到规定的标准，以减弱种子内部生理生化作用对营养物质的消耗、杀死或抑制有害微生物、加速种子的成熟，提高种子质量。

种子的干燥方法有自然干燥和人工干燥。种子的自然干燥是利用日光暴晒、通风、摊晒等方法降低种子的含水量。刈割成草条进行干燥的草坪草，在干燥期间翻动 1~2 次，之后进行脱粒。有些草坪草刈割后常捆成草束，将种子留于植株上自然干燥，为了加速干燥防止产生霉烂，一般应将草束成行码成人字形，架晒于晾晒场上，也可将草束打开摊晒于场上，厚度为 5~10 cm，在日光下干燥。在晾晒过程中，每天翻动数次，加速其均匀干燥，经干燥至一定时间即可进行脱粒。如脱粒后的种子含水量仍较高时，应进行暴晒或摊晒，以达到贮藏所要求的含水量。用康拜因收获的种子，其湿度往往很高，应立即进行晾晒，晾晒场地以水泥晒场为好。晾晒的种子应摊成波浪式，以增加水分的蒸发面积。摊晒的种子，一般小粒种子厚度不超过 5 cm、中粒种子不超过 10 cm、大粒种子不超过 15 cm。

在现代草坪草种子生产中，种子常采用人工干燥的方法，特别是在气候潮湿的地区。常用的干燥设备有火力滚动烘干机、烘干塔及蒸汽干燥机。种子人工干燥时，种子出机温度应保持 30~40℃，如果种子含水量较高时，最好进行两次干燥，同时温度采取先低后高，使种子不致因干燥而降低其质量。

b. 种子的清选。通常是利用草坪草种子与混杂物物理特性的差异，通过专门的机械设备来完成。普遍应用的是种子颗粒大小、外形、密度、表面结构、极限速度、电性能、颜色和回弹等特性。清选机就是利用其中一种或数种特性差异进行清选的。常用的种子清选方法有以下4种。

风筛清选法：是根据种子与混杂物在大小、外形和密度上的不同而进行清选的，常用气流筛选机。风筛清选法只有在混杂物的大小与种子的体积相差较大时，才能取得较好的效果。如果差异很小，种子与杂物不易用筛子分离，需要选用其他清选方法。

比重清选法：是按种子与混杂物的密度和比重差异来清选种子。大小、形状、表面特征相似的种子，其质量不同可用比重清选法分离；破损、发霉、虫蛀、皱缩的种子，大小与优质种子相似，但比重较小，利用比重清选设备，清选的效果特别好。同样，大小与种子相同的砂粒、土块也可被清选除去。比重清选法常用比重清选机进行。

窝眼清选法：根据种子及混杂物的长度不同进行清选。常用的清选设备是称为窝眼筒或窝眼盘的分离装置。该设备多用于豆科等表面光滑种子的清选。

表面特征清选法：依种子和混杂物表面特征的差异进行种子清选。表面特征清选法常用的设备有螺旋分离机、倾斜布面清选机和磁性分离机。种子经过形状、质量和特殊重力原理清选后，进一步用表面特征差异清选提高质量。

c. 种子的处理。由于某些草坪草种子具有特殊结构如豆科草种的荚果、禾本科种子颖壳、芒或毛，难以直接进行粗筛后的清选。常用除芒机、脱壳机、垂片式清选机等进行处理。

为了延长种子的保存时间和大田种子萌发、活苗，常在清选后进行种子包衣处理。种子包衣是指种子收获清选后、利用黏着剂或成膜剂，将杀菌剂、杀虫剂、微肥、植物生长调节剂、着色剂或填充剂等材料包裹在种子外面，以使种子成球形或基本保持原有形状的一种种子处理技术，实现抗逆性和抗病性提高、促进发芽、增加产量和提高质量的目的。种子包衣是以种子为载体、种衣剂为原料、包衣机为手段，集生物、化工、机械等技术于一体的综合技术。种子包衣的方法主要分为种子丸化和种子包膜。

③草坪草种子的贮藏：根据其生理生化活性及代谢特点，主要考虑种子的呼吸作用对种子的贮藏影响。种子的呼吸作用因草坪草种类、品种、大小、性状、成熟度、完整性和生理状况不同而有所差异。干燥和低温是种子安全贮藏和延长寿命的必要条件。通气状况良好有利于种子呼吸作用。在水分含量高的情况下，呼吸作用旺盛的种子由于有限空间氧气耗尽，产生缺氧，积累有毒物质而导致种子加速死亡。所以，高水分含量的种子要注意通风。此外，遗传性(蛋白质、油脂类种子)、种子质量(成熟度、完整性、健康状况、受潮状况等)、化学物质(氮气、氢气、二氧化碳、一氧化碳、氨气、农药气体等)和微生物都会影响种子的呼吸作用，直接或间接地影响种子寿命。因此，草坪草种子的贮藏一定是在干燥、通风、相对湿度小、温度低的地方。对一些老化快的种子，贮藏的种子水分含量在5%以下。种子的贮藏方法有普通贮藏法(开放贮藏法)、密封贮藏法、低温除湿贮藏法和超干贮藏法。

普通贮藏法包括两个方面内容：一种是将充分干燥的种子用麻袋、布袋、无毒塑料编织袋、木箱等盛装，贮藏于库中，种子未被密封，种子的温、湿度(含水量)随贮藏库内的温、湿度而变化；另一种是贮藏库安装有特殊的降温除湿设施，如果贮藏库内温度或湿度比库外高时，可利用排风换气设施进行调节，使库内的温度和湿度低于库外或与库外达到平衡。该方法简单、经济、适合贮藏大批量的生产用种，贮藏以1~2年为宜。

密封贮藏法是指把种子干燥至符合密封贮藏要求的含水量标准，再用各种不同的容器或透气的包装材料密封起来，进行贮藏。这种方法能较长时间保持种子的生活力，延长种子寿命，便于交换和运输。在中等温度下，密封防潮安全贮藏3年，含水量应为：三叶草、多年生黑麦草8%；翦股颖、早熟禾、羊茅9%；雀麦、一年生黑麦草10%。

低温贮藏法即将种子置于一定低温条件下贮藏，可抑制种子呼吸作用，延长种子寿命。包括大型种子冷藏库在15℃以下，相对湿度50%以下条件贮藏；或利用液态氮(−196℃)超低温贮藏。超低温贮藏可达到长期保存种子的目的。

此外，种子也可超干贮藏，即种子超低含水量(5%以下)密封后在室温条件或稍微降温的条件下贮存。常用于种质资源和育种材料保存。

16.2.1.2 草坪草种子经营与管理

(1)草坪草种子认证

草坪草种子经营与管理中，草坪草质量与经营已经有相关的法律以及标准进行约束，如《种子法》《种子认证规程》等。种子认证是草坪草种子经营与管理中重要环节，认证的种子是按照种子认证机构制定的程序，由种植者种植育种家种子、基础种子或登记种子而产生的种子，保持了良好的品种纯度和真实性。认证种子可作为商品种子出售，但不能再进行认证，即认证种子不能用于种子生产，只能种植后作为草坪利用。认证种子销售的价格高于非认证的种子。认证种子从种子生产开始到生产出产品均在第三方质检机构质量监督下完成，销售的产品是有第三方权威质量管理等机构签发的种子质量认证证书，有质量保障。以质量定价格，这有利于生产者、经营者和消费者，避免假冒伪劣种子冲击市场，给消费者带来损失。

①种子质量认证概念：指在种子扩繁生产过程中，保证植物种或品种基因纯度或农艺性状的稳定、一致性的一种制度或体系。种子质量认证通过对种子生产过程中的种子田的种植、田间管理、种子收获、加工、贮藏等各个重要环节的行政监督和技术的检验检查，控制生产全过程，通过对产前、产中、产后过程中严格控制种子纯度以达到保证种子质量的目的，保证种子的基因纯度与真实性。

②种子质量认证规则：国际种子质量认证规则，主要是由经济合作发展组织(OECD)制订的。还有一些规则由欧盟(EU)、北美官方种子认证机构(AOSCA)等国际上公认的种子认证机构及国际种子检验协会(ISTA)和国际植物新品种保护联盟(UPOV)制订。OECD在世界上有50多个成员国。它规定参与国际种子贸易活动的条件是：除蔬菜种子外，其余作物种子必须经过种子质量认证。我国种子要走出国门，必须和国际上指定的种子生产办法接轨，这样才能被世界认同。实施和推行种子认证工作是我国种子产业化、现代化和国际化必由之路。种子质量认证工作有利于国际种子贸易活动。

OECD原则：认证种子必须具有三性(UPV)，即特异性、稳定性和一致性。认证品种必须在官方发布的品种目录中。认证种子必须由基础种作繁殖材料(基础种子是由育种家种子生产的具有保持种性的种)。在认证过程中必须采取有效的控制纯度办法。企业或个人需要生产认证种子，首先向官方种子机构申请认证并报材料，但必须在有效检测日期之前。官方种子机构对认证田块进行检查(表16-2)，检查认证种子的原始材料和有无标签、前茬、是否带有检疫性病害、杂草、认证等级生产田的最小隔离距离。认证种子以后必须精选、加工，但其数量要与官方认证田估产数相符，认证合格后贴标签。我国《牧草与草坪草种子认证规程》(NY/T 1210—2006)规定，基础种子为白色，登记种子为紫色，认证种子为蓝色。OECD(2016)修订版规定种子标签颜色见表16-3，官方颁发证书后方可冠以品种名进行出售、流通以及在生产中使用。认证使生产者依据质量定价，使消费者了解种子的质量。

表16-2 基础种子和认证种子最小隔离距离要求

类别		最小隔离距离/m	
		面积≤2 hm^2	面积>2 hm^2
禾本科与豆科(非杂交种)	用于扩繁种	200	100
	用于饲料生产或公共娱乐	100	50
禾本科与豆科(杂交种)	用于扩繁种	400	200
	用于饲料生产或公共娱乐	200	100

注：引自OECD，2016。

表16-3 基础种子与认证种子标签

等级	标签颜色	等级	标签颜色
前基础种子	白色带紫色斜条	认证种子	蓝色
基本种子(育种家和基础种子)	白色	未最终认证种子	灰色
登记种子	紫色	标准种子	深黄色(金色)

注：引自OECD，2016。

③种子质量检验与检测证书：生产者、经营者与使用者对草坪种子的质量需要进一步了解，通过第三方种子检测机构进行，获得种子检测证书，检测证书体现被检测种子质量的状况。检测项目有种子净度、发芽率、其他植物种子数、生活力、水分、种及品种鉴定、质量、健康检验、转基因检测(GMO)、活力等检测项目，根据需要进行检测。权威的种子检测机构如国际种子检验协会(ISTA)认可实验室出具的检测证书为橙色和蓝色两种。

(2)草坪草种子企业的经营管理

草坪草种子企业的经营管理与其他种子企业管理类似。企业经营机构按照客观规律的要求通过计划、组织、决策、控制等职能活动，对企业各种可以支配的资源进行充分合理利用，在合法合规的条件下尽可能增加企业利润，提升企业价值。

①草坪草种子企业经营计划：根据经营决策所确定的经营目标，对经营活动的各个方面、各个环节及其相互关系做出的具体安排就是草坪草种子企业的经营计划。企业经营计划对其管理活动起着指导作用，可能存在正面或负面作用。科学、准确的企业经营计划对企业的活动起着事半功倍的作用，能够弥补不确定性带来的风险，有利于管理者关注计划目标，提高组织活动的经济效益。按其类型划分，草坪草种子企业经营计划可分为综合型和专题型。

综合型计划关注于企业经营的整体，全面考虑，有长期计划、年度计划和阶段计划。长期计划从企业发展战略上、总体上确定企业发展方向，制订长期目标和重大措施、步骤，属于纲要性计划。年度计划根据长期计划确定本年度与生产经营相关的各种具体、详细的接近实际的安排。阶段计划是根据年度计划的要求，结合不同阶段的实际情况制订、实施具体的目标、任务和相应的资源利用的行动方案。阶段计划是实现年度计划的工具，是企业保证种子销售品种、数量、质量、完成时间的得力措施。

专题型计划是为了完成某项重大而复杂的任务所拟订的特定计划。具有计划对象集中、计划内容具体细质等特点。计划以问题为中心，而不是以时间为中心，不受年限的限制，时间根据专题计划的目标而定。

经营计划的编制需要从草坪种子企业的外部环境调查研究，通过客户需求、市场条件、确定当年购销计划，计划下一年的种子用量，制订方案。方案的制订要进行评价比较和选择，确定最佳方案。以市场预测结果和经济合同等提出计划指标，讨论后综合平衡，编制计划草案。综合平衡法和滚动式计划法是编制经营计划的主要方法。编制完成经营计划后要进行检查与修正，而且通过采取目标管理、签订合同、行政调节、经济调节、法律调节等有效措施保障经营计划的执行。

②草坪草种子企业组织管理：企业组织管理主要包括确定领导体制及管理组织机构、明确人员职能职责定位、设计企业管理运行程序及其相关要求。这三方面的组织管理内容是保障企业制度和人事管理运行的必要条件。草坪草种子企业的组织形式可分为独资企业、合伙企业和公司企业三类。

草坪草种子企业组织职能包括种子科研与开发、种子生产、种子经营、种子质量管理、种子技术服务、种子企业人事管理、财务管理和物资管理等。

③草坪草种子企业经营决策：种子企业经营决策是进行环境分析、确定计划目标、拟订、选择和实施优化方案的全部活动过程。按决策对象的范围可分为宏观决策和微观决策。宏观决策是战略决策。微观决策是具体决策，是对宏观决策的具体化和保证。按决策问题发生的规模和决策形式可分为常规决策和非常规决策，常规决策是程序化决策，是对经常的、大量的、重复性出现的事物的决策。非常规决策是对不经常出现的事物的决策。按问题定量化程度可分为数量决策和非数量决策。数量决策指可通过数学方法量化分析选择最优方案。非数量决策难以用数学方法解决，主要靠决策者分析判断能力进行的决策。

经营决策的内容主要包括生产决策、营销决策、财务决策、人事与组织决策。经营决策的程序首先是确定决策目标，然后通过利弊分析选择若干个备选方案，即拟定备选方案，之后评价备选方案，经过讨论选择最佳方案。

④草坪草种子企业经营控制：草坪草种子企业经营控制是指管理者为保证实际工作与计划要求一致，按照既定的标准对草坪草种子企业的各项工作进行检查、监督和调节的管理活动。经营控制对企业目标实现主要起到保证、调节和优化作用。经营控制就是对人员、财务、物资等各方面资源的运用和效果状况加以控制，维护和保障企业的经济效益和社会效益。

(3)草坪草种子的营销和投资项目管理

①草坪草种子的营销管理：草坪草种子的市场营销是企业产生利润和达到企业目标的关键环节。营销管理主要通过草坪草种子市场调查与预测，分析草坪草种子的市场营销机会，决定企业的业务发展战略；研究和选择草坪草种子目标市场，制订草坪草种子市场产品组合策略；根据草坪草种子市场营销计划，组织必要的营销资源、建立相应的组织机构，以保证草坪草种子市场营销工作的组织、执行和控制顺利进行。在市场调查时要进行宏观环境、需求情况、客户情况、品种使用和评价、市场供给情况等内容的详细调查。调查可采用询问法、观察法、实验法、资料分析法等。通过市场调查的结果和以往数据分析，可以进行市场预测，包括需求、潜在需求、销售量、品种生命周期等。这种预测方法有定性预测和定量预测。定性预测是通过客户跟踪调查、专家调查法、经验分析法和综合

判断法进行。定量预测需要完整的、准确的市场调查数据和历史资料，采用数学模型和统计方法进行推算预测和相关性分析得出结论。定性预测的优点是迅速、及时、能集中大家智慧，缺点是主观性强，带有一定风险性。定量预测的优点是科学性强、准确度高、风险小，缺点是耗时、费力、专业性强。

草坪草种子的种子营销组合策略是草坪草种子企业市场营销的关键，其核心内容是产品、价格、地点、促销。市场产品的客户满意度是产品占有市场份额的关键因素。种子质量、种子市场生命周期、种子商标、种子包装是草坪草种子产品营销策略的主要内容，是赢得客户信任和产品市场占有率的重要因素。种子定价策略直接影响品牌种子需求量的大小，影响种子在市场上的竞争力和企业的盈利水平。制定种子的价格要考虑企业内部和外部多种因素的影响，合理确定种子价格。目前，市场主要采用成本加成率定价法、认知价值定价法和随行就市定价法确定种子价格。在策略上通过折扣、心理、差别定价灵活行动市场。为占有较高市场份额或打通市场销售渠道，种子促销策略会起到一定作用。通常通过人员推销、广告、公共关系和营业推广等形式进行。

②草坪草种子的投资项目管理：草坪草种子投资项目受自然的限制性较强，对于该类项目投资评估的复杂性强。草坪草种子投资项目大多具有集约程度较高、规模较大、范围较广、投资量较多、专业性强的特点，在投资时应做前期的调查研究和可行性分析。调查内容主要包括市场情况、资源状况、工程技术、经济和社会环境等。可行性分析需做出至少三方面的内容：一是分析论证投资的必要性，通过草坪草种子市场预测工作完成；二是投资项目建设的可行性，通过生产建设条件、技术分析和生产工艺来完成；三是投资项目建设的合理性，即财务上的盈利性和经济上的合理性，通过项目的效益分析来完成。在投资项目可行性报告编制出来后进行项目评估研究。投资项目评估主要从必要性评估、建设性条件评估、开发方案评估和投资效益评估、有关政策和管理体制的建议等方面得出评估结果。项目评估结果主要内容包括投资项目是否有必要、所需条件是否具备、开发方案是否科学合理、估算是否科学合理、投资来源是否落实、效益是否良好、风险程度有多大、开发有什么政策措施、评估结论性意见(同意或不同意立项)。

16.2.2 草皮生产与经营管理

16.2.2.1 草皮生产

草皮(sod)是指草坪或草地表面通过切割、平铲而剥离坪床的具有一定形状和面积的草坪产品。目前，先进的草皮生产过程包括平整土地、播种、养护、起草皮和成品装车等，都已实现机械化。

(1)草皮的种类

根据草皮的产品形态可将草皮分为块状草皮、小卷草皮、专用大卷草皮、地毯式草皮和移动盒式草皮等；根据坪床土壤的性质可将草皮分为土基草皮、沙基草皮和无土草皮等几种类型。

①块状草皮：在草坪收获时，采用专用工具切割成一定规格的小块草皮，生产上常见的草皮块长度为60 ~180 cm、宽度为30 ~45 cm、厚度为1.5 ~2.5 cm。草皮块便于人工码垛和装卸，在机械化水平不高，主要依靠人工作业进行草皮生产时，常加工成块状草皮。

②小卷草皮：收获时采用专用机械将铲下的草皮自动打卷，自动或人工辅助码垛，放

在托盘上，然后机械装车的草皮。小卷草皮是劳作方式进步的产物，可以节省劳力，提高作业效率，大大促进草皮生产的机械化和标准化水平。

③专用大卷草皮：为满足运动场或一些特殊草坪建植的需要，采用大卷铲卷机，通过加挂草坪专用网，铲卷一体联动作业，将长度15~18 m、宽度1.0~1.1 m、厚度1.5~2.0 cm的一整块草皮裹卷成一个大卷，形成专用大卷草皮。随后采用叉车将大卷草皮转运装车，机械卸车，专用铺装机铺设。专用大卷草皮由于采用机械化生产和铺装，标准化程度高，能够快速高效建成高端运动场草坪或一些特殊用途草坪。

④地毯式草皮：在平坦硬化的地面上，通过铺设垫基材料和营养基质，播撒种子或营养繁殖材料，培育成草坪，收获时可以像地毯一样卷起。地毯式草皮生产不与农业争地，对立地条件要求低，生产周期短，出圃快，在阳光充足、有水源供应的条件下即可组织生产。

⑤移动盒式草皮：盒式育苗，首先需制作育苗盒，育苗盒1 m×0.5 m、高宜2 cm。在盒内基土上播种育苗，草皮长成后出圃时，按需要倒出草卷，2块为1 m^2。盒式育苗具有计量准确，管理集中，基盒可以重复使用，草皮运输更方便，商业运作更科学的优点。移动盒式草皮可以方便生产者使用商标、保证质量信誉，同时消费者也可以按自己的要求订货、选购。

⑥土基草皮：在自然土壤上播撒种子或营养繁殖材料，通过耕作和一系列养护管理措施形成的草皮。

⑦沙基草皮：在自然土壤地表上铺设沙子，以沙子做坪床形成的草皮。

⑧无土草皮：以栽培基质为坪床形成的草皮，是无土基质及其上生长的草本植物共同构成的有机整体。无土草皮由于在栽培过程中隔绝土壤，利用有机介质的调配，提供草茎、草籽成长时所需要的养分，因此病虫草害少。有机介质可以选择树皮、木屑、泥炭土、珍珠岩、稻壳、木纤维等材料。栽培流程为：栽培床的整地→透水基垫的铺设→无土介质的搅拌→基肥投入→pH值测定→喷灌排水系统→肥料管理→病虫害防治→收获与运输。

(2)草皮生产机械设备

草皮生产需要的机械设备除整地设备、耕作设备、播种设备和草坪养护机械设备外，还需要一些特殊的收获设备，如草皮专用铲、草皮切割专用划刀、起草皮机、草皮专用叉车等。

(3)不同草种生产草皮的适宜性

用于生产草皮的草种最好是具有根茎或匍匐茎的品种，根茎或匍匐茎越发达，草皮的成卷时间就越短，抗拉性能就越强。

冷季型草坪草中草地早熟禾和匍匐翦股颖是最适宜生产草皮的草种。草地早熟禾根茎发达，根能紧密盘结在一起，匍匐翦股颖虽然缺乏根状茎，但它有致密的匍匐茎使之盘结在一起。其他草种如多年生黑麦草和细羊茅，由于其丛生枝条类型，通常不用于草皮生产，只有与草地早熟禾混播或有草坪网辅助时才用作草皮生产；高羊茅根茎短，不够发达，加网生产草皮会提早出圃，提高生产效率。暖季型草坪草大多数都能用于生产草皮，其中狗牙根应用最广泛。

生产草皮时，应因地制宜，选择适宜当地气候、土壤条件和抗当地主要病虫害的草坪草种或品种。暖季型草坪草适宜单播，冷季型草坪草也可多个品种进行混合或几个草种进行混播。

(4)生产场地选择

生产场地应具备以下条件：场地土壤表层20 cm内无石块等有碍草坪草生长和机械作业的障碍物；地势平坦最好，斜坡地也要做到平滑流畅；有充足的水源和灌溉条件，降水量大的湿润地区还要有排水设施。

(5)建植

①整地：与常规草坪整地方法相同。整地前最好进行土壤测试，测出土壤所缺乏的营养元素，以便准确制定土壤改良与施肥计划。若土壤缺乏营养，会延迟草皮的成熟。肥料与土壤改良剂(如石灰、硫黄、有机物质等)在进行土壤旋耕时加入，坪地一般耕深10~15 cm。磷肥能促进草坪草生根，在草皮生产过程中尤其重要。旋耕后要耙平并轻轻镇压，但不要过分压实。为获取高质量的草皮，必须精心整地，确保土地平整。

②铺网建草皮：丛生型(如高羊茅)难以形成草皮的草种通常需要铺网建植。此外，用网生产的草皮不必等草皮成熟就可铺植，一般形成草皮需要18~24个月，但带网草皮可在100 d或更短的时间内收获，这样有的地区在一年内可生产2茬，且在收获或铺植时，网还有助于加强草皮的抗撕拉能力，因此目前也常加网生产其他草种的草皮，以提高草皮强度、节约土地租金或提高生产效率。

隔离网有塑料、聚丙烯编织片、纱网等。春秋气温适宜时期，可利用聚丙烯编织片；高温季节多选用纱网作隔离物，聚丙烯材料如浇水不及时或浇水量不适，易使土壤过于干燥导致幼苗死亡或使土壤过湿而引起病害。聚丙烯编织物可割成0.5~1 m^2的小块，顺次平展地铺在坪床上，纱网可直接铺在坪床上。铺完后在上面覆盖2~5 cm厚的掺过肥料的土。

③播种：在坪床平整后(有隔离网的在网铺完覆土后)即可播种。播种的种子质量要保证其纯净度和发芽率符合要求，一般要选择最优良的种子用于草皮生产。

播种量根据草种和用途而定。一般用于普通草坪的播种量低，而用于运动场草坪的播种量高。但播种量不能太高，播种量过高会由于种子间的竞争而延迟草皮成熟，同时也浪费种子。例如，草地早熟禾在普通建坪时的播种量为50.4~100.7 kg/hm^2，而用于生产草皮时的播种量为33.6 kg/hm^2或更少。此外，砂质土上播种量较多而含有机质高的肥沃土壤播种量可适当低些，且播种期也会影响播量。

(6)养护管理

生产草皮的草坪，养护管理的水平越高，草皮的质量越好。

①修剪：修剪有利于地下组织生长和尽早收获草皮。修剪高度越高，绿色组织获得的光能就越多，光合作用越强，利于地下根的生长。一般草皮生产中，草坪的修剪高度高于公园等普通草坪的修剪高度，而在收获前，修剪高度则低于标准高度，以减少收获草皮发热。草皮收获前一定要修剪1~2次，剪后要适当镇压。

②施肥：维持草皮土壤的营养平衡，是在最短时间内有效生产出成熟草皮的关键。施肥的比例要适宜，施肥量要根据草坪草种、土壤类型、降雨、灌溉等确定。施氮的目的是在不过分刺激茎叶生长的同时产生最大叶绿素量以确保最大的光合作用。不能施用过多的氮肥，过多氮肥利于茎叶的生长但消耗了根的生长，增加修剪次数和养护费用。草皮收获前2~3周避免施肥。

③灌溉：最好用地上可移动式喷灌系统进行灌溉，在收获草皮时把喷灌系统移走。地下喷灌系统不利于起草皮。灌水量根据当地的气候条件而定。

④病虫草害防治：草皮病虫害的防治与普通草坪相同，大多数病虫害发生都要经过一段时间，病虫害通常发生在较老的草坪上，很少影响正常收获的草皮。叶斑病和锈病可能危害第一年生产的草皮，最好的方法是选择抗病品种。虫害相对要少，若发生就及时处理。杂草的发生程度与播种期有关，春季播种冷季型草坪，草杂草发生要比夏末或秋季播种发生的要严重。杂草一般随着草皮生产基地收获年限的增加越来越少。

(7)起草皮

草皮移植机(起草皮机)有步行式移植机和大型拖拉机牵引移植机。类型多样，切割的宽度与厚度均可调，效率为200~1 000 m^2/h，一天能起几公顷。典型的草皮宽30~46 cm、长1.2~1.8 cm，大型起草皮机可起宽61~122 cm、长45.7 m。大的草皮卷主要用于运动场和较大的铺植地。所切草皮应尽可能薄，减少土壤损失到最低程度，一般草皮切起深度为1.3~1.9 cm，而且草皮质量轻、易搬运，铺后也能促进迅速生根。

(8)冲洗草皮

适用于高尔夫球场和其他运动场草坪，运动场草坪的坪床结构一般是经过精心设计，土壤进行了改良，其土壤成分与一般的草坪土壤不同，所以冲掉草皮上原有的土壤利于不改变原来坪床土壤结构，同时又轻，易于运输。以前采用高压水喷冲草皮上的土，但这种方法比较慢且只限于用量较少的草皮。最近几年，发展成用专门设计的自动系统来喷冲，在短时间内能喷冲大量的草皮，但该设备较昂贵，通常只用在如匍匐翦股颖这种价值高的草皮的大量生产上。

(9)草皮收获后的再生

根状茎的草种如草地早熟禾，在草皮收获后，留在地里的被切断的根状茎能再生形成新的草皮。草皮收获后几小时内，要进行灌溉，确保被切断的根状茎存活。炎热的夏季更应及时浇水，有条件还要施肥。从根状茎再生新草皮的速度很慢，为了加快速度，保证建立，可再播一些种子。若原有的草皮是多种品种混合，再生后的新草皮其混合比例可能变化，不能保证原来的比例。

(10)草皮生产中的其他问题

①草皮发热：收获的草皮由于呼吸作用会发热，草皮铺展时很容易察觉到。草皮卷的中间温度最高，易引起中间草带状死亡，边缘温度低，草皮通常存活。这与草皮脱水症状不同，脱水通常边缘草死亡而中间绿色存活。减少发热发生的方法有以下几种。

a. 及时铺植。收获后的草皮尽快铺植，尤其在炎热的夏季，收获后的24 h内，都有损伤的危险，在较冷凉的条件下，草皮通常能堆放2~3 d或更久。实践证明，草皮在16:00以后或傍晚收获，夜间运输，清晨铺植比较好。

b. 适当修剪。草皮发热部分来自活叶片的呼吸。收获时的修剪留茬高度越高，草皮发热越快。草皮未成熟前，较高的留茬高度促进根与根状茎的生长，收获前几周，应慢慢降低修剪高度。例如，草地早熟禾在生长过程中修剪高度为7.6~10.2 cm，而在收获前开始降低至5 cm。

c. 清除修剪下的草屑。草皮收获后，微生物会立即分解草屑引起发热，所以在起草皮前要将修剪下的草屑清除干净。

d. 适量施氮。氮肥影响草皮的发热，草皮收获时要求质地致密、颜色暗绿，在不过量的基础上需要施氮肥，但高氮刺激生长和提高呼吸速率，草皮生产中以中度氮量为宜。草皮收获前2~3周，通常避免施用可溶性氮。

e. 控制水分。过多水分增加微生物的活性，导致发热，过少水分导致草皮脱水。因此，要保持水分的平衡，过干、过湿均对草皮不利。若收获前下雨，所起草皮应尽快运到铺植地。有时草皮在铺前不得不堆放一段时间时，可用帆布覆盖。

f. 尽快铺植带病草皮。由于草皮本身带有病，如草皮得了轻微的叶斑病而被收获出售，这样的草皮更易发热，应尽快铺植。

g. 放入冷库。最有效的方法是把草皮放入冷库中，但这种冷库设备比较昂贵，只有一些大型的草皮生产厂家具备。

②草皮脱水：干旱的气候下，草皮容易脱水，这限制了草皮的运输距离。弄湿草皮堆或收获过湿的草皮，均会引起发热，所以防止脱水所推荐的方法是用帆布覆盖草皮防止风吹干。在较热而干的天气，可在黄昏收获，夜间或清晨运输。

16.2.2.2 草皮的经营管理

在国外，草皮是通过草皮农场的生产形式进行生产和销售，我国多以公司、合作社以及个体户生产为主。在草皮的经营与管理中，发达国家已经通过草皮质量认证，以质定价，草皮从开始生产就通过国家相关权威部门进行质量监督，直到生产出产品，核发产品等级证书。这样草皮从生产到销售的整个过程，都是在质量监督下完成，这对于生产者、经营者和消费者都有很好的质量保障。目前，我国国内企业也开始经营通过国际认证的草皮，但是，整个市场还是以无认证的草皮为主，国内还没有相关的质量认证机构，所以很难在质量上进行保障，经营中都是农户与企业、企业与企业、企业与用户之间直接销售途径，缺乏第三方的相关权威机构的质量认证。

(1)草皮质量认证及生产时的质量分级

草皮质量认证是用于确保草坪草种或品种在世代繁殖过程中所产生的草皮基因纯度和一致性的体系。认证体系作物改良协会(Crop Improvement Association, CIA)、国际草皮生产者协会(Turfgrass Producers International, TPI)、运动场草坪管理协会(Sports Turf Managers Association)等部门对草皮质量均有相关的规定，通常分4个等级：育种家草坪(breeder turf)、基础草坪(foundation turf)、登记草坪(registered turf)、认证草坪(certified turf)，其所生产的草皮标签分别为白色、白色、紫色和蓝色(表16-4)。

草皮在生产过程中田间检查其他植物最大允许量见表16-5，草皮生产常见草坪草种子标准见表16-6。

表16-4 草坪质量认证的4个等级

等级	营养繁殖的草坪	有性繁殖(种子繁殖)的草坪
育种家草坪	由育种家培育出来，并由育种者直接控制生产的草坪	由育种家种子直接控制生产的草坪
基础草坪	由选定的草坪育种者和育种家草坪生产的草坪	由育种家种子生产的草坪
登记草坪	由基础草坪生产的草坪	由基础种子生产的草坪
认证草坪	由基础草坪和登记草坪生产的草坪	由基础种子、登记种子或审定种子生产的草坪

表 16-5　各等级草皮含其他植物最大允许量(NCCIA)　m^2

类型	因素	基础草坪	登记草坪	认证草坪
营养繁殖草坪	其他品种*	1/4 047	2/4 047	5/4 047
	其他作物**	无	无	无
	有毒有害/目标性杂草	无	无	无
	其他活植物	50/4 047	100/4 047	200/4 047
种子繁殖草坪	其他品种*	无	1/93	3/93
	其他作物**	无	1/93	3/93
	有毒有害/目标性杂草	无	无	无
	其他活植物	—	—	—

注：*其他品种指所有生产种的其他品种。**其他作物指所有种类和多年生禾本科草品种。

表 16-6　草皮生产常见草坪草种子标准(AOSCA)　%

种类	最低净度	最低生活力	其他作物最多含量*	杂草最多含量***
草地早熟禾‘merion’品种	96	80	0.1**	0.02
草地早熟禾其他品种	97	80	0.1**	0.02
紫羊茅	98	90	0.1	0.02
羊茅	98	90	0.1	0.02
高羊茅	98.5	80	0.1****	0.02

注：*不含黑麦草、粗茎早熟禾、大早熟禾、猫尾草、鸭茅、三叶草、狗牙根、剪股颖、无芒雀麦、虉草。**草地早熟禾品种中含加拿大早熟禾最大量0.02%，紫羊茅和羊茅中不含加拿大早熟禾。***其他草地早熟禾最大含量2%。****不含酸模、马唐、车前、绒毛草、繁缕、天蓝苜蓿、一年生早熟禾、有毒杂草种子。

(2)商业化草皮的分级

草皮为商业化产品，在生产经过认证后，被权威认证机构签发标签后可以出售。草皮销售前均应有标签，标签标明种、品种以及商业等级。

①TPI(2006)将市场商业化的草皮分为认证草皮、合格草皮、栽培草皮和大田草皮4级。

a. 认证草皮(certified turfgrass sod)即经认证的、来源明确的高质量种子或经认证的匍匐茎或枝条建植而成的优质草皮。由当地认证机构检测确保种子净度，收获时其他作物种子和杂草种子量不超标，不含有毒有害杂草，草皮中草种组成可以是一个品种或由两个或更多品种或种组成，但混合中的所有种子均是经过认证的。草皮必须满足当地认证标准。

b. 合格草皮(approved turfgrass sod)即已签发合格的、来源明确的种子或合格的匍匐茎或枝条建植而成的优质草皮。合格草皮的田间标准与认证草皮类似。由当地官方机构检测确保其较高的质量，收获时其他作物种子和杂草种子量不超标，不含有毒有害杂草，草皮中草种组成可以是一个品种或由两个或更多品种组成，但混合中的所有种子均是合格的。

c. 栽培草皮(nursery turfgrass sod)也称苗圃草皮，是将草坪草种植在农田土地和专门草皮用地上建植而成的草皮，定期修剪与精心养护，确保适宜的质量与均一度。

d. 大田草皮(field turfgrass sod)即认证草皮、合格草皮、栽培草皮没有涵盖的草皮，由可以最初为生产牧草的放牧地或草地组成的草皮，也称放牧地草皮。

②还有商业分级方式将草皮分为最优级/一级、标准级和商业级3级。

a. 最优级草皮(premium grade)即只含有销售单上标注的种或品种，不含杂草或外来其他禾本科草(包括一年生早熟禾，即没有目标草种以外的其他品种或草种)。没有病虫害迹象。草皮成熟并修剪整齐，一端抓起或托起或搬运时不被损坏。草坪草的密度要达到修剪高度在40 mm时看不到表土。最高修剪高度为60 mm。草皮在出售时，土层厚度不超过7.5 mm，不理想的禾本科草或三叶草的总量不应超过1%，并且每50 m^2 中的杂草不超过2株。

b. 标准级草皮(standard grade)即看不到明显的阔叶杂草和其他草种，没有明显的外来禾本科草斑块。外来禾本科草与杂草量不超过2%。草皮成熟并修剪整齐，一端抓起或托起或搬运时不被损坏。草皮土层厚度不超过7.5 mm。

c. 商业级草皮(commercial grade)即不能满足最优级和标准级的草皮，可以由一些没有经过认证的或者不知道来源的草种组成，可以包括一些能看得见的一年生早熟禾。密度和修剪高度均需达到最优级草皮的标准，但不理想的草最多可占到10%，并且每50 m^2 中最多可含杂草10株。除了发货单中所要求的草种外，草坪草中其他的草都被视为是不理想的草种，如一年生早熟禾。草皮土层厚度也不能超过7.5 mm。

(3)草皮质量要求

市场上流通的草皮应符合一定的质量要求。

①适应性：所有的草皮应当适应当地条件，并能达到所要求的功能。

②草坪草种的混合：标准的草皮(最优级和标准级)所用的草种应当是登记销售的，能达到目的用途的草种。

③大小：草皮的铲切应该用专用的机械铲切成标准长度(<±5%)和宽度(<±15 mm)，草皮损坏或撕裂或边缘不整齐均不合格。

④铲切厚度：草皮卷应当铲切出均匀一致的土壤厚度(除去枯草层和地上部分草高度)，厚度为15 mm(<±5mm)。

⑤强度：草皮应当有一定的强度，能够提起一头而不断裂。

⑥水分含量：草皮水分过低或过高时，不宜起草或运输草皮，否则会影响存活率。

⑦草皮草的高度：起草皮前，草坪应修剪至高度40~60 mm。

⑧枯草层：最好没有枯草层(<13 mm)。

⑨病虫害：草皮应无病害、线虫及土带害虫。

⑩杂草：保证绝对不含任何国家或地方政府规定的恶性杂草。栽培的草皮应当满足每个质量等级，所含的阔叶杂草和其他不受欢迎的禾本科杂草的量不得超过规定的质量等级上限。

草皮生产者、经营者与使用者可以通过检测证书进一步了解草皮质量状况。目前，草皮检测证书有生产者证书和销售者(经营者)证书，证书的形式有纸质证书和电子证书(e-证书)两种类型。电子证书可以通过固定网址进行查询。

(4)草皮的营销

草坪产业的兴衰受国家经济发展影响很大，房地产市场不景气也会影响草皮需求。草皮不同于其他产品，很大一部分是不经过批发或零售商店而直接卖给终端用户，并且业务季节性很强，春季和夏季销售最多。对买家的调查表明，草皮产品营销最重要的品质依次是草皮的质量、价格、供应的可得性和运送到现场的能力。草皮最不受欢迎的特点是初始成本高，劳动力要求高，而且它是一种重而带土的产品。草皮生产商除了采取一些必要宣传外(网络销售、广告宣传等)，通过与景观设计师、建筑师、教育培训师、开发商合作等，与其形成更好的沟通和推广渠道，可以找到新的出路，以扩大草皮的销路。

16.2.3　草坪植生带生产与经营管理

草坪业生产经营的产品还有草坪植生带、植生袋等，对于其质量要求没有统一的标准。生产草坪植生带的材料如果是种子就参照种子生产标准，如果是营养材料可以参照草皮生产中的标准。目前，市场上草坪植生带以种子植生带为主，在此仅以种子植生带为例说明。

16.2.3.1　草坪植生带生产

植生带是用特殊的生产工艺将种子和肥料等均匀地撒在两层无纺纤维中间而形成的种子带。采用此种方法生产草坪，可不受气候因子的影响。

(1)植生带的特点

①草坪出苗率高、出苗齐，与种子直播相比可节约 1/3~1/2 的种子。

②在坡地上铺植与种子直接播种相比可有效地防止种子流失。

③运输方便。

种子带的基质是天然纤维材料，在土中大约 40 d 全部分解，不会对环境造成二次污染。

(2)材料的选择

①载体的选择：载体的选择原则是植生带在铺植后要能在短期内降解，对环境无污染，轻薄并具良好的物理强度。目前应用的主要载体有无纺布、纸、植物碎屑等。

②黏合剂的选择：多采用水溶性胶黏合剂或具有黏性的树脂。

③草坪草种的选择：各种草坪草种均能制成植生带。但是所用种子的纯净度和发芽率一定要符合国家标准。如果是组合草种，其组合的比例一定要合理，这样生产出的种子带才有使用价值。草种的组合要根据组合草种的特性、当地的环境条件、使用的目的而具体选择。

(3)生产工艺和设备

目前，国内外采用的加工工艺主要有双层热复合植生带生产工艺、单层点播植生带工艺、双层针刺复合匀播植生带工艺。近几年我国又推出冷复合法生产工艺。

植生带生产设备由两大部分组成。一是无纺布生产机组，由清花机、钢丝梳棉机、气流成网、浸浆、烘干、成卷等机械设备组成；二是复合机组，由施肥机、播种机、复合机、针刺机、成卷装置等机械设备组成。

①无纺布生产机组：将碎布角经过开花机，开花成为再生绒或二次开花绒。喂入清钢联组成的清花系统装置内，把再生绒打松。送进经改置的 A-189 钢丝棉机，用反向剥离装置和气流装置连接，以反向高速旋风将花衣均匀送到输送带上。在风机的输送下形成气流束，使花衣均匀地附在尼龙网上而组成棉网。将这种疏松无扭力的棉网，经输送带送到盛有 1%~2%聚乙烯醇溶液的浆槽中浸渍，再经过两道橡皮筒的挤压，将棉网上的浆液初步

挤干后，送进烘箱烘干。烘干后的无纺布成卷入库待用。

②复合机组：将成卷的无纺布平展在输送带上，用施肥装置即离心式的液体喷肥机先施肥，喷洒液体肥料在无纺布上，能促进种子的均匀附着。播种机采用3个种箱，每个箱的底部装有可调节转速的圆筒，圆筒上开有不同深浅和数量的槽，槽的深浅因种子的大小而异，通过圆筒旋转，将槽中的种子带出撒在无纺布上。根据不同种子的大小或混播要求，可决定选用的种子箱数。撒过种子的无纺布，经输送带送到复合装置部位，在其上面加一层无纺布，再经过A-80型针刺机的针刺，将棉网上的纤维交织在一起，即成植生带。最后成卷，每卷为100 m^2。

(4)贮藏与运输

①贮藏植生带的库房要卫生、通风、干燥，温度10~20℃，湿度<30%为宜。预防虫、菌、鼠害。注意防火。

②运输中要防潮、防水、防磨损等。特别注意装卸时不要损坏。

16.2.3.2　草坪植生带的经营管理

草坪植生带有种子植生带和营养体植生带，采用种子生产的植生带，种子质量参照种子，营养材料参照草皮。

16.3　草坪工程的经营与管理

同建筑工程、水利工程等建设项目一样，草坪工程建设项目的管理也是运用系统的理论和方法，对草坪建设工程项目进行计划、组织、指挥、协调和控制等专业化活动，实际管理执行也应遵循《建设工程项目管理规范》。草坪工程建设过程分为决策阶段、设计准备阶段、设计阶段、施工阶段、交付使用准备阶段、保修与评价阶段，具体包含项目组织与决策、工程规划与设计、施工与竣工验收以及后期投入使用过程的养护管理多个环节，如图16-1所示。其中，招投标工作分散并贯穿于决策阶段、设计准备阶段、设计阶段与施工阶段多个阶段，一般不单独列入草坪工程建设的实施过程中。此外，在草坪工程施工过程中，不但需要遵循相关规程进行有序施工(草坪建植规程、草坪养护规程等)，还要通过工程监理进行全过程的监督，使得各项工程符合质量要求，才可确保整体工程顺利通过竣工验收。与其他建设项目一样，草坪建设工程中各程序是项目内部的联系与发展过程的客观

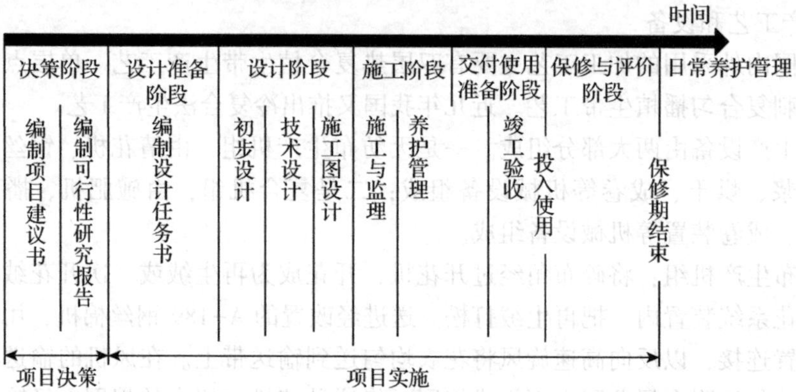

图16-1　草坪工程建设过程

反映，不可以随意改变。因此，草坪建设工程管理的主要目标就是使项目得以按时、按序、按(质)量地进行。

16.3.1 草坪工程项目管理基本原则

一个草坪建设工程项目往往由多个单位参与，并各自承担着不同的建设任务与管理任务，由于各参与单位代表了不同利益，各单位的工作性质、工作任务与工作内容也各不相同。例如，勘测单位进行勘察测量，设计单位进行工程设计，施工单位进行工程施工，工程监理方进行工程监督，建设物资方进行物资供应，业主或业主委托管理方进行工程管理以及政府主管部门的管理监督。为了保证各单位在建设过程中有法(规)可依、有法(规)必依，国家相关管理部门制定了多项法律法规、技术规范或标准，便于项目建设各方遵守执行，尤其是权益受到伤害时各方均可依法(规)维权。

按照服务对象，草坪可分为公共草坪与非公共草坪，对应的工程管理方与管理水平要求也将不同。公共草坪，如公共公园、广场、交通绿化带、风景名胜区内的草坪工程多由政府城市园林部门负责建设与维护管理，住宅小区内的公共草坪绿地的建设与管理多由住宅建设方或住宅物业管理方负责。城市中的工厂、企业、机关、学校、医院、部队、车站、机场、宾馆、影剧院内的草坪绿地由所属单位负责并出资开展集体福利性的养护、保护和管理，这些公共草坪项目的建设管理与后期运行管理要求相对较低。专用草坪，如高尔夫球场、足球场等运动场中的草坪工程质量直接决定了用户体验与场地收益，故对草坪工程项目管理要求相对较高。

16.3.2 草坪工程项目建设程序

16.3.2.1 招标与投标

招标与投标是一种国际流行的采购方式，一般由招标单位组织，若干施工单位参与工程投标，招标单位择优选定，最终形成协议和合同关系的平等主体之间的经济活动过程，是“法人”间诺成有偿的、具有约束力的法律行为。随着绿化工程建设市场的不断完善和规范，越来越多的草坪工程采取招投标形式发包工程建设任务，也有越来越多的施工企业参与工程投标竞争。

(1)基本原则

招投标必须符合“公开、公平、公正和诚实守信”的原则。招投标过程应依据《招标投标法》《工程建设项目施工招标投标办法》《工程建设项目招标范围和规模标准规定》《招标投标法实施条例》等法律法规执行。

(2)采用方式

我国主要采用的招标方式是公开招标和邀请招标。我国招投标制度以公开招标为原则，邀请招标为例外，草坪工程也遵守此制度。公开招标是指招标人以招标公告的方式邀请不特定的法人或者其他组织投标。邀请招标是由采购人根据供应商或承包商的资信和业绩，选择一定数目的法人或其他组织(不能少于3家)，向其发出投标邀请书，邀请他们参加投标竞争，从中选定中标供应商的一种采购方式。由于草坪工程项目的建设目标明确、工程难度相对较低，且考虑到招投标流程耗时费力，对于一些工程造价额度较低、工程量较小且不属于必须进行公开招标项目范围内的草坪工程，可采用邀请招标。然而，对于一些属于必须进行公开招标项目范围内的草坪工程项目，如项目工程资金由国有资金为主导的工程项目，则必须依法进行公开招标。

(3)组织形式

招标工作的组织方式有两种，一种是建设单位(业主)自行组织，另一种是招标代理机构组织。当业主具有编制招标文件和组织评标能力的，可以自行办理招标事宜；若无组织能力的可依法委托从事招标代理业务并提供服务的社会中介组织即招标代理机构进行。

(4)招投标程序

首先由建设单位或委托具有资质的招标代理机构发布招标公告(公告发布时间至投标文件截止日期不得少于 20 d)；招标单位报名后，投标单位对招标单位进行资格预审部分(建设单位也常采用资格后审的方式以增加选取到最优单位的方式)并发售招标文件(发售期不得少于 5 d)；接着，投标单位将组织专门人员研究招标文件，并了解投标工程涉及的法律法规、项目所在地的劳动力与材料供应状况、设备市场租赁情况等多方面信息，必要时还需对建设地点进行现场勘测、考察以及工程量复核等；招标单位可根据情况组织召开标前答疑会对招标文件中重要的条例进行说明，必要时还需对招标文件进行澄清或修改，并进行公示；随后，投标单位将组织专门人员进行招标文件编写，在指定日期之前提交招标文件并缴纳投标保证金；在收到各招标单位的投标文件后，招标单位将依法依规组建评标委员会进行评标并推荐中标候选人，招标单位或招标代理机构发布预中标机构(公示至少 3 d)，中标单位及各投标单位确认评标结果即定标后，若招投标单位均为无异议则由招标单位或招标代理机构发布中标公告与中标通知书，并在规定日期内向其投标单位退还保证金，至此一次招投标完成。需要说明的是，若评标委员会无法推荐合适的中标候选人或在预中标公告结果发布出现具有重大影响的异议时，招标单位应依法依规重新组织招标。

(5)招投标文件编制

招标文件应包括投标邀请书、投标须知、合同条件、技术规格文件、投标书的编制要求、报价单和工程量清单、履约保证金约定以及投标单位应当提供的有关资格和资信证明文件等。其中，工程量清单是草坪工程预算及计价的依据，也是工程付款和结算的依据以及后期调整工程量、进行工程索赔的依据。投标文件一般由商务标书、技术标书与价格标书三部分组成。商务标书主要包括公司资质、公司情况介绍以及招标文件要求提供的其他文件等(如公司的业绩等)。技术标书主要包括工程的描述、设计和施工方案等技术方案，以及工程量清单、人员配置、图纸等技术资料。价格标书主要包括投标报价说明、投标总价、主要材料价格表等。其中，价格标书与技术标书的编制十分重要，是决定投标单位能否中标的关键。施工方案是草坪工程项目报价的基础和前提，也是招标单位评标时考虑的重要因素之一，故制定施工方案时，应在技术、工期、质量、安全保证等方面有创新，提出利于降低施工成本的方案会极大增加投标单位的机会。投标单位编制价格标书时，需根据招标文件复核或计算工程量进而确定项目报价(预算)，同时可采用一定的商务报价策略增加中标机会，如不平衡报价法、多方案报价法、增加建议方案法等方式。工程项目报价包括工程量清单计价与定额计价两种方式。工程量清单计价方式，是在建设工程招投标中，招标人自行或委托具有资质的中介机构编制反映工程实体消耗和措施性消耗的工程量清单，并作为招标文件的一部分提供给投标人，由投标人依据工程量清单自主报价的计价方式。定额计价方式是投标人按预算定额规定的分部分项目，逐项计算工程量，套用预算定额单价(或单位估价表)确定直接费，然后按规定的取费标准确定其他直接费、现场经费、间接费、计划利润和税金，加上材料调差系数和适当的不可预见费，汇总后得出的工程报价。相比于定额计价，工程量清单计价能更准确、及时地反映市场规律，有利于激发企业通过提高管理、技术研究实现工程成本降低，利于行业发展，故是我国建设工程项目常用的报价方式，草坪工程也不例外。

16.3.2.2　规划与设计

草坪工程通过系统规划与设计，将草坪与绿地系统中其他组分(乔灌、花、地被植物、工程设施、环境条件等)有机配合，并同时关注规划能否适应将来环境和目标变化的需要。

(1)规划与设计依据

①法律法规依据：是进行草坪规划的基础，如《中华人民共和国城乡规划法》《中华人民共和国环境保护法》《城市绿化条例》《城市雕塑建设管理办法》《风景名胜区建设管理规定》等。同时，建设部、全国绿化委、各级市政主管部门及绿化委、园林及城市监理部门将依法负责全国及本地区的园林草坪的规划建设、经营、养护和保护的管理工作，调解纠纷，查处违法案件，维护草坪生产、经营的合法权益，保证草坪产业的健康发展。

②政策文件依据：是规划与设计编制工作开展的引导性依据，主要指国家行政主管部门、市政主管部门制定实施的产业、技术政策、总体规划和评价标准等。如建设部发布的《城市园林绿化产业政策实施办法》，建设部及城市建设部门制定修改的《中国风景名胜区形势与展望》绿皮书，《城市园林绿化水平的综合评价标准》等，旨在从产业和技术的发展方向上宏观指导草坪业的发展。

③技术等资料依据：是指编制规划所参考与应用的重要准则，主要指建植区域气象、土壤、水资源以及植被资料等。例如，当地的气象资料、生态环境资料、统计年鉴、市志或县志等。

(2)规划设计原则

规划设计需体现以人为本原则、因地制宜原则、服从总体原则和可持续发展的原则。

(3)规划的期限

城市绿地草坪系统规划期限为 20 年。前 3~5 年为近期，后 10 年为远期，其余年限为中期。为了和城市总体规划保持一致，部分城市绿地草坪系统规划年限少于 20 年，这主要由于绿地草坪系统规划的编制一般晚于城市总体规划。城市总体规划的规划区域范围是城市绿地草坪系统规划范围确定的标准。根据实际需要可以适当放大或缩小规划范围。

(4)规划设计指标

在国家规范定额指标或标准的指引下，规划期内各阶段需要达到的具体规划指标，以及规划期末要达到的建设标准，即规划目标。我国绿地草坪系统规划尚未有自己的规划指标，但可根据住房和城乡建设部《国家园林城市申报与评选管理办法》《城市绿化条例》和《城市绿地规划标准》(GB/T 51346—2019)的要求作为城市绿地草坪规划的参考指标。各个指标计算公式：

人均公共绿地面积(m^2)=城市公共总面积/城市非农业人口；

城市绿地率(%)=(城市六类绿地面积之和/城市面积)×100%；

城市绿化覆盖率(%)=(城市内全部绿化种植垂直投影面积/城市面积)×100%。

不同类型的城市绿地草坪建设指标也有较大差别。园林城市、旅游城市要求众多的公共绿地与开敞空间，绿地草坪在整个城市绿地系统中所占比例较大；工业城市或防护要求高的城市对防护绿地建设标准高，乔灌木所占比例大，绿地草坪所占份额相应较少。

16.3.2.3 施工与监理管理

(1)施工组织设计

草坪建设工程不仅是单纯的栽植工程，而是与土木、建筑等其他专业协同的综合性工程，精心做好施工组织设计是确保整体工程有序、高效、快速、节省的基本条件。

施工组织的内容包括技术准备、物资准备、劳动组织准备、施工现场准备、场外协调联络以及编制施工组织设计。各项内容分别指施工单位熟悉工程概论并理解工程设计方案(技术准备)，同时准备草坪工程项目所需的材料(物资准备)与各级各种人员(劳动组织准备)，完成施工现场的通水、通电、通路、通讯顺畅以及完成场地清理，即“四通一清”(施工现场准备)，并完成设备租赁选购、工程转、分包等场外协调联络工作。由于工程各项项目都有严格的工期要求，且各项项目都具有牵一发而动全身的关联性，编制施工进度计划可确保草坪工程项目有序高效地完成。

施工进度计划编制流程为：审查施工图纸，分析研究原始资料确定施工起点流向，划分施工段和施工层；分解施工过程，确定施工顺序图，选定施工方法和施工机具，确定施工方案；计算工程量，确定劳动力分配或机械台班数量；计算工程项目持续时间，确定各项流水参数；绘制、调整和优化施工进度横道表与网络图。

(2)施工监理

草坪工程监理是草坪建设单位委托具有资质的第三方(监理单位)，根据法律法规、工程建设标准、勘察设计文件及合同，在施工阶段对建设工程质量、造价、进度进行控制，对合同、信息进行管理，对草坪工程建设相关方的关系进行协调，并履行建设工程安全生产管理法定职责的服务活动。工程监理单位应公平、独立、诚信、科学地开展建设工程监理与相关服务活动。主要依据包括法律法规及工程建设标准、建设工程勘察设计文件、建设工程监理合同及其他合同文件。

监理职责主要包括五个方面：第一，草坪工程化监理必须掌握与工程有关的技术规范、图纸、施工工艺，做到以合同文件、合同条件、设计图纸为准则，进行该项目施工过程全面现场控制。第二，熟悉本项目工程的布局、路线结构及附属工程情况，并进行现场核对，坚持现场旁站，对工程进度、施工工艺、施工质量，实行全方位、全过程、全环节、全天候的监理，发现工程进度缓慢，设备、人员不足、施工工艺不符合要求导致影响工程质量等情况，应及时下达指令，予以纠正。第三，各项目开工前，全面审查施工单位的施工技术方案、施工计划程序、组织管理机构、设备材料进场情况，发现不符合标准时，立即要求施工单位采取措施予以纠正。第四，密切配合施工单位施工放样工作，复核放样成果，按时审核施工单位报呈的工程计量，绘制施工质量进度、图表，认真做好原始记录。第五，巡视、旁站、监督是工程质量得到具体落实的保证，因此监理人员应加大监理力度和控制手段，使工程的每道工序都按规范、标准操作，将施工进度控制在最合理、最便于质量控制的节奏上，确保实现工程优质高效低成本的目标实现。

监理内容主要包括草坪工程实施准备阶段监理、实施阶段监理(施工组织设计监理、草坪工程质量监理、实施进度监理)。草坪工程实施准备阶段的监理工作包括草坪工程决策时的专业建议；确定工程的勘察任务及组织、督促完成；进行工程设计监理以及材料和设备的采购、场地准备、施工委托等监理工作。该阶段监理工作虽未涉及草坪工程的实施，但它直接关系到草坪工程能否达到优质、低耗和如期完工的总体目标。草坪工程实施阶段监理内容包括工程的施工组织设计监理、工程质量监理、工程进度监理。施工组织设计是由施工单位按照设计要求与自身的特长编制的优化施工方案，是指导和组织施工的技术、经济文件。施工组织设计的质量，直接关系到工程能够正确与有效地完成，故监理的第二项任务是对施工单位编制的施工组织设计进行审查。施工组织设计内容主要为工程概况、施工条件、施工方案、施工进度和供应计划等。工程质量监理要贯穿项目可行性研究、项目规划、勘察、设计、施工和验收全过程。在施工阶段主要通过督促承建单位建立健全质量保证体系和严格依据标准、合同规定进行检查两个环节来进行工程质量监理。工程进度监理是控制工期的重要手段，主要是指监督施工前的进度控制。工程施工期间，监理单位应按照合同进行各种施工项目的监督，完善价格信息制度，并定期向建设单位报告工程投资动态情况。竣工验收时，监理单位负责审核施工单位提交的工程结算书，若产生纠纷时要公正处理施工单位提出的索赔。

16.3.2.4　竣工验收与质量评价

当草坪工程项目按设计要求完成草坪建植并可以供开放使用时，承建单位即可向建设单位申请草坪工程项目的竣工验收与质量评价以移交项目。竣工验收与质量评价一般由草坪建设单位或业主(甲方)组织专家对草坪土建工程、建植质量等做出评价，以检验草坪建植单位或施工单位(乙方)的施工质量是否达到业主或合同规定的要求。

(1)竣工验收与质量评价内容

草坪工程的验收与评价内容主要包括土建工程、安装工程、绿植工程三部分内容，具体指草坪质量、苗木花卉的品种和成活率、灌溉系统等的运行状况等。对于草坪质量评价参考“第 11 章 草坪质量评价”。

(2)竣工验收程序

竣工验收一般有预验收与正式验收两个环节。预验收是指当工程项目达到竣工验收条件后，承包单位可在自审、自查、自评工作完成后，填写工程竣工报验单，并将全部竣工资料报送项目监理机构，申请竣工预验收；监理单位收到验收申请后组织各专业监理工程师对竣工资料及各专业工程的质量情况进行全面检查，若检查出问题，应督促承包单位及时整改。当预验收完成后，可由建设单位(甲方)组织，并在建设单位、施工单位、设计、勘察与监理单位五方责任主体参加，必要时还应要求相应的质量监督部分参与验收。经查验后，当各单项工程与整体工程符合质量要求、并具备竣工图表、竣工决算、工程总结等必要文件资料后，可由建设单位向负责验收的单位(项目主管部门)提出竣工验收申请报告。

复习思考题

1. 简述草坪经营与管理的概念及方法。
2. 草种子生产需要的条件有哪些？叙述草种认证等级标准。
3. 草皮生产场地选择条件有哪些？叙述草皮质量认证等级标准。
4. 简述草皮生产的过程。
5. 简述草坪工程质量监理依据以及内容。

第 16 章知识拓展

参考文献

陈志一，2001. 初探草坪起源与演化，兼论草坪的概念[J]. 草原与草坪(3)：9.
耿以礼，1959. 中国主要植物图说[J]. 禾本科，421(446)：15.
刘建秀，2012. 中国主要暖季型草坪草种质资源的研究与利用[M]. 南京：江苏科学技术出版社.
徐峰，封蕾，郭子一，2006. 屋顶花园设计与施工[M]. 北京：化学工业出版社.
张广学，钟铁森，1983. 中国经济昆虫志第25册　同翅目蚜虫类［M］. 北京：科学出版社.
张蓉，魏淑花，高立原，等，2014. 宁夏草原昆虫原色图鉴［M］. 北京：中国农业科学技术出版社.
BEARD B，BEARD H J，2005. Beard's turfgrass encyclopedia for golf course，grounds，lawns，sports fields[D]. Michigan State Univ. Press，East Lansing.
BEARD J B，1973. Turfgrass：Science and culture[M]. New Jersey：Prentice Hall.
BELL G E，2011. Turfgrass physiology and ecology：advanced management principles［M］. London：the Cambridge University Press.
BREDE D，2000. Turfgrass Maintenance Reduction Handbook：Sports，Lawns，and Golf［M］. USA：Sleeping bear. Press.
CARLSON M G，GAUSSOIN R E，PUNTEL L A，2022. A review of precision management for golf course turfgrass[J]. Crop，Forage & Turfgrass Management，8 (1)：e20183.
CARROW R N，DUNCAN R R，2012. Best Management Practices for Saline and Sodic Turfgrass Soils（Assessment and Reclamation）[M]. Boca Raton：CRC Press.
EMMONS R，ROSSI F，2015. Turfgrass science and management[M]. 5th edition. USA：Cengage learning.
FIFA，2023. Code of practice for the design，construction and testing of football turf fields（2023 edition）[M]. Zurich：Fédération Internationale de Football Association.
FIFA，2017. Environmental impact study on artificial football turf[M]. Zurich：Fédération Internationale de Football Association.
FIFA，2022. FIFA quality programme for football turf-Test Manual Ⅱ-Test Requirements［M］. Zurich：Fédération Internationale de Football Association.
FIFA，2016. Preparation of a sub-base for a football turf system[M]. Zurich：Fédération Internationale de Football Association.
FIFA，2006. FIFA Quality concept，Handbook of Test Methods for Football Turf［C］. http：//www. fifa. com/mm/document/afdeveloping/pitchequip/fqc_ .
FIFA，2012. Quality concept for football，Handbook of Test Methods［C］. http：//www. fifa. com/.../fgchandbookof testmethods(january2012).
FIFA，2009. Quality concept for football，Handbook of Test Methods［C］. hns-cff. hr/files/documents/old/192-FIFA-Quality Concept_ for.
FIFA，2015. Quality programme for football turf，Handbook of Test Methods［C］. http：//www. quality. fifa. com/globalassets/fqp-handbook-of-test-methods-2.
FIH，2008. Handbook of performance requirements for synthetic turf hockey pitches incorporating test procedures［M］. Switzerland：International Hockey Federation（FIH）.
JAMES I T，2011. Advancing natural turf to meet tomorrow's challenges[J]. Proceedings of the Institution of Mechanical Engineers，Part P：Journal of Sports Engineering and Technology，225(3)：115-129.
MARKE J T，2013. Design standards for natural turf sports fields final：Parks，sports & recreation［M］. 6th version. New Zealand：Auckland Council.
MCCARTY L B，2005. Best golf course management practices[M]. Pearson Prentice Hall，Upper Saddle River.
POTTER D A，1998. Destructive Turfgrass Insects：Biology，Diagnosis，and Control［M］. USA：ANN Arbor Press.
STIER J C，2007. Understanding and managing environmental stresses of turfgrass[J]. Acta Hortic，762：63-80.
TURGEON A J，2012. Turfgrass management［M］. 9th edition. New Jersey：Prentice Hall.